普通高等教育"十二五"规划教材

流体力学及输配管网

主　编　马庆元　郭继平
副主编　周卫红

北　京
冶 金 工 业 出 版 社
2011

内 容 提 要

本书是根据全国普通高等学校建筑环境与设备工程专业“流体力学”、“流体输配管网”两门课程的教学大纲进行编写的。全书共分上下两篇，共14章。其中上篇为流体力学；下篇为流体输配管网。每章均编入适量的习题和例题。

与国内同类教材相比，本书更加突出了实用性，对某些复杂的理论推导给予一定的简化；注意尽可能多地联系本专业的工程实际；在上下两篇中使用统一的概念、定义和符号，避免了国内同类教材两门课程中表述不统一的问题。本书内容精练，通俗易懂，有利于学生应用能力的培养。本书为高等学校建筑环境与设备工程专业的教材，还可供环境、动力等专业的师生和工程技术人员参考。

图书在版编目(CIP)数据

流体力学及输配管网/马庆元，郭继平主编．—北京：冶金工业出版社，2011.8

普通高等教育“十二五”规划教材

ISBN 978-7-5024-5643-6

Ⅰ.①流…　Ⅱ.①马…　②郭…　Ⅲ.①流体力学—高等学校—教材　②房屋建筑设备—流体输送—管网—高等学校—教材　Ⅳ.①O35　②TU81

中国版本图书馆 CIP 数据核字(2011)第 159900 号

出 版 人　曹胜利

地　　址　北京北河沿大街嵩祝院北巷 39 号，邮编 100009

电　　话　(010) 64027926　电子信箱　yjcbs@cnmip.com.cn

责任编辑　杨　敏　宋　良　美术编辑　李　新　版式设计　孙跃红

责任校对　王永欣　责任印制　张祺鑫

ISBN 978-7-5024-5643-6

北京印刷一厂印刷；冶金工业出版社发行；各地新华书店经销

2011 年 8 月第 1 版，2011 年 8 月第 1 次印刷

787mm×1092mm　1/16；25 印张；601 千字；388 页

49.00 元

冶金工业出版社发行部　电话：(010)64044283　传真：(010)64027893

冶金书店　地址：北京东四西大街 46 号(100010)　电话：(010)65289081(兼传真)

(本书如有印装质量问题，本社发行部负责退换)

前　言

本书是根据普通高等学校建筑环境与设备工程专业“流体力学”及“流体输配管网”两门课程的教学大纲，为建筑环境与设备工程专业的本科生编写的教材。

本书编者长期从事流体力学、流体输配管网的本科教学工作，主持和参与了许多工程设计，具有较强的实践能力和良好的工程背景。产生编写《流体力学及输配管网》本科生教材的想法源于编者在多年的教学工作中所遇到的问题。目前，国内有关流体力学及流体输配管网的教材较多，由于各教材编写角度不同，工程应用目的存在差异，给教学工作带来一定困难。为了使教学更加具有针对性，突出实用性，编者在对“流体力学”和“流体输配管网”两门课程内容进行整合的基础上编写了本教材。

全书的编排如下：上篇为流体力学部分，第一～八章为流体力学的基本原理和基本方法，第九章为流体输送机械的理论基础；下篇为流体输配管网部分，较详细地介绍了与本专业相关的各种流体输配管网的水力计算方法和管网运行工况的分析方法。本教材注重实际应用，阐述清晰，内容体系新颖完整，习题、例题贴近专业实际，有利于应用型人才的培养。

本书由马庆元、郭继平教授担任主编。上篇的第一～四、九章由马庆元教授编写；下篇的第十～十三章由郭继平教授编写；上篇的第五～八章、下篇的第十四章及附录由周卫红老师编写；部分习题、例题由王婷婷、吕子强、王雪梅老师编写。

在编写过程中，王翠、汤满华、马春梅、赵文思、季洪成、马晓伟、刘华、孟令鹏、蒋龙川等同学，参与了本书图表和文字的录入工作，在此向他们表示谢意。

由于编者的学识和经验有限，书中疏漏在所难免，为了有效地推进上述两门课程的整合，恳请广大读者予以斧正。

编　者

2010 年 9 月 20 日于辽宁鞍山

前言

目　录

上篇　流体力学

下篇　流体输配管网

上篇　流体力学

第一章　绪　　论

流体力学及流体输配涉及众多工程领域。流体力学作为流体输配的理论基础，其应用领域更加广泛。例如：研究大气和海洋运动，提供天气和海洋预报的资料；研究飞机、人造卫星、导弹等空间飞行体和舰船、潜艇、鱼雷等水域航行器的运动，以便得到阻力小、稳定性高的最佳物体外形；研究水暖系统、燃气输配系统、通风空调系统，以便获得可靠的管网设计和最佳运行工况；研究流体在化工设备中的流动，以揭示流体在壁面处的传热、传质规律；对流体力学的深入研究还可以为流体输送机械的设计、制造提供理论依据，进而达到提高机械效率、降低能量消耗的目的。除此之外，环境保护、地下水利用、矿物加工、油气田开发、机械润滑等均与流体力学密切相关。

液体和气体，统称为流体。尽管在某些特定的工况下，固体具有流体的某些特性，但是一般来说它仍然不是流体力学的研究范畴。

流体力学是力学的一个分支，它研究流体静止和运动的力学规律。

建筑环境与设备工程专业的各个工程领域，如供热、空气调节、燃气输配、降尘降温等等，都是以流体作为工作介质，通过流体的各种物理作用，对流体的流动有效地加以组织来实现的。学好流体力学，才能对专业范围内的流体力学现象做出合乎实际的定性判断，进行足够精确的定量估计，正确地解决专业范围内流体力学的设计和计算问题，同时正如前面所述，流体力学还是流体输配管网必备的理论基础。

第一节　作用在流体上的力

在研究流体静止和运动的力学规律之前，首先必须分析作用于流体上的力。力是使流体运动状态发生变化的外因。根据力的作用方式不同，可以将作用在流体上的力分为质量力和表面力两类。

一、质量力

质量力是作用在流体的每一个质点（或微团）上，且与流体质量成正比的力。

设在流体中 M 点附近取质量为 Δm 的流体微团，其体积为 ΔV，作用于该微团的质量力

为 $\Delta\boldsymbol{F}_B$，则称极限

$$\lim_{\Delta V\to 0}\frac{\Delta\boldsymbol{F}_B}{\Delta m}=\boldsymbol{f}$$

为作用于 M 点的单位质量流体的质量力，简称为单位质量力。以 $\boldsymbol{f}$ 表示。设 $\Delta\boldsymbol{F}_B$ 在 x,y,z 坐标轴上的分量分别为 $\Delta F_{Bx},\Delta F_{By},\Delta F_{Bz}$，则单位质量力 $\boldsymbol{f}$ 在各轴向的分量可表示为

$$\left.\begin{aligned} X &= \lim_{\Delta V\to 0}\frac{\Delta F_{Bx}}{\Delta m}\\ Y &= \lim_{\Delta V\to 0}\frac{\Delta F_{By}}{\Delta m}\\ Z &= \lim_{\Delta V\to 0}\frac{\Delta F_{Bz}}{\Delta m}\end{aligned}\right\}\tag{1-1}$$

即：$\boldsymbol{f}=(X,Y,Z)^{\mathrm{T}}$。其中 X,Y,Z 分别为单位质量力 $\boldsymbol{f}$ 在 x,y,z 三个坐标轴上的分量，称为 x（或 y,z）方向的单位质量力。在国际单位制中，质量力的单位是牛顿(N)，则单位质量力的单位是 N/kg。

在大多数场合流体所受的质量力只有重力。由于重力 $\boldsymbol{G}$ 的大小与流体的质量 m 成正比，$G=mg$，所以在质量力仅为重力的场合，流体所受的单位质量力的大小等于重力加速度，$G/m=g$。在直角坐标系中，若取 z 轴铅垂向上为正，重力在各轴向的分量分别以 G_x,G_y,G_z 表示，则单位质量重力的轴向分量为

$$\left.\begin{aligned} X &= G_x/m=0\\ Y &= G_y/m=0\\ Z &= G_z/m=-g\end{aligned}\right\}\tag{1-2}$$

即 $(X,Y,Z)^{\mathrm{T}}=(0,0,-g)^{\mathrm{T}}$。

在研究液体相对平衡时，盛装液体的容器做直线加速运动或旋转运动，此时容器内的液体受到惯性力的作用，而且所作用的惯性力的大小与液体的质量成正比，作用于每个流体质点（微团）上，根据质量力的定义，显然这种惯性力也是质量力。

二、表面力

与质量力不同，表面力是作用在所考察流体（或称分离体）表面上，与所作用的表面积大小成正比的力。尽管在流体内部任一对相互接触的表面上，一部分与另一部分流体之间的表面力大小相等，方向相反，相互抵消，但在流体力学分析问题时，常常从流体内部取出一个分离体，研究其受力状态。这时与分离体相接触的周围流体对分离体作用的内力又变成了作用在分离体表面上的外力。总之，表面力是就所研究的流体系统而言的。它可能是周围同种流体对分离体的作用，也可能是另一种相邻流体对其作用，或是与其接触的固体壁面的作用。例如，敞开容器内的液体，如把整个液体作为研究系统，则它仅受到自由表面上大气压强和相接触的容器壁面的作用；若把与固体壁面接触的自由表面附近的部分液体取作分离体，则上述三种表面力的作用同时存在。

在研究流体运动时，正确地分析作用在所考察的流体系统上的表面力是极其重要的。

与讨论质量力时常用单位质量力和单位质量力在 x,y,z 方向分量的表示方法类似，表面力常以单位表面力和单位表面力沿切向和法向分量来表示。

在流体分离体的表面上，围绕任意点 A 取一面积为 ΔA 的面积微元，一般来说，可将作用在该面积微元上的表面力 $\Delta \boldsymbol{F}_S$ 分解为法向分力 ΔP 和切向分力 ΔT。因为流体内部不能承受拉力，所以法向力只有沿内法线方向的压力。因此，单位面积的表面力，即表面应力可分解为

$$\left.\begin{aligned}\bar{p}&=\frac{\Delta P}{\Delta A}\\ \bar{\tau}&=\frac{\Delta T}{\Delta A}\end{aligned}\right\} \qquad (1-3)$$

$\bar{p}$ 称为面积 ΔA 上的平均压强，$\bar{\tau}$ 称为面积 ΔA 上的平均切应力。如果令面积 ΔA 无限缩小至 A 点，则

$$\left.\begin{aligned}p&=\lim_{\Delta A\to 0}\frac{\Delta P}{\Delta A}\\ \tau&=\lim_{\Delta A\to 0}\frac{\Delta T}{\Delta A}\end{aligned}\right\} \qquad (1-4)$$

p 称为 A 点的压强或法向应力，τ 称为 A 点的切应力。压强和切应力的因次均为 $ML^{-1}T^{-2}$。在国际单位制中，压强与切应力的单位是帕斯卡，以 Pa 表示。$1Pa = 1N/m^2$。

显然，单位质量力 $\boldsymbol{f}$ 是空间坐标 x,y,z 和时间 t 的函数，即

$$\boldsymbol{f}=\boldsymbol{f}(x,y,z,t)$$

它是质量力在空间的分布密度；而式(1-4)中的压强 p 和切应力 τ 不仅有赖于空间位置和时间，同时也与作用面的方位有关，因此它是作用面上的分布密度。

第二节 流体的主要力学性质

流体区别于固体的显著特性是流体的流动性。在生产和生活中，有许多流体流动现象，如水在河流中流动，风从门窗流入，燃气从喷孔喷出等等。

和流体比较，固体存在着抗拉、抗压和抗切三方面的能力。如果要将某一固体拉裂、压碎或切断，或使其产生很大变形，必须加以足够的外力，否则是拉不裂、压不碎、切不断的。而流体则不相同，如要分裂、切断水体，几乎不需要什么气力。流体的抗拉能力极弱。流体的抗切能力也很微小，只要受到切力作用，无论切力多么微小，流体都要发生连续变形，各质点间发生相对运动，即流动。流体在切力作用下发生连续变形的性质，称为流体的流动性，正是由于流体具有流动性才使它便于管道、渠道输送，适宜作供热、供冷等工作介质。流体的抗压能力较强，这个特性和流动性相结合，使我们能够利用水压推动水力发电机，利用蒸汽压力推动汽轮发电机，利用液压、气压传动各种机械。

一、流体的惯性

惯性是物体维持原有运动状态能力的性质。因为任何物体的惯性都与其质量成正比，因此单位体积流体的质量，即流体的密度，可以作为流体惯性大小的度量。对于均质流体，

$$\rho = m/V \qquad (1-5)$$

式中，ρ 为流体的密度，kg/m^3；m 为流体的质量，kg；V 为该质量流体的体积，m^3。

流体内部各点密度不完全相同的流体，称为非均质流体。非均质流体中某点的密度为

$$\rho = \lim_{\Delta V \to 0} \frac{\Delta m}{\Delta V} \tag{1-6}$$

式中，ρ 为某点流体的密度，kg/m^3；Δm 为微元体 ΔV 内的流体质量，kg；ΔV 为包含考察点在内的流体微元体积，m^3。

在一个标准大气压下，5℃水的密度为 $1000kg/m^3$；汞的密度为 $13590kg/m^3$；而干空气在温度为 290K，一个标准大气压时的密度仅为 $1.2kg/m^3$。由此可以看出不同种类的流体密度差异是十分显著的。

二、流体的压缩性和热胀性

流体受压，体积缩小，密度增大的性质，称为流体的压缩性。流体受热，体积膨胀，密度减小的性质，称为流体的热胀性。

（一）液体的压缩性和热胀性

液体的压缩性，一般用压缩系数 α_p 来表示。设某一体积为 V、密度为 ρ 的流体，当压强增加 dp 时，体积减小 dV，密度增大 $d\rho$，密度增加率为 $d\rho/\rho$，则 $d\rho/\rho$ 与 dp 的比值，称为流体的压缩系数，即

$$\alpha_p = \frac{d\rho/\rho}{dp} \tag{1-7}$$

α_p 值愈大，则流体的压缩性也愈大。α_p 的单位为 Pa^{-1}。

流体被压缩时，其质量并不改变，即

$$dm = d(\rho V) = \rho dV + V d\rho = 0$$

所以

$$d\rho/\rho = -dV/V$$

故压缩系数又可表示为

$$\alpha_p = \frac{-dV/V}{dp} \tag{1-8}$$

压缩系数 α_p 的倒数称为流体的弹性模量，以 E 表示，即

$$E = \frac{1}{\alpha_p} = dp/\frac{d\rho}{\rho} = \rho\frac{dp}{d\rho} \tag{1-9}$$

式中，E 的单位为 Pa。

表 1-1 列举了水在 0℃时，不同压强下的压缩系数。

表 1-1 水的压缩系数（0℃时） （m^2/N）

压强/kPa	490	980	1960	3920	7840
α_p	0.538×10^{-9}	0.536×10^{-9}	0.531×10^{-9}	0.528×10^{-9}	0.515×10^{-9}

液体的热胀性一般用体积膨胀系数 α_V 来表示。与压缩系数相反，当温度增加 dT 时，液体的密度减小率为 $-d\rho/\rho$，则体积膨胀系数为

$$\alpha_V = -\frac{d\rho/\rho}{dT} \tag{1-10}$$

α_V 值愈大，则液体的热胀性也愈大。α_V 的单位为 T^{-1}。

同理，体积膨胀系数亦可表示为

$$\alpha_V = \frac{dV}{V}/dT \tag{1-11}$$

表1－2给出了水在压强为101.3kPa(一个大气压)时,不同温度下的密度。

表1－2　压强为101.3kPa时水的密度

温度 /℃	密度 /$kg\cdot m^{-3}$	温度 /℃	密度 /$kg\cdot m^{-3}$	温度 /℃	密度 /$kg\cdot m^{-3}$
0	999.9	15	999.1	60	983.2
1	999.9	20	998.2	65	980.6
2	1000.0	25	997.1	70	977.8
3	1000.0	30	995.7	75	974.9
4	1000.0	35	994.1	80	971.8
5	1000.0	40	992.2	85	968.7
6	1000.0	45	990.2	90	965.3
8	999.9	50	988.1	95	961.9
10	999.7	55	985.7	100	958.4

从表1－1及表1－2看出:压强每升高一个大气压,水的密度约增加两万分之一。在温度较低时(10～20℃),温度每增加1℃,水的密度减小约为万分之一点五;在温度较高时(90～100℃),水的密度减小也只有万分之七,这说明水的热胀性和压缩性是很小的,一般情况下可忽略不计。只有在某些特殊情况下,例如水击、热水采暖等问题时,才需要考虑水的压缩性及热胀性。

(二)气体的压缩性及热胀性

气体与液体不同,具有显著的压缩性和热胀性。温度与压强的变化对气体密度的影响很大。在温度不过低,压强不过高时,气体密度、压强和温度三者之间的关系,服从理想气体状态方程式,即

$$\frac{p}{\rho} = RT \tag{1-12}$$

式中,p为气体的绝对压强,Pa;T为气体的热力学温度,K;ρ为气体的密度,kg/m^3;R为气体常数,单位为J/(kg·K)。对于空气,$R=287$;对于其他气体,在标准状态下$R=8314/n$,其中n为气体的相对分子质量。

在等温条件下,$T=C_1$(常数),所以$RT=$常数。因此,状态方程简化为$p/\rho=$常数。写成常用形式为

$$\frac{p}{\rho} = \frac{p_1}{\rho_1} \tag{1-13}$$

式中,p_1,ρ_1为气体在原状况下的压强与密度;p,ρ是其他情况下的压强及密度。式(1－13)表示在等温条件下压强与密度成正比。也就是说,压强增加,体积缩小,密度增大。根据这个关系,如果把一定量的气体压缩到它的密度增大一倍时,则压强也要增加一倍;相反,如果密度减小,则压强也同比例减小。这一关系与实际气体的压强和密度的变化关系十分吻合。但是,如果把气体压缩,压强增加到极大时,气体的密度则应该变得很大,并且根据公式的关

系，似乎可以计算出在某个压强下，气体可以达到水、汞等的密度。而实际上，这是不可能的，因为气体有一个极限密度，对应的压强称极限压强。若压强超过这个极限压强时，不管这压强有多大，气体的密度再不能压缩得比这个极限密度更大。因此只有当密度远小于极限密度时，式(1－13)与实际气体的情况才是一致的。

在恒压情况下，$p = C_2$(常数)，所以$\frac{p}{R}$＝常数。因此，状态方程简化为ρT＝常数。写成常用的形式为

$$\rho_0 T_0 = \rho T \tag{1-14}$$

式中，ρ_0 是热力学温度 $T_0 = 273.16\text{K} \approx 273\text{K}$ 时的密度；ρ, T 是其他某一情况下的密度和温度。式(1－14)表示在恒压情况下，温度与密度成反比。即温度增加，体积增大，密度减小；反之，温度降低，体积缩小，密度增大。这一规律对各种不同温度下的气体都是适用的，特别是在中等压强范围内，对于空气及其他不易液化的气体，上述规律相当准确。只有在温度降低到气体液化的程度，才有比较明显的误差。

表1－3中，列举了在压强为101.325kPa下，不同温度时的空气密度。

表1－3　压强为101.325kPa下空气的密度

温度 /℃	密度 /$kg \cdot m^{-3}$	温度 /℃	密度 /$kg \cdot m^{-3}$	温度 /℃	密度 /$kg \cdot m^{-3}$
0	1.293	25	1.185	60	1.060
5	1.270	30	1.165	70	1.029
10	1.248	35	1.146	80	1.000
15	1.226	40	1.128	90	0.973
20	1.205	50	1.093	100	0.947

【例1－1】　已知标准状态下焦炉煤气(含甲烷27%，一氧化碳6%，氢气56%，二氧化碳3%，氧气1%，氮气5%，丙烯2%)的平均密度为0.493kg/m^3，求40℃时燃气的密度。

【解】　因压强不变，故为恒压情况。用$\rho T = \rho_0 T_0$计算密度。

$$\rho = \frac{\rho_0 T_0}{T} = \frac{0.493 \times 273}{273 + 40} = 0.430\text{kg/m}^3$$

气体虽然具有显著的压缩性和热胀性，但是，在实际工程中，也要具体问题具体分析。我们在分析任何一个具体流动中，主要关心的问题是压缩性是否起显著作用。对于气体速度较低(远小于声速)的情况，在流动过程中压强和温度的变化较小，密度仍然可以视为常数，这种气体称为不可压缩气体。反之，对于气体速度较高(接近或超过声速)的情况，在流动过程中其密度变化很大，此时密度已不能视为常数，故称为可压缩气体。

在供热、通风、空调和供燃气工程中，所遇到的大多数气体流动，速度远小于声速，其密度变化不大(当速度等于68m/s时，密度变化为1%；当速度等于150m/s时，密度的变化也只有10%)，可当做不可压缩流体看待。即使是在供热系统蒸汽输送的情况下，对整个系统来说，密度变化很大，但对系统内各管段来讲，密度变化并不显著，因此对每一管段仍可按不可压缩气体计算，只不过这时不同管段的密度不同罢了。

在实际工程中，有些情况需要考虑气体的压缩性，例如燃气的远距离输送等。

三、流体的黏性

流体内部质点间或流层间因相对运动而产生内摩擦力以反抗相对运动的性质，称为流体的黏性。此内摩擦力称为黏滞力。在流体力学研究中，流体黏性十分重要。

为了说明流体的黏性，现以流体在管中流动为例，见图 1－1。当流体在管中缓慢流动时，紧贴管壁的流体质点，粘附在管壁上，流速为零。位于管轴中心处的流体质点，因离管壁的距离最远，受管壁的影响最小，因而流速最大。介于管壁和管轴中心之间的流体质点，将以不同的速度向右移动，它们的速度将从管壁至管轴中心，由零增加至最大的轴心速度。图 1－1a 就是黏性流体在管中缓慢流动时，流速 u 随垂直于流速方向 y 而变化的关系图，即 $u=f(y)$ 的关系曲线，称为流速分布图。由于是管内流动，我们可以将它形象地想象成为层层嵌套，具有相同轴线的同心圆筒，每个圆筒具有相同的流速，不同圆筒流速不同。这样我们就容易直观地理解各流体层间产生相对运动，从而产生内摩擦力以抗拒相对运动的道理了。在流体流速很低时，内摩擦力（或切力）T 的大小，经过无数次的试验验证有以下规律：

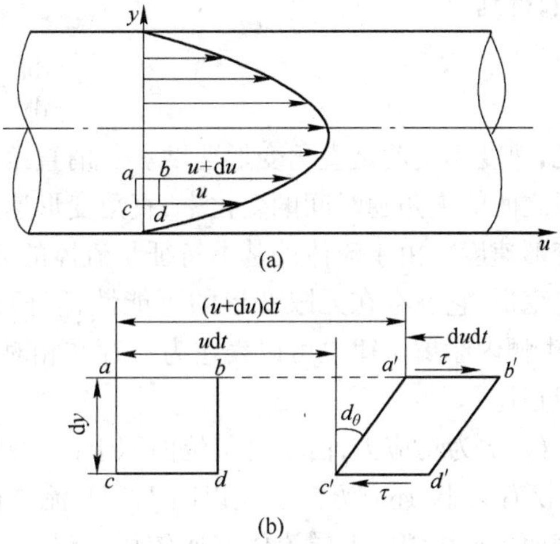

图 1－1　流体质点的直角变形速度

（1）与两流体层间的速度差（即相对速度）du 成正比，与流层间距离 dy 成反比；

（2）与相邻流体层的接触面积 A 的大小成正比；

（3）与流体的种类有关；

（4）与流体的压力大小无关。

综上所述，内摩擦力的数学表达式为

$$T \propto A\frac{\mathrm{d}u}{\mathrm{d}y}$$

引入比例系数 μ 使上述表达式变成等式，则

$$T=\mu A\frac{\mathrm{d}u}{\mathrm{d}y} \tag{1-15}$$

这就是牛顿（Newton）内摩擦定律。若以 τ 代表单位面积上的内摩擦力，即切应力，则

$$\tau=\frac{T}{A}=\mu\frac{\mathrm{d}u}{\mathrm{d}y} \tag{1-16}$$

式（1－16）就是常用的黏滞力计算公式。现对各项阐述如下：

（1）$\frac{\mathrm{d}u}{\mathrm{d}y}$ 为速度梯度，表示速度沿垂直于速度方向 y 的变化率，单位为 s^{-1}。为了理解速度梯度的意义，在图 1－1a 中垂直于速度方向的 y 轴上，任取一边长为 dy 的流体微元 $abcd$，如图 1－1b 所示。由于该流体微元下表面的速度 u 小于上表面的速度 $u+\mathrm{d}u$，经过 dt 时间

间隔后，下表面位移量 $u\mathrm{d}t$，小于上表面的位移量 $(u+\mathrm{d}u)\mathrm{d}t$，因而小方块 $abcd$ 变形为 $a'b'c'd'$。也就是说，两流体层间的垂直连线 ac 及 bd，在 $\mathrm{d}t$ 时间内变化了角度 $\mathrm{d}\theta$。由于 $\mathrm{d}t$ 很小，$\mathrm{d}\theta$ 亦很小，所以

$$\mathrm{d}\theta \approx \tan(\mathrm{d}\theta)=\frac{\mathrm{d}u\mathrm{d}t}{\mathrm{d}y}$$

移项，得到

$$\frac{\mathrm{d}u}{\mathrm{d}y}=\frac{\mathrm{d}\theta}{\mathrm{d}t} \tag{1-17}$$

可见，速度梯度就是直角变形速度。所谓直角变形速度是指流体微团任意相互垂直的两条线段之间的夹角随时间的变化率，直角变形速度是在切应力的作用下发生的，所以，也称剪切变形速度。由于流体的基本特征是流体的流动性，在切应力的作用下，只要有充分的时间让它变形，它就存在无限变形的可能性，因而只能用变形速度来描述剪切变形的快慢。因此，牛顿内摩擦定律也可以表述为："存在相对运动的相邻流体层间的切应力与剪切变形速度成正比"。

(2)τ 为切应力，由于是单位面积上的力，所以切应力与压强具有相同的单位。切应力 τ 不仅有大小，还有方向。现以图 1-1b 流体微元变形后的 $a'b'c'd'$ 来说明其方向的确定：与表面 $a'b'$ 相邻的上层流体流速较快，有带动较慢的 $a'b'$ 流层前进的趋势。故作用于 $a'b'$ 面上切应力 τ 的方向与运动方向相同；与表面 $c'd'$ 相邻的下层流体运动较慢，有阻碍较快的 $c'd'$ 流层前进的趋势，故作用于 $c'd'$ 面上的切应力 τ 的方向与运动方向相反。对于相邻两个流体层来说，作用在不同流体层上的切应力，必然是大小相等，方向相反。这里顺便指出：内摩擦力虽是流体抗拒相对运动的性质，但它不能从根本上制止流动的发生。因此，流体的流动性，不会因内摩擦力的存在而消失。当然，在流体质点间没有相对运动（静止或相对静止状态）时，也就没有内摩擦力表现出来。

(3)μ 为比例系数，称为动力黏度，简称黏度，单位为 $\mathrm{N\cdot s/m^2}$ 或 $\mathrm{Pa\cdot s}$。不同流体有不同的 μ 值，同一流体的 μ 值愈大，黏性愈强。μ 的物理意义可以这样来理解：当取 $\frac{\mathrm{d}u}{\mathrm{d}y}=1$ 时，则 $\tau=\mu$，即 μ 表征单位速度梯度作用下的切应力，因此它反映了黏性的动力性质。

在流体力学中，经常出现 μ/ρ 的比值，用 ν 表示，即

$$\nu=\mu/\rho \tag{1-18}$$

ν 的单位为 $\mathrm{m^2/s}$。ν 的物理意义，也可以这样来理解：ν 是单位速度梯度作用下的切应力对单位体积流体作用产生的阻力加速度。这样，由于在 ν 的因次中没有力的因次，只有运动学要素，故称 ν 为运动黏度。流体流动性是运动学的概念，所以，衡量流体流动性时，用 ν 来表示流体的黏性更适合。

表 1-4 给出了不同温度下水的黏度；表 1-5 列出了标准大气压下，空气黏度随温度的变化。

从表 1-4 及表 1-5 中还可看出：水和空气的黏度随温度变化的规律是不同的，水的黏性随温度升高而减小，空气的黏性随温度升高而增大。这是因为黏性是分子间的吸引力和分子不规则热运动产生动量交换的结果。温度升高，分子间吸引力降低，动量增大；反之，温度降低，分子间吸引力增大，动量减小。对于液体，分子间的吸引力是决定性因素，所以，液

表 1-4 水的黏度

t/℃	$\mu/10^{-3}$Pa·s	$\nu/10^{-6}m^2 \cdot s^{-1}$	t/℃	$\mu/10^{-3}$Pa·s	$\nu/10^{-6}m^2 \cdot s^{-1}$
0	1.792	1.792	40	0.656	0.661
5	1.519	1.519	45	0.599	0.605
10	1.308	1.308	50	0.549	0.556
15	1.140	1.140	60	0.469	0.477
20	1.005	1.007	70	0.406	0.415
25	0.894	0.897	80	0.357	0.367
30	0.801	0.804	90	0.317	0.328
35	0.723	0.727	100	0.284	0.296

表 1-5 压强为 101.3kPa 下空气的黏度

t/℃	$\mu/10^{-3}$Pa·s	$\nu/10^{-6}m^2 \cdot s^{-1}$	t/℃	$\mu/10^{-3}$Pa·s	$\nu/10^{-6}m^2 \cdot s^{-1}$
0	0.0172	13.7	90	0.0216	22.9
10	0.0178	14.7	100	0.0218	23.6
20	0.0183	15.7	120	0.0228	26.2
30	0.0187	16.6	140	0.0236	28.5
40	0.0192	17.6	160	0.0242	30.6
50	0.0196	18.6	180	0.0251	33.2
60	0.0201	19.6	200	0.0259	35.8
70	0.0204	20.5	250	0.0280	42.8
80	0.0210	21.7	300	0.0298	49.9

体的黏性随温度升高而减小;对于气体,分子间的热运动产生动量交换是决定性因素,所以气体的黏性随温度升高而增大。

压强对流体的黏性影响不大,可以认为,流体的动力黏度 μ 只随温度变化。只有当流体压强发生几百个大气压变化时,流体黏度才会有明显变化。

需要指出,并不是所有流体都能满足牛顿内摩擦定律,在流体力学中,通常把能服从牛顿内摩擦定律的流体称为牛顿型流体,如水、空气等。流体流动的切应力不满足牛顿内摩擦定律的流体称为非牛顿型流体,如牛奶、蜂蜜、油脂、泥浆、血液等。本书仅限于研究牛顿流体。对非牛顿流体,可参阅有关的专门著作。

【例 1-2】 一底面积为 40cm×45cm,高为 1cm 的木块,质量为 5kg,沿着涂有润滑油的斜面等速向下运动,如图 1-2 所示。已知 $v=1$m/s,$\delta=1$mm,求润滑油的动力黏度。

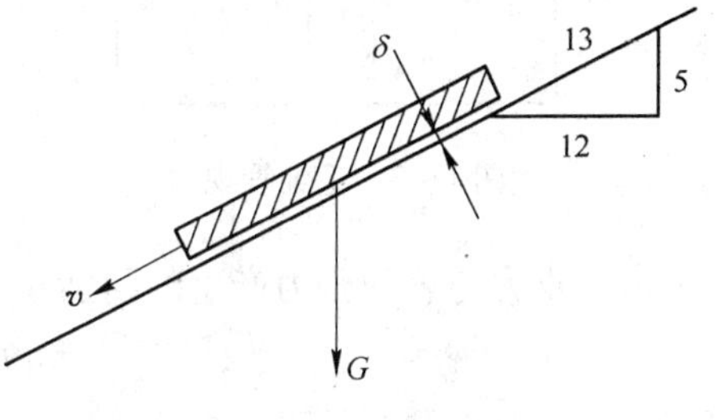

图 1-2 例 1-2 图

【解】 因黏性作用,黏附在斜面上的润滑油层速度为零,黏附在木块上的润滑油与木块速度相同,即 $v=1$m/s。因此,润滑油层的速度由零增至 1m/s,油层间因相对运动产生切应力,该切应力乘以接触面积,就是作用于木块上的

黏滞力 T。由于木块等速下滑，因此，木块重力 G 在与斜面平行方向的分力与黏滞力相平衡，即

$$T = G \times \frac{5}{13}$$

$$\mu A \frac{\mathrm{d}u}{\mathrm{d}y} = G \times \frac{5}{13}$$

由于木块与斜面的间隙 δ 很小，速度分布图近似认为是直线分布。故

$$\frac{\mathrm{d}u}{\mathrm{d}y} = \frac{v}{\delta}$$

因此，
$$\mu = G \times \frac{5}{13} \times \frac{\delta}{Av} = 5 \times 9.8 \times \frac{5}{13} \times \frac{0.001}{0.4 \times 0.45} = 0.105\mathrm{Pa \cdot s}$$

四、流体的表面张力特性

由于分子间的吸引力，在液体的自由表面上能够承受极其微小的张力，这种张力称表面张力。表面张力不仅在液体与气体接触的周界面上发生，而且还会在液体与固体（汞和玻璃等），或一种液体与另一种液体（汞和水等）相接触的周界上发生。

气体不存在表面张力。因为气体分子的扩散作用，不存在自由表面。因此，表面张力是液体的特有性质。即对液体来讲，表面张力在平面上并不产生附加压力，因为在平面上力处于平衡状态。它只有在曲面上才产生附加压力，以维持平衡。

因此，在工程问题中，只要有液体的曲面就会有表面张力产生的附加压力作用。例如，液体中的气泡，气体中的液滴，液体的自由射流，液体表面和固体壁面相接触处等，所有这些情况都会出现曲面，都会引起表面张力产生附加压力的影响。不过在一般情况下，这种影响是比较微弱的。

由于表面张力的作用，如果把两端开口的玻璃细管竖立在液体中，液体就会在细管中上升或下降 h 高度，如图 1－3 及图 1－4 所示，这种现象称为毛细管现象。上升或下降取决于液体和固体的性质。表面张力的大小，可用表面张力系数 σ 表示，单位为 N/m。

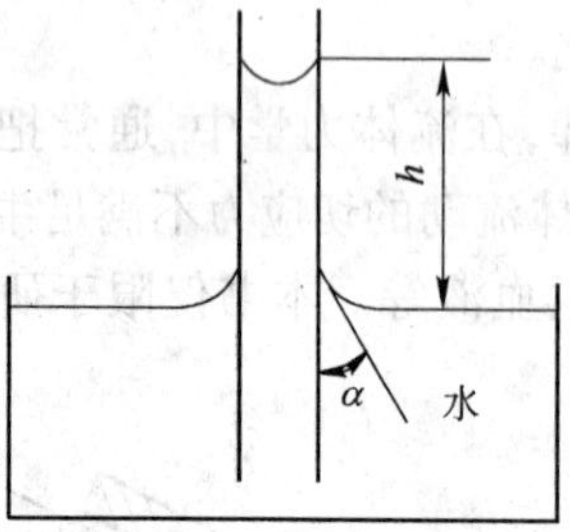

图 1－3 毛细管现象

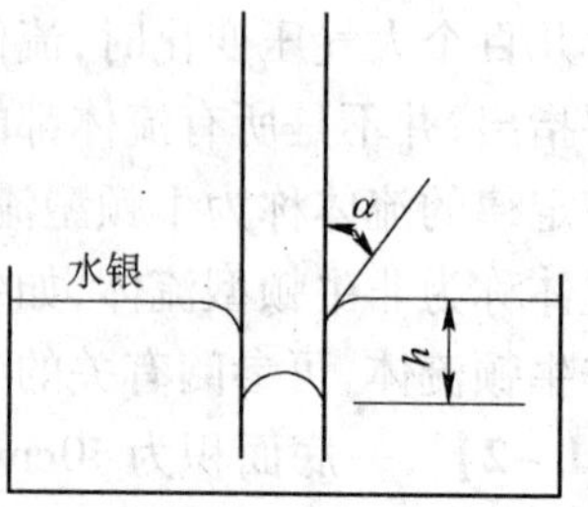

图 1－4 水银的毛细管现象

由于重力与表面张力产生的附加压力的铅直分力相平衡，所以

$$\pi r^2 h\rho g = 2\pi r\sigma\cos\alpha$$

故

$$h = \frac{2\sigma}{r\rho g}\cos\alpha \tag{1－19}$$

式中，ρ 为液体密度；r 为玻璃管内径；σ 为液体的表面张力系数，它随液体种类和温度而异；α 为接触角，表示曲面和管壁交接处，曲面的切线与管壁的夹角。

如果把玻璃细管竖立在水中（见图 1－3），当水温为 20℃时，则水在管中的上升高度为

$$h = \frac{15}{r} \tag{1-20}$$

如果把玻璃细管竖立在水银中（见图 1－4），当水银温度为 20℃时，则水银在管中的下降高度为

$$h = 5.70/r \tag{1-21}$$

式（1－20）及式（1－21）中，h 及 r 均以 mm 计。可见，当管径很小时，h 就可能很大。因此，用来测定压强的玻璃细管直径不能太小，否则就会产生很大的误差。

表面张力的影响在一般工程实际中被忽略，但在水滴和气泡的形成，液体的雾化，汽液两相流的传热与传质的研究中，将是不可忽略的因素。

第三节 流体运动的描述方法和力学模型

一、流体的力学模型

客观上存在的实际流体，物质结构和物理性质非常复杂，如果我们全面考察它的所有因素，将很难提出它的力学关系式。为此，我们在分析考察流体力学问题时，根据抓主要矛盾的观点，建立力学模型，对流体加以科学的抽象，简化流体的物质结构和物理性质，以便于列出流体运动规律的数学方程式。这种研究问题的方法，在固体力学中也常采用，例如刚体、弹性体等等。因此，力学模型的概念具有普遍意义。下面介绍几个主要的流体力学模型。

首先，将流体视为“连续介质”。我们知道，不论是液体或气体，总是由无数的分子所组成，分子之间有一定的间隙，也就是说，流体实质上是不连续的。由于流体力学是研究宏观的机械运动（无数分子总体的力学效果），而不是研究微观的分子运动，作为研究单元的质点，也是由无数的分子所组成，并具有一定的体积和质量，因此，有可能将流体认为是充满其所占据空间无任何空隙的质点所组成的连续体。这种“连续介质”的模型，是对流体物质结构的简化，使我们在分析问题时得到两大方便：第一，它使我们不考虑复杂的微观分子运动，只考虑在外力作用下的宏观机械运动；第二，能运用数学分析中连续函数的性质来进行数学处理。

其次是无黏性流体。一切流体都具有黏性，提出无黏性流体，是对流体物理性质的简化，因为在某些问题中，黏性不起作用或不起主要作用。这种不考虑黏性作用的流体，称为无黏性流体（或理想流体）。如果在某些问题中，黏性影响较大，不能忽略时，我们也用“两步走”的办法，先当做无黏性流体分析，得出主要结论，然后采用试验的方法考虑黏性的影响，加以补充或修正。这种考虑黏性影响的流体，称为黏性流体。

再次是不可压缩流体。这是不计压缩性和热胀性而对流体物理性质的简化。液体的压缩性和热胀性均很小，密度可视为常数，通常按不可压缩流体处理。气体在大多数情况下，也可采用不可压缩流体模型，只有在某些情况下，例如速度接近或超过声速或在流动过程中

其密度变化很大时,才必须用可压缩流体模型。本书主要讨论不可压缩流体,对于可压缩流体在管中的流动,在第八章将进行简要介绍。

二、流体运动的描述方法

通常我们把充满运动流体的空间称为流场。

根据流体的连续介质模型,在流场中,任一时刻、任一空间点上,总有且只有一个流体质点存在,即一个空间点对应一个流体质点。因此,描述流体运动就有两种不同着眼点的方法,分别称为拉格朗日(Lagrange)描述法和欧拉(Euler)描述法。

(一)拉格朗日描述法

这是一种着眼于流体质点的描述方法。通过对各流体质点运动规律的观察来确定整个流场的运动规律。由于整个流场是由无数密集分布的流体质点所组成,所以,采用这种方法时,首先必须用某种编号方法来区别不同的流体质点。因为每一时刻,每一个流体质点都占有唯一确定的流场空间位置,所以通常利用初始时刻 $t=t_0$ 时,流体质点所处的空间坐标 (a,b,c) 作为区分不同流体质点的标号参数。在人为选定的某种空间坐标系中,一个流体质点只有一组固定不变的 (a,b,c) 值,即不同的 (a,b,c) 值代表不同的流体质点。有了流体质点的标号参数后,其运动规律若用矢量形式给出,则为

$$\boldsymbol{r}=\boldsymbol{r}(a,b,c,t) \tag{1-22}$$

式中,$\boldsymbol{r}$ 为流体质点的位置矢量;(a,b,c,t) 称为拉格朗日变数或随体坐标。式(1-22)可在选定的空间坐标系中写成标量形式,例如,在直角坐标系中有

$$\left.\begin{aligned} x=x(a,b,c,t)\\ y=y(a,b,c,t)\\ z=z(a,b,c,t)\end{aligned}\right\} \tag{1-23}$$

式(1-23)中的 (a,b,c) 就是指 $t=t_0$ 时 $(x,y,z)=(a,b,c)$。

在拉格朗日描述中,流体质点所具有的任一物理量 B(如速度、压力、密度、温度等)都可以表示为

$$B=B(a,b,c,t)$$

上述给出的各式就是拉格朗日描述法的关键所在。

(二)欧拉描述法

这是一种着眼于流场空间点的描述方法。通过在流场中各个固定空间点对流动的观察,来确定流体质点经过该空间点时其物理量的变化规律。在同一个空间点上,虽然在不同时刻被不同的流体质点所占据,空间点上的物理量随时间变化,但所观察到的物理量总是与该空间点位置相联系的。如果在所有不同的空间点上进行同样的观察,就可以获得整个流体物理量的空间分布及变化规律。显然,采用欧拉描述法时,流体质点的物理量 B 都将表示为空间坐标和时间的函数:

$$B=B(\boldsymbol{r},t)=B(q_1,q_2,q_3,t) \tag{1-24}$$

式中,q_1,q_2,q_3 称为欧拉变数或空间坐标;$\boldsymbol{r}$ 是空间坐标点的矢径。在直角坐标系中,$\boldsymbol{r}=x\boldsymbol{i}+y\boldsymbol{j}+z\boldsymbol{k}$,$(q_1,q_2,q_3)=(x,y,z)$,于是

$$B=B(x,y,z,t) \tag{1-25}$$

式(1-24)或式(1-25)表示了 t 时刻流场各物理量的分布函数,它们所构成的是一个

物理量的场,例如,速度场、加速度场、压力场和密度场等。

给出或者求得各物理量的分布函数是欧拉描述法的关键,对于运动流体来说,最关键的物理量是速度$\boldsymbol{v}=\boldsymbol{v}(\boldsymbol{r},t)$。在直角坐标系中,习惯将$\boldsymbol{v}$写成$\boldsymbol{v}=u\boldsymbol{i}+v\boldsymbol{j}+w\boldsymbol{k}$,于是,$\boldsymbol{v}=\boldsymbol{v}(x,y,z,t)$,或者

$$\left.\begin{array}{l}u=u(x,y,z,t)\\v=v(x,y,z,t)\\w=w(x,y,z,t)\end{array}\right\}$$

上述两种描述方法只是着眼点不同,实质上是等价的。如果标号参数为(a,b,c)的流体质点,在t时刻正好达到(x,y,z)这个空间点上,则有

$$B=B(x,y,z,t)=B[x(a,b,c,t),y(a,b,c,t),z(a,b,c,t)]=B(a,b,c,t)$$

可见两者描述的是同一种流动,这说明两种描述法之间存在联系,可以互相转换。

习　　题

1-1　什么是流体的黏性,它对流体流动有什么作用,动力黏度μ和运动黏度ν有何区别及联系?

1-2　水的密度$\rho=1000\text{kg/m}^3$,$\mu=0.599\times10^{-3}\text{Pa}\cdot\text{s}$,求它的运动黏度$\nu$。

1-3　当空气温度从0℃增加至20℃时,ν值增加15%,密度减少10%,问此时μ值增加多少?

1-4　为什么说流体黏性引起的摩擦力是内摩擦力,它与固体运动的摩擦力有何不同?

1-5　为什么液体的动力黏度随温度的升高而减小,而气体的动力黏度随温度的升高而增大?

1-6　在图1-5中,汽缸内壁的直径$D=12\text{cm}$,活塞的直径$d=11.96\text{cm}$,活塞的长度$l=14\text{cm}$,活塞运动的往复速度为1m/s,润滑油的$\mu=1.0\text{Pa}\cdot\text{s}$,试问作用在活塞上的黏滞力为多少?

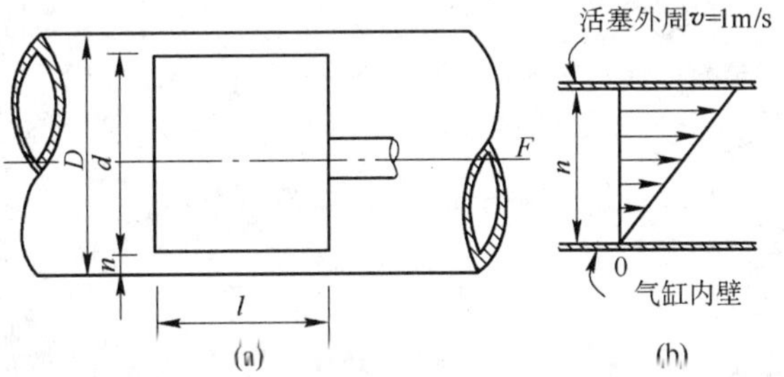

图1-5　习题1-6图

1-7　一圆锥体绕其铅直中心轴等速旋转(见图1-6),锥体与固定壁间的距离$\delta=1\text{mm}$,全部为润滑油($\mu=0.1\text{Pa}\cdot\text{s}$)充满。当旋转角速度$\omega=16\text{s}^{-1}$,锥体底部半径$R=0.3\text{m}$,高$H=0.5\text{m}$时,求作用于圆锥的阻力矩。

1-8　什么是流体的压缩性及热胀性,它们对流体的密度有何影响?

1-9　体积为5m^3的水,在温度不变的情况下,当压强从98kPa增加到490kPa时,体积减小1L,求水的压缩系数及弹性模量。

1-10　图1-7所示为一采暖系统图。由于水温升高引起水的体积膨胀,为了防止管道及暖气片胀裂,特在系统顶部设置一膨胀水箱,使水的体积有自由膨胀的余地。若系统内水的总体积$V=8\text{m}^3$,加热前后温度变化$\Delta t=50$℃,水的体积膨胀系数为0.0005,求膨胀水箱的最小容积。

1-11　空压机将$9.8\times10^4\text{Pa}$下25℃的空气压缩到$8.82\times10^5\text{Pa}$、80℃的状态下储于罐中。问空气的体积在两种状态下减少了多少?

1-12　什么是流体的力学模型,常用的流体力学模型有哪些?

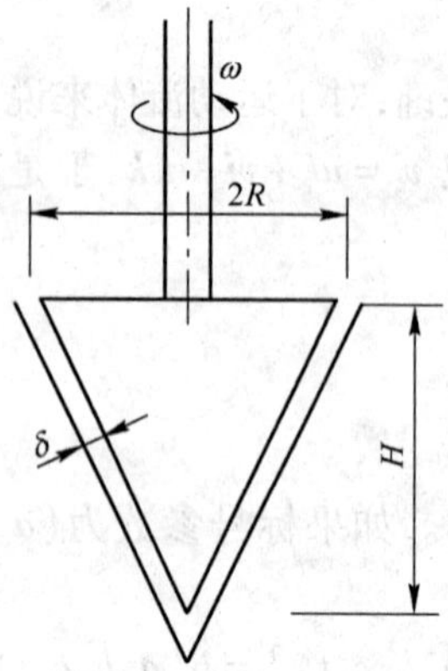

图1-6 习题1-7图

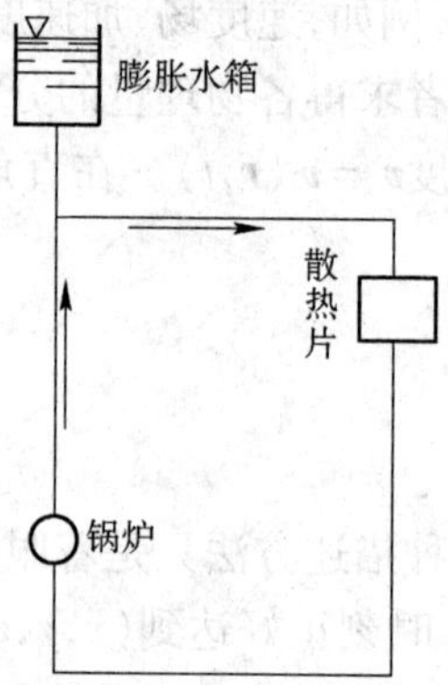

图1-7 习题1-10图

第二章　流体静力学

流体静力学是研究流体在外力作用下，静止或相对平衡时的力学规律以及这些规律在工程实际中应用的科学。所谓静止是指流体内部宏观质点之间或流体层之间没有相对运动，达到了相对平衡，至于流体作为一个整体完全可以同刚体一样地运动，通常按流体整体相对于地球有无运动，将流体静止分为相对静止和绝对静止。

处于静止状态的流体，流体内部不存在切应力，其内部将不呈现黏性，因此，由流体静力学所得出的结论对理想流体和黏性流体都是适用的。

第一节　流体静压强及其特性

一、流体静压强的定义

从静止或相对平衡状态的均质流体中，任取一体积为 V 的流体单元，周围流体对该单元流体的作用力以箭头表示，如图 2－1 所示。设用一平面 $ABCD$，将此流体单元分为 Ⅰ、Ⅱ 两部分。假定将 Ⅰ 部分移去，并以等效的力代替它对 Ⅱ 部分的作用，使 Ⅱ 部分不失原有的平衡。

在平面 $ABCD$ 上任取一面积为 ΔA 面积微元，a 点是该面积微元的中心。令力 ΔP 为移去部分作用在面积 ΔA 上的总作用力。显然，ΔP 为面积 ΔA 上的流体静压力，ΔA 为流体静压力 ΔP 的作用面积。它们的比值，称为面积 ΔA 上流体的平均静压强，以 $\bar{p}$ 表示，即

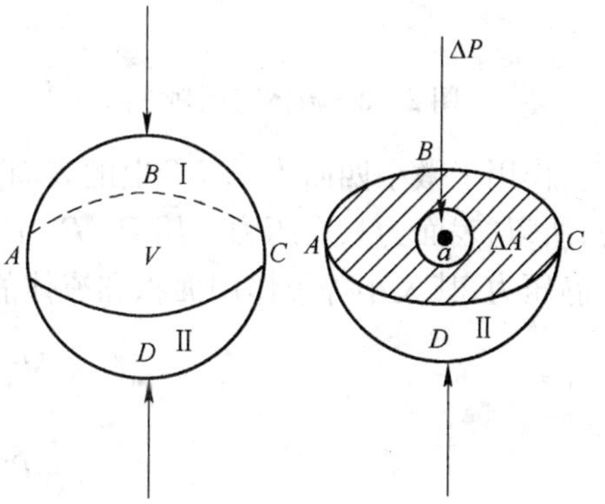

图 2－1　静止流体相互作用

$$\bar{p} = \frac{\Delta P}{\Delta A} \tag{2-1}$$

显然，a 点流体静压强就可以由下面的极限表示，即

$$p = \lim_{\Delta A \to 0} \frac{\Delta P}{\Delta A} \tag{2-2}$$

可以看出，流体静压力和流体静压强都是压力的一种量度。它们的区别仅在于：前者是容量性质，即与作用面积成正比；而后者是强度性质，与作用面积大小无关。

在国际单位制中，压强的单位为帕，以 Pa 表示，$1\text{Pa} = 1\text{N/m}^2$；在压强较大时可以用 kPa 和 MPa 表示，$1\text{kPa} = 10^3\text{Pa}$，$1\text{MPa} = 10^3\text{kPa}$。

二、流体静压强的特性

在静止或相对平衡的流体中，流体内部不存在切应力，因此只有作用在内法线方向上的

表面力,即静压力。单位面积上作用的静压力称为压强。流体的静压强具有两个重要特性。

特性1:流体静压强对某个表面的作用所产生的静压力必指向作用面的内法线方向。第一章中,我们讲述了流体静止时不能承受拉力和切力,所以流体静压强的方向必然是沿着作用面的内法线方向,如图2-2所示。由于流体内部的表面力只为压力,所以,流体静力学的基本问题是研究流体静压强在流体内部的分布规律。

特性2:静止流体内任一点处,压强的大小与作用面的方位无关,即同一点各方向的流体静压强均相等。在静止或相对平衡的流体中,取出一个包括 O 点在内的微小四面体 $OABC$,如图2-3所示,并将 O 点设为坐标原点,取正交的三个边长分别为 dx, dy, dz 并与 x, y, z 坐标轴重合。设垂直于 x,y,z 三个坐标轴的面及倾斜面 ABC 上平均压强分别为 p_x, p_y, p_z 及 p_n,为了研究这些平均压强间的相互关系,我们建立作用于微小四面体 $OABC$ 上各力的平衡关系。

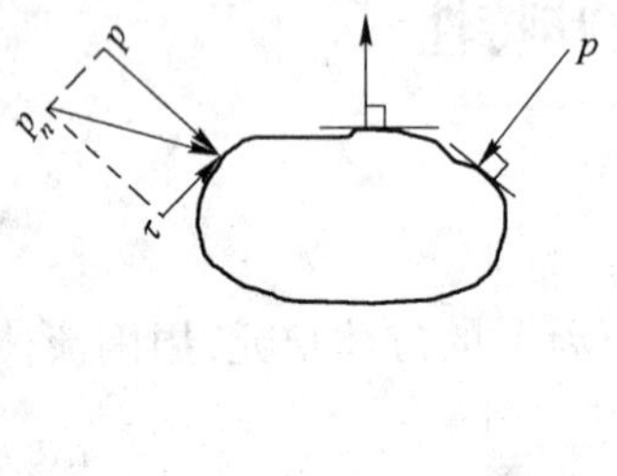

图2-2 流体静压强方向

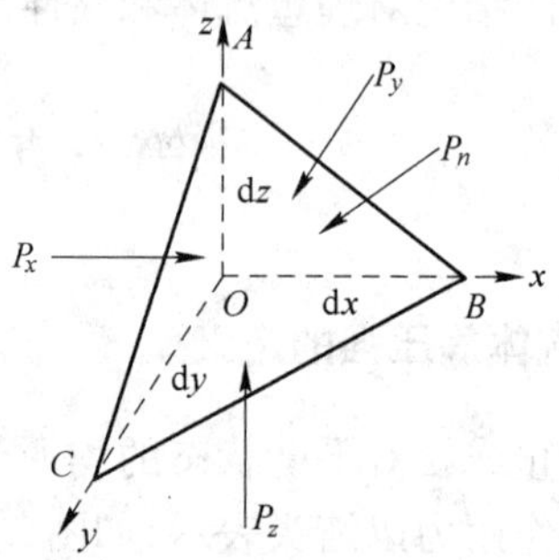

图2-3 微元四面体平衡

作用于微小四面体 $OABC$ 上的表面力,由于静止或相对平衡流体内部不存在拉力和切力,所以,表面力只有压力。用 P_x, P_y, P_z, P_n 分别表示垂直于 x,y,z 轴的平面及倾斜面上流体静压力,其大小等于作用面积和流体静压强的乘积,即

$$P_x = p_x \cdot \frac{1}{2}\mathrm{d}y\mathrm{d}z$$

$$P_y = p_y \cdot \frac{1}{2}\mathrm{d}z\mathrm{d}x$$

$$P_z = p_z \cdot \frac{1}{2}\mathrm{d}x\mathrm{d}y$$

$$P_n = p_n \cdot \mathrm{d}A \text{(}\mathrm{d}A\text{ 为 }ABC\text{ 倾斜面的面积)}$$

作用在微小四面体上的质量力在各轴向的分量等于单位质量力在各轴向的分量与流体质量的乘积,而流体质量又等于流体密度与微小四面体体积 $\frac{1}{6}\mathrm{d}x\mathrm{d}y\mathrm{d}z$ 的乘积。设单位质量力在 x,y,z 轴的分量分别为 X,Y,Z,则质量力在各轴向的分量为

$$F_{Bx} = \rho \cdot \frac{1}{6}\mathrm{d}x\mathrm{d}y\mathrm{d}z \cdot X$$

$$F_{By} = \rho \cdot \frac{1}{6}\mathrm{d}x\mathrm{d}y\mathrm{d}z \cdot Y$$

$$F_{Bz} = \rho \cdot \frac{1}{6}\mathrm{d}x\mathrm{d}y\mathrm{d}z \cdot Z$$

微小四面体在上述两类力的作用下处于静止或相对平衡状态，其外力沿各轴向之和为零，即

$$P_x - P_n\cos(\boldsymbol{n},x) + F_{Bx} = 0 \tag{1}$$

$$P_y - P_n\cos(\boldsymbol{n},y) + F_{By} = 0 \tag{2}$$

$$P_z - P_n\cos(\boldsymbol{n},z) + F_{Bz} = 0 \tag{3}$$

式中，$(\boldsymbol{n},x)$，$(\boldsymbol{n},y)$，$(\boldsymbol{n},z)$分别表示倾斜面外法线方向 $\boldsymbol{n}$ 与 x,y,z 轴向的夹角。P_n 前面的负号是因为流体静压力在相应坐标轴上的投影与其轴正向相反的缘故。

式(1)还可以写成

$$p_x \cdot \frac{1}{2}\mathrm{d}y\mathrm{d}z - p_n\mathrm{d}A\cos(\boldsymbol{n},x) + \frac{1}{6}\rho \cdot \mathrm{d}x\mathrm{d}y\mathrm{d}z \cdot X = 0$$

将 $\mathrm{d}A\cos(\boldsymbol{n},x) = \frac{1}{2}\mathrm{d}y\mathrm{d}z$ 代入上式，并略去高阶无穷小量，化简移项得

$$p_x = p_n$$

同理，由(2)、(3)式可得

$$p_y = p_n$$

$$p_z = p_n$$

由此可得

$$p_x = p_y = p_z = p_n \tag{2-3}$$

式(2－3)说明在静止或相对平衡流体内任一点处，流体静压强的大小与作用面的方向无关，只与该点的位置有关，这就从理论上说明了流体静压强的第二个特性。这个特征告诉我们：流体内部各点的位置不同，压强可能不同；位置一定，则不论取哪个方向，压强的大小完全相等，因此，流体静压强只是空间位置的函数。这样，研究流体静压强的根本问题，即研究流体静压强分布规律问题，就简化为研究压强函数

$$p = f(x,y,z)$$

的问题了。

第二节　流体静压强的分布规律

建筑环境与设备工程专业各工程领域涉及的流体储存与管路输送，绝大多数是在重力场中进行的，即作用在流体上的质量力仅为重力。下面我们将讨论静止流体，质量力仅为重力时，流体静压强的分布规律。

一、液体静压强的基本方程

在静止液体中，任意取出一倾斜放置的微元圆柱体，该流体微元长为 Δl，端面积为 $\mathrm{d}A$，并垂直于圆柱体轴线，如图 2－4 所示。现在，我们研究该流体微元在质量力和表面力共同作用下的轴向平衡问题。

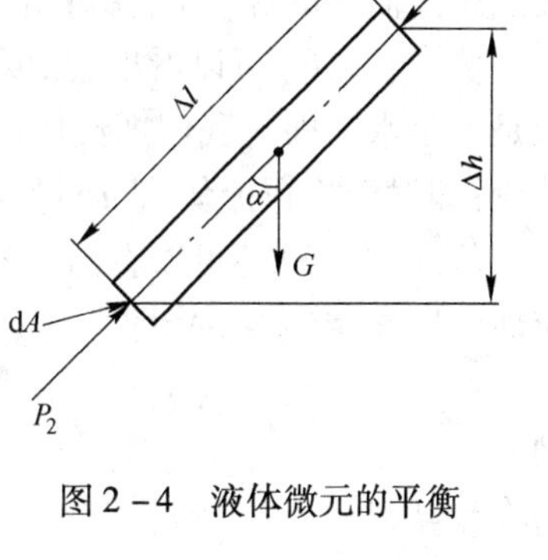

图 2－4　液体微元的平衡

周围静止液体对微元体作用的表面力有侧面压力及两端面的压力。根据流体静压强沿作用面内法线分布的特性，侧面压力与轴向垂直，沿轴向没有分力；圆柱体两端

面沿轴向作用的压力分别为 P_1 和 P_2。

静止液体所受的质量力仅为重力，而重力方向铅直向下，与轴线的夹角为 α，将其分解为平行于轴向的 $G \cdot \cos\alpha$ 和垂直于轴向的 $G \cdot \sin\alpha$ 两个分量。

因为流体静止，诸力平衡，即

$$P_2 - P_1 - G \cdot \cos\alpha = 0$$

由于所考察的对象为流体微元，断面 $\mathrm{d}A$ 上各点压强相等。设圆柱上端面的压强为 p_1，下端的压强为 p_2，则两端面的压力分别为 $P_1 = p_1 \mathrm{d}A$，$P_2 = p_2 \mathrm{d}A$，流体微元受的重力 $G = \rho g \cdot \Delta l \cdot \mathrm{d}A$。代入上式得

$$p_2 \mathrm{d}A - p_1 \mathrm{d}A - \rho g \Delta l \mathrm{d}A \cos\alpha = 0$$

$$\Delta l \cdot \cos\alpha = \Delta h$$

整理得

$$p_2 - p_1 = \rho g \Delta h \tag{2-4}$$

或写成

$$\Delta p = \rho g \Delta h$$

从式(2-4)看出，由于该流体微元的端面是任意选取的，所以，可以得出具有普遍规律的表述：即静止液体中任两点间的压强差等于两点间的深度差乘以密度和重力加速度。将压强差关系式改写成压强关系式，则为

$$p_2 = p_1 + \rho g \Delta h \tag{2-5}$$

式(2-5)表示压强随深度不断增加，而深度增加的方向就是静止液体质量力——重力作用的方向。进而得到液体内部压强增加的方向就是质量力的作用方向的结论。

现在，把压强关系式应用于求静止液体内某一点的压强。如图2-5所示，设液面压强为 p_0，液体密度为 ρ，设某点在液面下深度为 h，则根据式(2-5)得

$$p = p_0 + \rho g h \tag{2-6}$$

式中，p 为液体内某点的压强，Pa；p_0 为液面气体压强，Pa；ρ 为液体的密度，$\mathrm{kg/m^3}$；h 为某点在液面下的深度，m。

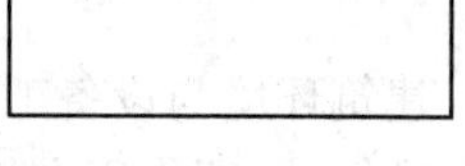

图2-5 敞开水箱

式(2-4)~式(2-6)就是液体静力学的基本方程式。它表示静止液体中，压强随深度按直线变化的规律。静止液体中任一点的压强是由液面压强和该点在液面下的深度与密度和重力加速度的乘积两个部分所组成的。从这两个部分可以看出，压强的大小与容器的形状无关。因此，不论盛液体容器的形状怎么复杂，只要知道液面压强 p_0 和某点在液面下的深度 h，就可由此式求出该点的压强。

从式(2-6)可以看出，深度相同的各点，液体压强相同，这些深度相同的点所构成的平面是一个水平面。我们把流体内部具有相同压强的面称为等压面。因此，可以得出这样的结论：即对于静止流体，且质量力仅为重力时，流体内部的等压面为水平面。

从式(2-6)还可以看出，当液面压强 p_0 有所增减($\pm \Delta p_0$)时，则液体内部压强 p 亦相应地有所增减($\pm \Delta p$)，即

$$p = p_0 + \rho g h$$

则

$$p \pm \Delta p = p_0 \pm \Delta p_0 + \rho g h$$

两式相减得

$$\Delta p = \Delta p_0$$

可见，静止液体任一边界面上压强的变化，将等值地传递到其他各点（只要静止不被破坏），这就是著名的液体静压强等值传递的帕斯卡（Pascal）原理。该原理在水压机、液压传动、气动阀门、水力闸门等水力机械中得到广泛应用。

【例 2-1】 水池中盛水如图 2-6 所示。已知液面压强 $p_0 = 98.07\text{kPa}$，求水中 C 点，以及池壁 A，B 点和池底 D 点的压强。

【解】 A，B，C 在同一水平面上，水深 h 均为 1m，所以压强相等。即 $p_A = p_B = p_C = p$，故

$$p = p_0 + \rho g h = 98.07 + 1000 \times 9.8 \times 1 = 107.87\text{kPa}$$

D 点的水深是 1.6m，故

$$p_D = 98.07 + 1000 \times 9.8 \times 1.6 = 113.75\text{kPa}$$

关于压强的作用方向，应根据受力面的方位和承受压力的物质系统而定。例如 A，B，D 三点在固体壁面上，若考虑液体对壁面的作用，则方向如图 2-6 中所示。总之，静压强的作用方向垂直于作用面的切平面且指向受力物质（流体或固体）系统表面的内法线方向。

流体静力学基本方程式（2-6），还可以表示为另一种形式。如图 2-7 所示，设水箱水面的压强为 p_0，水中 1，2 两点到任选基准面 O—O 的高度分别为 Z_1 及 Z_2，压强分别为 p_1 及 p_2，显然有 $h = Z_0 - Z$，将 $h = Z_0 - Z$ 代入式（2-6），有

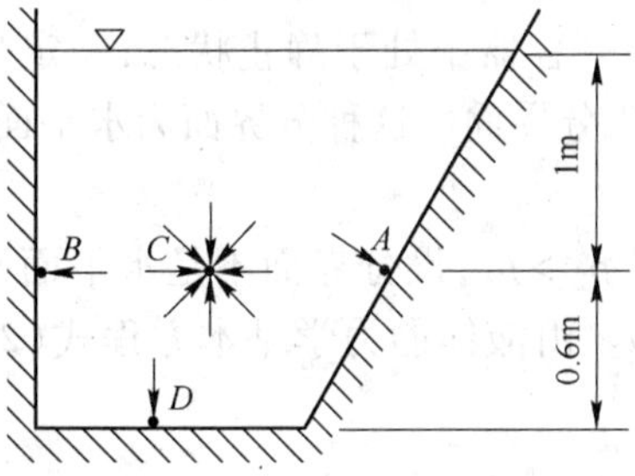

图 2-6 例 2-1 图

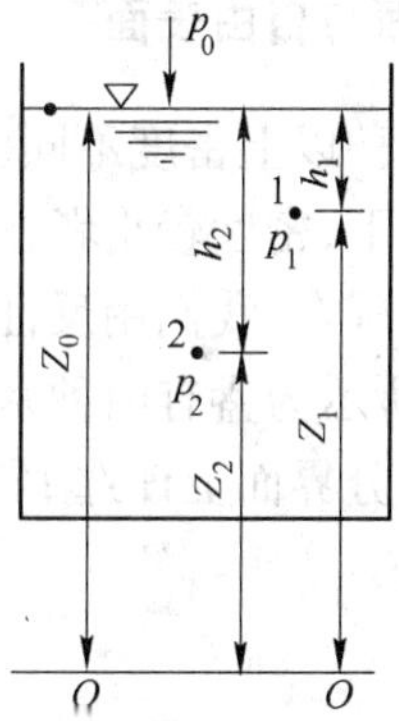

图 2-7 液体静力学方程推证

$$p_1 = p_0 + \rho g (Z_0 - Z_1)$$
$$p_2 = p_0 + \rho g (Z_0 - Z_2)$$

两式除以 ρg，并整理后得

$$Z_1 + \frac{p_1}{\rho g} = Z_0 + \frac{p_0}{\rho g}$$

$$Z_2 + \frac{p_2}{\rho g} = Z_0 + \frac{p_0}{\rho g}$$

两式联立得

$$Z_1 + \frac{p_1}{\rho g} = Z_2 + \frac{p_2}{\rho g} = Z_0 + \frac{p_0}{\rho g}$$

由于 1，2 两点是任意选取的，故可将上述关系式推广到整个液体内部，得出具有普遍意义的规律，即

$$Z+\frac{p}{\rho g}=C(\text{常数}) \tag{2-7}$$

这就是流体静力学基本方程的另一种形式。它表示在同一种静止流体中，不论哪一点的$\left(Z+\frac{p}{\rho g}\right)$总是一个常数。式(2-7)中$Z$为该点的位置相对于基准面的高度，因为与考察点的位置有关，故称为位置水头；$\frac{p}{\rho g}$是该点在压强作用下沿测压管液体所能上升的高度，由于此高度与考察点的压强密切相关，故称为压强水头。所谓测压管是一端和大气相通，另一端和液体中某点相接的管子，如图2-8所示。两水头相加$\left(Z+\frac{p}{\rho g}\right)$，称为测压管水头，它表示测压管内液面相对于基准面的高度。两水头相加等于常数$\left(Z+\frac{p}{\rho g}=C\right)$，则表示在同一容器内的静止液体中，所有各点的测压管水头均相等。即使各点的位置水头Z和压强水头$\frac{p}{\rho g}$互不相同，但各点的测压管水头必然相等。因此，在同一容器中的静止液体，所有各点的测压管液面必然在同一水平面上。测压管水头中的压强p必须采用相对压强表示，相对压强的概念将在下节介绍。

二、分界面与自由表面

两种或两种以上密度不同，互不混合的液体，在同一容器中处于静止状态，一定是密度较大的液体在下，密度较小者在上。两种液体之间形成分界面。这种分界面为水平面，显然也是等压面。现在，我们用反证法证明如下：

图2-9所示为盛有两种密度不同液体的容器，且$\rho_2>\rho_1$，设分界面不是水平面而是倾斜面。我们在分界面上任选1，2两点，其深度差为Δh。由液体静力学基本方程式(2-4)，压强差为

$$\Delta p=\rho_1 g\Delta h$$
$$\Delta p=\rho_2 g\Delta h$$

两式相减，得

$$(\rho_1-\rho_2)\Delta h=0$$

由于$\rho_2>\rho_1$，则上述关系成立，必然是$\Delta h=0$，即分界面为水平面，而不可能是倾斜面。

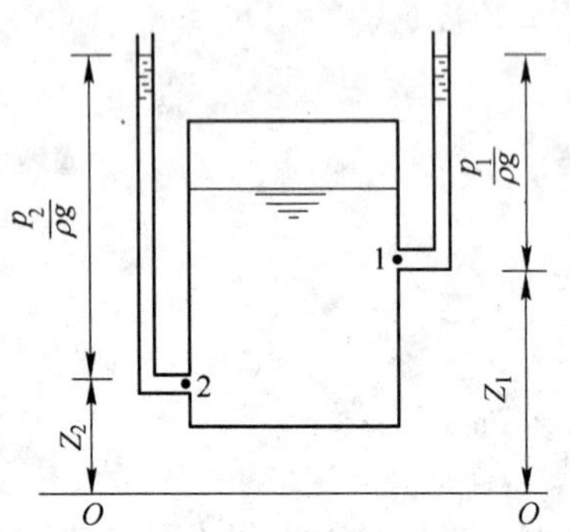

图2-8 测压管水头

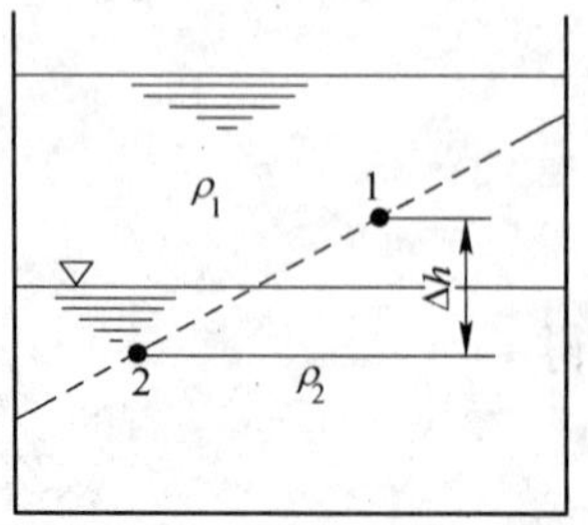

图2-9 分界面是水面的推证

将 $\Delta h=0$ 代入压强差关系式，得 $\Delta p=0$。这就证明分界面是等压面，由上述讨论可知，分界面既是水平面，同时又是等压面。

静止的液体和气体接触的自由表面，受到相同的气体压强作用，所以自由表面是分界面的一种特殊形式。它既是等压面，也是水平面。事实上，水平面这个概念就是从静止的水面、湖面、池面等具体形式抽象出来的。

这里需要指出：上述规律是在同种液体处于静止、连续的条件下推导出来的。因此，液体静压强分布规律只适用于静止、同种、连续液体，如不能同时满足这三个条件，就不能应用上述规律。例如，不能同时满足这三个条件的水平面就不一定是等压面。如图 2－10a 中的 a、b 两点，虽属静止的同种液体，但不连续，中间被气体隔开了，所以同在一个水平面上的 a，b 两点压强不相等。又如图 2－10a 中的 b，c 两点，虽属静止、连续，但不是同种液体，所以同在一个水平面上的 b，c 两点压强也不相等。又如图 2－10b 中的 d，e 两点，虽属同种连续液体，但因不处于静止状态，而使 d，e 两点虽然处于同一水平面，但压强不相等。

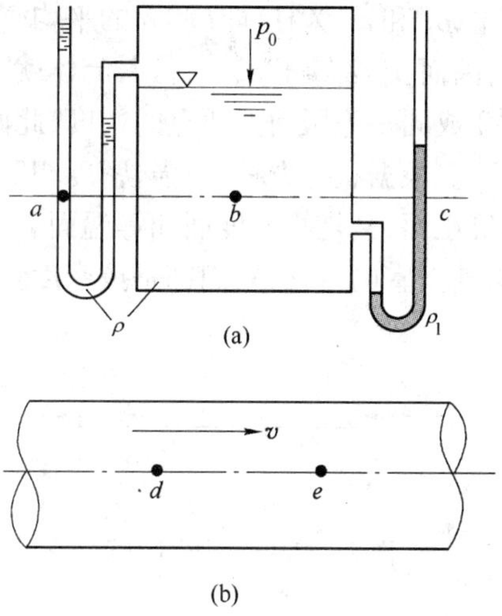

图 2－10　等压面条件

最后还应指出，如果同一容器或同一连通器盛有多种不同密度的液体，要从某一种液体中某一点的已知压强，求另一种液体中另一点的未知压强时，必须先求出两种液体间的分界面压强，进而求出未知压强。如果这两种液体不是直接相联的，那么就应该求出相互连通的各段液体的分界面压强。总之，多种液体在同一容器或连通器的条件下求压强或压强差时，必须注意把分界面作为压强关联面。

三、气体压强计算

以上规律，虽然是在液体的基础上提出来的，但对于不可压缩气体仍然适用。

由于气体密度相对于液体来说很小，在高差不大的情况下，气柱产生的压强值很小，因而可以忽略 ρgh 的影响，则式(2－6)简化为

$$p=p_0 \tag{2-8}$$

表示空间各点气体压强相等，例如液体容器、测压管以及锅炉等上部的气体空间，就可以认为各点的压强是相等的。

四、等密度面

前面论证了静止均质流体的水平面是等压面，那么人们不禁要问，静止非均质流体又会具有何种规律呢？为了回答这个问题，我们在静止非均质流体中，取轴线水平的微元圆柱体，如图 2－11 所示，来分析其轴向受力和平衡。

我们知道，作用在静止流体上的质量力只有重力，重力作用方向铅直向下，侧面压力垂直于轴线，所以这两种力沿轴向均无分力。此时该流体微元沿轴向外力平衡就表现为两端面压力相等。又由于两端面的面积相等，则压强也必然相等，即

$$p_1 = p_2$$

由于该流体微元的轴线在水平面上的位置是任意选取的，两点压强相等就说明水平面上各点压强相等。即静止非均质流体的水平面仍然是等压面。

既然我们讨论的对象为非均质流体，那么人们很自然地希望知道水平面上密度是如何变化的。为回答这个问题，我们仍然在静止非均质流体内部，选取相距为 Δh 的两个水平面，并在它们之间任选 a、b 两个铅直微小柱体，如图 2-12 所示。分别计算它们的压强差为

$$\Delta p = \rho_a g \Delta h \qquad \Delta p = \rho_b g \Delta h$$

式中，ρ_a 和 ρ_b 为柱体 a 和 b 的平均密度。由于两水平面是等压面，所以，两柱体的压强差相等，因而 ρ_a 必等于 ρ_b。否则，流体就不会静止。当两等压面无限接近，即 $\Delta h \to 0$ 时，ρ_a 和 ρ_b 就变成同一等压面上两点的密度，此两点密度相等，说明水平面不仅是等压面，而且是等密度面。根据状态方程，压强、密度相等，温度也必然相等。因此，静止非均质流体的水平面既是等压面，又是等密度面和等温面。这个结论是有实际意义的，在自然界中，大气和静止水体，甚至室内空气，它们都是按密度和温度分层的，这是很重要的自然现象。

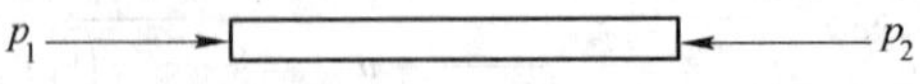

图 2-11 水平面上压强分布

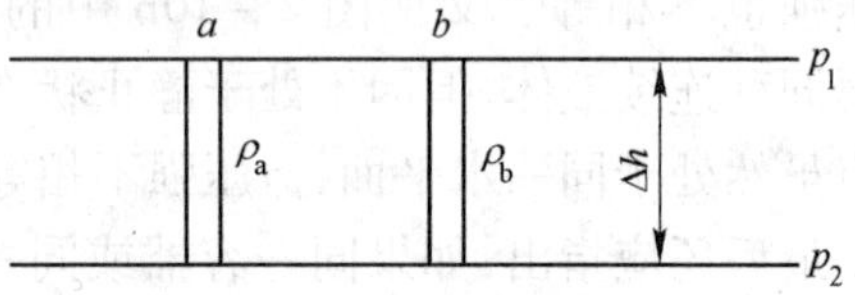

图 2-12 水平面上密度分布

第三节 压强的计算基准和量度单位

在工程技术上，量度流体中某一点或某一空间点的压强，可以用不同的基准和量度单位。

一、压强的两种计算基准

压强有两种计算基准：即以绝对真空为基准和以当地大气压强为基准。

以绝对真空为基准就是以绝对真空状态为零点起算的压强，称其为绝对压强，以 p' 表示。当问题涉及流体本身的性质，例如采用理想或真实气体状态方程的任何形式进行计算时，必须采用绝对压强。

以当地大气压强为基准就是以当地、同高程的大气压强 p_a 为零点起算的压强，称其为相对压强，以 p 表示。

显然有大气压强的相对压强为零。

相对压强、绝对压强和大气压强三者之间的关系是

$$p = p' - p_a \tag{2-9}$$

某一点的绝对压强只能是正值，不可能出现负值。但是，某一点的绝对压强可能大于或小于当地大气压强。因此，相对压强可正、可负。当相对压强为正值时，称该压强为表压强（即压力表读数），简称“表压”；相对压强为负值时，称为真空度（即真空表读数），以 p_v 表示。即当 $p<0$ 时，有

$$p_v = -p = -(p' - p_a) = p_a - p' \tag{2-10}$$

为了区别以上几种压强，现以 A 点（$p'_A > p_a$）和 B 点（$p'_B < p_a$）为例，将它们的关系表示在图 2-13 上。

在不会引起混淆的情况下，也可用 p 表示绝对压强。

引起固体和流体产生力学效应的只是相对压强，而不是绝对压强。此外，绝大部分测量压强的仪表，都是与大气相通的或者是处于大气压的环境中。因此，工程技术中广泛采用相对压强。以后讨论所提压强，如未说明，均指相对压强。但是由于相对压强又有表压和真空度之分，所以本书中规定，凡是未加注明的一律视为表压，而当相对压强为真空度时需要特殊注明。

现以图 2-14 所示的开敞容器中静止流体 A 点压强为例，说明相对压强的计算。设容器外与 A 点同高程的 B 点大气压强以相对压强计为 0，应用流体静力学基本方程，则 A 点的相对压强为

$$p_A = p_0 + \rho gh = (0 - \rho_a gh) + \rho gh = (\rho - \rho_a) gh \tag{2-11}$$

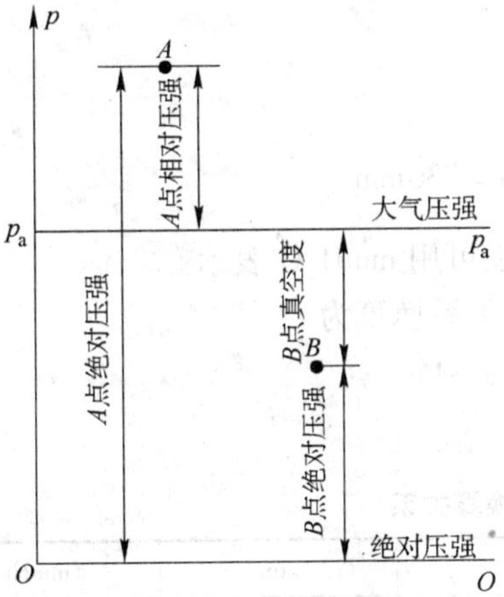

图 2-13　压强的两种基准

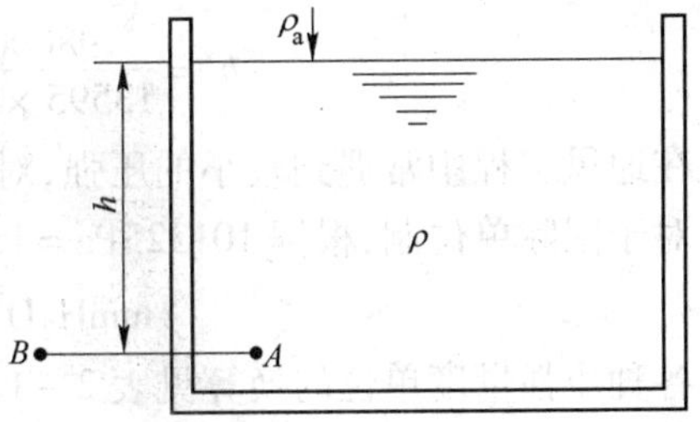

图 2-14　A 点相对压强

如果容器中的流体为液体，由于液体的密度远大于大气密度 ρ_a，在工程计算中可以忽略空气柱产生的压强，则 A 点的相对压强简化为

$$p_A = \rho gh \tag{2-12}$$

这是实际工程中最常用的计算方法。

容器中流体为气体的情况，将在第三章恒定气流能量方程一节中全面阐述。

二、压强的量度单位

压强的量度单位有很多种，大致可以分成三类。

第一类是从压强的基本定义出发，用单位面积上的力表示，即力/面积。国际单位为 Pa，$1\text{Pa} = 1\text{N/m}^2$。

第二类是用标准大气压的倍数来表示。国际上规定标准大气压强是温度为 0℃ 时海平面上的压强，以符号 atm 表示。在工程单位制中，规定大气压强以符号 at 表示（相当于海拔 200m 处正常大气压），称为工程大气压。例如，某点绝对压强为 303.975kPa，则称该点绝对

压强为三个标准大气压，或称相对压强（表压）为两个标准大气压。

第三类是以液柱高度表示的压强，常用的液柱是水柱或汞柱，其单位为 mH_2O、mmH_2O 或 mmHg，这类单位的合理性可以从式（2－12）经过改写而得到，即

$$h=\frac{p}{\rho g}$$

只要已知液柱密度 ρ，h 和 p 的关系就可以通过上式表现出来。因此，液柱高度也可以表示压强，例如一个标准大气压强相对应的水柱高度为

$$h=\frac{p}{\rho g}=\frac{101325}{1000\times9.8}=10.33\text{m}$$

相对应的汞柱高度为

$$h'=\frac{p}{\rho g}=\frac{101325}{13595\times9.8}=0.76\text{m}=760\text{mm}$$

又如一个工程大气压相对应的水柱高度为

$$h=\frac{98000}{1000\times9.8}=10\text{m}$$

相对应的汞柱高度为

$$h'=\frac{98000}{13595\times9.8}=0.736\text{m}=736\text{mm}$$

在通风工程中常遇到较小的压强，对于较小的压强可用 mmH_2O 表示。

对于国际单位制，根据 101325Pa＝10.33mH_2O 的关系换算为

$$1\text{mmH}_2\text{O}=9.8\text{N/m}^2=9.8\text{Pa}$$

各种压强量度单位的换算见表2－1。

表2－1 压强量度单位的换算关系

压强单位	Pa	mmH_2O	at	atm	mmHg
换算单位	9.8	1	10^{-4}	9.67×10^{-5}	0.736
	98000	10^4	1	0.967	736
	101325	1033	1.033	1	760
	133.3	13.6	1.36×10^{-3}	13.16×10^{-3}	1

需要指出的是，在以上三类压强量度单位中，液柱高度单位和大气压单位都不是国际单位制的单位，是目前尚在使用的非法定计量单位。它们正逐渐被国际单位制（即SI制）所取代。

【例2－2】 立置在水池中的密封罩如图2－15所示，已知当地大气压强 $p_a=88.26\text{kPa}$，试求罩内 A，B，C 三点的绝对压强和相对压强，若为负压，求其真空度。

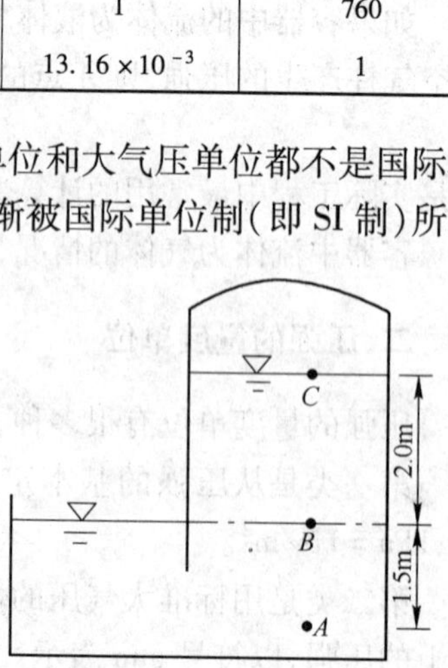

图2－15 例2－2图

【解】 已知开口一侧水面压强是大气压，因水平面是等压面，B 点的压强以相对压强计 $p_B=0$。其绝对压强为

$$p_B'=p_B+p_a=88.26\text{kPa}$$

A 点的相对压强为

$$p_A=p_B+\rho gh_{AB}=\rho gh_{AB}=1000\times9.8\times1.5=14700\text{Pa}$$

绝对压强为

$$p_A' = p_A + p_a = 88260 + 14700 = 102960\text{Pa}$$

C 点的相对压强为

$$p_C = p_B - \rho g h_{BC} = -\rho g h_{BC} = -1000 \times 9.8 \times 2 = -19600\text{Pa}$$

C 点真空度

$$p_v = -p_C = 19600\text{Pa}$$

C 点绝对压强为

$$p_C' = p_C + p_a = 88260 - 19600 = 68660\text{Pa}$$

第四节　液柱测压计

测量流体的压强是工程上极其普遍的要求，如锅炉、压缩机、水泵、风机、鼓风机等均装有压力计及真空计。测量流体压强的仪器称为测压计，常用的测压计有弹簧金属式、电测式和液柱式三种。由于液柱式测压计直观、方便和经济，因而在工程上得到广泛应用。下面介绍几种常用的液柱式测压计。

一、测压管

测压管是一根玻璃直管或 U 形管，一端连接在需要测定的器壁孔口上，另一端开口，直接和大气相通。几种测压管如图 2－16 所示。由于相对压强的作用，水在管中上升或下降，与大气相接触的液面相对压强为零，这样就可以根据管中水面到所测点的高度直接读出水柱高度。

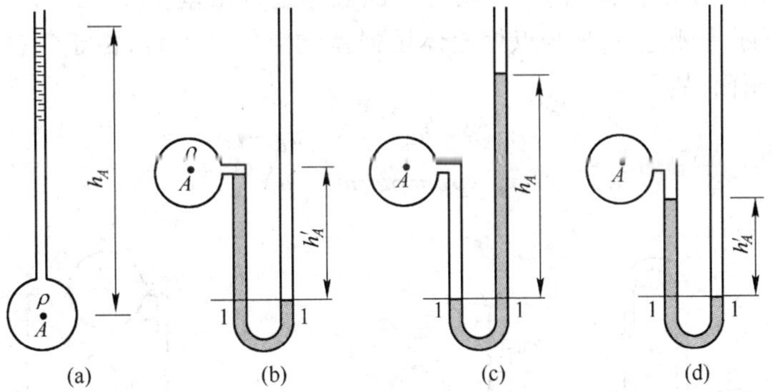

图 2－16　测压管

图 2－16a 中，测压管液面高于 A 点，p_A 为正值，即为表压。

$$p_A = \rho g h_A$$

图 2－16b 中，测压管液面低于 A 点，以 1—1 为等压面，则

$$p_A + \rho g h_A' = 0$$

故 A 点的真空度为

$$p_A = -\rho g h_A' \quad \text{或} \quad p_V = \rho g h_A'$$

如果需要测定气体压强，可以采用 U 形管盛液体，如图 2－16c 所示。因为空气密度远

小于液体，一般容器中的气体高度又不十分大，可以忽略气柱高度所产生的压强，认为静止气体充满的空间各点压强相等。现仍以1—1为等压面，则

$$p_A = \rho g h_A$$

可见，右端测压管液面高于左端时，液柱高度就是容器内气体压强的表压值。

图2－16d中，测压管液面低于A点，现仍以1—1为等压面，则

$$p_A + \rho g h_A' = 0$$

故容器内气体压强的真空度为

$$p_A = -\rho g h_A' \quad 或 \quad p_V = \rho g h_A'$$

在压强较大的场合，液柱式测压计以水为指示液会使液柱高度过高而不便观测，此时可以水银为指示液。图2－17所示为水银测压管。根据等压面规律，U形管1，2两点的压强相等，即 $p_1 = p_2$，所以

$$p_A + \rho g a = \rho' g h_m$$

故得

$$p_A = \rho' g h_m - \rho g a$$

或

$$\frac{p_A}{\rho g} = \frac{\rho'}{\rho} h_m - a$$

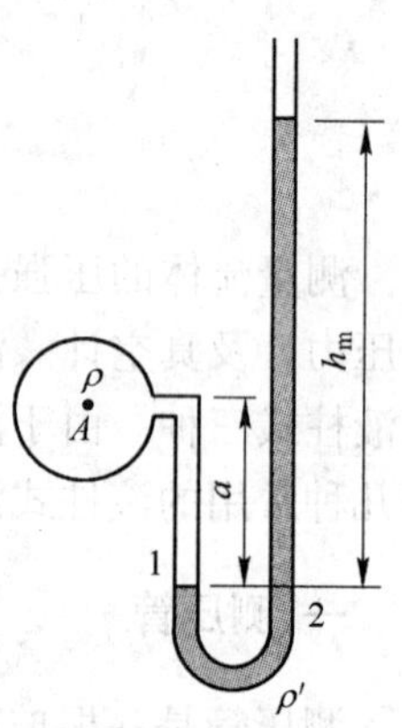

图2－17 水银测压

还应指出，在观测精度要求高，或所用管径较小时，需要考虑毛细管作用对液柱高度读数产生的影响。

二、压差计

压差计是测定两点间压强差的仪器，常用U形管制成。根据压差的大小，U形管中采用空气或各种不同密度的液体，仍然应用等压面规律进行压差计算。

图2－18a所示为测定A，B两点处液体压强差的空气压差计，由于气柱高度不大，可以认为两液面为等压面，故得

$$p_A - \rho g(y + h_m - a) = p_B - \rho g y$$

故

$$p_A - p_B = \rho g (h_m - a) \tag{2-13}$$

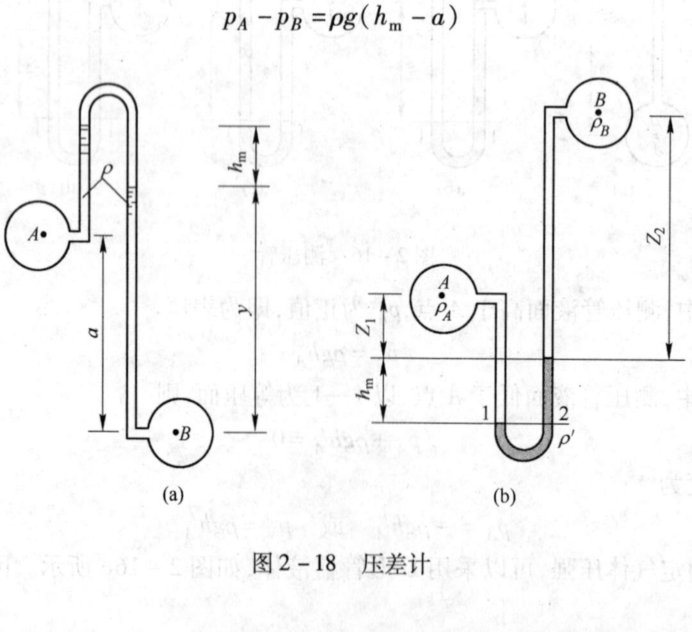

图2－18 压差计

当需要测定的压差较大时，采用图 2－18b 所示的水银压差计。因为 1，2 两点所在的平面为等压面，得

$$p_A+\rho_A g(Z_1+h_m)=p_B+\rho_B gZ_2+\rho' gh_m$$

故

$$p_A-p_B=(\rho'-\rho_A)gh_m+\rho_B gZ_2-\rho_A gZ_1$$

如 A，B 两点处为同种液体，即 $\rho_A=\rho_B=\rho$，则

$$p_A-p_B=(\rho'-\rho)gh_m+\rho g(Z_2-Z_1) \tag{2-14}$$

如 A，B 两点处为同种液体，且在同一高程，即 $Z_1=Z_2$，则

$$p_A-p_B=(\rho'-\rho)gh_m \tag{2-15}$$

如果 A，B 两点处为同一气体，则

$$p_A-p_B=\rho' gh_m \tag{2-16}$$

三、微压计

在测定微小压强（或压差）时，为了提高测量精度，可采用微压计。微压计一般用于测定气体压强，它的测压管是倾斜放置的，其倾角为 α，如图 2－19 所示。壶中液面与测压管中液面高差 h 的读数为 l，而 $h=l\cdot\sin\alpha$，则

$$p_1-p_2=\rho gl\cdot\sin\alpha \tag{2-17}$$

测定时 α 为定值，只需测得倾斜长度 l，就可得出压差。由于 $l=h/\sin\alpha$，当 $\sin\alpha=0.5$ 时，$l=2h$；当 $\sin\alpha=0.2$ 时，$l=5h$。说明倾斜角度越小，l 的放大倍数就越大，测量精度就越高。由上式还可看出，ρ 越小，读数 l 就越大。因此，工程上常用密度比水更小的液体，例如酒精（纯度 95% 的酒精，$\rho=810\text{kg/m}^3$）作为指示液，以提高测量精度。

【例 2－3】 如图 2－20 所示的测压装置，假设容器 A 中水面上的表压力等于 $2.5\times10^4\text{Pa}$，$h=500\text{mm}$，$h_1=200\text{mm}$，$h_2=250\text{mm}$，$h_3=300\text{mm}$。已知水密度 $\rho_1=1.0\times10^3\text{kg/m}^3$，酒精密度 $\rho_2=0.8\times10^3\text{kg/m}^3$，汞密度 $\rho_3=13.6\times10^3\text{kg/m}^3$，试求 B 容器中空气的压强 p。

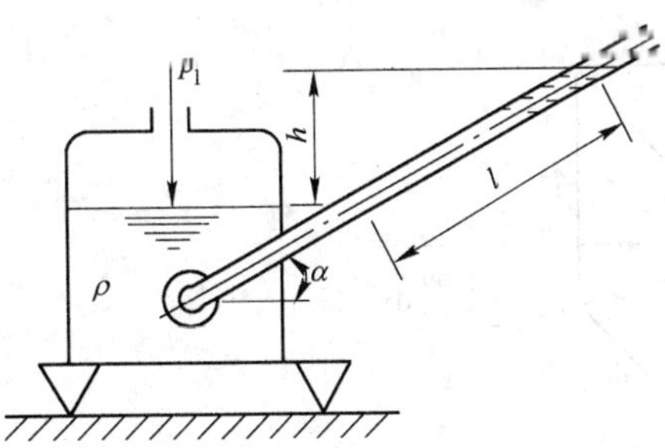

图 2－19　微压计

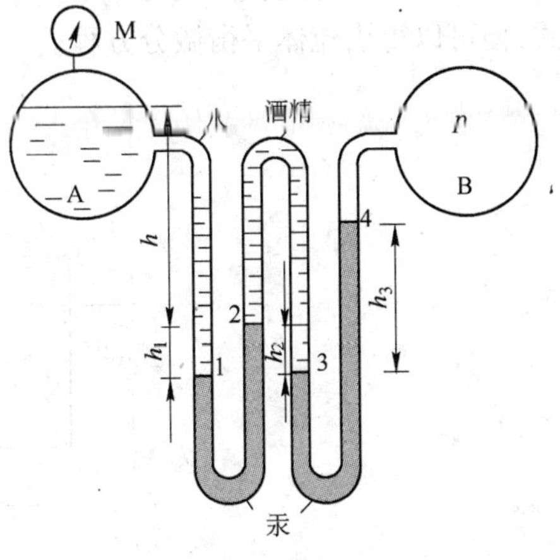

图 2－20　例 2－3 图

【解】 根据重力场中液体静压强基本公式可知 1 点处的压强为

$$p_1=p_A+\rho_1 g(h+h_1)$$

由连通器原理可知 1，2 点压强关系为

$$p_2 = p_1 - \rho_3 g h_1$$

2,3 点的压强关系为

$$p_3 = p_2 + \rho_2 g h_2$$

3,4 点的压强关系为

$$p_4 = p_3 - \rho_3 g h_3$$

由于容器 B 中的压强 $p_B = p_4$,则由上式可得

$$p_B = p_A + \rho_1 g(h + h_1) - \rho_3 g(h_1 + h_3) + \rho_2 g h_2$$

代入数值得

$$\begin{aligned} p_B &= 2.5\times10^4 + 1000\times9.8\times(0.5+0.2) - 13600\times9.8\times(0.2+0.3) + 800\times9.8\times0.25 \\ &= -3.282\times10^4\,\text{Pa} \end{aligned}$$

可见 B 容器中存在着真空,其真空度为 3.282×10^4 Pa。

重力场中同种、连续、静止的均质流体的等压面是水平面,在不考虑压缩性时,此规律对液体和气体都适用,但由于气体密度相对于液体来说很小,在高差不很大时,气柱产生的压强可以忽略,即认为静止气体空间各点的压强都相等。

第五节 流体平衡微分方程

以上讨论了质量力仅为重力作用时,流体静压强分布规律以及压力计算问题。下面将进一步讨论除重力外,还有其他质量力作用时的流体平衡问题。讨论的方法是首先建立流体平衡微分方程,然后进一步探讨其压强分布规律以及压力计算问题。

一、流体平衡微分方程及其积分

设在静止或相对平衡流体中,任取一点 $o'(x,y,z)$,其压强为 p,并以 o' 点为中心取一正六面体流体微元,各边长分别为 dx, dy, dz,如图 2-21 所示。我们对六面体建立外力平衡关系式,便可以得出流体平衡微分方程。

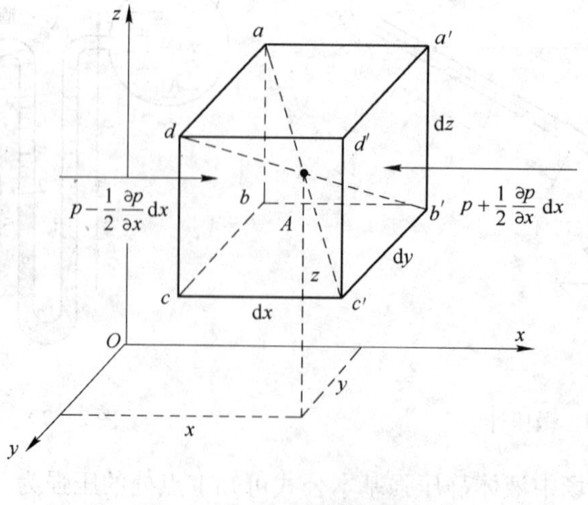

图 2-21 正六面体流体微元

为了建立外力平衡关系式,首先分析作用于流体微元上的诸外力——质量力和表面力。

(一)作用于流体微元上的表面力

由于流体静压强是空间坐标的连续函数,即

$$p=p(x,y,z)$$

沿 x 方向作用于流体微元边界面 $abcd$ 和 $a'b'c'd'$ 中心处的压强,应用泰勒展开式,并取其前两项得

$$p-\frac{1}{2}\frac{\partial p}{\partial x}\mathrm{d}x \quad (\text{作用于 } abcd \text{ 中心,沿 } x \text{ 正向})$$

$$p+\frac{1}{2}\frac{\partial p}{\partial x}\mathrm{d}x \quad (\text{作用于 } a'b'c'd' \text{中心,沿 } x \text{ 反向})$$

式中,$\frac{\partial p}{\partial x}$为压强沿 x 轴向的递增率;$\frac{1}{2}\frac{\partial p}{\partial x}\mathrm{d}x$ 为由于 x 轴向位置变化而引起的压强变化量。由此便可以得出边界面 $abcd$ 和 $a'b'c'd'$的压力分别为

$$\left(p-\frac{1}{2}\frac{\partial p}{\partial x}\mathrm{d}x\right)\mathrm{d}y\mathrm{d}z \quad (\text{作用于 } abcd \text{ 中心,沿 } x \text{ 正向})$$

$$\left(p+\frac{1}{2}\frac{\partial p}{\partial x}\mathrm{d}x\right)\mathrm{d}y\mathrm{d}z \quad (\text{作用于 } a'b'c'd' \text{中心,沿 } x \text{ 反向})$$

(二)作用于流体微元上的质量力

设作用于流体微元上的单位质量力在 x 轴的分量为 X,则作用于流体微元上的质量力沿 x 轴向的分力为

$$X\rho\mathrm{d}x\mathrm{d}y\mathrm{d}z$$

流体处于平衡状态,上述两种力互相平衡,即

$$\left(p-\frac{1}{2}\frac{\partial p}{\partial x}\mathrm{d}x\right)\mathrm{d}y\mathrm{d}z-\left(p+\frac{1}{2}\frac{\partial p}{\partial x}\mathrm{d}x\right)\mathrm{d}y\mathrm{d}z+X\rho\mathrm{d}x\mathrm{d}y\mathrm{d}z=0$$

上式同除 $\mathrm{d}x\mathrm{d}y\mathrm{d}z$,并化简得

$$\rho X-\frac{\partial p}{\partial x}=0 \qquad (2-18\text{a})$$

同理,对沿 y,z 方向可得

$$\rho Y-\frac{\partial p}{\partial y}=0$$

$$\rho Z-\frac{\partial p}{\partial z}=0$$

式(2－18a)就是流体平衡微分方程,也称欧拉(Euler)方程。它表明当流体处于平衡状态时,单位体积流体的质量力在某轴的分量与压强沿该轴的递增率相平衡。如果单位体积流体的质量力在某两轴向的分力为零,则压强在该两轴构成的平面上无递增率,该平面就为等压面;如果质量力在各轴向的分量均为零,则表示无质量力作用,即静止流体空间各点压强相等。

将式(2－18a)除以 ρ,分别移项得

$$\left.\begin{aligned}X&=\frac{1}{\rho}\frac{\partial p}{\partial x}\\Y&=\frac{1}{\rho}\frac{\partial p}{\partial y}\\Z&=\frac{1}{\rho}\frac{\partial p}{\partial z}\end{aligned}\right\} \qquad (2-18\text{b})$$

可以看出，单位质量力在各轴向的分量与压强递增率的符号相同。这说明质量力作用的方向就是压强递增的方向。例如，在静止液体中，压强递增的方向就是重力作用的方向。

将式(2－18a)依次乘以 dx, dy, dz，并相加，得到 Euler 方程的另一种形式，即

$$\frac{\partial p}{\partial x}dx+\frac{\partial p}{\partial y}dy+\frac{\partial p}{\partial z}dz=\rho(Xdx+Ydy+Zdz)$$

式中，左边是平衡流体压强 p 的全微分。即 $dp=\frac{\partial p}{\partial x}dx+\frac{\partial p}{\partial y}dy+\frac{\partial p}{\partial z}dz$，这样则有

$$dp=\rho(Xdx+Ydy+Zdz) \tag{2-19}$$

若流体为不可压缩，即 ρ 为常数。则上式右边括号内的表达式必然是某一函数 $W(x,y,z)$ 的全微分，即

$$dW=Xdx+Ydy+Zdz \tag{2-20}$$

根据微积分中关于全微分的定义

$$dW=\frac{\partial W}{\partial x}dx+\frac{\partial W}{\partial y}dy+\frac{\partial W}{\partial z}dz$$

两式比较，得

$$\frac{\partial W}{\partial x}=X,\ \frac{\partial W}{\partial y}=Y,\ \frac{\partial W}{\partial z}=Z \tag{2-21}$$

满足式(2－19)的函数 $W(x,y,z)$ 称为势函数。具有这样势函数的质量力称为有势的力。例如重力及某些牵连惯性力都是有势的力。因此，可以得出结论：液体只有在有势的质量力的作用下才能平衡。

将式(2－20)代入式(2－19)得

$$dp=\rho dW \tag{2-22}$$

积分得

$$p=\rho W+C \tag{2-23}$$

式中，C 为积分常数，当已知流体内某一点的势函数 W_0 和压强 p_0 时，代入上式得 $C=p_0-\rho W_0$。于是，式(2－23)为

$$p=p_0+\rho(W-W_0) \tag{2-24}$$

此式为不可压缩流体平衡微分方程积分后的普遍关系式。

当质量力仅为重力时，作用于液体的重力为

$$\boldsymbol{G}=-mg\boldsymbol{k}$$

式中，负号是因重力方向与 z 轴的反向一致的缘故。而重力的单位质量力在各轴向的分量为

$$X=0$$
$$Y=0$$
$$Z=-g$$

将以上各力代入式(2－19)得

$$dp=-\rho g dz$$

积分上式，得

$$p=-\rho gZ+C$$

或

$$Z+\frac{p}{\rho g}=C$$

这就是前面已经导出的流体静力学基本方程。

二、等压面及其特性

有了流体平衡微分方程作为理论基础，我们就可以对等压面及其特性进行更深入的讨论。已经知道，等压面上 $p=$ 常数，将 $p=$ 常数代入式(2-22)得

$$dp=\rho dW=0$$

式中，$\rho\neq0$，故必然 $dW=0$，即

$$W=\text{常数}$$

可见，等压面必为等势面。因此，从式(2-20)可得等压面方程为

$$Xdx+Ydy+Zdz=0 \tag{2-25}$$

式中，dx，dy，dz 可设想为流体质点在等压面上的任一微小位移 d_s 在相应坐标轴上的投影。因此，式(2-25)表明：当流体质点沿等压面移动距离 d_s 时，质量力所作的微功为零。而质量力和位移 d_s 都不为零，那么必然是等压面和质量力正交，这是等压面的重要特性。根据这一特性，我们可以由质量力的作用方向来确定等压面，反之亦然。典型的例子是：在静止液体中，如果作用的质量力仅为重力，而重力方向铅直向下，那么垂直于铅直方向的水平面就是等压面。

第六节　液体的相对平衡

现在，我们以流体平衡微分方程为基础，讨论质量力除重力外，还存在牵连惯性力同时作用时的液体平衡问题。在这种情况下，液体相对于地球是运动的。但是，液体质点之间及质点与器壁之间没有相对运动，这种运动称为相对平衡。下面讨论两种典型的相对平衡问题。

一、等加速直线运动中液体的平衡

一敞开容器盛有液体，以等加速度 $\boldsymbol{a}$ 沿 x 轴正向作直线运动，液体的自由面将由原来静止时的水平面变成倾斜面，如图 2-22 所示。假如观察者随容器而运动，他会感到容器和液体都没有运动。这时，作用于每个流体质点的质量力除重力外，还有牵连惯性力。选自由液面中心为坐标原点，x 轴正向和运动方向相同，现分析任一质点所受的单位质量力。

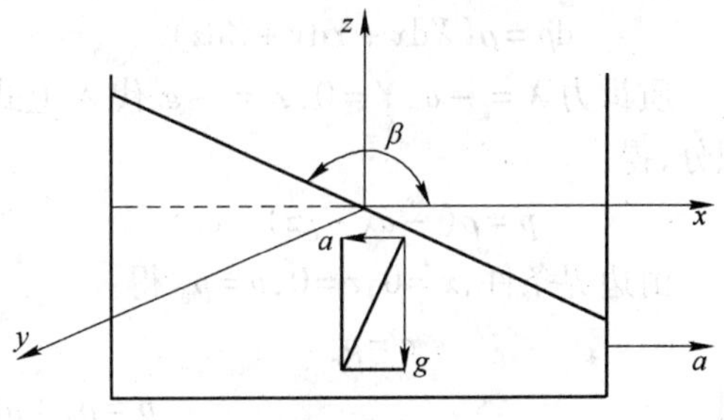

图 2-22　容器等加速直线运动

重力的单位质量力在各轴的分量为：

$$X_1=0,\quad Y_1=0,\quad Z_1=-g$$

由于质点受牵连而随容器作等加速直线运动，则作用在质点上的牵连惯性力为

$$\boldsymbol{F}=-m\boldsymbol{a}$$

式中，m 为质点的质量；$\boldsymbol{a}$ 为加速度；负号表示牵连惯性力的方向与 x 轴方向相反。

单位质量的牵连惯性力在各轴的分量为

$$X_2=-a,\quad Y_2=0,\quad Z_2=0$$

因此,单位质量力在各轴的分量为

$$X = X_1 + X_2 = -a$$
$$Y = Y_1 + Y_2 = 0$$
$$Z = Z_1 + Z_2 = -g$$

将上述单位质量力代入流体平衡微分方程式(2-19),得

$$dp = \rho(-a dx - g dz)$$

积分上式得

$$p = \rho(-ax - gz) + C \tag{2-26}$$

式中,C 为积分常数,由已知边界条件确定。这就是作等加速直线运动容器中,液体相对平衡时压强分布规律的一般表达式。设在坐标原点处,$x = z = 0$,$p = p_a$,代入上式,得 $C = p_a$。代入式(2-26),则得液面下任一点处的压强为

$$p = p_a + \rho(-ax - gz) \tag{2-27}$$

以相对压强表示,则为

$$p = \rho(-ax - gz) \tag{2-28}$$

对于自由液面,有 $p = 0$,则上式为

$$z = -\frac{a}{g}x \tag{2-29}$$

此即等加速直线运动液体的自由液面方程。由该方程可知,自由液面是通过坐标原点的一个倾斜面,它与水平面的夹角为 β,$\tan\beta = -\frac{a}{g}$。在这种运动情况下,各质点所受的牵连惯性力和重力,不仅大小相等,而且方向相同。合力亦不变。由质量力和等压面正交的特性可知,此时等压面为倾斜平面。

自由液面确定后,我们由自由液面求取液体内部任一点的压强。其方法是:首先求出该点沿铅直方向在液面下的深度 h,然后由流体静力学方程进行计算,即:

$$p = p_a + \rho g h$$

【例 2-4】 水车沿直线等加速度行驶,水箱长 $l = 3\text{m}$,高 $H = 1.8\text{m}$,盛水深 $h = 1.2\text{m}$,如图 2-23 所示。试求确保水不溢出的加速度的允许值。

【解】 选坐标系(非惯性坐标系)$Oxyz$,O 点置于静止时液面的中心点,z 轴向上,由式

$$dp = \rho(X dx + Y dy + Z dz)$$

质量力 $X = -a$,$Y = 0$,$Z = -g$ 代入上式积分,得

$$p = \rho(-ax - gz) + c$$

由边界条件,$x = 0$,$z = 0$,$p = p_a$ 得

$$c = p_a$$

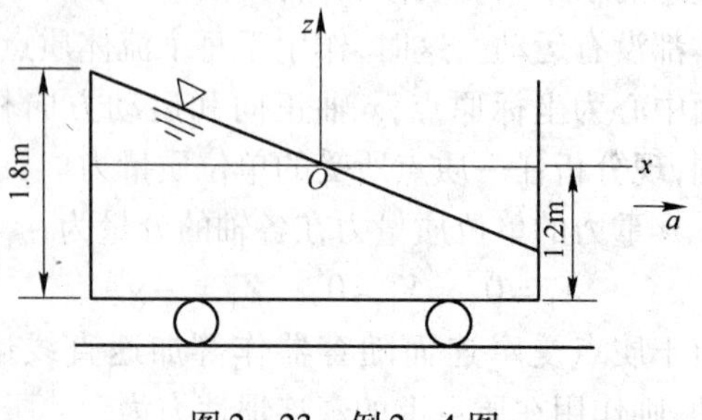

图 2-23 例 2-4 图

则

$$p = p_a + \rho(-ax - gz)$$

令 $p = p_a$,得自由液面方程

$$z_S = -\frac{a}{g}x_S$$

使水不溢出　$z_S \leq H-h=0.6\text{m}$

代入上式，解得

$$a \leq -\frac{gz_S}{x_S}=-\frac{9.8\times0.6}{-1.5}=3.92\text{m/s}^2$$

二、容器等角速旋转运动中液体的平衡

一直立圆管形容器盛有液体，绕其中心轴作等角速旋转运动，如图 2－24 所示。由于液体的黏性作用，液体在器壁的带动下，以相同角速度旋转运动，液体的自由面将由原来静止时的水平面变成以中心轴为对称轴的旋转抛物面，这种平衡是另一种液体相对平衡。这时，作用在每一个质点上的质量力除重力外，还有牵连离心惯性力。

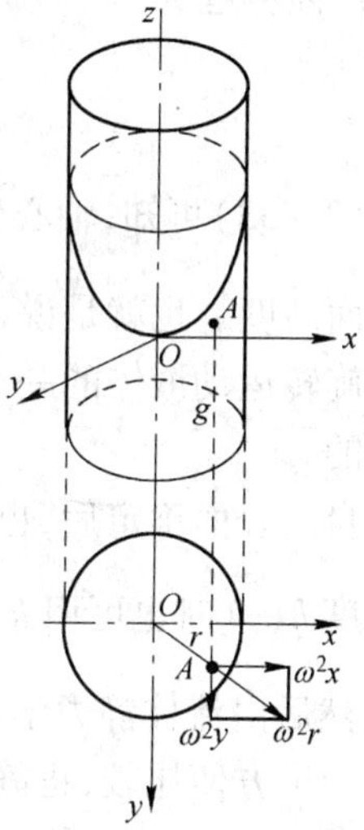

图 2－24　容器等角旋转运动

将坐标设在旋转圆筒上，并使原点与旋转抛物面顶点重合，z 轴铅直向上为正，如图 2－24 所示。现在，分析距 z 轴半径为 r 处的任一质点 A 所受的单位质量力。

单位质量的重力在各轴向的分力为

$$X_1=0, Y_1=0, Z_1=-g$$

作用在质点 A 上的牵连离心惯性力为

$$\boldsymbol{F}=m\frac{u^2}{r}\boldsymbol{e}_r=m\frac{(\omega r)^2}{r}\boldsymbol{e}_r=m\omega^2 r\boldsymbol{e}_r$$

式中，m 为质点的质量；ω 为旋转角速度；r 为 A 点距 z 轴的半径，即 $r=\sqrt{x^2+y^2}$；$\boldsymbol{e}_r$ 为 r 方向的单位向量。

此牵连离心惯性力在各轴向的分量为

$$F_x=m\omega^2 x,\ F_y=m\omega^2 y,\ F_z=0$$

而单位质量的离心惯性力在各轴向的分量为

$$X_2=\omega^2 x,\ Y_2=\omega^2 y,\ Z_2=0$$

因此，单位质量力在各轴向的分力为

$$X=X_1+X_2=\omega^2 x$$
$$Y=Y_1+Y_2=\omega^2 y$$
$$Z=Z_1+Z_2=-g$$

代入式(2－19)，可写成

$$\mathrm{d}p=\rho(\omega^2 x\mathrm{d}x+\omega^2 y\mathrm{d}y-g\mathrm{d}z)$$

积分上式，得

$$p=\rho\left(\frac{1}{2}\omega^2x^2+\frac{1}{2}\omega^2y^2-gz\right)+C=\rho\left(\frac{1}{2}\omega^2r^2-gz\right)+C \tag{2-30}$$

式中，C 为积分常数，由已知的边界条件确定。这就是绕铅直轴作等角速度旋转的容器中，液体相对平衡时压强分布规律的一般表达式。设在坐标原点处，$x=y=z=0$，$p=p_a$。将以上各值代入上式，则得 $C=p_a$，再代回原式(2－30)，得液面下任一点处的压强为

$$p=p_a+\rho\left(\frac{1}{2}\omega^2r^2-gz\right) \tag{2-31}$$

其相对压强为

$$p=\rho\left(\frac{1}{2}\omega^2 r^2-gz\right)=\rho\left(\frac{u^2}{2}-gz\right) \tag{2-32}$$

取 p 为常数，就可得等压面方程为

$$\frac{\omega^2 r^2}{2g}-z=\text{常数} \quad \text{或} \quad \frac{u^2}{2g}-z=\text{常数}$$

可见，等压面是以铅直轴为对称轴的旋转抛物面簇。对于自由表面，$p=0$。则从式(2-32)得自由面方程为

$$z_1=\frac{\omega^2 r^2}{2g} \tag{2-33}$$

由式(2-33)可知，轴心处($r=0$)，$z_1=0$；半径为 r 处，$z_1=\frac{\omega^2 r^2}{2g}$，表示 r 处液面高出旋转轴处的液面高度。也就是说，同一水平面上，旋转中心的压强最低，外缘的压强最高。这是等角速度旋转运动液体的一个显著特点。在实际工程中的许多设备，都是依据这一特点而进行工作的。

自由表面确定后，也可以根据自由表面求任一点的压强，其方法是：求出该点在液面下的深度 h(这时也可用 $h=\frac{\omega^2 r^2}{2g}-z$ 计算该点在自由液面下的深度，代入式(2-31)进行计算)，然后由流体静力学方程计算。

为了方便比较，将静止流体的方程和相对平衡时的方程列于表2-2中。

表2-2 静止流体和方程与相对平衡方程对比表

液体状态	静止流体	等加速直线运动	等角速度旋转运动
质量力在各轴向上的分力	$X=0$ $Y=0$ $Z=-g$	$X=-a$ $Y=0$ $Z=-g$	$X=\omega^2 x$ $Y=\omega^2 y$ $Z=-g$
基本方程式(p 为相对压强)	$p=-\rho gz$	$p=\rho g\left(-\frac{a}{g}x-z\right)$	$p=\rho g\left(\frac{\omega^2 r^2}{2g}-z\right)$ $p=\rho g\left(\frac{u^2}{2g}-z\right)$
等压面方程	$z=$常数	$z+\frac{a}{g}x=$常数	$\frac{\omega^2 r^2}{2g}-z=$常数
自由面方程	$z=0$	$z=-\frac{a}{g}x$	$z=\frac{\omega^2 r^2}{2g}$
自由面形状	平面	倾斜面	旋转抛物面
自由面下任一点压强	$p=p_a+\rho gh$ $h=-z$	$p=p_a+\rho gh$ $h=-\frac{a}{g}x-z$	$p=p_a+\rho gh$ $h=\frac{\omega^2 r^2}{2g}-z$

习　题

2-1　封闭水箱如图 2-25 所示。自由面的绝对压强 $p_0=122.6\mathrm{kPa}$，水箱内水深 $h=3\mathrm{m}$，当地大气压 $p_a=88.26\mathrm{Pa}$。求：(1)水箱内绝对压强和相对压强最大值。(2)如果 $p_0=78.46\mathrm{kPa}$，求自由面上的相对压强、真空度或负压。

2-2　对于压强较高的封闭容器，可以采用复式水银测压计，如图 2-26 所示。测压管中各液面高程为 $\nabla_1=1.5\mathrm{m}$，$\nabla_2=0.2\mathrm{m}$，$\nabla_3=1.2\mathrm{m}$，$\nabla_4=0.4\mathrm{m}$，$\nabla_5=2.1\mathrm{m}$。求液面压强 p_5。

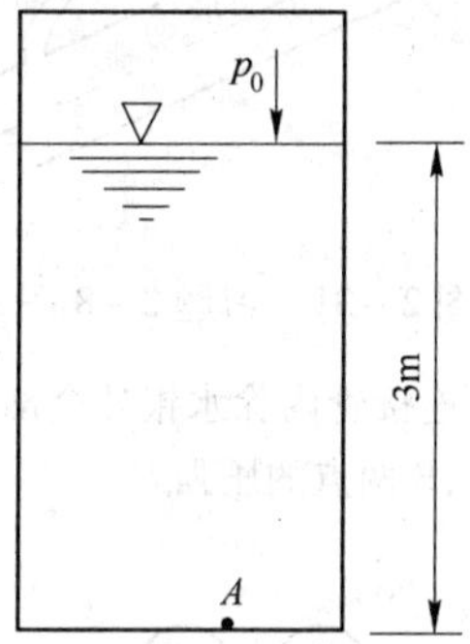

图 2-25　习题 2-1 图

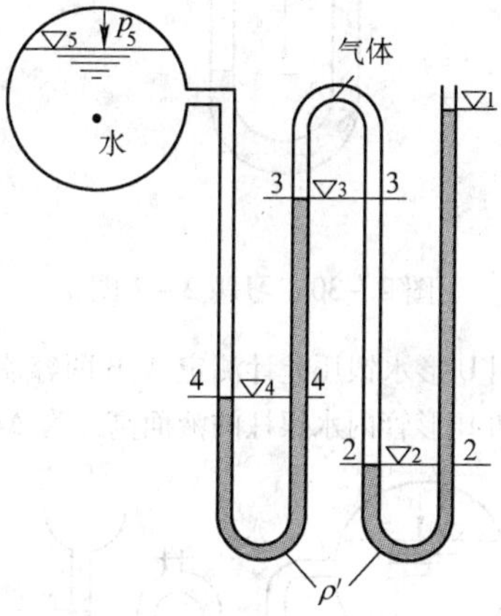

图 2-26　习题 2-2 图

2-3　开敞容器(见图 2-27)盛有 $\rho_2>\rho_1$ 的两种液体，问 1,2 两测压管中的液面哪个高些，哪个和容器的液面同高？

2-4　水管上安装一复式水银测压计如图 2-28 所示。问 p_1，p_2，p_3，p_4 哪个最大，哪个最小，哪些相等？

2-5　正常成人血压是收缩压 100~120mmHg，舒张压 60~90mmHg，用国际单位制表示是多少 Pa?

2-6　如图 2-29 所示密闭容器，压力表的示值为 $4900\mathrm{N/m^2}$，压力表中心比 A 点高 0.4m，A 点在水面下 1.5m，求水面压强。

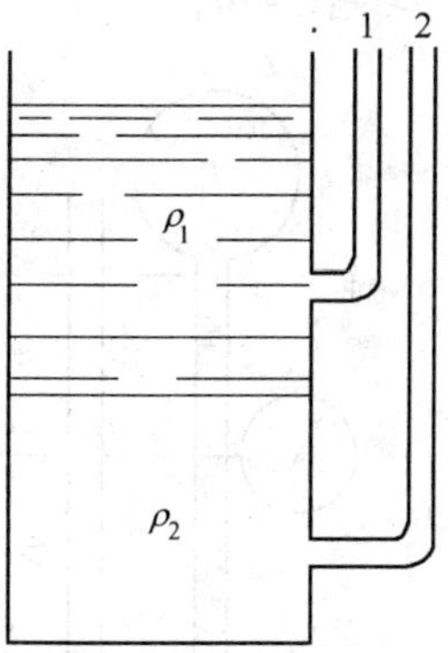

图 2-27　习题 2-3 图

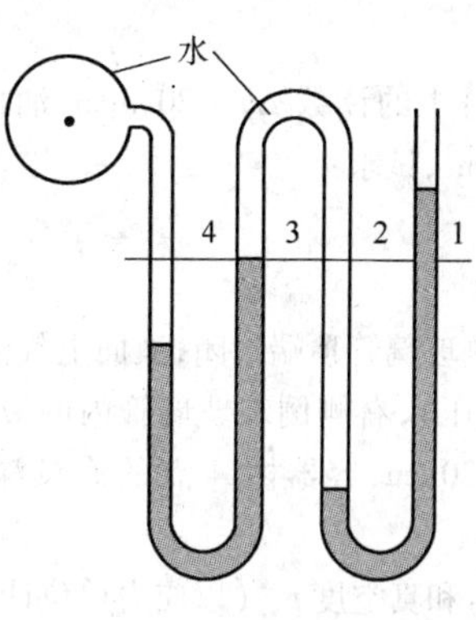

图 2-28　习题 2-4 图

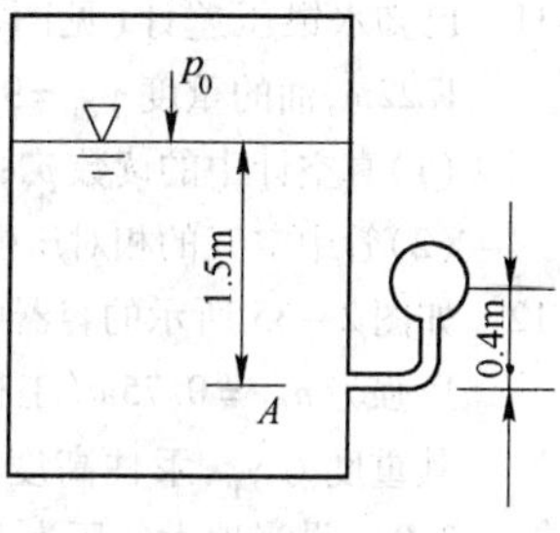

图 2-29　习题 2-6 图

2-7　在水泵的吸入管 1 和压出管 2 中安装水银压差计(见图 2-30)，测得 $h=120\mathrm{mm}$，问水经过水泵后压强增加多少，若为风管，则水泵换为风机，压强增加为多少 $\mathrm{mmH_2O}$?

2-8　图 2-31 所示为倾斜水管上测定压差的装置，测得 $Z=200\mathrm{mm}$，$h=120\mathrm{mm}$，当(1)$\rho_1=920\mathrm{kg/m^3}$ 为油

时；(2)ρ_1 为空气时，分别求 A,B 两点的压差。

2-9　复式测压计(见图 2-32)中各液面高程为$\nabla_1=3.0\text{m}$,$\nabla_2=0.6\text{m}$,$\nabla_3=2.5\text{m}$,$\nabla_4=1.0\text{m}$,$\nabla_5=3.5\text{m}$，求 p_5。

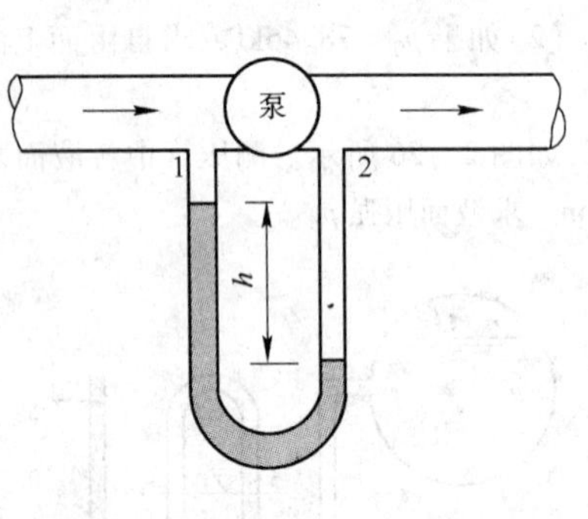

图 2-30　习题 2-7 图

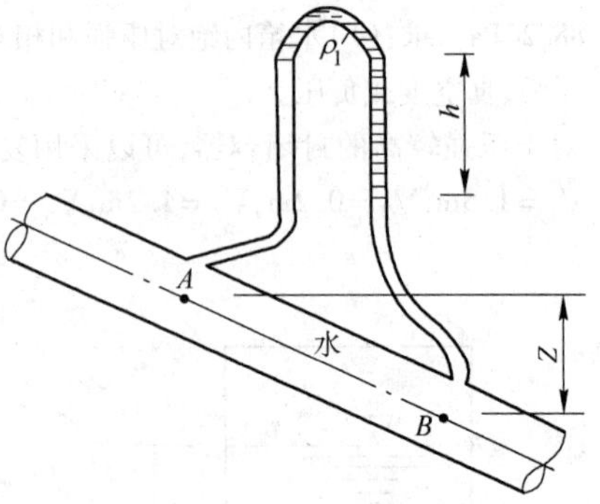

图 2-31　习题 2-8 图

2-10　用 U 形水银压差计测定 A,B 两容器的压强差(见图 2-33)，连接管内除水银外全部为水所充满。如 U 形管内水银柱的液面高差为 Δh，试求在同一水平面上 A,B 两点的压强差。

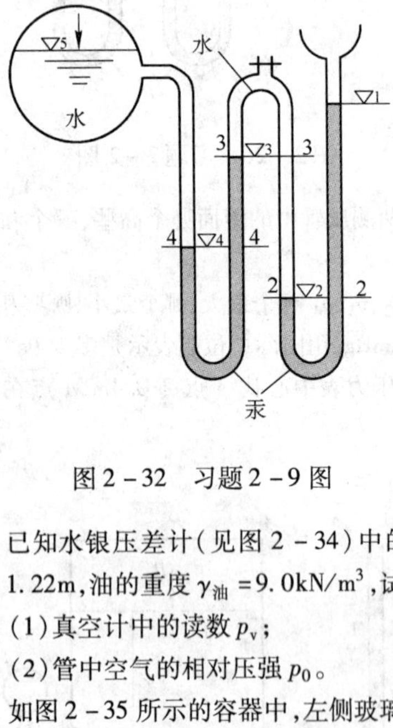

图 2-32　习题 2-9 图

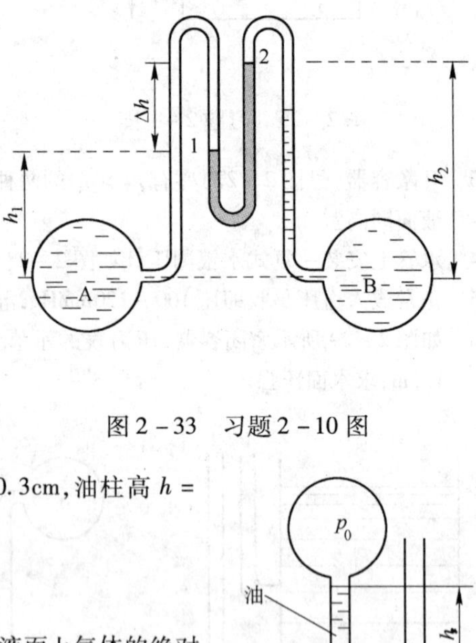

图 2-33　习题 2-10 图

2-11　已知水银压差计(见图 2-34)中的读数 $\Delta h=20.3\text{cm}$，油柱高 $h=1.22\text{m}$，油的重度 $\gamma_{油}=9.0\text{kN/m}^3$，试求：

(1)真空计中的读数 p_v；

(2)管中空气的相对压强 p_0。

2-12　如图 2-35 所示的容器中，左侧玻璃管顶端封闭，液面上气体的绝对压强为 $p'_{01}=0.75\text{at}$(工程大气压)，右侧倒装玻璃管内的液体为汞，其重度为 γ_p，汞柱高度 $h_2=120\text{mm}$，容器内 A 点的淹没深度 $h_a=2.0\text{m}$，设当地大气压为 1at，求：

(1)容器内空气的绝对压强 p'_{02}和真空度 p_{V2}(以应力单位计)；

(2)A 点的相对压强 P_A；

(3)左侧玻璃管内水面高出容器内水面的高度 h_1。

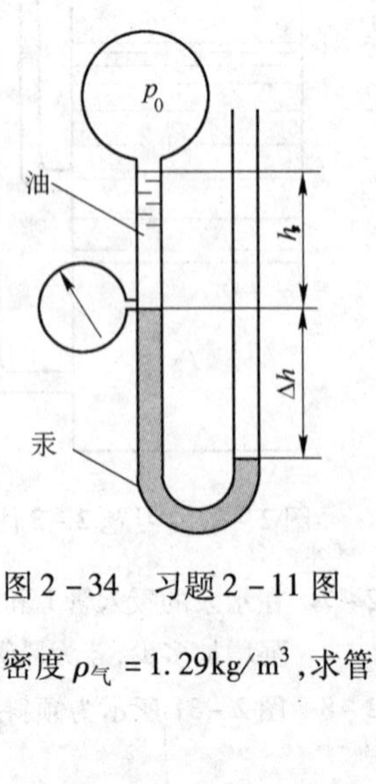

图 2-34　习题 2-11 图

2-13　一直立煤气管(见图 2-36)，在底部测压管中测得水柱差 $h_1=100\text{mm}$，在 $H=20\text{m}$ 高处的测压管中测得水柱差 $h_2=115\text{mm}$，管外空气密度 $\rho_{气}=1.29\text{kg/m}^3$，求管中静止煤气的密度。

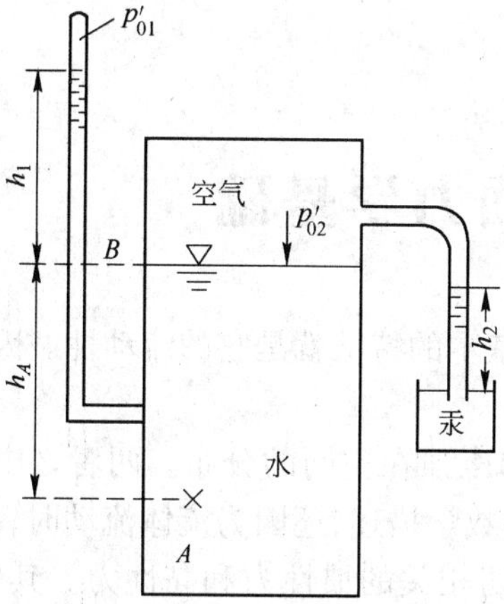

图 2-35　习题 2-12 图

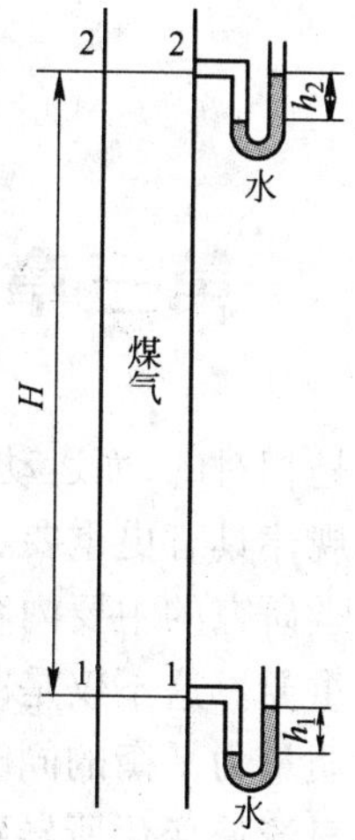

图 2-36　习题 2-13 图

2-14　圆柱形容器的半径 $R=15$cm，高 $H=50$cm，盛水深 $h=30$cm，如图 2-37 所示。若容器以等角速度 ω 绕 z 轴旋转，试求 ω 最大为多少时才不致使水从容器中溢出？

2-15　图 2-38 所示为一圆柱形盛水容器，半径为 R，原水深为 h，今以角速度 ω 绕 z 轴旋转，试求容器底开始露出时的转速。

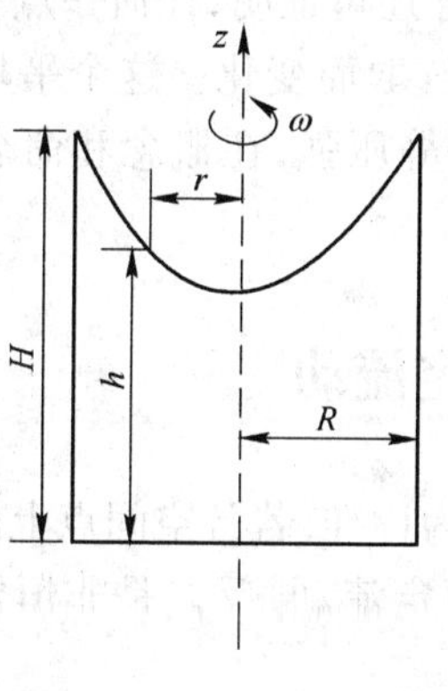

图 2-37　习题 2-14 图

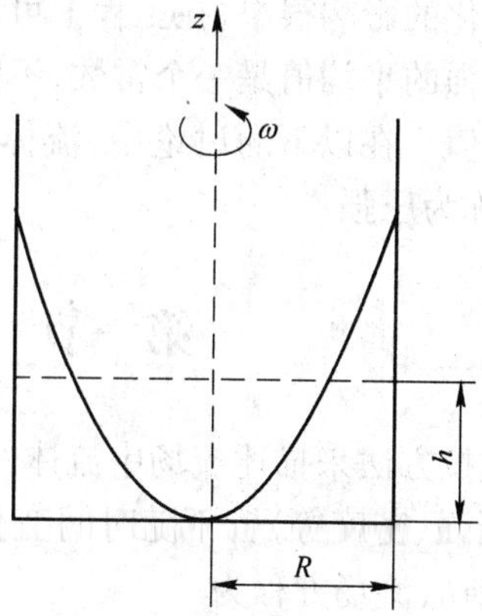

图 2-38　习题 2-15 图

第三章 一元流体动力学基础

流体静止是相对的,而运动才是绝对的。流体最基本的特征就是它的流动性。因此,研究流体的运动规律具有更重要、更普遍的意义。

流体动力学研究的主要内容是运动流体的流速和压强在空间的分布。两者之中,对流速的研究更为重要。这不仅是因为流速是流动情况的数学描述,还因为流体流动时,在破坏了原来压力和质量力平衡的同时,还出现了与流速密切相关的惯性力和黏性力。其中惯性力是由质点本身流速变化所导致,而黏性力则是由于流体层间、质点与质点之间存在流速差异所引起的。这样,流体由静到动所产生的两种力,是由流速在空间的分布和随时间的变化所决定的。因此,流体动力学的基本问题是流速问题。有关流动的许多概念也都是围绕流速而提出的。

流体从静止到运动,由于黏滞力的作用改变了压强的静力特征,任一点的压强,不仅与该点所在的空间位置有关,还与方向有关。这就与流体静压强有所区别。但黏滞力对压强随方向变化的影响很小,在工程上可以忽略不计。理论推导还可证明,任何一点在三个正交方向的压强的平均值是一个常数,不随这三个正交方向的选取而变化。这个平均值就作为点的压强值。在以下的讨论中,流体流动时的压强和流体静压强,在概念和命名上不予区别,一律称为压强。

第一节 恒定流动与非恒定流动

用欧拉方法来描述流场中流体的流动状态时,以时间为标准,若各空间点上的流动参数(流速、压强、密度等)皆不随时间变化,这样的流动称为恒定流动,反之是非恒定流动。对于恒定流动,流场方程为

$$\left.\begin{aligned}B_x&=B_x(x,y,z)\\B_y&=B_y(x,y,z)\\B_z&=B_z(x,y,z)\end{aligned}\right\}$$

其中 B 表示与流动有关的任一流动参数。

恒定流动,即各流动参数随时间的变化率为零,即

$$\frac{\partial B}{\partial t}=0$$

比较恒定流与非恒定流,前者欧拉变数中没有了时间变量 t,从而使问题的求解大为简化。而严格的恒定流是不存在的。例如打开或关闭水龙头后的短暂时间内;室内空气在打开门窗和关闭门窗瞬间的流动;河流在涨水期和落水期的流动;管道在开闭时所产生的压力波动;天然气长距离管输,由于昼夜、季节温差和地域温度差异的存在而导致管内气体密度的变化以及在室式炼焦炉中单孔炭化室内热脏煤气的流动等等,这些都是非恒定流动。第

一章第三节提出的函数

$$\left.\begin{array}{l}u_x=u_x(x,y,z,t)\\u_y=u_y(x,y,z,t)\\u_z=u_z(x,y,z,t)\end{array}\right\}\qquad(3-1)$$

就是对非恒定流的全面描述。它不仅反映了流速在空间的分布,也反映了流速随时间的变化。

在恒定流动中,欧拉变量不出现时间 t,则式(3-1)简化为

$$\left.\begin{array}{l}u_x=u_x(x,y,z)\\u_y=u_y(x,y,z)\\u_z=u_z(x,y,z)\end{array}\right\}\qquad(3-2)$$

这样,要描述恒定流动,只需了解流速在空间的分布即可,显然恒定流是对复杂的流体流动问题的有效简化。在以后的讨论中我们将会发现,这样的简化不仅必要,同时在绝大多数场合也是可行的。

第二节　流线和迹线

为了更加形象、直观地描述流场中流体流动,采用欧拉法描述流体运动时,在流场中绘出反映流动方向的一系列光滑曲线,这些光滑曲线称为流线,如图 3-1 所示。

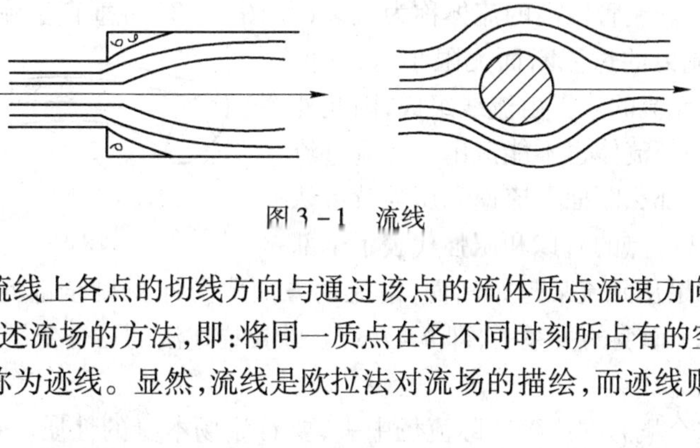

图 3-1　流线

在某一时刻,流线上各点的切线方向与通过该点的流体质点流速方向重合。还有一种用空间曲线形象描述流场的方法,即:将同一质点在各不同时刻所占有的空间位置联成空间曲线,此空间曲线称为迹线。显然,流线是欧拉法对流场的描绘,而迹线则是拉格朗日法对流场的形象描绘。

流线总是针对某一瞬时的流场绘制的。从流场中某一点 a 开始,在指定的时间 t,过 a 点绘该点的流速方向线,沿此方向线距 a 点为无限小距离处取 b 点,又绘出 t 时刻 b 点的流速方向线……,依此类推,我们便得到一条折线 ab……,当折线上各点距离趋于零时,便得到一条光滑曲线,这就是流线。如图 3-2 所示。

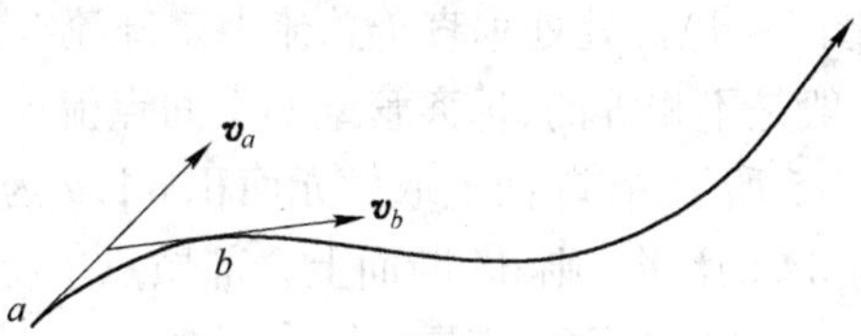

图 3-2　流线的定义

由于通过流场中的每一点都可以绘一条流线,所以,流线将布满整个流场。在流场中绘出流线簇后,流体的运动状况就一目了然了。某点流速的方向便是流线在该点的切线方

向。流速的大小可以由流线的疏密程度反映出来，流线越密处流速越大，流线越稀疏处流速越小。

根据流线的定义，流线上任一点的速度方向和曲线在该点的切线方向重合，可以写出它的微分方程式。沿流线的流动方向取微元距离 ds，由于流速向量 $\boldsymbol{u}$ 的方向和距离向量 ds 的方向重合。根据矢量代数知识，前者的三个轴向分量 u_x, u_y, u_z 必然和后者的三个轴向分量 dx，dy，dz 成比例，即

$$\frac{dx}{u_x}=\frac{dy}{u_y}=\frac{dz}{u_z} \tag{3-3}$$

这就是流线微分方程。

流线不能相交（驻点处除外），也不能是折线，因为流场内任一固定点在同一瞬时只能有一个速度向量。流线只能是一条光滑的曲线或直线。

在恒定流中，流线和迹线完全重合。在非恒定流中，流线和迹线不重合，因此，只有在恒定流中才能用迹线来代替流线。

第三节　一元流动模型

用欧拉法描述流体流动，虽然经过恒定流假设的简化，减少了欧拉变量中的时间变量，但还存在着 x, y, z 三个变量。问题仍然比较复杂。因此，下面我们将借助流线的概念，把某些流动简化为一元流动。

在流场内，取任意非流线的封闭曲线 l。经过此曲线上的全部点作流线，这些流线组成的管状物，称为流管。流管以内的流体称为流束（见图 3-3）。垂直于流束的断面，称为流束的过流断面；当流束的过流断面无限小时，这根流束就称为元流。元流的边界由流线组成，因此外部流体不能流入，内部流体也不能流出。元流过流断面既然为无限小，那么断面上流速和压强就可认为是均匀分布的，任一点的流速和压强代表了全部断面的相应值。如果从元流某起始断面，沿流动方向取坐标 s，则全部元流问题，就简化为断面流速 u 随坐标 s 而变的关系了，即 $u=f(s)$。欧拉描述法的三个变量就简化为只有一个变量的一元问题了。

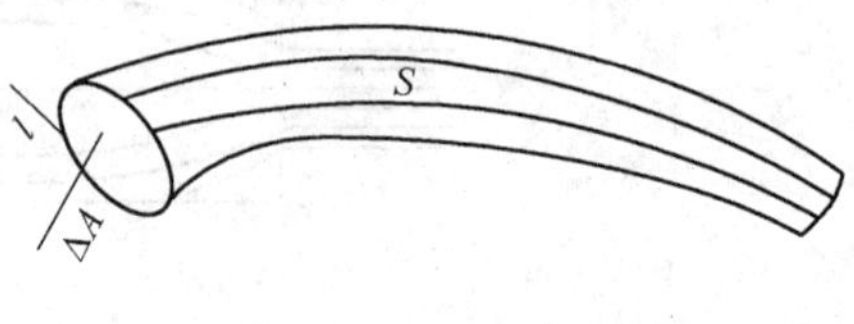

图 3-3　流束

能否将元流这个概念推广到实际流场中去，要看流场本身的性质。在建筑环境与设备工程专业的很多实际工程领域中，最常见的是流体在管道中的流动，由于此时在整个过流断面流速和压强分布不相等，整个流动可以看作无数元流的叠加，这样的流动总体称为总流（见图 3-4）。处处垂直于总流中全部流线的断面，称为总流的过流断面。断面上各点的流速一般是不相等的，远离管壁的中间点流速较大，边沿流速较低。假定过流断面流速分布如图 3-5 所示，在断面上取微元面积 dA，u 为 dA 上的流速，因为断面 A 为过流断面，u 的方向必为 dA 的法向，则 dA 断面上全部质点单位时间的位移为 u。单位时间流入 A 断面的流体体积为 udA，以 dQ_V 表示，即

$$dQ_V = u dA$$

而单位时间流过全部断面 A 的流体体积 Q_V 是 dQ_V 在全部断面上的积分，即

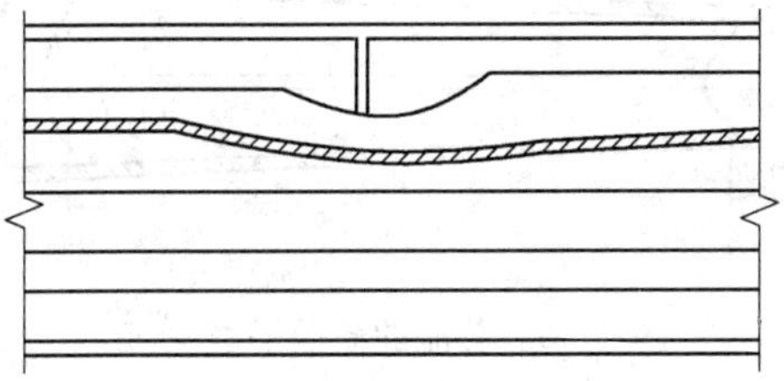

图 3－4　元流是总流的一个微分流动

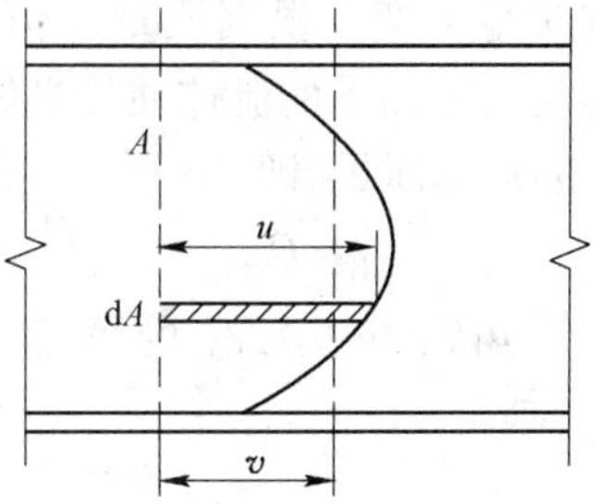

图 3－5　断面平均流速

$$Q_V = \int_A u \mathrm{d}A \tag{3-4}$$

称 Q_V 为该断面的体积流量，简称流量。以后如不加说明，断面均指过流断面。

单位时间内流过断面的流体质量，称为该断面的质量流量，用符号 Q_m 表示。其定义式为

$$Q_m = \int_A \rho u \mathrm{d}A$$

对于不压缩流体，有

$$Q_m = \rho Q_V$$

流量是一个重要的物理量。通风工程就是输送一定流量的空气到被通风的区域，供热工程就是输送一定流量的带热流体到需要热量的地方。管道设计问题的实质就是流体按一定流量的输送问题。

下面我们按流量的定义，给出断面平均流速：

$$v = \frac{Q_V}{A} = \frac{\int_A u \mathrm{d}A}{A} \tag{3-5}$$

由此得到流量公式的简化式

$$Q_V = Av \tag{3-6}$$

图 3－5 给出了实际断面流速和平均流速的对比。可以看出，以平均流速代替实际流速，就是以图中虚线表示的均匀流速分布，代替实线表示的实际流速分布。这样，流动问题就简化为断面平均流速沿流向的变化问题。以总流某起始断面沿流动方向取坐标 s，则断面平均流速是 s 的函数，即 $v = f(s)$。流速问题就简化为一元流动问题了。

第四节　连续性方程

在总流流动中，断面平均流速沿流向是如何变化的呢？下面我们就由质量守恒定律出发，来研究流体的质量平衡，以解决这个问题。

在总流系统中取面积为 A_1 和 A_2 的 1，2 两断面，探讨两断面间流动空间中（即两端面为 1、2 断面，中部为管壁侧面所包围的全部空间）的质量平衡（见图 3－6）。设 A_1 面的平均流速为 v_1，A_2 面的平均流速为 v_2，则 dt 时间内流入断面 1 的流体质量为 $\rho_1 A_1 v_1 \mathrm{d}t = \rho_1 Q_{V1} \mathrm{d}t = Q_{m1} \mathrm{d}t$；流出断面 2 的流体质量为 $\rho_2 A_2 v_2 \mathrm{d}t = \rho_2 Q_{V2} \mathrm{d}t = Q_{m2} \mathrm{d}t$。在恒定流时，两断面间流动空

间内流体质量不变。根据质量守恒定律，dt 时间内流入断面 1 的流体质量必等于流出断面 2 的流体质量，即

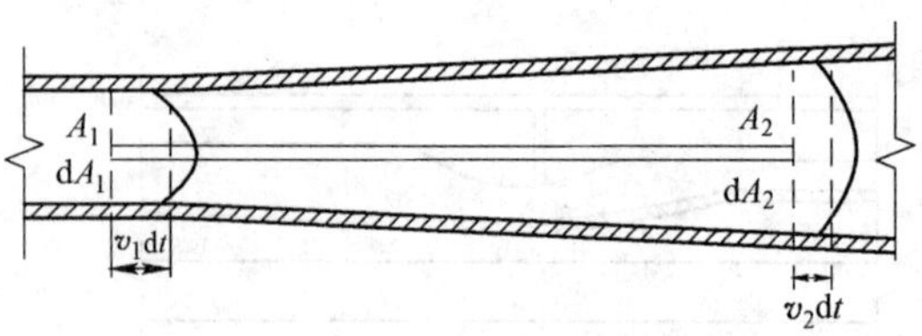

图 3－6 总流的质量平衡

$$Q_{m1}=Q_{m2}$$

$$\rho_1 Q_{V1}\mathrm{d}t=\rho_2 Q_{V2}\mathrm{d}t$$

消去 dt，得到

$$\rho_1 Q_{V1}=\rho_2 Q_{V2} \tag{3-7}$$

或

$$\rho_1 v_1 A_1=\rho_2 v_2 A_2 \tag{3-8}$$

上面两式称为流体恒定流动的连续性方程。

当流体为不可压缩时，其密度为常数，即 $\rho_1=\rho_2=\rho=$ 常数。因此，对不可压缩流体的连续性方程为

$$Q_{V1}=Q_{V2} \tag{3-9}$$

或

$$v_1 A_1=v_2 A_2 \tag{3-10}$$

不难证明，上述各方程同样成立，即

对可压缩流体：

$$\left.\begin{aligned}\mathrm{d}Q_{m1}&=\mathrm{d}Q_{m2}\\ \rho_1\mathrm{d}Q_{V1}&=\rho_2\mathrm{d}Q_{V2}\\ \rho_1 u_1\mathrm{d}A_1&=\rho_2 u_2\mathrm{d}A_2\end{aligned}\right\} \tag{3-11}$$

对不可压缩流体：

$$\left.\begin{aligned}\mathrm{d}Q_{V1}&=\mathrm{d}Q_{V2}\\ u_1\mathrm{d}A_1&=u_2\mathrm{d}A_2\end{aligned}\right\} \tag{3-12}$$

式(3－9)、式(3－10)、式(3－12)都是不可压缩流体恒定流的连续性方程。方程表明：在不可压缩流体一元流动中，断面平均流速与断面面积成反比。

由于断面 1，2 是任意选取的，上述关系可以推广至总流的各个断面，即

$$\left.\begin{aligned}Q_{V1}&=Q_{V2}=\cdots=Q_V\\ v_1A_1&=v_2A_2=\cdots=vA\end{aligned}\right\} \tag{3-13}$$

而流速之比和断面之比存在下列关系：

$$v_1:v_2:\cdots:v=\frac{1}{A_2}:\frac{1}{A_2}:\cdots:\frac{1}{A} \tag{3-14}$$

从式(3－14)可以看出，连续性方程确立了总流各断面平均流速沿流向的变化规律。

单纯依靠连续性方程，虽然不能求出断面平均流速的绝对值，但它们的相对比值的关系可以确定。因此，只要总流的流量已知或任一断面的流速已知，则其他任一断面的流速就可以由连续性方程求解。

连续性方程还可以推广到任意空间。三通管的合流和分流，管网的总流入和支管流出，都可以从质量平衡和流动连续的观点，建立连续性方程的相应形式。当流体为不可压缩流体时，有

分流时：

$$Q_{V1}=Q_{V2}+Q_{V3}$$

$$v_1A_1=v_2A_2+v_3A_3$$

合流时：

$$Q_{V1}+Q_{V2}=Q_{V3}$$

$$v_1A_1+v_2A_2=v_3A_3$$

【例 3－1】 如图 3－7 所示管段，$d_1=2.5\text{cm}$，$d_2=5\text{cm}$，$d_3=10\text{cm}$。(1)当流量为 4L/s 时，求各管段的平均流速。(2)旋动阀门，使流量增加至 8L/s 或使流量减少至 2L/s 时，平均流速如何变化？

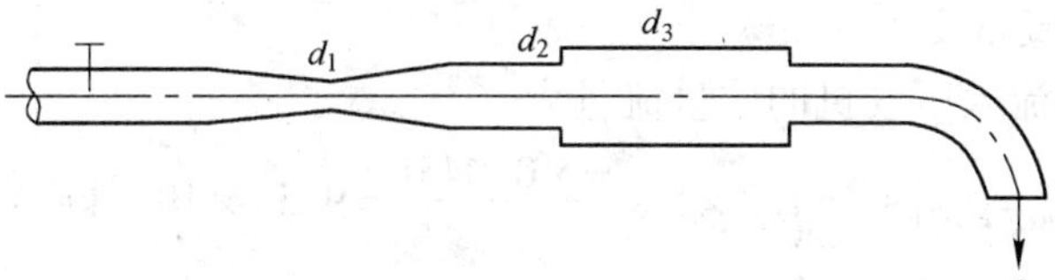

图 3－7　例 3－1 图

【解】 (1)根据连续性方程

$$Q_V=v_1A_1=v_2A_2=v_3A_3$$

$$v_1=\frac{Q_V}{A_1}=\frac{4\times10^{-3}}{\frac{\pi}{4}\times(2.5\times10^{-2})^2}=8.15\text{m/s}$$

$$v_2=v_1\frac{A_1}{A_2}=v_1\left(\frac{d_1}{d_2}\right)^2=8.15\times\left(\frac{2.5\times10^{-2}}{5\times10^{-2}}\right)^2=2.04\text{m/s}$$

$$v_3=v_1\left(\frac{d_1}{d_3}\right)^2=8.15\times\left(\frac{2.5\times10^{-2}}{10\times10^{-2}}\right)^2=0.51\text{m/s}$$

(2)各断面流速比例保持不变，流量增加至 8L 时，即流量增加为 2 倍，则各段流速亦增加至 2 倍，即

$$v_1=16.30\text{m/s},\ v_2=4.08\text{m/s},\ v_3=1.02\text{m/s}$$

流量减小至 2L 时，即流量减小至 1/2，各流速亦为原值的 1/2，即

$$v_1=4.08\text{m/s},v_2=1.02\text{m/s},v_3=0.255\text{m/s}$$

【例 3－2】 如图 3－8 所示，烟气管直径为 2cm，其上有 8 个直径为 1mm 的小孔，烟气由这些小孔流出，如由每个小孔流出的烟气流量都比它前面的那个小孔少 2%，烟气进入烟气管的平均流速为 0.05m/s，求第 1 和第 2 小孔的断面平均流速。

【解】 取进口断面以后的烟气管为控制体，根据连续性方程，流进控制体的烟气流量应等于流出的流量，即

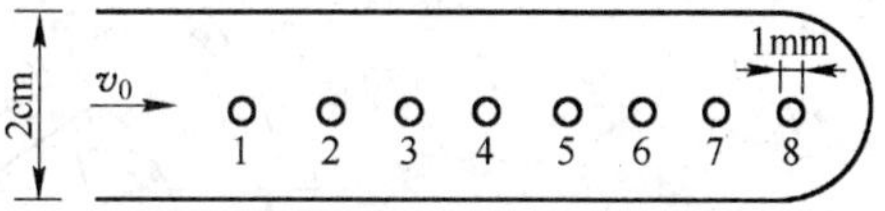

图 3－8　例 3－2 图

$$v_0A_0=(v_1+v_2+\cdots+v_8)A_1$$

各小孔的面积相同，因而后一小孔比前一小孔流量少 2% 也就是断面平均流速小 2%，即

$$v_2=0.98v_1$$

$$v_3=0.98v_2=0.98^2v_1$$

$$\vdots$$

$$v_8=0.98^7v_1$$

$$v_0A_0=(1+0.98+0.98^2+\cdots+0.98^7)v_1A_1$$

$$0.05\times\frac{\pi\times0.02^2}{4}=[1+0.98+0.98^2+\cdots+0.98^7]\times v_1\times\frac{\pi\times0.001^2}{4}$$

由此求得

$$v_1 = 2.68\text{m/s}$$
$$v_2 = 2.63\text{m/s}$$

【例 3-3】 直径 4.5cm 的压气机进口断面上空气的密度为 1.2kg/m^3，平均流速为 5m/s。经过压缩后在直径为 2.5cm 的圆管中以平均流速 3m/s 送出，求通过压气机的质量流量和出口端面的空气密度。

【解】 由进气管流入压气机的质量流量为

$$Q_m = \rho_1 v_1 A_1 = 1.2 \times 5 \times \frac{\pi \times 0.045^2}{4} = 9.54 \times 10^{-3}\text{kg/s}$$

根据连续性方程，流出压气机与流入压气机的质量流量应相等，故

$$\rho_2 = \frac{Q_m}{v_2 A_2} = 9.54 \times 10^{-3}/3 \times \frac{\pi \times 0.025^2}{4} = 6.48\text{kg/m}^3$$

第五节 恒定元流能量方程

能量方程是能量转换与守恒定律在流体流动中的数学表达式，反映了流体沿流程各点（或截面上形心）的位置高度、压强和流速三者的关系。它是流体流动时遵循的又一基本规律，常与连续性方程联立来解决生产实际问题。

一、恒定元流能量方程的推导

方程推导的理论依据是动能定理：外力对物体所做的功等于该物体动能的增量。方程推导的条件是：流体为理想不可压缩流体，流动是恒定流动，且作用在流体上的质量力仅为重力。

我们先来分析恒定流动微元流束的能量方程。

如图 3-9 所示，在恒定总流系统的断面 1—1 与 2—2 之间取一微元流束作为研究对象，它在 1—1 与 2—2 两断面上的面积分别为 dA_1 和 dA_2。取基准面 $O—O$，两断面中心点到基准面的距离分别为 Z_1, Z_2，流速为 u_1, u_2，压强为 p_1, p_2。经过 dt 时间后，微元流束从原位置 1，2 断面运动到 1′，2′断面，在此过程中，该微元流段的动能增量应等于外力对其所做的功。

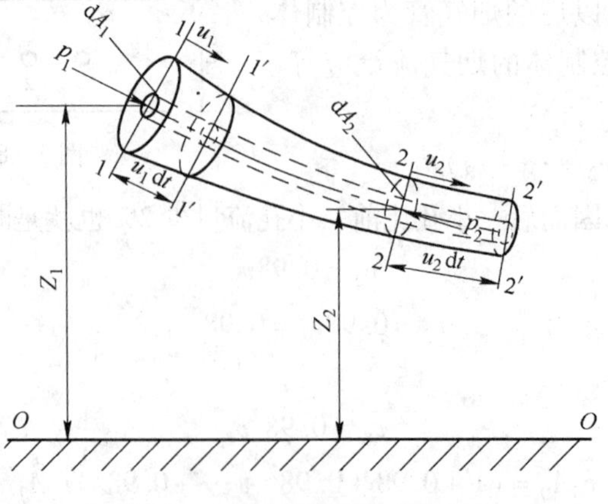

图 3-9 元流能量方程推导

（1）动能增量。由于流体作恒定流动，流段从 1—2 运动到 1′—2′时，公共段 1′—2 内的

流体质量、流速、压力等都不会改变，其动能也不会变化，因此，微元流束的动能增量就等于流段 2—2′与 1—1′的动能差，即

$$\frac{1}{2}\mathrm{d}m_2u_2^2-\frac{1}{2}\mathrm{d}m_1u_1^2$$

对于不可压缩流体，则有：$\mathrm{d}m_1=\mathrm{d}m_2=\rho\mathrm{d}Q_V\mathrm{d}t$

故动能的增量为

$$\rho\mathrm{d}Q_V\mathrm{d}t\left(\frac{u_2^2}{2}-\frac{u_1^2}{2}\right)=\rho g\mathrm{d}Q_V\mathrm{d}t\left(\frac{u_2^2}{2g}-\frac{u_1^2}{2g}\right)$$

(2)外力所做的功。作用在微元流束上的外力有压力、重力和黏滞力。

因侧表面上的压力垂直于作用面，所以沿流体运动方向做功为零。只有断面 1—1 及 2—2 上的压力做了功，截面 1—1 上的总压力 $p_1\mathrm{d}A_1$，与流动方向相同，做功为正；截面 2—2 上的总压力 $p_2\mathrm{d}A_2$，与流动方向相反，做功为负。作用在微元流束上的压力所做的功为

$$p_1\mathrm{d}A_1u_1\mathrm{d}t-p_2\mathrm{d}A_2u_2\mathrm{d}t=\mathrm{d}Q_V\mathrm{d}t(p_1-p_2)$$

由于公共段 1′—2 内的流体位置高度没有变化，因此重力做功相当于 1—1′段内的流体移动位置高度(Z_1-Z_2)至 2—2′位置所做的功，即

$$\rho g\mathrm{d}Q_V\mathrm{d}t(Z_1-Z_2)$$

因此，动能定理可写成

$$\rho g\mathrm{d}Q_V\mathrm{d}t\left(\frac{u_2^2}{2g}-\frac{u_1^2}{2g}\right)=\mathrm{d}Q_V\mathrm{d}t(p_1-p_2)+\rho g\mathrm{d}Q_V\mathrm{d}t(Z_1-Z_2)$$

上式两边除以 $\rho g\mathrm{d}Q_V\mathrm{d}t$，整理得到

$$Z_1+\frac{p_1}{\rho g}+\frac{u_1^2}{2g}=Z_2+\frac{p_2}{\rho g}+\frac{u_2^2}{2g} \tag{3-15}$$

式(3－15)即为理想不可压缩流体恒定元流的能量方程，又称为伯努利(Bernoulli)方程。

将上述方程推广至元流的任意断面，则上述方程又可写成

$$Z_1+\frac{p_1}{\rho g}+\frac{u_1^2}{2g}=Z_2+\frac{p_2}{\rho g}+\frac{u_2^2}{2g}=Z+\frac{p}{\rho g}+\frac{u^2}{2g}=C(\text{常数}) \tag{3-16}$$

二、恒定元流能量方程的物理意义及典型应用

(一)物理意义

式(3－15)和式(3－16)均为恒定元流的能量方程，现对式中各项的物理意义分述如下：

Z 是断面对于选定基准面的高度，流体力学中称为位置水头，表示受单位重力作用的流体的位置势能，亦称为单位位能。

$\frac{p}{\rho g}$是断面压强作用使流体沿测压管所能上升的高度，流体力学中称为压强水头，它表示压力作功提供给受单位重力作用的流体的能量，也称为单位压能。

$\frac{u^2}{2g}$是以断面流速 u 为初速度的铅直上升射流所能达到的理论高度，在流体力学中称为流速水头，表示受单位重力作用的流体的动能，称为单位动能。

前两项之和，称为测压管水头，以 H_p 表示，即

$$H_p = \frac{p}{\rho g} + Z$$

表示断面测压管液面相对于基准面的高度，表明受单位重力作用的流体具有的势能，亦称为单位势能。

前三项之和，称为总水头，以 H 表示，即

$$H = \frac{p}{\rho g} + Z + \frac{u^2}{2g}$$

它表明受单位重力作用的流体具有的总能量，称为单位总能量。

式(3-16)表明：理想不可压缩流体恒定元流中，各断面的总水头守恒，即受单位重力作用的流体的总能量沿程不变。

(二)典型应用

现在以毕托管(pitot tube)为例，说明元流能量方程的应用。

毕托管是用于测量流体流速的一种仪器，如图3-10所示。管前端开口 a 正对流体流动方向。a 端内部有流体通路与上部 a' 端相通。管侧壁上有多个开口 b，且距离 a 口很近，它的内部也有流体通路与上部 b' 端相通。当测定液体流速时，a'，b' 两管内的液面高差 h_V，即反映 a，b 两处压强差。当测定气体流速时，a'，b' 两端接液柱压差计，以测定 a，b 两处的压强差。

液体流进 a 端开口，最初从开口处流入，沿管上升，a 端压强受上升水柱的作用而升高，直到该处质点流速降低到零，其压强为 p_a。然后由 a 分路，流经 b 端开口，流速恢复原有速度 u，压强也降至原有压强。

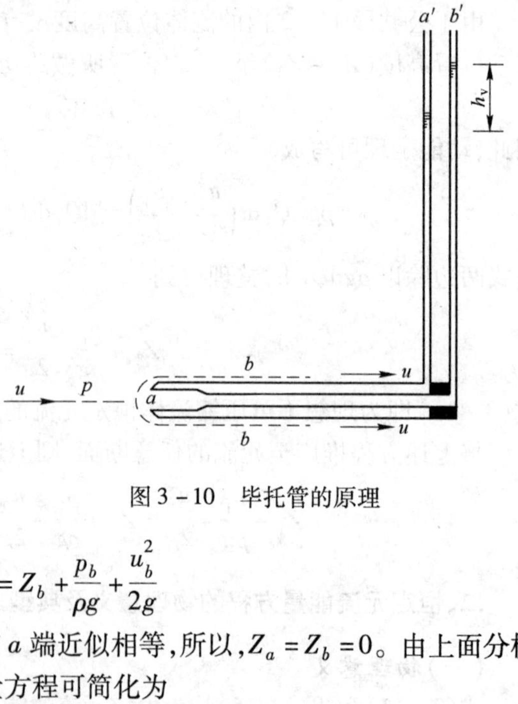

图3-10 毕托管的原理

沿 ab 流线写元流能量方程

$$Z_a + \frac{p_a}{\rho g} + \frac{u_a^2}{2g} = Z_b + \frac{p_b}{\rho g} + \frac{u_b^2}{2g}$$

以毕托管进口轴线为基准面，由于 b 端标高与 a 端近似相等，所以，$Z_a = Z_b = 0$。由上面分析可知，a 端速度为0，b 端速度为 u。因此，能量方程可简化为

$$\frac{p_a}{\rho g} + 0 = \frac{p_b}{\rho g} + \frac{u^2}{2g}$$

得出

$$u = \sqrt{2g\frac{p_a - p_b}{\rho g}} \qquad (3-17)$$

由管的开口端液柱差 h_V，测定 $\frac{p_a - p_b}{\rho g}$，则

$$u = \varphi\sqrt{2gh_V}$$

式中，φ 为经实验校正的流速系数，它与管的构造和加工精度有关。

用毕托管测定气流流速，则根据液体压差计测得压差，$p_a - p_b = \rho' g h_V$，代入式(3-17)

得

$$u=\varphi\sqrt{2g\times\frac{\rho'}{\rho}h_V} \tag{3-18}$$

式中，ρ'为液体压差计所用指示液的密度，kg/m^3；ρ 为气体的密度，kg/m^3。

【例 3-4】 用毕托管测定(1)风道中空气流速；(2)管道中水流速。两种情况均测得水柱 $h_V=2cm$。空气的密度 $\rho=1.20kg/m^3$；φ 值取 1，分别求流速。

【解】 (1)风道中空气流速

$$u=\sqrt{2g\times\frac{1000}{1.20}\times0.02}=18.1m/s$$

(2)水管中水流速

$$u=\sqrt{2g\times0.02}=0.626m/s$$

第六节　过流断面的压强分布

有了元流能量方程，结合连续性方程，可以算出压强沿流线的变化。为了从元流能量方程推出总流能量方程，还必须进一步研究压强在垂直于流线方向的断面上，即过流断面上压强的分布问题。

由于是对运动流体的压强分析，所以必然涉及流体内部受力。流体受力为重力、黏性力和惯性力。而压力是平衡其他三力的结果，重力是不变的，黏性力和惯性力则与质点流速有关，所以，我们首先研究流速及其变化。

流速是向量，它的变化包括大小和方向的变化。一个质点从某一直径管子流入另一直径的管子，流速大小将发生改变。从一个方向的管子转弯流入另一方向的管子，流速方向改变。前一种变化，产生直线惯性力，引起压强沿流向变化，这一点从元流能量方程可以看出。后一种变化，出现了离心惯性力，引起压强沿断面变化，这正是我们要研究的。事实上，总流流速的变化，总是存在着大小和方向的改变，因此必然导致直线惯性力和离心惯性力产生。

从以上分析出发，我们根据流速是否随流向变化，将流动分为均匀流动和非均匀流动。非均匀流动又按流速随流向变化的缓急，分为渐变流动和急变流动，如图 3-11 所示。

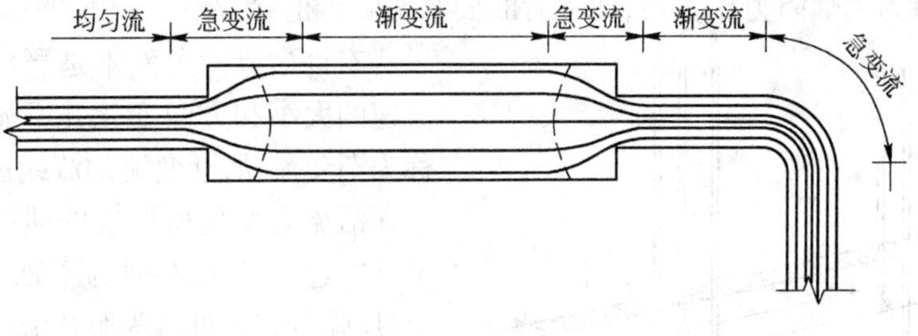

图 3-11　均匀流和非均匀流

同一质点流速的大小和方向沿程均不改变的流动称为均匀流动。均匀流的流线是相互平行的直线，因而它的过流断面是垂直于流线的平面。在过流断面不变的直管中流动，是均匀流动最常见的例子。

由于均匀流中不存在惯性力(直线惯性力和离心惯性力)，与静止流体受力对比，只多了黏滞阻力。说明这种流动是重力、压力和黏滞阻力的平衡。但是,在均匀流过流断面上,黏滞阻力对垂直于流速方向的过流断面上的压强变化不起作用,所以在过流断面上只考虑压力和重力的平衡。这与静止流体所考虑的情况一致。

为了进一步说明,我们任取一轴线为 $n—n$,位于均匀流断面的微小柱体为隔离体(见图3-12),分析作用于该隔离体上的力在 $n—n$ 方向的分量。柱体长为 l,断面面积为 ΔA,与铅直方向的倾角为 α,两断面的高程分别为 Z_1,Z_2,压强为 p_1,p_2。

(1)柱体所受重力在 $n—n$ 方向的分力 $G\cos\alpha=\rho gl\Delta A\cos\alpha$;

(2)作用在柱体两端的压力 $p_1\Delta A$ 和 $p_2\Delta A$,侧表面压力垂直于 $n—n$ 轴,在 $n—n$ 轴上的投影为零;

(3)作用在柱体两端的切力垂直于 $n—n$ 轴,在 $n—n$ 轴上投影为零;由于小柱体端面积无限小,在小柱体任一横断面的周线上关于轴线对称的两点上的切应力可认为大小相等,而方向相反,因此,柱体侧面切力在 $n—n$ 轴上投影之和也为零。

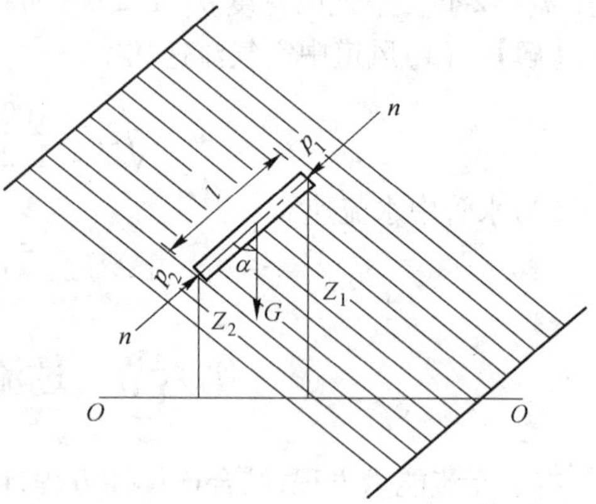

图 3-12 均匀流断面上微小柱体的平衡

因此,微小柱体的受力平衡为

$$p_1\Delta A+\rho gl\Delta A\cos\alpha=p_2\Delta A$$

但
$$l\cos\alpha=Z_1-Z_2$$

则
$$p_1+\rho g(Z_1-Z_2)=p_2$$

$$Z_1+\frac{p_1}{\rho g}=Z_2+\frac{p_2}{\rho g}$$

此即表明:均匀流过流断面上压强分布服从流体静力学规律。

在如图3-13所示的均匀流过流断面上,想象如果能够连接若干测压管,那么同一断面上测压管液面将在同一水平面上,但不同断面有不同的测压管水头(比较图中断面1和断面2)。这是因为黏性阻力作负功,使下游断面水头降低的缘故。

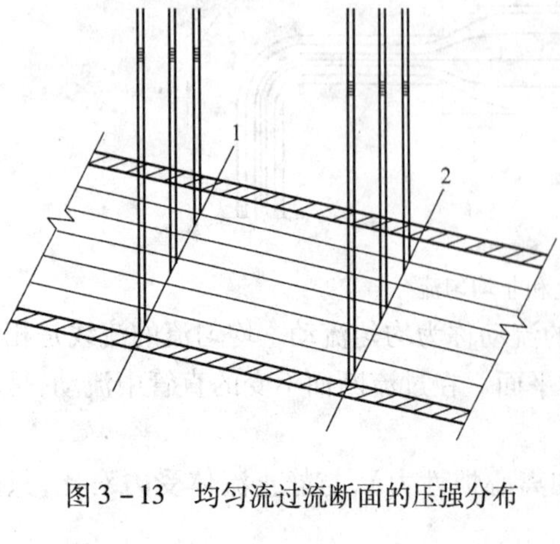

图 3-13 均匀流过流断面的压强分布

有许多流动虽然不是严格的均匀流,但流速的大小和方向变化并不显著,这种流动称为渐变流动,渐变流的流线近于平行直线,流速沿流向变化所形成的惯性力小,可忽略不计。过流断面近似为平面。在过流断面上,压强分布也可认为服从流体静力学规律。也就是说,渐变流可近似地按均匀流处理。

流速沿流向有显著变化的流动,称为急变流动。急变流动和渐变流动两者之间没有明显的分界,要视具体情况而定。

流体在弯管中流动,流线显著弯曲,是典

型的流速方向变化的急变流问题。在这种流动的断面上，离心力沿断面作用。与流体静压强的分布规律类似，沿离心力方向压强增加，例如在图 3－14 所示的断面上，沿弯曲半径的方向，测压管水头增加，流速则沿离心力方向减小。

图 3－15 所示为水从水箱底部孔口流出，此种流动由于流速发生急剧变化，因此可以看作典型的急变流动。孔口边缘为锐缘时，流线在边缘处也呈现显著的弯曲。边缘 A 点与大气相通，压强为零；沿离心力方向，压强迅速提高，流速急剧降低：到达孔口流束中心，流速接近于零，而压强几乎达到水箱底部的压强值。孔口处的压强水头分布曲线如图 3－15 所示。

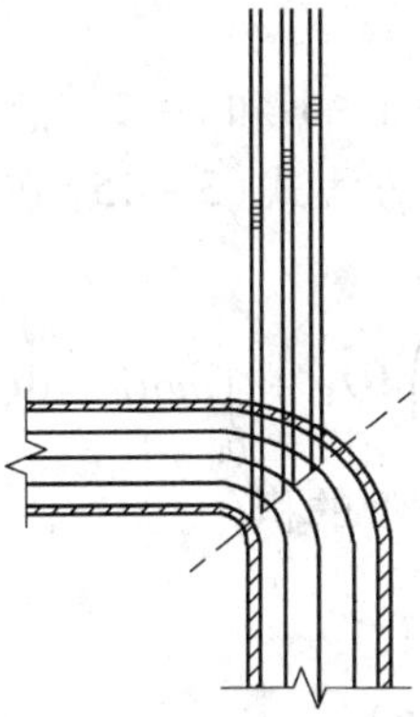

图 3－14　弯管段断面的压强分布

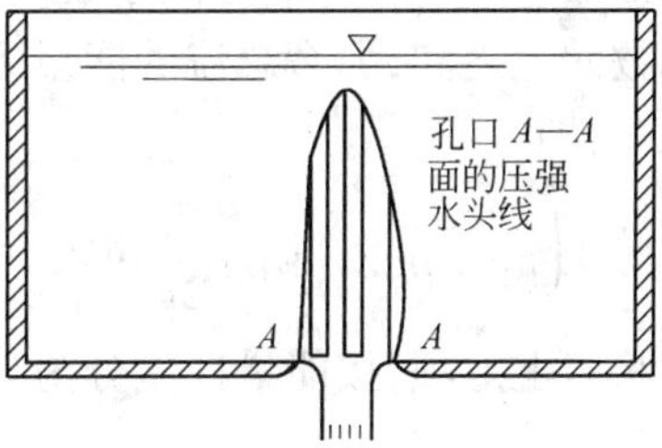

图 3－15　锐缘孔口出流

急变流断面压强的不均匀分布，在实际中也有应用。弯管流量计就是利用急变流断面上压强差与离心力相平衡，而离心力又与速度的平方成正比这个原理设计的。图 3－16 为弯管流量计的原理图。流量大小，由 h_V 值确定。

上述流速沿程变化情况，不是针对流动的全体，而是针对总流中某一流段。一般来说，流动的均匀与不均匀，渐变与急变是交替地出现于总流中，共同组成流动的总体。

【例 3－5】　水在倾斜管中流动，用 U 形水银压力计测定 A 点压强。压力计所指示的读数如图 3－17 所示，求 A 点压强。

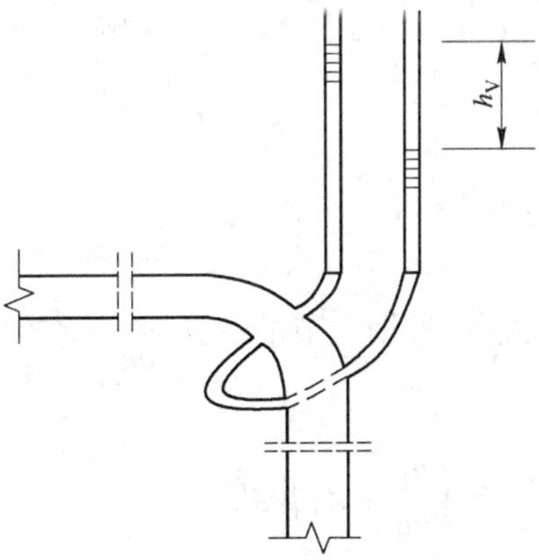

图 3－16　弯管流量计原理

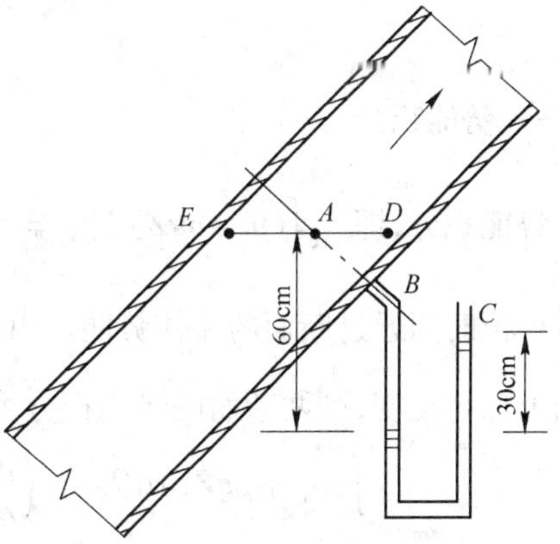

图 3－17　例 3－5 图

【解】　因 A，B 两点在均匀流同一过流断面上，其压强分布应服从流体静力学分布。U 形管中流体是静止的，所以从 A 点经 B 点到 C 点，压强均按流体静压强分布。因此，可以从 C 点开始直接推得 A 点压强，即有

$$0 + 0.3 \times \rho' g - 0.6 \times \rho g = p_A$$

$$p_A = 0.3 \times 1000 \times 9.8 \times 13.6 - 0.6 \times 1000 \times 9.8 = 34104\text{Pa} = 34.104\text{kPa}$$

第七节 恒定总流能量方程

我们已经导出了元流能量方程，但是由于元流的过流断面为无限小，因此元流能量方程并无实际工程意义。现在把它推广到总流系统，以得出在工程实际中，对平均流速和压强计算极为重要的总流能量方程。

在如图 3－18 所示的总流系统中，选取两个渐变流断面 1—1 和 2—2。总流既然可以看作无数元流之和，那么总流的能量方程就应当是元流能量方程式(3－15)在两断面范围内的积分，即

$$\int_{A_1}\left(p_1 + \rho g Z_1 + \rho g \frac{u_1^2}{2g}\right)\mathrm{d}Q_V = \int_{A_2}\left(p_2 + \rho g Z_2 + \rho g \frac{u_2^2}{2g}\right)\mathrm{d}Q_V + \int_{Q_V}\rho g h'_{l1-2}\mathrm{d}Q_V \qquad (a)$$

现将以上七项，按能量性质分为三种类型，分别讨论各类型的积分。

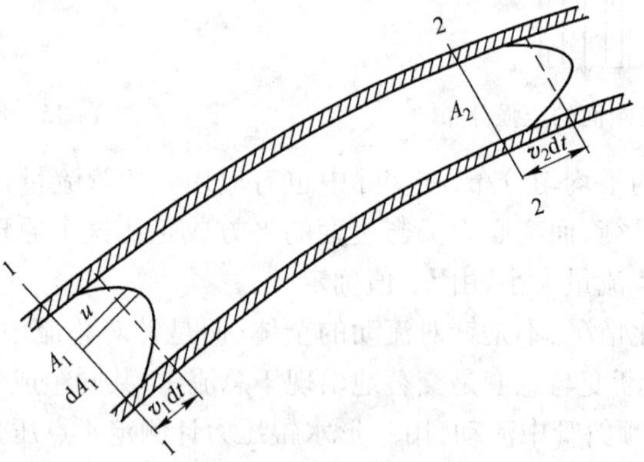

图 3－18 总流能量方程推导

一、势能积分

势能积分，即 $\int (p + \rho g Z)\mathrm{d}Q_V = \int \left(\frac{p}{\rho g} + Z\right)\rho g \mathrm{d}Q_V$

表示单位时间通过断面的流体势能。由于断面在渐变流段，根据上节的论证，$\frac{p}{\rho g} + Z$ 在同一断面上保持不变，则两断面的势能积分可写为

$$\int (p_1 + \rho g Z_1)\mathrm{d}Q_V = \left(\frac{p_1}{\rho g} + Z_1\right)\int \rho g \mathrm{d}Q_V = \left(\frac{p_1}{\rho g} + Z_1\right)\rho g Q_V \qquad (b)$$

$$\int (p_2 + \rho g Z_2)\mathrm{d}Q_V = \left(\frac{p_2}{\rho g} + Z_2\right)\int \rho g \mathrm{d}Q_V = \left(\frac{p_2}{\rho g} + Z_2\right)\rho g Q_V \qquad (b')$$

二、动能积分

动能积分，即

$$\int_{Q_V}\rho g\frac{u^2}{2g}\mathrm{d}Q_V=\int_A\rho g\frac{u^3}{2g}\mathrm{d}A=\frac{\rho g}{2g}\int_A u^3\mathrm{d}A$$

表示单位时间通过断面的流体动能。要建立断面平均流速、压强和位置高度的沿程变化关系，断面动能必须用 v 表示，即以$\frac{\rho g}{2g}\int_A v^3\mathrm{d}A$ 来代替$\frac{\rho g}{2g}\int_A u^3\mathrm{d}A$ 。但实际上 $\int_A v^3\mathrm{d}A$ 并不等于 $\int_A u^3\mathrm{d}A$ ，为此，需要引入修正系数 α，即

$$\alpha=\frac{\int u^3\mathrm{d}A}{\int v^3\mathrm{d}A}=\frac{\int u^3\mathrm{d}A}{v^3A}\tag{c}$$

称为动能修正系数。有了修正系数，两断面动能可写为

$$\frac{\rho g}{2g}\int u_1^3\mathrm{d}A=\frac{\rho g}{2g}\int_{A_1}\alpha_1v_1^3\mathrm{d}A=\frac{\alpha_1v_1^2}{2g}\rho gQ_V\tag{d}$$

$$\frac{\rho g}{2g}\int u_2^3\mathrm{d}A=\frac{\rho g}{2g}\int_{A_2}\alpha_2v_2^3\mathrm{d}A=\frac{\alpha_2v_2^2}{2g}\rho gQ_V\tag{d'}$$

α 值根据流速在断面上分布的均匀性来决定。流速分布均匀，$\alpha=1$；流速分布愈不均匀，α 值愈大。在管内紊流流动中，$\alpha=1.05\sim1.1$。实际工程计算中，常取 α 等于 1。

三、能量损失积分

能量损失积分，即

$$\int_{Q_V}\rho gh_{l1-2}\mathrm{d}Q_V$$

表示单位时间内流过断面的流体克服 1—2 流段的阻力作功所损失的能量。总流中各元流能量损失也是沿断面变化的。为了计算方便，设 h_{l1-2} 为平均单位能量损失，则

$$\int_{Q_V}\rho gh'_{l1-2}\mathrm{d}Q_V=h_{l1-2}\rho gQ_V\tag{e}$$

现将以上各积分结果代入原积分式(a)，得

$$\left(Z_1+\frac{p_1}{\rho g}+\frac{\alpha_1v_1^2}{2g}\right)\rho gQ_V=\left(Z_2+\frac{p_2}{\rho g}+\frac{\alpha_2v_2^2}{2g}\right)\rho gQ_V+h_{l1-2}\rho gQ_V\tag{3-19}$$

式(3－19)为总流能量方程式，该方程表明，若以两断面间的流段为能量平衡的运算对象，则单位时间流入上游断面的能量，等于单位时间流出下游断面的能量，加上流段所损失的能量。

以 $H=Z+\frac{p}{\rho g}+\frac{\alpha v^2}{2g}$表示断面全部单位机械能，则两断面间能量的平衡关系

$$H_1\rho gQ_V=H_2\rho gQ_V+h_{l1-2}\rho gQ_V\tag{3-20}$$

现将式(3－19)各项除以 ρgQ_V，即可得到单位重力作用下流体的能量方程，即

$$Z_1+\frac{p_1}{\rho g}+\frac{\alpha_1v_1^2}{2g}=Z_2+\frac{p_2}{\rho g}+\frac{\alpha_2v_2^2}{2g}+h_{l1-2}\tag{3-21}$$

从实用性来说，此式为极其重要的恒定总流能量方程式，又称为恒定总流伯努利(Bernoulli)

方程式。式中，Z_1，Z_2 为选定的 1，2 渐变流断面上任一点相对于基准面的高程，m；p_1，p_2 为相应断面同一选定点的压强，Pa；v_1，v_2 为相应断面的平均流速，m/s；α_1，α_2 为相应断面的动能修正系数；h_{l1-2}为 1，2 两断面间的平均单位水头损失，m。

p_1，p_2 对液体流动和一般情况下的气体流动，且均以相对压强表示时，式(3－21)的形式不变。特殊情况下的气体流动，将在本章第十节介绍。

水头损失 h_{l1-2}一般分为沿流程均匀发生和因局部障碍而导致的两种。前者称为沿程水头损失，后者称为局部水头损失。两种损失均表示为流速水头的倍数，具体计算将在下章讨论。

恒定总流能量方程，在应用上有很大的灵活性和适应性。

(1)方程的推导是在恒定流前提下进行的。虽然并不存在绝对的恒定流，但多数流动，流速随时间变化缓慢，由此所导致的惯性力较小，方程仍然适用。

(2)方程的推导是以不可压缩流体为基础的。它不仅适用于压缩性极小的液体流动，也适用于建筑环境与设备工程专业领域的大多数气体流动，只有压强变化较大，流速极高时，才需要考虑气体的可压缩性。

(3)方程的推导是将断面选在渐变流段的。这在一般条件下是必须遵守的条件，特别是断面流速较大时，更应严格遵守。例如，管路系统进口处在急变流段，一般不能选作列能量方程的断面。但在某些问题中，断面流速不大，离心惯性力不显著，或者断面流速项在能量方程中所占比例很小，也允许将断面选在急变流处。

(4)方程的推导是在两断面间没有能量输入或输出的情况下提出的。如果有能量的输出(例如，两断面间有水轮机或汽轮机)或输入(例如，两断面间有泵或风机)，则可以将输入的单位能量项 H_i 加在方程式(3－21)的左方，即

$$Z_1+\frac{p_1}{\rho g}+\frac{\alpha_1 v_1^2}{2g}+H_i=Z_2+\frac{p_2}{\rho g}+\frac{\alpha_2 v_2^2}{2g}+h_{l1-2} \tag{3-22}$$

或将输出的单位能量项 H_o，加在方程式(3－21)的右方，即

$$Z_1+\frac{p_1}{\rho g}+\frac{\alpha_1 v_1^2}{2g}=Z_2+\frac{p_2}{\rho g}+\frac{\alpha_2 v_2^2}{2g}+H_0+h_{l1-2} \tag{3-23}$$

以维持能量平衡。

将单位能量乘以 $\rho g Q_V$，可得到以功率表示的形式，即：流体机械的输入功率为 $P_i=\rho g Q_V H_i$；流体机械的输出功率为 $P_o=\rho g Q_V H_o$。

(5)方程的推导是在两断面间没有分流或合流的情况下推得的；如两断面间存在分流或合流，可以进行以下讨论：

若 1，2 断面间存在分流，如图 3－19 所示。认为各断面通过流体的单位能量在断面上的分布是均匀的。而 $Q_{V1}=Q_{V2}+Q_{V3}$，即 Q_{V1} 的流体一部分流向 2 断面，另一部分流向 3 断面。无论流到哪个断面的流体，在 1 断面上单位能量都是 $Z_1+\frac{p_1}{\rho g}+\frac{v_1^2}{2g}$，只不过流到 2 断面所产生的单位能量损失为 h_{l1-2}，而流到 3 断面的流体单位能量损失是 h_{l1-3} 而已。能量方程是两断面间单位能量的关系，因此可以建立 1 断面和 2 断面的能量方程：

$$Z_1+\frac{p_1}{\rho g}+\frac{\alpha_1 v_1^2}{2g}=Z_2+\frac{p_2}{\rho g}+\frac{\alpha_2 v_2^2}{2g}+h_{l1-2}$$

同理，1 断面和 3 断面的能量方程为

$$Z_1+\frac{p_1}{\rho g}+\frac{\alpha_1 v_1^2}{2g}=Z_3+\frac{p_3}{\rho g}+\frac{\alpha_3 v_3^2}{2g}+h_{l1-3}$$

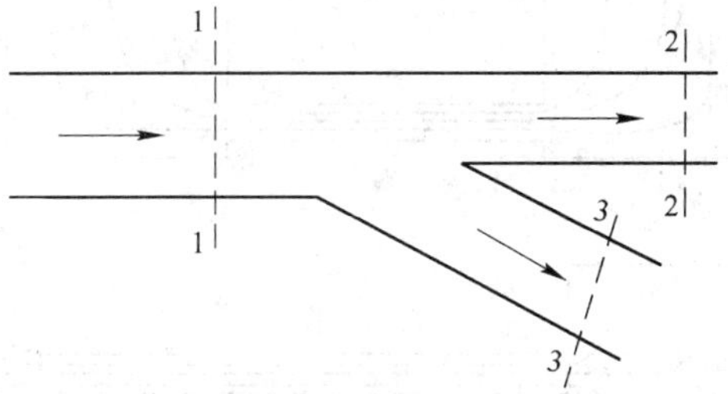

图 3－19　分流

可见，两断面间虽有分出流量，但能量方程的形式并不改变。但是分流对单位能量损失 h_{l1-2} 是有影响的。

同理，可以得出合流时的能量方程。

(6) 由于方程的推导用到了均匀流过流断面上的压强分布规律，所以，断面上的压强 p 和位置高度 Z 必须取同一点的值，但该点可以在断面上任取。

第八节　能量方程的应用

能量方程对求解流体力学问题具有非常重要的作用，它和连续性方程联立，可以求解一元流动断面平均流速和压强的计算问题。

一般来讲，实际工程问题，不外乎三种类型：一是求流速，二是求压强，三是求流速和压强。在上述三个问题中，求流速是最主要的，而压强则是在流速已知或事先已经求出的基础上进行的。其他问题，例如流量问题、水头问题、动量问题等与流速、压强密切相关。

求流速的一般步骤是：分析流动，选择断面和基准面，写出方程，求解未知量。

分析流动，就要明确流动总体，要把需要研究的局部流动和流动总体联系起来。例如，图 3－20 中水从大水箱 A 经管道 B 流入水箱 C；气体从静压箱 A 经管道 B 流入大气 C。我们研究的对象是管中水流和气流，但是我们应当把管中的水流和气流这些局部和总体联系起来。也就是说，要把管中水流和上游水箱 A 的水体以及下游水箱 C 的水体联系起来；要把管中气流和上游静压箱 A 的气体以及下游大气 C 联系起来。图中的 A，B，C 三部分构成不可分离的流动总体。这就是说，为求流速、压强而选择的断面，不仅可以选在管道的断面上，也可以选在水箱水体中或静压箱中，或者大气中。

划分断面是在分析流动的基础上进行的。两断面应尽可能多的包含已知量（通常是压强或压强差），当然又必须使未知量出现在方程中。

基准面的选择原则上说是任意的，但是从求解方便考虑，还有如何选择更为方便的问题。一般通过总流的最低点，或通过两断面中较低一断面的形心，这样就使一个断面的 Z 值为零，而另一断面的 Z 值保持正值。

选择适当的方程形式，并将已知量代入就可以求解了。这里需要强调的是压强表示的

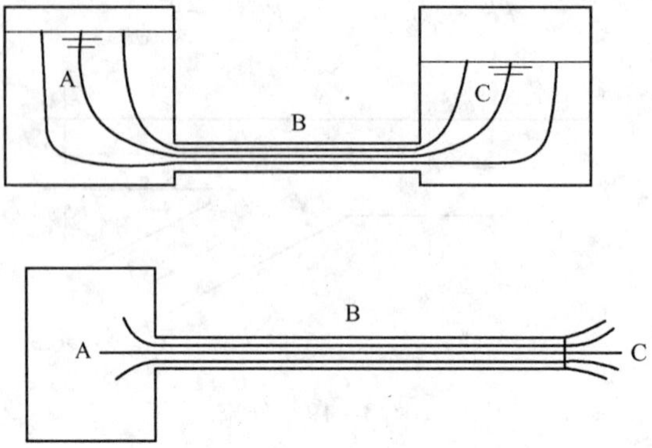

图 3－20　管中的水流与气流

基准要统一，另外两断面平均流速同时出现时，应与连续性方程联立，以减少未知量。

应当注意，若断面取在管流出口以后，流体便不受固体边壁的约束。流动由有压流动转变为整个断面都处于大气中的射流。根据射流的周边直接与大气相接的边界条件，断面上各点压强可假定为均匀分布，并且都等于外界大气压强。此时断面上压强分布不再服从静力学规律，即在射流断面上压强分布图形不是梯形，而是矩形，如图 3－21a 所示。选取管流出口断面列能量方程时，应选断面中心点作为能量方程的代表点，它的位置高度代表整个断面位能的平均值。

当断面取在有压管流中时，断面上压强分布图形呈梯形（服从静力学分布）。如图 3－21b 所示。

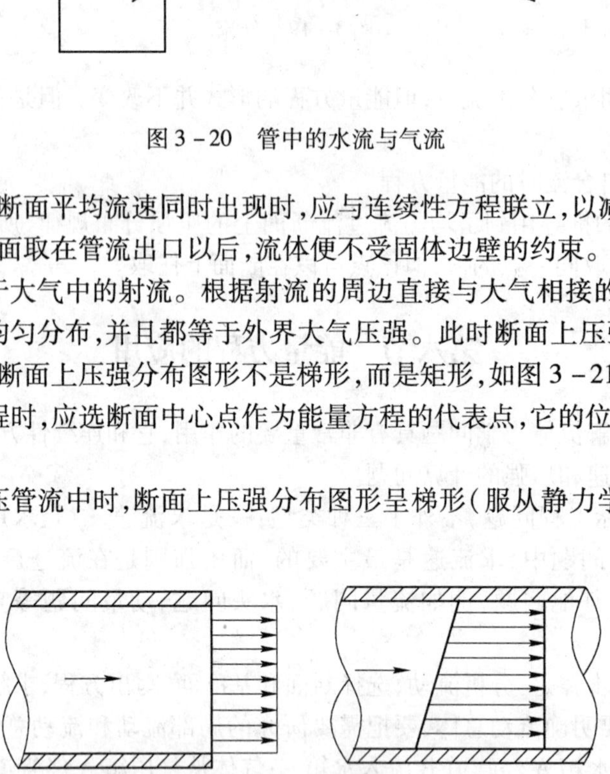

图 3－21　管流出口及管中断面的压强分布

根据以上分析可知，只要在总流系统中合理地选择断面，就可以求解流速。文丘里（Venturi）流量计就是利用这个原理，在管道中造成流速差，引起压强变化，然后通过对压强差的测量来计算流速和流量的。文丘里流量计原理如图 3－22 所示，它是由一段渐缩管，一段喉管和一段渐扩管相连而构成。将它连接在管道中，当管中流体通过此流量计时，由于喉管断面缩小，流速增加，压强减低，用压差计测定压强水头的变化 Δh，即可计算出流速和流量。

取 1、2 两渐变流断面，列出理想流体能量方程

$$Z_1 + \frac{p_1}{\rho g} + \frac{\alpha_1 v_1^2}{2g} = Z_2 + \frac{p_2}{\rho g} + \frac{\alpha_2 v_2^2}{2g}$$

若 $\alpha_1 = \alpha_2 = 1$，以文丘里流量计中心轴线为基准面，则 $Z_1 = Z_2 = 0$，能量方程简化为

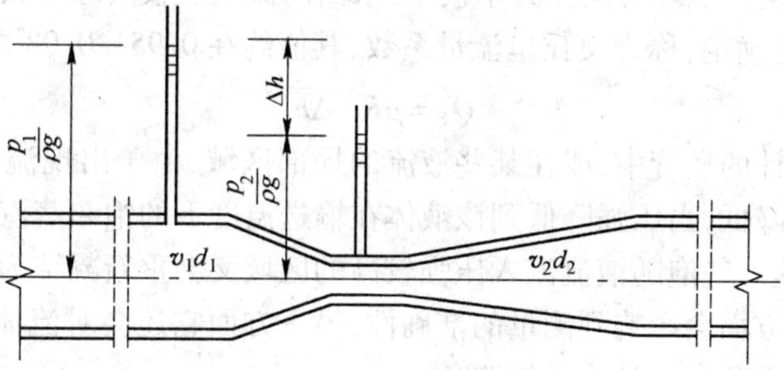

图 3－22　文丘里流量计原理

$$0+\frac{p_1}{\rho g}+\frac{v_1^2}{2g}=0+\frac{p_2}{\rho g}+\frac{v_2^2}{2g}$$

移项

$$\frac{p_1}{\rho g}-\frac{p_2}{\rho g}=\frac{v_2^2}{2g}-\frac{v_1^2}{2g}=\Delta h$$

由连续性方程，有

$$v_1\times\frac{\pi}{4}d_1^2=v_2\times\frac{\pi}{4}d_2^2$$

$$\frac{v_2}{v_1}=\left(\frac{d_1}{d_2}\right)^2,\frac{v_2^2}{v_1^2}=\frac{\frac{v_2^2}{2g}}{\frac{v_1^2}{2g}}=\left(\frac{d_1}{d_2}\right)^4$$

代入能量方程

$$\left(\frac{d_1}{d_2}\right)^4\frac{v_1^2}{2g}-\frac{v_1^2}{2g}=\Delta h$$

解出流速

$$v_1=\sqrt{\frac{2g\Delta h}{\left(\frac{d_1}{d_2}\right)^4-1}}$$

流量为

$$Q_V=v_1\ \frac{\pi}{4}d_1^2\ \frac{\pi}{4}d_1^2\sqrt{\frac{2g\Delta h}{\left(\frac{d_1}{d_2}\right)^4-1}}$$

式中，$\frac{\pi}{4}d_1^2\sqrt{\frac{2g}{\left(\frac{d_1}{d_2}\right)^4-1}}$只与管径 d_1 和 d_2 有关，对于一定的流量计来说，它是一个常数，以 K 表示。即令

$$K=\frac{\pi}{4}d_1^2\sqrt{\frac{2g}{\left(\frac{d_1}{d_2}\right)^4-1}}\tag{3－24}$$

则

$$Q_V=K\sqrt{\Delta h}$$

由于推导过程运用了理想流体力学模型，求出的流量值较实际略大。为此，引入修正系数μ。μ值根据实验确定，称为文丘里流量系数，其值约在0.95～0.98之间。则

$$Q_V=\mu K\sqrt{\Delta h}$$

在文丘里流量计的喉管中，或在某些液流的局部区域，由于出现流速急剧升高，会导致压强在该处显著地降低，当压强降低到该液体在输送温度下的饱和蒸汽压时，液体就会迅速汽化，产生大量气泡。气泡随液流流入压强较高的区域又会重新凝结为液体，这种现象称为空化。空化现象一方面会影响到测量的准确性，另一方面它还会对流体输送机械（如泵）造成破坏，所以，空化现象在设计中必须避免。

【例3-6】 如图3-23所示，用直径$d=100\mathrm{mm}$的水管从水箱引水。水箱水面与管道出口断面中心的高差$H=4\mathrm{m}$，保持恒定，水头损失$h_w=3\mathrm{m}$水柱。试求管道的流量。

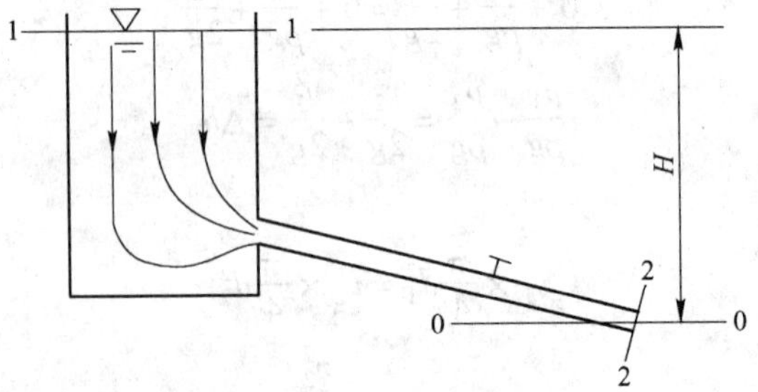

图3-23 例3-6图

【解】 这是简单的总流问题，应用伯努利方程

$$z_1+\frac{p_1}{\rho g}+\frac{\alpha_1 v_1^2}{2g}=z_2+\frac{p_2}{\rho g}+\frac{\alpha_2 v_2^2}{2g}+h_w$$

首先要选取基准面、计算断面和计算点。为便于计算，选通过管道出口断面中心的水平面为基准面0—0。计算断面应选在渐变流断面，并使其中一个已知量最多，另一个含待求量。按以上原则，本题选水箱水面为1—1断面，计算点在自由水面上，运动参数$z_1=H$，$p_1=0$（相对压强），$v_1\approx 0$。选管道出口断面为2—2断面，以出口断面的中心为计算点，运动参数$z_2=0$，$p_2=0$，v_2待求。将各量代入总流伯努利方程，得

$$H=\frac{\alpha_2 v_2^2}{2g}+h_w \qquad 取\ \alpha_2=1.0$$

流速 $$v_2=\sqrt{2g(H-h_w)}=4.43\mathrm{m/s}$$

流量 $$Q=v_2A_2=0.035\mathrm{m^3/s}$$

【例3-7】 20℃的空气在直径为80mm的水平管中流过。现于管路中接一文丘里管，如图3-24所示。文丘里管的上游接一水银U形管压差计，在直径为20mm的喉颈处接一细管，其下部插入水槽中。空气流过文丘里管的能量损失可忽略不计。当U形管压差计读数$R=25\mathrm{mm}$、$h=0.5\mathrm{m}$时，试求此时空气的流量（$\mathrm{m^3/h}$）。当地大气压强为$101.33\times10^3\mathrm{Pa}$。

【解】 文丘里管上游测压点的压强为

$$p_1=\rho_{Hg}gR=13600\times9.81\times0.025=3335\mathrm{Pa}（表压）$$

喉颈处的压强为

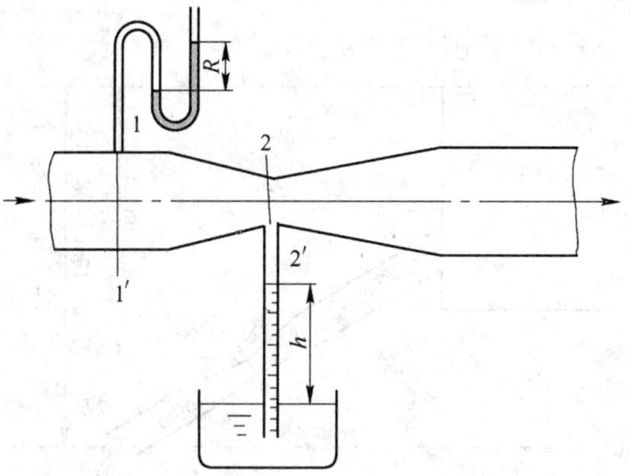

图3-24　例3-7图

$$p_2 = -\rho gh = -1000 \times 9.81 \times 0.5 = -4905\text{Pa}(\text{表压})$$

空气流经截面1—1′与2—2′的压强变化为

$$\frac{p_1 - p_2}{p_1} = \frac{(101330 + 3335) - (101330 - 4905)}{101330 + 3335} = 0.079 = 7.9\%$$

近似按不可压缩流体来处理。

两截面间的空气平均密度为

$$\rho = \rho_m = \frac{M}{22.4}\frac{T_0 p_m}{T p_0} = \frac{29}{22.4} \times \frac{273\left[101330 + \frac{1}{2}(3335 - 4905)\right]}{293 \times 101330} = 1.20\text{kg/m}^3$$

在截面1—1′和2—2′之间列伯努利方程式，以管道中心线作基准水平面，能量损失可忽略，即$\sum h_f = 0$。据此，伯努利方程式可写为

$$gz_1 + \frac{v_1^2}{2} + \frac{p_1}{\rho} = gz_2 + \frac{v_2^2}{2} + \frac{p_2}{\rho}$$

式中，$z_1 = z_2 = 0$。

所以
$$\frac{v_1^2}{2} + \frac{3335}{1.2} = \frac{v_2^2}{2} - \frac{4905}{1.2}$$

简化得
$$v_2^2 - v_1^2 = 13733 \tag{a}$$

据连续性方程 $v_1 A_1 = v_2 A_2$

得
$$v_2 = v_1 \frac{A_1}{A_2} = v_1\left(\frac{d_1}{d_2}\right)^2 = v_1\left(\frac{0.08}{0.02}\right)^2$$

$$v_2 = 16v_1 \tag{b}$$

以式(b)代入式(a)，即$(16v_1)^2 - v_1^2 = 13733$

解得
$$v_1 = 7.34\text{m/s}$$

空气的流量为

$$Q = 3600 \times \frac{\pi}{4} d_1^2 v_1 = 3600 \times \frac{\pi}{4} \times 0.08^2 \times 7.34 = 132.8\text{m}^3/\text{h}$$

【例3-8】　如图3-25所示大气压强为97kPa，收缩段的直径应当限制在什么数值以

上，才能保证不出现空化。水温为40℃，不考虑损失。

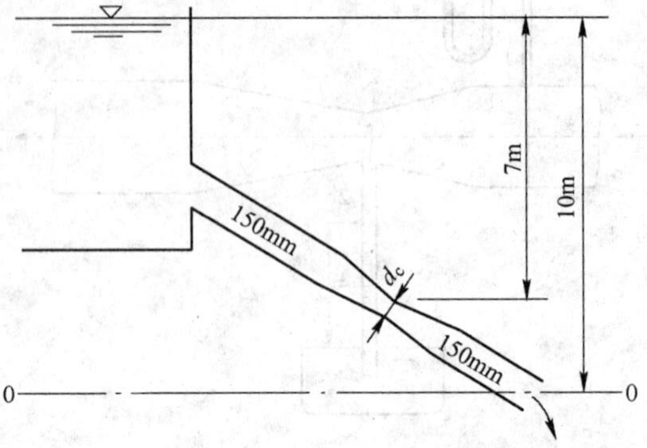

图3-25 例3-8图

【解】 已知水温为40℃时，$\rho=992.2\mathrm{kg/m^3}$，汽化压强$p=7.38\mathrm{kPa}$。列水面和收缩断面的能量方程时，为了不出现空化，以40℃时水的汽化压强p'作为最小压强值，求出对应的收缩段直径d_c。当收缩段直径大于d_c时，收缩段压强一定大于p'，可以避免产生汽化。在自由液面与收缩断面间列能量方程为

$$z_1+\frac{p_a}{\rho g}+\frac{v_1^2}{2g}=z_2+\frac{p_2}{\rho g}+\frac{v_2^2}{2g}$$

$$z_1=10\mathrm{m};\ z_2=3\mathrm{m}$$

$$\frac{p_a}{\rho g}=10\mathrm{m};\ \frac{p_2}{\rho g}=\frac{p'}{\rho g}=0.76\mathrm{m}$$

$$v_1=0;\ \frac{v_2^2}{2g}=\frac{v_c^2}{2g}$$

代入上式，得$\frac{v_c^2}{2g}=16.24\mathrm{m}$

再列自由液面和出口断面的能量方程，得

$$\frac{v^2}{2g}=10\mathrm{m}$$

根据连续性方程，得

$$\frac{v_c}{v}=\frac{d^2}{d_c^2}$$

则

$$\left(\frac{v_c}{v}\right)^2=\frac{16.24}{10}=\frac{150^4}{d_c^4}$$

得出

$$d_c=133\mathrm{mm}$$

即，当收缩段直径大于133mm可避免发生空化。

第九节 总水头线和测压管水头线

用能量方程计算一元流动，能够求出总流系统某个断面的流速和压强。下面我们将从

总流系统的全局出发，以总水头线和测压管水头线来形象地描述总流各断面各水头的变化规律。

总水头线和测压管水头线，如图 3－26 所示。

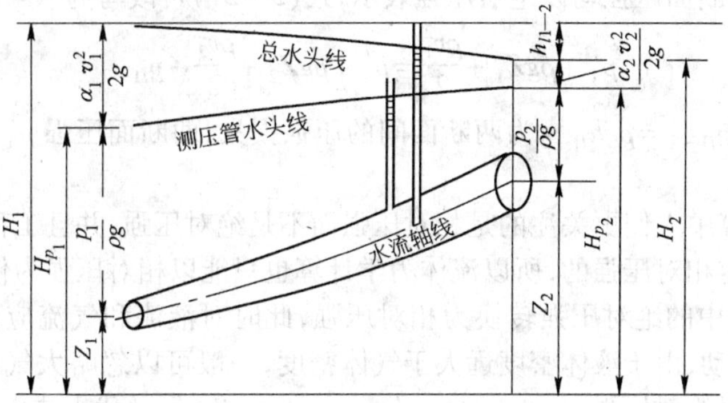

图 3－26 总水头线与测压管水头线

前已述及，位置水头、压强水头和流速水头之和，称为总水头。则能量方程写成上、下游两断面总水头 H_1、H_2 的形式为

$$H_1 = H_2 + h_{l1-2}$$

或

$$H_2 = H_1 - h_{l1-2}$$

即每一个断面的总水头是上游断面总水头减去两断面间的水头损失。根据这个关系，从最上游断面起，沿流向依次减去水头损失，求出各断面的总水头。将这些总水头，以总流各断面高度为比例，并标绘在总流各断面上，所连成的线，就是总水头线。由此可见，总水头线是沿总流逐段减去水头损失绘出的。

在绘制总水头线时，需要注意沿程水头损失和局部水头损失在总水头线上的表现形式不同。沿程水头损失为沿程均匀发生，表现为沿流程倾斜下降的直线；而局部水头损失只在局部障碍处发生，一般地表现为在局部障碍处铅直下降的直线。对于渐扩管或渐缩管等，可视为沿程均匀分布，而非集中在一点。

测压管水头为同一断面总水头与流速水头之差，即

$$H = H_p + \frac{v^2}{2g}$$

$$H_p = H - \frac{v^2}{2g}$$

根据这个关系，从断面的总水头减去同一断面的流速水头，即可得到该断面的测压管水头。将各断面的测压管水头连线，就是测压管水头线。因此，测压管水头线是根据总水头线减去流速水头而绘出的。

第十节 恒定气流能量方程

前面已经讲到，总流能量方程式

$$Z_1 + \frac{p_1}{\rho g} + \frac{\alpha_1 v_1^2}{2g} = Z_2 + \frac{p_2}{\rho g} + \frac{\alpha_2 v_2^2}{2g} + h_{l1-2}$$

虽然它是在不可压缩流体流动模型基础上提出的，但在流速不很高（小于68m/s），压强变化不大的情况下，上述能量方程同样可以应用于气体。

当能量方程用于气体流动时，由于水头概念不像液体流动那样明确具体，我们将方程各项乘以ρg，并且两断面压强均以绝对压强表示，式（3－21）可改写为

$$p_1' + \rho g Z_1 + \frac{\rho v_1^2}{2} = p_2' + \rho g Z_2 + \frac{\rho v_2^2}{2} + p_{l1-2} \tag{a}$$

其中，$\alpha_1 = \alpha_2 = 1$，$p_{l1-2} = \rho g h_{l1-2}$为两断面间的压强损失，两断面压强$p_1'$，$p_2'$，表示两断面的绝对压强。

由于工程计算中人们更关注的是相对压强而不是绝对压强，并且工程中所用的压强计，绝大多数都是测定相对压强的，所以流体力学计算也只能以相对压强为依据。

为了将式（a）中的绝对压强转换为相对压强，此时对液流和气流应区别对待。如前所述，液体在管中流动，由于液体密度远大于气体密度，一般可以忽略大气压强因高度不同而造成的差异。此时绝对压强$p_1' = p_a + p_1$，$p_2' = p_a + p_2$。将p_1'、p_2'代入式（a）中，消去p_a后得

$$\rho g Z_1 + p_1 + \frac{\rho v_1^2}{2} = \rho g Z_2 + p_2 + \frac{\rho v_2^2}{2} + p_{l1-2} \tag{b}$$

比较（a）、（b）两式可知，对于液体流动，能量方程中的压强用绝对压强或相对压强皆可。

对于气体流动，特别是在高差较大，气体密度和空气密度不等的情况下，必须考虑大气压强因高度不同而产生的差异。如图3－27所示，设断面在高程为Z_1处，大气压强为p_a；在高程为Z_2的断面，大气压强将减至$p_a - \rho_a g(Z_2 - Z_1)$。式中，$\rho_a$为空气密度。因而对1断面，有

$$p_1' = p_a + p_1$$

而2断面绝对压强和相对压强的关系为

$$p_2' = p_a - \rho_a g(Z_2 - Z_1) + p_2$$

将p_1'和p_2'代入式（a）得

$$p_a + p_1 + \rho g Z_1 = \frac{\rho v_1^2}{2} + p_a - \rho_a g(Z_2 - Z_1) + p_2 + \rho g Z_2 + \frac{\rho v_2^2}{2} + p_{l1-2}$$

消去p_a，经整理得出

$$p_1 + \frac{\rho v_1^2}{2} + g(\rho_a - \rho)(Z_2 - Z_1) = p_2 + \frac{\rho v_2^2}{2} + p_{l1-2} \tag{3-25}$$

上式即为以相对压强表示的气流能量方程。必须说明：使用该方程时，p_1，p_2只能是相对压强。另外，在列方程式时，必须沿流动方向的顺序选取断面，即1断面一定要取在上游断面（参见图3－27）。

与液体能量方程比较，除各项单位为压强外，对应项有基本相近的意义：

习惯上称p_1，p_2为断面1，2的静压强，简称静压；$\frac{\rho v_1^2}{2}$、$\frac{\rho v_2^2}{2}$称为动压，它反映断面流速以无能量损失的方式降低至零所转化的压强值；$g(\rho_a - \rho)(Z_2 - Z_1)$称为位压，它与流体的位置水头差相对应；$p_{l1-2}$为1，2两断面间的压强损失。

静压与位压之和，称为势压，以p_s表示。势压与管中液流的测压管水头相对应，即

$$p_s = p + g(\rho_a - \rho)(Z_2 - Z_1)$$

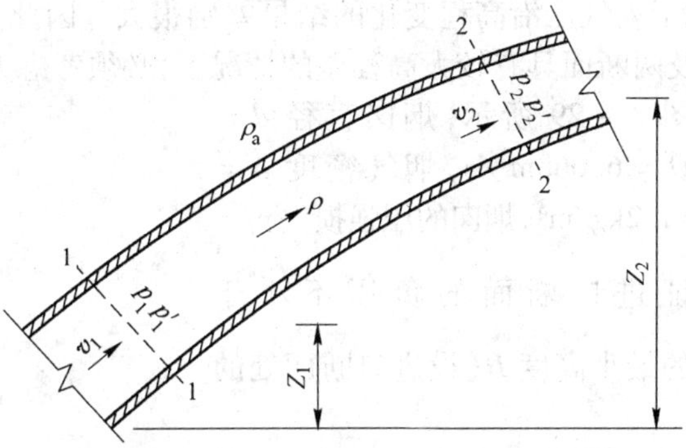

图 3-27　气流的相对压强与绝对压强

静压与动压之和,称为全压,以 p_q 表示。静压、动压与位压三项之和称为总压,以 p_z 表示,它与管中液流的总水头相对应,即

$$p_z = p + \frac{\rho v^2}{2} + g(\rho_a - \rho)(Z_2 - Z_1)$$

由上式可知,存在位压时,总压等于位压与全压之和;位压为零时,总压就等于全压。

在绝大多数场合,特别是空气在管中流动的问题,或是高程差甚小,或是密度差甚微,两者都会导致位压的影响极其微弱,可以忽略不计,则气流能量方程简化为

$$p_1 + \frac{\rho v_1^2}{2} = p_2 + \frac{\rho v_2^2}{2} + p_{l1-2} \tag{3-26}$$

【例 3-9】 如图 3-28 所示,在锅炉省煤器的进口断面测得负压 $\Delta h_1 = 10.5\text{mmH}_2\text{O}$,出口断面负压 $\Delta h_2 = 20\text{mmH}_2\text{O}$,两断面的高差 $H = 5\text{m}$,烟气的平均密度 $\rho_g = 0.6\text{kg/m}^3$,炉外空气的密度 $\rho_a = 1.2\text{kg/m}^3$,求烟气流过省煤器的压强损失。

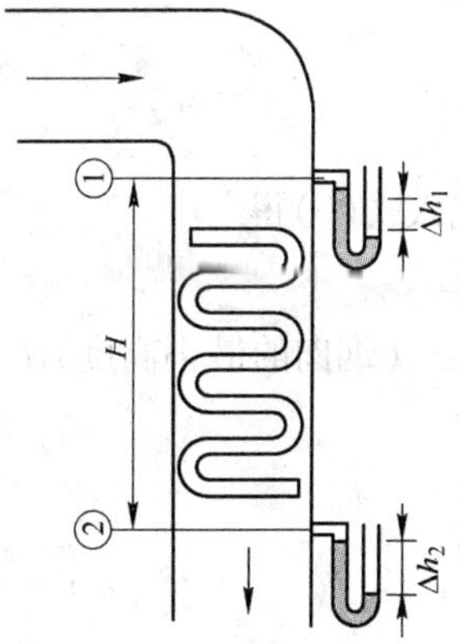

图 3-28　例 3-9 图

【解】 ①、②两断面的相对压强分别为

$$p_1 = -\frac{\Delta h_1}{1000} g\rho_w = -\frac{10.5}{1000} \times 9.81 \times 1000 = -103\text{Pa}$$

$$p_2 = -\frac{20}{1000} \times 9.81 \times 1000 = -196.2\text{Pa}$$

可见,要把毫米水柱换算成 Pa 只需乘以 9.81。

将已知数代入式中,因烟气自上流向下,$z_1 > z_2$,式中 $z_2 - z_1$ 为负值,代入能量方程,得

$$-103 + \frac{\rho_g v^2}{2} + 9.81 \times (1.2 - 0.6) \times (-5) = -196.2 + \frac{\rho_g v_2^2}{2} + p_{l1-2}$$

省煤器进、出口断面面积相等,$v_1 = v_2$,式中两断面的动压相互抵消,故烟气流过省煤器的压强损失为

$$p_{l1-2} = 63.77\text{Pa}$$

如不考虑两断面大气压的不同,即将相对压强直接代入计算

$$(p_{l1-2})_{p_{a}=\text{const}}=p_{g}g(z_1-z_2)+p_1-p=0.6\times9.81\times5-103-(-196.2)=122.63\text{Pa}$$

算出的压强损失与考虑了大气压沿高程变化的结果差别很大。因此,在管内气流与管外大气的密度相差较大,以及两断面具有较大高程差的情况下,必须考虑大气压沿高程的变化。

【例3－10】 如图3－29所示,烟囱直径 $d=1.2\text{m}$,通过烟气流量 $Q=6.068\text{m}^3/\text{s}$,烟气密度 $\rho=0.7\text{kg/m}^3$,空气密度 $\rho_a=1.2\text{kg/m}^3$,烟囱的压强损失 $p_l=0.03\frac{H}{d}\frac{\rho v^2}{2}$,为了保证进口断面的负压不小于 $10\text{mmH}_2\text{O}$,试计算烟囱的最小高度 H(设进口断面处的烟气速度约为0)。

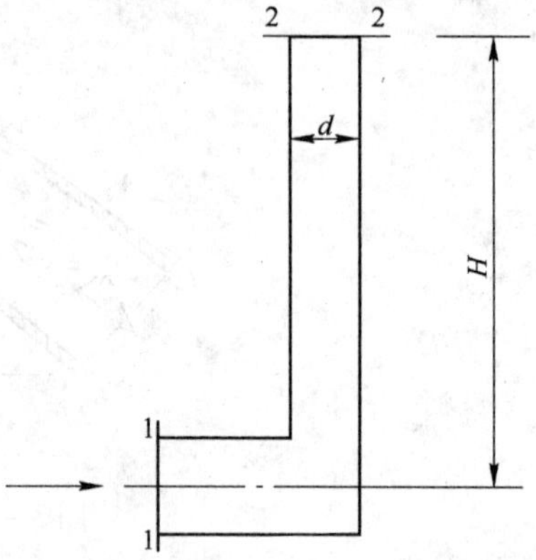

图3－29 例3－10图

【解】 以进口为1—1断面,出口为2—2断面,过1—1形心的水平面为基准面,列气体能量方程:

$$p_1+\rho\frac{v_1^2}{2}(\rho_a-\rho)g(z_2-z_1)=p_2+\rho\frac{v_2^2}{2}+p_{l1-2}\quad\text{(a)}$$

由题意可知 $v_1=0,\ z_2-z_1=H,\ p_2=0$

代入式(a)得

$$p_1+(\rho_a-\rho)gH=\rho\frac{v_2^2}{2}+0.03\frac{H}{d}\cdot\frac{v_2^2}{2}\rho$$

所以

$$H=\frac{-p_1+\rho\frac{v_2^2}{2}}{g(\rho_a-\rho)-0.03\frac{1}{d}\cdot\frac{v_2^2}{2}\rho}=\frac{0.01\rho_{H_2O}g+\frac{\rho}{2}v_2^2}{g(\rho_a-\rho)-0.03\frac{1}{d}\cdot\frac{v_2^2}{2}\rho}\quad\text{(b)}$$

其中

$$v_2=\frac{Q}{A}=\frac{6.068}{\frac{\pi}{4}(1.2)^2}=5.368\text{m/s}$$

代入式(b)得

$$(\text{烟囱的最小高度})H=\frac{0.01\times9810+\frac{0.7}{2}(5.368)^2}{9.81(1.2-0.7)-0.03\frac{1}{1.2}\times\frac{(5.368)^2}{2}\times0.7}=23.25\text{m}$$

第十一节 总压线和势压线

与总水头线和测压管水头线类似,为了描述气流沿程的能量变化,我们可以用总压线和势压线来形象表示。

气流能量方程各项的单位为压强单位,气流的总压线和势压线一般可在选定零压线的基础上,对应于气流各断面进行绘制。管路出口断面相对压强为零,常选为2—2断面,零压线为过该断面中心的水平线。

在选定零压线的基础上绘总压线时,根据方程 $p_{z1}=p_{z2}+p_{l1-2}$,则

$$p_{z2}=p_{z1}-p_{l1-2}\quad(3-27)$$

即第二断面的总压等于第一断面的总压减去两断面间的压强损失。依此类推,就可求得各

断面的总压。将各断面的总压值连接起来，即得总压线。

在总压线的基础上可绘制势压线。因为

$$p_z = p_s + \frac{\rho v^2}{2} \tag{3-28}$$

则

$$p_s = p_z - \frac{\rho v^2}{2} \tag{3-29}$$

即势压等于该断面的总压减去动压；将各断面的势压连成线，即得势压线。显然，当断面面积不变时，总压线和势压线相互平行。

由方程式(3-25)可知，第一断面的位压为$g(\rho_a-\rho)(Z_2-Z_1)$，第二断面的位压为零。1、2断面间的位压是直线变化的，由1、2两断面位压连成线，即得位压线。

与液流的图示法类似，图上出现四条具有能量意义的线：即总压线、势压线、位压线和零压线。总压线与势压线间铅直距离为动压；势压线和位压线间铅直距离为静压；位压线和零压线间铅直距离为位压。静压为正，势压线在位压线下方；静压为负，势压线在位压线下方。

习　　题

3-1　如图3-30所示，空气由炉口a流入，通过燃烧后，废气经b,c,d由烟囱流出。烟气$\rho=0.6\text{kg/m}^3$，空气$\rho=1.2\text{kg/m}^3$，由a到c的压强损失为$9\frac{\rho v^2}{2}$，c到d的损失为$20\times\frac{\rho v^2}{2}$。求(1)出口流速$v$；(2)$c$处静压$p_c$。

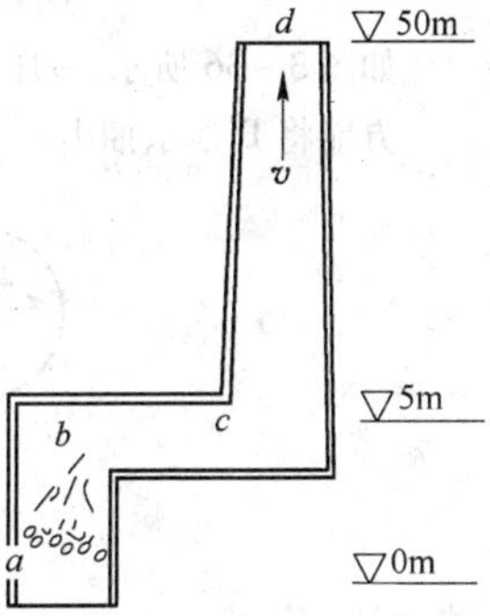

图3-30　习题3-1图

3-2　有一变直径的管道如图3-31所示，已知$d_1=100\text{mm}$，$d_2=75\text{mm}$，d_1管段的断面平均流速$v_1=1.2\text{m/s}$，求d_2管段的断面平均流速。

3-3　管路由不同直径的两管前后相连接所组成，小管直径$d_A=0.2\text{m}$，大管直径$d_B=0.4\text{m}$，如图3-32所示。水在管中流动时，A点压强$p_A=70\text{kPa}$，B点压强$p_B=40\text{kPa}$，B点流速$v_B=1\text{m/s}$。试判断水在管中流动的方向，并计算水流经两断面间的水头损失。

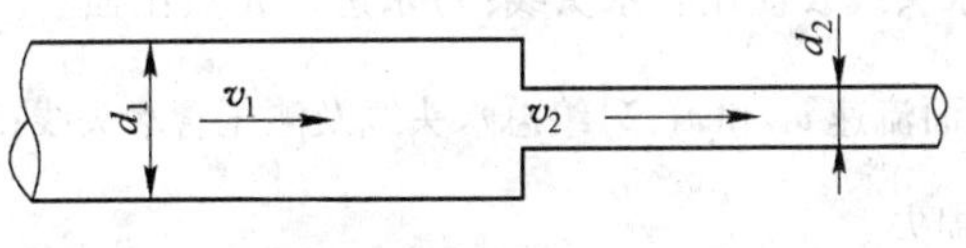

图3-31　习题3-2图

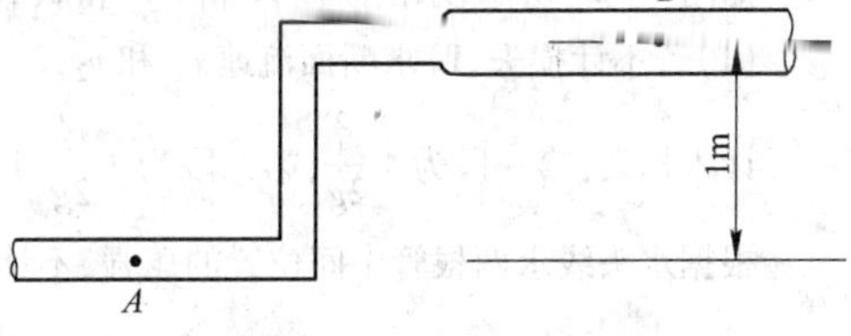

图3-32　习题3-3图

3-4　如图3-33所示，油沿管线流动，A断面流速为2m/s，不计损失，求开口C管中的液面高度。

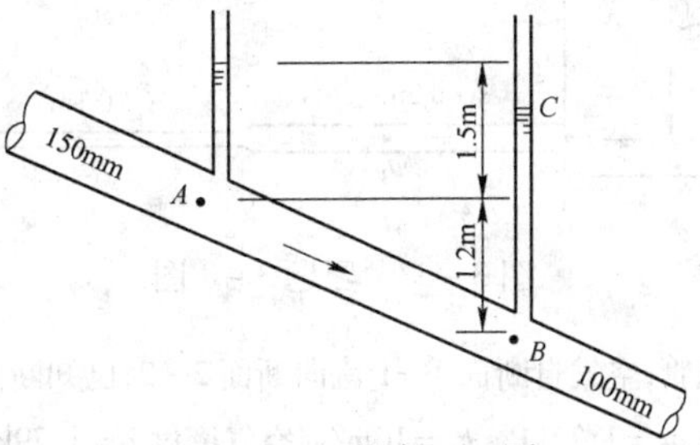

图3-33　习题3-4图

3－5　用水银比压计测管中水流，过流断面中点流速 u 如图 3－34 所示。测得 A 点的比压计读数 Δh = 60mm。(1)求该点的流速 u；(2)若管中流体是密度为 0.8kg/m³ 的油，Δh 仍不变，不计损失，该点流速是多大？

3－6　如图 3－35 所示，水由喷嘴流出，管嘴出口 d = 75mm，不考虑损失，计算 H 值（以 m 计）、p 值（以 kPa 计）。

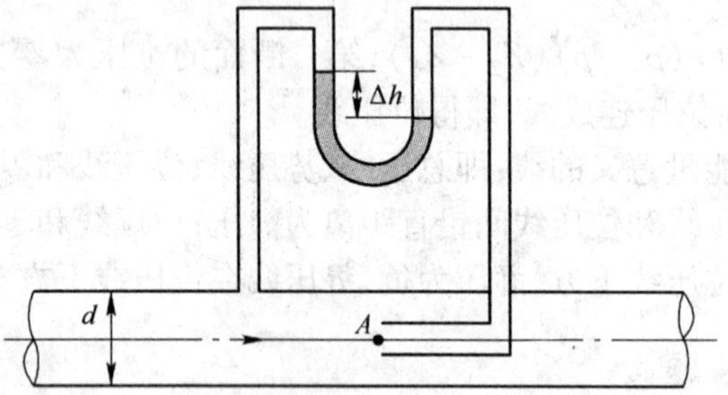

图 3－34　习题 3－5 图

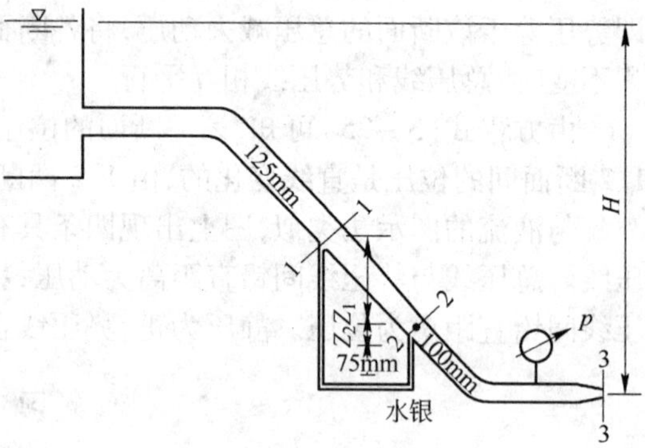

图 3－35　习题 3－6 图

3－7　如图 3－36 所示，一压缩空气罐与文丘里式的引射管连接，d_1，d_2，h 均为已知，问气罐压强 p_0 多大方能将 B 池水抽出。

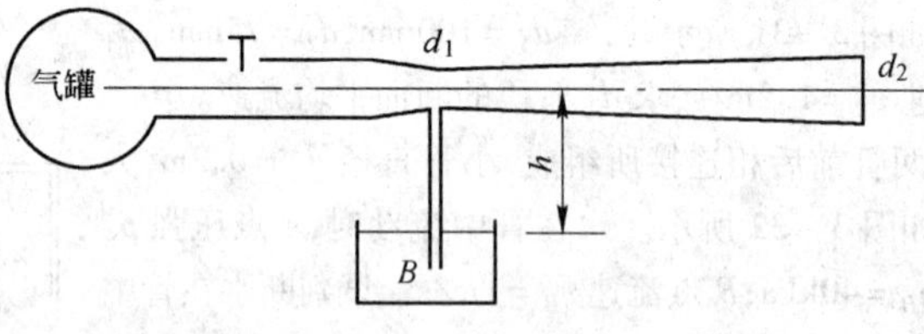

图 3－36　习题 3－7 图

3－8　如图 3－37 所示，水由断面为 0.2m² 和 0.1m² 的两根管子所组成的水平输水管从水箱流入大气中：(1)若不计损失，1)求断面流速 v_1 和 v_2；2)绘总水头线及测压管水头线；3)求进口 A 点压强。(2)计入损失：第一段为 $4\dfrac{v_1^2}{2g}$，第二段为 $3\dfrac{v_2^2}{2g}$，1)求断面流速 v_1 和 v_2；2)绘总水头线及测压管水头线；3)根据水头线求两根管中间位置的压强，不计局部损失。

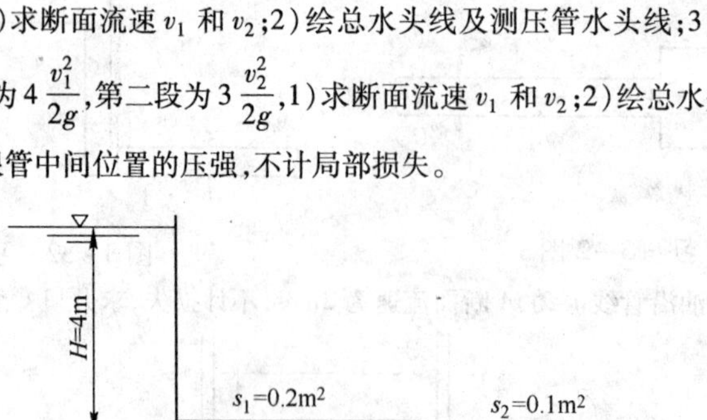

图 3－37　习题 3－8 图

3－9　图 3－38 所示为一水平风管，空气自断面 1—1 流向断面 2—2，已知断面 1—1 的压强 p_1 = 1.47kPa，v_1 = 15m/s，断面 2—2 的压强 p_2 = 1.37kPa，v_1 = 10m/s，空气密度 ρ = 1.29kg/m³，求两断面间的压强损失。

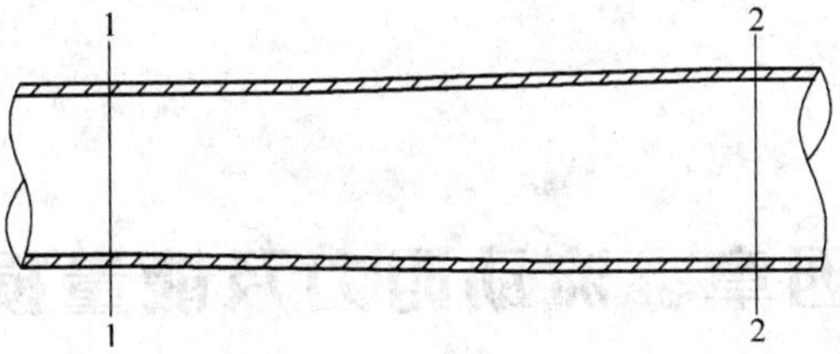

图 3 - 38　习题 3 - 9 图

3 - 10　集流器通过离心式风机从大气中吸取空气，在 $d = 200\text{mm}$ 的流通管壁上接单管测压计到水槽内，如图 3 - 39 所示。若水面上升高度为 $h = 250\text{mm}$，试求集流器中的空气流量 Q，空气密度为 $\rho = 1.29\text{kg/m}^3$。

提示：取无穷远处为一参考点。

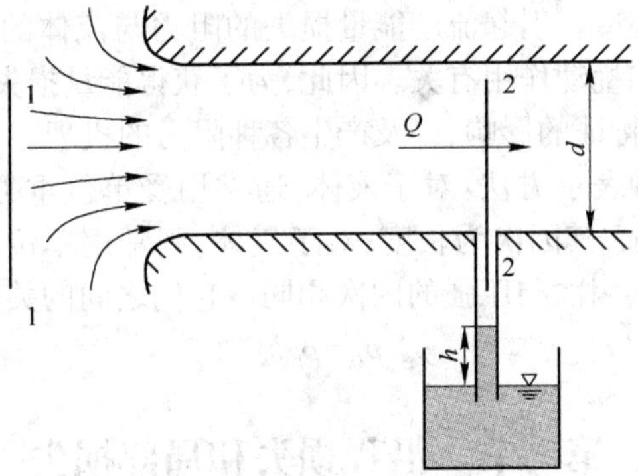

图 3 - 39　习题 3 - 10 图

第四章 流动阻力及能量损失

为了运用能量方程确定流动过程中流体所具有的能量及其变化规律,确切地说,确定各断面上位能、压能和动能之间的关系以及计算为流动提供的动力等,都需要解决能量损失项的计算问题。流体流动过程中能量损失的计算是流体力学重要的任务之一。

不可压缩流体在流动过程中,流体层间切应力所作的功,以及流体与固体壁面之间摩擦力所作的功,都是由损失流体自身所具有的机械能来补偿的。这部分损失的机械能不可逆地转化为热能而耗散于环境。引起流动能量损失的阻力与流体的黏滞性和惯性,以及固体壁面对流体的阻滞作用和扰动作用有关。因此,为了获得能量损失的规律,必须同时分析各种阻力的特性,研究壁面特征的影响,以及产生各种阻力的机理。

能量损失一般有两种表示方法:对于液体,通常用受单位重力作用的流体的能量损失(或称水头损失)h_l 来表示,其因次为长度;对于气体,则常用单位体积流体的能量损失(或称压强损失)p_l 来表示,其因次与压强的因次相同。它们之间的关系是

$$p_l = \rho g h_l$$

第一节 沿程损失和局部损失

在工程的设计计算中,把能量损失分为两类:沿程损失 h_{f} 和局部损失 h_{m}。它们的计算方法和损失机理不同。

一、流动阻力和能量损失的分类

在均匀流或渐变流的管段上(如图 4-1 中的 ab,bc,cd 段),流动阻力沿程均布,称这类阻力为沿程阻力。克服沿程阻力引起的能量损失称为沿程损失。图中的 h_{fab},h_{fbc},h_{fcd} 就是 ab,bc,cd 段的沿程损失。由于沿程损失沿管段均布,即与管段的长度成正比,所以也称为长度损失。

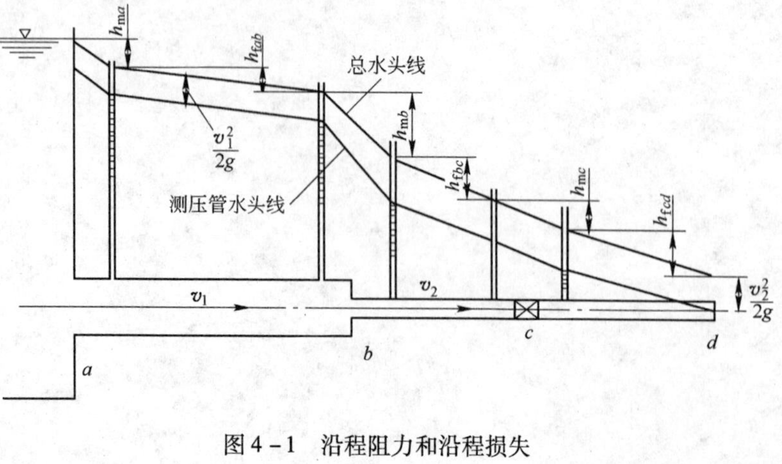

图 4-1 沿程阻力和沿程损失

在管段的急变流处，由于局部流动边界急剧变化，流动阻力主要集中在该局部区域内及其附近，这种集中分布的阻力称为局部阻力。克服局部阻力的能量损失称为局部损失。例如图4-1中的管道进口、变径管和阀门等处，都会产生局部阻力。h_{ma}，h_{mb}，h_{mc}就是相应的局部水头损失。引起局部阻力的原因是由于旋涡区的产生和速度方向与大小的变化。

整个管路的能量损失等于各管段的沿程损失和各局部损失的总和，即

$$h_l = \sum h_f + \sum h_m$$

对于图4-1所示流动系统，能量损失为

$$h_l = h_{fab} + h_{fbc} + h_{fcd} + h_{ma} + h_{mb} + h_{mc}$$

二、能量损失的计算公式

能量损失计算公式用水头损失表达时，为

沿程水头损失：

$$h_f = \lambda \frac{l}{d} \cdot \frac{v^2}{2g} \tag{4-1}$$

该式是达西(Darcy)于1857年根据资料及经验，总结归纳出的通用公式，故称为达西公式。

局部水头损失亦表示为速度水头的倍数，即

$$h_m = \zeta \frac{v^2}{2g} \tag{4-2}$$

用压强损失表达，则为

沿程压强损失：

$$p_f = \lambda \frac{l}{d} \cdot \frac{\rho v^2}{2} \tag{4-3}$$

局部压强损失：

$$p_m = \zeta \frac{\rho v^2}{2} \tag{4-4}$$

式中，l为管长，m；d为管径，m；v为断面平均流速，m/s；g为重力加速度，m/s^2；λ为沿程阻力系数；ζ为局部阻力系数。

这些公式是长期工程实践的经验总结，其核心问题是各种流动条件下，无因次系数λ和ζ的计算。除了少数简单情况外，主要是用经验或半经验的方法获得的。从应用角度而言，本章的主要任务就是要解决沿程阻力系数λ和局部阻力系数ζ的计算问题，这是本章内容的主线。

第二节　层流与紊流流动

19世纪初期，通过实验研究和工程实践，人们已经发现流体流动有两种不同的流动状态，而且能量损失的规律与流动状态密切相关。

一、两种流动状态

1883年英国物理学家雷诺(Reynolds)在与图4-2类似的装置上进行了实验。

实验时，水箱 A 内水位保持不变，阀门 C 用于调节流量，容器 D 内盛有密度与水相近的彩色液体，经细管 E 流入玻璃管 B，阀门 F 用于控制彩色液体的流量。

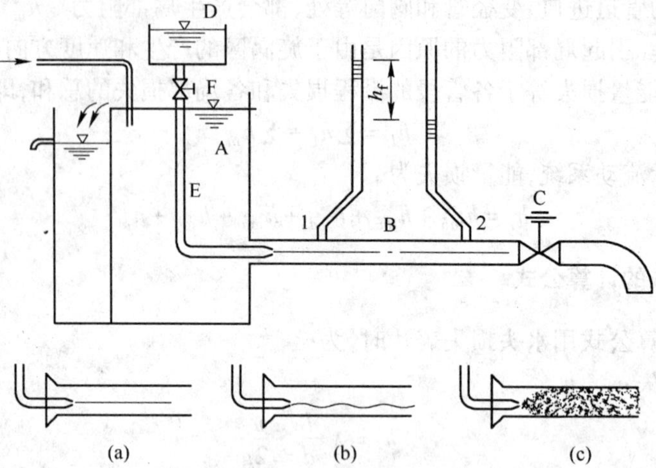

图 4－2　流态实验装置

当管 B 内流速极小时，管内彩色液体成一股细直的流束，这表明各液层间互不相混。这种近乎严格分层的流动状态称为层流，如图 4－2a 所示。当阀门 C 逐渐开大流速增加到某一临界流速 v'_K 时，彩色液体出现摆动，这表明此时流体层间存在一定程度的相互干扰，如图 4－2b 所示。继续增大流速，则彩色液体迅速与周围清水相混，形成颜色均匀的液体流，几乎察觉不到彩色液体的踪迹，这表明液体质点的运动轨迹极不规则。各流层间互相剧烈掺混，如图 4－2c 所示，这种流动状态称为紊流。

若实验按反向进行，即流速由大变小，则上述流动现象以相反程序重演，但由紊流转变为层流的临界流速 v_K 小于由层流转变为紊流的临界流速 v'_K。称 v'_K 为上临界流速，v_K 为下临界流速。

实验进一步表明：对于特定的流动装置上临界流速 v'_K 是不固定的，随着流动的起始条件和实验条件的扰动程度不同，v'_K 值可以有很大差异；但是下临界流速 v_K 却是不变的。在实际工程中，扰动普遍存在，上临界流速没有实际意义。以后所指的临界流速即是下临界流速。

在管 B 的断面 1，2 处接两根测压管，根据能量方程，测压管的液面差即是 1，2 断面间的沿程水头损失。用阀门 C 调节流量，通过流量测量就可以得到沿程水头损失与平均流速的关系曲线，如图 4－3 所示。

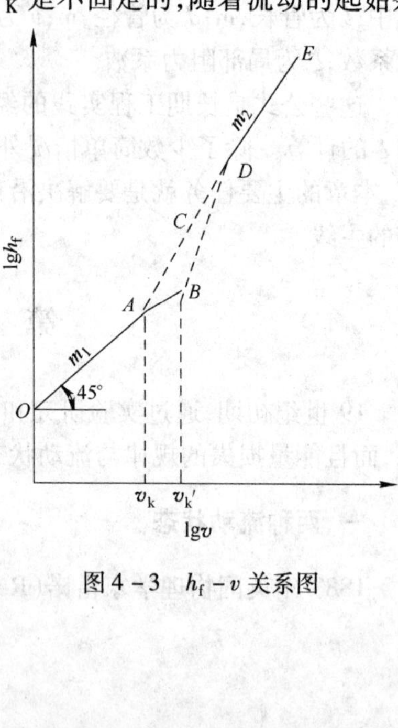

图 4－3　$h_f - v$ 关系图

实验曲线 *OABDE* 在流速由小变大时获得；而流速由大变小时的实验曲线是 *EDCAO*。其中 *AD* 部分不重合。图中 *B* 点对应的流速即上临界流速，*A* 点对应的是下临界流速。*AC* 段和 *BD* 段试验点分布比较散乱，是流态不稳定的过渡区域。

此外，由图 4－3 可分析得

$$h_f = Kv^m$$

流速较小时，即 OA 段，$m=1$，$h_f = Kv^{1.0}$，沿程损失与流速一次方成正比；流速较大时，在 CDE 段，$m=1.75\sim2.0$，$h_f = Kv^{1.75\sim2.0}$；而 AC 段和 BD 段的斜率均大于 2。

二、流动状态的判别准则——临界雷诺数

上述实验观察到了两种不同的流态，并且得到了在管 B 的管径和流动介质不变的条件下，流态与流速有关的结论。雷诺（Reynolds）等人进一步做的实验表明：流动状态不仅与流速 v 有关，还和管径 d、流体的动力黏度 μ 以及密度 ρ 有关。

以上四个参数可组合成一个无因次数，称作雷诺数（Reynolds number），以 Re 表示，即

$$Re = vd\rho/\mu = vd/\nu \tag{4-5}$$

对应于临界流速的雷诺数称临界雷诺数，以 Re_K 表示。实验表明：尽管当管径或流动介质不同时，临界流速 v_K 不同，但对于任意管径和任何牛顿型流体，判别流动状态的临界雷诺数却是相同的，其值约为 2000，即

$$Re_K = v_K d/\nu = 2000 \tag{4-6}$$

Re 在 2000～4000 是由层流向紊流转变的过渡区，该区域是不稳定的，相当于图 4－3 上的 AC 段。工程上为简便起见，认为当 $Re > Re_K$ 时，流动处于紊流状态，这样，流态的判别条件是

层流：
$$Re = vd/\nu < 2000 \tag{4-7}$$

紊流：
$$Re = vd/\nu > 2000 \tag{4-8}$$

要强调指出的是临界雷诺数值 $Re_K = 2000$，是仅就圆管而言的，对于诸如平板绕流和厂房内气流等边壁形状不同的流动，具有不同的临界雷诺数值。

【例 4－1】　如用直径 $d = 25$mm 的管道输送温度为 30℃ 的空气，使管内保持层流的最大流速是多少？

【解】　使管内保持层流的最大流速就是临界流速，由表 1－5 查得 30℃ 空气的运动黏度 $\nu = 16.6\times10^{-6}\text{m}^2/\text{s}$，由

$$Re_K = \frac{v_K d}{\nu}$$

得
$$v_K = \frac{Re_K \nu}{d} = \frac{2000\times16.6\times10^{-6}}{0.025} = 1.328\text{m/s}$$

【例 4－2】　水在直径 $d = 100$mm 的直管中，以速度 $v = 1.0$m/s 流动，水温 $t = 20$℃。试确定水的流动状态。若运动黏度 $\nu = 100\times10^{-6}\text{m}^2/\text{s}$ 的石油以同样的速度通过该管，其流动状态又如何？

【解】　查表 1－4 得水在 20℃ 下的运动黏度 $\nu = 1.007\times10^{-6}\text{m}^2/\text{s}$，管中水的雷诺数

$$Re = \frac{vd}{\nu} = \frac{1.0\times0.1}{1.007\times10^{-6}} = 99304.9 > 2000$$

可见，水在管中处于紊流状态。

管中为石油时的雷诺数为

$$Re = \frac{vd}{\nu} = \frac{1.0\times0.1}{100\times10^{-6}} = 1000 < 2000$$

所以石油在管中是层流。

三、流动状态分析

层流和紊流的根本区别在于层流各流层间互不掺混，只存在流体的黏性引起的各流层间的滑动摩擦阻力；紊流时则有大小不等的涡体动荡于各流层间。除了黏性阻力，还存在着由于质点掺混，互相碰撞所造成的惯性阻力。因此，紊流阻力比层流阻力大得多。

层流到紊流的转变是与涡体的产生与发展联系在一起的，图 4-4 绘出了涡体产生和发展的过程。

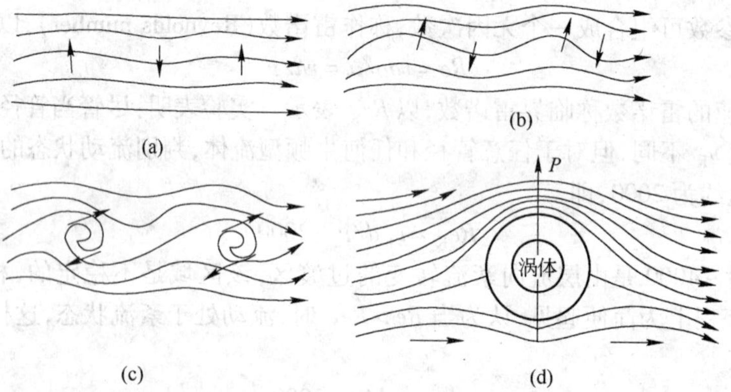

图 4-4 层流到紊流的转变过程

设流体原来作直线层流运动。由于某种原因的干扰，流层发生波动（见图 4-4a）。于是在波峰一侧断面受到压缩，流速增大，压强降低；在波谷一侧由于过流断面增大，流速减小，压强增大。因此流层受到图 4-4b 中箭头所示的压差作用，这将使波动进一步加大（见图 4-4c），终于发展成涡体。涡体形成后，由于其一侧的旋转切线速度与流动方向一致，故流速较大，压强较小；而另一侧旋转切线速度与流动方向相反，流速较小，压强较大。于是涡体在其两侧压差作用下，将由一层转到另一层（见图 4-4d），这就是紊流掺混的原因。

层流受扰动后，当流体黏性的稳定作用起主导作用时，扰动受黏性阻滞而衰减下来，层流就是稳定的。当扰动占上风，黏性的稳定作用无法使扰动衰减下来时，流动则转变为紊流。因此，流动呈现什么流态，取决于扰动的惯性和黏性的稳定作用相互竞争的结果。

雷诺数之所以能判别流态，正是因为它反映了惯性力和黏性力的对比关系。下面的因次分析有助于我们初步认识这个问题。

$$\dim(\text{惯性力}) = \dim(m)\cdot\dim(a) = \dim\rho\cdot(\dim L)^3\cdot\frac{\dim L}{(\dim T)^2}$$

$$= \frac{\dim\rho\cdot(\dim L)^3(\dim v)^2}{\dim L}$$

$$\dim(\text{黏性力}) = \dim\mu\cdot\dim A\cdot\dim\left(\frac{du}{dn}\right) = \dim\mu\cdot(\dim L)^2\cdot\dim v/\dim L$$

$$\frac{\dim(\text{惯性力})}{\dim(\text{黏性力})} = \frac{\dim\rho\cdot\dim v\cdot\dim L}{\dim\mu} = \dim Re$$

其中“dim”表示对上述物理量的因次运算。

取 $L=d$，以上雷诺数就和式(4－5)一致了。

实验表明，在 $Re=1225$ 左右时，流动的核心部分就已出现线状的波动和弯曲。随着 Re 的增加，其波动的范围和强度随之增大，但此时黏性仍起主导作用。层流仍是稳定的。直至 Re 达到 2000 左右时，在流动的核心部分惯性力终于克服黏性力的阻滞而开始产生涡体，掺混现象也就出现了。当 $Re>2000$ 后，涡体越来越多，掺混也越来越强烈。直到 $Re=3000\sim4000$ 时，除了在邻近管壁的极小区域外，均已发展为紊流。在邻近管壁的极小区域存在着很薄的一层流体，由于固体壁面的阻滞作用，流速较小，惯性力较小，因而仍保持为层流运动，该流层称为层流底层。管中心部分称为紊流核心。在紊流核心与层流底层之间还存在一个由层流到紊流的过渡层，如图 4－5 所示。层流底层的厚度 δ 随着 Re 数的不断加大而越来越薄，它的存在对管壁粗糙的扰动作用和导热性能有重大影响。

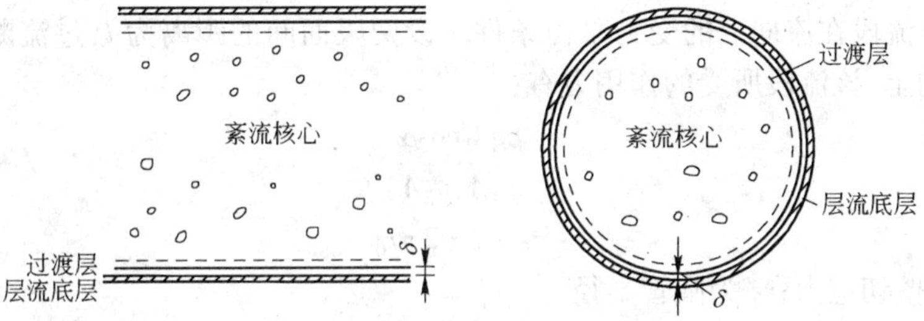

图 4－5　层流底层与紊流核心

第三节　圆形直管中的层流流动

本节主要讲述圆形直管中层流流动的规律，并从理论上导出沿程阻力系数 λ 的计算公式。

一、均匀流动方程式

在第三章已分析过均匀流动的特点，均匀流只发生在长直管道或渠道这类断面形状和大小都沿程不变的流动中，此时只有沿程损失，而无局部损失。为了导出沿程阻力系数的计算公式，首先建立沿程损失和沿程阻力之间的关系。在图 4－6 所示的均匀流中，任取两断面 1—1、2—2，并列能量方程

$$Z_1+\frac{p_1}{\rho g}+\frac{\alpha_1 v_1^2}{2g}=Z_2+\frac{p_2}{\rho g}+\frac{\alpha_2 v_2^2}{2g}+h_{l1-2}$$

由均匀流的性质，有

$$\frac{\alpha_1 v_1^2}{2g}=\frac{\alpha_2 v_2^2}{2g}$$

$$h_l=h_{\mathrm{f}}$$

代入上式，得

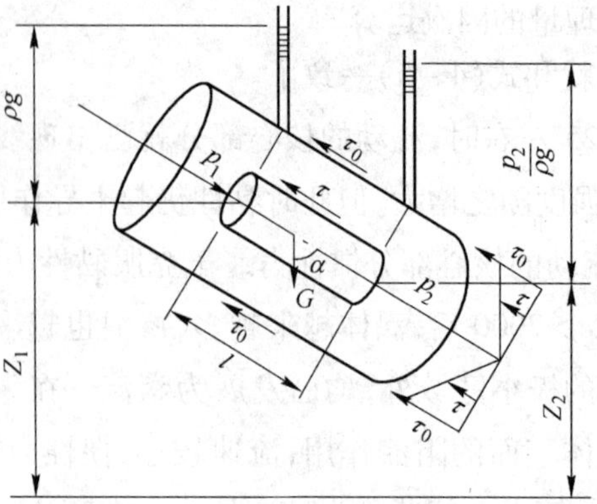

图4-6 圆管均匀流动

$$h_f = \left(\frac{p_1}{\rho g} + Z_1\right) - \left(\frac{p_2}{2g} + Z_2\right) \tag{4-9}$$

考虑所取流段在流向上的受力平衡条件。设两段面间的距离为 l，过流断面面积 $A_1 = A_2 = A$，在流向上，该流段所受的作用力有：

重力轴向分量 $\rho g A l \cos\alpha$

断面压力 $p_1 A, p_2 A$

管壁切力 $\tau_0 \cdot l \cdot 2\pi r_0$

式中，τ_0 为管壁切应力；r_0 为圆管半径。

在均匀流中，流体质点作等速流动，加速度为零，因此，以上各力的合力为零，考虑到各力的作用方向，得

$$p_1 A - p_2 A + \rho g A l \cos\alpha - \tau_0 l 2\pi r_0 = 0$$

将 $l\cos\alpha = Z_1 - Z_2$ 代入并整理，得

$$\left(Z_1 + \frac{p_1}{\rho g}\right) - \left(Z_2 + \frac{p_2}{\rho g}\right) = \frac{2\tau_0 l}{\rho g r_0} \tag{4-10}$$

比较式(4-9)和式(4-10)，得

$$h_f = \frac{2\tau_0 l}{\rho g r_0} \tag{4-11}$$

式中，h_f/l 为单位长度的沿程损失，称为水力坡度。以 J 表示，即

$$J = h_f/l$$

代入上式得

$$\tau_0 = \rho g \frac{r_0}{2} J \tag{4-12}$$

式(4-11)或式(4-12)称为均匀流动方程式。它反映了沿程水头损失与管壁切应力之间的关系。

如取半径为 r 的同轴圆柱形流体来讨论，可类似地求得管内任一点轴向切应力 τ 与单位长度沿程水头损失 J 之间的关系为

$$\tau = \rho g \frac{r}{2} J \tag{4-13}$$

比较式(4－12)和式(4－13)，得

$$\tau/\tau_0 = r/r_0 \tag{4-14}$$

此式表明在圆形直管均匀流中，切应力与半径成正比，在断面上按直线规律分布，轴线上切应力为零，管壁上达最大值。

二、沿程阻力系数的计算

圆形直管中的层流运动，可以看成无数无限薄的同心圆筒层，一个套着一个地相对滑动，各流层间互不掺混。可以证明这种轴对称的流动，各流层间的切应力大小服从牛顿内摩擦定律式(1－15)，即

$$\tau = -\mu \frac{\mathrm{d}u}{\mathrm{d}r} \tag{4-15}$$

由于速度 u 随 r 的增大而减小，所以等式右边加负号，以保证 τ 为正。

联立均匀流动方程式(4－13)和式(4－15)，整理得

$$\mathrm{d}u = -\frac{\rho g J}{2\mu} r\mathrm{d}r$$

在均匀流中，J 值不随 r 而变。积分上式，并代入边界条件：$r = r_0$ 时，$u = 0$，得

$$u = \frac{\rho g J}{4\mu}(r_0^2 - r^2) \tag{4-16}$$

可见，断面流速分布是以管中心线为轴的旋转抛物面，如图 4－7 所示。

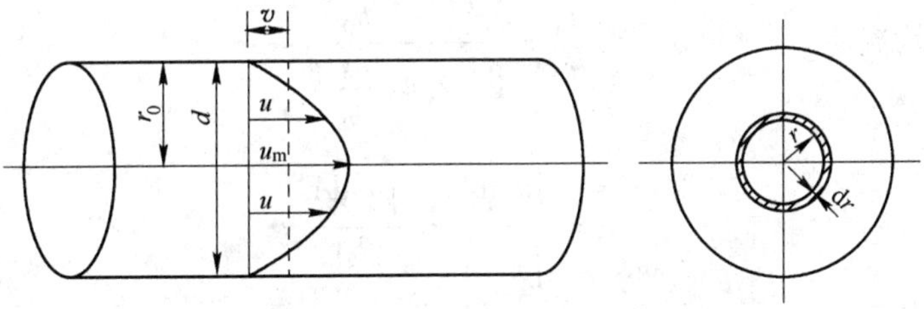

图 4－7　圆管中层流的流速分布

$r = 0$ 时，即在管轴上，达最大流速

$$u_{\max} = \frac{\rho g J}{4\mu} r_0^2 = \frac{\rho g J}{16\mu} d^2 \tag{4-17}$$

将式(4－16)代入平均流速定义式

$$v = \frac{Q_V}{A} = \frac{\int_A u\mathrm{d}A}{A} = \frac{\int_0^{r_0} u \cdot 2\pi r\mathrm{d}r}{A}$$

得平均流速为

$$v = \frac{\rho g J}{8\mu} r_0^2 = \frac{\rho g J}{32\mu} d^2 \tag{4-18}$$

上式与式(4－17)比较可得

$$v = \frac{1}{2} u_{\max} \tag{4-19}$$

即平均流速等于管中心处最大流速的一半。

由式(4-18),得

$$h_f = J \cdot l = \frac{32\mu vl}{\rho g d^2} \tag{4-20}$$

此式从理论上证明了层流沿程损失与平均流速一次方成正比,这与本章第二节的实验结果一致。

将式(4-20)写成沿程损失的一般形式,即式(4-1),则

$$h_f = \lambda\frac{l}{d}\frac{v^2}{2g} = \frac{32\mu vl}{\rho g d^2} = \frac{64}{Re}\cdot\frac{l}{d}\cdot\frac{v^2}{2g}$$

由此式,可得圆形直管内层流流动的沿程阻力系数计算式为

$$\lambda = \frac{64}{Re} \tag{4-21}$$

它表明圆管层流的沿程阻力系数仅与雷诺数有关,且成反比,而与管壁粗糙程度无关。

由于从理论上导出了层流时流速分布的解析式,根据动能修正系数的定义式,很容易导出圆管层流流动的动能修正系数 $\alpha = 2$。

断面平均流速
$$\frac{v_1}{v_0} = \frac{0.492}{\sqrt{\frac{as}{b_0}+0.41}}$$

起始段:断面平均流速
$$\frac{v_1}{v_0} = \frac{1+0.43\frac{as}{b_0}}{1+2.44\frac{as}{b_0}}$$

$$\alpha = \frac{\int u^3 \mathrm{d}A}{\int v^3 \mathrm{d}A} = \frac{\int u^3 \mathrm{d}A}{v^3 A}$$

将式(4-16)和式(4-18)代入上式得

$$\alpha = \frac{\int\left(\frac{\rho g J}{4\mu}\right)^3 (r_0^2 - r^2)^3 \cdot 2\pi r \mathrm{d}r}{\left(\frac{\rho g J}{8\mu}\cdot r_0^2\right)^3 \cdot \pi \cdot r_0^2}$$

$$= \frac{16\int(r_0^2 - r^2)^3 \cdot r\mathrm{d}r}{r_0^8}$$

$$= \frac{16\int(r_0^6 r - 3r_0^4 r^3 + 3r_0^2 r^5 - r^7)\mathrm{d}r}{r_0^8}$$

$$= \frac{16\int\left(\frac{r_0^6}{2}r^2\Big|_0^{r_0} - \frac{3r_0^4}{4}r^4\Big|_0^{r_0} + \frac{3r_0^2}{6}r^6\Big|_0^{r_0} - \frac{r^8}{8}\Big|_0^{r_0}\right)}{r_0^8}$$

$$= 16\times\left(\frac{1}{2} - \frac{3}{4} + \frac{3}{6} - \frac{1}{8}\right) = 2$$

这是因为管内层流流动时，流速分布不均匀所致。而在实际工程中，大部分管内流动为保证足够的管输流量，其流动一般为紊流，由于紊流时流速分布趋于均匀，因此在管内紊流流动时，动能修正系数 α 可近似取值为1。

工程问题中管内层流流动主要存在于某些小管径、小流量的户内管路，或黏性较大的机械润滑系统和输油管路中。层流流动规律也是流体黏度测量与紊流流动研究的基础。

【例4－3】 沿直径 $d=100\text{mm}$ 的管道，输送密度 $\rho=980\text{kg/m}^2$、运动黏度 $\nu=0.08\text{cm}^2/\text{s}$ 的重油。若质量流量 $q_m=1.0\text{kg/s}$，管道起点标高 $z_1=85\text{m}$、终点标高 $z_2=105\text{m}$，管长 $l=1800\text{m}$，试求管中重油的静压降。

【解】 求静压降即静压差 $\Delta p=p_1-p_2$，根据总流能量方程得

$$\Delta p=p_1-p_2=\rho g(z_2-z_1+h_f)$$

为了计算沿程损失水头 h_f，应先计算 Re 以确定流态，即

$$v=\frac{q_m}{A\rho}=\frac{1.0}{\frac{\pi}{4}\times 0.1^2\times 980}=0.130\text{m/s}$$

$$Re=\frac{vd}{\nu}=\frac{0.130\times 0.1}{0.08\times 10^{-4}}=1625\text{（为层流）}$$

按达西公式

$$h_f=\frac{64}{Re}\frac{l}{d}\frac{v^2}{2g}=\frac{64\times 1800\times 0.13^2}{1625\times 0.1\times 2\times 9.8}=0.61\text{m}$$

将已知数据代入，则得静压降

$$\Delta p=980\times 9.81\times(105-85+0.61)=198140\text{Pa}$$

第四节　紊流运动的特征与紊流阻力

本节进一步剖析紊流流动的流动特征，研究与紊流能量损失有关的阻力特性，同时，介绍一些紊流的概念。

一、紊流运动的特征

上面已提到紊流流动是极不规则的流动，这种不规则性主要体现在紊流的脉动现象。所谓脉动现象，就是诸如速度、压强等空间点上的物理量随时间的变化作无规则的随机变动。在相同条件下重复试验，所得瞬时值不同，多次重复试验的结果具有明确的统计规律。例如流速的随机脉动频率在每秒 10^2 到 10^5 次之间，振幅小于平均流速的百分之十。

图4－8就是某一紊流流动在某空间固定点上测得的速度随时间的分布。

由于脉动的随机性，自然地，统计平均方法就是处理紊流流动的基本手段。统计平均方法有时均法和体均法两种。这里只介绍时均法。

通过对速度分量 u_x 的时间平均给出时均法的定义，同样也可以获得其他物理量的时均值。

设 u_x 为瞬时值，则时均值 $\overline{u_x}$ 定义为

$$\overline{u_x}(x,y,z,t)=\frac{1}{T}\int_{-T/2}^{+T/2}u_x(x,y,z,\xi)\,\mathrm{d}\xi \qquad (4-22)$$

式中，ξ 为时间积分变量；T 为平均周期，是一常数，其值应比紊流的脉动周期大得多，而比流

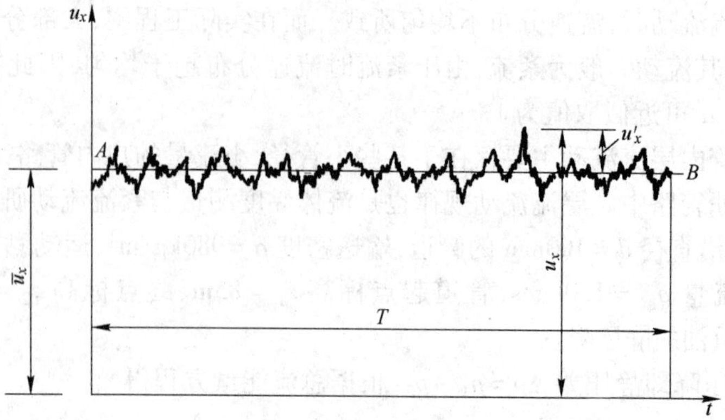

图4－8　紊流的脉动

动的不恒定性的特征时间小得多，随具体的流动而定。例如风洞实验中有时取 T 等于 1s，而海洋波实验中，T 大于 20min。

瞬时值与时均值之差即为脉动值，用上标"′"表示。于是，脉动速度为

$$u'_x = u_x - \overline{u_x}$$

或写成

$$u_x = \overline{u_x} + u'_x \tag{4-23}$$

同样地，瞬时压强、时均压强和脉动压强之间的关系为

$$p = \overline{p} + p'$$

等等。

如果紊流流动中各物理量的时均值不随时间而变，仅仅是空间点的函数，则称时均流动是恒定流动，例如，此时

$$\overline{u_x} = \overline{u_x}(x, y, z)$$
$$\overline{p} = \overline{p}(x, y, z)$$

等。紊流的瞬时运动总是非恒定的，而时均流动可能是非恒定的，也可能是恒定的。工程上关注的总是时均流动，一般仪器和仪表测量的各物理量也是时均值。上一章的一元恒定流基本方程式也适用于紊流。

紊流脉动的强弱程度用紊流度 ε 表示。紊流度的定义是

$$\varepsilon = \frac{1}{\overline{u}}\sqrt{\frac{1}{3}\left(\overline{u'^2_x} + \overline{u'^2_y} + \overline{u'^2_z}\right)} \tag{4-24}$$

式中，$\overline{u} = (\overline{u_x^2} + \overline{u_y^2} + \overline{u_z^2})^{1/2}$，即紊流度等于流速分量脉动值的均方根与平均流速大小的比值。在管流、射流和物体绕流等紊流流动中，初始来流的紊流脉动程度将影响到流动的发展。

紊流可分为：

（1）均匀各向同性紊流。指在流场中，不同点以及同一点在不同方向上的紊流特性相同的紊流流动。主要存在于无界或远离边界的流场，例如远离地面的大气层等；

（2）自由剪切紊流。指边界为自由表面而无固体壁面约束的紊流。例如自由射流、绕流中的尾流等；

（3）有壁剪切紊流。指在固体壁面附近的发展受到限制的紊流。如管内紊流及绕流边界层等。在紊流理论和工程应用中有专门著作可供参考。

与分子热运动一样，紊流的脉动也将引起流体微团之间的质量、动量和能量的交换。由于流体微团含有大量流体分子，这种交换较之分子热运动强烈得多，从而产生了紊流扩散、紊流摩阻和紊流热传导等。这种特性有时是有益的，例如紊流将强化换热器的换热效果；在考虑流动阻力时，却要设法减弱紊流摩阻。下面将分析与能量损失有关的紊流阻力的特点。

二、紊流阻力

在紊流流动中，一方面因时均流速不同，各流体层间存在相对运动，从而导致黏性切应力的存在，另一方面还存在由脉动引起动量交换，产生惯性切应力。因此，紊流阻力包括黏性切应力和惯性切应力。

黏性切应力可由牛顿内摩擦定律计算。下面分析惯性切应力产生的原因。

在图4-9所示的恒定紊流中，时均流速沿 x 轴方向。脉动流速沿 x 和 y 方向的分量分别为 u'_x 和 u'_y。任取一水平截面 $A-A$，设在某一瞬时，原来位于低流速层 a 点处的质点，以脉动流速 u'_y 向上流动，穿过 $A-A$ 截面到达 a' 点，则单位时间内通过 $A-A$ 截面单位面积的流体质量为 $\rho u'_y$。由于流体具有 x 方向的流速，其瞬时值为 $u_x=\overline{u_x}+u'_x$，因而也就有 x 方向的动量由下层传入上层。单位时间内通过单位面积的动量为 $\rho u'_y(\overline{u_x}+u'_x)$，这样，截面 $A-A$ 的下侧流体损失了动量，而上侧的流体增加了动量。根据动量定律：动量的变化率等于作用力。这里动量的变化率也就是通过截面 $A-A$ 的动量流量，所以由横向脉动产生 x 方向的动量传递，使 $A-A$ 截面上产生了 x 方向的作用力。这个单位面积上的切向作用力就称为惯性切应力。用 τ_2 表示，即

$$\tau_2=\rho u'_y(\overline{u_x}+u'_x)$$

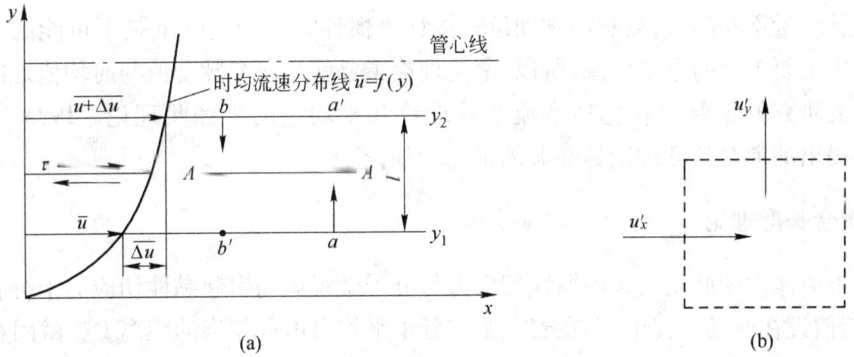

图4-9　紊流的动量交换

这里 u'_y 和 u'_x 可正，可负。图4-9所示流动黏性切应力用 τ_1 表示。τ_2 的时均值，由式(4-22)，有

$$\overline{\tau_2}=\overline{\rho u'_y(\overline{u}_x+u'_x)}=\rho\frac{1}{T}\int_{-T/2}^{+T/2}u'_y(\overline{u}_x+u'_x)\mathrm{d}\xi$$

$$=\rho\left(\frac{1}{T}\int_{-T/2}^{+T/2}u'_y\,\overline{u}_x\mathrm{d}\xi+\frac{1}{T}\int_{-T/2}^{+T/2}u'_yu'_x\mathrm{d}\xi\right)$$

式中，平均值 $\overline{u}_x$ 与积分变量无关，不难证明脉动量的时均值为零。

因为 $u_y=\overline{u_y}+u'_y$，两边取时均值，得

$$\overline{u_y} = \frac{1}{T}\int_{-T/2}^{+T/2} \overline{u_y}\mathrm{d}\xi + \overline{u'_y} = \overline{u_y} + \overline{u'_y}$$

所以

$$\overline{u'_y} = 0$$

于是

$$\overline{\tau_2} = \rho\frac{1}{T}\int_{-T/2}^{+T/2} u'_y u'_x \mathrm{d}\xi = \rho\,\overline{u'_y u'_x} \tag{4-25}$$

现在分析惯性切应力的方向。当流体由下往上脉动时，u'_y 为正，由于 a 点处 x 方向的时均流速小于 a'处 x 方向的时均流速，所以，当 a 处的质点到达 a'处时，在大多数情况下，对该处原有质点的运动起阻滞作用，产生负的沿 x 方向的脉动流速 u'_x。反之，原来处于高流速层 b 点的流体，以脉动流速 u'_y 向下运动，则 u'_y 为负，到达 b'点时，对该处原有质点的运动起向前推进的作用，产生正的脉动流速 u'_x。这样正的 u'_x和负的 u'_y相对应，负的 u'_x和正的u'_y相对应，其乘积 $u'_y u'_x$总是负值。此外，惯性切应力和黏性切应力的方向是一致的，下层流体（低流速层）对上层流体（高流速层）的运动起阻滞作用，而上层流体对下层流体的运动起推动作用。

为了使惯性切应力的符号与黏性切应力一致，以正值出现，故在式（4－25）中加一负号，得

$$\tau_2 = -\rho\,\overline{u'_x u'_y} \tag{4-26}$$

上式就是流速横向脉动产生的紊流惯性切应力。它是雷诺于 1895 年首先提出的，故上式又称雷诺应力。但要提醒的是，即使对时均流动而言，流动朝着同一方向的紊流，例如直管内流动，在三个坐标方向都存在着流速的脉动分量。因此惯性切应力还在其他方向上存在。

由于脉动量不易测量，故利用脉动量直接计算惯性切应力实际上是不可能的。由于在实际应用中主要关注的是平均值，所以，紊流理论主要就是研究脉动值与时均值之间的相互关系。紊流研究的主要内容包括紊流统计理论和平均量的半经验理论。1925 年普朗特（Prandtl）提出的混合长度理论是经典的半经验理论。

三、混合长度理论

宏观上流体微团脉动引起的惯性切应力与分子微观运动引起黏性切应力十分相似。因此，普朗特假设在脉动过程中，存在着一个与分子平均自由程相当的距离 l'。微团在该距离内不会与其他微团相碰，因而将保持原有物理属性。例如保持动量不变。只是在经过这段距离后才与周围流体相混合，并取得与新位置上原有流体微团相同的动量。现根据这一假定作如下推导。

相距 l'的两层流体的时均流速差为

$$\Delta\overline{u} = \overline{u}(y_2) - \overline{u}(y_1) = \left(\overline{u}(y_1) + \frac{\mathrm{d}\overline{u}}{\mathrm{d}y}l'\right) - \overline{u}(y_1) = \frac{\mathrm{d}\,\overline{u}}{\mathrm{d}y}l'$$

由于两层流体的时均流速不同，所以横向脉动动量交换的结果要引起纵向脉动。普朗特假设纵向脉动流速绝对值的时均值与时均流速差成比例，即

$$\overline{|u'_x|} \sim \frac{\mathrm{d}\,\overline{u}}{\mathrm{d}y}l'$$

同时，在紊流中，用一封闭边界割离出一块流体，如图 4－9b 所示。普朗特根据连续性原理认为要维持质量守恒，纵向脉动必将影响横向脉动，即 u'_x 与 u'_y 是相关的。因此 $\overline{|u'_y|}$ 与 $\overline{|u'_x|}$ 成比例，即

$$\overline{|u'_y|} \sim \overline{|u'_x|} \sim \frac{\mathrm{d}\bar{u}}{\mathrm{d}y} l'$$

$\overline{u'_x u'_y}$ 虽然与 $\overline{|u'_x|} \cdot \overline{|u'_y|}$ 不等，但可以认为两者成比例关系，符号相反，则

$$-\overline{u'_x u'_y} = c l'^2 \cdot \left(\frac{\mathrm{d}\bar{u}}{\mathrm{d}y}\right)^2$$

式中，c 为比例系数，令 $l^2 = cl'^2$ 则上式可变成

$$\overline{\tau_2} = \rho l^2 \left(\frac{\mathrm{d}\bar{u}}{\mathrm{d}y}\right)^2 \tag{4-27}$$

这就是由普朗特混合长度理论得到的以时均流速表示的紊流惯性切应力表达式，式中 l 称为混合长度。于是紊流切应力可写成

$$\tau = \overline{\tau_1} + \overline{\tau_2} = \mu \frac{\mathrm{d}\bar{u}}{\mathrm{d}y} + \rho l^2 \left(\frac{\mathrm{d}\bar{u}}{\mathrm{d}y}\right)^2$$

层流时只有黏性切应力 τ_1，而紊流时 τ_2 影响占主导，如果我们将 τ_1 和 τ_2 相比，则

$$\frac{\tau_2}{\tau_1} = \frac{\rho l^2 \left(\frac{\mathrm{d}\bar{u}}{\mathrm{d}y}\right)^2}{\mu \frac{\mathrm{d}\bar{u}}{\mathrm{d}y}} = \frac{\rho l^2 \frac{\mathrm{d}\bar{u}}{\mathrm{d}y}}{\mu} \approx \frac{\rho l \bar{u}}{\mu}$$

$\frac{\rho l \bar{u}}{\mu}$ 是雷诺数的形式，因此 τ_2 与 τ_1 的比例与雷诺数有关。雷诺数越大，紊动越剧烈，τ_1 的影响就越小，当雷诺数很大时，τ_1 就可以忽略了，于是

$$\tau = \rho l^2 \left(\frac{\mathrm{d}u}{\mathrm{d}y}\right)^2 \tag{4-28}$$

为了简便起见，从这里开始，时均值不再标以时均符号。

式(4－28)中，混合长度 l 是未知的，要根据具体问题做出补充假定，并结合实验来确定。尽管普朗特混合长度假设有其局限性，但在一些紊流流动中，应用普朗特半经验理论所获得的结果与实际情况相吻合。

将式(4－28)运用于圆形直管内的紊流，可以从理论上证明断面上流速分布是对数型的，即

$$u = \frac{1}{\beta}\sqrt{\frac{\tau_0}{\rho}} \ln y + C \tag{4-29}$$

式中，y 为距圆管壁的距离，mm；β 为卡门通用常数，由实验确定；C 为积分常数。

层流流动时的切应力是由于分子运动的动量交换引起的黏性切应力；而紊流流动的切应力除了黏性切应力外，还包括流体微团脉动引起的动量交换所产生的惯性切应力，这是导致管内层流与紊流流动的流速分布存在差异的根本原因。由于脉动引起的动量交换远大于分子运动，因此在紊流充分发展的流域内，惯性切应力远大于黏性切应力，也就是说，紊流切应力主要是惯性切应力。

第五节 尼古拉兹(Nikuradse)实验

单纯依靠普朗特半经验理论不能解决紊流阻力计算问题,还必须借助实验研究。尼古拉兹在人工均匀砂粒粗糙的管道中进行了系统的沿程阻力系数和断面流速分布的实验研究。

一、沿程阻力系数及其影响因素

沿程损失的计算,关键在于如何确定沿程阻力系数 λ。由于紊流的复杂性,λ 的确定不可能像层流那样严格地从理论上推导出来。其研究途径通常有两种:一种是直接根据紊流沿程损失的实测资料,综合成阻力系数 λ 的纯经验公式;另一种是用理论和试验相结合的方法,以紊流的半经验理论为基础,整理成半经验公式。

为了通过试验研究沿程阻力系数 λ,首先要分析 λ 的影响因素。层流阻力是黏性阻力,理论分析已表明,在层流流动中,$\lambda = 64/Re$,即 λ 仅与 Re 有关,与管壁粗糙程度无关。而紊流阻力由黏性阻力和惯性阻力两部分组成,壁面的粗糙在一定条件下成为产生惯性阻力的主要外因。每个粗糙点都将成为不断地产生并向管中输送旋涡引起脉动的源泉。因此,粗糙的影响在紊流中是一个十分重要的因素。这样,紊流的能量损失一方面取决于反映流动内部矛盾的黏性力和惯性力的对比关系,另一方面又取决于流动的边壁几何条件。前者可用 Re 来表示,后者则包括管长、过流断面的形状与大小以及壁面的粗糙等。对圆管来说,过流断面的形状固定,而管长 l 和管径 d 也已包括在式(4-1)中。因此边壁的几何条件中只剩下壁面粗糙需要通过 λ 来反映。这就是说,沿程阻力系数 λ,主要取决于 Re 和壁面粗糙这两个因素。

在影响沿程损失的壁面粗糙因素中,存在许多具体因素。例如,对于工业管道,就包括粗糙的突起高度、粗糙形状和粗糙的疏密以及排列等。尼古拉兹在试验中使用了一种简化的粗糙模型。他把大小基本相同,形状近似球体的砂粒均匀而稠密地粘附于管壁上,如图4-10所示。这种人工均匀粗糙称为尼古拉兹粗糙。对于这种特定的粗糙形式,就可以用糙粒的突起高度 K(即相当于砂粒直径)来表示边壁的粗糙程度,K 称为绝对粗糙度。但粗糙对沿程损失的影响不完全取决于粗糙突起的绝对高度 K,而是取决于它的相对高度,即 K 与管内径 d 之比。K/d 称为相对粗糙度,其倒数 d/K 称为相对光滑度。这样,影响 λ 的因素就是雷诺数和相对粗糙度,即

$$\lambda = f(Re, \frac{K}{d})$$

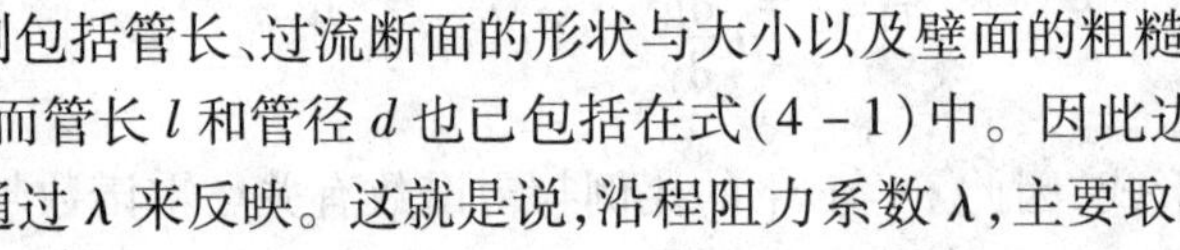

图4-10 尼古拉兹粗糙

相似原理表明:Re 相等意味着主要作用力相似;K/d 相等,则意味着粗糙条件的几何相似。若流动的 Re 与 K/d 分别相等,则为动力学相似,所以 λ 相等。

二、沿程阻力系数的测定与阻力分区图

为了探索沿程阻力系数 λ 的变化规律，尼古拉兹用多种管径和多种粒径的砂粒，得到了 $K/d=\frac{1}{30}\sim\frac{1}{1014}$ 的六种不同的相对粗糙度。在类似于图 4－2 的装置中，测得不同流量的断面平均流速 v 和沿程水头损失 h_f。根据

$$Re=\frac{vd}{\nu} \quad 和 \quad \lambda=\frac{d}{l}\frac{2g}{v^2}h_f$$

两式，即可算出 Re 和 λ。把实验结果绘在对数坐标上，得到图 4－11 所示的阻力分区图。

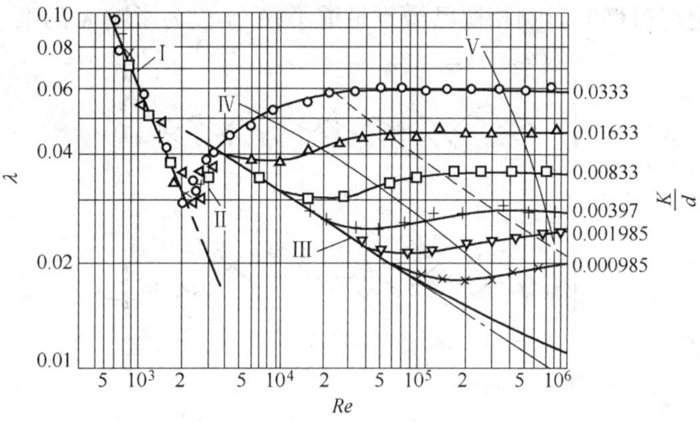

图 4－11　尼古拉兹粗糙管沿程损失系数

根据 λ 的变化，图中曲线可分为五个阻力区：

第Ⅰ区为层流区。当 $Re<2000$ 时，所有试验点，不论其相对粗糙度如何，都集中在一条直线上。这表明 λ 仅随 Re 变化，而与相对粗糙度无关，其方程为 $\lambda=\frac{64}{Re}$。因此，尼古拉兹试验证实了由理论分析得到的层流沿程损失计算公式是正确的。

第Ⅱ区为临界区。即 $Re=2000\sim4000$ 范围内，是由层流向紊流的转变过程。λ 随 Re 的增大而增大，而与相对粗糙度无关。

第Ⅲ区为紊流光滑区。$Re>4000$，不同相对粗糙度的试验点，起初都集中在曲线Ⅲ上。随着 Re 的加大，相对粗糙度较大的管道，其试验点在较低的 Re 时就偏离曲线Ⅲ。而相对粗糙度较小的管道，其试验点要在较大的 Re 时才偏离光滑区。在曲线Ⅲ范围内，λ 只与 Re 有关而与 K/d 无关。

第Ⅳ区为紊流过渡区。在这个区域内，试验点已偏离光滑区曲线。不同相对粗糙度的试验点各自分散成一条条波状曲线。λ 既与 Re 有关，又与 K/d 有关。

第Ⅴ区为紊流粗糙区。在该区域内，不同相对粗糙度的试验点，分别落在一些与横坐标平行的直线上。λ 只与 K/d 有关，而与 Re 无关。当 λ 与 Re 无关时，由式(4－1)可见，沿程损失就与流速的平方成正比。因此，第Ⅴ区又称为阻力平方区。

以上实验表明紊流流动的 λ 的确取决于 Re 和 K/d 这两个因素。但是为什么紊流又分为三个阻力区，各区 λ 的变化规律为何如此不同呢？这个问题可用层流底层的存在来解

释。

在光滑区，糙粒的突起高度 K 比层流底层的厚度 δ 小得多，粗糙完全被掩盖在层流底层以内(见图4-12a)，它对紊流核心的流动几乎没有影响。粗糙引起的扰动作用完全被层流底层内流体黏性的稳定作用所抑制。管壁粗糙对流动阻力和能量损失不产生影响。

在过渡区，随流速增大，层流底层变薄，粗糙开始影响到紊流核心区内的流动(见图4-12b)，加大了核心区内的紊动强度，因此增加了阻力和能量损失。这时，λ 不仅与 Re 有关，而且与 K/d 有关。

在粗糙区，随流速的进一步增大，层流底层更薄，粗糙突起高度几乎全部暴露在紊流核心，$K >> \delta$ (见图4-12c)。粗糙的扰动作用已经成为紊流核心中惯性阻力的主要原因。Re 对紊流强度的影响与粗糙的影响相比已微不足道了，K/d 成为影响 λ 的唯一因素。

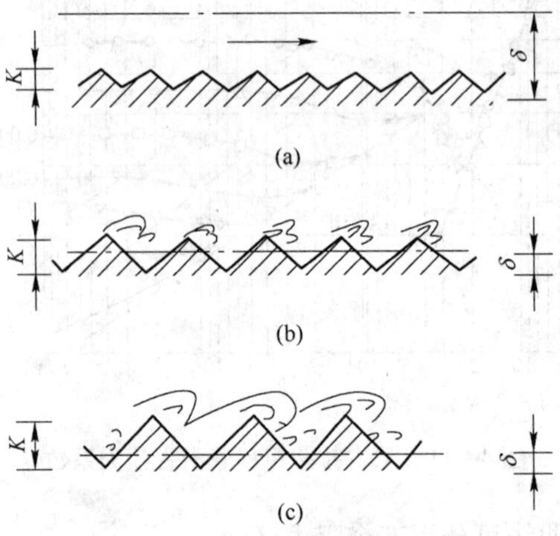

图4-12 层流底层与管壁粗糙的作用

(a)光滑区；(b)过渡区；(c)粗糙区

由此可见，流体力学中所说的光滑区和粗糙区，不完全取决于管壁粗糙的突起高度 K，还取决于和 Re 有关的层流底层的厚度 δ。

综上所述，沿程阻力系数 λ 的变化可归纳如下：

Ⅰ层流区	$\lambda = f_1(Re)$
Ⅱ临界过渡区	$\lambda = f_2(Re)$
Ⅲ紊流光滑区	$\lambda = f_3(Re)$
Ⅳ紊流过渡区	$\lambda = f(Re, K/d)$
Ⅴ紊流粗糙区(阻力平方区)	$\lambda = f(K/d)$

尼古拉兹实验比较完整地反映了沿程损失系数 λ 的变化规律，揭露了影响 λ 变化的主要因素，对 λ 和断面流速分布的测定，推导紊流流动的半经验公式提供了可靠依据。

第六节 工业管道紊流阻力系数的计算公式

本节将集中介绍实际工业管道沿程阻力系数的计算公式。由于尼古拉兹实验是对人工均匀粗糙管进行的，而工业管道的实际粗糙与均匀粗糙有很大不同，因此，在将尼古拉兹实验结果用于工业管道时，首先要分析这种差异，并寻求解决问题的方法。

一、光滑区和粗糙区的 λ 值

（一）当量糙粒高度

图 4－13 所示为尼古拉兹粗糙管和工业管道 λ 曲线的比较。图中实线 A 为尼古拉兹实验曲线，虚线 B 和 C 分别为 2 英寸（1in＝0.0254m）镀锌钢管和 5 英寸新焊接钢管的实验曲线。由图可见，在光滑区工业管道的实验曲线与尼古拉兹曲线重叠。因此，只要流动位于阻力光滑区，工业管道 λ 的计算就可采用尼古拉兹的实验结果。

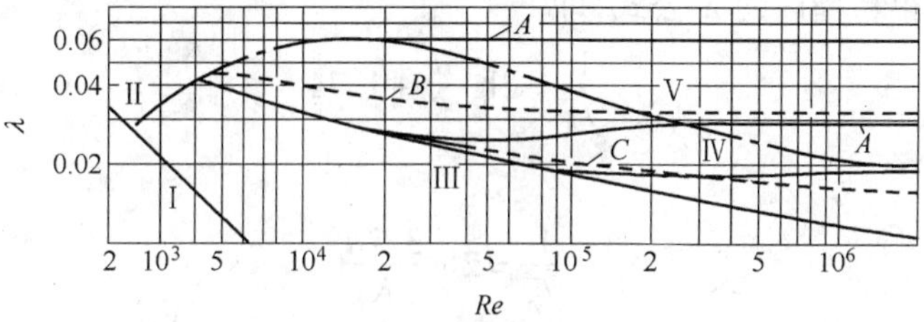

图 4－13　λ 曲线的比较

在粗糙区，工业管道和尼古拉兹的实验曲线都是与横坐标轴平行的，这就存在着用尼古拉兹粗糙区公式计算工业管道的可能性，但问题在于如何确定工业管道的 K 值。在流体力学中，把尼古拉兹粗糙作为度量粗糙的基本标准，把工业管道的不均匀粗糙折算成尼古拉兹粗糙，这样就提出了一个当量糙粒高度的概念。所谓当量糙粒高度，就是指和工业管道粗糙区 λ 值相等的同直径尼古拉兹粗糙管的糙粒高度，如实测出某种材料的工业管道在粗糙区时的 λ 值，将它与尼古拉兹实验结果进行比较，找出与 λ 值相等的同一管径尼古拉兹粗糙管的糙粒高度，就是该种材料的工业管道的当量糙粒高度。

工业管道的当量糙粒高度是按沿程损失的效果来确定的，它在一定程度上反映了粗糙中各种因素对沿程损失的综合影响。

几种常见工业管道的 K 值，见表 4－1。

表 4－1　工业管道当量糙粒高度

管道材料	K/mm	管道材料	K/mm
钢板制风管	0.15①	竹风道	0.8～1.2
塑料板制风管	0.01②	铅管、铜管、玻璃管	0.01 光滑
矿渣石膏板风管	1.0③		（以下引自莫迪当量粗糙图）
表面光滑砖风道	4.0④	镀锌钢管	0.15
矿渣混凝土板风道	1.5⑤	钢　管	0.046
铁丝网抹灰风道	10～15⑥	涂沥青铸铁管	0.12
胶合板风道	1.0⑦	铸铁管	0.25
地面沿墙砌造风道	3～6⑧	混凝土管	0.3～3.0
墙内砌砖风道	5～10⑨	木条拼合圆管	0.18～0.9

①、②引自全国通用通风管道计算表；
③～⑨引自《采暖通风设计手册》。

（二）λ 计算公式

根据普朗特半经验理论，得到了断面流速分布的对数公式（4－29），在此基础上，结合尼古拉兹实验曲线，得到在紊流光滑区的 λ 公式为

$$\frac{1}{\sqrt{\lambda}}=2\lg(Re\sqrt{\lambda})-0.8 \tag{4-30}$$

或写成

$$\frac{1}{\sqrt{\lambda}}=2\lg\frac{Re\sqrt{\lambda}}{2.51} \tag{4-31}$$

类似地，可导得粗糙区的 λ 公式，即

$$\frac{1}{\sqrt{\lambda}}=2\lg\frac{d}{K}+1.74 \tag{4-32}$$

或写成

$$\frac{1}{\sqrt{\lambda}}=2\lg\frac{3.7d}{K} \tag{4-33}$$

式（4－30）和式（4－32）都是半经验公式。分别称为尼古拉兹光滑区公式和粗糙区公式。此外，还有许多直接由试验资料整理成的纯经验公式。这里只介绍两个应用最广的公式。

（1）光滑区的布拉修斯（Blasius）公式。布拉修斯于 1913 年在综合光滑区试验资料的基础上提出的指数公式应用最广，其形式为

$$\lambda=\frac{0.3164}{Re^{0.25}} \tag{4-34}$$

上式仅适用于 $Re<10^5$ 的情况（见图 4－11），而尼古拉兹光滑区公式可适用于更大的 Re 范围。但布拉修斯公式简单，计算方便，也得到了广泛的应用。

（2）粗糙区的希弗林松（Шифринсон）公式。其形式为

$$\lambda=0.11\left(\frac{K}{d}\right)^{0.25} \tag{4-35}$$

这也是一个指数公式，由于它的形式简单，计算方便，工程上也常采用。

二、紊流过渡区和柯列勃洛克（Colebrook）公式

（一）过渡区 λ 曲线的比较

由图 4－13 可见，在过渡区工业管道实验曲线与尼古拉兹曲线存在较大差异。这表现在工业管道实验曲线的过渡区曲线在较小的 Re 下就偏离光滑曲线，且随着 Re 的增加平滑下降，而尼古拉兹曲线则存在着上升部分。

造成这种差异的原因在于两种管道粗糙均匀性不同。在工业管道中，粗糙是不均匀的，当层流底层比当量糙粒高度大很多时，粗糙中的最大糙粒就将提前对紊流核心内的流动产生影响，使 λ 开始与 K/d 有关，实验曲线也就较早地离开了光滑区。这种提前其程度取决于不均匀粗糙中最大糙粒的尺寸。随着 Re 的增大，层流底层越来越薄，对核心区内的流动能够产生影响的糙粒越来越多，因而粗糙的作用也随之增加。而尼古拉兹粗糙是均匀的，其作用几乎是同时产生的。当层流底层的厚度开始小于糙粒高度之后，全部糙粒开始直接在

紊流核心内，促使产生强烈的旋涡。同时，暴露在紊流核心内的糙粒部分随 Re 的增大几乎同时加大，因而沿程损失急剧上升。这就是为什么尼古拉兹试验中过渡曲线产生上升的原因。

（二）柯列勃洛克公式

尼古拉兹过渡区的试验结果对工业管道不适用。柯列勃洛克根据大量工业管道的试验数据，整理出工业管道过渡区曲线，并提出该曲线方程为

$$\frac{1}{\sqrt{\lambda}} = -2\lg\left(\frac{K}{3.7d} + \frac{2.51}{Re\sqrt{\lambda}}\right) \tag{4-36}$$

式中，K 为工业管道的当量糙粒高度，可由表 4－1 查得。式(4－36)称为柯列勃洛公式（以下简称柯氏公式）。它是尼古拉兹光滑区公式和粗糙区公式的综合。该公式的基本特征是当 Re 很小时，公式右边括号内的第二项很大，相对来说第一项较小，这样柯氏公式就接近尼古拉兹光滑区公式。当 Re 值很大时，则公式右边括号内第二项相对较小，公式接近尼古拉兹粗糙公式。因此，柯氏公式所代表的曲线是以尼古拉兹光滑区斜直线和粗糙区水平线为渐近线的。它不仅适用于紊流过渡区，也适用于整个紊流的三个阻力区。因此又可称它为紊流的综合公式。

采用紊流沿程阻力系数分区计算公式计算沿程阻力系数 λ 时，首先要解决的是实际流动的紊流阻力分区的判断标准问题。

由于柯氏公式适用于三个紊流阻力区，它所代表的曲线是以尼古拉兹光滑区斜直线和粗糙区水平线为渐近线的，因此，我国汪兴华教授建议：以柯氏公式(4－36)与尼古拉兹分区公式(4－31)和式(4－33)的误差不大于 2% 为界来确立判别标准。根据这一设想，汪兴华得出的判别标准是

紊流光滑区：
$$2000 < Re \leqslant 0.32\left(\frac{d}{K}\right)^{1.28}$$

紊流过渡区：
$$0.32\left(\frac{d}{K}\right)^{1.28} < Re \leqslant 1000\left(\frac{d}{K}\right)$$

紊流粗糙区：
$$Re > 1000\left(\frac{d}{K}\right)$$

由于柯氏公式广泛地应用于工业管道的设计计算中，故这种判别标准具有实用性。

柯氏公式虽然是一个经验公式，但它是在合并两个半经验公式的基础上获得的，因此，可以认为柯氏公式是普朗特半经验理论与尼古拉兹实验相结合，并进一步发展到工程应用阶段的产物。这个公式在国内外得到了极为广泛的应用，我国通风管道的设计计算，目前就是以柯氏公式为基础的。

为了简化计算，莫迪（Moody）以柯氏公式为基础绘制出反映 Re、K/d 和 λ 对应关系的莫迪图，如图 4－14 所示，在图上可根据 Re 和 K/d 直接查出 λ。

此外，还有一些人为了简化计算，在柯氏公式的基础上提出了一些简化公式。如：

(1) 莫迪公式。其形式为

$$\lambda = 0.0055\left[1 + \left(20000\frac{K}{d} + \frac{10^6}{Re}\right)^{\frac{1}{3}}\right] \tag{4-37}$$

这是柯氏公式的近似公式。莫迪指出，此公式在 $Re = 4000 \sim 10^7$、$K/d \leqslant 0.01$、$\lambda < 0.05$ 时，

与柯氏公式比较，其误差不超过5%。

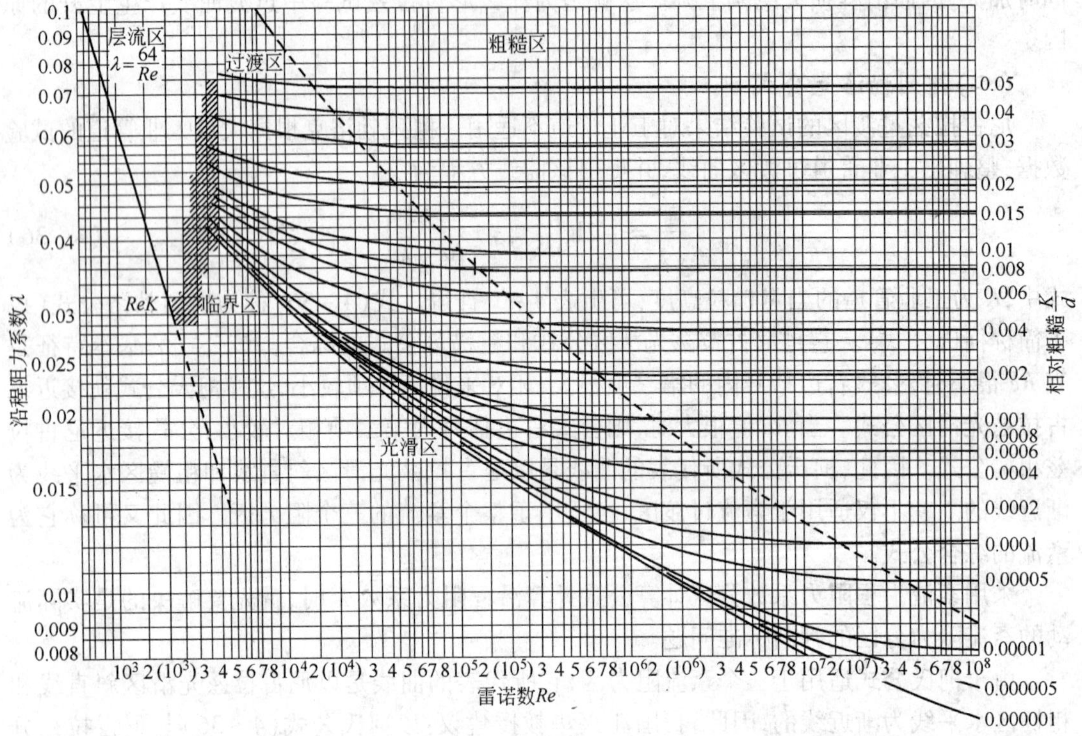

图4－14 莫迪图

(2)阿里特苏里(Альтщуль)公式。其形式为

$$\lambda=0.11\left(\frac{K}{d}+\frac{68}{Re}\right)^{0.25} \tag{4-38}$$

这是柯氏公式的近似公式。它的形式简单，计算方便，适用于紊流三个区的综合公式。当 Re 很小时，括号内的第一项可忽略，公式实际上成为布拉修斯光滑区公式(4－34)，即

$$\lambda=0.11\left(\frac{68}{Re}\right)^{0.25}=0.1\left(\frac{100}{Re}\right)^{0.25}=\frac{0.3164}{Re^{0.25}}$$

当 Re 很大时，括号内第二项可忽略，公式与粗糙区的希弗林松公式(4－35)一致。

布拉修斯光滑区公式和尼古拉兹光滑区公式在 $Re<10^5$ 时是基本一致的，而希弗林松粗糙区公式和尼古拉兹粗糙区公式也十分接近。因此阿里特苏里公式和柯氏公式基本上是一致的。

【例4－4】 某送风钢管，长度 $l=30$m，直径 $d=750$mm，管壁的绝对粗糙度 $K=0.39$mm，在温度 $t=20$℃($\nu=0.157\text{cm}^2/\text{s}$)的情况下，送风量 $Q_V=30000\text{m}^3/\text{h}$。求：(1)此风管中的沿程水头损失是多少？(2)使用一段时间后其绝对粗糙度为 $K=1.2$mm，其沿程水头损失又是多少？

【解】

$$v=\frac{Q_V}{A}=\frac{4Q_V}{\pi d^2}=\frac{4\times30000}{3600\times\pi\times0.75^2}=18.9\text{m/s}$$

$$Re=\frac{vd}{\nu}=\frac{18.9\times0.75}{0.157\times10^{-4}}=902866>2000 \text{ 为紊流}$$

根据$\frac{K}{d}=\frac{0.39}{750}=0.00052$ 及 $Re=902866$，查莫迪图，得 $\lambda=0.017$。

风管中的沿程水头损失为

$$h_{\mathrm{f}}=\lambda\frac{l}{d}\frac{v^2}{2g}=0.017\times\frac{30}{0.75}\times\frac{18.9^2}{2\times9.807}=12.38\mathrm{m}$$

沿程压强损失为

$$p_{\mathrm{f}}=\rho g h_{\mathrm{f}}=1.2\times9.807\times12.39=145.69\mathrm{Pa}$$

当 $K=1.2$mm 时，$\frac{K}{d}=\frac{1.2}{750}=0.0016$，再由 $Re=902866$，查莫迪图得 $\lambda=0.022$。此时风管中的沿程水头损失为

$$h_{\mathrm{f}}=\lambda\frac{l}{d}\frac{v^2}{2g}=0.022\times\frac{30}{0.75}\times\frac{18.9^2}{2\times9.807}=16\mathrm{m}$$

沿程压强损失为

$$p_{\mathrm{f}}=\rho g h_{\mathrm{f}}=1.2\times9.807\times16=188.29\mathrm{Pa}$$

【例4-5】 水箱水深 H，底部有一长为 L，直径为 d 的圆管（见图4-15）。管道进口为流线型，进口水头损失可不计，管道沿程阻力系数 λ 设为常数。若 H、d、λ 给定，问：

（1）什么条件下 Q_V 不随 L 而变？

（2）什么条件下通过的流量 Q_V 随管长 L 的加大而增加？

（3）什么条件下通过的流量 Q_V 随管长 L 的加大而减小？

【解】 列水箱水面与管道出口断面的能量方程

$$H+L=\left(1+\lambda\frac{L}{d}\right)\frac{v^2}{2g},\ v=\sqrt{\frac{2g(H+L)}{1+\frac{\lambda L}{d}}}$$

$$Q_V=\frac{\pi d^2}{4}v=\frac{\pi}{4}d^2\sqrt{\frac{2g(H+L)}{1+\frac{\lambda L}{d}}}$$

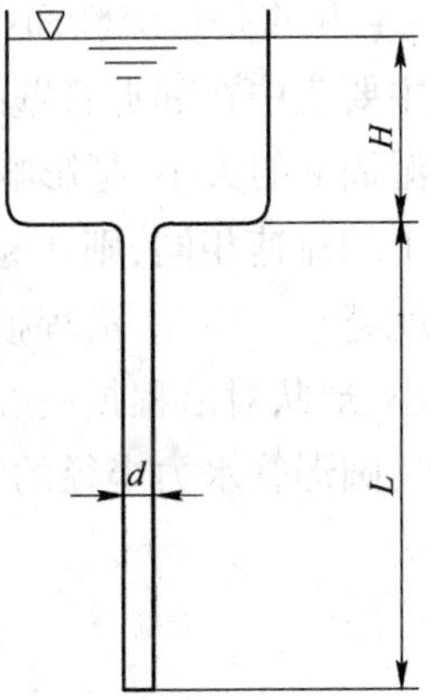

图4-15　例4-5图

（1）流量不随管长 L 而变，可令

$$\frac{\mathrm{d}Q_V}{\mathrm{d}L}=0$$

可得 $$\frac{\pi d^2}{4}\frac{1}{2\sqrt{\frac{2g(H+L)}{1+\frac{\lambda L}{d}}}}\cdot\frac{\left(1+\lambda\frac{L}{d}\right)2g+2g(H+L)\frac{L}{d}}{\left(1+\lambda\frac{L}{d}\right)^2}=0$$

$$1-H\frac{\lambda}{d}=0$$

此即 $$H=\frac{d}{\lambda}$$

这就是管长与流量无关的条件。

（2）流量随管长的加大而增加，即

$$\frac{dQ_V}{dL}>0 \qquad 1-H\frac{\lambda}{d}>0$$

得

$$H<\frac{d}{\lambda}$$

(3)流量随管长的加大而减小,即

$$\frac{dQ_V}{dL}<0 \qquad 1-H\frac{\lambda}{d}<0$$

得

$$H>\frac{d}{\lambda}$$

第七节 非圆管的沿程损失

以上讨论的是圆形直管,圆形管是最常用的断面形式。但工程上也常用到非圆形管的情况,例如通风系统中的风道许多为矩形。如果设法把非圆形管折合成圆形管来计算,那么根据圆形管制定的上述公式和图表,也就适用于非圆形管。这种由非圆形管折合到圆形管的方法是从水力半径概念出发,通过建立非圆形管的当量直径来实现的。

水力半径 R 的定义式为

$$R=\frac{A}{\chi} \tag{4-39}$$

式中,χ 称为湿周,即过流断面上流体和固体壁面接触的周界长度;A 为过流断面面积。

χ 和 A 是过流断面中影响沿程损失的两个主要因素。在紊流中,由于断面上的流速变化主要集中在邻近管壁的流层内,沿程损失主要集中在这里,所以,流体所接触的壁面大小,即湿周 χ 的大小,是影响能量损失的主要外因。若两种不同的断面形式具有相同的湿周 χ,且平均流速相同,则 A 越大,通过流体的数量就越多,因而受单位重力作用的流体的能量损失就越小。因此,沿程损失 h_f 与水力半径 R 成反比,水力半径 R 是一个能够反映过流断面大小、形状对沿程损失综合影响的物理量。

圆形管水力半径的定义为

$$R=\frac{A}{\chi}=\frac{\frac{\pi d^2}{4}}{\pi d}=\frac{d}{4}$$

边长分别为 a、b 的矩形断面的水力半径为

$$R=\frac{A}{\chi}=\frac{ab}{2(a+b)}$$

边长为 a 的正方形断面的水力半径为

$$R=\frac{A}{\chi}=\frac{a^2}{4a}=\frac{a}{4}$$

令非圆形管的水力半径 R 和圆形管的水力半径 $\frac{d}{4}$ 相等,即得当量直径的定义式

$$d_e=4R \tag{4-40}$$

即当量直径为水力半径的 4 倍。

因此,矩形管的当量直径为

$$d_e = \frac{2ab}{a+b} \tag{4-41}$$

正方形管的当量直径为

$$d_e = a \tag{4-42}$$

有了当量直径的概念,只要用 d_e 代替 d,不仅可用式(4-1)来计算非圆形管的沿程损失,也可以用当量相对粗糙度 K/d_e 代入沿程阻力系数 λ 公式中求 λ 值。计算非圆形管的 Re 时,同样可以用当量直径 d_e 代替式中的 d,即

$$Re = \frac{vd_e}{\nu} = \frac{v(4R)}{\nu} \tag{4-43}$$

这个 Re 也可以近似地用来判别非圆形管中的流动状态,其临界雷诺数仍取2000。

必须指出,应用当量直径计算非圆形管的能量损失,并不适用于所有情况。这表现在两个方面:

(1)图4-16所示为非圆管和圆形管 $\lambda-Re$ 的对比实验。实验表明,对矩形、方形、三角形断面,使用当量直径所获得的试验结果与圆形管接近,但与长缝形和星形断面的实验结果差别较大。非圆形截面的形状和圆形的偏差越小,运用当量直径的可靠性就越大。

(2)由于层流的流速分布不同于紊流,沿程损失不像紊流那样集中在管壁附近。这样单纯用湿周大小作为影响能量损失的主要外因条件,对层流来说就不充分了。因此在层流流动中应用当量直径进行计算时,将会造成较大误差。

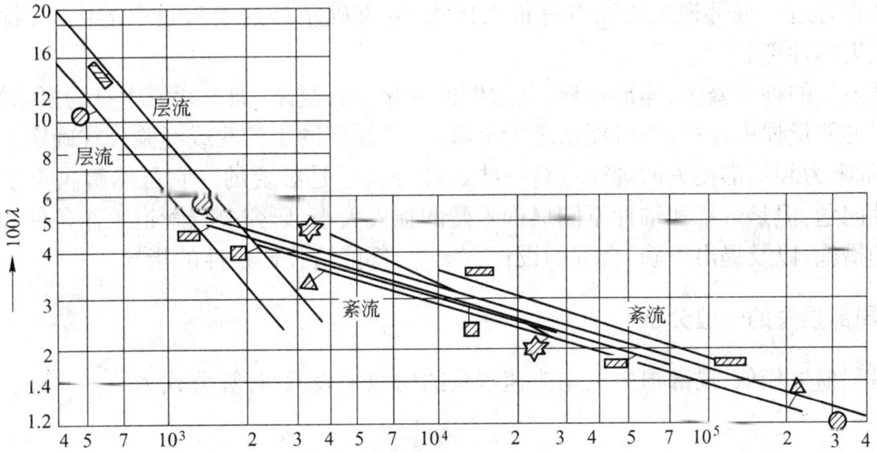

图4-16 非圆形管与圆形管 λ 曲线的比较

【例4-6】 用截面为30cm×20cm的矩形钢板制风道输送标准状态下的空气,管长为400m,流量为0.24m³/s(设 $\nu=1.6\times10^{-5}\,m^2/s$,$\rho=1.23\,kg/m^3$)。求沿程损失 h_f 和压强降 p_f。

【解】 矩形管的水力直径为

$$d_e=\frac{2ab}{a+b}=\frac{2(0.3\times0.2)}{0.3+0.2}=0.24\text{m}$$

平均速度为

$$v=\frac{Q}{A}=\frac{0.24}{0.3\times0.2}=4.0\text{m/s}$$

水力直径雷诺数

$$Re=\frac{vd_e}{\nu}=\frac{4.0\times0.24}{1.6\times10^{-5}}=6\times10^4$$

钢板制风道，$K=0.15\text{mm}$

$$\frac{K}{d_e}=\frac{0.15\times10^{-3}}{0.24}=5.62\times10^{-4}$$

从莫迪图中查得 $\lambda=0.022$，沿程损失为

$$h_f=\lambda\frac{l}{R}\frac{v^2}{2g}=0.022\times\frac{400}{0.24}\times\frac{4.0^2}{2\times9.8}=26.94\text{m}$$

压强降为
$$p_f=\rho gh_f=1.23\times9.8\times26.94=325\text{Pa}$$

第八节　管道流动的局部损失

各种工业管道都要安装一些阀门、弯头、三通等配件，用以控制和调节管内的流动。流体经过这些配件时，由于边壁或流量的改变，均匀流在这一局部地区遭到破坏，引起了流速大小、方向或分布的变化。由此产生的能量损失，称为局部损失。工程上有很多管道（譬如通风和采暖管道），局部损失往往占有很大比重，要准确掌握这类管道中的流动，就不能忽视局部损失的计算。

局部损失的种类繁多，体形各异，其边壁的变化多且复杂，加上紊流本身的复杂性，多数局部阻碍的能量损失计算，不可能从理论上解决，必须借助于实验或经验公式确定。尽管如此，对局部阻力和局部损失的规律进行一些定性分析还是必要的。它虽然解决不了局部损失的计算问题，但是解释和估计不同局部阻碍的损失大小，研究改善管道工作条件和减少局部损失的措施，以及提出正确、合理的设计方案等，都能给我们定性的指导。

一、局部损失的一般分析

和沿程损失相似，局部损失也用流速水头的倍数来表示，计算公式为

$$h_m=\zeta\frac{v^2}{2g}\tag{4-44}$$

ζ 称为局部阻力系数。很明显，求 h_m 的问题转变为求 ζ 的问题。

实验研究表明，局部损失和沿程损失一样，不同的流态遵循不同的规律。如果流体以层流流经局部阻碍，流体受局部干扰后，流动仍能保持层流，则局部损失还是由各流层之间的黏性切应力引起的。只是由于边壁的变化，促使流速分布重新调整，流体质点产生剧烈变形，强化了相邻流层间的相对运动，因而加大了这一局部区域的水头损失。这种情况下，局部阻力系数与雷诺数成反比，即

$$\zeta=\frac{B}{Re}\tag{4-45}$$

式中,B 是随局部阻碍形状而异的常数。此式表明,层流局部损失与平均流速的一次方成正比。

不过,要使局部阻碍处受边壁强烈干扰的流动仍能保持层流,只有当 Re 远比 2000 小的情况下才有可能。这样小的 Re 在供热通风专业中是很少遇到的,因此,本节主要讨论紊流的局部损失。

局部阻碍种类虽多,但依其流动特征,可分为过流断面的扩大或收缩、流动方向的改变、流量的合入与分出等几种基本形式,以及这几种基本形式的不同组合。例如,经过闸阀或孔板的流动,实质上就是过流断面突然缩小与突然扩大的组合。为了探讨紊流局部损失的成因,我们选取几种典型的流动(见图 4－17),分析局部阻碍附近的流动情况。

从边壁的变化缓急来看,局部阻碍又分为突变和渐变两类:图 4－17 中的(a)、(c)、(e)、(g)为突变,而(b)、(d)、(f)、(h)为渐变。当流体以紊流通过突变的局部阻碍时,由于惯性力处于支配地位,流动不能像边壁那样突然转折,于是在边壁突变的地方,出现主流与边壁脱离的现象。主流与边壁之间形成旋涡区,旋涡区内的流体并不是固定不变的,形成的大尺度旋涡,会不断地被主流带走,补充进去的流体,又会出现新的旋涡,如此周而复始。

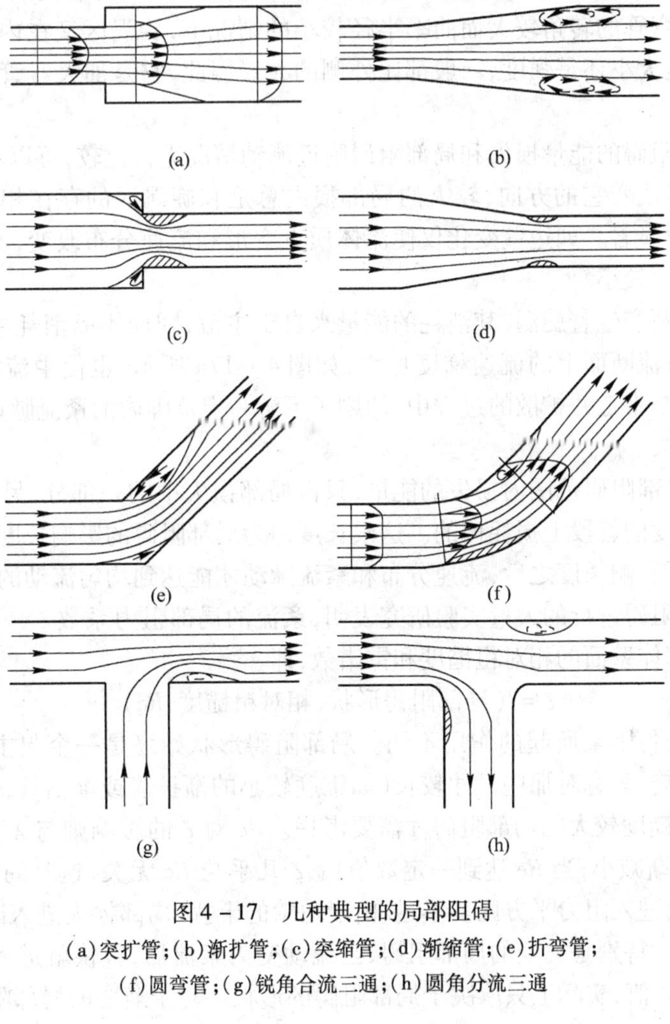

(a)　(b)　(c)　(d)　(e)　(f)　(g)　(h)

图 4－17　几种典型的局部阻碍

(a)突扩管;(b)渐扩管;(c)突缩管;(d)渐缩管;(e)折弯管;

(f)圆弯管;(g)锐角合流三通;(h)圆角分流三通

边壁虽然无突然变化，但沿流动方向出现减速增压现象的地方，也会产生旋涡区。在如图4－17b所示的渐扩管中，流速沿程减小，压强不断增加。在这样的减速增压区，流体质点受到与流动方向相反的压差作用，靠近管壁的流体质点，流速本来就小，在这一反向压差的作用下，速度逐渐减小到零。随后出现了与主流方向相反的流动。就在流速等于零的地方，主流开始与壁面脱离，在出现反向流动的地方形成旋涡区。图4－17h所示的分流三通直通管上旋涡区，也是这种减速增压过程造成的。对于渐变流的局部阻碍，在一定的*Re*范围内，旋涡区的位置及大小与*Re*有关。例如在渐扩管中，随*Re*的增长，旋涡区的范围愈大，位置愈靠前。但在突变的局部阻碍中，旋涡区的位置不会变，*Re*对旋涡区大小的影响也没有那样显著。

在减压增速区，流体质点受到与流动方向一致的压差作用，它只能加速，不能减速，因此，渐缩管内不会出现旋涡区。不过，如收缩角不是很小，紧接渐缩管之后，有一个不大的旋涡区，如图4－17d所示。

流体经过弯管时，如图4－17e、f所示，虽然过流断面沿程不变，但弯管内流体质点受到离心力作用，在弯管前半段，外侧压强沿程增大，内侧压强沿程减小；而流速是外侧减小，内侧增大。因此，弯管前半段沿外壁是减速增压的，出现旋涡区；在弯管的后半段，由于惯性作用，在*Re*较大和弯管的转角较大而曲率半径较小的情况下，旋涡区又在内侧出现。弯管内侧的旋涡，无论是大小还是强度，一般都比外侧的大。因此，它是加大弯管能量损失的重要因素。

将各种局部阻碍的能量损失和局部阻碍附近流动情况进行比较，可以看出，无论是改变流速的大小，或是改变它的方向，较大的局部损失总是和旋涡区的存在相联系。旋涡区愈大，能量损失也愈显著。如边壁变化仅使流体质点变形和流速分布改变，不出现旋涡区，其局部损失一般都比较小。

旋涡区内不断产生着旋涡，其消耗的能量来自于主流，因而不断消耗主流的能量；在旋涡区及其附近，过流断面上的流速梯度加大，如图4－17a所示，也使主流能量损失有所增加。在旋涡被不断带走并扩散的过程中，加剧了下游一定范围内的紊流脉动，从而加大了这段管长的能量损失。

事实上，在局部阻碍范围内损失的能量，只占局部损失中的一部分，另一部分是在局部阻碍下游一定长度的管段上损耗掉的。这段长度称为局部阻碍的影响长度。受局部阻碍干扰的流动，经过了影响长度之后，流速分布和紊流脉动才能达到均匀流动的正常状态。

对各种局部阻碍进行的大量实验研究表明，紊流的局部阻力系数ζ一般取决于局部阻碍的几何形状、固体壁面的相对粗糙度和雷诺数，即

$$\zeta = f(\text{局部阻碍形状，相对粗糙度，}Re)$$

但在不同情况下，各因素所起的作用不同。局部阻碍形状始终是一个起主导作用的因素。相对粗糙度的影响，只有对那些尺寸较长（如锥度较小的渐扩管或渐缩管，曲率半径大的弯管），而且相对粗糙度较大的局部阻碍才需要考虑。*Re*对ζ的影响则与λ类似，随着*Re*由小变大，ζ一般逐渐减小；当*Re*达到一定数值后，ζ几乎与*Re*无关，这时局部损失与流速的平方成正比，流动进入阻力平方区。不过，由于边壁的干扰，局部损失进入阻力平方区的*Re*远比沿程损失小。特别是突变的局部阻碍，当流动变为紊流后，很快就进入了阻力平方区。这类局部阻碍的ζ值，实际上只取决于局部阻碍的形状。对于渐变的局部阻碍，进入阻力平

方区的 Re 要大一些，大致可取 $Re>2\times10^5$ 作为流动进入阻力平方区的临界指标。如 $Re<2\times10^5$ 还应考虑 Re 的影响，其局部阻力系数可用式(4－46)修正。

$$\zeta=\zeta'\frac{\lambda}{\lambda'} \tag{4-46}$$

式中，ζ 为未进入阻力平方区的局部阻力系数；ζ'为该局部阻碍在阻力平方区的局部阻力系数；λ 为与 ζ 同一 Re 的沿程阻力系数；λ'为进入阻力平方区的沿程阻力系数。

沿程损失和局部损失的变化规律十分相似。原因在于形成这两类损失的机理并没有本质的不同。这也证明了恩格斯关于"摩擦是缓慢的碰撞，碰撞是激烈的摩擦"的论断。

二、变管径的局部损失

现在分别讨论几种典型的局部损失，首先是改变流速大小的各种变管径的水头损失。

(一)突然扩大

少数形状简单的局部阻碍，可以借助基本方程求得它的阻力系数，突然扩大就是其中一个。

图4－18所示为圆管突然扩大处的流动。取流股扩大前为Ⅰ—Ⅰ断面，扩大后流速分布已接近均匀流正常状态的断面为Ⅱ—Ⅱ断面，列能量方程，如两断面间的沿程水头损失忽略不计，则

$$h_m=\left(Z_1+\frac{p_1}{\rho g}+\frac{\alpha_1v_1^2}{2g}\right)-\left(Z_2+\frac{p_2}{\rho g}+\frac{\alpha_2v_2^2}{2g}\right)$$

为了确定压强与流速的关系，再对Ⅰ，Ⅱ两断面与管壁所包围的流动空间写出沿流动方向的动量方程，即

$$\sum F=\frac{\rho gQ_V}{g}(\alpha_{02}v_2-\alpha_{01}v_1)$$

式中，α_{01}，α_{02} 为两断面的动量修正系数。水头损失忽略不计，则 $\sum F$ 为作用在所取流体上的全部轴向外力之和，其中包括：

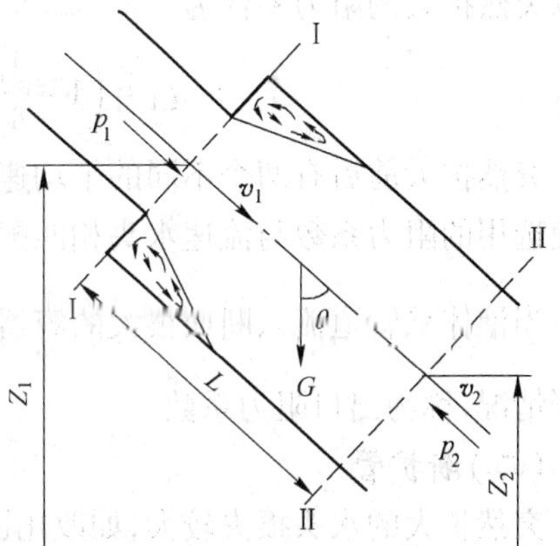

图4－18　突然扩大

(1)作用在Ⅰ断面上的总压力 P_1。应指出，Ⅰ断面的受压面积不是 A_1，而是 A_2。其中的环形部分位于旋涡区。观察表明，这个环形面积上的压强基本上符合静压强分布规律，故

$$P_1=p_1A_2$$

(2)作用在Ⅱ断面上的总压力，即

$$P_2=p_2A_2$$

(3)重力在轴上的投影，即

$$G\cos\theta=\rho gA_2l\frac{Z_1-Z_2}{l}=\rho gA_2(Z_1-Z_2)$$

(4)边壁上的摩擦阻力，该力可忽略不计。

因此，有

$$p_1A_2 - p_2A_2 + \rho g A_2(Z_2 - Z_1) = \frac{\rho g Q_V}{g}(\alpha_{02}v_2 - \alpha_{01}v_1)$$

将 $Q_V = v_2A_2$ 代入，化简后得

$$\left(Z_1 + \frac{p_1}{\rho g}\right) - \left(Z_2 + \frac{p_2}{\rho g}\right) = \frac{v_2}{g}(\alpha_{02}v_2 - \alpha_{01}v_1)$$

将上式代入能量方程式，得

$$h_m = \frac{\alpha_1 v_1^2}{2g} - \frac{\alpha_2 v_2^2}{2g} + \frac{v_2}{g}(\alpha_{02}v_2 - \alpha_{01}v_1)$$

对于紊流，可取 $\alpha_{01} = \alpha_{02} = 1, \alpha_1 = \alpha_2 = 1$。由此可得

$$h_m = \frac{(v_1 - v_2)^2}{2g} \tag{4-47}$$

上式表明，突然扩大的水头损失等于以平均流速差计算的流速水头。

要把式(4-47)变换成计算局部损失的一般形式，只需将 $v_2 = v_1\frac{A_1}{A_2}$，或 $v_1 = v_2\frac{A_2}{A_1}$代入得：

$$\left.\begin{aligned} h_m &= \left(1 - \frac{A_1}{A_2}\right)^2 \frac{v_1^2}{2g} = \zeta_1 \frac{v_1^2}{2g} \\ h_m &= \left(\frac{A_2}{A_1} - 1\right)^2 \frac{v_2^2}{2g} = \zeta_2 \frac{v_2^2}{2g} \end{aligned}\right\} \tag{4-48}$$

所以突然扩大的阻力系数为

$$\zeta_1 = \left(1 - \frac{A_1}{A_2}\right)^2 \quad 或 \quad \zeta_2 = \left(\frac{A_2}{A_1} - 1\right)^2 \tag{4-49}$$

突然扩大前后有两个不同的平均速度，因而有两个相对应的阻力系数。计算时必须注意使选用的阻力系数与流速水头相匹配。

当液体从管道流入断面很大的容器或气体流入大气时，$\frac{A_1}{A_2} \approx 0, \zeta_1 = 1$。这是突然扩大的特殊情况，称为出口阻力系数。

(二)渐扩管

突然扩大的水头损失较大，如改用图4-19所示的渐扩管，水头损失将大大减小。

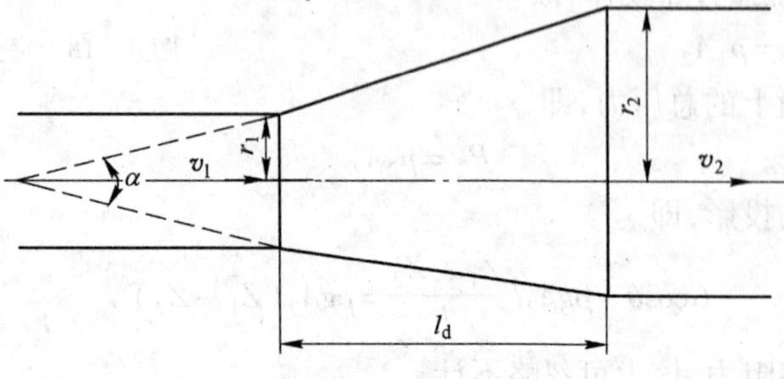

图4-19 渐扩管

圆锥形渐扩管的形状可由扩大面积比 $n=\frac{A_2}{A_1}=\frac{r_2^2}{r_1^2}$和扩散角 α（或长径比$\frac{l_d}{r_1}$）这两个几何参数来确定。

渐扩管的水头损失可认为由沿程损失 h_f 和扩散损失 h_{ea} 两部分组成，其沿程损失可按下式计算：

$$h_f=\frac{\lambda}{8\sin\frac{\alpha}{2}}\left(1-\frac{1}{n^2}\right)\frac{v_1^2}{2g} \tag{4-50}$$

式中，λ 为扩大前管道的沿程阻力系数。

扩散损失是由旋涡区和流速分布改变所形成的。仍沿用突然扩大的水头损失公式计算，但需乘以一个与扩散角有关的系数 k，当 $\alpha\leqslant20°$时，$k=\sin\alpha$，故

$$h_{ea}=k\left(1-\frac{1}{n}\right)^2\frac{v_1^2}{2g} \tag{4-51}$$

由此得到渐扩管的阻力系数 ζ_d 为

$$\zeta_d=\frac{\lambda}{8\sin\frac{\alpha}{2}}\left(1-\frac{1}{n^2}\right)+k\left(1-\frac{1}{n}\right)^2 \tag{4-52}$$

当 n 一定时，渐扩管的沿程损失随 α 的增大和管段的缩短而减小，但扩散损失却随之增大，因此渐扩管的总损失在某一 α 角时必有一极值。这个最小水头损失扩散角约在 5°～8°范围内，所以扩散角 α 不宜超过 8°～10°。

（三）突然缩小

突然缩小如图 4-20 所示，水头损失大部分发生在收缩断面 $C-C$ 以后的流段上，主要是由收缩断面附近的旋涡区造成的。突然缩小的阻力系数取决于收缩面积比 A_2/A_1，其值可按下式计算：

$$\zeta=0.5\left(1-\frac{A_2}{A_1}\right) \tag{4-53}$$

对应的速度水头为$\frac{v_2^2}{2g}$。

（四）渐缩管

圆锥形渐缩管如图 4-21 所示，其形状由面积比 $n=\frac{A_1}{A_2}$和收缩角 α 两个参数确定。阻力系数可由图 4-22 查得。对应的速度水头为$\frac{v_2^2}{2g}$。

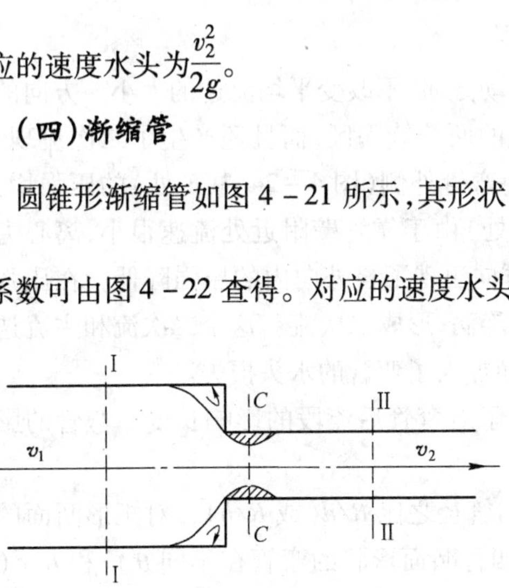

图 4-20　突然收缩

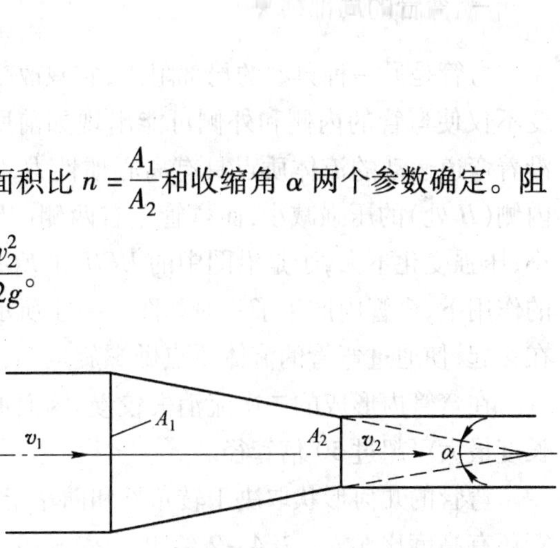

图 4-21　渐缩管

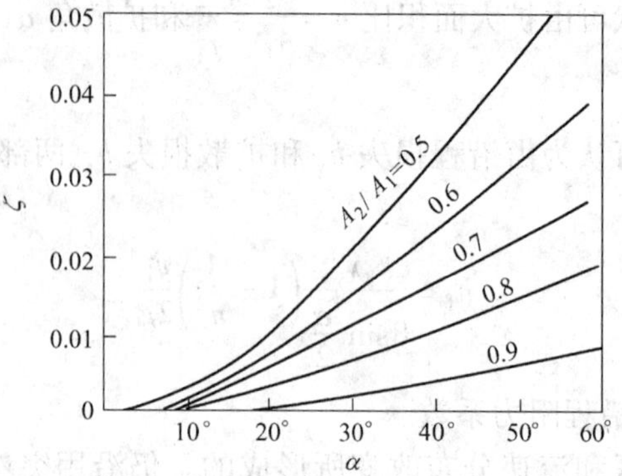

图 4－22 圆锥形渐缩管的阻力系数

（五）管道进口

管道进口也是一种断面收缩，其阻力系数与管道进口边缘的情况有关。不同边缘的进口阻力系数见图 4－23。

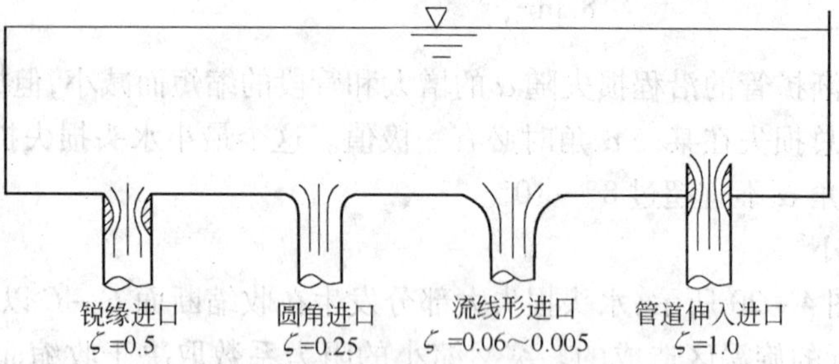

图 4－23 几种不同的管道进口

三、弯管的局部损失

弯管是另一种典型的局部阻碍，它只改变流动方向，不改变平均流速的大小。方向的改变不仅使弯管的内侧和外侧可能出现如前所述的两个旋涡区，而且还产生了二次流现象。沿着弯道运动的流体质点具有离心惯性力，它使弯管外侧（图 4－24 中 E 处）的压强增大，内侧（H 处）的压强减小，而弯管左右两侧（F，G 处）由于靠管壁附近处流速很小，离心力亦小，压强变化不大，于是沿图中的 EFH 和 EGH 方向出现了自外向内的压强降低。在压强差的作用下，弯管内产生了一对如图 4－24 所示的旋涡，形成二次流。这个二次流和主流迭加在一起，使通过弯管的流体质点做螺旋运动，从而加大了弯管的水头损失。

在弯管内形成的二次流消失较慢，因而加大了对弯管后流段的影响长度。弯管的影响长度最大可超过 50 倍管径。

弯管的几何形状取决于转角 θ 和曲率半径与管径之比 R/d（或 R/b）。对矩形断面的弯管还有高度比 h/b。表 4－2 给出了 $Re=10^6$ 时四种断面形状的弯管在不同 θ 角和 R/d（或 R/b）比的阻力系数。

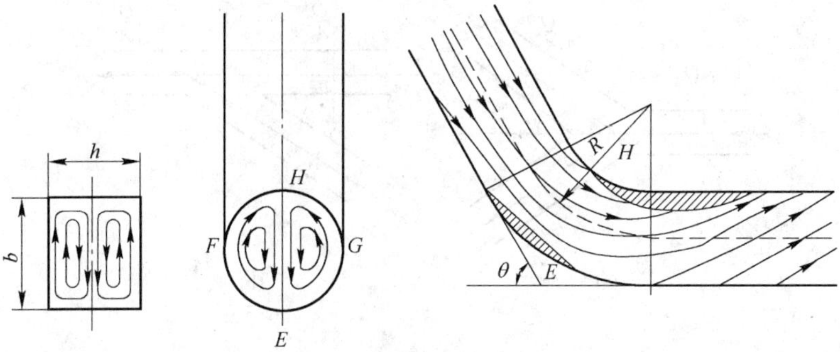

图 4－24　弯管中的二次流

表 4－2　$Re=10^6$ 时弯管的 ζ 值

序号	断面形状	R/d(或 R/b)	30°	45°	60°	90°
1	圆形	0.5	0.120	0.270	0.480	1.000
		1.0	0.058	0.100	0.150	0.246
		2.0	0.066	0.089	0.112	0.159
2	方形 h/b=1.0	0.5	0.120	0.270	0.480	1.060
		1.0	0.054	0.079	0.130	0.241
		2.0	0.051	0.078	0.102	0.142
3	方形 h/b=0.5	0.5	0.120	0.270	0.480	1.000
		1.0	0.058	0.087	0.135	0.220
		2.0	0.062	0.088	0.112	0.155
4	矩形 h/b=2.0	0.5	0.120	0.280	0.480	1.080
		1.0	0.042	0.081	0.140	0.227
		2.0	0.042	0.063	0.083	0.113

分析以上数据，可以看出：

(1) R/d 对弯管阻力系数的影响很大。尤其是在 $\theta>60°$ 和 $R/d<1$ 的情况下，进一步减小 R/d 会使 ζ 值急剧增大；

(2) R/d(或 R/b) 较小时，断面形状对弯管阻力系数影响不大。例如 R/d(或 R/b) $=0.5$ 时，各 ζ 值几乎相等。R/d(或 R/b) $=1$ 时，表中 90°弯管的 ζ 值变化幅度也不超过 ±6.0%；

(3) 当 R/b 较大时，h/b 大的矩形断面，弯管阻力系数要小些。

四、三通的局部损失

三通也是最常见的一种管道配件，它的形式很多。工程上常用的三通有两类：支流对称于总流轴线的 Y 形三通，如图 4－25a 所示；在直管段上接出支管的 T 形三通，如图 4－25b 所示。每个三通又都可以在分流或合流的情况下工作。

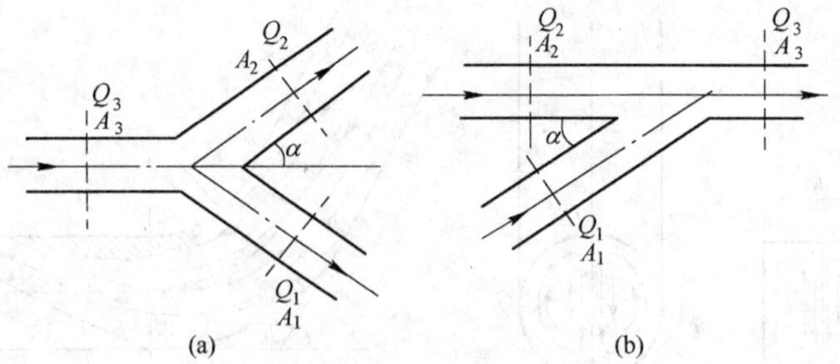

图 4－25　三通的两种主要类型

(a) Y 形分流三通；(b) T 形合流三通

三通的形状是由总流与支流间的夹角 α 和面积比 $\frac{A_1}{A_3}$、$\frac{A_2}{A_3}$ 这几个参数确定的，但三通的特征是流量变化，因此，三通的阻力系数不仅取决于它的几何参数，还与流量比 Q_{V1}/Q_{V3} 或 Q_{V2}/Q_{V3} 有关。

三通有两个支管，所以有两个局部阻力系数。三通前后又有不同的流速，计算时必须选用和支管相应的阻力系数以及和该系数相对应的流速水头。

各种三通的局部阻力系数可在有关专业手册中查得，这里仅给出 $A_1=A_2=A_3$ 和 α 为 45°和 90°的 T 形三通的 ζ 值（见图 4－26），对应的是总管的流速水头 $\frac{v_2^2}{2g}$。

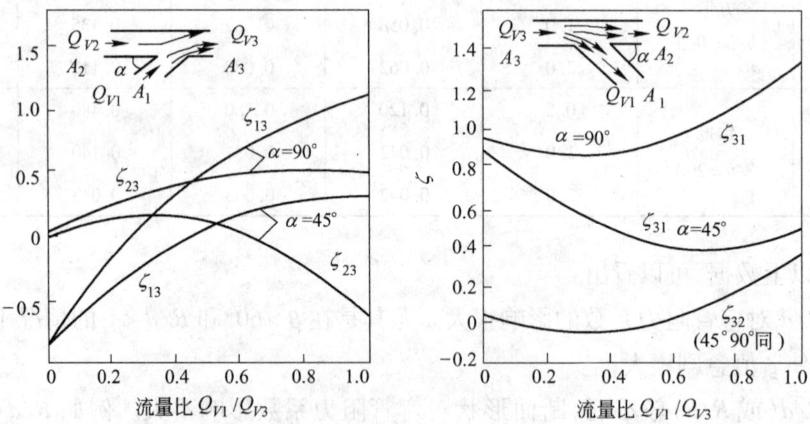

图 4－26　45°和 90°的 T 形三通的 ζ 值

合流三通的局部阻力系数常出现负值，这意味着经过三通后流体的单位能量不仅没有减少，反而增加了。当两股流速不同的流体汇合后，它们在混合过程中，必然会有动量的交换。高速流股将它的一部分动能传递给了低速流股，使低速流股中的单位能量有所增加。如低速流股获得的这部分能量超过了它在流经三通所损失的能量，低速流股的局部阻力系数就会出现负值。至于两股流动的总能量，则只可能减少，不可能增加。因此，三通两个支管的阻力系数，绝不会同时出现负值。

五、局部阻力之间的相互干扰

局部阻碍前断面流速分布与脉动强度对局部阻力系数 ζ 有显著影响。而一般手册上给出的 ζ 值是在局部阻碍的前后都有足够长的直管段，使进入和流出局部阻碍的流动具有均匀流流速分布与脉动强度的条件下测定的。测得的局部损失不仅仅是局部阻碍范围内的损失，还包括影响长度内因紊流脉动加剧而引起的附加损失。因此，如两个局部阻碍距离很近，前一个局部阻碍没有足够的影响长度，损失不能完全显现出来，而后一个局部阻碍也因邻近流速的分布和紊流脉动不同于正常均匀流动，使它们的阻力系数都有所改变。这样就提出了按一般水头损失迭加计算的修正问题。

虽然在工业管道的设计中不可避免地存在局部阻碍之间的相互干扰，但到目前为止，对这个问题的研究很不充分。英国 D. S. Miller 等人于 20 世纪 60 年代末曾对不同情况的圆弯管－圆弯管、折弯管－圆弯管、圆弯管－渐扩管、渐扩管－圆弯管的相互干扰进行了系统的研究，其主要成果介绍如下。

用干扰修正系数 c 来估算其影响，其定义为

$$c_{1,2}=\frac{\text{两个相互干扰的局部阻碍的总阻力系数}\ \zeta_{1.2}}{\text{未受干扰时该两局部阻碍的阻力系数之和，即}\ \zeta_1+\zeta_2}$$

c 不仅取决于邻近的两个局部阻碍的形式，还与两局部阻碍之间的相对距离 l_s/d 有关。不同的 l_s/d 时，c 值的变化幅度见表 4－3。

表 4－3　干扰修正系数 c 的变化幅度

用管径倍数表示的相对间距 l_s/d	0	1	2	3	4	10
c 的下限	0.5	0.5	0.5	0.5	0.5	0.7
c 的上限	3	2	1.3	1.2	1.1	1.0

表 4－3 中数据表明，相互干扰的结果使局部水头损失可能减小或增大。如前一个局部阻碍在影响长度上的附加损失占较大比重，则后一个局部阻碍邻近时，这部分损失将大大减少；同时，进入后一个局部阻碍的流速分布和紊流脉动至少不至于使它的局部损失大大增加，那么干扰的结果是使局部损失减少。例如间距 $l_s=2d$ 的 90°的圆弯管（$R/d=2$），与 $n=2$，$l_d/r_1=4$ 的渐扩管相互干扰，其修正系数 $c_{b,d}=0.66$。这是因为前面的弯管有 45% 的损失发生在 2 倍直径以后的直管段上，现在已不再损失了；同时经过 $2d$ 的距离后，流速分布已趋于均匀流，而流速的强烈脉动又有助于缩小渐扩管中的旋涡区，使渐扩管的阻力系数也有所减少。因而总的局部损失减少了约三分之一。

上例中如改用 $R/d=1$ 的弯管，并把渐扩管直接连接在圆弯管上（$l_s=0$），则 $c_{b,d}=2$，即局部损失比相互干扰时增加了一倍。这是因为受弯管内侧旋涡区挤压的主流，在没有扩大到整个过流断面之前，就进入了渐扩管，使其更难扩展，而渐扩管内主流偏于一侧，另一侧出现远大于正常情况的旋涡区。渐扩管的水头损失大大增加，总的局部损失也随之加大。

并不是所有直接连接的局部阻碍相互干扰影响都是使水头损失增加。如两个 $R/d=1$ 的 90°圆弯管组成的使流动方向转 180°的组合弯管，它的干扰系数只有 0.535，即两个弯管的总损失比一个弯管只稍大一点。

由此可见，局部阻碍直接连接时，水头损失常出现大幅度的变化，可能增大，也可能减小，

视前一个局部阻碍出口断面上的流速分布是否会大大增加后一个的局部损失而定。直接连接时,干扰修正系数很大的两个局部阻碍,如在它们中间连接一段长度即使只有(1 ~2) d 的短管,使进入后一个局部阻碍之前流动已成为缓变流,干扰修正系数就会显著下降。如局部阻碍之间的直管段长度大于 $3d$,干扰修正系数一般都小于1。这就是说,在设计管道时,如各局部阻碍之间的距离都大于3倍管径,忽略相互干扰影响的计算结果,一般是安全的。

第九节 减小阻力的措施

减小阻力长期以来就是工程流体力学中的一个重要的研究课题。这方面的研究成果,对国民经济和国防经济建设的很多领域都有十分重要的意义。例如,对于在流体中航行的各种运载工具(飞机、轮船等),减小阻力就意味着减小发动机的功率和节省燃料消耗,或者在可能提供的动力条件下提高航行速度。这一点在军事上具有更大的意义。长距离输送像原油这类黏性很高的液体,需要消耗巨大的能量,如能将原油的管输摩阻大幅度降低,当然会给国民经济带来很大好处。对于经常运转的其他管道系统,减小阻力在节约能源上的意义也是不容忽视的。

减小管中流体运动的阻力有两条完全不同的途径:一条是改进流体外部的边界,改善边壁对流动的影响;另一条是在流体内部投加极少量的添加剂,使其影响流体运动的内部结构来实现减阻。在这里我们仅介绍一些改善边壁的减阻措施。

要降低粗糙区或过渡区内的紊流沿程阻力,最容易想到的减阻措施是减小管壁的粗糙度。此外,以柔性边壁代替刚性边壁也可以减少沿程阻力。水槽中的拖曳试验表明,高雷诺数下的柔性平板其摩擦阻力比刚性平板小50%。对安放在另一管道中间的弹性软管进行阻力试验,两管间的环形空间充满液体,实验结果比同样条件刚性管道的沿程阻力小35%。环形空间内液体的黏性愈大,软管的管壁愈薄,减阻效果愈好。

减小紊流局部阻力的着眼点在于防止或推迟流体与壁面的分离,避免旋涡区产生或减小旋涡区的大小和强度。下面选几种典型的常用配件为例来说明这个问题。

(1)管道进口。图4-27表明,平顺的管道进口可以减小局部损失系数90%以上。

(2)渐扩管和突扩管。扩散角大的渐扩管阻力系数较大。如制成图4-28a所示的形式,阻力系数约减小一半。突扩管如制成图4-28b所示的台阶式,阻力系数也会有所减小。

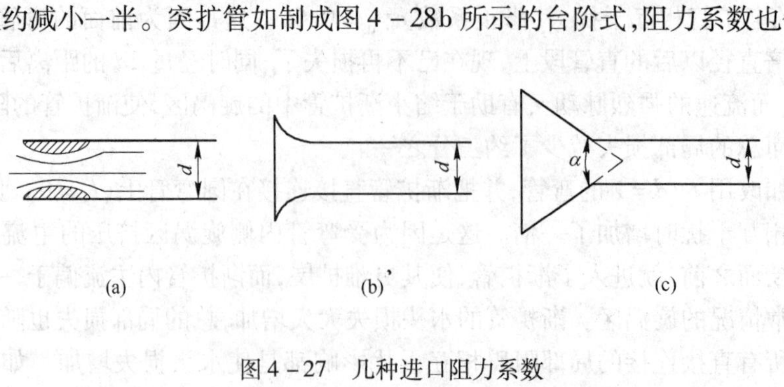

图4-27 几种进口阻力系数

(a) $\zeta=1$;(b) $\frac{r}{d}=0.2,\zeta=0.03$;

(c) $\alpha=40°\sim80°,\frac{b}{d}=0.25\sim1.0,\zeta=0.1\sim0.2$

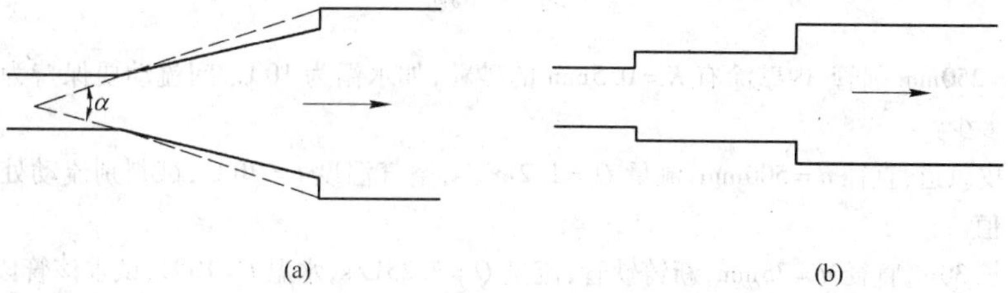

图 4－28　复合式渐扩管和台阶式突扩管

（3）弯管。弯管的阻力系数在一定范围内随曲率半径 R 的增大而减小。表 4－4 给出了 90°弯管在不同 R/d 时的 ζ 值。

表 4－4　不同 R/d 时 90°弯管的 ζ 值（$Re=10^6$）

R/d	0	0.5	1	2	3	4	6	10
ζ	1.14	1.00	0.246	0.159	0.145	0.167	0.20	0.24

由表 4－4 可知，如 $R/d<1$，ζ 值随 R/d 的减小而急剧增加，这与旋涡区的出现和增大有关。如 $R/d>3$，ζ 值又随 R/d 的加大而增加，这是由于弯管加长后，摩阻增大造成的。因此，弯管的 R 最好在 $(1\sim4)d$ 的范围内。

断面大的弯管，往往只能采用较小的 R/d，可在弯管内部布置一组导流叶片，以减小旋涡区和二次流，降低弯管的阻力系数。愈接近内侧，导流叶片应布置的愈密些。图 4－29 所示的弯管，装上圆弧形导流叶片后，阻力系数由 1.0 减小到 0.3 左右。

（4）三通。尽可能地减小支管与合流管之间的夹角，或将支管与合流管连接处的折角改缓，这些措施都能减小局部阻力系数。例如将 90°T 形三通的折角切割成如图 4－30 所示的 45°斜角，则合流时的 ζ_{1-3} 和 ζ_{2-3} 约减小 30%～50%，分流时的 ζ_{3-1} 减小 20%～30%。但对分流的 ζ_{3-2} 影响不大。如将切割的三角形加大，阻力系数还能显著下降。

配件之间的不合理衔接，也会使局部阻力加大。例如在既要转 90°，又要扩大断面的流动中，如均选用 $R/d=1$ 的弯管和 $A_2/A_1=2.28$、$l_d/r_1=4.1$ 的渐扩管，在直接连接（$l_s=0$）的情况下，先弯后扩的水头损失为先扩后弯的水头损失的 4 倍。即使中间都插入一段 $l_s=4d$ 的短管，也仍然大 2.4 倍。因此，如果没有其他原因，先弯后扩是不合理的。

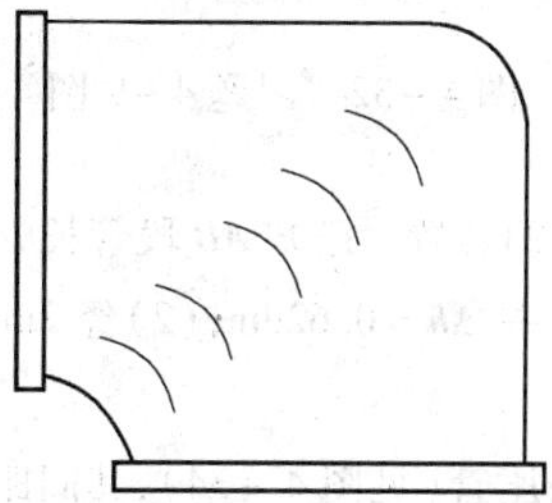

图 4－29　装有导叶的弯管

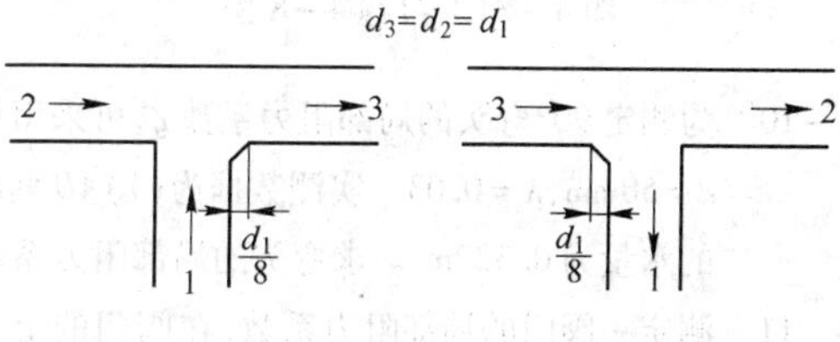

图 4－30　切割折角的 T 形三通

习 题

4-1 有一 $d=250\text{mm}$ 圆管，内壁涂有 $K=0.5\text{mm}$ 的砂粒，如水温为 10℃，问流动要保持为粗糙区的最小流量为多少？

4-2 镀锌铁皮风道，直径 $d=500\text{mm}$，流量 $Q=1.2\text{m}^3/\text{s}$，空气温度 $t=20$℃，试判别流动处于什么阻力区并求 λ 值。

4-3 给水管长 30m，直径 $d=75\text{mm}$，新铸铁管，流量 $Q=7.25\text{L/s}$，水温 $t=10$℃，试求该管段的沿程水头损失。

4-4 修建长 300m 的钢筋混凝土输水管，直径 $d=250\text{mm}$，通过流量为 $200\text{m}^3/\text{h}$。试求沿程水头损失。

4-5 水管直径 $d=10\text{cm}$，管中流速 $v=1\text{m/s}$，水温为 10℃，试判别流态；流速为多少时，流态将发生变化？

4-6 通风管道直径为 250mm，输送的空气温度为 20℃，试求保持层流的最大流量；若输送空气的质量流量为 200kg/h，其流态是层流还是紊流？

4-7 有一圆管，在管内通过 $\nu=0.013\text{cm}^2/\text{s}$ 的水，测得通过的流量为 $35\text{cm}^3/\text{s}$，在管长 15m 的管段上测得水头损失为 2cm，试求该圆管内径 d。

4-8 如图 4-31 所示，油在管中以 $v=1\text{m/s}$ 的速度流动，油的密度 $\rho=920\text{kg/m}^3$，$l=3\text{m}$，$d=25\text{mm}$，水银压差计测得 $h=9\text{cm}$，试问：(1)油在管中是什么流态？(2)油的运动黏度 ν 为多少？(3)若保持相同的平均流速反向流动，压差计的读数有何变化？

4-9 如图 4-32 所示，烟囱的直径 $d=1\text{m}$，通过的烟气流量 $Q_V=18000\text{kg/h}$，烟气的密度 $\rho=0.7\text{kg/m}^3$，外面大气的密度按 $\rho=1.29\text{kg/m}^3$ 考虑，如烟道的 $\lambda=0.035$，要保证烟囱底部 1—1 断面的负压不小于 100Pa，烟囱的高度至少应为多少？

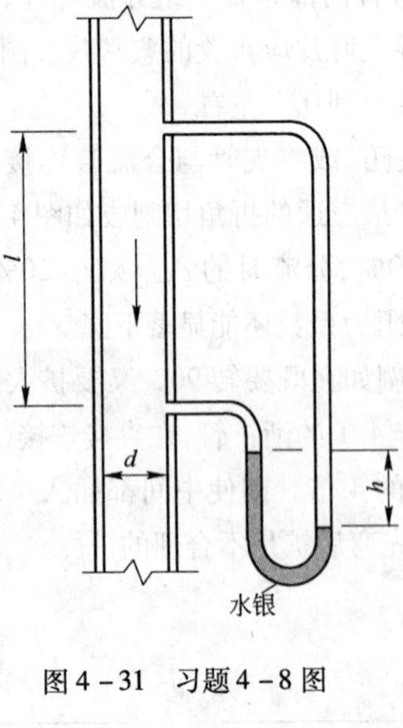

图 4-31 习题 4-8 图

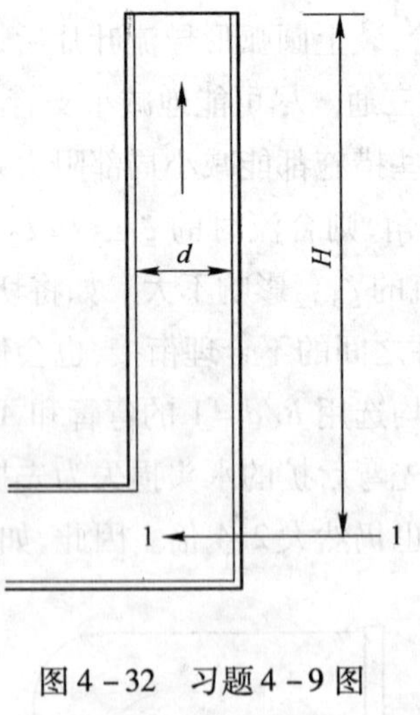

图 4-32 习题 4-9 图

4-10 为测定 90°弯头的局部阻力系数 ζ，可采用如图 4-33 所示的装置。已知 AB 段管长 $l=10\text{m}$，管径 $d=50\text{mm}$，$\lambda=0.03$。实测数据为(1)AB 两断面测压管水头差 $\Delta h=0.629\text{m}$；(2)经 2min 流入水箱的水量为 0.329m^3。求弯头的局部阻力系数 ζ。

4-11 测定一阀门的局部阻力系数，在阀门的上下游设了 3 个测压管（见图 4-34），其间距为 $L_1=1\text{m}$，$L_2=2\text{m}$，若直径 $d=50\text{mm}$，实测 $H_1=150\text{cm}$，$H_2=125\text{cm}$，$H_3=40\text{cm}$，流速 $v=3\text{m/s}$，求阀门的 ζ 值。

4－12　利用如图 4－35 所示装置测定油液黏度。已知毛细管管径 $d=4\text{mm}$，长度 $l=500\text{mm}$，通过流量 $q_V=1000\text{mm}^3/\text{s}$，上、下游测压管水位差 $h=150\text{mm}$，试求油液的运动黏度 ν。

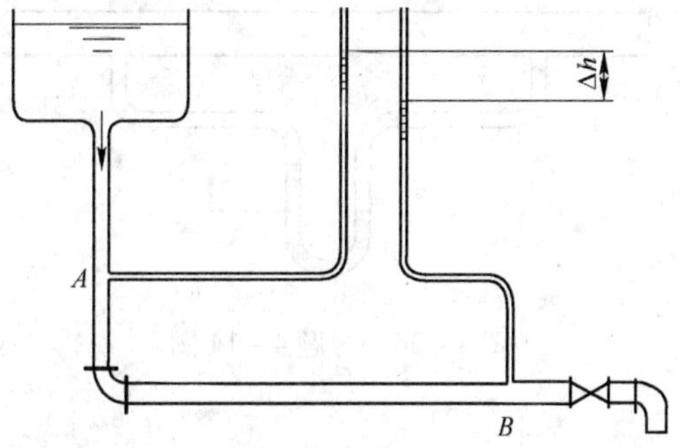

图 4－33　习题 4－10 图

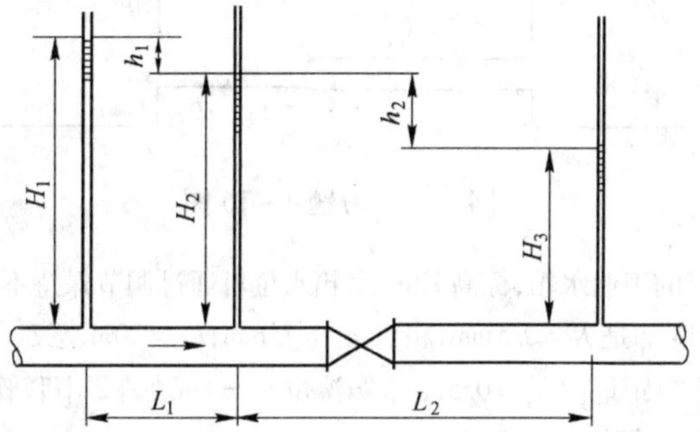

图 4－34　习题 4－11 图

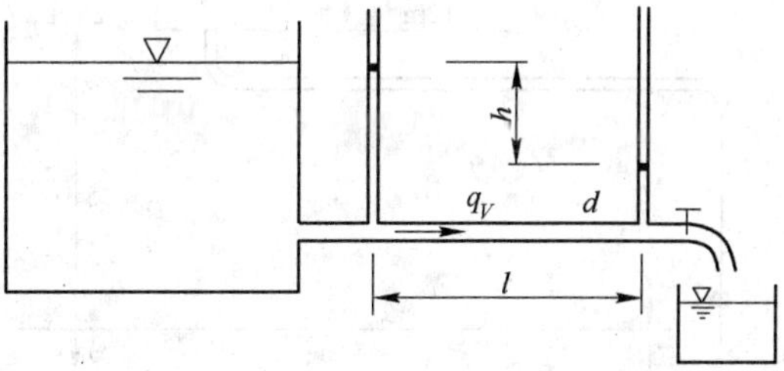

图 4－35　习题 4－12 图

4－13　有一矩形断面的小排水沟，水深 15cm，底宽 20cm，流速 15m/s，水温 10℃，试判别流态。

4－14　如图 4－36 所示，应用细管式黏度计测定油的黏度，已知细管直径 $d=8\text{mm}$，测量段长 $l=2\text{m}$，实测油的流量 $Q=75\text{cm}^3/\text{s}$。水银压差计读值 $h_p=30\text{cm}$，油的密度 $\rho=900\text{kg/m}^3$，试求油的运动黏度 ν 和动力黏度 μ。

4－15　圆管和正方形管道的断面面积、长度、相对粗糙度都相等，且通过的流量相等，试求（1）管流为层流时，两种形状管道沿程水头损失之比；（2）管流为紊流粗糙区时，两种形状管道沿程水头损失之比。

4－16　如图 4－37 所示，用水平的串联管将两个水箱连接起来，通过对高水位水箱的水位控制和串联管上调节阀的调节，使两箱水位差保持 $H=8\text{m}$。串联管管壁的粗糙度一样，都是 $K=0.2\text{mm}$，粗管 $d_1=200\text{mm}$，$L_1=10\text{m}$，$\sum\zeta_1=0.5$，细管 $d_2=100\text{mm}$，$L_2=20\text{m}$，$\sum\zeta_2=4.42$，已知水的 $\nu=1.3\times10^{-6}$

m^2/s，求通过该串联水管的流量 Q。

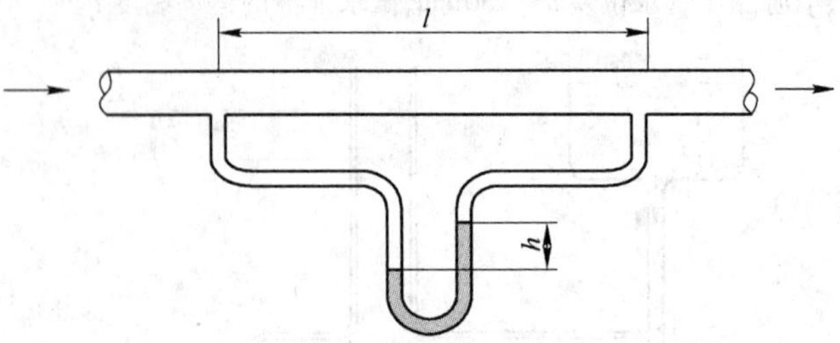

图 4－36　习题 4－14 图

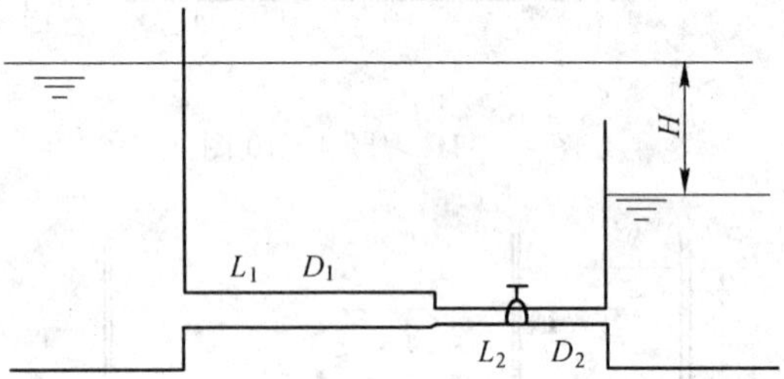

图 4－37　习题 4－16 图

4－17　图 4－38 所示为工厂的工业水箱，标高 12m，水箱水位可通过调节保持不变。出水管由粗细两种钢管串联而成，管壁粗糙度都是 $K=0.5$mm，粗管 $d_1=75$mm，$L_1=20$m，$\sum\zeta_1=1.4$，细管 $d_2=50$mm，$L_2=10$m，$\sum\zeta_2=4.3$，管水口距地面 $h_1=0.5$m，水箱液位 $h_2=1$m。若要串联管道的流量 $Q=21.6m^3/h$，试问水箱 12m 的标高是否够用？

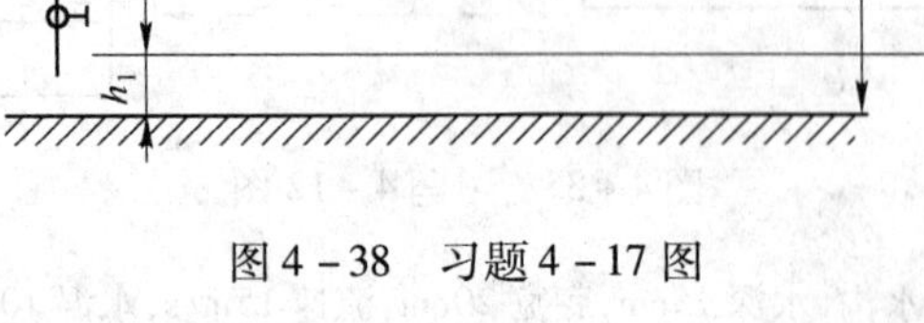

图 4－38　习题 4－17 图

4－18　某种液体运动黏度 $\nu=4\times10^{-6}m^2/s$，要用长度 $L=35$m，直径 $D=100$mm，粗糙度 $K=0.2$mm 的钢管输送，如果限制沿程阻力损失 $h_f=4$m 液柱，试问能通过管道的流量 Q 为多少？

4－19　矩形截面的钢板风管，总长 $L=40$m，有 90°弯头，活动百叶栅格等局部阻力件，总局部阻力系数 $\sum\zeta=3.2$。管内空气密度 $\rho=1.2kg/m^3$，运动黏度 $\nu=15\times10^{-6}m^2/s$。管截面高 $h=300$mm，宽 $b=200$mm，平均风速 $v=12.4$m/s，试求整个管长的压损 Δp。

4－20　自来水厂的供水管全长 $L=4500$m，供水量 $Q=2000m^3/h$，允许的沿程损失能头 $h_f=25$m 水柱。若用管壁粗糙度 $K=0.45$mm 的铸铁管，水温 $t=20$℃，试确定管道内径 d。

4－21　一根长 $L=30$m 的水泥管，管壁粗糙度 $K=3$mm，有局部阻力件，其局部阻力系数 $\zeta=2.6$，这条水泥管被埋在水坝里，入口距水库液面 $H=10\text{m}$，流量 $Q=0.5\text{m}^3/\text{s}$，出口的水排向大气。设水温 $t=20℃$，求管内径 d。

4－22　铁皮风管直径 $d=400\text{mm}$，风量 $Q=1.2\text{m}^3/\text{s}$，空气温度为 20℃，试求沿程阻力系数，并指出阻力区。

4－23　两水池水位恒定，已知管道直径 $d=10\text{cm}$，管长 $l=20\text{m}$，沿程阻力系数 $\lambda=0.042$，局部阻力系数 $\zeta_{弯}=0.8$，$\zeta_{阀}=0.26$，通过流量 $Q=65\text{L/s}$，试求水池水面高差 H。

4－24　气体突然扩大管道如图 4－39 所示，已知管内气体密度 $\rho=0.8\text{kg/m}^3$，外部空气密度 $\rho_a=1.2\text{kg/m}^3$，直径 $d_1=50\text{mm}$，$d_2=100\text{mm}$，流速 $v_1=20\text{m/s}$，1 断面压力计读值 $h_1=100\text{mmH}_2\text{O}$，$H=10\text{m}$，沿程阻力不计，试求突扩管的局部压强损失及 2 断面压力计读值 h_2。

4－25　水箱侧壁接出一根由两段不同直径管所组成的管道，如图 4－40 所示。已知 $d_1=150\text{mm}$，$d_2=50\text{mm}$，$l=50\text{m}$，管道的绝对粗糙度 $K=0.6\text{mm}$，水温为 20℃。若管道的出口流速 $v_2=2\text{m/s}$，(1) 求水位 H；(2) 绘出总水头线和测压管水头线。

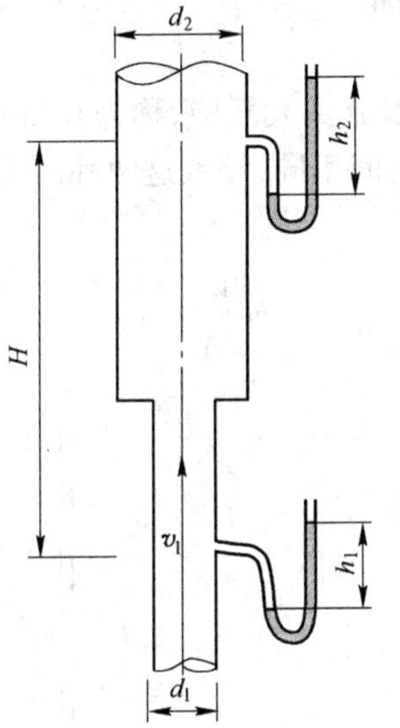

图 4－39　习题 4－24 图

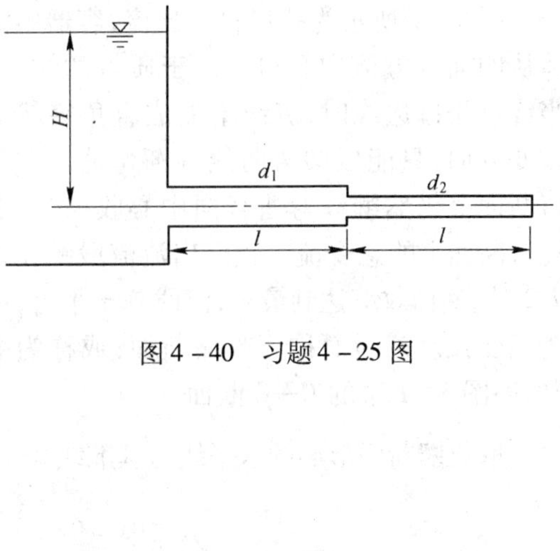

图 4－40　习题 4－25 图

第五章　孔口出流与管嘴出流

研究流体经容器器壁上孔口或管嘴出流，对供热通风及燃气工程具有很大的实用意义。如自然通风中空气通过门窗或其他通风口的流量计算，供热管路中节流孔板的计算，都需要了解这方面的规律，掌握计算方法。

第一节　孔口出流

在容器侧壁或底壁上开一孔，容器中的液体自孔口出流到大气中，称为孔口自由出流。如出流到充满液体的空间，则称为淹没出流。由于出流空间不同，导致这两种出流规律有所不同，下面分别介绍。

一、孔口自由出流

图5－1所示为孔口自由出流，容器中液体从四面八方流向孔口。由于质点的惯性，当绕过孔口边缘时，流线不能成直角突然地改变方向，只能以圆滑曲线逐渐弯曲。在孔口断面上仍然继续弯曲且向中心收缩，造成孔口断面上的急变流。直至出流流股距孔口$d/2$处，断面收缩达到最小，流线趋于平直，成为渐变流。该断面称为收缩断面，或称为缩脉，即图5－1中的C—C断面。

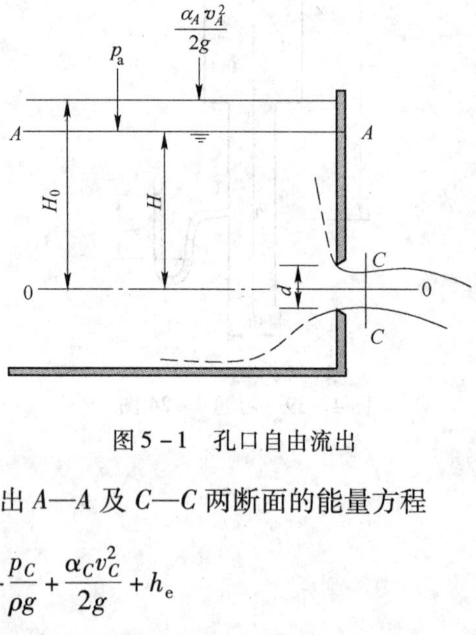

图5－1　孔口自由流出

取收缩断面形心的水平线为基准线0—0，列出A—A及C—C两断面的能量方程

$$Z_A+\frac{p_A}{\rho g}+\frac{\alpha_A v_A^2}{2g}=Z_C+\frac{p_C}{\rho g}+\frac{\alpha_C v_C^2}{2g}+h_e$$

式中，h_e为孔口出流的水头损失。由于液体在容器中流动的沿程水头损失甚微，故仅在孔口处发生能量损失。图5－1所示为具有锐缘的孔口，出流流股与孔口壁接触仅是一条周线，这种条件的孔口称为薄壁孔口。若孔壁厚度或形状促使流股收缩后又扩开，流股与孔壁接触不是线，而是孔内壁面。这种孔口称为厚壁孔口或管嘴。

无论薄壁，还是厚壁孔口（或管嘴），能量损失都仅仅发生在孔口的局部，故为局部水头损失，这就是孔口出流的特点。对于薄壁孔口来说$h_e=h_m=\zeta_1\frac{v_C^2}{2g}$，代入上式，经移项整理得

$$(\alpha_C+\zeta_1)\frac{v_C^2}{2g}=(Z_A-Z_C)+\frac{p_A-p_C}{\rho g}+\frac{\alpha_A v_A^2}{2g}$$

令
$$H_0=(Z_A-Z_C)+\frac{p_A-p_C}{\rho g}+\frac{\alpha_A v_A^2}{2g} \tag{5-1}$$
则求解得
$$v_C=\frac{1}{\sqrt{\alpha_C+\zeta_1}}\cdot\sqrt{2gH_0} \tag{5-2}$$
H_0 称为作用水头，是促使出流的全部能量。从式(5-1)可知，H_0 包括孔口上游对孔口收缩断面 C—C 位差、压差及上游来流的速度水头。H_0 中一部分用来克服阻力而损失，一部分变成 C—C 断面上的动能使之出流。

孔口自由出流时(见图5-1)，H_0 中位差 $Z_A-Z_C=H$，即液面至孔口中心的高度差。对小孔口来说(孔径 $d<0.1H$)，可忽略孔中心与上下边缘高差的影响，认为孔口断面上所有各点均受同一 H 作用，其出流速度相同。

H_0 中的压差，因自由出流 $p_C=p_a$，且具有自由液面 $p_A=p_a$，故该项为零。

H_0 中的来流速度水头，因自由液面速度可忽略不计，于是得出具有自由液面的自由出流，其 $H_0=H$ 的结论。

对于其他条件下孔口出流 H_0 的确定，应视其具体条件，从 H_0 的定义式(5-1)出发，来表述作用水头。

式(5-2)给出了薄壁孔口自由出流收缩断面 C—C 上速度的公式，现令
$$\varphi=\frac{1}{\sqrt{\alpha_C+\zeta_1}} \tag{5-3}$$
φ 称为速度系数，φ 的意义可以从下面讨论得知。若 $\alpha_C=1$ 且无水头损失情况下，$\zeta_1=0$，则 $\varphi=1$。这是理想流体的流动，其速度为 $v'_C=1\cdot\sqrt{2gH_0}$。与式(5-2)相比，得
$$\frac{v_C}{v'_C}=\frac{\varphi\cdot\sqrt{2gH_0}}{1\cdot\sqrt{2gH_0}}=\varphi$$
$$\varphi=\text{实际流体的速度}/\text{理想流体的速度}$$
φ 值通过实验测得，对圆形薄壁小孔口速度系数 $\varphi=0.97\sim0.98$。

通过孔口出流的流量为
$$Q_V=v_C\cdot A_C \tag{5-4}$$
式中，A_C 是收缩断面的面积。由于 A_C 不易测量，而孔口面积 A 易获得，故引入
$$\varepsilon=A_C/A \tag{5-5}$$
称 ε 为断面收缩系数。实验得知，圆形薄壁小孔口的 $\varepsilon=0.62\sim0.64$。现用 $\varepsilon A=A_C$ 代入流量公式，即
$$Q_V=v_C\cdot\varepsilon\cdot A=\varepsilon\cdot\varphi\cdot A\cdot\sqrt{2gH_0} \tag{5-6}$$
令
$$\mu=\varepsilon\cdot\varphi$$
称 μ 为流量系数。对于圆形薄壁小孔口，其值为 $\mu=0.62\times0.97\sim0.64\times0.97\approx0.60\sim0.62$。则
$$Q_V=\mu A\sqrt{2gH_0} \tag{5-7}$$
式(5-7)为孔口自由出流的基本公式。当计算流量 Q_V 时，根据具体的孔口及出流条件，确定 μ 及 H_0。

从式(5-6)知,μ 值与 ε,φ 有关,φ 值接近于1。ε 值则因孔口开设的位置不同而造成收缩情况不同,因而有较大的变化。如图5-2中的孔口Ⅰ,孔口四周的流线全部发生弯曲,流股在各方向都发生收缩,称为全部收缩孔口。而孔口Ⅱ只有1,2两边发生收缩,3,4边没有收缩,称为非全部收缩孔口。在相同作用水头下,非全部收缩孔口的收缩系数 ε 比全部收缩的大,其流量系数 μ 值亦相应增大,两者之间的关系可用下列经验公式表示:

$$\mu' = \mu\left(1 + C\frac{S}{X}\right) \tag{5-8}$$

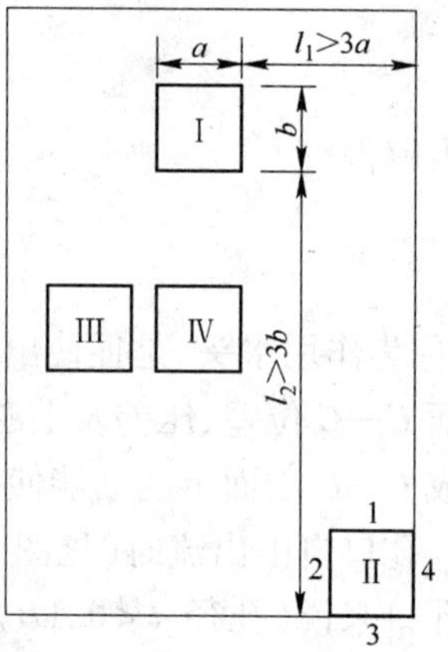

图5-2 孔口收缩与位置关系

式中,μ 为全部收缩孔口的流量系数;S 为未收缩部分周长(如图5-2中3+4边长);X 为孔口全部周长(如图5-2中1+2+3+4边长);C 为系数,圆孔取0.13,方孔取0.15。

全部收缩的流股,又根据器壁对流线弯曲有无影响而分为完善收缩与不完善收缩。图5-2中孔口Ⅰ,周边离侧壁的距离大于3倍孔口在该方向的尺寸,即 $l_1 > 3a$,$l_2 > 3b$,此时出流流线弯曲率最大,收缩得最充分,称为全部完善收缩。薄壁小孔口出流的全部完善收缩,其流量系数为 $\mu = 0.6 \sim 0.62$。

当孔口任何一边到器壁的距离不满足上述条件时,如孔口Ⅲ和Ⅳ,则将减弱流线的弯曲与收缩,使 ε 增大,μ 值相应增大。不完善收缩的 μ'' 可用下式估算:

$$\mu'' = \mu\left[1 + 0.64\left(\frac{A}{A_0}\right)^2\right] \tag{5-9}$$

式中,μ 为全部完善收缩的孔口流量系数;A 为孔口面积;A_0 为孔口所在壁面全部面积。

式(5-9)的适用条件是,孔口处在壁面的中心位置,各方向影响不完善收缩的程度趋于一致。

二、孔口淹没出流

如前所述,当液体通过孔口出流到另一个充满液体的空间时称为淹没出流,如图5-3所示。

现以孔口中心线为基准线,取上下游自由液面1—1及2—2(见图5-3),列能量方程

$$H_1 + \frac{p_1}{\rho g} + \frac{\alpha_1 v_1^2}{2g} = H_2 + \frac{p_2}{\rho g} + \frac{\alpha_2 v_2^2}{2g} + \zeta_1 \frac{v_C^2}{2g} + \zeta_2 \frac{v_C^2}{2g}$$

令 $H_0 = (H_1 - H_2) + \dfrac{p_1 - p_2}{\rho g} + \dfrac{\alpha_1 v_1^2 - \alpha_2 v_2^2}{2g}$,称为作用水头。

上式为

$$H_0 = (\zeta_1 + \zeta_2)\frac{v_C^2}{2g}$$

求解 v_C 得

$$v_C = \frac{1}{\sqrt{\zeta_1 + \zeta_2}} \cdot \sqrt{2gH_0} \tag{5-10}$$

则出流流量为

$$Q_V = v_C A_C = v_C \varepsilon A = \frac{1}{\sqrt{\zeta_1 + \zeta_2}} \varepsilon A \sqrt{2gH_0} \quad (5-11)$$

式中，ζ_1 为液体经孔口处的局部阻力系数；ζ_2 为液体在收缩断面之后突然扩大的局部阻力系数。2—2 断面比 $C—C$ 断面大得多，所以 $\zeta_2 = \left(1 - \frac{A_C}{A_2}\right)^2 \approx 1$。

于是令

$$\varphi = \frac{1}{\sqrt{\zeta_1 + \zeta_2}} = \frac{1}{\sqrt{1 + \zeta_1}} \quad (5-12)$$

φ 为淹没出流速度系数。与自由出流的 φ 值相比较，在孔口形状、尺寸相同的情况下，两者数值相等，但含义不同。自由出流时 $\alpha_C \approx 1$，淹没出流时 $\zeta_2 \approx 1$。令 $\mu = \varepsilon\varphi$，并称为淹没出流流量系数。式(5－11)可写成

$$Q_V = \varepsilon\varphi A \sqrt{2gH_0} = \mu A \sqrt{2gH_0} \quad (5-13)$$

此为淹没出流流量公式。与自由出流式(5－7)比较可以看出，两者的 φ、μ 值相同，只是作用水头 H_0 中速度水头略有不同，自由出流时上游速度水头全部转化为作用水头，而淹没出流时，仅上下游速度水头之差转化为作用水头。

孔口自由出流与淹没出流其公式形式完全相同，φ、μ 值在孔口相同条件下亦相等，只需注意作用水头 H_0 中的各项，按具体条件代入。

图 5－3 所示为具有自由液面的淹没出流，$p_1 = p_2 = p_a$，且忽略上下游液面的速度水头时，则作用水头为

$$H_0 = H_1 - H_2 = H \quad (5-14)$$

于是出流流量

$$Q_V = \mu A \sqrt{2gH} \quad (5-15)$$

从式(5－15)可以看出，当上下游液面高度一定时，即 H 一定时，出流流量与孔口在液面下开设的位置高低无关。

图 5－4 给出具有 p_0 表面压强(相对压强)的有压容器，液体经孔口出流。流量应用式(5－13)计算。

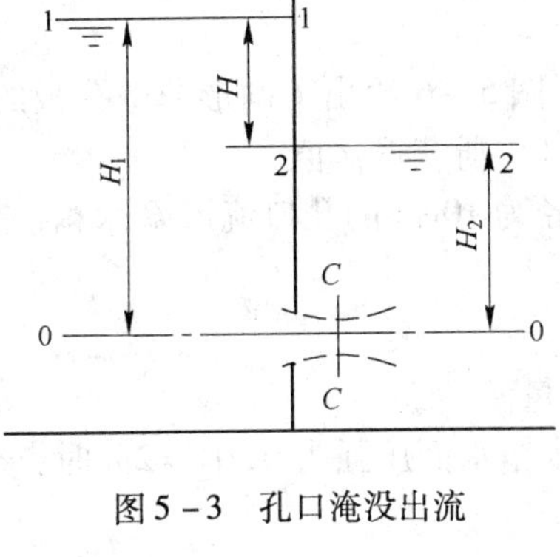

图 5－3　孔口淹没出流

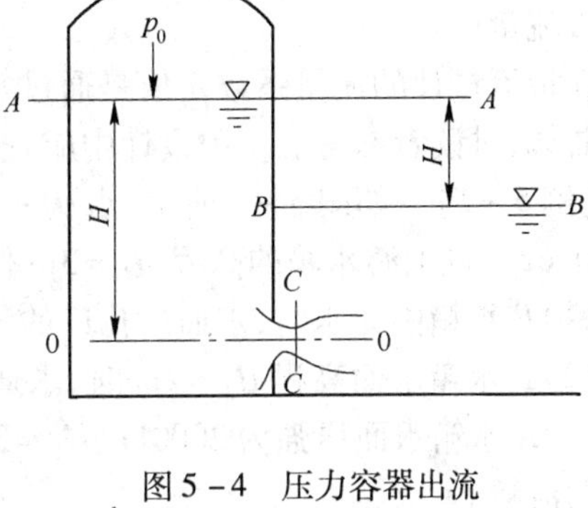

图 5－4　压力容器出流

$$Q_V = \mu A \sqrt{2gH_0}$$

式中，当自由出流时，有

$$H_0 = (Z_A - Z_C) + \frac{p_0}{\rho g} + \frac{\alpha_A v_A^2}{2g}$$

$$= H + \frac{p_0}{\rho g} + \frac{\alpha_A v_A^2}{2g}$$

忽略$\frac{\alpha_A v_A^2}{2g}$项，则 $H_0 = H + \frac{p_0}{\rho g}$。

当淹没出流时，有

$$H_0 = (H_A - H_B) + \frac{p_0}{\rho g} + \frac{\alpha_A v_A^2 - \alpha_B v_B^2}{2g}$$

$$= H' + \frac{p_0}{\rho g} + \frac{\alpha_A v_A^2 - \alpha_B v_B^2}{2g}$$

忽略$\frac{\alpha_A v_A^2 - \alpha_B v_B^2}{2g}$，则 $H_0 = H' + \frac{p_0}{\rho g}$。

气体出流均为淹没出流，流量计算与式(5－13)相同，但用压强差代替水头差，得

$$Q_V = \mu A \sqrt{\frac{2\Delta p_0}{\rho}} \tag{5-16}$$

式中，ρ 为气体的密度，kg/m³；Δp_0 如同式(5－13)中的 H_0，为促使出流的全部能量，即

$$\Delta p_0 = p_A - p_B + \frac{\rho(\alpha_A v_A^2 - \alpha_B v_B^2)}{2}$$

如图 5－5 所示，气体管路中装一有薄壁孔口的隔板，称为孔板，此时通过孔口的出流是淹没出流。因为流量、管径在给定条件下不变，所以测压断面上 $v_A = v_B$。故

$$\Delta p_0 = p_A - p_B$$

代入式(5－16)，得

$$Q_V = \mu A \sqrt{\frac{2\Delta p_0}{\rho}} = \mu A \sqrt{\frac{2}{\rho}(p_A - p_B)} \tag{5-17}$$

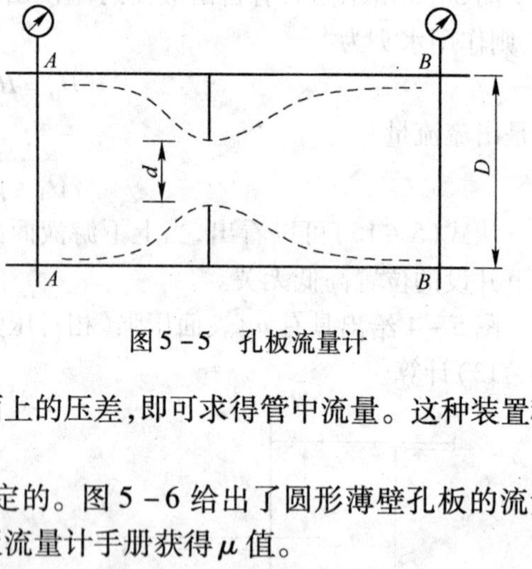

图 5－5 孔板流量计

在管道中装设孔板，测得孔板前后渐变断面上的压差，即可求得管中流量。这种装置称为孔板流量计。

孔板流量计的流量系数 μ 值是通过实验测定的。图 5－6 给出了圆形薄壁孔板的流量系数曲线，供读者参考。工程设计中应查阅孔板流量计手册获得 μ 值。

【例 5－1】 如图 5－7 所示，水从 A 水箱通过直径为 10cm 的孔口流入 B 水箱，流量系数为 0.62。设上游水箱的高程 $H_1 = 3\text{m}$ 保持不变。

(1) B 水箱中无水时，求通过孔口的流量。

(2) B 水箱水面高程 $H_2 = 2\text{m}$ 时，求通过孔口的流量。

(3) A 水箱水面压强为 2000Pa，$H_1 = 3\text{m}$ 时，而 B 水箱水面压强为 0，$H_2 = 2\text{m}$ 时，求通过孔口的流量。

【解】 根据淹没出流流量公式

$$Q = \mu A \sqrt{2gH_0}$$

$$A = \frac{\pi}{4}d^2 = 7.85 \times 10^{-3}\text{m}^2$$

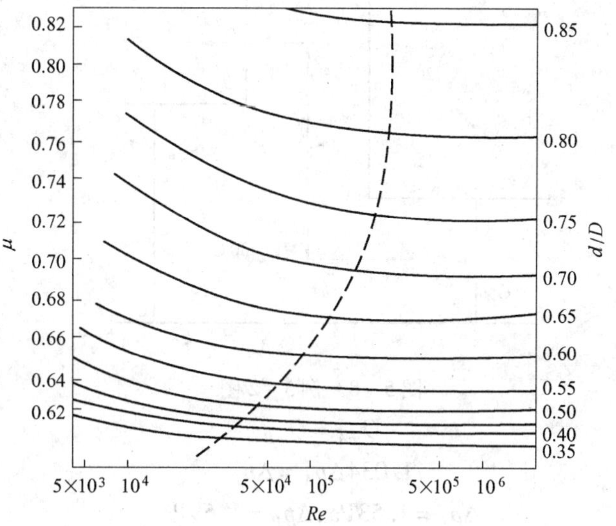

图 5-6　孔板流量计 μ 值

$$\mu = 0.62$$

(1) 当 B 水箱无水时：$H_0 = H_1$

$$Q = 3.72 \times 10^{-2}\mathrm{m^3/s}$$

(2) 当 B 水箱水位高为 H_2 时：$H_0 = H_1 - H_2 = 1\mathrm{m}$

$$Q = 2.155 \times 10^{-2}\mathrm{m^3/s}$$

(3) 当 B 水箱水面压力为 0，且 A 水箱水面压力为 $p_A = 2000\mathrm{Pa}$ 时：

$$\Delta H = H_1 - H_2 = 1\mathrm{m}$$

$$H_0 = \Delta H_1 + \frac{p_A}{\gamma} = 1 + \frac{2000}{9800} = 1.2041\mathrm{m}$$

$$Q = 2.36 \times 10^{-2}\mathrm{m^3/s}$$

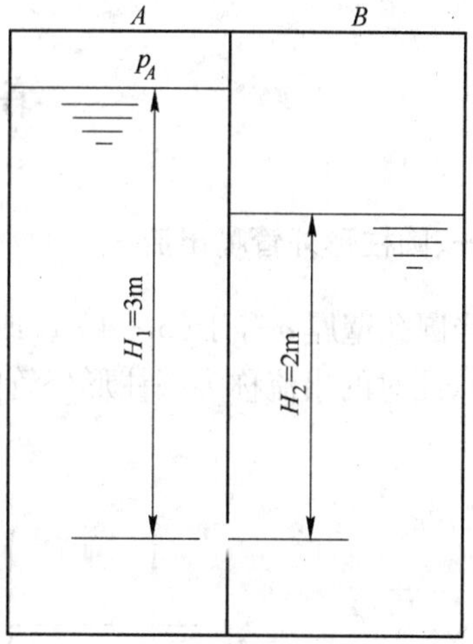

图 5-7　例 5-1 图

【例 5-2】　已知室外空气温度 20℃（$\rho_{20} g = 11.82\mathrm{N/m^3}$），室内空气温度 30℃（$\rho_{30} g = 11.43\mathrm{N/m^3}$），如图 5-8 所示，上、下通风窗面积为 $A = 8\mathrm{m^2}$，窗口流量系数 $\mu = 0.64$，上下窗口高程度 $H = 8\mathrm{m}$，只计窗口阻力，求车间自然通风的质量流量。

【解】　设 $\gamma = \rho g$

只计窗口阻力，压强损失 = 位压

$$\Delta p = \Delta p_A + \Delta p_B = (\gamma_{20} - \gamma_{30})H = 3.12\mathrm{Pa}$$

下窗口进气质量流量　　$Q_{mA} = \rho_{20}\mu A\sqrt{\dfrac{2g\Delta p_A}{\gamma_{20}}}$

上窗口出气质量流量　　$Q_{mB} = \rho_{30}\mu A\sqrt{\dfrac{2g\Delta p_B}{\gamma_{30}}}$

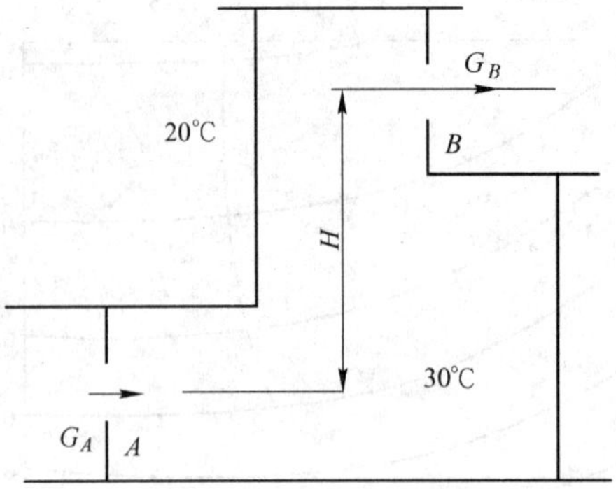

图 5－8　例 5－2 图

由
$$Q_{mA}=Q_{mB}$$
代入数据简化得
$$1.034\Delta p_A=\Delta p_B$$
代入得
$$\Delta p_A=1.53\text{Pa},\Delta p_B=1.59\text{Pa}$$
质量流量
$$Q_m=Q_{mA}=Q_{mB}=\frac{\gamma_{20}}{g}\mu A\sqrt{\frac{2g\Delta p_A}{\gamma_{20}}}=9.84\text{kg/s}$$

第二节　管 嘴 出 流

一、圆柱形外管嘴出流

当圆孔壁厚 δ 等于 $(3\sim4)d$，或者在孔口处外接一段长 $l=(3\sim4)d$ 的圆管时（见图 5－9），此时的出流称为圆柱形外管嘴出流，外接短管称为管嘴。

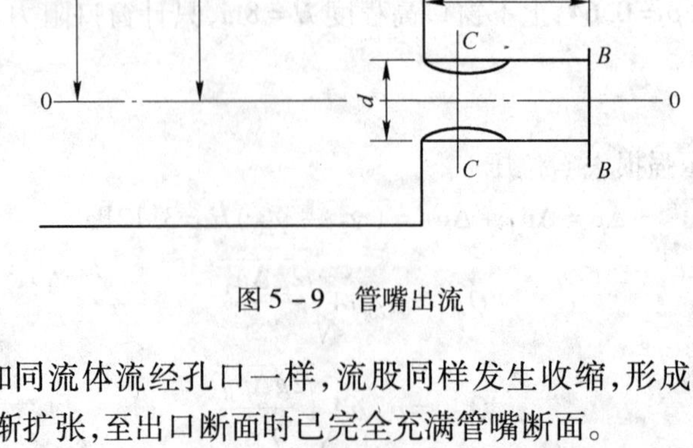

图 5－9　管嘴出流

流体流经管嘴如同流体流经孔口一样，流股同样发生收缩，形成缩脉，存在收缩断面 $C—C$。而后流股逐渐扩张，至出口断面时已完全充满管嘴断面。

在收缩断面 C—C 前后的一定区段内，流股与管壁分离，中间形成旋涡区，产生负压，出现了管嘴的真空现象。前节讨论孔口出流的作用水头 H_0，其中压差项为 $\frac{p_A - p_C}{\rho g}$，在管嘴出流中，由于 p_C（绝对压强）小于大气压，从而使 H_0 增大，则出流流量亦增大。由于管嘴出流出现真空现象，促使出流流量增大，这是管嘴出流不同于孔口出流的基本特点。

下面讨论管嘴出流的速度，流量计算公式。

列 A—A 及 B—B 断面的能量方程，并以管嘴中心线为基准线。

$$Z_A + \frac{p_A}{\rho g} + \frac{\alpha_A v_A^2}{2g} = Z_B + \frac{p_B}{\rho g} + \frac{\alpha_B v_B^2}{2g} + \zeta \frac{v_B^2}{2g}$$

$$(Z_A - Z_B) + \frac{p_A - p_B}{\rho g} + \frac{\alpha_A v_A^2}{2g} = (\alpha_B + \zeta)\frac{v_B^2}{2g}$$

与孔口出流一样，令

$$H_0 = (Z_A - Z_B) + \frac{p_A - p_B}{\rho g} + \frac{\alpha_A v_A^2}{2g} \tag{5-18}$$

则由上式可得

$$H_0 = (\alpha_B + \zeta)\frac{v_B^2}{2g}$$

所以

$$v_B = \frac{1}{\sqrt{\alpha_B + \zeta}} \cdot \sqrt{2gH_0} = \varphi\sqrt{2gH_0} \tag{5-19}$$

$$Q_V = v_B A = \varphi A\sqrt{2gH_0} = \mu A\sqrt{2gH_0} \tag{5-20}$$

由于出口断面 B—B 被流股完全充满，$\varepsilon = 1$，则 $\varphi = \mu = \frac{1}{\sqrt{\alpha_B + \zeta}}$，取 $\alpha_B = 1$，则 $\varphi = \mu = \frac{1}{\sqrt{1 + \zeta}}$。

管嘴出流的水头损失主要是进口的局部损失，沿程水头损失很小可忽略。于是从局部阻力系数图 4－24 中查得锐缘进口 $\zeta = 0.5$，作为管嘴的阻力系数。这样 $\varphi = \mu = \frac{1}{\sqrt{1 + 0.5}} = 0.82$。

式(5－18)中 H_0 为管嘴出流的作用水头。在图 5－9 所给的具体条件下，$Z_A - Z_B = H$，$p_A = p_B = p_a$，v_A 对比 v_B 可忽略不计，于是 $H_0 = H$。流量则为

$$Q_V = \mu A\sqrt{2gH} \tag{5-21}$$

以上式(5－19)及式(5－21)就是管嘴自由出流的速度 v_B 与流量 Q_V 计算公式。

管嘴出流的真空现象及真空度，可通过收缩断面 C—C 与出口断面 B—B 建立能量方程得到证明。

$$\frac{p_C}{\rho g} + \frac{\alpha_C v_C^2}{2g} = \frac{p_B}{\rho g} + \frac{\alpha_B v_B^2}{2g} + h_l$$

$$h_l = \text{突扩损失} + \text{沿程损失} = (\zeta_m + \lambda\frac{l}{d})\frac{v_B^2}{2g}$$

取

$$\alpha_C = \alpha_B = 1$$

$$v_C = \frac{A}{A_C} \cdot v_B = \frac{1}{\varepsilon} v_B$$

$$p_B = p_a$$

则上式变为

$$\frac{p_C}{\rho g} = \frac{p_B}{\rho g} - \left(\frac{1}{\varepsilon^2} - 1 - \zeta_m - \lambda \frac{l}{d}\right)\frac{v_B^2}{2g}$$

从式(5－19)可得$\frac{v_B^2}{2g} = \varphi^2 \cdot H_0$，从突扩阻力系数计算式求得$\zeta_m = \left(\frac{1}{\varepsilon} - 1\right)^2$，因此

$$\frac{p_C}{\rho g} = \frac{p_B}{\rho g} - \left[\frac{1}{\varepsilon^2} - 1 - \left(\frac{1}{\varepsilon} - 1\right)^2 - \lambda \frac{l}{d}\right]\varphi^2 \cdot H_0$$

当$\varepsilon = 0.64$，$\lambda = 0.02$，$l/d = 3$，$\varphi = 0.82$时，有

$$\frac{p_C}{\rho g} = \frac{p_a}{\rho g} - 0.75 H_0$$

则圆柱形管嘴在收缩断面$C—C$上的真空度为

$$\frac{p_a - p_C}{\rho g} = 0.75 H_0 \qquad (5-22)$$

可见H_0愈大，收缩断面上真空度愈大。与前一章中关于文丘里流量计在缩脉处形成一定的真空状态一样，如果所形成的真空度过大，就会导致空化现象，从而破坏了连续流动。同时空气在较大压差作用下，经$B—B$断面吸入真空区，破坏了真空。此时流股不再充满断面，于是成为了孔口出流。因此一般来说，为保证管嘴正常出流，真空度应控制在68.6kPa($7mH_2O$)以下，从而决定了作用水头H_0的极限值$[H_0] = 9.3$m。这是外管嘴出流的正常工作条件之一。

其次，管嘴长度也有一定限制，太长阻力大，使流量减少。太短则流股收缩后来不及扩大到整个断面而呈非满流流出，无真空出现，因此一般取管嘴长度$[l] = (3 \sim 4)d$。这是外管嘴出流的另一正常工作条件。

【例5－3】 液体从封闭的立式容器中经管嘴流入开口水池(见图5－10)，管嘴直径$d = 8$cm，$h = 3$m，要求流量为$5 \times 10^{-2} m^3/s$。试求作用于容器内液面上的压强为多少？

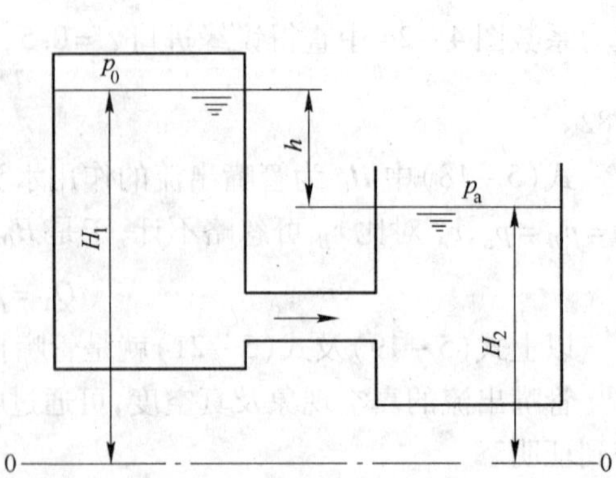

图5－10　例5－3图

【解】 按管嘴出流流量公式

$$Q_V = \mu A \sqrt{2gH_0}$$

求作用水头H_0，有

$$H_0 = \frac{Q_V^2}{2g\mu^2 A^2}$$

取$\mu = 0.82$

$$H_0 = \frac{0.05^2}{2 \times 9.8 \times 0.82^2 \times (0.785 \times 0.08^2)^2} = 7.5\text{m}$$

在图所给具体条件下，忽略上下游液面速度，则 $H_0 = \frac{p_b - p_a}{\rho g} + (H_1 - H_2) = \frac{p_0}{\rho g} + h$。于是解出

$$\frac{p_0}{\rho g} = H_0 - h = 7.5\text{m} - 3\text{m} = 4.5\text{m}$$

$$p_0 = 4.5\text{m} \times 1000\text{kg/m}^3 \times 9.8\text{m/s}^2 = 4.41\text{kN/m}^2 = 4.41\text{kPa}$$

二、其他类型管嘴出流

对于其他类型的管嘴出流，速度、流量计算公式与圆柱形外管嘴公式形式相同。但速度系数、流量系数各有不同。下面介绍工程上常用的几种管嘴。

（1）流线型管嘴。流线型管嘴如图 5－11a 所示，流速系数 $\varphi = \mu = 0.97$，适用于流量大，水头损失小，出口断面上速度分布均匀的情况。

（2）收缩圆锥形管嘴。收缩圆锥形管嘴如图 5－11b 所示，出流与收缩角度 θ 有关。$\theta = 30°24'$，$\varphi = 0.963$，$\mu = 0.943$ 为最大值，适用于加大喷射速度的场合，如消防水枪。

（3）扩大圆锥形管嘴。扩大圆锥形管嘴如图 5－11c 所示，当 $\theta = 5° \sim 7°$时，$\mu = \varphi = 0.42 \sim 0.50$。用于将部分动能恢复为压能的情况，如引射器的扩压管。

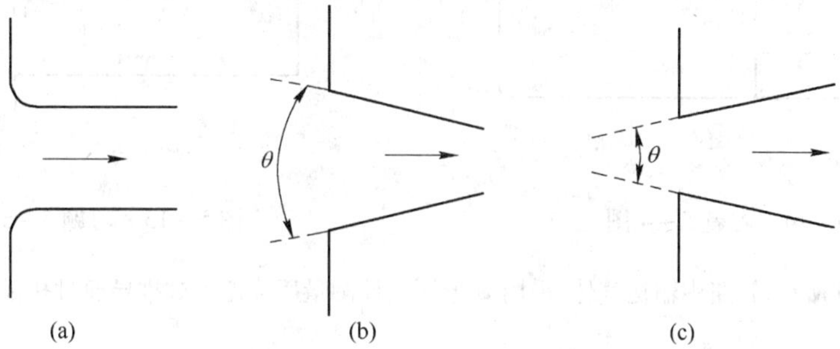

图 5－11　常用管嘴

习　题

5－1　如图 5－12 所示，水箱侧壁同一竖线上开 2 个相同孔口，上孔距水面为 a，下孔距地面为 c，两孔流速系数 φ 相等，试求两水股在地面相遇的条件。

5－2　图 5－13 中穿孔板上各孔眼的大小形状相同，问每个孔口的出流量是否相同？

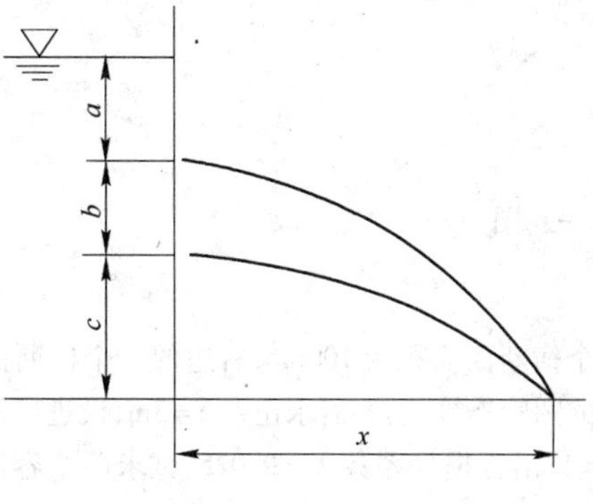

图 5－12　习题 5－1 图

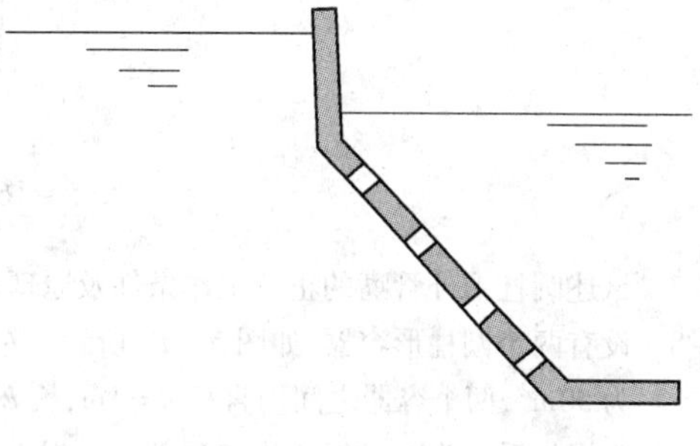

图 5－13　习题 5－2 图

5-3 有一水箱水面保持恒定5m，箱壁上开一孔口，孔口直径 $d=10\text{mm}$。如果箱壁厚度 $\delta=3\text{mm}$，求通过孔口的流速和流量。

5-4 如图5-14所示，A，B两容器有一薄壁圆形小孔相通，水面恒定，两容器水面高差 $H=2.0\text{m}$。B容器开敞水面压强 $p_1=49.05\text{kPa}$，A容器封闭，水面压强 $p_2=98.1\text{kPa}$，孔口淹没出流的流量 $Q=37.41\text{m}^3/\text{s}$，当流速系数 $\varphi=0.97$，收缩系数 $\varepsilon=0.64$，不计流速水头时，求孔口直径 d。

5-5 一隔板将水箱分为A，B两格，隔板上有直径为 $d_1=40\text{mm}$ 的薄壁孔口（见图5-15），B箱底部有一直径 $d_2=30\text{mm}$ 的圆柱形管嘴，管嘴长 $l=0.1\text{m}$，A箱水深 $H_1=3\text{m}$ 恒定不变。

(1)分析出流恒定性的条件（H_2 的条件不变）。

(2)在恒定出流时，B箱中水深 H_2 等于多少？

(3)水箱流量 Q_{V1} 为何值？

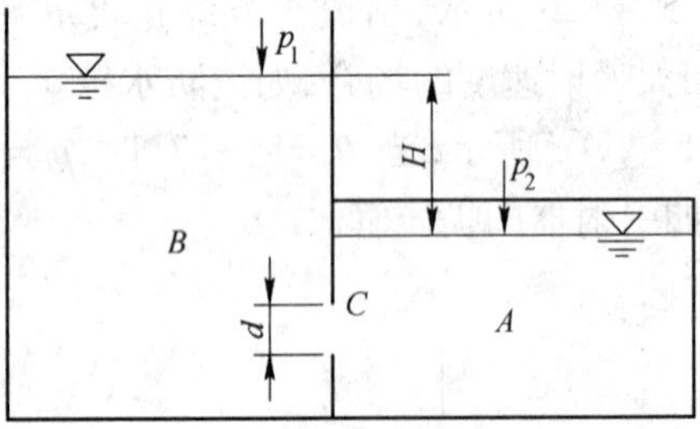

图5-14 习题5-4图

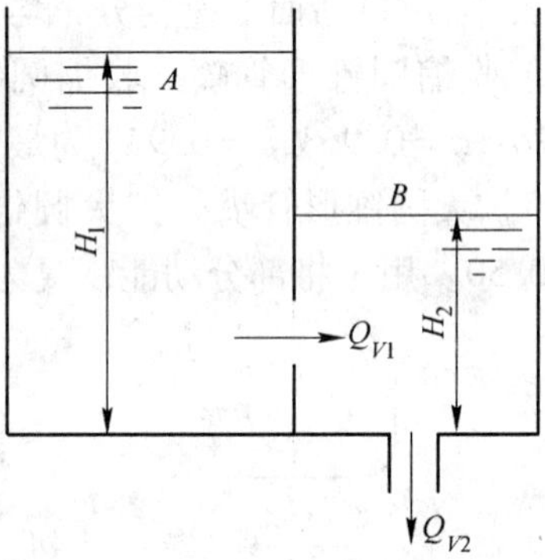

图5-15 习题5-5图

5-6 如图5-16所示，管路中输送气体，采用U形压差计测量压强差。试推导通过孔板的流量公式。

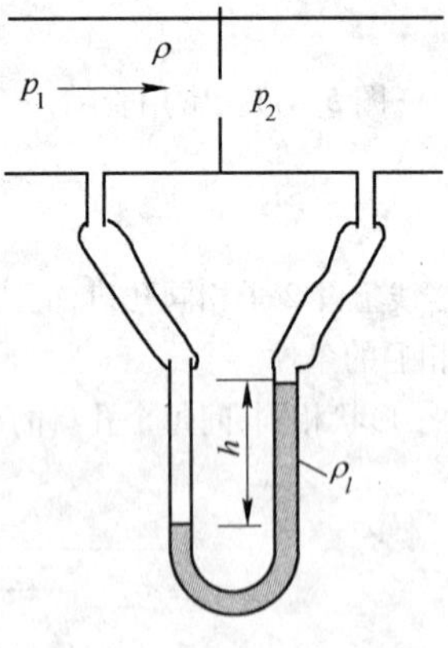

图5-16 习题5-6图

5-7 试述圆柱形外管嘴的正常工作条件及原理。

5-8 设有两个圆柱形容器，如图5-17所示。左边的一个横断面面积为 100m^2，右边的一个横断面面积为 50m^2，两个容器之间用直径 $d=1\text{m}$、长 $L=100\text{m}$ 的圆管连接，两容器水位差 $z=3\text{m}$，设进口局部水头损失系数为 $\zeta_1=0.5$，出口局部水头损失系数 $\zeta_2=1$，沿程损失系数 $\lambda=0.025$，试求两个容器中水位达到齐平时所需的时间？

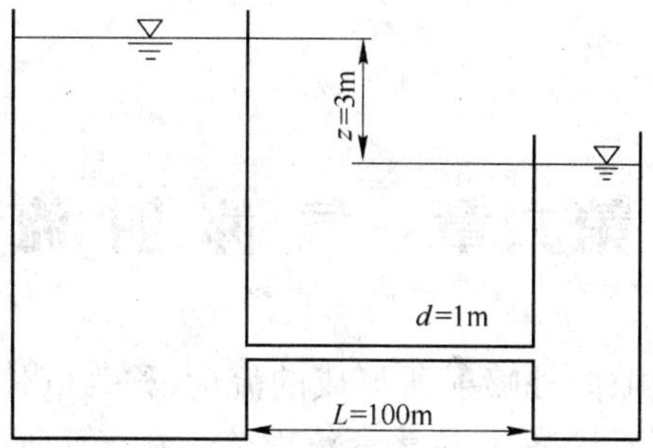

图 5－17　习题 5－8 图

第六章　气体射流

气体自孔口、管嘴或缝隙向外喷射所形成的流动，称为气体淹没射流，简称气体射流。当出口速度较大，流动呈紊流状态时，称为紊流射流。在采暖通风工程中所涉及的射流，多为气体紊流射流。

射流与孔口管嘴出流的研究对象不同。射流讨论的是出流后的流速场、温度场和浓度场，后者仅讨论出口断面的流速和流量。出流空间大小，对射流流动有很大影响。出流到无限大空间中，流动不受固体边壁的约束，称为无限空间射流，又称自由射流。反之，为有限空间射流，又称受限射流。本章主要论述无限空间射流。

第一节　无限空间淹没紊流射流的特征

现以无限空间中圆断面紊流射流为例，讨论射流运动。

气流自半径为 r_0 的圆断面喷嘴喷出。出口断面上的速度认为是均匀分布的，皆为 u_0，且流动为紊流。取射流轴线为 x 轴。

许多学者经过试验和观测，得出如图 6－1 所示的射流流动特性及结构图形。

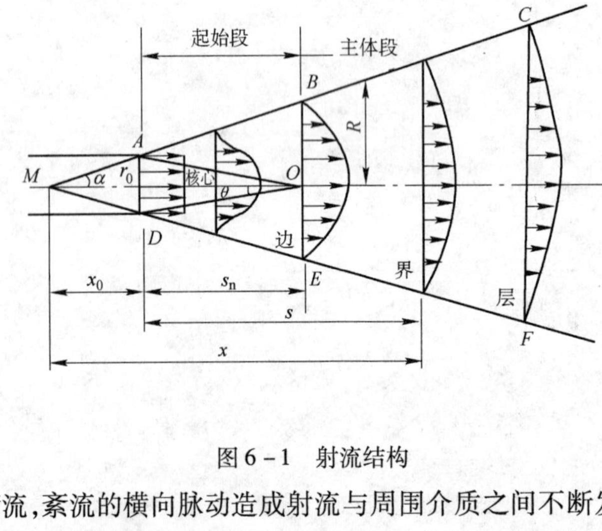

图 6－1　射流结构

由于射流为紊流，紊流的横向脉动造成射流与周围介质之间不断发生质量、动量交换，带动周围介质流动，使射流的质量流量、射流断面积沿 x 方向不断增加，形成了向周围扩散的锥状流动场，如图 6－1 所示的锥体 *CAMDF*。

一、起始段、主体段与过渡断面

刚喷出的射流速度仍是均匀分布的。沿 x 方向流动，射流不断带入周围介质，不仅使边界扩张，而且使射流主体的速度逐渐降低。其中速度为 u_0 的部分（见图 6－1 中的 *AOD* 锥体)称为射流核心,其余部分速度小于 u_0,称为边界层。显然,射流边界层从出口开始沿射程不断地向外扩散,带动周围介质进入边界层,同时向射流中心扩展,至某一距离处,边界层扩展到射流轴心,核心区消失,只有轴心点上速度为 u_0。射流的这一断面称为过渡断面或转折断面(见图 6-1 中的 *BOE* 断面)。出口断面至过渡断面形成的区域称为射流起始段,过渡断面以后的区域称为射流主体段。起始段内射流核心区的速度均为 u_0,而主体段内,包括轴心速度在内的任何一点速度均沿 x 方向不断下降,主体段已完全被射流边界层所占据。

二、紊流系数 a 及几何特征

实验结果和理论分析表明:射流外边界为一条直线,且其上速度为零,如图 6-1 中的 *AB* 及 *DE* 线所示。*AB*、*DE* 延伸至喷嘴内交于 *M* 点,此点称为极点,$\angle AMD$ 的半角称为极角 α,又称扩散角。

设圆断面射流截面的半径为 R(或平面射流边界层的半宽度 b),它与从极点起算的距离成正比,即 $R=Kx$。

设截面到极点的距离为 x,则

$$\tan\alpha=\frac{R}{x}=\frac{Kx}{x}=K=3.4a \tag{6-1}$$

式中,K 为试验系数,对圆断面射流 $K=3.4a$;a 为紊流系数,由实验确定,它是表示射流流动结构的特征系数。

紊流系数 a 与出口断面上紊流强度(即脉动速度的均方根值与平均速度值之比)有关,紊流强度越大,说明射流在喷嘴前已"紊乱化",具有较大的与周围介质混合的能力,则 a 值也大,使射流扩散角 α 增大,被带动的周围介质增多,射流速度沿程下降加速。a 还与射流出口断面上速度分布的均匀性有关。如果速度分布均匀 $u_{最大}/u_{平均}=1$,则 $a=0.066$;如果不太均匀,例如 $u_{最大}/u_{平均}=1.25$,则 $a=0.076$;各种不同形状喷嘴的紊流系数和扩散角的实测值列于表 6-1。

表 6-1 紊流系数

喷嘴种类	a	2α	喷嘴种类	a	2α
带有收缩口的喷嘴	0.066 0.071	25°20′ 27°10′	带金属网格的轴流风机	0.24	78°40′
			收缩极好的平面喷口	0.108	29°30′
圆柱形管	0.076 0.08	29°00′	平面壁上锐缘狭缝	0.118	32°10′
带有导风板的轴流式通风机	0.12	44°30′	具有导叶且加工磨圆边口的风道上纵向缝	0.155	41°20′
带导流板的直角弯管	0.20	68°30′			

从表 6-1 中数值可知,喷嘴上装设不同形式的风板栅栏,则出口截面上气流的扰动紊乱程度不同,因而紊流系数 a 也就不同。扰动大的紊流系数 a 值增大,扩散角 α 也增大。

由式(6-1)可知,a 值确定,射流边界层的外边界线也就被确定,射流即按一定的扩散角 α 向前作扩散运动,这就是它的几何特征。应用这一特征,对圆断面射流可求出射流半径沿射程的变化规律。

$$\frac{R}{r_0}=\frac{x_0+s}{x_0}=1+\frac{s}{r_0/\tan\alpha}=1+3.4a\frac{s}{r_0}=3.4\left(\frac{as}{r_0}+0.294\right) \quad (6-2)$$

又

$$\frac{R}{r_0}=\frac{x_0/r_0+s/r_0}{x_0/r_0}=\frac{\bar{x}_0+\bar{s}}{1/\tan\alpha}=3.4a(\bar{x}_0+\bar{s})=3.4a\bar{x} \quad (6-2a)$$

以直径表示

$$D/d_0=6.8\left(\frac{as}{d_0}+0.147\right) \quad (6-2b)$$

式(6-2)是以出口截面起算的无因次距离 $\bar{s}=\frac{s}{r_0}$ 表达的无因次半径 $\bar{R}=\frac{R}{r_0}$ 的变化规律,而式(6-2a)则是以极点起算的无因次距离 $\bar{x}=\frac{x_0+s}{r_0}=\bar{x}_0+\bar{s}$ 的表达式。式(6-2a)说明了射流半径与射程的关系,即无因次半径正比于由极点算起的无因次距离。

三、运动特征

为了探求射流速度分布规律,许多学者做了大量的实验研究工作,对不同界面上的速度分布进行测定。这里仅给出特留彼尔在轴对称射流主体段的实验结果,以及阿勃拉莫维奇在起始段内的测定结果,见图 6-2a 及图 6-3a。

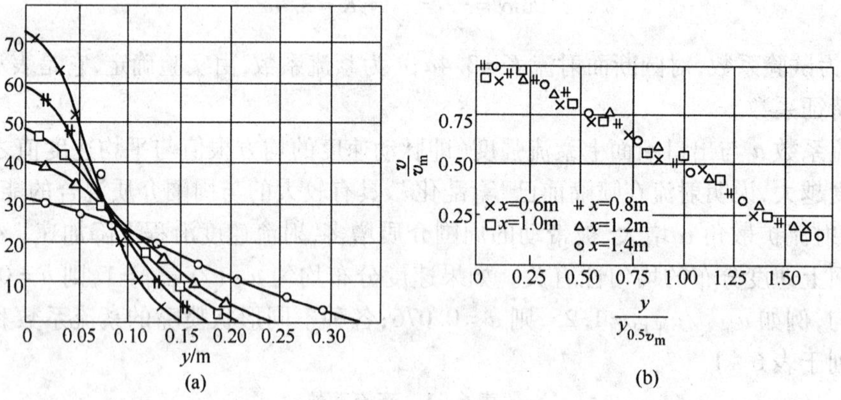

图 6-2 主体段流速分布

从图 6-2 和图 6-3 中可见,无论主体段或起始段内,轴心速度最大,从轴心向边界层边缘,速度逐渐减小至零。同时可以看出,距喷嘴距离越远(即 x 值增大),边界层厚度越大,而轴心速度则越小,即随着 x 的增大,速度分布曲线逐渐地扁平化。

如果纵坐标用相对速度,即无因次速度,横坐标用相对距离,即无因次距离代替原图中的速度 v 和横向距离 y,可得图 6-2b、图 6-3b 的曲线。对照图 6-4,主体段内无因次距离与无因次速度的取法规定为

$$\frac{y}{y_{0.5v_m}}=\frac{\text{截面上任一点至轴心的距离}}{\text{同截面上 }0.5v_m\text{ 点至轴心的距离}}$$

式中,$0.5v_m$ 点表示速度为轴心速度一半处的点。

$$\frac{v}{v_m}=\frac{\text{截面上 }y\text{ 点的速度}}{\text{同截面上轴心点的速度}}$$

阿勃拉莫维奇整理起始段时,所用的无因次量规定为

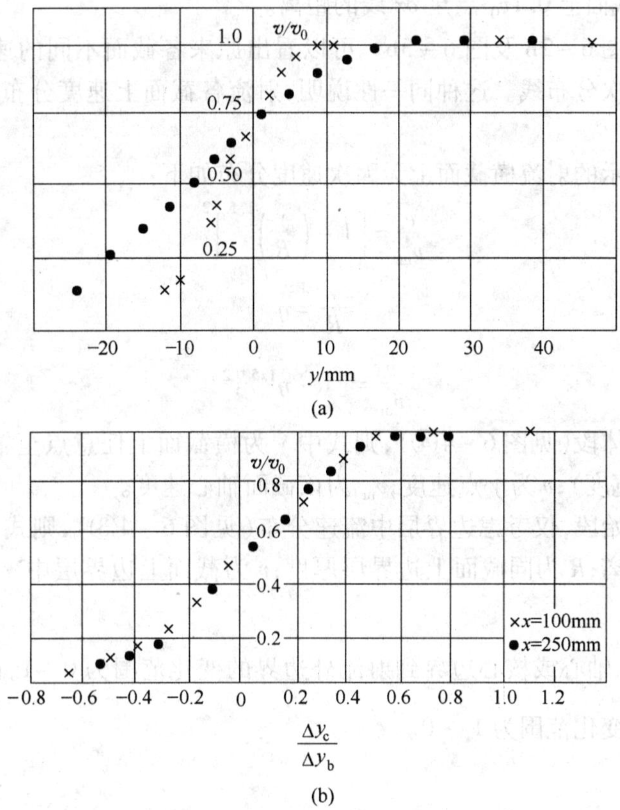

图 6-3 起始段流速分布

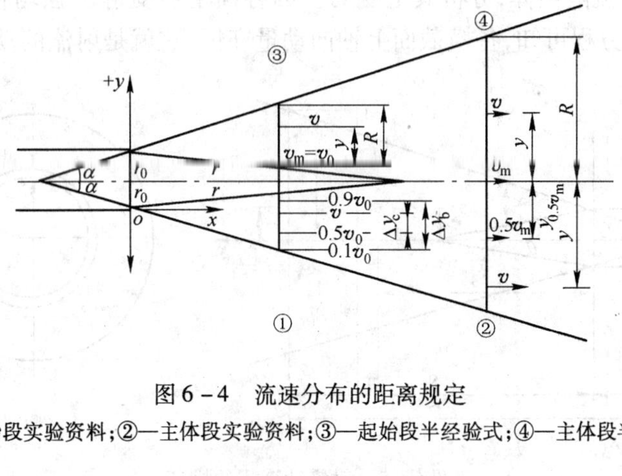

图 6-4 流速分布的距离规定

①—起始段实验资料；②—主体段实验资料；③—起始段半经验式；④—主体段半经验式

$$\frac{\Delta y_c}{\Delta y_b}=\frac{y-y_{0.5v_0}}{y_{0.9v_0}-y_{0.1v_0}}$$

$$\frac{v}{v_0}=\frac{y\text{点速度}}{\text{核心速度}}$$

式中，y 为起始段任一点至 ox 线的距离，ox 线是以喷嘴边缘所引平行轴心的横坐标轴；$y_{0.5v_0}$ 为同一截面上 $0.5v_0$ 点至边缘轴线 ox 的距离；$y_{0.9v_0}$ 为同一截面上 $0.9v_0$ 点至边缘轴线 ox 的距离；$y_{0.1v_0}$为同一截面上 0.1v_0 点至 ox 线的距离。

经过整理得到图 6－2b 及图 6－3b。可以看出原来各截面不同的速度分布曲线，均变换成为同一条无因次分布线。这种同一性说明，射流各截面上速度分布的相似性。这就是射流的运动特征。

半经验公式表示的射流横截面上无因次速度分布如下：

$$\frac{v}{v_m}=\left[1-\left(\frac{y}{R}\right)^{1.5}\right]^2 \tag{6-3a}$$

$$\frac{y}{R}=\eta$$

$$\frac{v}{v_m}=\left[1-\eta^{1.5}\right]^2 \tag{6-3b}$$

上式如用于主体段（见图 6－4④），则式中 y 为横截面上任意点至轴心距离；R 为该截面上射流半径（半宽度）；v 为 y 点速度；v_m 为该截面轴心速度。

上式如用于起始段，仅考虑边界层中流速分布（见图 6－4③），则式中 y 为截面上任意点至核心边界的距离；R 为同截面上边界层厚度；v 为截面上边界层中 y 点的速度；v_m 为核心速度 v_0。

由此得出，$\frac{y}{R}$从轴心或核心边界到射流外边界的变化范围为 0→1，而$\frac{v}{v_m}$从轴心或核心边界到射流边界的变化范围为 1→ 0。

四、动力特征

实验证明，射流中任意点上的静压强均等于周围气体的压强。现取图 6－5 中 1—1、2—2 所截的一段射流隔离体，分析其上受力。因各面上所受静压强均相等，则 x 轴向外力之和为零。据动量方程可知，各横截面上轴向动量守恒，这就是射流的动力学特征。

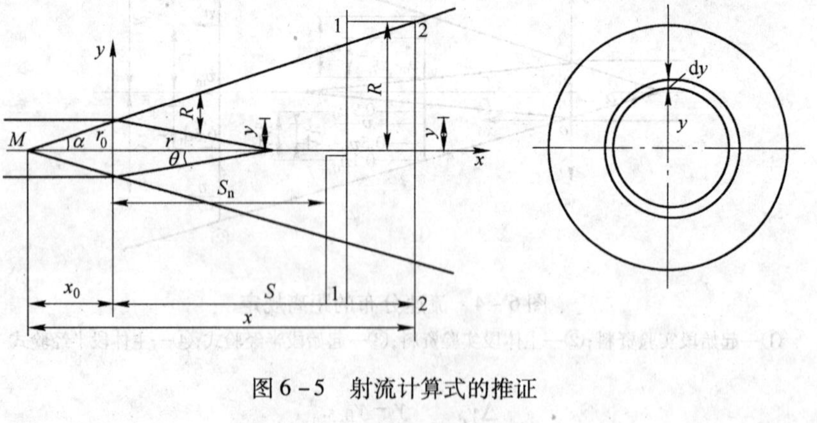

图 6－5　射流计算式的推证

以圆断面射流为例应用动量守恒原理，列出表达式。

出口截面上动量流量为 $\rho Q_{V0}v_0=\rho\pi r_0^2v_0^2$，任意截面上轴向的动量流量则需积分，即

$$\int_0^R v\rho 2\pi y\mathrm{d}yv=\int_0^R 2\pi\rho v^2y\mathrm{d}y$$

所列动量守恒式为

$$\pi\rho r_0^2 v_0^2 = \int_0^R 2\pi\rho v^2 y \mathrm{d}y \tag{6-4}$$

第二节　圆断面射流的运动分析

现在根据紊流射流特征来研究圆断面射流的速度 v、流量 Q_V 沿射程 s(或 x)的变化规律。

一、轴心速度v_m

应用式(6-4)

$$\pi\rho r_0^2 v_0^2 = \int_0^R 2\pi\rho v^2 y \mathrm{d}y$$

等式两端同除 $\pi\rho R^2 v_m^2$,得

$$\left(\frac{r_0}{R}\right)^2\left(\frac{v_0}{v_m}\right)^2 = 2\int_0^1\left(\frac{v}{v_m}\right)^2\frac{y}{R}\mathrm{d}\left(\frac{y}{R}\right)$$

应用式(6-3)$\frac{v}{v_m}=\left[1-\left(\frac{y}{R}\right)^{1.5}\right]^2$ 代入,则

$$\int_0^1[(1-\eta^{1.5})^2]^2\eta\mathrm{d}\eta = B_2$$

按前述$\frac{y}{R}$及$\frac{v}{v_m}$变化范围,从无因次速度分布线上分段进行 B_2 的数值积分可得出具体数值,列于表6-2。

表6-2　B_n 和 C_n 值

n	1	1.5	2	2.5	3
B_n	0.0985	0.064	0.0464	0.0359	0.0286
C_n	0.3845	0.3065	0.2585	0.2256	0.2015

其中

$$B_n = \int_0^1\left(\frac{v}{v_m}\right)^n\eta\mathrm{d}\eta$$

$$C_n = \int_0^1\left(\frac{v}{v_m}\right)^n\mathrm{d}\eta$$

于是

$$\left(\frac{r_0}{R}\right)^2\left(\frac{v_0}{v_m}\right)^2 = 2B_2 = 2\times0.0464$$

$$\frac{v_m}{v_0} = 3.28\frac{r_0}{R}$$

再将射流半径 R 沿程变化规律式(6-2)、式(6-2a)代入,得

$$\frac{v_m}{v_0} = \frac{0.965}{\frac{as}{r_0}+0.294} = \frac{0.48}{\frac{as}{d_0}+0.147} = \frac{0.96}{a\bar{x}} \tag{6-5}$$

这说明了无因次轴心速度与无因次距离 $\bar{x}$ 成反比的规律。

二、断面流量 Q_V

无因次流量为

$$\frac{Q_V}{Q_{V0}} = \frac{2\pi\int_0^R v\gamma \mathrm{d}\gamma}{\pi r_0^2 v_0} = 2\int_0^{\frac{R}{r_0}}\left(\frac{v}{v_0}\right)\left(\frac{\gamma}{r_0}\right)\mathrm{d}\left(\frac{\gamma}{r_0}\right)$$

以$\frac{v}{v_0} = \frac{v}{v_m} \times \frac{v_m}{v_0}$；$\frac{\gamma}{r_0} = \frac{\gamma}{R} \times \frac{R}{r_0}$进行代换，得

$$\frac{Q_V}{Q_{V0}} = 2\frac{v_m}{v_0}\left(\frac{R}{r_0}\right)^2\int_0^1\left(\frac{v}{v_m}\right)\left(\frac{\gamma}{R}\right)\mathrm{d}\left(\frac{\gamma}{R}\right)$$

查表 6－2，$B_1 = 0.0985$；再将式(6－2)、式(6－5)代入，得

$$\frac{Q_V}{Q_{V0}} = 2.2\left(\frac{as}{r_0} + 0.294\right) = 4.4\left(\frac{as}{d_0} + 0.147\right) = 2.2a\bar{x} \qquad (6-6)$$

三、断面平均流速 v_1

断面平均流速 $v_1 = \frac{Q_V}{A}$；$v_0 = \frac{Q_{V0}}{A_0}$，则无因次断面平均流速为

$$\frac{v_1}{v_0} = \frac{Q_V A_0}{Q_{V0} A} = \frac{Q_V}{Q_{V0}}\left(\frac{r_0}{R}\right)^2$$

将式(6－2)、式(6－6)代入得

$$\frac{v_1}{v_0} = \frac{0.19}{\frac{as}{r_0} + 0.294} = \frac{0.095}{\frac{as}{d_0} + 0.147} = \frac{0.19}{a\bar{x}} \qquad (6-7)$$

四、质量平均流速 v_2

断面平均流速 v_1 表示射流断面上的速度平均值。比较式(6－5)、式（6－7）两式，可得 $v_1 \approx 0.2v_m$，说明断面平均流速仅为轴心流速的20%。通风、空调工程中通常使用的是轴心附近较高的速度区，因此 v_1 不能恰当地反映被使用区的速度。为此引入质量平均流速 v_2。质量平均流速定义为：用 v_2 乘以质量即得真实轴向动量。列出口截面与任一横截面的动量守恒式

$$\rho Q_{V0} v_0 = \rho Q_V v_2$$

$$\frac{v_2}{v_0} = \frac{Q_{V0}}{Q_V} = \frac{0.4545}{\frac{as}{r_0} + 0.294} = \frac{0.23}{\frac{as}{d_0} + 0.147} = \frac{0.4545}{a\bar{x}} \qquad (6-8)$$

比较式(6－5)与式(6－8)，$v_2 = = 0.47v_m$。因此用 v_2 代表使用区的流速要比 v_1 更合理。但必须注意，v_1，v_2 不仅在数值上不同，更重要的是在定义上存在根本区别，不可混淆。

以上分析为圆断面射流主体段内运动参数的变化规律，这些规律亦适用于矩形喷嘴，但要将矩形断面换算成为流速当量直径代入进行计算。

五、起始段核心区长度 s_n 及核心收缩角 θ

由图 6－1 可知，核心区长度 s_n 为过渡断面至喷嘴的距离。可由式(6－5)求出，将

$v_m = v_0, s = s_n$ 代入，得

$$\frac{v_0}{v_0} = 1 = \frac{0.965}{\frac{as_n}{r_0} + 0.294}$$

$$s_n = 0.671 \frac{r_0}{a}$$

$$\bar{s}_n = \frac{s_0}{r_0} = \frac{0.671}{a} \tag{6-9}$$

则核心收缩角 θ

$$\tan\theta = \frac{r_0}{s_n} = 1.49a \tag{6-10}$$

六、起始段流量 Q_V

由于核心区内保持着 v_0 出口速度，故无需求轴心速度变化规律，仅就流量 Q_V 加以讨论。

图 6-4 中可得核心区射流半径 r 的关系为

$$r = r_0 - s\tan\theta = r_0 - 1.49as \tag{6-11}$$

$$\frac{r}{r_0} = 1 - 1.49\frac{as}{r_0} \tag{6-11a}$$

核心区内无因次流量为

$$\frac{Q'_V}{Q_{V0}} = \frac{\pi r^2 v_0}{\pi r_0^2 v_0} = \left(\frac{r}{r_0}\right)^2 = \left(1 - 1.49\frac{as}{r_0}\right)^2$$

$$= 1 - 2.98\frac{as}{r_0} + 2.22\left(\frac{as}{r_0}\right)^2 \tag{6-12}$$

边界层中无因次流量为

$$\frac{Q''_V}{Q_{V0}} = \frac{\int_r^{R+r} v 2\pi\tau \mathrm{d}\tau}{\pi r_0^2 v_0}$$

式中，r 为核心区射流半径，当所取截面确定后，则 r 对 τ 为一定值；R 为边界层厚度；τ 为所取横截面上任一点至轴心线的距离，$\tau = r + y'$；y' 为该截面上任一点至核心区边界的距离。

于是，有

$$\frac{Q''_V}{Q_{V0}} = 2\int_{\frac{r}{r_0}}^{\frac{R+r}{r_0}} \frac{v}{v_0} \times \frac{\tau}{r_0}\mathrm{d}\left(\frac{\tau}{r_0}\right)$$

$$= 2\int_{\frac{r}{r_0}}^{\frac{R+r}{r_0}} \frac{v}{v_0}\left(\frac{y'+r}{r_0}\right)\mathrm{d}\left(\frac{y'+r}{r_0}\right)$$

$$= 2\int_{\frac{r}{r_0}}^{\frac{R+r}{r_0}} \frac{v}{v_0}\frac{y'}{r_0}\mathrm{d}\left(\frac{y'}{r_0}\right) + 2\int_{\frac{r}{r_0}}^{\frac{R+r}{r_0}} \frac{v}{v_0}\frac{r}{r_0}\mathrm{d}\left(\frac{y'}{r_0}\right)$$

$$= 2\left(\frac{R}{r_0}\right)^2\int_0^1 \frac{v}{v_0}\frac{y'}{R}\mathrm{d}\left(\frac{y'}{R}\right) + 2\left(\frac{r}{r_0}\right)\left(\frac{R}{r_0}\right) \times \int_0^1 \frac{v}{v_0}\mathrm{d}\left(\frac{y'}{R}\right)$$

$$= 2\left(\frac{R}{r_0}\right)^2 B_1 + 2\left(\frac{r}{r_0}\right)\left(\frac{R}{r_0}\right)C_1$$

由式(6-5)可得

$$r+R=r_0+s\tan\alpha=r_0+3.4as$$

所以
$$R=r_0+3.4as-(r_0+1.49as)=4.89as$$

$$\frac{R}{r_0}=4.89\frac{as}{r_0}$$

再从表6-2中查出 B_1, C_1,并将式(6-11a)一并代入无因次边界流量式中,得

$$\frac{Q''_V}{Q_{V0}}=3.74\frac{as}{r_0}-0.9\left(\frac{as}{r_0}\right)^2 \tag{6-12a}$$

整个截面上流量为

$$\frac{Q'_V+Q''_V}{Q_{V0}}=1+0.76\frac{as}{r_0}+1.32\left(\frac{as}{r_0}\right)^2 \tag{6-12b}$$

七、起始段断面平均流速 v_1

$$\frac{v_1}{v_0}=\frac{(Q'_V+Q''_V)/F}{Q_{V0}/F_0}=\frac{Q'_V+Q''_V}{Q_{V0}}\left(\frac{r_0}{R+r}\right)^2$$

$$=\left[1+0.76\frac{as}{r_0}+1.32\left(\frac{as}{r_0}\right)^2\right]\left(\frac{1}{1+3.4\frac{as}{r_0}}\right)^2$$

$$=\frac{1+0.76\frac{as}{r_0}+1.32\left(\frac{as}{r_0}\right)^2}{1+6.8\frac{as}{r_0}+11.56\left(\frac{as}{r_0}\right)^2} \tag{6-13}$$

八、起始段质量平均流速 v_2

$$v_2=\frac{\rho v_0 Q_{V0}}{\rho(Q'_V+Q''_V)}=\frac{v_0 Q_{V0}}{Q'_V+Q''_V}$$

$$\frac{v_2}{v_0}=\frac{Q_{V0}}{Q'_V+Q''_V}=\frac{1}{1+0.76\frac{as}{r_0}+1.32\left(\frac{as}{r_0}\right)^2} \tag{6-14}$$

【例6-1】 岗位送风所设风口向下,距地面4m,要求在工作区(距地面高1.5m)造成直径为1.5m的射流,限定轴心速度为2m/s。求喷嘴直径及出口流量。

【解】 查得紊流系数 $a=0.08$,又据题意知:$s=4-1.5=2.5$m,代入公式

$$\frac{D}{d_0}=6.8\left(\frac{as}{d_0}+0.147\right)$$

$$\frac{1.5}{d_0}=6.8\left(\frac{0.08\times2.5}{d_0}+0.147\right)$$

解得

又据公式
$$\frac{v_m}{v_0}=\frac{0.48}{\frac{as}{d_0}+0.147}$$

$$\frac{2}{v_0}=\frac{0.48}{\frac{0.08\times2.5}{0.14}+0.147}$$

求得

$$v_0=6.565\text{m/s}$$

故出口流量

$$Q_0=v_0\frac{\pi}{4}d_0^2=6.565\times\frac{\pi}{4}\times0.14^2=0.1\text{m}^3/\text{s}$$

第三节 平面射流

气体从狭长缝隙中外射运动时，射流在条缝长度方向几乎无扩散运动，只在垂直条缝长度的各个平面上扩散运动。这种流动可视为平面运动，故称为平面射流。

平面射流喷口高度以 $2b_0$（b_0 半高）表示，其紊流系数 a 值见表 6－1 后三项；φ 值为 2.44，于是 $\tan\alpha=2.44a$。因其几何、运动、动力特征完全与圆断面射流相似，所以各运动参数规律的推导基本与圆断面类似，这里不再推导。列公式于表 6－3 中。

从表 6－3 中可以看出，各无因次参数（$\bar{v}_m,\bar{v}_1,\bar{v}_2$）对平面射流来说，都与 $\sqrt{\frac{as}{b_0}+0.41}$ 无因次距离有关。与圆断面射流相比，流量沿程的增加，流速沿程的衰减都要慢些，这是因为运动的扩散被限制在垂直于缝隙长度的平面上的缘故。

表 6－3 射流参数的计算

段 名	参数名称	符 号	圆断面射流	平 面 射 流
主体段	扩散角	α	$\tan\alpha=3.4a$	$\tan\alpha=2.44a$
	射流直径或半高度	D,b	$\frac{D}{d_0}=6.8\left(\frac{as}{d_0}+0.147\right)$	$\frac{b}{b_0}=2.44\left(\frac{as}{b_0}+0.41\right)$
	轴心速度	v_m	$\frac{v_m}{v_0}=\frac{0.48}{\frac{as}{d_0}+0.147}$	$\frac{v_m}{v_0}=\frac{1.2}{\sqrt{\frac{as}{b_0}+0.41}}$
	流 量	Q_V	$\frac{Q_V}{Q_{V0}}=4.4\left(\frac{as}{d_0}+0.147\right)$	$\frac{Q_V}{Q_{V0}}=1.2\sqrt{\frac{as}{b_0}+0.41}$
	断面平均流速	v_1	$\frac{v_1}{v_0}=\frac{0.095}{\frac{as}{d_0}+0.147}$	$\frac{v_1}{v_0}=\frac{0.492}{\sqrt{\frac{as}{b_0}+0.41}}$
	质量平均流速	v_2	$\frac{v_2}{v_0}=\frac{0.23}{\frac{as}{d_0}+0.147}$	$\frac{v_2}{v_0}=\frac{0.833}{\sqrt{\frac{as}{b_0}+0.41}}$
起始段	流 量	Q_V	$\frac{Q_V}{Q_{V0}}=1+0.76\frac{as}{r_0}+1.32\left(\frac{as}{r_0}\right)^2$	$\frac{Q_V}{Q_{V0}}=1+0.43\frac{as}{b_0}$
	断面平均流速	v_1	$\frac{v_1}{v_0}=\frac{1+0.76\frac{as}{r_0}+1.32\left(\frac{as}{r_0}\right)^2}{1+6.8\frac{as}{r_0}+11.56\left(\frac{as}{r_0}\right)^2}$	$\frac{v_1}{v_0}=\frac{1+0.43\frac{as}{b_0}}{1+2.44\frac{as}{b_0}}$

续表 6-3

段名	参数名称	符号	圆断面射流	平面射流
起始段	质量平均流速	v_2	$\frac{v_2}{v_0}=\frac{1}{1+0.76\frac{as}{r_0}+1.32\left(\frac{as}{r_0}\right)^2}$	$\frac{v_2}{r_0}=\frac{1}{1+0.43\frac{as}{b_0}}$
	核心长度	s_n	$s_n=0.672\frac{r_0}{a}$	$s_n=1.03\frac{b_0}{a}$
	喷嘴至极点距离	x_0	$x_0=0.294\frac{r_0}{a}$	$x_0=0.41\frac{b_0}{a}$
	收缩角	θ	$\tan\theta=1.49a$	$\tan\theta=0.97a$

第四节 温差或浓差射流

所谓温差、浓差射流就是射流本身的温度或浓度与周围气体的温度、浓度有差异。在采暖通风空调工程中，常采用冷风降温，热风采暖，此时射流本身与周围环境气体的温度不同，此种射流就是温差射流；而在另外一些场合，为了降低有害气体浓度或气体中粉尘的含量，所涉及的气体射流为浓差射流。

研究温差或浓差射流，主要是研究射流温度、浓度场的分布规律，同时讨论由温差、浓差引起射流弯曲。

如本章第一节所述，射流横向动量交换，导致射流流场产生质量交换和热量交换。在这些交换中，由于热量扩散比动量扩散要快些，故温度边界层比速度边界层发展得更快些，如图 6-6a 所示。图中实线为速度边界层，虚线为温度边界层的内外界线。

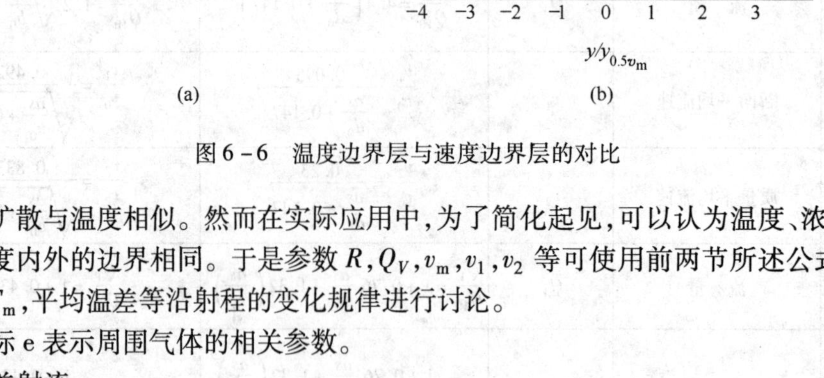

图 6-6 温度边界层与速度边界层的对比

质量扩散与温度相似。然而在实际应用中，为了简化起见，可以认为温度、浓度内外的边界与速度内外的边界相同。于是参数 R,Q_V,v_m,v_1,v_2 等可使用前两节所述公式，仅对轴心温差 ΔT_m，平均温差等沿射程的变化规律进行讨论。

以下标 e 表示周围气体的相关参数。

对温差射流：

出口断面温差 $\Delta T_0=T_0-T_e$

轴心温差 $\Delta T_m=T_m-T_e$

截面上任一点温差　　$\Delta T = T - T_e$

对浓差射流：

出口断面浓差　　$\Delta x_0 = x_0 - x_e$

轴心浓差　　$\Delta x_m = x_m - x_e$

截面上任意一点浓差　　$\Delta x = x - x_e$

试验得出，截面上温差分布，浓差分布与速度分布关系如下：

$$\frac{\Delta T}{\Delta T_m} = \frac{\Delta x}{\Delta x_m} = \sqrt{\frac{v}{v_m}} = 1 - \left(\frac{y}{R}\right)^{1.5} \tag{6-15}$$

将$\frac{\Delta T}{\Delta T_m}$与$\frac{v}{v_m}$同绘在一个无因次坐标上，如图6－6b所示。图中无因次温差分布线，在无因次速度线的外部，这就证实了前面的分析。

据热力学可知，在等压条件下，以周围气体的焓值作为起算点，射流各横截面上的相对焓值不变。这一特点称为热力特征。

设喷嘴断面上单位时间的相对焓值为$\rho Q_{V0} c \Delta T_0$，则与射流任意横截面上单位时间通过的相对焓值$\int_Q \rho c \Delta T \mathrm{d}Q_V$相等。

下面根据温差射流的热力特征对圆断面温差射流进行分析。

一、轴心温差 ΔT_m

根据相对焓值相等，有

$$\rho Q_{V0} c \Delta T_0 = \int_0^R \rho c \Delta T 2\pi y \mathrm{d}y \cdot v$$

两端除以$\rho \pi R^2 v_m c \Delta T_m$，并将式(6－15)代入，得

$$\left(\frac{r_0}{R}\right)^2 \cdot \left(\frac{v_0}{v_m}\right) \cdot \left(\frac{\Delta T_0}{\Delta T_m}\right) = 2\int_0^1 \frac{v}{v_m} \cdot \frac{\Delta T}{\Delta T_m} \cdot \frac{y}{R} \mathrm{d}\left(\frac{y}{R}\right)$$

$$= 2\int_0^1 \left(\frac{v}{v_m}\right)^{1.5} \frac{y}{R} \mathrm{d}\left(\frac{y}{R}\right)$$

查表6－2，$B_{1.5} = 0.064$，且将主体段$\frac{R}{r_0}$（式6－2）、$\frac{v_m}{v_0}$（式6－5）代入，于是得出主体段轴心温差变化规律为

$$\frac{\Delta T_m}{\Delta T_0} = \frac{0.706}{\frac{as}{r_0} + 0.294} = \frac{0.35}{\frac{as}{d_0} + 0.147} = \frac{0.706}{a\bar{x}} \tag{6-16}$$

二、质量平均温差 ΔT_2

所谓质量平均温差，是以该温差乘上$\rho Q_V c$，便得出相对焓值。以符号ΔT_2表示。

列出口断面与射流任一横截面相对焓值的等式，于是得

$$\Delta T_2 = \frac{\rho c Q_{V0} \Delta T_0}{\rho Q_V c} = \frac{Q_{V0} \Delta T_0}{Q_V}$$

无因次质量温差与Q_{V0}/Q_V相等，将式(6－6)代入，得

$$\frac{\Delta T_m}{\Delta T_2}=\frac{Q_{V0}}{Q_V}=\frac{0.455}{\frac{as}{r_0}+0.249}=\frac{0.23}{\frac{as}{d_0}+0.147}=\frac{0.455}{a\bar{x}} \qquad (6-17)$$

三、起始段质量平均温差 ΔT_2

起始段轴心温差 ΔT_m 是不变化的，而质量平均温差只需把 Q_{V0}/Q_V 代为起始段无因次流量即得

$$\frac{\Delta T_2}{\Delta T_0}=\frac{1}{1+0.76\frac{as}{r_0}+1.32\left(\frac{as}{r_0}\right)^2} \qquad (6-18)$$

对于浓差射流，其规律与温差射流相同，所以温差射流计算公式完全适用于浓差射流。浓差、温差射流计算的公式见表 6－4。

表 6－4　浓差、温差射流的计算

段 名	参数名称	符 号	圆断面射流	平 面 射 流
主体段	轴心温差	ΔT_m	$\frac{\Delta T_m}{\Delta T_0}=\frac{0.35}{\frac{as}{d_0}+0.147}$	$\frac{\Delta T_m}{\Delta T_0}=\frac{1.032}{\sqrt{\frac{as}{b_0}+0.41}}$
	质量平均温差	ΔT_2	$\frac{\Delta T_2}{\Delta T_0}=\frac{0.23}{\frac{as}{d_0}+0.147}$	$\frac{\Delta T_2}{\Delta T_0}=\frac{0.833}{\sqrt{\frac{as}{b_0}+0.41}}$
	轴心浓差	Δx_m	$\frac{\Delta x_m}{\Delta x_0}=\frac{0.35}{\frac{as}{d_0}+0.147}$	$\frac{\Delta x_m}{\Delta x_0}=\frac{1.032}{\sqrt{\frac{as}{b_0}+0.41}}$
	质量平均浓差	Δx_2	$\frac{\Delta x_2}{\Delta x_0}=\frac{0.23}{\frac{as}{d_0}+0.147}$	$\frac{\Delta x_2}{\Delta x_0}=\frac{0.833}{\sqrt{\frac{as}{b_0}+0.41}}$
起始段	质量平均温差	ΔT_2	$\frac{\Delta T_2}{\Delta T_0}=\frac{1}{1+0.76\frac{as}{r_0}+1.32\left(\frac{as}{r_0}\right)^2}$	$\frac{\Delta T_2}{\Delta T_0}=\frac{1}{1+0.43\frac{as}{b_0}}$
	质量平均浓差	Δx_2	$\frac{\Delta x_2}{\Delta x_0}=\frac{1}{1+0.76\frac{as}{r_0}+1.32\left(\frac{as}{r_0}\right)^2}$	$\frac{\Delta x_2}{\Delta x_0}=\frac{1}{1+0.43\frac{as}{b_0}}$
	轴线轨迹方程		$\frac{y}{d_0}=\frac{x}{d_0}\tan\alpha+Ar\left(\frac{x}{d_0\cos\alpha}\right)^2\times\left(0.51\frac{ax}{d_0\cos\alpha}+0.35\right)$	$\frac{y}{2b_0}=\frac{0.226Ar\left(a\frac{x}{2b_0}+0.205\right)^{5/2}}{a^2\sqrt{T_1/T_0}}$ $\frac{y}{2b_0}\cdot\frac{\sqrt{T_1/T_0}}{Ar}=\frac{0.226}{a^2}\left(a\frac{x}{2b_0}+0.205\right)^{5/2}$

四、射流弯曲

温差射流或浓差射流由于密度与周围介质不同，所受的重力与浮力不相平衡，使整个射

流将发生向下或向上弯曲；但整个射流仍可看作是对称于轴心线。因此，了解轴心线的弯曲轨迹，便可得出整个弯曲的射流。

这里采用近似处理方法：取轴心线上的单位体积流体作为研究对象，只考虑受重力与浮力作用，应用牛顿第二定律导出公式。

设有一热射流自直径为 d_0 的喷嘴喷出，射流轴线与水平线成 α 角，现分析弯曲轨迹。图 6－7 所给 A 点即为轴心线上单位体积射流，其上所受重力为 $\rho_m g$；浮力为 $\rho_e g$。则总的向上合力为 $(\rho_e-\rho_m)g$。根据牛顿第二定律，有

$$F=(\rho_e-\rho_m)g=\rho_m j$$

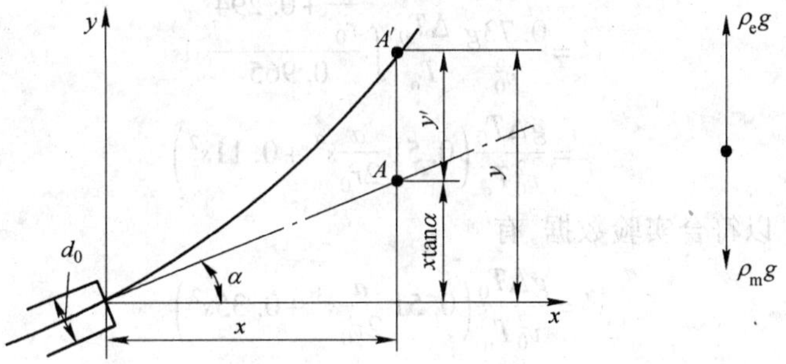

图 6－7　射流轴线的弯曲

$$j=\frac{\rho_e-\rho_m}{\rho_m}\cdot g$$

式中，j 为垂直向上的加速度。图 6－7 中射流轴心 A 点偏离的纵向距离为 y'，则 y' 和射流的垂直分速度 u_y、垂直加速度三者之间的关系为

$$j=\frac{du_y}{dt}=\frac{d^2y'}{dt^2},u_y=\int j dt$$

$$y'=\int u_y dt=\int dt\int j dt$$

将 j 代入，得

$$y'=\int dt\int\left(\frac{\rho_e}{\rho_m}-1\right)g dt$$

气体在等压条件下，有 $\rho g T=$ 常数。则

$$\frac{\rho_e g}{\rho_m g}=\frac{T_m}{T_e},\frac{\rho_e}{\rho_m}=\frac{T_m}{T_e}$$

$$\frac{\rho_e}{\rho_m}-1=\frac{T_m}{T_e}-1=\frac{T_m-T_e}{T_e}=\frac{\Delta T_m}{\Delta T_0}\frac{\Delta T_0}{\Delta T_e}$$

将轴心温差换为轴心速度关系，应用式（6－5）和式（6－16），得

$$\frac{\rho_e}{\rho_m}-1=0.73\left(\frac{v_m}{v_0}\right)\frac{\Delta T_0}{T_e}$$

$$y'=\int dt\int 0.73\left(\frac{v_m}{v_0}\right)\left(\frac{\Delta T_0}{T_e}\right)g dt$$

$$=\frac{0.73g}{v_0}\frac{\Delta T_0}{T_e}\int dt\int v_m dt$$

因为
$$v_m = \frac{ds}{dt}$$

积分
$$\int dt \int v_m dt = \int s dt \frac{1}{v_0} \int \frac{v_0}{v_m} v_m s dt = \frac{1}{v_0} \int \frac{v_0}{v_m} \frac{ds}{dt} s dt$$
$$= \frac{1}{v_0} \int \frac{v_0}{v_m} s ds$$

再将$\frac{v_m}{v_0}$的倒数代入，且一并代入y'式，得

$$y' = \frac{0.73g}{v_0^2} \frac{\Delta T_0}{T_e} \int \frac{\frac{as}{r_0} + 0.294}{0.965} s ds$$
$$= \frac{g \Delta T_0}{v_0^2 T_e} \left(0.51 \frac{a}{2r_0} s^3 + 0.11 s^2 \right)$$

将0.11改为0.35以符合实验数据，有

$$y' = \frac{g \Delta T_0}{v_0^2 T_e} \left(0.51 \frac{a}{2r_0} s^3 + 0.35 s^2 \right) \tag{6-19}$$

式(6-19)给出了射流轴心轨迹偏离值y'随s变化的规律。如以图6-7所示的坐标表示，$s = \frac{x}{\cos\alpha}$；且以喷嘴直径d_0除之，便得出无因次轨迹方程为

$$\frac{y}{d_0} = \frac{x}{d_0}\tan\alpha + \left(\frac{g d_0 \Delta T_0}{v_0^2 T_e} \right) \left(\frac{x}{d_0 \cos\alpha} \right)^2 \left(0.51 \frac{ax}{d_0 \cos\alpha} + 0.35 \right)$$

式中，$\frac{g d_0 \Delta T_0}{v_0^2 T_e} = Ar$，为阿基米德(Archimedes)准数，于是上式变为

$$\frac{y}{d_0} = \frac{x}{d_0}\tan\alpha + Ar \left(\frac{x}{d_0 \cos\alpha} \right)^2 \left(0.51 \frac{ax}{d_0 \cos\alpha} + 0.35 \right) \tag{6-20}$$

对于平面射流，有

$$\frac{\bar{y}}{Ar} \cdot \sqrt{\frac{T_e}{T_0}} = \frac{0.226}{a^2} (a \bar{x} + 0.205)^{5/2} \tag{6-20a}$$

式中

$$\bar{y} = \frac{y}{2b_0},\ \bar{x} = \frac{x}{2b_0}$$

【例6-2】 要求空气沐浴地带宽度$b = 1$m，周围气体中的有毒物质量浓度$x_e = 0.06$mg/L，室外空气中$x_0 = 0$。工作地带允许质量浓度$x_m = 0.02$mg/L。今用一平面喷嘴送风，$a = 0.2$。求喷嘴b_0及工作地带距喷嘴的距离s。

【解】 出口浓度差 $\Delta x_0 = x_0 - x_e = 0 - 0.06 = -0.06$mg/L，

轴心浓度差 $\Delta x_m = x_m - x_e = 0.02 - 0.06 = -0.04$mg/L

根据平面射流计算公式

$$\frac{\Delta x_m}{\Delta x_0} = \frac{1.032}{\sqrt{\frac{as}{b_0} + 0.41}}$$

$$\sqrt{\frac{as}{b_0}+0.41}=1.032\frac{\Delta x_m}{\Delta x_0}=1.032\times\frac{0.06}{0.04}=1.548$$

$$\frac{b}{b_0}=2.44\left(\frac{as}{b_0}+0.41\right)$$

所以

$$b_0=\frac{b}{2.44\left(\frac{as}{b_0}+0.41\right)}=\frac{1}{2.44\times1.548^2}=0.17\text{m}$$

$$s=(1.548^2-0.41)\frac{b_0}{a}=(1.548^2-0.41)\times\frac{0.17}{0.2}=1.69\text{m}$$

【例6-3】 室外空气经墙壁上 $H=6\text{m}$ 处扁平窗口射入室内，$b_0=0.3\text{m}$，室外温度 $t_0=0℃$，室内温度 $t_e=25℃$，窗口处速度为 2m/s，求距墙壁 6m 处的 v_2，t_2 及冷射流轴心坐标。

【解】 取 $a=0.108$

$$\Delta T_0=0-25=-25$$

$$T_0=273\text{K}$$

$$\sqrt{\frac{as}{b_0}+0.41}=\sqrt{\frac{0.118\times6}{0.3}+0.41}=1.664$$

质量平均流速 v_2

$$v_2=\frac{0.833u_0}{\sqrt{\frac{as}{b_0}+0.41}}=\frac{0.833\times2}{1.664}=1\text{m/s}$$

质量平均温差 ΔT_2 为

$$\Delta T_2=\frac{0.833\Delta T_0}{\sqrt{\frac{as}{b_0}+0.41}}=\frac{0.833\times(-25)}{1.664}=-12.5$$

所以

$$t_2=-12.5+25=12.5℃$$

射流轴心轨迹

$$\frac{y}{2b_0}\cdot\frac{\sqrt{T_e/T_0}}{Ar}=\frac{0.226}{a^2}\left(\frac{ax}{2b_0}+0.205\right)^{5/2}$$

式中

$$\sqrt{T_e/T_0}=\sqrt{\frac{25+273}{273}}=1.045$$

$$Ar=\frac{g\cdot2b\cdot\Delta T_0}{V_0^2T_e}=\frac{9.81\times0.6\times(-25)}{4\times298}=-0.123$$

$$\frac{ax}{2b_0}+0.205=\frac{0.118\times6}{0.6}+0.205=1.385$$

代入轨迹方程

$$\frac{y}{0.6}\times\frac{1.045}{-0.123}=\frac{0.226}{0.118^2}\times(1.385)^{2.5}$$

解得

$$y=-2.588\text{m}$$

习　题

6-1　喷口直径为 400mm 的圆形射流，以 6m/s 均匀分布的流速射出，求离喷口 3m 处射流的半径 R、流量

Q、轴线流速 v_m 和质量平均流速 v_2。

6-2 圆形射流喷口半径 $R_0=200\text{mm}$，今要求射程 12m 处距轴线 $y=1.5\text{m}$ 的地方流速为 3m/s，求喷口流量。

6-3 用一平面射流将清洁空气喷入有害气体密度 $x_e=0.05\text{mg/L}$ 的环境中，工作地点允许轴线浓度为 0.02mg/L，并要求射流宽度不小于 1.5m，求喷口宽度及喷口至工作地点的距离，设紊流系数 $a=0.118$。

注：$\dfrac{\Delta x_m}{\Delta x_0}=\dfrac{0.833}{\sqrt{\dfrac{as}{b_0}+0.41}}$。

6-4 用轴流风机水平送风，风机出口直径 $d_0=600\text{mm}$，出口风速为 10m/s，求距出口 10m 处的轴心速度和风量。

6-5 已知空气淋浴地带要求射流半径为 1.2m，质量平均流速 $v_2=3\text{m/s}$。圆形喷嘴直径为 0.3m。求(1)喷口至工作地带的距离 s；(2)喷嘴流量。

6-6 工作地点质量平均风速要求 3m/s，工作面直径 $D=2.5\text{m}$，送风温度为 15℃，车间空气温度 30℃，要求工作地点的质量平均温度降到 25℃，采用带导叶的轴流风机，其紊流系数 $a=0.12$。求(1)风口的直径及速度；(2)风口到工作面的距离。

6-7 室外空气以射流方式，由位于热车间墙上离地板 7.0m 处的孔口送入。孔口高 0.35m，长 12m。室外空气的温度为 -10℃，室内空气温度为 20℃，射流初速度为 2m/s，求地板上的温度。

第七章　不可压缩流体动力学基础

在前面的章节中，我们主要讨论了理想流体和黏性流体的一元流动，为解决工程实际中大量存在的一元流动问题奠定了理论基础。但是，许多实际流体的流动差不多都是空间的流动，即流场中流体的速度和压强等流动参数在两个或三个坐标轴方向都发生变化。本章论述流体的三元流动，主要内容是有关流体运动的基本概念、基本原理以及描述不可压缩流体流动的基本方程和定解条件。

前述流体静力学和一元流动的基本方程，即是本章三元流动的基本方程在一元流动特殊条件下的简化。

第一节　流体微团运动的分析

从理论力学知道，刚体的运动可以分解为平移和旋转两种基本运动。流体运动要比刚体运动复杂得多，流体微团基本运动形式有平移运动、旋转运动和变形运动等，而变形运动又包括线变形和角变形两种。

流体微团的运动形式和微团内各点速度的变化有关。为了便于讨论，先研究二元流动的情况。设方形流体微团中心点 M 的流速分量为 u_x 和 u_y（见图 7－1），则微团各侧边的中点 A,B,C,D 的流速分量如下：

M	A	B	C	D
u_x	$u_x-\frac{\partial u_x}{\partial x}\cdot\frac{dx}{2}$	$u_x+\frac{\partial u_x}{\partial y}\cdot\frac{dy}{2}$	$u_x+\frac{\partial u_x}{\partial x}\cdot\frac{dx}{2}$	$u_x-\frac{\partial u_x}{\partial y}\cdot\frac{dy}{2}$
u_y	$u_y-\frac{\partial u_y}{\partial x}\cdot\frac{dx}{2}$	$u_y+\frac{\partial u_y}{\partial y}\cdot\frac{dy}{2}$	$u_y+\frac{\partial u_y}{\partial x}\cdot\frac{dx}{2}$	$u_y-\frac{\partial u_y}{\partial y}\cdot\frac{dy}{2}$

可见，微团上每一点的速度都包含中心点的速度以及由于坐标位置不同所引起的速度增量两个组成部分。

微团上各点公有的分速度 u_x 和 u_y 使它们在 dt 时间内均沿 x 方向移动一距离 $u_x dt$，沿 y 方向移动一距离 $u_y dt$。因此，我们把中心点 M 的速度 u_x 和 u_y 定义为流体微团的平移运动速度。

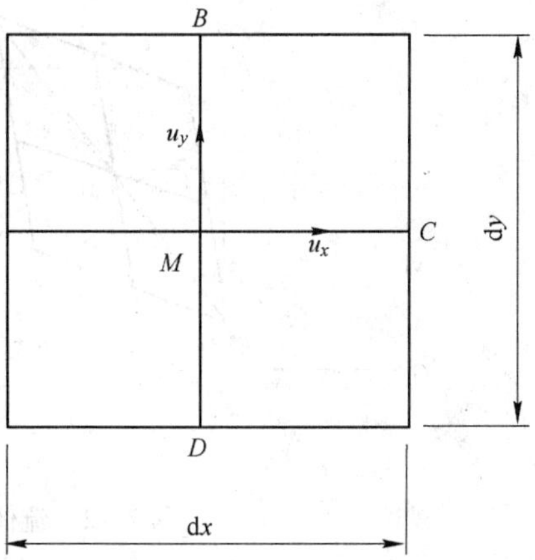

图 7－1　方形流体微团

微团左、右两侧的 A 点和 C 点沿 x 方向的速度差为 $\frac{\partial u_x}{\partial x}\cdot dx$。当速度差值为正时，微团沿 x 方向发生伸长变形；当为负时，微团沿 x 方向发生缩短变形。单位时间、单位长度的线变形称为线变

形速度。以 ε_{xx} 表示流体微团沿 x 方向的线变形速度，则

$$\varepsilon_{xx}=\frac{\frac{\partial u_x}{\partial x}\cdot \mathrm{d}x\cdot \mathrm{d}t}{\mathrm{d}x\cdot \mathrm{d}t}=\frac{\partial u_x}{\partial x}$$

同理可得沿 y 方向的线变形速度 ε_{yy} 为

$$\varepsilon_{yy}=\frac{\partial u_y}{\partial y}$$

推广到三元流动，则流体微团的线变形速度为

$$\left.\begin{aligned}\varepsilon_{xx}&=\frac{\partial u_x}{\partial x}\\ \varepsilon_{yy}&=\frac{\partial u_y}{\partial y}\\ \varepsilon_{zz}&=\frac{\partial u_z}{\partial z}\end{aligned}\right\}\qquad(7-1)$$

现在研究微团的旋转运动和角变形。

AMC 线上各点的 y 方向速度分量不相等，C 点相对于 A 点有一 y 方向速度分量的增量 $\frac{\partial u_y}{\partial x}\cdot\mathrm{d}x$。同样，$BMD$ 线上各点的 x 方向速度分量也不相等，B 点相对于 D 点有一 x 方向速度分量的增量$\frac{\partial u_x}{\partial y}\cdot\mathrm{d}y$。因而这两条直线绕中心点 M 发生旋转。同理，通过 M 点的各直线均绕 M 点发生旋转，但各直线的旋转角速度不相等。

设流体微团从初始位置 $ABCD$（见图 7－2），经 $\mathrm{d}t$ 时间后，由于上述原因运动到 $A''B''C''D''$的位置处。这个运动过程可以视为是下述两种基本运动形式的组合过程：先是流体微团绕 M 点作无角变形的旋转运动，微团由 $ABCD$ 位置旋转到 $A'B'C'D'$处（见图 7－2b），然后，由于过 M 点各直线的旋转角速度不相等而产生角变形运动，使方形微团变为菱形，最后到达 $A''B''C''D''$的位置（见图 7－2c）。

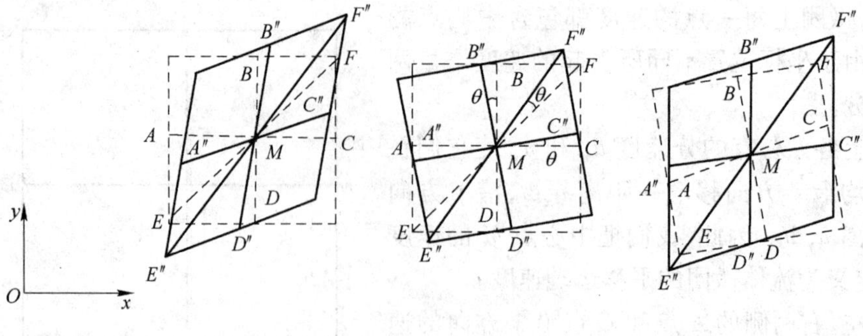

图 7－2 流体微团的旋转运动和角变形运动

设沿逆时针方向旋转为正，则 AMC 线的旋转角速度为

$$\frac{\frac{\partial u_y}{\partial x}\cdot\frac{\mathrm{d}x}{2}}{\frac{\mathrm{d}x}{2}}=\frac{\partial u_y}{\partial x}$$

BMD 线的旋转角速度为 $-\frac{\partial u_x}{\partial y}$。对角线 EMF 的旋转角速度可看成是这两条直角边的旋转角速度的平均，记为 ω_z，即

$$\omega_z=\frac{1}{2}\left(\frac{\partial u_y}{\partial x}-\frac{\partial u_x}{\partial y}\right)$$

我们把对角线 EMF 的旋转角速度定义为整个流体微团在 oxy 平面上的旋转角速度。推广到三元流动的情况，可得流体微团的旋转角速度分量为

$$\left.\begin{aligned}\omega_x&=\frac{1}{2}\left(\frac{\partial u_z}{\partial y}-\frac{\partial u_y}{\partial z}\right)\\\omega_y&=\frac{1}{2}\left(\frac{\partial u_x}{\partial z}-\frac{\partial u_z}{\partial x}\right)\\\omega_z&=\frac{1}{2}\left(\frac{\partial u_y}{\partial x}-\frac{\partial u_x}{\partial y}\right)\end{aligned}\right\}\tag{7-2}$$

因而角速度矢量为

$$\boldsymbol{\omega}=\omega_x\boldsymbol{i}+\omega_y\boldsymbol{j}+\omega_z\boldsymbol{k}$$

角速度的大小为

$$\omega=\sqrt{\omega_x^2+\omega_y^2+\omega_z^2}$$

角速度矢量的方向规定为沿微团的旋转方向按右手定则确定。

我们把直角边 AMC（或 BMD 边）与对角线 EMF 的夹角的变形速度定义为流体微团的角变形速度，并记为 ε_{xy}，因而，有

$$\begin{aligned}\varepsilon_{xy}&=\frac{\partial u_y}{\partial x}-\omega_z=\frac{\partial u_y}{\partial x}-\frac{1}{2}\left(\frac{\partial u_y}{\partial x}-\frac{\partial u_x}{\partial y}\right)\\&=\frac{1}{2}\left(\frac{\partial u_y}{\partial x}+\frac{\partial u_x}{\partial y}\right)=\varepsilon_{yx}\end{aligned}$$

对于三元流动，流体微团的角变形速度为

$$\left.\begin{aligned}\varepsilon_{xy}&=\varepsilon_{yx}=\frac{1}{2}\left(\frac{\partial u_y}{\partial x}+\frac{\partial u_x}{\partial y}\right)\\\varepsilon_{xz}&=\varepsilon_{zx}=\frac{1}{2}\left(\frac{\partial u_x}{\partial z}+\frac{\partial u_z}{\partial x}\right)\\\varepsilon_{yz}&=\varepsilon_{zy}=\frac{1}{2}\left(\frac{\partial u_z}{\partial y}+\frac{\partial u_y}{\partial z}\right)\end{aligned}\right\}\tag{7-3}$$

ε 的下标表示发生角变形所在的平面。

一般情况下，流体微团的运动是由上述四种基本运动形式复合而成的。设流体微团内某点 $M_0(x,y,z)$ 的流速分量为 u_{x0},u_{y0},u_{z0}（见图 7－3），邻近于 M_0 点的另一点 $M(x+\mathrm{d}x,y+\mathrm{d}y,z+\mathrm{d}z)$ 的流速分量为

$$u_x = u_{x0} + du_x$$
$$u_y = u_{y0} + du_y$$
$$u_z = u_{z0} + du_z$$

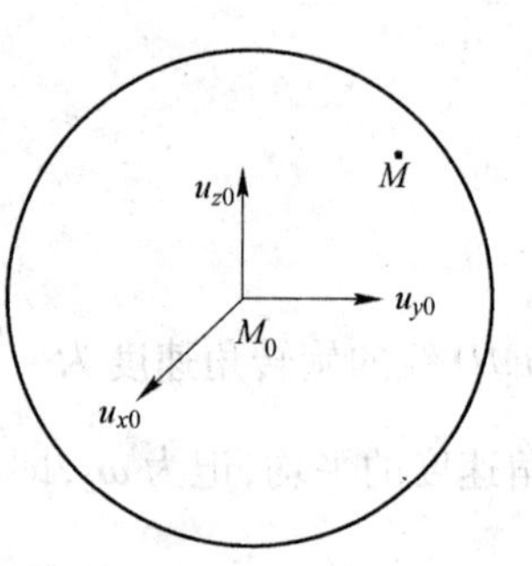

图 7－3 质点流速的分解

将速度增量 du_x 按泰勒(Tyaler)级数展开，得

$$du_x = \left(\frac{\partial u_x}{\partial x}\right)_{M_0} dx + \left(\frac{\partial u_x}{\partial y}\right)_{M_0} dy + \left(\frac{\partial u_z}{\partial z}\right)_{M_0} dz$$

于是，M 点的流速分量 u_x 又可写为

$$u_x = u_{x0} + \left(\frac{\partial u_x}{\partial x}\right)_{M_0} dx + \frac{1}{2}\left(\frac{\partial u_x}{\partial y} - \frac{\partial u_y}{\partial x}\right)_{M_0} dy + \frac{1}{2}\left(\frac{\partial u_x}{\partial y} + \frac{\partial u_y}{\partial x}\right)_{M_0} dy$$
$$+ \frac{1}{2}\left(\frac{\partial u_x}{\partial z} - \frac{\partial u_z}{\partial x}\right)_{M_0} dz + \frac{1}{2}\left(\frac{\partial u_x}{\partial z} + \frac{\partial u_z}{\partial x}\right)_{M_0} dz$$

将式(7－1)，式(7－2)和式(7－3)代入上式，得

$$u_x = u_{x0} + \varepsilon_{xx}dx - \omega_z dy + \varepsilon_{xy}dy + \omega_y dz + \varepsilon_{xz}dz$$

同理可写出其余两个速度分量的表达式。因此，M 点的速度可以表达为

$$\left.\begin{aligned} u_x &= u_{x0} - \omega_z dy + \omega_y dz + \varepsilon_{xx}dx + \varepsilon_{xy}dy + \varepsilon_{xz}dz \\ u_y &= u_{y0} - \omega_x dz + \omega_z dx + \varepsilon_{yy}dy + \varepsilon_{yz}dz + \varepsilon_{yx}dx \\ u_z &= u_{z0} - \omega_y dx + \omega_x dy + \varepsilon_{zz}dz + \varepsilon_{zx}dx + \varepsilon_{zy}dy \end{aligned}\right\} \quad (7-4)$$

上述三式中，右边第一项为平移速度，第二、三项是微团的旋转运动所产生的速度增量，第四项和第五、六项分别为线变形运动和角变形运动所引起的速度增量。可见，流体微团的运动可以分解为平移运动、旋转运动、线变形运动和角变形运动之和。这就是亥姆霍兹(Helmholtz)速度分解定理。

【例 7－1】 已知流速分布(1) $u_x = -ky, u_y = +kx, u_z = 0$；(2) $u_x = -\frac{y}{x^2+y^2}, u_y = \frac{x}{x^2+y^2}, u_z = 0$。求旋转角速度、线变形速度和角变形速度。

【解】 (1)当 $u_x = -ky, u_y = kx, u_z = 0$ 时，有

$$\frac{\partial u_x}{\partial y} = -k, \frac{\partial u_y}{\partial x} = k$$

$$\omega_z = \frac{1}{2}(k + k) = k, \omega_y = \omega_x = 0$$

$$\varepsilon_{xy} = \frac{1}{2}(k - k) = 0, \varepsilon_{zx} = \varepsilon_{yz} = 0$$

$$\varepsilon_{xx} = \varepsilon_{yy} = \varepsilon_{zz} = 0$$

表示这种流动是以角速度 k 旋转的运动。由于不存在变形速度，流体像固体那样旋转。第三章中讲述的流线方程

$$-\frac{dx}{ky} = \frac{dy}{kx}, k(xdx + ydy) = 0$$

$$x^2 + y^2 = C$$

为圆周簇。

(2)当 $u_x = -\dfrac{y}{x^2+y^2}, u_y = \dfrac{x}{x^2+y^2}, u_z = 0$ 时,有

$$\frac{\partial u_x}{\partial y} = \frac{y^2-x^2}{(x^2+y^2)^2},\ \frac{\partial u_y}{\partial x} = \frac{y^2-x^2}{(x^2+y^2)^2}$$

$$\omega_z = 0,\ \omega_y = \omega_x = 0$$

$$\varepsilon_{xy} = \frac{y^2-x^2}{(x^2+y^2)^2},\ \varepsilon_{zy} = \varepsilon_{zx} = 0$$

$$\varepsilon_{xx} = \frac{2xy}{(x^2+y^2)^2},\ \varepsilon_{yy} = -\frac{2xy}{(x^2+y^2)^2},\ \varepsilon_{zz} = 0$$

第二节　有旋流动

流体微团的旋转角速度在流场内不完全为零的流动称为有旋流动。自然界和工程中出现的流动大多数是有旋流动,例如大气中的龙卷风,管道中的流体运动,绕流物体表面的边界层及其尾部后面的流动都是有旋流动。

设流体微团的旋转角速度为 $\boldsymbol{\omega}(x,y,z,t)$,则

$$\boldsymbol{\Omega} = 2\boldsymbol{\omega} = \Omega_x \boldsymbol{i} + \Omega_y \boldsymbol{j} + \Omega_z \boldsymbol{k} \tag{7-5}$$

称为涡量,其中 Ω_x,Ω_y 和 Ω_z 是涡量 Ω 在 x,y,z 坐标上的投影。由定义可知

$$\left.\begin{aligned} \Omega_x &= \frac{\partial u_z}{\partial y} - \frac{\partial u_y}{\partial z} \\ \Omega_y &= \frac{\partial u_x}{\partial z} - \frac{\partial u_z}{\partial x} \\ \Omega_z &= \frac{\partial u_y}{\partial x} - \frac{\partial u_x}{\partial y} \end{aligned}\right\} \tag{7-6}$$

显然,涡量是空间坐标和时间的矢量函数:$\boldsymbol{\Omega} = \boldsymbol{\Omega}(x,y,z,t)$。因此,它也构成一个向量场,称为涡量场。

由于哈米尔顿(Hamilton)算子∇是一矢量微分算子,

$$\nabla \times \boldsymbol{u} = \begin{vmatrix} i & j & k \\ \dfrac{\partial}{\partial x} & \dfrac{\partial}{\partial y} & \dfrac{\partial}{\partial z} \\ u_x & u_y & u_z \end{vmatrix}$$

$$= \left(\frac{\partial u_z}{\partial y} - \frac{\partial u_y}{\partial z}\right)\boldsymbol{i} + \left(\frac{\partial u_x}{\partial z} - \frac{\partial u_z}{\partial x}\right)\boldsymbol{j} + \left(\frac{\partial u_y}{\partial x} - \frac{\partial u_x}{\partial y}\right)\boldsymbol{k}$$

所以

$$\boldsymbol{\Omega} = \nabla \times \boldsymbol{u} \tag{7-7}$$

从而

$$\nabla \cdot \boldsymbol{\Omega} = \nabla \cdot (\nabla \times \boldsymbol{u}) = 0 \tag{7-8}$$

或

$$\frac{\partial \Omega_x}{\partial x} + \frac{\partial \Omega_y}{\partial y} + \frac{\partial \Omega_z}{\partial z} = 0 \tag{7-9}$$

上式称为涡量连续性微分方程。

在涡量场中可以画出表征某一瞬时流体质点的旋转角速度向量方向的曲线，称为涡线。在给定瞬时，涡线上各点的角速度向量在该点处与涡线相切。沿涡线取一微小线段 ds，由于涡线与角速度向量的方向一致，所以，ds 沿三个坐标轴方向的分量 dx, dy, dz 必然和角速度向量的三个分量 $\omega_x, \omega_y, \omega_z$ 成正比，即

$$\frac{dx}{\omega_x}=\frac{dy}{\omega_y}=\frac{dz}{\omega_z} \tag{7-10}$$

这就是涡线的微分方程。

【例 7-2】　当 x 坐标选在管轴时，管中层流运动的流速函数证明为

$$u_y=u_z=0,\ u_x=\frac{gJ}{4\nu}(r_0^2-r^2)$$

$$=\frac{gJ}{4\nu}[r_0^2-(y^2+z^2)]$$

式中，J 为水力坡度，求涡线微分方程。

【解】　角速度分量

$$\omega_x=\frac{1}{2}\left(\frac{\partial u_z}{\partial y}-\frac{\partial u_y}{\partial z}\right)=0$$

$$\omega_y=\frac{1}{2}\left(\frac{\partial u_x}{\partial z}-\frac{\partial u_z}{\partial x}\right)=-\frac{gJ}{4\nu}z$$

$$\omega_z=\frac{1}{2}\left(\frac{\partial u_y}{\partial x}-\frac{\partial u_x}{\partial y}\right)=\frac{gJ}{4\nu}y$$

涡线微分方程

$$\frac{dx}{\omega_x}=\frac{dy}{\omega_y}=\frac{dz}{\omega_z}$$

代入角速度分量

$$\frac{dy}{-\frac{gJ}{4\nu}z}=\frac{dz}{\frac{gJ}{4\nu}y}$$

$$ydy+zdz=0$$

$$z^2+y^2=C$$

涡线是和管轴同轴的同心圆。

在涡量场中任意画一封闭曲线，通过这条曲线上的每一点所作出的涡线构成一管状的曲面，称为涡管。若曲线无限大，则称为微元涡管。

设 A 为涡量场中一开口曲面，微元面 dA 的外法线单位向量为 $\boldsymbol{n}$，涡量在 $\boldsymbol{n}$ 方向上的投影为 Ω_n，则面积分

$$J=\int_A \boldsymbol{\Omega}\cdot d\boldsymbol{A}=\int_A \Omega_n dA$$

$$=\int_A \Omega_x dydz+\Omega_y dzdx+\Omega_z dxdy \tag{7-11}$$

称为涡通量。

有旋流动的一个重要的运动学性质是：在同一瞬间，通过同一涡管的各截面的涡通量相

等。这一性质可表示为

$$\int_{A_1}\Omega_n \mathrm{d}A = \int_{A_2}\Omega_n \mathrm{d}A \tag{7-12}$$

证明如下：

在某一瞬时取一涡管段如图7-4所示，这段涡管的表面面积A包括截面A_1、A_2和侧面A_3三部分。因而，通过这一封闭曲面的涡通量为

$$J = \int_A \boldsymbol{\Omega}\cdot \mathrm{d}\boldsymbol{A} = \int_{A_1}\boldsymbol{\Omega}\cdot \mathrm{d}\boldsymbol{A} + \int_{A_2}\boldsymbol{\Omega}\cdot \mathrm{d}\boldsymbol{A} + \int_{A_3}\boldsymbol{\Omega}\cdot \mathrm{d}\boldsymbol{A}$$

根据涡管的定义，涡线总是垂直于涡管的法线，因此，上式右边第三项为零；在截面A_1上涡量向量与截面的外法线方向相反。因此，上式可整理为

$$J = -\int_{A_1}\Omega_n\cdot \mathrm{d}A + \int_{A_2}\Omega_n\cdot \mathrm{d}A$$

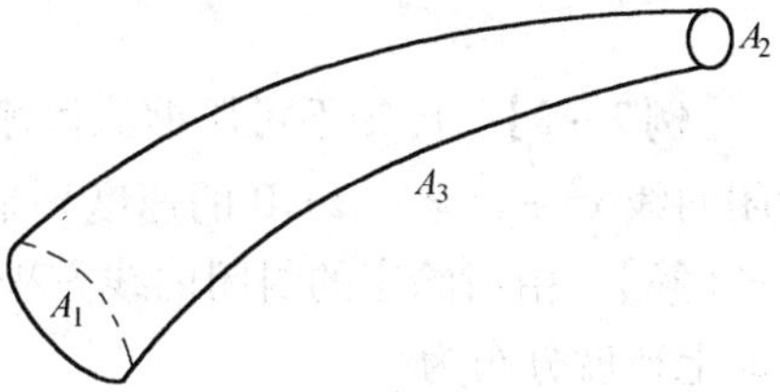

图7-4　涡管段

运用高斯(Gauss)公式和式(7-8)得

$$\int_A \Omega\cdot \mathrm{d}\boldsymbol{A} + \int_V \nabla\cdot \boldsymbol{\Omega}\mathrm{d}V = 0$$

式中，V是封闭曲面A所包围的体积。因此得

$$-\int_{A_1}\Omega_n\cdot \mathrm{d}A + \int_{A_2}\Omega_n \mathrm{d}A = 0$$

此式即式(7-12)，证毕。

对于微元涡管，可以近似地认为截面上各点的涡量为常数，因而由式(7-12)得

$$\Omega_1 A_1 = \Omega_2 A_2$$

或

$$\omega_1 A_1 = \omega_2 A_2 \tag{7-13}$$

由上式可见，微元涡管截面愈小的地方，流体的旋转角速度愈大。由于流体的旋转角速度不可能为无穷大，所以涡管截面不可能收缩为零。也就是说，涡管不可能在流体内部开始或终止，而只能在流体中自行封闭成涡环，或者终止于和开始于边界面，例如自然界中的龙卷风开始于地面，终止于云层。

由上述分析可见，对于有旋流动，其流动空间既是速度场，又是涡量场。涡量场中的涡线、涡管、涡通量等概念分别于流速场中的流线、流管、流量等概念相对应，而涡线方程和涡管的涡通量方程则分别与流线方程和元流连续性方程相对应。

通常，涡通量是利用速度环量这个概念来计算的。在流场中任取一封闭曲线s，则流速沿曲线s的积分

$$\Gamma = \oint_s \boldsymbol{u}\cdot \mathrm{d}\boldsymbol{s} = \oint_s u_x \mathrm{d}x + u_y \mathrm{d}y + u_z \mathrm{d}z \tag{7-14}$$

称为曲线s上的速度环量。并规定积分沿s逆时针方向绕行为s的正方向。

一、斯托克斯(Stokes)定理

根据斯托克斯公式，有

$$\oint_s u_x \mathrm{d}x + u_y \mathrm{d}y + u_z \mathrm{d}z = \oint_A\left[\left(\frac{\partial u_z}{\partial y} - \frac{\partial u_y}{\partial z}\right)\mathrm{d}y\mathrm{d}z + \left(\frac{\partial u_x}{\partial z} - \frac{\partial u_z}{\partial x}\right)\mathrm{d}z\mathrm{d}x + \left(\frac{\partial u_y}{\partial x} - \frac{\partial u_x}{\partial y}\right)\mathrm{d}x\mathrm{d}y\right]$$

或写为

$$\oint_s \boldsymbol{u} \cdot \mathrm{d}\boldsymbol{s} = \int_A \Omega_x \mathrm{d}A_x + \Omega_y \mathrm{d}A_y + \Omega_z \mathrm{d}A_z$$

$$= \int_A \Omega_n \mathrm{d}A \quad (7-15)$$

式中，s 为流场中任意封闭曲线；A 是曲线 s 所围成的曲面；$\boldsymbol{u}$ 是曲面 A 的外法线单位向量。

式(7－15)称为斯托克斯定理。定理给出了速度环量和涡通量之间的关系：沿任意封闭曲线 s 的速度环量等于通过以该曲线为边界的曲面 A 的涡通量，即

$$\Gamma_s = J_A \quad (7-15a)$$

【例 7－3】 已知不可压缩流体流场中的速度分布为：$u_x = a\sqrt{z^2+y^2}$，$u_y = u_z = 0$。求沿封闭曲线 $x^2+y^2=b^2$，$z=0$ 的速度环量。其中 a，b 是常数。

【解】 由所给定的封闭曲线方程可知该曲线是在 $z=0$ 的平面上的圆周线。在 $z=0$ 的平面上速度分布为

$$u_x = ay$$

$$u_y = u_z = 0$$

涡量分布为

$$\Omega_x = \Omega_y = 0$$

$$\Omega_z = \frac{\partial u_y}{\partial x} - \frac{\partial u_x}{\partial y} = -a$$

根据斯托克斯定理得

$$\Gamma_s = \int_A \Omega_z \mathrm{d}A_z = -\pi a b^2$$

二、汤姆逊(Thomson)定理

汤姆逊定理指出：在理想流体的涡量场中，如果质量力具有单值的势函数，那么，沿由流体质点所组成的封闭曲线的速度环量不随时间而变，即

$$\frac{\mathrm{d}\Gamma}{\mathrm{d}t} = 0 \quad (7-16)$$

推论：根据斯托克斯定理，沿曲线 s 的速度环量等于通过以 s 为边界的曲面的涡通量，故速度环量不随时间变化，这也意味着涡通量不随时间而变。因此，质量力具有单值势函数的理想流体的流动，如果在某一时刻是有旋流动，那么，在以前和以后也是有旋流动；如果在某一时刻是无旋流动，那么，在以前和以后也是无旋流动。也就是说，这种流体的涡旋具有不生、不灭的性质。

第三节　不可压缩流体连续性微分方程

和一元流连续性方程相似，三元流连续性微分方程的推导，是在流场中选取边长为 dx，dy，dz 的正六面微元控制体(见图 7－5)，写出流出和流入该空间的质量流量平衡条件。由于流体不可压缩，质量流量平衡条件可用体积流量平衡条件来代替，即在 dt 时间内流出和流入微元控制体的净流体积为零。

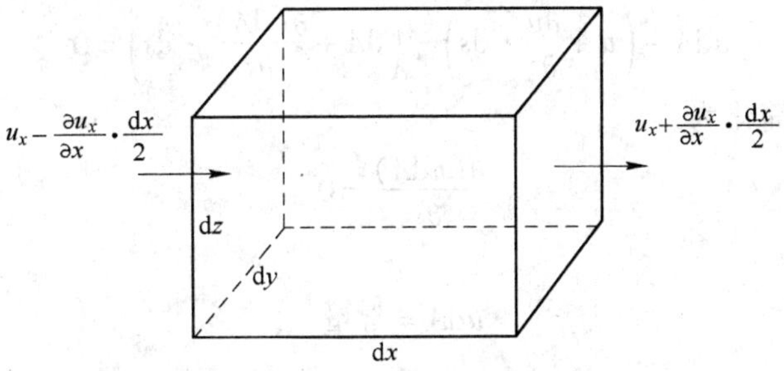

图 7－5　微元控制体的流量平衡

设控制体中心的坐标为 x,y,z，中心点的速度为 u_x,u_y,u_z，则控制体左侧面中心点沿 x 方向速度为 $u_x-\frac{\partial u_x}{\partial x}\cdot\frac{dx}{2}$，右侧面中心点沿 x 方向的流速为 $u_x+\frac{\partial u_x}{\partial x}\cdot\frac{dx}{2}$。因而在 d$t$ 时间内，沿 x 方向流出和流入微元控制体的净流体体积为

$$\left(u_x+\frac{\partial u_x}{\partial x}\cdot\frac{dx}{2}\right)dydzdt-\left(u_x-\frac{\partial u_x}{\partial x}\cdot\frac{dx}{2}\right)dydzdt$$
$$=\frac{\partial u_x}{\partial x}dxdydzdt$$

同理，在时间 dt 内沿 y,z 方向流出和流入微元控制体的净流体体积分别为

$$\frac{\partial u_y}{\partial y}dxdydzdt$$

$$\frac{\partial u_z}{\partial z}dxdydzdt$$

根据不可压缩流体连续性条件，在 dt 时间内沿 x,y,z 方向流出和流入微元控制体的净流体体积之和为零，即

$$\left(\frac{\partial u_x}{\partial x}+\frac{\partial u_y}{\partial y}+\frac{\partial u_z}{\partial z}\right)dxdydzdt=0$$

因而

$$\frac{\partial u_x}{\partial x}+\frac{\partial u_y}{\partial y}+\frac{\partial u_z}{\partial z}=0 \tag{7-17}$$

这就是不可压缩流体的连续性微分方程。这个方程对恒定流和非恒定流都适用。

对于如图 7－6 所示的一元流动，单位时间内流进和流出微元段 ds 内的流体体积之和为

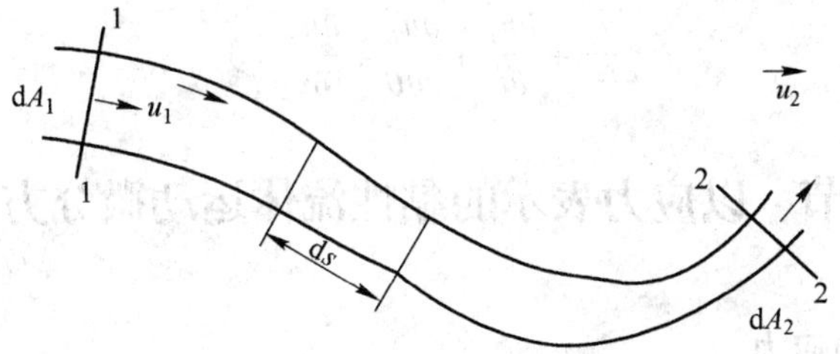

图 7－6　微小流束的流量平衡

$$udA-\left(u+\frac{\partial u}{\partial s}\cdot ds\right)\cdot\left(dA+\frac{\partial(dA)}{\partial s}\cdot ds\right)=0$$

略去高阶项后,上式简化为

$$\frac{\partial(udA)}{\partial s}=0$$

因此得

$$udA=常量 \tag{7-18}$$

或写为

$$u_1dA_1=u_2dA_2$$

上式即为一元流动的连续性方程式。

【例7-4】 管中流体作均匀流动,是否满足连续性方程?

【解】 管中流动作均匀流动 $u_y=u_z=0$,沿 x 方向流速不变,说明 u_x 与 x 无关,它只能是 y、z 的函数,$u_x=f(y,z)$,则

$$\frac{\partial u_x}{\partial x}+\frac{\partial u_y}{\partial y}+\frac{\partial u_z}{\partial z}=\frac{\partial f(y,z)}{\partial x}+0+0=0$$

因此满足连续性方程。即在均匀流条件下,不管断面流速如何分布,均满足连续性条件。

【例7-5】 试证流速为(1)$u_x=-ky,u_y=kx,u_z=0$;(2)$u_x=-\frac{y}{x^2+y^2},u_y=\frac{x}{x^2+y^2}$,$u_z=0$ 的流动满足连续性条件。

【解】

(1) $u_x=-ky,u_y=kx,u_z=0$

因
$$\frac{\partial u_x}{\partial x}=0,\frac{\partial u_y}{\partial y}=0,\frac{\partial u_z}{\partial z}=0$$

则
$$\frac{\partial u_x}{\partial x}+\frac{\partial u_y}{\partial y}+\frac{\partial u_z}{\partial z}=0$$

(2) $u_x=-\frac{y}{x^2+y^2},u_y=\frac{x}{x^2+y^2},u_z=0$

$$\frac{\partial u_x}{\partial x}=\frac{2xy}{(x^2+y^2)^2},\ \frac{\partial u_y}{\partial y}=\frac{-2xy}{(x^2+y^2)^2}$$

则
$$\frac{\partial u_x}{\partial x}+\frac{\partial u_y}{\partial y}+\frac{\partial u_z}{\partial z}=0$$

两种流动均满足连续性条件。

在专业流体力学问题中,主要是指在旋转运动的分析中,采用柱坐标的形式更为方便。用类似于直角坐标系下的推导方法,可得不可压缩流体柱坐标形式下的连续性方程,其方程为

$$\frac{u_r}{r}+\frac{\partial u_r}{\partial r}+\frac{\partial u_\theta}{r\partial\theta}+\frac{\partial u_z}{\partial z}=0 \tag{7-19}$$

第四节 以应力表示的黏性流体运动微分方程式

一、黏性流体的内应力

黏性流体在运动时,表面力不仅有法向应力,还有切向应力,因此黏性流体的表面力并

不垂直于作用面。如在任一点取一微小的正六面体，如图 7－7 所示，作用在平面 *ABCD* 的应力有法向应力 p_{xx} 与切向应力 τ_{xy} 和 τ_{xz}。应力符号的第一个脚标表示作用面的外法线方向，第二个脚标表示应力方向。可以证明，流场内任一点的应力状况，即该点的三个相互垂直的作用面上的九个应力分量为：

$$\begin{matrix} p_{xx} & \tau_{xy} & \tau_{xz} \\ \tau_{yx} & p_{yy} & \tau_{yz} \\ \tau_{zx} & \tau_{zy} & p_{zz} \end{matrix}$$

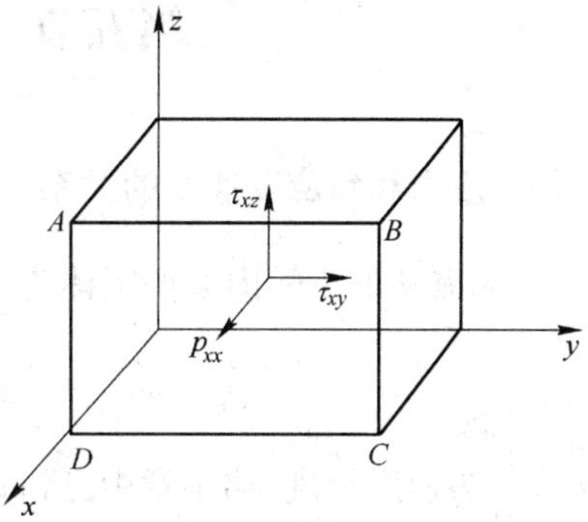

图 7－7　应力的符号

二、以应力表示的运动微分方程

在黏性流体中取一边长为 d*x*，d*y*，d*z* 的长方体，见图 7－8。各表面应力的方向如图所示。为清晰起见，其中两个面上的应力符号未标，读者可自行写出。需注意的是，各应力的值均为代数值，正值表示应力沿相应坐标轴的正向。由于流体不能承受拉力，所以 p_{xx}，p_{yy}，p_{zz} 必为负值。由牛顿第二定律，*x* 方向的运动微分方程为

$$\rho X\mathrm{d}x\mathrm{d}y\mathrm{d}z + p_{xx}\mathrm{d}y\mathrm{d}z + \left[-\left(p_{xx} - \frac{\partial p_{xx}}{\partial x}\mathrm{d}x\right)\mathrm{d}y\mathrm{d}z\right] + \tau_{yx}\mathrm{d}x\mathrm{d}z + \left[-\left(\tau_{yx} - \frac{\partial \tau_{yx}}{\partial y}\mathrm{d}y\right)\mathrm{d}x\mathrm{d}z\right] +$$

$$\tau_{zx}\mathrm{d}x\mathrm{d}y + \left[-\left(\tau_{zx} - \frac{\partial \tau_{zx}}{\partial z}\mathrm{d}z\right)\mathrm{d}x\mathrm{d}y\right] = \rho\mathrm{d}x\mathrm{d}y\mathrm{d}z\frac{\mathrm{d}u_x}{\mathrm{d}t}$$

化简后，得

$$X + \frac{1}{\rho}\frac{\partial p_{xx}}{\partial x} + \frac{1}{\rho}\left(\frac{\partial \tau_{yx}}{\partial y} + \frac{\partial \tau_{zx}}{\partial z}\right) = \frac{\mathrm{d}u_x}{\mathrm{d}t} \tag{7-20}$$

同理可得

$$Y + \frac{1}{\rho}\frac{\partial p_{yy}}{\partial y} + \frac{1}{\rho}\left(\frac{\partial \tau_{zy}}{\partial z} + \frac{\partial \tau_{xy}}{\partial x}\right) = \frac{\mathrm{d}u_y}{\mathrm{d}t}$$

$$Z + \frac{1}{\rho}\frac{\partial p_{zz}}{\partial z} + \frac{1}{\rho}\left(\frac{\partial \tau_{xz}}{\partial x} + \frac{\partial \tau_{yz}}{\partial y}\right) = \frac{\mathrm{d}u_z}{\mathrm{d}t} \tag{7-20a}$$

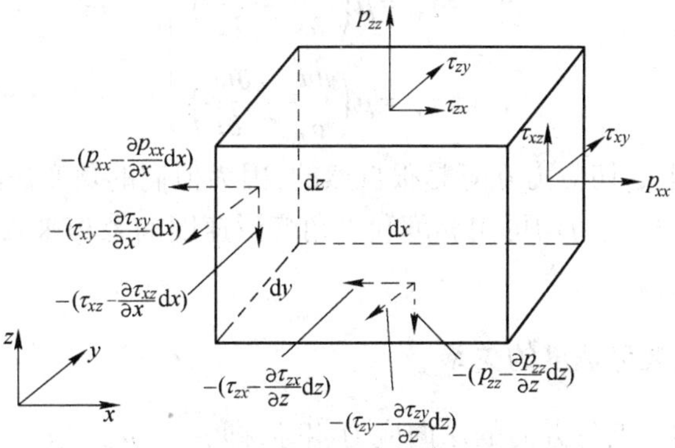

图 7－8　表面应力示意图

这就是以应力表示的黏性流体运动微分方程式。式中密度 ρ 对于不可压缩流体是常量，通常单位质量力 *X*、*Y*、*Z* 也是已知量，九个应力和三个速度分量是未知量。式(7－20)中的三个方程加上连续性方程共四个方程，不足以求解这十二个未知量，需要补充关系式，使方程

组封闭，这些封闭条件就是连续介质力学中所谓的本构方程，即下一节所述的应力和变形速度的关系式。在实用上，测量流动流体承受的应力是困难的，因此希望将未知量中的应力用较易测量的速度分量替代。

第五节 应力和变形速度的关系

一、应力和角应变速度的关系

一元流动的牛顿内摩擦定律为

$$\tau = \mu \frac{\mathrm{d}u}{\mathrm{d}y}$$

式中，$\frac{\mathrm{d}u}{\mathrm{d}y}$为速度梯度，第一章中已讨论过，流速梯度就是直角变形速度，即

$$\frac{\mathrm{d}u}{\mathrm{d}y} = \frac{\mathrm{d}\theta}{\mathrm{d}t}$$

所以牛顿内摩擦定律也可写成为

$$\tau = \mu \frac{\mathrm{d}\theta}{\mathrm{d}t}$$

这一结论也可推广到三元流动。在讨论流体微团运动时，已经给出了角变形速度的表达式，$\frac{\mathrm{d}\theta}{\mathrm{d}t}$是直角变形速度，它是角变形速度的 2 倍，在 xoy 平面上，有

$$\frac{\mathrm{d}\theta}{\mathrm{d}t} = 2\varepsilon_{xy} = \frac{\partial u_x}{\partial y} + \frac{\partial u_y}{\partial x}$$

因此对于三元流动的牛顿内摩擦定律，可以写成如下形式

$$\left.\begin{aligned} \tau_{xy} = \tau_{yx} = \mu\left(\frac{\partial u_x}{\partial y} + \frac{\partial u_y}{\partial x}\right) \\ \tau_{zx} = \tau_{xz} = \mu\left(\frac{\partial u_z}{\partial x} + \frac{\partial u_x}{\partial z}\right) \\ \tau_{zy} = \tau_{yz} = \mu\left(\frac{\partial u_z}{\partial y} + \frac{\partial u_y}{\partial z}\right) \end{aligned}\right\} \tag{7-21}$$

这里两个相互垂直面上的切应力互等是很自然的，因为他们的角变形速度相同。

式(7－21)中六个切应力均可用黏度和直角变形速度的乘积来表示，这样，就使式(7－20)中的十二个未知数消去六个。

二、法向应力和线变形速度的关系

在理想流体中，同一点各方向的法向应力相等，即 $p_{xx} = p_{yy} = p_{zz} = -p, p \geqslant 0$。在黏性流体中，黏性不仅产生与切应力有关的角变形速度，而且使线变形速度$\frac{\partial u_x}{\partial x}$、$\frac{\partial u_y}{\partial y}$、$\frac{\partial u_z}{\partial z}$也产生附加的法向应力，使一点的法向应力与作用面方位有关。

为什么变形速度能产生附加的法向应力呢？我们取边长 $\mathrm{d}x = \mathrm{d}y$、单位厚度的方块流体

微团来加以论证。为了简化论证步骤,我们对每一个线变形速度单独考虑,然后叠加。设微团只有沿 x,y 方向的线变形,因而在 AB 和 AD 面上只有法向应力作用。现在先考虑方块微团只有 x 方向的伸长变形。

微团在 x 方向作伸长变形时,BC 伸长为 BC',而对角线 AC 旋转至 AC',使 $\theta(=45°)$ 产生角变形 $d\theta$,黏性流体角变形与切应力相联系,因而必然在 AC 面上产生切应力 τ_n,如图 7－9 所示。这样线变形速度 $\frac{\partial u_x}{\partial x}$ 产生的 τ_n 必然由其他附加力加以平衡(图中的 τ_{xx} 和 p_n,在 AB 面上不会有附加切应力,否则 AB 就要旋转),这就是 AB 面上产生附加法向应力 τ_{xx} 的由来。

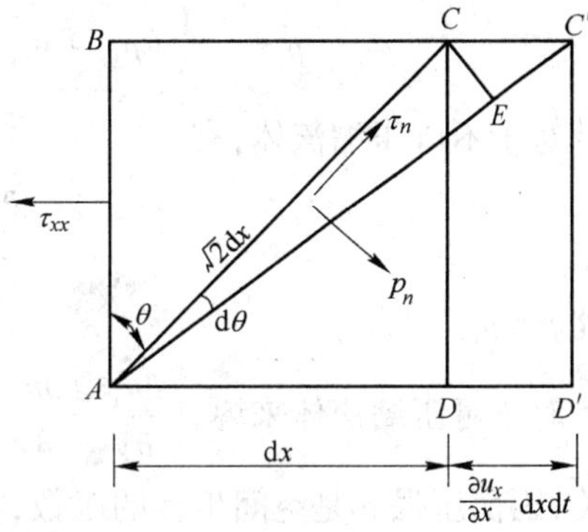

图 7－9　线变形速度产生附加法向应力

列 τ_n 方向力的平衡方程,得

$$\tau_{xx}dx\cos 45° = \tau_n\sqrt{2}dx$$

因此

$$\tau_{xx} = 2\tau_n \tag{7-22}$$

现在分析 τ_n 的大小。作 CE 垂直于 AC',因为 $d\theta$ 很小,可认为 $\angle AC'B \approx 45°$,则

$$d\theta \approx \sin d\theta = \frac{\overline{CE}}{AC} = \frac{\overline{CC'}\sin45°}{\sqrt{2}dx}$$

式中,$\overline{CC'} = \frac{\partial u_x}{\partial x}dxdt$,代入并化简后得

$$\frac{d\theta}{dt} = \frac{1}{2}\frac{\partial u_x}{\partial x}$$

由于 $d\theta$ 是 45°角的角变形速度,直角变形速度应是它的两倍,因此,有

$$\tau_n = 2\mu\frac{d\theta}{dt} = \mu\frac{\partial u_x}{\partial x}$$

代入式(7－22),则可得附加法向应力和线变形速度的关系为

$$\tau_{xx} = 2\mu\frac{\partial u_x}{\partial x} \tag{7-23}$$

同理

$$\tau_{yy} = 2\mu\frac{\partial u_y}{\partial y}$$

$$\tau_{zz} = 2\mu\frac{\partial u_z}{\partial z} \tag{7-23a}$$

线变形运动使法向应力随伸长变形而减小,于是

$$\left.\begin{aligned} p_{xx} &= -p_t + 2\mu\frac{\partial u_x}{\partial x} \\ p_{yy} &= -p_t + 2\mu\frac{\partial u_y}{\partial y} \\ p_{zz} &= -p_t + 2\mu\frac{\partial u_z}{\partial z} \end{aligned}\right\} \tag{7-24}$$

这就是黏性流体法向应力和线变形速度的关系。式中,p_t 为理想流体的压强,$p_t \geqslant 0$,它的大

小与作用面方位无关。在黏性流体中，任意一点三个互相垂直方向的法向应力一般是不等的，我们定义过任意一点三个互相垂直平面上的法向应力的平均值的负值为黏性流体在该点的压强，即

$$p = -\frac{1}{3}(p_{xx} + p_{yy} + p_{zz}) = p_t - \frac{2}{3}\mu\left(\frac{\partial u_x}{\partial x} + \frac{\partial u_y}{\partial y} + \frac{\partial u_z}{\partial z}\right) \tag{7-25}$$

对于不可压缩流体，有

$$\frac{\partial u_x}{\partial x} + \frac{\partial u_y}{\partial y} + \frac{\partial u_z}{\partial z} = 0$$

因此 $p = p_t$。

对于可压缩流体来说，$\left(\frac{\partial u_x}{\partial x} + \frac{\partial u_y}{\partial y} + \frac{\partial u_z}{\partial z}\right)$是表征质点的体积膨胀率，显然，它与坐标选择无关，因而压强 p 是空间坐标的函数，与方向无关。

将式(7-25)代入式(7-24)，消去 p_t 即可得

$$\left.\begin{aligned}
p_{xx} &= -p + 2\mu\frac{\partial u_x}{\partial x} - \frac{2}{3}\mu\left(\frac{\partial u_x}{\partial x} + \frac{\partial u_y}{\partial y} + \frac{\partial u_z}{\partial z}\right)\\
p_{yy} &= -p + 2\mu\frac{\partial u_y}{\partial y} - \frac{2}{3}\mu\left(\frac{\partial u_x}{\partial x} + \frac{\partial u_y}{\partial y} + \frac{\partial u_z}{\partial z}\right)\\
p_{zz} &= -p + 2\mu\frac{\partial u_z}{\partial z} - \frac{2}{3}\mu\left(\frac{\partial u_x}{\partial x} + \frac{\partial u_y}{\partial y} + \frac{\partial u_z}{\partial z}\right)
\end{aligned}\right\} \tag{7-26}$$

有了式(7-26)，三个法向应力变换为一个压强函数 p，进一步减少了两个变量，这样方程式(7-20)的未知数减少为四个，与方程的个数相等，所以原则上已可求解。

式(7-21)和式(7-26)统称为广义牛顿公式。

对于均匀流，设 $u_x = u(y,z)$，$u_y = u_z = 0$，流速沿流线是常数，故

$$\frac{\partial u_x}{\partial x} = \frac{\partial u_y}{\partial y} = \frac{\partial u_z}{\partial z} = 0$$

则由式(7-24)可得

$$p_{xx} = p_{yy} = p_{zz} = -p_t$$

这说明黏性流体均匀流动时，任意一点平行于流动方向的法向应力 p_{xx} 与垂直于流动方向的法向应力 p_{yy} 和 p_{zz} 相等。但这里 x、y、z 方向不是任取的，所以不能说压强与作用面的方向无关。

了解以上这些结论，对于压强的量测和流体力学问题的分析是有益的。

第六节 纳维-斯托克斯(Navier-Stokes)方程

将式(7-21)和式(7-26)代入式(7-20)，就可将式(7-20)中的应力消去。以其第一式为例，得

$$X + \frac{1}{\rho}\frac{\partial}{\partial x}\left[-p + 2\mu\frac{\partial u_x}{\partial x} - \frac{2}{3}\mu\left(\frac{\partial u_x}{\partial x} + \frac{\partial u_y}{\partial y} + \frac{\partial u_z}{\partial z}\right)\right] + \frac{\mu}{\rho}\frac{\partial}{\partial y}\left(\frac{\partial u_x}{\partial y} + \frac{\partial u_y}{\partial x}\right) + \frac{\mu}{\rho}\frac{\partial}{\partial z}\left(\frac{\partial u_z}{\partial x} + \frac{\partial u_x}{\partial z}\right) = \frac{\mathrm{d}u_x}{\mathrm{d}t}$$

整理得

$$X-\frac{1}{\rho}\frac{\partial p}{\partial x}+\frac{\mu}{\rho}\left(\frac{\partial^2 u_x}{\partial x^2}+\frac{\partial^2 u_x}{\partial y^2}+\frac{\partial^2 u_x}{\partial z^2}\right)+\frac{1}{3}\frac{\mu}{\rho}\frac{\partial}{\partial x}\left(\frac{\partial u_x}{\partial x}+\frac{\partial u_y}{\partial y}+\frac{\partial u_z}{\partial z}\right)=\frac{\mathrm{d}u_x}{\mathrm{d}t}$$

对于不可压缩流体$\frac{\partial u_x}{\partial x}+\frac{\partial u_y}{\partial y}+\frac{\partial u_z}{\partial z}=0$，代入得

$$X-\frac{1}{\rho}\frac{\partial p}{\partial x}+\nu\left(\frac{\partial^2 u_x}{\partial x^2}+\frac{\partial^2 u_x}{\partial y^2}+\frac{\partial^2 u_x}{\partial z^2}\right)=\frac{\mathrm{d}u_x}{\mathrm{d}t} \tag{7-27}$$

同理可得

$$Y-\frac{1}{\rho}\frac{\partial p}{\partial y}+\nu\left(\frac{\partial^2 u_y}{\partial x^2}+\frac{\partial^2 u_y}{\partial y^2}+\frac{\partial^2 u_y}{\partial z^2}\right)=\frac{\mathrm{d}u_y}{\mathrm{d}t}$$

$$Z-\frac{1}{\rho}\frac{\partial p}{\partial z}+\nu\left(\frac{\partial^2 u_z}{\partial x^2}+\frac{\partial^2 u_z}{\partial y^2}+\frac{\partial^2 u_z}{\partial z^2}\right)=\frac{\mathrm{d}u_z}{\mathrm{d}t} \tag{7-27a}$$

这就是不可压缩黏性流体的运动微分方程,称为纳维－斯托克斯方程,是不可压缩流体最普遍的运动微分方程。

以上三式加上不可压缩流体的连续性方程

$$\frac{\partial u_x}{\partial x}+\frac{\partial u_y}{\partial y}+\frac{\partial u_z}{\partial z}=0$$

共四个方程,原则上可以求解方程组中的四个未知量:流速分量 u_x,u_y,u_z 和压强 p。求解速度分量和压强只需从连续性方程和运动方程出发,而不必与能量方程联立,这是不可压缩流体流动求解的一大特点。

由于速度是空间坐标 x,y,z 和时间 t 的函数,式(7－27)中的加速度项可以展开为四项,例如

$$\frac{\mathrm{d}u_x}{\mathrm{d}t}=\frac{\partial u_x}{\partial t}+\frac{\partial u_x}{\partial x}\frac{\mathrm{d}x}{\mathrm{d}t}+\frac{\partial u_x}{\partial y}\frac{\mathrm{d}y}{\mathrm{d}t}+\frac{\partial u_x}{\partial z}\frac{\mathrm{d}z}{\mathrm{d}t}=\frac{\partial u_x}{\partial t}+u_x\frac{\partial u_x}{\partial x}+u_y\frac{\partial u_x}{\partial y}+u_z\frac{\partial u_x}{\partial z} \tag{7-28}$$

要注意的是,在流速分量 u_x 对时间 t 求全微分时,指的是某一任取的流体质点的速度对时间的微分,因此就是加速度,此时 $u_x=u_x(x,y,z,t)=u_x[x(t),y(t),z(t),t]$。这种描述方法是拉格朗日法,故函数中的变量 x,y 和 z 指的是该质点在运动过程中的位置坐标,因此是时间 t 的函数,并非独立变量。而式(7－28)右端的四项中的各个量又是独立变量 x,y,z 和 t 的函数,是欧拉描述方法。这样,式(7－28)就完成了对加速度分量 $\mathrm{d}u_x/\mathrm{d}t$ 的描述由拉格朗日法到欧拉法的转换。

式中右边第一项表示空间固定点的流速随时间的变化(对时间的偏导数),称为时变加速度或当地加速度,后三项表示固定质点的流速由于位置的变化而引起的速度变化,称为位变加速度。例如第二项 $u_x\frac{\partial u_x}{\partial x}$中,$\frac{\partial u_x}{\partial x}$表示在同一时刻由于在 x 方向上位置不同引起的单位长度上速度的变化,u_x 是流体质点在单位时间内在 x 方向上位置的变化,因此,两者乘积 $u_x\frac{\partial u_x}{\partial x}$表示流体质点的流速分量 u_x 在单位时间内单纯由于在 x 方向上的位移所产生的速度变化。

时变加速度和位变加速度之和又称为流速的随体导数。这种将随体导数(物理量对时间的全微商)分解成时变导数和位变导数的方法对流体质点所具有的物理量(矢量或标量)均适用。

这样，纳维－斯托克斯方程又可写成

$$
\left.\begin{aligned}
&X-\frac{1}{\rho}\frac{\partial p}{\partial x}+\nu\left(\frac{\partial^2 u_x}{\partial x^2}+\frac{\partial^2 u_x}{\partial y^2}+\frac{\partial^2 u_x}{\partial z^2}\right)\\
&=\frac{\partial u_x}{\partial t}+u_x\frac{\partial u_x}{\partial x}+u_y\frac{\partial u_x}{\partial y}+u_z\frac{\partial u_x}{\partial z}\\
&Y-\frac{1}{\rho}\frac{\partial p}{\partial y}+\nu\left(\frac{\partial^2 u_y}{\partial x^2}+\frac{\partial^2 u_y}{\partial y^2}+\frac{\partial^2 u_y}{\partial z^2}\right)\\
&=\frac{\partial u_y}{\partial t}+u_x\frac{\partial u_y}{\partial x}+u_y\frac{\partial u_y}{\partial y}+u_z\frac{\partial u_y}{\partial z}\\
&Z-\frac{1}{\rho}\frac{\partial p}{\partial z}+\nu\left(\frac{\partial^2 u_z}{\partial x^2}+\frac{\partial^2 u_z}{\partial y^2}+\frac{\partial^2 u_z}{\partial z^2}\right)\\
&=\frac{\partial u_z}{\partial t}+u_x\frac{\partial u_z}{\partial x}+u_y\frac{\partial u_z}{\partial y}+u_z\frac{\partial u_z}{\partial z}
\end{aligned}\right\}\tag{7-29}
$$

在求解许多实际问题时，用柱坐标系(r,θ,z)更为方便，现将柱坐标系（见图7－10）的纳维－斯托克斯方程列出如下，以便于应用。

$$
\left.\begin{aligned}
&F_r-\frac{1}{\rho}\frac{\partial p}{\partial r}+\nu\left(\frac{\partial^2 u_r}{\partial r^2}+\frac{1}{r}\frac{\partial u_r}{\partial r}+\frac{u_r}{r^2}+\frac{1}{r^2}\frac{\partial^2 u_r}{\partial \theta^2}-\frac{2}{r^2}\frac{\partial u_\theta}{\partial \theta}+\frac{\partial^2 u_r}{\partial z^2}\right)\\
&=\frac{\partial u_r}{\partial t}+u_r\frac{\partial u_r}{\partial r}+\frac{u_\theta}{r}\frac{\partial u_r}{\partial \theta}-\frac{u_\theta^2}{r}+u_z\frac{\partial u_r}{\partial z}\\
&F_\theta-\frac{1}{\rho r}\frac{\partial p}{\partial \theta}+\nu\left(\frac{\partial^2 u_\theta}{\partial r^2}+\frac{1}{r}\frac{\partial u_\theta}{\partial r}-\frac{u_\theta}{r^2}+\frac{1}{r^2}\frac{\partial^2 u_\theta}{\partial \theta^2}+\frac{2}{r^2}\frac{\partial u_r}{\partial \theta}+\frac{\partial u_\theta}{\partial z^2}\right)\\
&=\frac{\partial u_\theta}{\partial t}+u_r\frac{\partial u_\theta}{\partial r}+\frac{u_\theta}{r}\frac{\partial u_\theta}{\partial \theta}-\frac{u_\theta u_z}{r}+u_z\frac{\partial u_\theta}{\partial z}\\
&F_z-\frac{1}{\rho}\frac{\partial p}{\partial z}+\nu\left(\frac{\partial^2 u_z}{\partial r^2}+\frac{1}{r}\frac{\partial u_z}{\partial r}+\frac{1}{r^2}\frac{\partial^2 u_z}{\partial \theta^2}+\frac{\partial^2 u_z}{\partial z^2}\right)\\
&=\frac{\partial u_z}{\partial t}+u_r\frac{\partial u_z}{\partial r}+\frac{u_\theta}{r}\frac{\partial u_z}{\partial \theta}+u_z\frac{\partial u_z}{\partial z}
\end{aligned}\right\}\tag{7-30}
$$

式中，F_r, F_θ, F_z 为单位质量力在三个坐标轴(r,θ,z)的分量。不可压缩流体的连续性方程为式(7－19)，即

$$\frac{\partial u_r}{\partial r}+\frac{u_r}{r}+\frac{1}{r}\frac{\partial u_\theta}{\partial \theta}+\frac{\partial u_x}{\partial z}=0$$

法向应力和切向应力分别为

$$
\left.\begin{aligned}
p_{rr}&=-p+2\mu\frac{\partial u_r}{\partial r}\\
p_{\theta\theta}&=-p+2\mu\left(\frac{1}{r}\frac{\partial u_\theta}{\partial \theta}+\frac{u_r}{r}r\right)\\
p_{zz}&=-p+2\mu\frac{\partial u_z}{\partial z}
\end{aligned}\right\}
$$

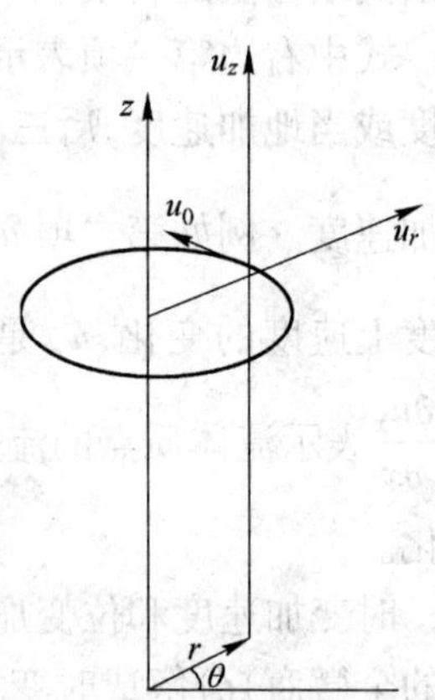

图7－10 柱坐标系

$$\left.\begin{aligned}\tau_{r\theta}=\tau_{\theta r}&=\mu\left[r\frac{\partial}{\partial r}\left(\frac{u_\theta}{r}\right)+\frac{1}{r}\frac{\partial u_r}{\partial\theta}\right]\\\tau_{\theta z}=\tau_{z\theta}&=\mu\left[\frac{\partial u_\theta}{\partial z}+\frac{1}{r}\frac{\partial u_z}{\partial\theta}\right]\\\tau_{zr}=\tau_{rz}&=\mu\left(\frac{\partial u_r}{\partial z}+\frac{\partial u_z}{\partial r}\right)\end{aligned}\right\}\tag{7-31}$$

从数学上看,纳维－斯托克斯方程是二阶非线性非齐次的偏微分方程组,对于大多数较复杂的不可压缩黏性流体的流动问题,难以用该方程求出精确解。目前只能对一些简单的流动问题,例如圆管中的层流,平行平面间的层流以及同心圆环间的层流等,才能求得精确解。近代计算技术的迅速发展,电子计算机的广泛应用,已能够用纳维－斯托克斯方程求解出许多复杂流动问题的近似解。

【例7－6】 试用纳维－斯托克斯方程求圆管层流运动的流速分布。

【解】 由于流动轴对称,故采用柱坐标系,如图7－11所示。已知 $u_z=u(r,\theta,z)$, $u_\theta=u_r=0$。

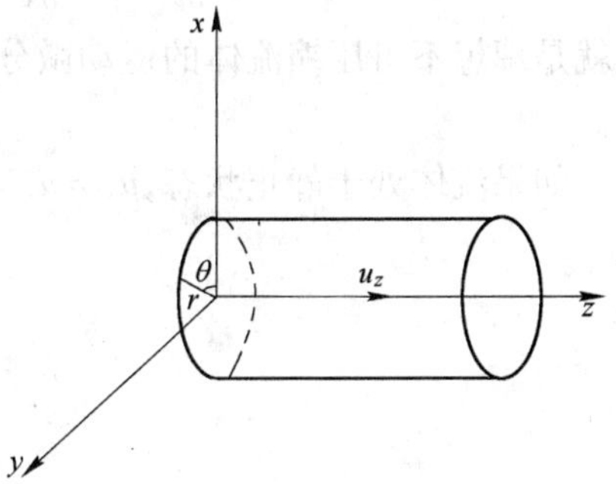

图7－11　圆管层流

取式(7－30)中第三式

$$F_z-\frac{1}{\rho}\frac{\partial p}{\partial z}+\nu\left(\frac{\partial^2u_z}{\partial r^2}+\frac{1}{r}\frac{\partial u_z}{\partial r}+\frac{1}{r^2}\frac{\partial^2u_z}{\partial\theta^2}+\frac{\partial^2u_z}{\partial z^2}\right)$$

$$=\frac{\partial u_z}{\partial t}+u_r\frac{\partial u_z}{\partial r}+\frac{u_\theta}{r}\frac{\partial u_z}{\partial\theta}+u_z\frac{\partial u_z}{\partial z}$$

由于是均匀流动,u_z 与坐标 z 无关,流动对称,故 u_z 不随 θ 而变,于是 $u_z=u(r,\theta,z)=u(r)$。质量力 $F_z=0$,流动恒定,$\partial u_z/\partial t=0$,综上条件,此式可简化为

$$\frac{\partial p}{\partial z}=\mu\left(\frac{\partial^2u}{\partial r^2}+\frac{1}{r}\frac{\partial u}{\partial r}\right)=\frac{\mu}{r}\frac{\mathrm{d}}{\mathrm{d}r}\left(r\frac{\mathrm{d}u}{\mathrm{d}r}\right)$$

由于 u 与 z 无关,因此上式左端也将与 z 无关,即 $\frac{\partial p}{\partial z}$ 沿 z 方向是常数,设

$$\frac{\partial p}{\partial z}=-\frac{p_1-p_2}{L}=-\frac{\Delta p}{L}=-\rho gJ$$

式中,J 为水力坡度。等式右端加负号是由于压强沿流动方向下降。这样

$$\frac{1}{r}\frac{\mathrm{d}}{\mathrm{d}r}\left(r\frac{\mathrm{d}u}{\mathrm{d}r}\right)=-\frac{gJ}{\nu}$$

对上式积分一次得

$$r\frac{\mathrm{d}u}{\mathrm{d}r}=-\frac{gJr^2}{\nu}\frac{r^2}{2}+C_1$$

再积分一次得

$$u=-\frac{gJ}{4\nu}r^2+C_1\ln r+C_2$$

当 $r=0$ 时,$\ln r\to\infty$,而 u 为有限值,则 $C_1=0$,又由边界条件:$r=r_0$, $u=0$,可得

$$C_2=\frac{gJ}{4\nu}r_0^2$$

于是,圆管中层流流动的速度分布为

$$u=\frac{gJ}{4\nu}(r_0^2-r^2)$$

第七节　理想流体运动微分方程及其积分

当流体为理想流体时,运动黏度 $\nu=0$,纳维-斯托克斯方程式(7-29)简化为

$$\left.\begin{aligned}\frac{\partial u_x}{\partial t}+u_x\frac{\partial u_x}{\partial x}+u_y\frac{\partial u_x}{\partial y}+u_z\frac{\partial u_x}{\partial z}&=X-\frac{1}{\rho}\frac{\partial p}{\partial x}\\\frac{\partial u_y}{\partial t}+u_x\frac{\partial u_y}{\partial x}+u_y\frac{\partial u_y}{\partial y}+u_z\frac{\partial u_y}{\partial z}&=Y-\frac{1}{\rho}\frac{\partial p}{\partial y}\\\frac{\partial u_z}{\partial t}+u_x\frac{\partial u_z}{\partial x}+u_y\frac{\partial u_z}{\partial y}+u_z\frac{\partial u_z}{\partial z}&=Z-\frac{1}{\rho}\frac{\partial p}{\partial z}\end{aligned}\right\}\tag{7-32}$$

这就是理想不可压缩流体的运动微分方程。第三章中的元流能量方程等均可由此式积分导得。

如果流体处于静止状态,$u_x=u_y=u_z=0$,则式(7-32)简化为

$$\begin{cases}X-\dfrac{1}{\rho}\dfrac{\partial p}{\partial x}=0\\Y-\dfrac{1}{\rho}\dfrac{\partial p}{\partial y}=0\\Z-\dfrac{1}{\rho}\dfrac{\partial p}{\partial z}=0\end{cases}$$

此即欧拉平衡方程-流体平衡微分方程式(2-17a)。

现在我们把理想流体运动微分方程式(7-32)进行变换,成为包含旋转角速度项的形式。为此,在方程第一式的加速度项中加 $\pm u_y\dfrac{\partial u_y}{\partial x}$、$\pm u_z\dfrac{\partial u_z}{\partial x}$之后,整理为

$$X-\frac{1}{\rho}\frac{\partial p}{\partial x}=\frac{\partial u_x}{\partial t}+\left(u_x\frac{\partial u_x}{\partial x}+u_y\frac{\partial u_y}{\partial x}+u_z\frac{\partial u_z}{\partial x}\right)+u_y\left(\frac{\partial u_x}{\partial y}-\frac{\partial u_y}{\partial x}\right)+u_z\left(\frac{\partial u_x}{\partial z}-\frac{\partial u_z}{\partial x}\right)$$

可以看出,第一个括号可以转变为

$$u_x\frac{\partial u_x}{\partial x}+u_y\frac{\partial u_y}{\partial x}+u_z\frac{\partial u_z}{\partial x}=\frac{\partial}{\partial x}\left(\frac{u_x^2+u_y^2+u_z^2}{2}\right)=\frac{\partial}{\partial x}\left(\frac{u^2}{2}\right)$$

而第二、第三两个括号为

$$u_y\left(\frac{\partial u_x}{\partial y}-\frac{\partial u_y}{\partial x}\right)+u_z\left(\frac{\partial u_x}{\partial z}-\frac{\partial u_z}{\partial x}\right)=2(w_yu_z-w_zu_y)$$

这样,全方程可写为

$$\left.\begin{aligned}X-\frac{1}{\rho}\frac{\partial p}{\partial x}-\frac{\partial u_x}{\partial t}-\frac{\partial}{\partial x}\left(\frac{u^2}{2}\right)&=2(w_yu_z-w_zu_y)\\Y-\frac{1}{\rho}\frac{\partial p}{\partial y}-\frac{\partial u_y}{\partial t}-\frac{\partial}{\partial y}\left(\frac{u^2}{2}\right)&=2(w_zu_x-w_xu_z)\\Z-\frac{1}{\rho}\frac{\partial p}{\partial z}-\frac{\partial u_z}{\partial t}-\frac{\partial}{\partial z}\left(\frac{u^2}{2}\right)&=2(w_xu_y-w_yu_x)\end{aligned}\right\}\tag{7-33}$$

现在，考虑上式在恒定流条件下的能量积分。此时，$\frac{\partial u_x}{\partial t}=\frac{\partial u_y}{\partial t}=\frac{\partial u_z}{\partial t}=0$，并设质量力有势函数 W，方程式转化为

$$\frac{\partial}{\partial x}\left(-W+\frac{p}{\rho}+\frac{u^2}{2}\right)=2\begin{vmatrix} u_y & u_z \\ w_y & w_z \end{vmatrix}$$

$$\frac{\partial}{\partial y}\left(-W+\frac{p}{\rho}+\frac{u^2}{2}\right)=2\begin{vmatrix} u_z & u_x \\ w_z & w_x \end{vmatrix}$$

$$\frac{\partial}{\partial z}\left(-W+\frac{p}{\rho}+\frac{u^2}{2}\right)=2\begin{vmatrix} u_x & u_y \\ w_x & w_y \end{vmatrix}$$

为了对这个方程进行能量积分，将三式分别乘以 $\mathrm{d}x,\mathrm{d}y,\mathrm{d}z$，表示力作的功，并相加，使右项成为全微分，即

$$\mathrm{d}\left(-W+\frac{p}{\rho}+\frac{u^2}{2}\right)=2\begin{vmatrix} u_y & u_z \\ w_y & w_z \end{vmatrix}\mathrm{d}x+2\begin{vmatrix} u_z & u_x \\ w_z & w_x \end{vmatrix}\mathrm{d}y+2\begin{vmatrix} u_x & u_y \\ w_x & w_y \end{vmatrix}\mathrm{d}z$$

也即

$$\mathrm{d}\left(-W+\frac{p}{\rho}+\frac{u^2}{2}\right)=2\begin{vmatrix} \mathrm{d}x & \mathrm{d}y & \mathrm{d}z \\ u_x & u_y & u_z \\ w_x & w_y & w_z \end{vmatrix} \tag{7-34}$$

我们先研究方程左项中

$$-W+\frac{p}{\rho}+\frac{u^2}{2}$$

在质量力仅为重力 $W=-gz$ 的条件下，有

$$gz+\frac{p}{\rho}+\frac{u^2}{2}$$

或

$$z+\frac{p}{\rho g}+\frac{u^2}{2g}$$

这就是我们熟知的断面单位总能量。当

$$\mathrm{d}\left(gz+\frac{p}{\rho}+\frac{u^2}{2}\right)=0$$

则积分得

$$gz+\frac{p}{\rho}+\frac{u^2}{2}=\text{const}$$

或

$$z+\frac{p}{\rho g}+\frac{u^2}{2g}=\text{const}$$

此式即为理想流体恒定流能量方程式。

从式(7-34)看出，满足条件

$$\begin{vmatrix} \mathrm{d}x & \mathrm{d}y & \mathrm{d}z \\ u_x & u_y & u_z \\ w_x & w_y & w_z \end{vmatrix}=0$$

才能得到理想流体恒定流能量方程式。根据行列式性质，只有任一行全等于零，或任两行成比例，行列式的值才等于零。

这里讨论下列几种情况：

(1) $u_x=0, u_y=0, u_z=0$

流体静止。在整个流体空间，$z+\frac{p}{\rho g}=\text{const}$。此式即为静压强分布公式(2-6)。

(2) $\frac{dx}{u_x}=\frac{dy}{u_y}=\frac{dz}{u_z}$

这是流线方程式。适合这个条件的各点在同一流线上，在同一流线上各流体质点的总水头值相等，不同流线有不同的总水头值。例如圆筒内盛水，使圆筒绕筒轴旋转，筒内水流的流线形成封闭的圆周，每一流线满足理想流体能量方程，但不同流线总能量不相同。

第三章中所述的元流断面无限小，元流的极限即是流线，因此流线上成立的能量方程既是理想不可压缩流体恒定流的元流能量方程式(3-15)。考虑黏性的影响，以及对流动损失和动能作平均化处理后，得到总流能量方程式(3-20)。

(3) $\omega_x=0, \omega_y=0, \omega_z=0$

这是无旋条件。在无旋流的空间各点，处处满足能量方程，即流场内各点的总流量相同。

(4) $\frac{dx}{\omega_x}=\frac{dy}{\omega_y}=\frac{dz}{\omega_z}$

这是涡线方程式。所谓涡线，如本章第二节所述，是有旋流中一系列线，在线上的一切流体质点，均以此线为轴而旋转。上述水在绕轴旋转的圆筒中，每一铅直线都是涡线。在每一涡线上满足理想流体能量方程。

(5) $\frac{\omega_x}{u_x}=\frac{\omega_y}{u_y}=\frac{\omega_z}{u_z}=k$

则 $\omega_x=ku_x, \omega_y=ku_y, \omega_z=ku_z$ 而涡线方程为

$$\frac{dx}{\omega_x}=\frac{dy}{\omega_y}=\frac{dz}{\omega_z}$$

代入得

$$\frac{dx}{u_x}=\frac{dy}{u_y}=\frac{dz}{u_z}$$

即流线方程。说明该流动是涡线和流线相重合的流动，即流动中各质点沿某方向流动，同时以此方向线为轴而旋转。这种流动称为螺旋流动。在螺旋流动中，全部流动均满足理想流体能量方程。

第八节 流体流动的初始条件和边界条件

黏性流体的基本方程是二阶偏微分方程，联系高等数学中的微分方程知识，对于某一特定流动，在建立求解的数学模型时，除了根据流动的特点对一般性的基本方程进行简化外，必须同时确定方程的定解条件，也就是流动的初始条件和边界条件。目前，计算流体力学已广泛地应用于解决工程中的流动问题，如何正确合理地给出初始条件和边界条件对于解的正确性和唯一性尤为重要。但是初始条件和边界条件是有赖于具体流动的，因此，我们仅介绍一般情况下，涉及较多的初始边界条件。我们以黏性不可压缩流体流动为例。

初始条件是指方程组的解在初始时刻应满足的条件。在初始时刻 $t=t_0$，给出

$$\left.\begin{aligned} u_x(x,y,z,t_0) &= u_{xo}(x,y,z) \\ u_y(x,y,z,t_0) &= u_{yo}(x,y,z) \\ u_z(x,y,z,t_0) &= u_{zo}(x,y,z) \\ p(x,y,z,t_0) &= p_o(x,y,z) \end{aligned}\right\} \tag{7-35}$$

式中,u_{xo},u_{yo},u_{zo},p_o 均为已知函数。也就是给出初始时刻各物理量在流场内的分布。如果是恒定流动,就不必给出初始条件。

所谓边界条件是指在流场的边界上,方程组的解应满足的条件,边界大致包括固体壁面、两种流体介质(流动介质和周围介质)的分界面(气-气,气-液,液-液)和管道出入口等。

在流动介质与固体接触面上,由于黏性,流体粘附在固壁上,所以,在固壁上流体的速度 $(u_x,u_y,u_z)_f$ 与固壁的运动速度 $(u_x,u_y,u_z)_w$ 应相等,即

$$(u_x,u_y,u_z)_f=(u_x,u_y,u_z)_w \tag{7-36}$$

若固壁静止,则

$$(u_x,u_y,u_z)_f=0$$

式(7-36)就是所谓的黏性流体的固壁无滑移条件,或称粘附条件。

实际的流体都具有黏性,但在研究某些流动时,可忽略黏性,将流体看成无黏性的理想流体,此时固壁的边界条件为

$$(u_x,u_y,u_z)_{fn}=(u_x,u_y,u_z)_{wn} \tag{7-37}$$

下标 n 表示在固壁法向 n 上的分量。在固壁上,速度的切向分量不再相等,即允许流体与固壁间有相对滑移,无滑移条件不再满足。

如果在固壁上,流体有渗透作用,式(7-36)或式(7-37)均不成立,固壁处边界条件需重新改写。

不同液体的分界面,在一般情况下,分界面两侧液体的速度、压强保持连续,有

$$v_{f1}=v_{f2},\ p_{f1}=p_{f2}$$

下标1,2分别表示工作流体和周围流体。

液体和蒸汽的界面,在不考虑液面上饱和蒸汽中的动量、热量和质量交换时,界面上的边界条件可写成

$$v_{n1}=-\frac{\partial\eta}{\partial t} \tag{7-38}$$

v_{n1}是液体在平均液面垂直方向上的速度;η是液面在垂直于平均液面方向上的高度,见图7-12。该式表示液体在平均液面垂直方向上的速度等于液面的垂直波动速度。

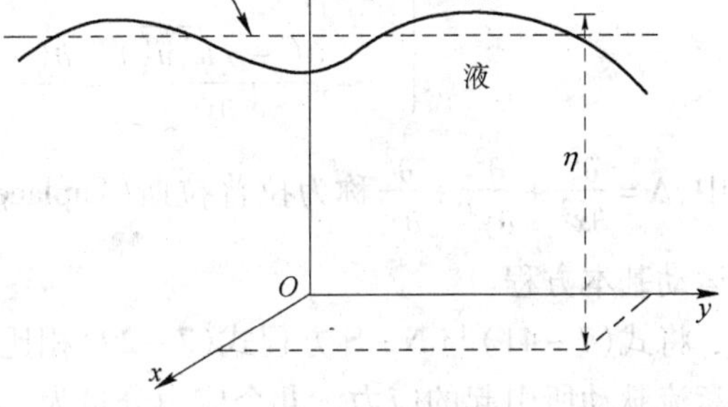

图7-12 气液界面

自由液面,即液体与大气的分界面。如果忽略表曲张力的影响,则液体在界面上的压强应与气体压强 p_o 相等,而切应力为零,即

$$p=p_o,r=0 \tag{7-39}$$

这与理想流体的流动情况相仿。这是因为气体的密度和黏性大大地小于液体的相应值，因此，由于惯性力和黏性力引起的应力变化和液体相比可忽略不计。

流道的入口和出口的边界条件指的是入口和出口断面上的流速和压强的分布，例如管流和明渠流等的入口和出口断面上的流速和压强分布。

以上仅介绍了一般情况下，黏性不可压缩流体常见的运动学和动力学边界条件，对于某些流动，尚需考虑自由面上表面张力的作用等。涉及温度场变化的，还需考虑温度的边界条件和初始条件。

合理地给出流动问题的初始条件和边界条件，对于确定简捷的计算方法和获得准确的解是至关重要的，应引起足够的重视。

第九节　不可压缩黏性流体紊流运动的基本方程及封闭条件

不可压缩黏性流体运动的基本方程式(7－17)和式(7－29)既适用于层流也适用于紊流。对于紊流，方程中的各量应为瞬时值，用随机的瞬时值表示的基本方程来研究紊流运动非常困难，工程上常用统计平均后得到的基本方程，来研究和解决工程紊流问题。

为简单起见，忽略质量力。将速度和压强的瞬时值分别用时均值和脉动值替代：

$$u_x=\overline{u_x}+u'_x,\ u_y=\overline{u_y}+u'_y,\ u_z=\overline{u_z}+u'_z,\ p=\overline{p}+p'$$

将它们代入方程式(7－17)和式(7－29)，且应用平均运算法则进行简化，就可得到忽略了质量力的不可压缩黏性流体紊流的连续性微分方程和运动微分方程，即

$$\frac{\partial\overline{u_x}}{\partial x}+\frac{\partial\overline{u_y}}{\partial y}+\frac{\partial\overline{u_z}}{\partial z}=0 \tag{7-40}$$

$$\left\{\begin{aligned}
&\rho\left(\frac{\partial\bar{u}_x}{\partial t}+\bar{u}_x\frac{\partial\bar{u}_x}{\partial x}+\bar{u}_y\frac{\partial\bar{u}_x}{\partial y}+\bar{u}_z\frac{\partial\bar{u}_x}{\partial z}\right)=-\frac{\partial\bar{p}}{\partial x}+\mu\Delta\bar{u}_x\\
&\qquad+\frac{\partial(-\rho\overline{u'^2_x})}{\partial x}+\frac{\partial(-\rho\overline{u'_xu'_y})}{\partial y}+\frac{\partial(-\rho\overline{u'_xu'_z})}{\partial z}\\
&\rho\left(\frac{\partial\bar{u}_y}{\partial t}+\bar{u}_x\frac{\partial\bar{u}_y}{\partial x}+\bar{u}_y\frac{\partial\bar{u}_y}{\partial y}+\bar{u}_z\frac{\partial\bar{u}_y}{\partial z}\right)=-\frac{\partial\bar{p}}{\partial y}+\mu\Delta\bar{u}_y\\
&\qquad+\frac{\partial(-\rho\overline{u'_xu'_y})}{\partial x}+\frac{\partial(-\rho\overline{u'^2_y})}{\partial y}+\frac{\partial(-\rho\overline{u'_yu'_z})}{\partial z}\\
&\rho\left(\frac{\partial\bar{u}_z}{\partial t}+\bar{u}_x\frac{\partial\bar{u}_z}{\partial x}+\bar{u}_y\frac{\partial\bar{u}_z}{\partial y}+\bar{u}_z\frac{\partial\bar{u}_z}{\partial z}\right)=-\frac{\partial\bar{p}}{\partial z}+\mu\Delta\bar{u}_z\\
&\qquad+\frac{\partial(-\rho\overline{u'_xu'_z})}{\partial x}+\frac{\partial(-\rho\overline{u'_yu'_z})}{\partial y}+\frac{\partial(-\rho\overline{u'^2_z})}{\partial z}
\end{aligned}\right. \tag{7-41}$$

式中，$\Delta=\frac{\partial^2}{\partial x^2}+\frac{\partial^2}{\partial y^2}+\frac{\partial^2}{\partial z^2}$称为拉普拉斯(Laplace)算子。方程式(7－41)称为雷诺方程或紊流运动基本方程。

将式(7－41)与N－S方程式(7－29)相比较，前者除平均运动的黏性应力外，还多了由于紊流脉动所引起的应力。九个应力分量为

$$-\rho\overline{u'_xu'_x}\qquad -\rho\overline{u'_xu'_y}\qquad -\rho\overline{u'_xu'_z}$$

$$-\rho\,\overline{u'_y u'_x} \qquad -\rho\,\overline{u'_y u'_y} \qquad -\rho\,\overline{u'_y u'_z}$$
$$-\rho\,\overline{u'_z u'_x} \qquad -\rho\,\overline{u'_z u'_y} \qquad -\rho\,\overline{u'_z u'_z}$$

称为雷诺应力或紊流应力。

方程组式(7－40)、式(7－41)是不封闭的。方程个数为四个，未知函数有十个，即$\overline{u_x}$，$\overline{u_y}$，$\overline{u_z}$，$\overline{p}$及六个独立的雷诺应力分量。因此为了求解，必须寻求封闭条件，即补充关系式，也称为控制微分方程。目前，解决该问题的主要方法有：紊流的统计理论、紊流的半经验理论和紊流的模式理论。

工程上广泛使用的有单方程模型、双方程模型、多方程模型以及半经验理论中的紊流黏性理论和混合长度理论等。有的书中也将半经验理论称为零方程模型。这些理论已较成功地应用于管流、明渠流、射流和边界层等的紊流流动中。限于篇幅和大纲要求，不作详细介绍。

习　题

7－1　试说明纳维－斯托克斯方程——不可压缩黏性流体的运动微分方程、理想不可压缩流体的运动微分方程和欧拉平衡方程——平衡微分方程的区别和联系。

7－2　已知平面流场内的速度分布为 $u_x = x^2 + xy$，$u_y = 2xy^2 + 5y$。求在点(1，－1)处流体微团的线变形速度、角变形速度和旋转角速度。

7－3　已知有旋流动的速度场为 $u_x = 2y + 3z$，$u_y = 2z + 3x$，$u_z = 2x + 3y$。试求旋转角速度、角变形速度和涡线方程。

7－4　已知流场的速度分布为 $u_x = x^2 y$，$u_y = -3y$，$u_z = 2z^2$。求(3，1，2)点上流体质点的加速度。

7－5　已知平面流场的速度分布为 $u_x = 4t - \dfrac{2y}{x^2 + y^2}$，$u_y = \dfrac{2x}{x^2 + y^2}$。求 $t = 0$ 时，在(1，1)点上流体质点的加速度。

第八章 一元气体动力学基础

当气体流动速度较高,压差较大时,气体的密度会发生显著变化,从而使气体流动现象、运动参数发生显著变化。因此,必须考虑气体的可压缩性,也就是必须考虑气体密度随压强和温度的变化规律。气体动力学是研究可压缩流体运动规律以及这些规律在实际工程中的应用。这样一来,研究可压缩流体的动力学就不只是流速、压强问题,还包含密度和温度问题。不仅需要流体力学的知识,还需要热力学知识。因此,在进行气体动力学计算时,压强、温度只能用绝对压强及开尔文(Kelvin)温度。

第一节 理想气体一元恒定流动的运动方程

从微元流束中沿轴线 s 任取 ds 段,如图 8-1 所示。应用理想流体欧拉运动微分方程,单位质量力沿 s 方向的分量以 S 表示,就可得出

$$S-\frac{1}{\rho}\frac{\partial p}{\partial s}=\frac{dv_s}{dt}=\frac{\partial v_s}{\partial t}+\frac{\partial v_s}{\partial s}\cdot\frac{ds}{dt}$$

对于恒定一元流动

$$\frac{\partial p}{\partial s}=\frac{dp}{ds};\ \frac{\partial v_s}{\partial s}=\frac{dv_s}{ds};\ \frac{\partial v_s}{\partial t}=0$$

当质量力仅为重力时,气体在同介质中流动,浮力与重力平衡,不计质量力 S,并去掉下标 s,则得

$$\frac{1}{\rho}\frac{dp}{ds}+v\frac{dv}{ds}=0$$

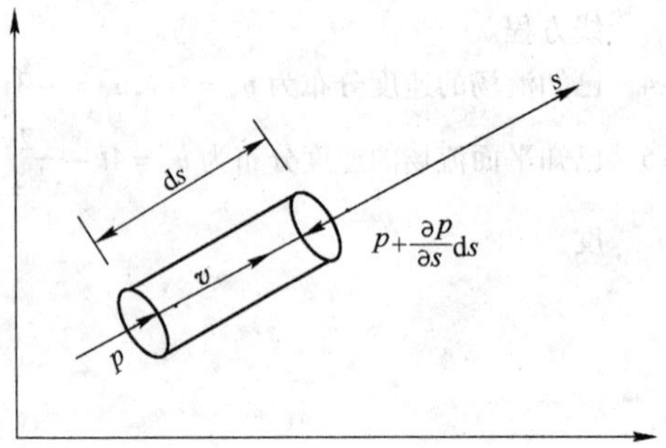

图 8-1 气体微元流动

于是

$$\frac{dp}{\rho}+vdv=0 \tag{8-1}$$

$$\frac{dp}{\rho}+d\left(\frac{v^2}{2}\right)=0 \tag{8-2}$$

上两式称为欧拉运动微分方程,又称为微分形式的伯努利方程。它确定了气体一元流动的 p,ρ,v 三者之间的关系。

积分上式,必须给出气体 p、ρ 之间的函数关系,于是须借助热力学方程式。

一、气体一元恒容流动

热力学中恒容过程系指气体在容积不变或比体积不变的条件下进行的热力过程。因此,恒容流动是指气体容积不变的流动,亦即密度 ρ 不变的流动。

在 ρ = 常数条件下,积分式(8-2),得

$$\frac{p}{\rho}+\frac{v^2}{2}=常量$$

同除以 g,得

$$\frac{p}{\rho g}+\frac{v^2}{2g}=常量 \tag{8-3}$$

式(8－3)就是第三章中不可压缩理想流体元流能量方程式忽略质量力时的形式。其方程意义是:沿流程各断面上受单位重力作用的理想气体的压能与动能之和守恒,两者可互相转换。

对元流任意两断面,则可列出

$$\frac{p_1}{\rho}+\frac{v_1^2}{2}=\frac{p_2}{\rho}+\frac{v_2^2}{2} \tag{8-4}$$

此式则为单位质量理想气体的能量方程式。

二、气体一元等温流动

热力学中等温过程是指气体在温度 T 不变条件下所进行的热力过程。等温流动则是指气体温度 T 保持不变的流动。气体状态参数服从等温过程方程式

$$T=常量$$

$$\frac{p}{\rho}=RT=C \tag{8-5}$$

将式(8－5)代入式(8－2)中,积分得

$$C\ln p+\frac{v^2}{2}=常量$$

将 $C=RT$ 代入上式,得

$$RT\ln p+\frac{v^2}{2}=常量 \tag{8-6}$$

三、气体一元绝热流动

从热力学得知,以无能量损失的方式,且在与外界无热量交换条件下进行的过程为可逆绝热过程,又称等熵过程。因此,理想气体的绝热流动即为等熵流动。气体参数变化服从等熵过程方程式:

$$\frac{p}{\rho^k}=C \tag{8-7}$$

所以

$$\rho=\left(\frac{p}{C}\right)^{\frac{1}{k}}=p^{\frac{1}{k}}C^{-\frac{1}{k}} \tag{8-8}$$

式中,k 为绝热指数,$k=\frac{c_p}{c_v}$,即为恒压热容与恒容热容之比。

将式(8－8)代入式(8－2)中的第一项并积分

$$\int\frac{\mathrm{d}p}{\rho}=C^{\frac{1}{k}}\int p^{-\frac{1}{k}}\mathrm{d}p=\frac{k}{k-1}\cdot\frac{p}{\rho} \tag{8-9}$$

代入式(8－2),得

$$\frac{k}{k-1}\cdot\frac{p}{\rho}+\frac{v^2}{2}=常量 \tag{8-10}$$

对任意两断面有

$$\frac{k}{k-1}\cdot\frac{p_1}{\rho_1}+\frac{v_1^2}{2}=\frac{k}{k-1}\cdot\frac{p_2}{\rho_2}+\frac{v_2^2}{2} \tag{8-11}$$

将式(8－10)变化为

$$\frac{1}{k-1}\cdot\frac{p}{\rho}+\frac{p}{\rho}+\frac{v^2}{2}=常量 \tag{8-12}$$

与理想气体恒容流动的方程比较,式(8－12)多出一项$\frac{1}{k-1}\cdot\frac{p}{\rho}$。从热力学可知,该多出项正是绝热过程中,单位质量气体所具有的内能 U。

证明如下:从热力学第一定律知,理想气体的内能只是温度的函数,即

$$U=c_V T$$

从理想气体状态方程中,可得 $T=\frac{p}{R\rho}$

气体常数 R 为 $R=c_p-c_V$

于是内能 U 为

$$U=c_V\cdot T=c_V\cdot\frac{p}{(c_p-c_V)\rho}=\frac{c_V}{c_p-c_V}\cdot\frac{p}{\rho}$$

$$=\frac{\frac{c_V}{c_V}}{\frac{c_p}{c_V}-\frac{c_V}{c_V}}\times\frac{p}{\rho}=\frac{1}{k-1}\times\frac{p}{\rho}$$

将内能 U 代入式(8－12)中,得

$$U+\frac{p}{\rho}+\frac{v^2}{2}=常量 \tag{8-13}$$

上式表明:气体等熵流动,即理想气体绝热流动时,沿流程任意断面上,单位质量气体所具有的内能、压能、动能三项之和守恒。

因为式中包括内能项,故又称式(8－13)为绝热流动的全能方程式。

气体动力学中,常用焓 i 这个热力学参数来表示绝热流动的全能方程。

热力学给出 $i=U+\frac{p}{\rho}$,代入式(8－13)便得出用焓表示的全能方程式。

$$i+\frac{v^2}{2}=常量 \tag{8-14}$$

又因理想气体 $i=c_p\times T$,则式(8－14)又可写为

$$c_pT+\frac{v^2}{2}=常量 \tag{8-15}$$

对任意两断面可列出

$$i_1+\frac{v_1^2}{2}=i_2+\frac{v_2^2}{2} \tag{8-16}$$

$$c_pT_1+\frac{v_1^2}{2}=c_pT_2+\frac{v_2^2}{2} \tag{8-17}$$

气体绝热指数 k 取决于气体分子结构，热力学中已详述。这里仅给出如下气体的 k 值：空气 $k=1.4$，干饱和蒸汽 $k=1.135$，过热蒸汽 $k=1.33$。

与绝热流动类似，可得出多变流动的运动方程式

$$\frac{n}{n-1}\cdot\frac{p}{\rho}+\frac{v^2}{2}=常量 \tag{8-18}$$

对任意两断面可写为

$$\frac{n}{n-1}\cdot\frac{p_1}{\rho_1}+\frac{v_1^2}{2}=\frac{n}{n-1}\cdot\frac{p_2}{\rho_2}+\frac{v_2^2}{2} \tag{8-19}$$

式中，n 为多变指数。从热力学知下列特殊流动时：

等温　$n=1$

绝热　$n=k$

恒容　$n=+\infty$

实际流动并非绝对的等温、绝热与恒容流动，而是多变流动。

【例 8-1】　用文丘里流量计计量空气流量（见图 8-2），流量计进口直径为 50mm，喉管直径为 20mm，实测进口断面压强为 35kPa，温度为 20℃；喉管断面压强为 15kPa，试求空气的质量流量。

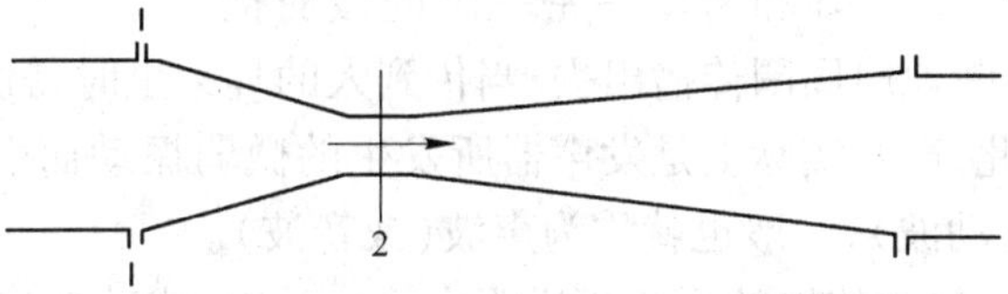

图 8-2　例 8-1 图

【解】　气流通过流量计，因流速大、流程短，来不及同周围管壁进行热交换，且摩擦损失可忽略不计，因此按一元恒定等熵气流计算。

设流量计进口断面为 1 断面，喉管断面为 2 断面，当地大气压 $p_a=101.3$kPa。

计算 1、2 断面气体的密度：

由式(8-5)得　$$\rho_1=\frac{p_1}{RT_1}=\frac{(35+101.3)\times10^3}{287\times293}=1.621\text{kg/m}^3$$

由式(8-8)得　$$\rho_2=\rho_1\left(\frac{p_2}{p_1}\right)^{1/k}=1.621\times\left(\frac{15+101.3}{35+101.3}\right)^{1/1.4}=1.447\text{kg/m}^3$$

由连续性方程得　$$v_2=\frac{\rho_1A_1v_1}{\rho_2A_2}=7v_1$$

将各量代入等熵过程能量方程式(8-11)

$$\frac{k}{k-1}\frac{p_1}{\rho_1}+\frac{v_1^2}{2}=\frac{k}{k-1}\frac{p_2}{\rho_2}+\frac{v_2^2}{2}$$

$$\frac{1.4}{1.4-1}\times\frac{136.3\times10^3}{1.621}+\frac{v_1^2}{2}=\frac{1.4}{1.4-1}\times\frac{116.3\times10^3}{1.447}+\frac{(7v_1)^2}{2}$$

解得 $v_1=23.26\text{m/s}$

质量流量 $Q_m=\rho_1 v_1 A=0.074\text{kg/s}$

第二节 声速、滞止参数、马赫(Mach)数

一、小扰动在可压缩流体中的传播和声速

图8－3表示了击鼓传声的情况。用锤击鼓时，将引起鼓膜的振动，当鼓膜向外凸起时，势必挤压邻近一层空气，从而使这一层空气压强和密度稍微升高一些，由于这一层空气压强升高，又会挤压在它外面邻近的一层空气，从而使外面一层空气的压强和密度也稍微升高一些，于是它又挤压在它外面的一层空气……这样一层一层向外挤压，原来使压强增值的扰动就从鼓膜处向周围传播出去。当鼓膜内凹时，邻近一层空气就会膨胀，从而压强和密度会稍微减低一些，同样地，这个使压强降低的扰动也会从鼓膜处向周围传播出去。当鼓膜振动时，就会产生使邻近空气压强一升一降和密度一密一疏的微弱扰动，这个扰动将连续不断地向周围传播出去，当传到人的耳朵里时，就使耳膜发生相应振动，使人听到了鼓声。因此，声音实际上是发声器所发生的微弱振动而引起周围空气的一种微弱扰动波（或称为小扰动波），一般也就称为声波（或音波）。

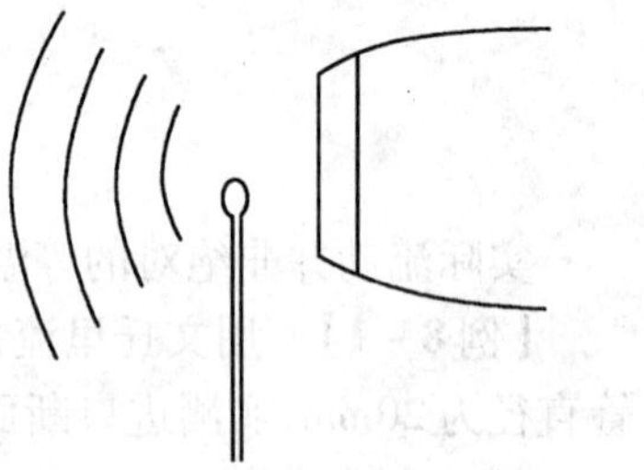

图8－3 击鼓传声

从上面对声音在空气中传播的形象化说明中可以看出，扰动在流体中的传播是以“波”的形式进行的，它称为扰动波。扰动波通过流体的某一部分介质后，这部分介质受到扰动从而流动参量发生改变，在流体受扰部分与未受扰部分之间有一个分界面，它称为扰动波的波阵面。扰动波的传播速度就是扰动波波阵面的传播速度。声速，就是小扰动波阵面在流体中的传播速度，以符号 c 表示。要特别注意的是，扰动波传播速度与流体本身的运动速度是完全不同的两回事，绝对不可混淆。

声速是一个十分重要的物理量，人们很早就力图推导出声速的计算公式。牛顿在1687年曾认为声音的传播是一个等温过程，但是由此而算得的结果却与事实不符。后来，拉普拉斯（Laplace）在1816年提出声音的传播是一个等熵过程，并导出了声速的计算公式。实验的结果证明了等熵假定的合理性和计算公式的正确性。下面用等熵过程来推导声速公式。

取等断面直管，如图8－4所示。管中充满静止的可压缩气体。活塞在力的作用下，以一微小速度 $\mathrm{d}v$ 向右移动，产生一个微小扰动的平面波。若定义扰动与未扰动的分界面为波峰，则波峰传播速度就是声音的传播速度 c。波峰所到之处，流体压强变为 $p+\mathrm{d}p$，密度变为 $\rho+\mathrm{d}\rho$。波峰未到之处，流体仍处于静止，压强、密度仍为静止时的 p、ρ。

为了便于分析，将坐标固定在波峰上，如图8－4所示。于是观察到波峰右侧原来静止的流体将以速度 c 向左运动，压强为 p，密度为 ρ。左侧流体将以 $c-\mathrm{d}v$ 向左运动，其压强为 $p+\mathrm{d}p$，密度为 $\rho+\mathrm{d}\rho$。取图中虚线所示区域为考察区域，波峰处于该考察区域中，当波峰两侧的表面无限接近时，考察区域的体积趋近于零。

设管道截面积为 A，对考察区域写出连续性方程

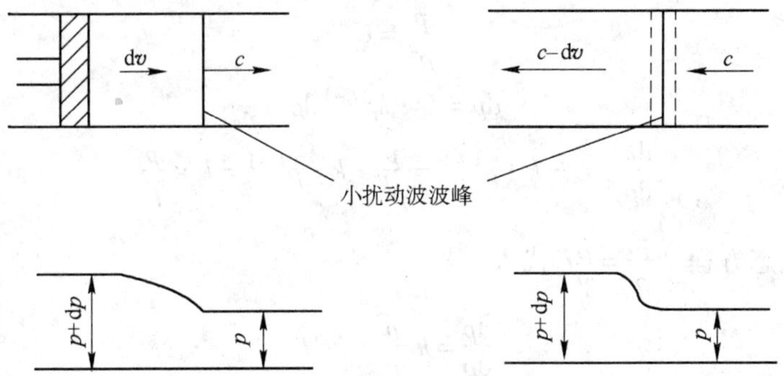

图 8－4　声音传播物理过程

$$c\rho A=(c-\mathrm{d}v)(\rho+\mathrm{d}\rho)A$$

展开并略去二阶无穷小量，得

$$\frac{\mathrm{d}\rho}{\rho}=\frac{\mathrm{d}v}{c} \tag{8-20}$$

建立所考察区域的动量方程，由于考察区域的体积趋近于零，质量力为零。且可忽略切应力的作用，于是动量方程可写成

$$pA-(p+\mathrm{d}p)A=\rho cA[(c-\mathrm{d}v)-c]$$

整理可得

$$\mathrm{d}p=\rho c\mathrm{d}v \tag{8-21}$$

由式(8－20)及式(8－21)，消去 dv 可得声速公式，即

$$c^2=\frac{\mathrm{d}p}{\mathrm{d}\rho} \tag{8-22}$$

$$c=\sqrt{\frac{\mathrm{d}p}{\mathrm{d}\rho}} \tag{8-23}$$

式(8－23)虽然是从微小扰动平面波导出，但它也同样适用于球面波。

式(8－23)对气体、液体都适用。回顾第一章第二节关于压缩性论述中曾给出流体的弹性模量与压缩系数关系

$$E=\frac{1}{\beta}=\rho\frac{\mathrm{d}p}{\rho}$$

将式(8－23)代入，得

$$E=\frac{1}{\beta}=\rho c^2$$

所以

$$c=\sqrt{\frac{E}{\rho}} \tag{8-24}$$

上式说明声速与流体弹性模量平方根成正比，与流体密度平方根成反比。声速在一定程度上反映了流体压缩性的大小。

声波传播速度很快，在传播过程中与外界来不及进行热量交换，且忽略切应力作用，无能量损失，所以，整个传播过程视为等熵过程是合理的。

应用气体等熵过程方程式

$$\frac{p}{\rho^k}=C$$

微分上式,有 $$\mathrm{d}p=C\cdot k\rho^{k-1}\mathrm{d}\rho$$

则 $$\frac{\mathrm{d}p}{\mathrm{d}\rho}=C\cdot k\cdot\rho^{k-1}=\frac{p}{\rho^k}\cdot k\cdot\rho^{k-1}=k\times\frac{p}{\rho}$$

再将理想气体状态方程 $\frac{p}{\rho}=PT$ 代入,得

$$\frac{\mathrm{d}p}{\mathrm{d}\rho}=k\frac{p}{\rho}=kRT \tag{8-25}$$

将式(8-25)代入声速公式中,于是得到气体中声速公式

$$c=\sqrt{\frac{\mathrm{d}p}{\mathrm{d}\rho}}=\sqrt{k\frac{p}{\rho}}=\sqrt{kRT} \tag{8-26}$$

从式(8-26)可以看出:不同的气体具有不同的绝热指数 k 及不同的气体常数 R,所以,各种气体有各自的声速值。

如常压下,15℃空气中的声速,因空气 $k=1.4$;$R=287\mathrm{J/(kg\cdot K)}=287\mathrm{N\cdot m/(kg\cdot K)}=287\mathrm{m^2/(s^2\cdot K)}$;$T=(273+15)\mathrm{K}=288\mathrm{K}$,故

$$c=\sqrt{kRT}=\sqrt{1.4\times287\mathrm{m^2/(s^2\cdot k)}\times288\mathrm{k}}=340\mathrm{m/s}$$

压力及温度与空气相同时,氢气中的声速为 $c=1295\mathrm{m/s}$。

同一气体中声速也不是固定不变的,它与气体的绝对温度平方根成正比。如常压下空气中声速 c(m/s)为

$$c=20.1\sqrt{T} \tag{8-27}$$

二、滞止参数

气流某断面的流速,设想以无摩擦绝热过程降低至零时,断面各参数所达到的值,称为气流在该断面的滞止参数。滞止参数以下标“0”表示,例如 p_0,ρ_0,T_0,i_0,c_0 等分别称为滞止压强、滞止密度、滞止温度、滞止焓值、滞止声速。

断面滞止参数可根据能量方程及该断面参数值求出。用式(8-11)及式(8-16),可得

$$\frac{k}{k-1}\cdot\frac{p_0}{\rho_0}+0=\frac{k}{k-1}\cdot\frac{p}{\rho}+\frac{v^2}{2}$$

$$\frac{k}{k-1}RT_0=\frac{k}{k-1}RT+\frac{v^2}{2} \tag{8-28}$$

$$i_0=i+\frac{v^2}{2} \tag{8-29}$$

又因 $c=\sqrt{kRT}$ 称为当地声速,则 $c_0=\sqrt{kRT_0}$ 称为滞止声速。代入式(8-28)中得

$$\frac{c_0^2}{k-1}=\frac{c^2}{k-1}+\frac{v^2}{2} \tag{8-30}$$

式(8-28)、式(8-29)、式(8-30)表明:等熵流动中,各断面滞止参数不变,其中 T_0、i_0、c_0 反映了包括热能在内的气流全部能量。气流速度若沿流程增大,则气流温度 T、焓 i、声速 c,沿程降低。由于当地气流速度 v 的存在,同一气流中当地声速 c 永远小于滞止声

速 c_0。

气体绕物体流动时，其驻点速度为零，驻点处的参数就是滞止参数。

在存在摩擦阻力的绝热气流中，各断面上滞止温度 T_0、滞止焓 i_0、滞止声速 c_0 值不变，表示总能量不变，但因摩擦阻力消耗的一部分机械能转化为热能，使滞止压强 p_0 沿程降低。

在有摩擦阻力的等温气流中，气流与外界不断地进行交换热量，使滞止温度 T_0 沿程变化。

三、马赫数（Mach number）Ma

如前所述，声速大小在一定程度上反映了气体压缩性的大小。气流速度越大，则声速越小，压缩性越显著。马赫将影响气体压缩性的 v 与 c 两个参数联系起来，取指定点的当地速度 v 与该点当地声速 c 的比值，并定义为马赫数 Ma，即

$$Ma = \frac{v}{c} \tag{8-31}$$

$Ma>1$，$v>c$，即气流本身速度大于声速，气流中参数的变化不能向上游传播，这就是超声速流动。

$Ma<1$，$v<c$，气流本身速度小于声速，气流中参数的变化能够各向传播，这就是亚声速流动。

Ma 是气体动力学中一个重要的无因次数，如同雷诺数 Re 反映了惯性力与黏性力的对比关系一样，Ma 反映了惯性力与弹性力的相对比值。

现将滞止参数与断面参数的比值表示为马赫数 Ma 的函数。利用$\frac{k}{k-1}RT_0 = \frac{k}{k-1}RT + \frac{v^2}{2}$求出，即

$$\frac{T_0}{T} = 1 + \frac{k-1}{2} \cdot \frac{v^2}{kRT} = 1 + \frac{k-1}{2} \cdot \frac{v^2}{c^2} = 1 + \frac{k-1}{2}Ma^2 \tag{8-32}$$

根据绝热方程及气体状态方程可推出

$$\left.\begin{aligned}
\frac{p_0}{p} &= \left(\frac{T_0}{T}\right)^{\frac{k}{k-1}} = \left(1 + \frac{k-1}{2}Ma^2\right)^{\frac{k}{k-1}} \\
\frac{\rho_0}{\rho} &= \left(\frac{T_0}{T}\right)^{\frac{1}{k-1}} = \left(1 + \frac{k-1}{2}Ma^2\right)^{\frac{1}{k-1}} \\
\frac{c_0}{c} &= \left(\frac{T_0}{T}\right)^{\frac{1}{2}} = \left(1 + \frac{k-1}{2}Ma^2\right)^{\frac{1}{2}}
\end{aligned}\right\} \tag{8-33}$$

显然，已知滞止参数及该断面上的 Ma 数，即可求出该断面上的压强、密度、温度。

【例 8-2】 大体积容器中的压缩空气，经一收缩喷嘴喷出，喷嘴出口处的压强为 100kPa（绝对），温度为 -30℃，流速为 250m/s，试求容器中的压强和温度。

【解】 容器中空气的速度近于零，其流动参数为滞止参数。

喷口处音速　$c = \sqrt{kRT} = \sqrt{1.4 \times 287 \times (273-30)} = 312.5\text{m/s}$

马赫数　$Ma = \frac{v}{c} = \frac{250}{312.5} = 0.8$

由式(8-33)得 $$p_0 = p\left(1+\frac{k-1}{2}Ma^2\right)^{k/k-1} = 152.4\text{kPa}$$

由式(8-33)得 $$T_0 = T\left(1+\frac{k-1}{2}Ma^2\right) = 274.1\text{K} = 1.1℃$$

四、气流按不可压缩处理的极限

从式(8-33)可以看出，当 $Ma=0$ 时，各参数比值均为1，也就是流体处于静止状态，不存在压缩问题；当 $Ma>0$ 时，在不同速度 v 下都具有不同程度的压缩，那么 Ma 在怎样的限度内才可以忽略压缩性的影响？这个问题与计算要求的精度有关。

例如，计算滞止点 O 压强 p_0（见图8-5），要求误差 $\Delta p_0/\frac{\rho v^2}{2}$ 小于1%，求 Ma 的限定范围。

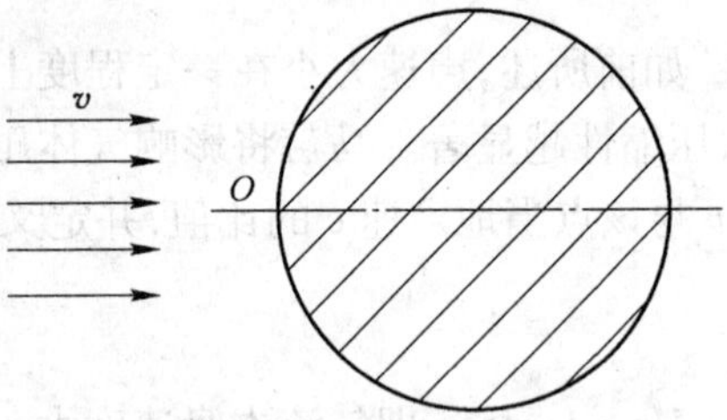

图8-5 滞止点压强

当考虑压缩性时，计算滞止压强 p_0 用式(8-33)，即

$$\frac{p_0}{p} = \left(1+\frac{k-1}{2}Ma^2\right)^{\frac{k}{k-1}} \tag{8-34}$$

忽略压缩性时，按不可压缩流体的能量方程计算，滞止压强用 p_0' 表示，有

$$p_0' = p + \frac{\rho v^2}{2} \tag{8-35}$$

将式(8-34)按二项式定理展开，取前三项，则有

$$\frac{p_0}{p} = 1 + \frac{k}{2}Ma^2 + \frac{k}{8}Ma^4 \tag{8-36}$$

又因 $Ma = \frac{v}{c} = \sqrt{\frac{\rho v^2}{kp}}$，所以 $Ma^2 = \frac{\rho v^2}{kp}$ 代入上式中，求出 p_0 为

$$p_0 = p + \frac{\rho v^2}{2} + \frac{\rho v^2}{2} \cdot \frac{Ma^2}{4} \tag{8-37}$$

用式(8-37)减式(8-35)，得出 $p_0 - p_0' = \Delta p_0$，称为绝对误差。

$$\Delta p_0 = \frac{\rho v^2}{2} \cdot \frac{Ma^2}{4}$$

因而

$$\frac{\Delta p_0}{\frac{\rho v^2}{2}} = \frac{Ma^2}{4} \tag{8-38}$$

称 $\Delta p_0/\frac{\rho v^2}{2}$ 为相对误差。

当要求误差小于1%，即

$$\frac{\Delta p_0}{\frac{\rho v^2}{2}} = \frac{Ma^2}{4} < 0.01$$

有 $$Ma^2 < 0.04, Ma < 0.2$$

这就是说，当 $Ma<0.2$ 时能够满足限定的相对误差小于 1% 的要求，因此，当 $Ma\leqslant 0.2$ 时可忽略气体的可压缩性，按不可压缩气体处理。

对于 15℃ 的空气，$c=340\text{m/s}$，则当 $Ma\leqslant 0.2$ 时，相对气流速度 $v\leqslant Ma\cdot c=0.2\times 340=68\text{m/s}$，这就是在第一章中提到的，当气流速度 $v<68\text{m/s}$ 时，可按不可压缩处理的理由。

当要求相对误差小于 4% 时，Ma 的限定为小于等于 0.4，其空气速度为 136m/s（计算从略）。

对 $Ma=0.2$ 及 $Ma=0.4$ 的两种情况，用式（8－33）中的密度比公式

$$\frac{\rho_0}{\rho}=\left(1+\frac{k-1}{2}Ma^2\right)^{\frac{1}{k-1}}$$

计算密度的相对变化 $\dfrac{\rho_0-\rho}{\rho}$。

当 $Ma=0.2$，空气 $k=1.4$ 时，有

$$\frac{\rho_0}{\rho}=\left(1+\frac{1.4-1}{2}\times 0.2^2\right)^{\frac{1}{1.4-1}}=(1+0.008)^{2.5}=1.021$$

则密度相对变化为
$$\frac{\rho_0-\rho}{\rho}=\frac{1.021\rho-\rho}{\rho}=1.021-1=2.1\%$$

当 $Ma=0.4$ 时，其密度相对变化为

$$\frac{\rho_0-\rho}{\rho}=\frac{\rho_0}{\rho}-1=(1+0.32)^{2.5}-1=0.082=8.2\%$$

上述计算结果表明，气体密度随 Ma 的增大而显著减小。

【例 8－3】　输送氩气（Ar）的管道中装一皮托管，测点的全压力为 158kPa（绝对），静压为 104kPa（绝对），氩气的温度为 20℃，气体常数为 $R=208\text{J/(kg}\cdot\text{K)}$，绝热指数 $k=1.67$。求流速：（1）按不可压缩流体计算；（2）按绝热压缩计算。

【解】　（1）按不可压缩流体计算

气体的密度为

$$\rho=\frac{p}{RT}=\frac{104\times 10^3}{208\times 293}=1.706\text{kg/m}^3$$

由能量方程
$$p_0=p+\frac{\rho v^2}{2}$$

$$v=\sqrt{\frac{2(p_0-p)}{\rho}}=\sqrt{\frac{2(158-104)\times 10^3}{1.706}}=251.6\text{m/s}$$

（2）按绝热压缩计算

由式（8－33）知
$$\frac{p_0}{p}=\left(1+\frac{k-1}{2}Ma^2\right)^{k/k-1}$$

$$Ma=\sqrt{\frac{2}{k-1}\left[\left(\frac{p_0}{p}\right)^{k/k-1}-1^k\right]}=0.739$$

由式（8－26）得
$$c=\sqrt{kRT}=319\text{m/s}$$

$$v=c\cdot Ma=235.7\text{m/s}$$

在实测值 p_0，p，ρ 各自相同的情况下，按不可压缩流体计算的流速，大于实际绝热气流

的流速。本题按不可压缩流体计算的相对误差为

$$\frac{251.6-235.7}{235.7}=6.7\%$$

第三节 气体一元恒定流动的连续性方程

一、连续性微分方程

第三章已给出了连续性方程，即

$$\rho vA=\text{常量}$$

对管流任意两断面，有

$$\rho_1 v_1 A_1=\rho_2 v_2 A_2$$

为了反映流速变化与断面的相互关系，对上式微分

$$d(\rho vA)=\rho v dA+vA d\rho+\rho A dv=0 \tag{8-39}$$

或

$$\frac{dv}{v}+\frac{d\rho}{\rho}+\frac{dA}{A}=0 \tag{8-40}$$

根据式(8－1)，有

$$\frac{dp}{\rho}+v dv=0$$

消去密度ρ，并将$c^2=\frac{dp}{d\rho}$，$Ma=\frac{v}{c}$代入，则可将式(8－40)表示为断面A与气流速度v之间的关系式，即

$$\frac{dA}{A}=(Ma^2-1)\frac{dv}{v} \tag{8-41}$$

这是可压缩流体连续性微分方程的又一种形式。

二、气流速度与断面的关系

由式(8－41)，可得下面重要结论：

(1)$Ma<1$为亚声速流动，$v<c$，因此，当式(8－41)中$Ma^2-1<0$时，dv与dA符号相反，说明速度随断面的增大而减慢，随断面的减小而加快。这与不可压缩流体运动规律相同(见图8－6a)。

(2)$Ma>1$为超声速流动，$v>c$，$Ma^2-1>0$，dv与dA符号相同，说明速度随断面的增大而加快，随断面的减小而减慢(见图8－6b)。

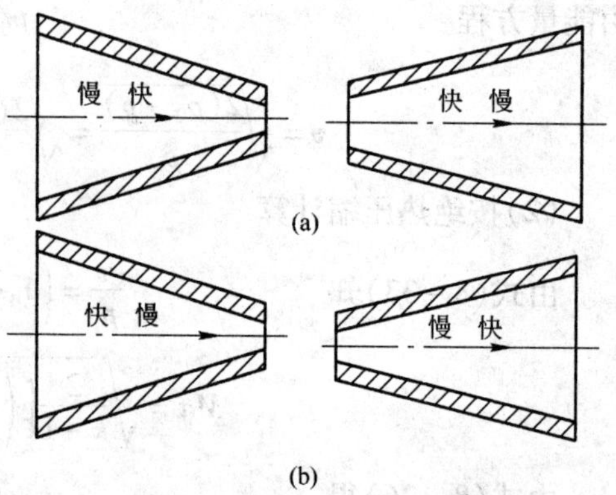

图8－6 气流速度与断面关系

(a)$Ma<1$；(b)$Ma>1$

为什么超声速流动和亚声速流动存在着上述截然相反的规律呢？究其原因是因为在可压缩流体两种不同的流动中，其膨胀程度

与速度变化之间关系不同。应用

$$\frac{\mathrm{d}p}{\rho}+v\mathrm{d}v=0$$

$$c^2=\frac{\mathrm{d}p}{\mathrm{d}\rho},\mathrm{d}p=c^2\mathrm{d}\rho$$

且

$$Ma=\frac{v}{c}$$

得

$$\frac{\mathrm{d}\rho}{\rho}=-Ma^2\frac{\mathrm{d}v}{v} \tag{8-42}$$

式(8-42)中 $\mathrm{d}\rho$ 与 $\mathrm{d}v$ 符号相反,表明速度增加,密度减小。但在 $Ma<1$ 时,Ma^2 远远小于1,于是$\frac{\mathrm{d}\rho}{\rho}$远远小于$\frac{\mathrm{d}v}{v}$。也就是说,在亚声速流动中,速度增加得快,而密度减小得慢,气体的膨胀程度不显著。因此,ρv 的乘积随 v 的增加而增加。若两断面上速度为 $v_1<v_2$,则 $\rho_1v_1<\rho_2v_2$,根据连续性方程 $\rho_1v_1A_1=\rho_2v_2A_2$,则必有 $A_1>A_2$;反之亦然,所以,在亚声速流动中,存在着与不可压缩流体相同的速度与断面的变化关系。

式(8-42)中,当 $Ma>1$ 时,Ma^2 远远大于1,于是$\frac{\mathrm{d}\rho}{\rho}$远远大于$\frac{\mathrm{d}v}{v}$。这说明在超声速流动中,虽然速度增加得较慢,密度却减小得很快,气体的膨胀程度非常明显。此时,ρv 乘积随 v 的增加而减小,若两断面速度为 $v_1<v_2$,则 $\rho_1v_1>\rho_2v_2$;同样根据 $\rho_1v_1A_1=\rho_2v_2A_2$,则必有 $A_1<A_2$。因此,在超声速流动中速度与断面成同向变化关系,即通常所说的:速度随断面一起增大。

根据上述分析,将 A,v,p,ρ 及 ρv 等与 Ma 之间的关系,用图表来说明,如表8-1所示。

表8-1　超声速与亚声速的区别,各参数与 Ma 的变化关系

流动状态	流向	面积(A)	流速(v)	压力(p)	密度(ρ)	单位面积质量流量(ρv)
亚声速流动 $Ma<1$	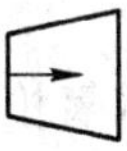	增大	减小	增大	增大	减小
	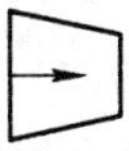	减小	增大	减小	减小	增大
超声速流动 $Ma>1$	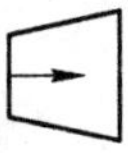	增大	增大	减小	减小	减小
	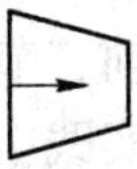	减小	减小	增大	增大	增大

(3)$Ma=1$ 即气流速度与当地声速相等,此时称气体处于临界状态。气体达到临界状态的断面,称为临界断面。临界断面 A_k 上的参数称为临界参数,如临界气流速度 v_k,临界当地声速 c_k。因 $Ma=1$,所以 $v_\mathrm{k}=c_\mathrm{k}$,还有 $\rho_\mathrm{k},p_\mathrm{k},T_\mathrm{k}$ 等临界参数。当 $Ma=1$ 时,式(8-41)中

$Ma^2-1=0$，则必有 $dA=0$，联系式（8－42），当 $Ma=1$ 时，说明在临界断面上，密度相对变化 $\frac{d\rho}{\rho}$ 的增、减等于速度相对变化 $\frac{dv}{v}$ 的减、增，所以断面不发生变化。

从数学概念来说，临界断面的微分 $dA=0$，可以是极小断面，也可以是极大断面。下面证明，速度等于声速不可能在最大断面上达到，即临界断面只能是最小断面。如气流以超声速 $v>c$ 流入扩张管道，见图 8－7a，由于断面扩大，流速增大，所以速度仍为超声速，且越来越大，不会出现声速，也就不可能有最大临界断面；反之，如果气流以亚声速 $v<c$ 流入扩张管道（见图 8－7b），由于断面扩大而流速降低，所以流速仍为亚声速，永远不会达到声速。这就证明了临界断面 A_k 只能是最小断面。

根据以上所述可得结论：对于初始断面为亚声速的一般收缩形气流（见图 8－8a），不可能得到超声速流动，最多是在收缩管出口断面上达到声速。因为，在收缩管中间断面上，不可能存在 $dA=0$ 的最小断面。

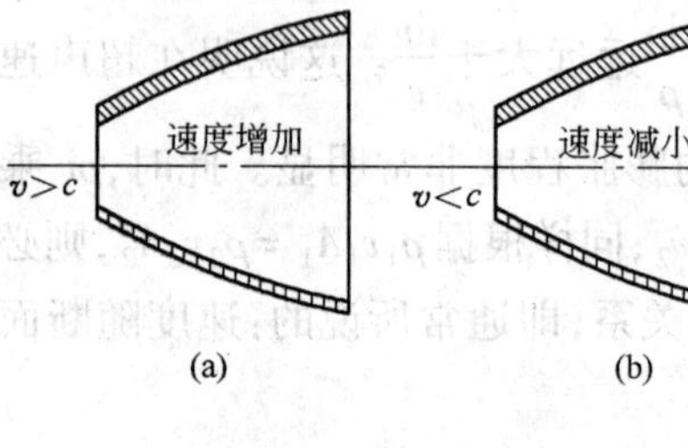

图 8－7　临界断面只能是最小断面

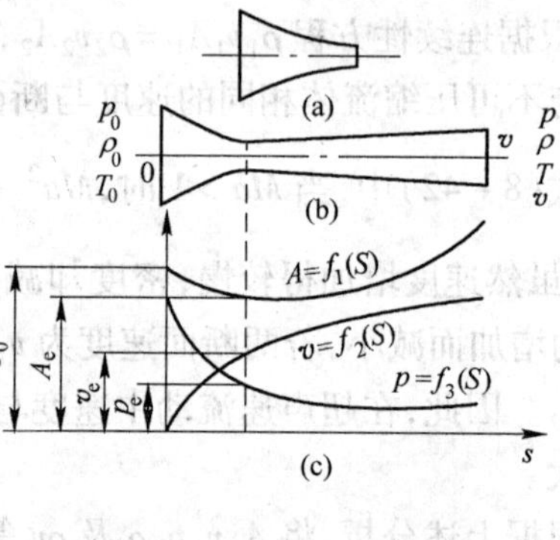

图 8－8　收缩管嘴，拉伐尔喷管

为了得到超声速气流，可使亚声速气流流经收缩管，并使其在最小断面上达到声速，然后再进入扩张管，满足气流的进一步膨胀增速，便可获得超声速气流。这就确定了从亚声速获得超声速的喷管形状（见图 8－8b），此种喷管称为拉伐尔（Laval）喷管。图 8－8c 表示了沿拉伐尔喷管长度方向，断面 A、速度 v 及压强 p 的变化特性。

关于拉伐尔喷管的工程应用很多，其中典型的应用是炼钢氧枪。为了提高向炉内熔池的吹氧强度，缩短熔炼周期，氧气射流往往是超声速的（$Ma=2$ 左右）。这种供氧设备的氧气喷管就是拉伐尔喷管。

第四节　管路中的流动

用管道输送气体，在工程中应用极为广泛，如高压蒸汽管道、煤气管道。这类问题都涉及气流在管路中的流动规律和有关设计计算的理论。本节在前三节的基础上讨论等断面管路流动有沿程阻力损失时气体流动参数的变化。本节将工程实践中的等温流动和等熵流动过程放在一起讨论，以便比较。当气体管路很长，气体与外界热量交换充分，使气体基本上保持着与周围环境相同的温度，而外界温度可认为恒定，此时，按等温流动处理。当气体管路用绝热材料包裹或有些管路压差很小，流速较高，管路较短时，可认为气体对外界不发生热量交换，此时，可近似按绝热流动处理。

气体沿等断面管道流动时，由于沿程阻力存在，使其压强、密度沿程有所改变，因而气流速度沿程也将发生变化，这样使计算沿程阻力的达西(Darcy)公式不能用于全长 l 上，只能适用于 $\mathrm{d}l$ 微元段上，于是微元段 $\mathrm{d}l$ 上的单位质量气流沿程阻力为

$$\mathrm{d}h_{\mathrm{f}}=\lambda\cdot\frac{\mathrm{d}l}{d}\cdot\frac{v^2}{2}\tag{8-43}$$

将式(8-43)加到理想气体一元流动的欧拉微分方程式(8-1)中，便得到了实际气体的一元运动微分方程，即气体管路的运动微分方程式：

$$\frac{\mathrm{d}p}{\rho}+v\mathrm{d}v+\frac{\lambda}{2d}\cdot v^2\mathrm{d}l=0\tag{8-44}$$

或写为

$$\frac{2\mathrm{d}p}{\rho c^2}+2\frac{\mathrm{d}v}{v}+\frac{\lambda}{d}\mathrm{d}l=0\tag{8-45}$$

式中，λ 是沿程阻力系数，λ 与 $Re=\dfrac{\rho vd}{\mu}$ 及相对粗糙度 $\dfrac{K}{d}$ 有关；d 为常数(因是等断面)，管材一定，则 $\dfrac{K}{d}$ 亦一定；μ 是温度的函数，等温流动中 μ 不变；等断面管道，A 是常数，由连续性方程知 ρvA = 常数，故 ρv 为常数。

在等温流动中，$Re=\dfrac{\rho vd}{\mu}$ 为一常数，管道上任何断面上的 Re 都相等。由以上分析可知，在等温、等断面流动中，沿程阻力系数 λ 是沿程不变的。

在绝热过程中，动力黏度 μ 和雷诺数 Re 随温度变化而改变，因此，沿程阻力系数 λ 也随温度的变化而改变，但可取平均值 $\overline{\lambda}$，即

$$\overline{\lambda}=\frac{\int_0^l\lambda\mathrm{d}l}{l}\tag{8-46}$$

一、管路流动运动方程

管路流动运动方程主要建立管路流动中不同断面上压强之间的关系，以及压降与流量之间的关系。

为了积分，将式(8-44)两边同除以 v^2 得

$$\frac{\mathrm{d}p}{v^2\rho}+\frac{\mathrm{d}v}{v}+\frac{\lambda}{2d}\mathrm{d}l=0\tag{8-47}$$

根据连续性方程，质量流量 Q_m 为

$$Q_m=\rho_1v_1A_1=\rho_2v_2A_2=\rho vA$$

则有

$$v^2\rho=\frac{Q_m^2}{A^2\rho}\tag{8-48}$$

将式(8-48)代入式(8-47)得

$$\frac{A^2\rho\mathrm{d}p}{Q_m^2}+\frac{\mathrm{d}v}{v}+\frac{\lambda}{2d}\mathrm{d}l=0\tag{8-49}$$

(一)等温管流

在等温管流中

$$\frac{p}{\rho}=\frac{p_1}{\rho_1}=RT=C$$

则
$$\rho=\frac{p}{RT} \tag{8-50}$$

将式(8-50)代入式(8-49),得

$$\frac{A^2 p\mathrm{d}p}{Q_m^2 RT}+\frac{\mathrm{d}v}{v}+\frac{\lambda}{2d}\mathrm{d}l=0 \tag{8-51}$$

在长度为 l 的1,2两断面间积分(见图8-9),得

$$\frac{2}{\rho_1 v_1^2 p_1}\int_1^2 p\mathrm{d}p+2\int_1^2\frac{\mathrm{d}v}{v}+\frac{\lambda}{d}\int_1^2\mathrm{d}l=0$$

得
$$\frac{A^2}{2Q_m^2 RT}(p_1^2-p_2^2)+\ln\frac{v_2}{v_1}+\frac{\lambda}{2d}l=0 \tag{8-52}$$

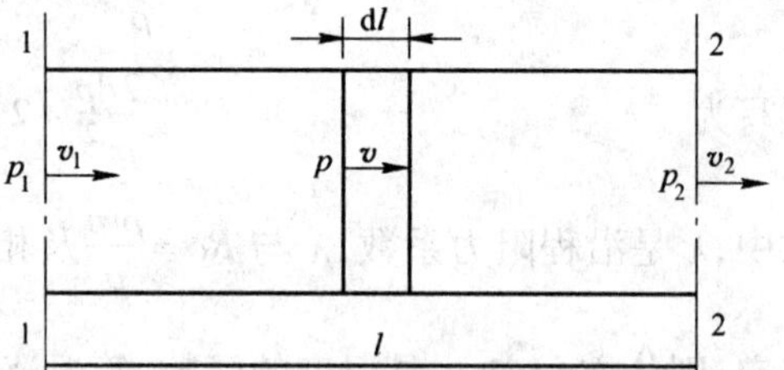

图8-9 管流

因管道较长,满足 $2\ln\frac{v_2}{v_1}<<\frac{\lambda l}{d}$

故式(8-52)可以写成

$$\frac{A^2}{2Q_m^2 RT}(p_1^2-p_2^2)=-\frac{\lambda}{2d}l$$

可得

$$p_1^2-p_2^2=\frac{Q_m^2 RT\lambda l}{dA^2}=\frac{16Q_m^2 RT\lambda l}{\pi^2 d^5} \tag{8-53}$$

根据该式还可以得到 p_1 和 p_2 之间的其他表达式:

$$p_2=\sqrt{p_1^2-\rho_1 v_1^2 p_1\frac{\lambda l}{d}} \tag{8-54a}$$

$$p_2=p_1\sqrt{1-\frac{\rho_1 v_1^2}{p_1}\cdot\frac{\lambda l}{d}} \tag{8-54b}$$

$$p_2=p_1\sqrt{1-\frac{v_1^2}{RT}\cdot\frac{\lambda l}{d}} \tag{8-54c}$$

式(8-53)、式(8-54)均为等温管路的基本公式。

求得 Q_m 为

$$Q_m=\sqrt{\frac{\pi^2 d^5}{16\lambda lRT}(p_1^2-p_2^2)} \tag{8-55}$$

以上各式均为静压差较大的等温管流,考虑了气体压缩性的计算公式,故又称为大压差公式。式(8-55)为气体管路设计计算中最常使用的公式。

(二)等熵管流

在等熵管流中,$\frac{p}{\rho^k}=C$,求得 $\rho=C^{-\frac{1}{k}}p^{\frac{1}{k}}$,近似代替有摩阻作用的非等熵绝热过程管路中的密度。

将密度表达式代入式(8-49)中,并对长度 l 上的1、2两断面进行积分,得

$$\frac{A^2}{Q_m^2}\cdot C^{-\frac{1}{k}}\int_{v_1}^{v_2}p^{\frac{1}{k}}\mathrm{d}p+\int_{V_1}^{V_2}\frac{\mathrm{d}v}{v}+\frac{\lambda}{2d}\int_0^l\cdot\mathrm{d}l=0$$

$$\frac{k}{k+1}\cdot C^{-\frac{1}{k}}[p_1^{\frac{k+1}{k}}-p_2^{\frac{k+1}{k}}]=\frac{Q_m^2}{A^2}\left[\ln\frac{v_2}{v_1}+\frac{\lambda}{2d}l\right] \quad (8-56)$$

在实际应用中,认为对数项较摩擦损失项小,可忽略。上式变为

$$p_1^{\frac{k+1}{k}}-p_2^{\frac{k+1}{k}}=\frac{k+1}{k}\cdot C^{\frac{1}{k}}\frac{\lambda l Q_m{}^2}{2dA^2} \quad (8-57)$$

质量流量为

$$Q_m=\sqrt{\frac{2dA^2}{\lambda l}\cdot\frac{k}{k+1}\cdot\frac{\rho_1}{p_1^{\frac{1}{k}}}\left[p_1^{\frac{k+1}{k}}-p_2^{\frac{k+1}{k}}\right]} \quad (8-58)$$

上两式即为绝热管路流动的基本公式,是有摩擦阻力的绝热管流的近似解。

二、各种管流的特征

由气体管路运动微分方程

$$\frac{\mathrm{d}p}{\rho}+v\mathrm{d}v+\frac{\lambda}{2d}\cdot v^2\mathrm{d}l=0$$

将上式各项除以$\frac{p}{\rho}$得

$$\frac{\mathrm{d}p}{p}+\frac{v\mathrm{d}v}{p/\rho}+\frac{v^2}{p/\rho}\cdot\frac{\lambda\mathrm{d}l}{2d}=0 \quad (8-59)$$

连续性微分方程,当断面不变 $\mathrm{d}A=0$ 时,则为

$$\frac{\mathrm{d}\rho}{\rho}=-\frac{\mathrm{d}v}{v} \quad (8-60)$$

由声速公式得

$$c^2=k\cdot\frac{p}{\rho} \quad (8-61)$$

通过式(8-59)~式(8-61)即可求得各管流过程的运动特征方程。

(一)等温管流

理想气体状态方程的微分形式为

$$\frac{\mathrm{d}p}{p}=\frac{\mathrm{d}\rho}{\rho}+\frac{\mathrm{d}T}{T}$$

等温时,有

$$\mathrm{d}T=0,\frac{\mathrm{d}p}{p}=\frac{\mathrm{d}\rho}{\rho}$$

由式(8-60)可得

$$\frac{\mathrm{d}\rho}{\rho}=\frac{\mathrm{d}p}{p}=-\frac{\mathrm{d}v}{v} \quad (8-62)$$

将式(8-61)、式(8-62)代入式(8-59)中,得

$$-\frac{\mathrm{d}v}{v}+kMa^2\frac{\mathrm{d}v}{v}+kMa^2\frac{\lambda\mathrm{d}l}{2d}=0$$

$$\frac{\mathrm{d}v}{v}=\frac{kMa^2}{1-kMa^2}\cdot\frac{\lambda\mathrm{d}l}{2d} \quad (8-63)$$

又可得出

$$-\frac{\mathrm{d}p}{p}=\frac{\mathrm{d}v}{v}=\frac{kMa^2}{1-kMa^2}\cdot\frac{\lambda\mathrm{d}l}{2d} \tag{8-64}$$

讨论上面两式,可得以下结论:

(1) l 增大,沿程阻力增加,将引起如下结果:

当 $kMa^2<1$,$1-kMa^2>0$ 时,v 增加,p 减小;

当 $kMa^2>1$,$1-kMa^2<0$ 时,v 减小,p 增加。

其变化率随沿程阻力的增大而增大。

(2)虽然在 $kMa^2<1$ 时,沿程阻力沿流程增加,使速度不断增加,但由于 $1-kMa^2$ 不能等于零,使流速无限增大,所以管路出口断面上 Ma 不可能超过$\sqrt{\frac{1}{k}}$,即 $Ma\leqslant\sqrt{\frac{1}{k}}$。

这个结论可以从式(8-55)得到证明:若沿程阻力使其流速不断增加,则式中 $\mathrm{d}v>0$,所以必然有

$$1-kMa^2>0$$

$$kMa^2<1,\ Ma\leqslant\sqrt{\frac{1}{k}}$$

因此,在应用流量公式(8-55)时,一定要用 Ma 是否小于$\sqrt{\frac{1}{k}}$检验计算正确与否,如出口断面上 Ma 数大于$\sqrt{\frac{1}{k}}$,则实际流量只能按 $Ma=\sqrt{\frac{1}{k}}$计算。只有当出口断面的 Ma 小于$\sqrt{\frac{1}{k}}$时,计算才是有效的。

(3)在 $Ma=\sqrt{\frac{1}{k}}$的 l 处求得的管长就是等温管流的最大管长,如实际管长超过最大管长,将使进口断面流速受阻滞。

【例 8-4】 氦气在直径 $d=200\mathrm{mm}$、长 $l=600\mathrm{m}$ 的管道中作等温流动。已知进口断面的速度 $v_1=90\mathrm{m/s}$,压强 $p_1=1380\mathrm{kPa}$,温度 $t=25℃$,氦的气体常数 $R=2077\mathrm{J/(kg\cdot K)}$,绝热指数 $k=1.67$,沿程阻力系数 $\lambda=0.015$。

(1)求出口断面的压强和流速;

(2)如按不可压缩流体计算,出口断面压强为多少?

(3)如管长 $l=1200\mathrm{m}$,出口断面的压强为多少?

(4)进口断面的流动参数不变,求极限管长;

(5)如管长为极限管长,求出口断面的马赫数。

【解】 (1)求 $l=600\mathrm{m}$ 的出口断面压强和流速

$$\rho_1=\frac{p_1}{RT_1}=\frac{1380\times10^3}{2077\times(273+25)}=2.23\mathrm{kg/m^3}$$

由式(8-54)得

$$p_2=1380\times\sqrt{1-\frac{2.23\times90^2\times0.015\times600}{1380\times10^3\times0.2}}=884.7\mathrm{kPa}$$

由连续性方程和状态方程得

$$v_2 = v_1 \frac{\rho_1}{\rho_2} = v_1 \frac{p_1}{p_2} = 90 \times \frac{1380}{884.7} = 140.4\text{m/s}$$

(2) 如按不可压缩流体计算，求 p_2

$$p_1 - p_2 = \lambda \frac{l}{d} \frac{\rho v^2}{2} = \frac{0.015 \times 600 \times 2.23 \times 90^2}{0.2 \times 2 \times 10^3} = 406.4\text{kPa}$$

$$p_2 = 1380 - 406.4 = 973.6\text{kPa}$$

可见，考虑流体的压缩性压强沿程下降比不可压缩流体快。

(3) 如 $l = 1200$m，求出口断面压强

$$p_2 = 1380 \times \sqrt{1 - \frac{2.23 \times 90^2 \times 0.015 \times 1200}{1380 \times 10^3 \times 0.2}} = 1380 \times \sqrt{-0.178}\text{kPa}$$

p_2 为无理数，这表明在本题所给的条件下，要在 1200m 管长范围内保持等温流动是不可能的。

(4) 求极限管长 l_{max}

先求 Ma_1
$$Ma_1 = \frac{v_1}{\sqrt{kRT_1}} = \frac{90}{\sqrt{1.67 \times 2077 \times (273 + 25)}} = 0.0885$$

$$\frac{0.015}{0.2} l_{max} = \frac{1 - 1.67 \times 0.0885^2}{1.67 \times 0.0885^2} + \ln(1.67 \times 0.0885^2) = 71.11$$

$$l_{max} = 71.11 \times \frac{0.2}{0.015} = 948\text{m}$$

(5) 如 $l = l_{max}$，则出口断面的马赫数为

$$Ma_2 = \frac{1}{\sqrt{k}} = \frac{1}{\sqrt{1.67}} = 0.774$$

(二) 等熵管流

在等熵管流中，$\frac{p}{\rho^k} = C$，$\mathrm{d}p = C \cdot k \cdot \rho^{k-1} \mathrm{d}\rho$

所以
$$\frac{\mathrm{d}p}{p} = k \cdot \frac{\mathrm{d}\rho}{\rho}$$

将上式及式(8-61)代入式(8-59)得

$$-k \frac{\mathrm{d}v}{v} + \frac{v\mathrm{d}v}{c^2/k} + \frac{\lambda \mathrm{d}l}{2d} \cdot \frac{v^2}{c^2/k} = 0$$

$$-k \frac{\mathrm{d}v}{v} + kMa^2 \frac{\mathrm{d}v}{v} + kMa^2 \frac{\lambda \mathrm{d}l}{2d} = 0$$

$$\frac{\mathrm{d}v}{v}(k - kMa^2) = kMa^2 \frac{\lambda \mathrm{d}l}{2d}$$

所以
$$\frac{\mathrm{d}v}{v} = \frac{Ma^2}{1 - Ma^2} \cdot \frac{\lambda \mathrm{d}l}{2d} \tag{8-65}$$

或
$$-\frac{\mathrm{d}p}{p} = \frac{kMa^2}{1 - Ma^2} \cdot \frac{\lambda \mathrm{d}l}{2d} \tag{8-66}$$

讨论式(8-65)、式(8-66)：

(1) 当 l 增加，摩阻增加，将引起下列结果：

$Ma<1, 1-Ma^2>0$，v 增加，p 减小；

$Ma>1, 1-Ma^2<0$，v 减小，p 增加。

变化率随摩阻的增加而增加。

(2)当 $Ma<1$ 时，摩阻增加，引起速度增加。正如等温管流一样，在管路中间绝不可能出现临界断面。至出口断面上，Ma 只能是 $Ma\leqslant 1$。

如同等温管路证明：$Ma<1$ 时，且 $dv>0$，则式(8-65)中

$$1-Ma^2>0$$

所以

$$Ma<1$$

(3)在 $Ma=1$ 的 l 处求得的管长就是绝热管流动的最大管长。当管道实长超过最大管长时，与等温管流情况相似，将使进口断面流速受阻滞。

习 题

8-1 试分析理想气体一元恒定流动的连续性方程的意义，并与不可压缩流体的连续性方程比较。

8-2 什么是声速，其方程的形式有哪些？

8-3 简述滞止参数和临界参数的意义和关系。

8-4 为什么说亚声速气流在收缩形管路中，无论管路多长，也得不到超声速气流？

8-5 试分析等断面实际气体等温流动时，沿流程速度、密度、压强和温度是怎样变化的。

8-6 同上分析绝热管流沿程速度、密度、压强和温度是怎样变化的。

8-7 二氧化碳气体作等熵流动，某点的温度 $T_1=60℃$，速度 $v_1=14.8\text{m/s}$，在同一流线上，另一点的温度 $T_2=30℃$，已知二氧化碳 $R=189\text{J/(kg·K)}$，$k=1.29$，求该点的速度。

8-8 空气作等熵流动，已知滞止压强 $p_0=490\text{kPa}$，滞止温度 $T_0=20℃$，试求：滞止声速 c_0 及 $Ma=0.8$ 处的声速、流速和压强。

8-9 在海拔高度不超过11km的范围内，标准大气的温度随高程 H 的变化为 $T=T_0-aH$，式中 $T_0=288\text{K}$，$a=0.0065\text{K/m}$。现有一飞机在10000m高空飞行，速度为240m/s，求它的飞行马赫数。如飞机在1000m高度以同样速度飞行，马赫数又为多少？

8-10 空气流经一收缩喷嘴作等熵流动，进口截面流动参数为140kPa、$v_1=80\text{m/s}$、$T_1=293\text{K}$，出口截面 $p_2=100\text{kPa}$，求出口流速 v_2。

8-11 过热蒸汽在喷管中作等熵流动，气体参数为 $k=1.33$，$R=462\text{J/(kg·K)}$，滞止参数为 $p_0=28\times10^5\text{Pa}$，$T_0=773\text{K}$，出口压强为 $p=7\times10^5\text{Pa}$，试计算一种喷管（确定出口面积和喉部面积），使其质量流量为 $Q_m=8.5\text{kg/s}$。

第九章　泵与风机的理论基础

泵与风机统称为流体输送机械，是利用外加能量输送流体的。在建筑环境与设备工程专业所涉及的工程领域中，泵与风机是使用最为广泛的动力设备。泵与风机的形式、种类很多，其中最为常用的是离心式泵和离心式风机。本章以介绍离心式泵与风机为主，对其他类型的泵与风机只作简要介绍。

第一节　离心式泵与风机的基本结构

一、离心式风机的基本结构

离心式风机主要部件是叶轮和机壳，如图 9－1 所示。大型离心式风机一般还有进气箱、前导器和扩压器。现分述如下。

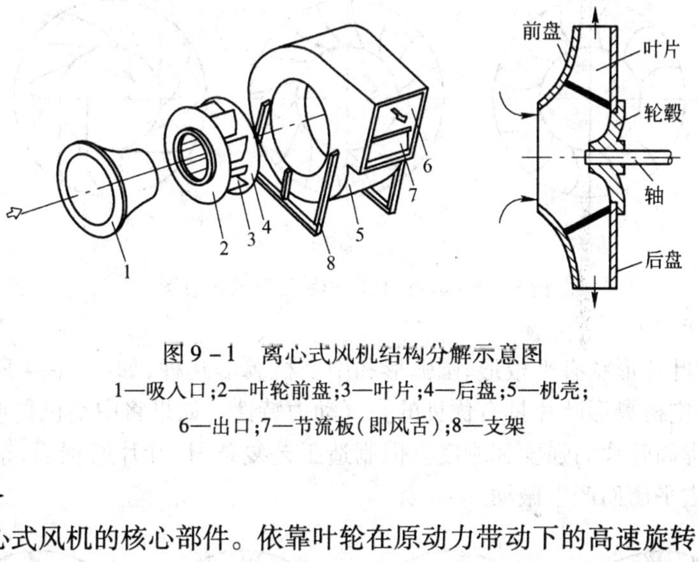

图 9－1　离心式风机结构分解示意图

1—吸入口；2—叶轮前盘；3—叶片；4—后盘；5—机壳；6—出口；7—节流板（即风舌）；8—支架

（一）叶轮

叶轮是离心式风机的核心部件。依靠叶轮在原动力带动下的高速旋转，使流体（气体）获得能量，从而达到输送的目的。叶轮的尺寸和几何形状对风机的特性有着重要影响。离心式风机的叶轮一般有前盘、后（中）盘、叶片和轴盘组成，其结构有焊接和铆接两种形式。

叶轮前盘的形式有平前盘、锥形前盘和弧形前盘等几种，如图 9－2 所示。平前盘制造简单，但对气流流动有不良影响。我国生产的 8－18 型离心式风机就是采用平前盘。

锥形前盘和弧形前盘的叶轮，制造比较复杂，但其气体流动状况和叶轮强度都比平前盘优越。我国生产的 4－72 型和 4－73 型离心式风机都采用了弧形前盘。

双侧进气的离心式风机称为双吸风机。双吸风机的叶轮是两侧各有一个相同的前盘，叶轮中间有一个共用的中盘，中盘铆在轴盘上。

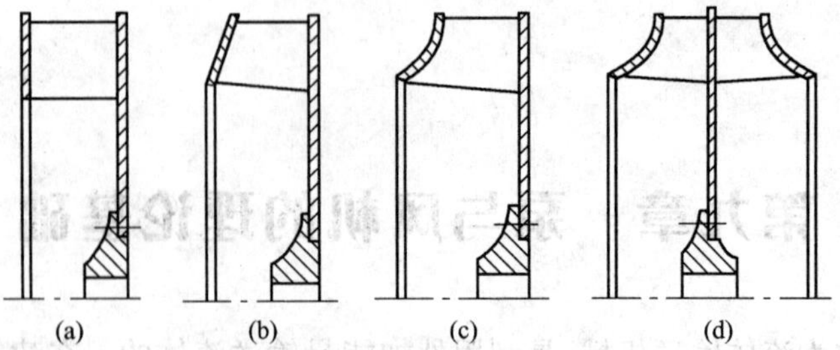

图 9－2 叶轮结构形式示意图

(a)平前盘叶轮;(b)锥形前盘叶轮;(c)弧形前盘叶轮;(d)双吸叶轮

叶轮的主要零件是叶片。离心式风机的叶片数目可以是几个到几十个。此外叶片出口角和叶片形状的不同,叶轮的结构形式也有所不同。

1. 叶片出口角

无论离心式泵,还是离心式风机的叶轮,根据叶片出口角的不同,叶轮都可分为三种,既前弯叶轮、径向叶轮和后弯叶轮,如图 9－3 所示。叶片出口角 β_{b2} 大于 90°的为前弯叶轮,等于 90°的为径向叶轮,小于 90°的为后弯叶轮。

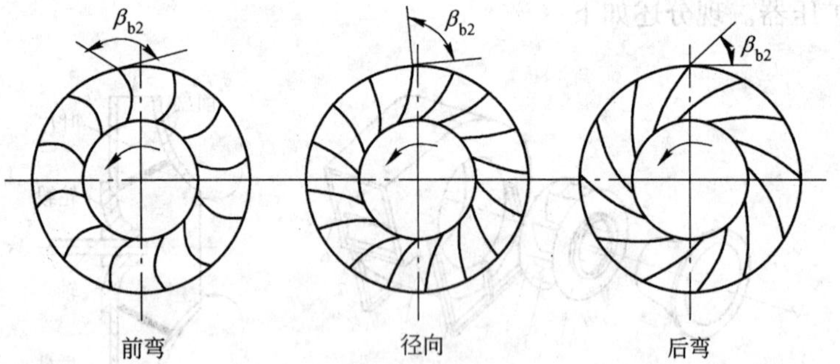

图 9－3 前弯、径向和后弯叶轮示意图

2. 叶片形状

离心式风机叶片形状有平板形、圆弧形和中空机翼形几种,如图 9－4 所示。平板形叶片制造简单。中空机翼形叶片具有优良的空气动力特性。如果将中空机翼形叶片的内部加上补强筋,可以提高叶片的强度和刚度。但制造工艺复杂,且叶片磨损后,杂质易进入叶片内部,使叶轮失去平衡而产生振动。

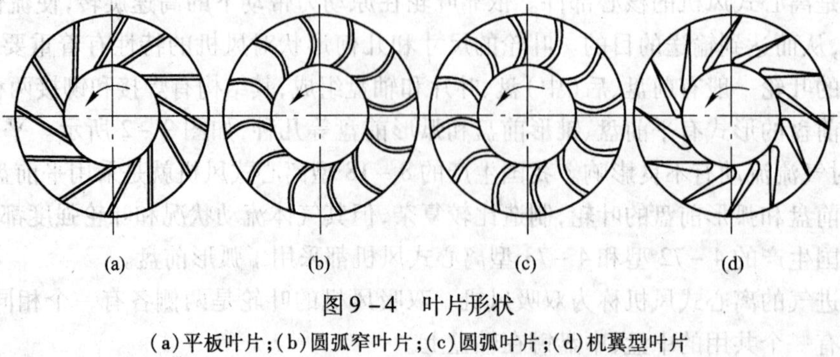

图 9－4 叶片形状

(a)平板叶片;(b)圆弧窄叶片;(c)圆弧叶片;(d)机翼型叶片

目前，前弯叶片一般采用圆弧形叶片。在后弯叶片中，大型离心式风机多采用机翼形叶片，而中、小型离心式风机，则以采用圆弧形和平板形叶片为宜。我国生产的4－72型和4－73型离心式风机均采用中空机翼形叶片。

（二）机壳

离心式风机的机壳由蜗壳、进风口和风舌等零部件组成。

1. 蜗壳

蜗壳由蜗板和两块侧板焊接而成。锅壳的作用是收集从叶轮出来的气体，并引导到蜗壳的出口，经过出风口把气体输送到管道中或排到大气中去。一些风机为使流体的部分动压通过蜗壳转变为静压，以提高风机效率，将蜗壳内的流体通道设计成渐扩通道，这样蜗壳的蜗板就是一条螺旋线。为了便于制造，一般将蜗壳设计成等宽矩形断面。

2. 进风口

进风口又称集风器，其作用是保证气流能均匀地充满叶轮进口，使气流流动阻力损失最小。离心式风机的进口有圆筒形、圆锥形、弧形、锥筒形、弧筒形、锥弧形等多种，如图9－5所示。

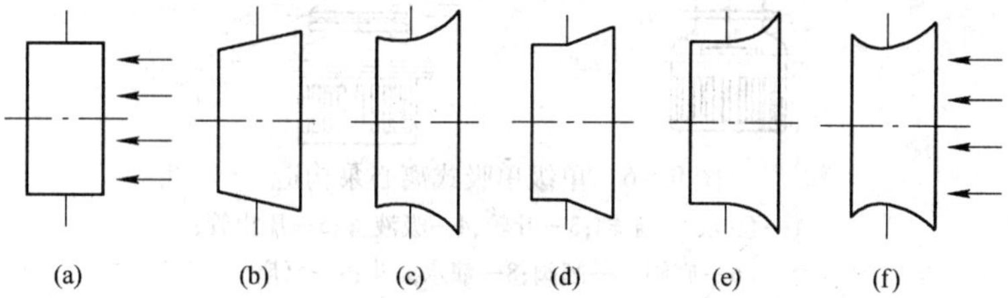

图9－5　进气口的形式

（a）圆筒形；（b）圆锥形；（c）弧形；（d）锥筒形；（e）弧筒形；（f）锥弧形

（三）进气箱

风机从周围大气直接吸风时称为自由进气。但是，在一些工程应用中，由于安装的限制和使用条件不同，有些风机不能采用自由进气方式，特别是当进风需要转弯时，安装进气箱能改善进口流动状况，减少因气流不均匀进入叶轮而产生的流动阻力损失。进气箱一般只使用在大型或双吸离心式风机上。

进气箱装设的好坏直接影响风机的性能，如果进气箱结构不合理，由此所导致的阻力损失可达风机全压的15%～20%。进气箱进口的长宽比以2～3为宜；进气箱的断面积与叶轮进口面积比一般取1.7～2.0；进气箱最好做成渐缩形断面，以减少流动阻力。

（四）前导器

一般在大型离心式风机或要求性能调节的风机进风口或进风口的流道内装设前导器。改变前导器叶片的角度，能改善风机的性能，扩大使用范围，从而提高风机运行的经济性。前导器有轴向和径向两种形式。

（五）扩散器

扩散器装于风机机壳出口处，其作用是降低出口流体速度，使部分动压转变为静压。根据出口管道的需要，扩散器有圆形截面和方形截面两种。

离心式风机可以做成右旋转或左旋转两种形式。从原动机一端正视，叶轮旋转为顺时针方向的称为右旋转,用“右”表示;叶轮旋转为逆时针方向的称为左旋转,用“左”表示。但必须注意叶轮只能顺着蜗壳螺旋线的展开方向旋转。

二、离心式泵的基本结构

与离心式风机相似,离心式泵主要由叶轮、泵壳、泵座、密封环和轴封装置等构成,如图9-6所示。

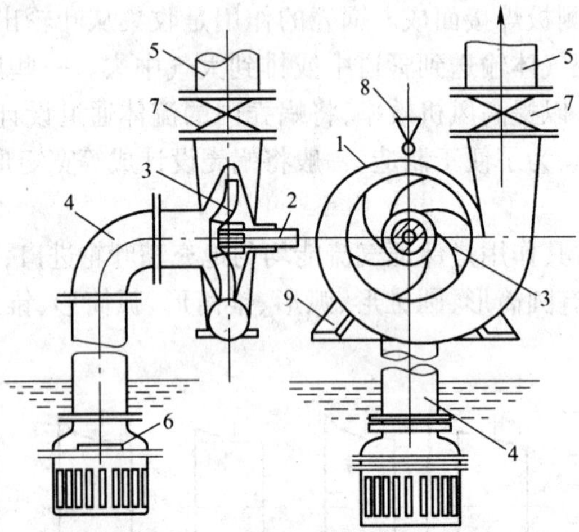

图9-6 单级单吸式离心泵构造

1—泵壳;2—泵轴;3—叶轮;4—吸液管;5—压出管;

6—底阀;7—闸阀;8—灌水漏斗;9—泵座

(一)叶轮

离心泵的叶轮同样可分为单吸叶轮和双吸叶轮两种。考虑到材料的耐磨和耐腐蚀性能,离心泵的叶轮目前多采用铸铁、铸钢和青铜制成。叶轮按其盖板情况又分为闭式叶轮、开式叶轮和半开式叶轮三种形式,如图9-7所示。凡具有两个盖板的叶轮,称为闭式叶轮,见图9-7a。这种叶轮应用最广,前述的单吸式、双吸式叶轮均属于这种形式。只有叶片没有完整盖板的叶轮称为开式叶轮,见图9-7b。只有后盖板,而没有前盖板的叶轮,称为半开式叶轮,见图9-7c。一般在抽吸含有悬浮物的污水泵中,为了避免堵塞,有时采用开式或半开式的叶轮。这种叶轮的特点是叶片数目较少,一般仅有2~5片。而闭式叶轮的叶片为6~8片,最多的可达12片。

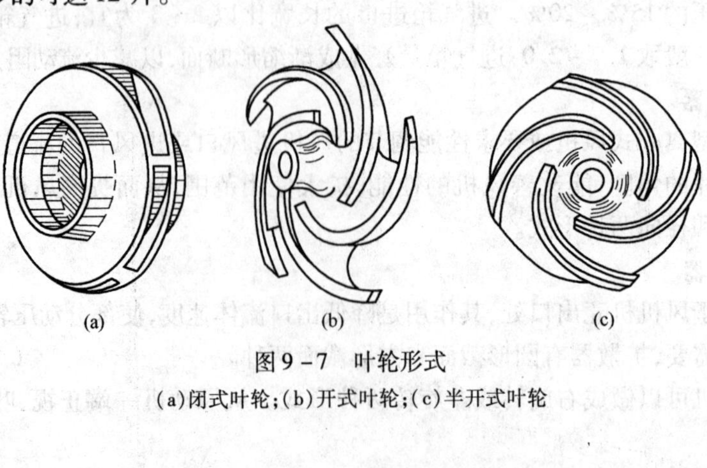

图9-7 叶轮形式

(a)闭式叶轮;(b)开式叶轮;(c)半开式叶轮

（二）泵壳

离心泵的泵壳通常铸成蜗壳形。叶轮工作时，沿蜗壳的渐扩断面上，流量是逐渐增大的，为了减少阻力损失，在离心泵的设计中应使沿蜗壳渐扩断面流动的流体流速为一常数。泵壳顶部设有充液和放气的螺孔，以使在水泵启动前用来充水和排走泵壳内的气体。

（三）泵座

泵座上有与底板和基础固定的法兰孔。

（四）轴封装置

与离心式风机不同，离心泵的泵轴穿出泵壳时，在轴与壳之间存在着间隙，如不采取措施，间隙处会有泄露。当间隙处的液体压力大于大气压力（如单吸式离心泵）时，泵壳内的高压液体就会通过此间隙向外泄漏。当间隙处的液体压力为真空（如双吸式离心泵）时，则外界气体就会从间隙处吸入泵内，从而降低泵的吸液性能。为此，需在轴与泵壳之间的间隙处设置密封装置，称之为轴封。

第二节　离心式泵与风机的工作原理与性能参数

一、离心式泵与风机的工作原理

当泵与风机的叶轮随原动机的轴旋转时，处在叶轮叶片间的流体也随叶轮高速旋转，此时流体受到离心力的作用，经叶片间出口被甩出叶轮。这些被甩出的流体挤入机（泵）壳后，机（泵）壳内流体压强增高，最后被导向泵或风机的出口排出。与此同时，叶轮中心由于流体被甩出而形成一定程度的真空，外界的流体在大气压的作用下，沿泵或风机的进口吸入叶轮，如此源源不断地输送流体。

由上所述可知，离心式泵与风机的工作过程，实际上是一个能量的传递和转化过程。它把电动机高速旋转的机械能转化为被输送流体的动能和势能。在这个能量的传递和转化过程中，必然伴随着诸多的能量损失，这种损失越大，该泵或风机的性能就越差，工作效率就越低。

二、离心式泵与风机的性能参数

（一）流量

单位时间内泵与风机所输送的流体量称为流量。常用体积流量并以字母 Q 表示，单位是 m^3/s 或 m^3/h。用重量流量时其单位为 t/h。

（二）泵的扬程与风机的全压

泵的扬程与风机的全压分别表示每单位重量或每单位体积的流体流经泵或风机时所获得的总能量。

单位重量流体流经泵的进、出口断面所具有总能量之差称为泵的扬程。用字母 H 表示，其单位为 m。

单位体积流体流经风机的进、出口断面所具有的总能量之差称为风机的全压。用字母 p 表示，单位为 Pa。

【例 9－1】 如图 9－8 所示，某水泵在吸水池上方将水提升到水塔中，吸水高度为 $H_1=3\text{m}$，水泵出口到水塔水面的高度为 $H_2=30\text{m}$，吸水池和水塔的水面均为大气压。吸水

管道的直径为 $d_3=300\text{mm}$，长度为 $l_1=8\text{m}$，吸水管路的局部阻力系数之和为 $\sum\zeta_1=9.0$；排水管道的直径为 $d_2=250\text{mm}$，长度为 $l_2=60\text{m}$，排水管路的局部阻力系数之和为 $\sum\zeta_2=16$；吸水管道和排水管道的沿程阻力系数均取 $\lambda=0.035$，水的密度取 1000kg/m^3，已知泵进口处的真空表读数为 $p_V=65\text{kPa}$（该表中心高度与泵进口管中心高度相同），试计算此时泵的扬程。

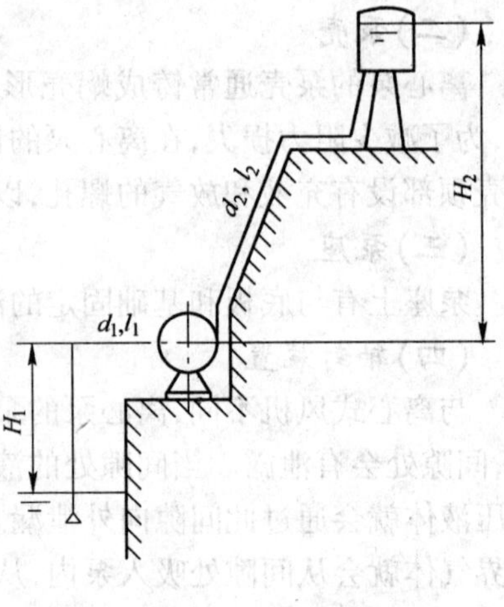

图9－8 例9－1图

【解】 计算吸水管道总阻力损失

$$h_{l1}=\left(\lambda\frac{l_1}{d_1}+\sum\zeta_1\right)\frac{v_1^2}{2g}$$

$$=\left(0.035\times\frac{8}{0.3}+9\right)\frac{v_1^2}{2g}=0.5063v_1^2$$

对吸水池液面和水泵入口列伯努利方程

$$\frac{p_a}{\rho g}=\frac{p_1}{\rho g}+\frac{v_1^2}{2g}+H_1+h_{l1}$$

则

$$p_V=p_a-p_1=\rho g(H_1+h_{l1})+\frac{\rho v_1^2}{2}=\rho gH_1+\rho gh_{l1}+\frac{\rho v_1^2}{2}$$

$$=\rho gH_1+1000\times9.807\times0.5063v_1^2+\frac{1000\times v_1^2}{2}$$

$$=\rho gH_1+5466.8v_1^2$$

$$v_1=\sqrt{\frac{p_V-\rho gH_1}{5466.8}}=\sqrt{\frac{65000-1000\times9.807\times3}{5466.8}}=2.55\text{m/s}$$

所以，泵的流量为 $Q_V=A_1v_1=\frac{\pi d_1^2}{4}v_1=\frac{\pi\times0.3^2}{4}\times2.55=0.1802\text{m}^3/\text{s}$

$$v_2=\frac{q_V}{A_2}=\frac{4q_V}{\pi d_2^2}=\frac{4\times0.1802}{\pi\times0.25^2}=3.672\text{m/s}$$

$$h_l=h_{l1}+h_{l2}=0.5063v_1^2+\left(\lambda\frac{l_2}{d_2}+\sum\zeta_2\right)\frac{v_2^2}{2g}$$

$$=0.5063\times2.55^2+\left(0.035\times\frac{60}{0.25}+16\right)\times\frac{3.672^2}{2\times9.807}=20.06\text{m}$$

由于吸水池和水塔的水面均为大气压，压强能头的增加量为零，则泵的扬程为

$$H=(H_1+H_2)+h_{l1}+h_{l2}=(H_1+H_2)+h_l$$

$$=(3+30)+20.06=53.06\text{m}$$

（三）功率

1. 有效功率

有效功率表示在单位时间内流体从离心式泵（或风机）中所获得的总能量。用字母 N_e 表示。对于离心泵，有效功率（W 或 kW）等于重量流量和扬程的乘积，即

$$N_e=\gamma QH$$

对于离心式风机，有效功率（W 或 kW）等于体积流量与全压的乘积，即

$$N_e = Qp$$

2. 轴功率

实际上，流体流经泵与风机时必然会引起一系列能量损失，如流动损失、轮阻损失、内泄漏损失、机械传动损失等等。从而使得原动机传递到泵与风机上的输入功率必然增加，原动机传递到泵与风机轴上的输入功率称为轴功率，用字母 N 表示。

（四）效率

泵与风机的有效功率与轴功率之比称为总效率，常用字母 η 表示，即

$$\eta = N_e / N$$

效率反映能量损失的大小和输入的轴功率被流体利用的程度。

（五）转速

转速指泵与风机的叶轮每分钟的转数，单位为 r/min，常用字母 n 表示。

第三节　离心式泵与风机的基本方程——欧拉方程

一、绝对速度与相对速度

由理论力学可知，绝对速度是指运动物体相对于静止参照系的运动速度，相对速度则是指运动物体相对于运动参照系的速度，而运动参照系相对于静止参照系的速度被称为牵连速度。且有：

$$\bar{v} = \bar{w} + \bar{u}$$

这里 $\bar{v}$ 为绝对速度，$\bar{w}$ 为相对速度，$\bar{u}$为牵连速度。

尽管静止参照系的“静止”只是一个相对的概念，但绝大多数情况下，一般可认为地球参照系是一个静止参照系。

当流体在离心式泵与风机的叶轮中运动时，我们可以在地球和运动的叶轮上分别建立两个参照系，此时，流体相对于静止大地的运动速度是绝对速度，而流体相对于叶轮的运动速度是相对速度，叶轮相对静止大地的速度是牵连速度。

二、流体在叶轮中的运动与速度三角形

如图 9－9 所示，当叶轮旋转时，在叶片进口“1”处，流体一方面随叶轮旋转作圆周牵连运动，其圆周速度为 u_1；另一方面又沿叶片方向作相对流动，其相对速度为 w_1。最终，流体在进口处的绝对速度 v_1 应为 u_1 与 w_1 两者的矢量和。同理，在叶片出口“2”处，流体的圆周速度 u_2 与相对速度 w_2 的矢量和为绝对速度 v_2。

为了便于分析，有时也将绝对速度 v 分解为与流量有关的径向分速 v_r 和与压力有关的切向分速度 v_u。前者的方向与半径方向相同，后者与叶轮的圆周运动方向相同。

将上述流体质点诸速度绘制成图 9－10 的图形，称为速度三角形。

速度 v 与 u 之间的夹角称作叶片的工作角 α。α_1 是叶片进口工作角，α_2 为叶片出口工作角，显然，工作角与计算径向分速及切向分速有关。

速度三角形除了清楚地表达了流体在叶轮流道中的流动情况外，同时又是研究、开发高

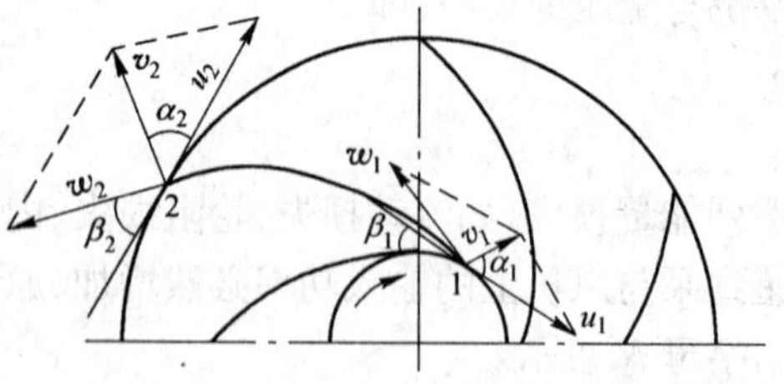

图 9-9 叶片进口和出口处的流体速度

1—进口；2—出口；u—圆周速度；

w—相对速度；v—绝对速度

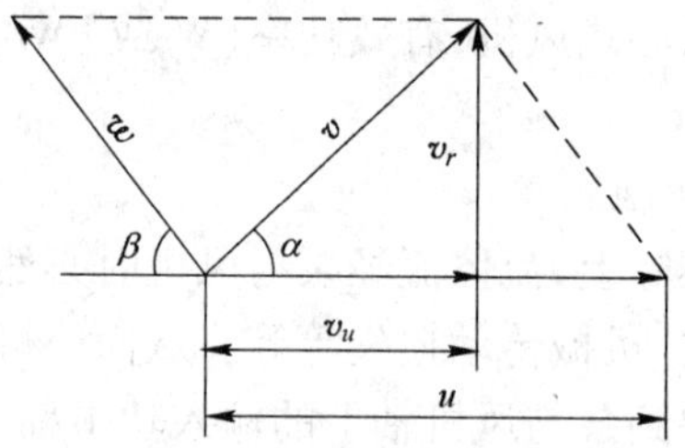

图 9-10 流体在叶轮中运动的速度三角形

性能泵与风机的重要手段。

应当指出，当叶轮流道的几何形状及尺寸确定后，如已知叶轮转速 n 和流量 Q_T，即可求得叶轮内任意半径 r 上某点的速度三角形。

这里，流体的圆周速度 u 为

$$u = \omega r = \frac{\pi D n}{60}$$

由于叶轮流量 Q_T 等于径向分速度 v_r，乘以垂直于 v_r 的过流断面积 F，即 $Q_T = v_r \cdot F$，由此可求出径向分速度 v_r。其中 F 是一个环周面积，可以近似认为它是以半径 r 处的叶轮宽度 b 作母线，绕轴心线旋转一周所成的曲面，故有

$$F = 2\pi r b \varepsilon$$

式中，ε 为叶片排挤系数，它反映了叶片厚度对流道过流面积的遮挡程度。

既然 u 和 v_r 已求得，又已知 β 角，则此速度三角形就不难绘出了。

三、离心式泵与风机的基本方程——欧拉方程

流体在叶轮内的流动过程是十分复杂的。为了简便起见，通过一些假定，把复杂的叶轮内流体流动简化为一元流动模型来讨论。这些基本假定是：

(1)恒定流假定。即流动参数不随时间变化。

(2)不可压缩流体假定。因流体流经离心式泵(或风机)时，所获得的压强升高较小，进、出口的流体密度可视为不变，即为不可压缩流体。

(3)叶轮的叶片数目为无限多，叶片厚度为无限薄。即流体被叶片分成微小流束，其形状与叶片的形状完全一致，且叶片入口与出口没有突然收缩和突然扩大现象，因此可认为沿圆周各点的速度相等。

(4)理想流体假定。即泵与风机工作时没有任何能量损失，流体在整个叶轮中的流动过程为一理想过程。原动机加到泵与风机轴上的能量，等于被输送流体所获得的能量。

实际情况与上述条件有相当大的出入，但根据这些条件研究得出的结果，仍有十分重要的意义。对于那些与实际情况不符的地方，以后再逐步加以修正。

用“动量矩”定理可以方便地导出离心式泵与风机的基本方程——欧拉方程。力学中的动量矩定理告诉我们：质点系对某一转轴的动量矩对时间的变化率，等于作用于该质点系的所有外力对该轴的合力矩 M。

若用角标“T”表示流动过程为理想过程，用“∞”表示叶片数目为无限多，“1”表示叶轮

进口参数,"2"表示叶轮出口参数,则 $Q_{T\infty}$ 表示流体在一个理想流动过程中流经叶片数目为无限多的叶轮时的体积流量,单位时间内流经叶轮进出口流体动量矩的变化则为

$$\rho Q_{T\infty}(r_2 v_{u2T\infty} - r_1 v_{u1T\infty})$$

它应等于作用于流体的合外力矩 M。同时,它又恰好等于外力施加于叶轮轴上的力矩。故有

$$M = \rho Q_{T\infty}(r_2 v_{u2T\infty} - r_1 v_{u1T\infty})$$

由于外力矩 M 乘以叶轮角速度 ω 就正是加在转轴上的外加功率 $N = M \cdot \omega$;而在单位时间内叶轮对流体所作的功 N,在理想条件下,又全部转化为流体的能量,即 $N = \gamma Q_{T\infty} H_{T\infty}$,$H_{T\infty}$ 为流体所获得的理论扬程。再将 $u = r \cdot \omega$ 关系代入上式,便得

$$N = M \cdot \omega = \rho Q_{T\infty}(u_{2T\infty} v_{u2T\infty} - u_{1T\infty} v_{u1T\infty}) = \gamma Q_{T\infty} H_{T\infty}$$

经移项,就可以得到理想条件下单位重量流体的能量增量与流体在叶轮中运动的关系,即欧拉方程

$$H_{T\infty} = \frac{1}{g}(u_{2T\infty} v_{u2T\infty} - u_{1T\infty} v_{u1T\infty}) \tag{9-1}$$

由推导过程可知欧拉方程有如下特点:

(1)用动量矩定理推导基本能量方程时,并未分析流体在叶轮流道中途的运动过程,于是,流体所获得的理论扬程 $H_{T\infty}$,仅与流体在叶片进、出口处的速度三角形有关,而与流动过程无关。

(2)流体所获得的理论扬程 $H_{T\infty}$ 与被输送流体的种类无关。也就是说,无论被输送的流体是水或是空气,乃至其他密度不同的流体,只要叶片进、出口处的速度三角形相同,都可以得到相同的扬程(或全压)。

四、欧拉方程的修正

在推导欧拉方程时我们曾做了四点基本假定,其中第一点假定在原动机转速不变时基本可以保证,第二点假设对离心泵是完全成立的,对建筑环境与设备工程专业常用的风机也是近似成立的,而对于后两点假定则需要做出适当修正。

在叶轮叶片为无限多的假定条件下,叶道内同一截面上的相对速度相等,如图 9-11 所示,并且其方向与叶轮通道一致。实际上,离心式泵与风机的叶片数目是有限的,在有限多叶片数目的叶轮通道中将产生轴向涡流,且流体叶轮通道中的速度分布也变得不均匀起来,从而导致叶轮出口处流体速度的偏移,如图 9-12 所示。

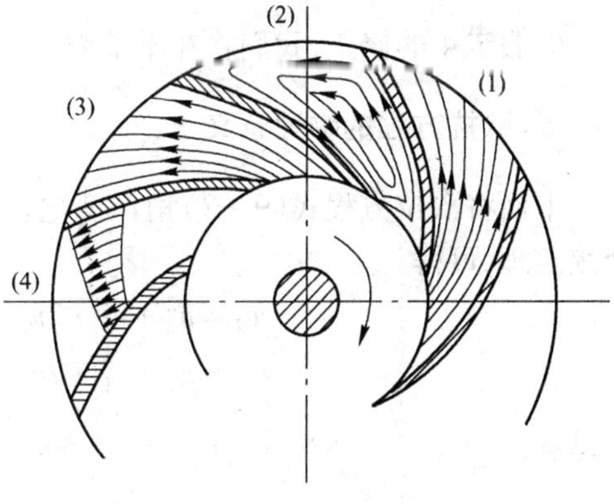

图 9-11 轴向涡流对流速分布的影响

由此可得有限多叶片时泵与风机的理论扬程 H_T 为

$$H_T = \frac{1}{g}(u_{2T} v_{u2T} - u_{1T} v_{u1T}) \tag{9-2}$$

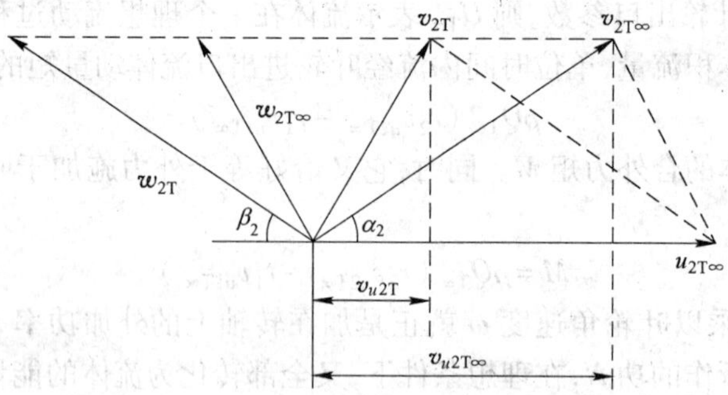

图 9-12 在叶轮出口处流体速度的偏移

显然，有限多叶片的理论扬程 H_T 与无限多叶片的理论扬程 $H_{T\infty}$ 的比值为

$$K=\frac{H_T}{H_{T\infty}}<1$$

K 称为环流系数。$K<1$ 表明叶轮对流体作功时，有限多叶片比无限多叶片作功小，这并非流体黏性的缘故，而是由于存在着轴向涡流的影响。关于环流系数 K 的大小，目前离心式泵（或风机）都采用经验或半经验公式计算。对离心式泵与风机来说，K 值一般在 0.78～0.85 之间。

当进口切向分速度 $v_{u1}=v_1\cos\alpha_1=0$ 时，根据式(9-2)计算的理论扬程 H 将达到最大值。因此，在设计离心式泵（或风机）时，总是使进口绝对速度 v_1 与圆周速度 u_1 间的工作角 $\alpha_1=90°$。这时流体按径向进入叶片的流道，理论扬程方程式就简化为

$$H_T=\frac{1}{g}u_{2T}v_{u2T}$$

为简明起见，将流体运动诸量中用来表示理想条件的下角标"T"去掉，可得

$$H_T=\frac{1}{g}u_2v_{u2} \tag{9-3}$$

对假定 4 的修正，我们将在下节专门讨论。

五、欧拉方程的物理意义

下面将欧拉方程式(9-2)稍作变化。利用进、出口速度三角形，如图 9-10 所示，应用余弦定理，可得

$$w_2^2=u_2^2+v_2^2-2u_2v_2\cos\alpha_2=u_2^2+v_2^2-2u_2v_{u2}$$
$$w_1^2=u_1^2+v_1^2-2u_1v_1\cos\alpha_1=u_1^2+v_1^2-2u_1v_{u1}$$

于是有

$$u_2v_{u2}=\frac{1}{2}(u_2^2+v_2^2-w_2^2)$$

$$u_1v_{u1}=\frac{1}{2}(u_1^2+v_1^2-w_1^2)$$

代入式(9-2)，得

$$H_T=\frac{u_2^2-u_1^2}{2g}+\frac{w_1^2-w_2^2}{2g}+\frac{v_2^2-v_1^2}{2g} \tag{9-4}$$

式(9-4)是欧拉方程的另一种表达形式，它具有清晰的物理概念。

上式中第一项$(u_2^2-u_1^2)/(2g)$是单位重量流体在叶轮旋转时所产生的离心力所作的功L，此功使流体自进口(r_1处)到出口(r_2处)产生一个向外的压能(压强水头)增量ΔH_{jR}。因流体的离心力为$mr\omega^2$，故有

$$\Delta H_{jR}=L=\int_{r_1}^{r_2}\frac{1}{g}w^2r\mathrm{d}r=\frac{1}{2g}(w^2r_2^2-w^2r_1^2)=\frac{u_2^2-u_1^2}{2g}$$

该式说明，因离心力的作用下流体呈径向流动，且圆周速度$u_2>u_1$。

式中第二项$(w_1^2-w_2^2)/(2g)$是由于叶片间流道展宽，以至相对速度有所降低而获得的压能(压强水头)增量，它代表着叶轮中动能转化为压能的份额。由于此相对速度变化不大，故其增量较小。

列叶轮进、出口断面的能量方程

$$Z_1+\frac{p_1}{\gamma}+\frac{v_1^2}{2g}+H_T=Z_2+\frac{p_2}{\gamma}+\frac{v_2^2}{2g}$$

因叶轮进、出口断面是同轴的圆筒面，其平均位能相等，故有

$$H_T=\frac{p_2-p_1}{\gamma}+\frac{v_2^2-v_1^2}{2g} \tag{9-5}$$

比较式(9-4)与式(9-5)有

$$H_{Tj}=\frac{u_2^2-u_1^2}{2g}+\frac{w_1^2-w_2^2}{2g}=\frac{p_2-p_1}{\gamma} \tag{9-6}$$

H_{Tj}称为静压水头增量。

式(9-4)中右边的第三项是单位重量流体的动能增量，称为动压水头增量，即

$$H_{Td}=\frac{v_2^2-v_1^2}{2g} \tag{9-7}$$

显然有$H_T=H_{Tj}+H_{Td}$。

通常在总扬程相同的条件下，动压水头增量不宜过大，否则会导致其流动的阻力损失增大。

【例9-2】 转速$n=3000\mathrm{r/min}$的离心式泵，叶轮的进、出口尺寸分别为：$b_1=10\mathrm{mm}$，$D_1=180\mathrm{mm}$，$\beta_1=20°$；$b_2=20\mathrm{mm}$，$D_2=300\mathrm{mm}$，$\beta_2=30°$。设流体径向进入叶轮，试按比例画出叶轮进、出口的速度三角形，并计算其理论流量Q_{VT}。

【解】

$$u_1=\frac{\pi D_1 n}{60}=\frac{\pi\times 0.18\times 3000}{60}=28.27\mathrm{m/s}$$

由题意知：$\alpha_1=90°$。则有

$$v_1=v_{r1}=u_1\tan\beta_1=28.27\times\tan 20°=10.30\mathrm{m/s}$$

由计算出的u_1、v_{r1}及已知的β_1按比例画出进口速度三角形，如下所示。

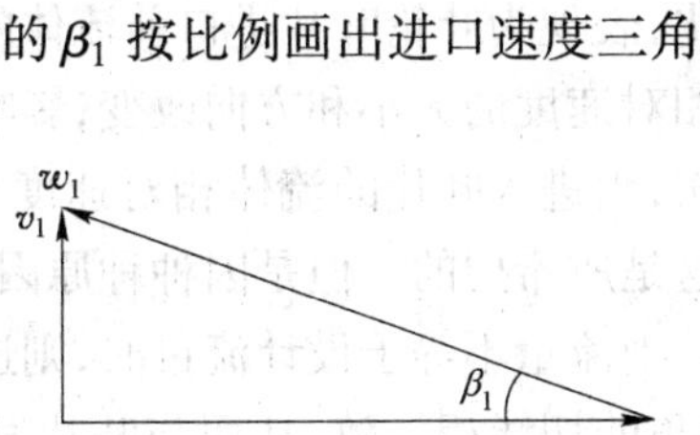

由进口轴面速度 v_{r1} 计算理论流量

$$Q_{VT}=A_1v_{r1}=\pi D_1b_1v_{r1}=\pi\times0.18\times0.04\times10.30=0.233\text{m}^3/\text{s}$$

由连续性方程知,叶轮进、出口流量相等,则有

$$v_{r2}=\frac{Q_{VT}}{A_2}=\frac{q_{VT}}{\pi D_2b_2}=\frac{0.233}{\pi\times0.3\times0.02}=12.34\text{m/s}$$

$$u_2=\frac{\pi D_2n}{60}=\frac{\pi\times0.3\times3000}{60}=47\text{m/s}$$

由计算出的 u_2、v_{r2} 及已知的 β_2 画出出口速度三角形,如下所示。

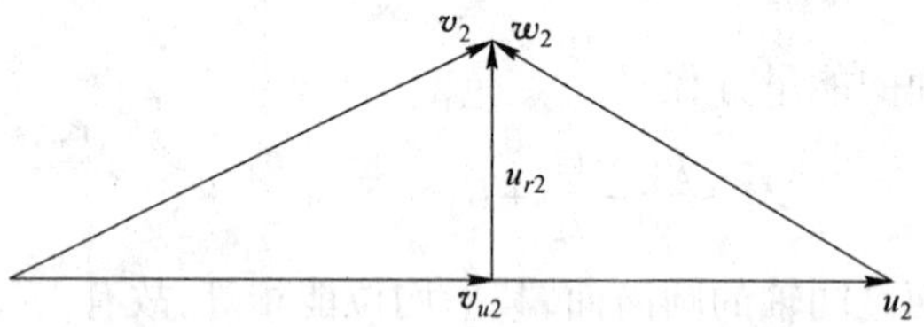

第四节　泵与风机的损失与效率

在建立离心式泵与风机的基本方程时我们曾假定:泵与风机工作时没有任何能量损失,即原动机加到泵与风机轴上的能量等于被输送流体所获得的能量。而在实际流动过程中,流体从进口轴向吸入,然后以约 90°折转入叶道,通过旋转叶轮获得能量,由蜗壳集中、导流,从出口排出。由于流道复杂,在流动过程中势必产生各种损失。这就必然要对前述理论进行修正。目前,对这些损失的理论计算尚欠完善。但有必要分析这些损失的产生原因,以便设计中尽可能地减少损失,使泵与风机获得较高的效率。

离心式泵与风机的损失大致可分为流动损失、泄漏损失、轮阻损失和机械损失四种。其中,流动损失引起泵与风机扬程(或全压)的降低,泄漏损失引起泵与风机流量的减少,轮阻损失和机械损失则必然多耗功。

一、流动损失与流动效率

(一) 流动损失

流动损失的根本原因在于流体具有黏滞性。泵与风机的流动通道从进口到出口,由许多不同形状的流道组成。首先,流体流经叶轮时由轴向转变为径向。但并不是流体遇着叶片入口边时才突然随叶轮作旋转运动,而是流体在叶片入口之前,由于叶轮与流体间的旋转效应存在,速度场早就发生变化,表现为叶轮叶片进口前流体的先期预旋现象。改变了叶片传给流体的理论功,并使进口相对速度的大小和方向改变,影响气流角和叶片进口安装角的一致性,使理论扬程下降。其次,当进入叶片的流体相对速度方向与该叶片安装角一致时,此时流体无冲击地进入叶道,这是所希望的。但是因种种原因,泵与风机往往并不能在设计工况下运转,即流量有所变化。当流量不等于设计流量时,则进入叶轮叶片流体的相对速度的方向就不再同叶片进口安装角的切线相一致,从而与叶片发生冲击作用,形成撞击损失。另外,在整个流动过程中,一方面存在着从叶轮进口、叶道、叶片到蜗壳及出口的沿程损失,

另一方面还因边界层分离，产生涡流损失。至于整个流动损失的计算，目前尚欠完善的方法，一般以流体力学计算水头损失公式的形式，按单项分别估算。其中 ξ 系数由经验数据或实验确定，故流动损失为

$$\Delta H_h = \sum \xi_i \frac{v_i^2}{2g} \quad 或 \quad \Delta p_h = \sum \xi_i \frac{\rho}{2} v_i^2 \tag{9-8}$$

（二）流动效率 η_h

已知泵与风机的实际扬程 H 或全压 p，实际扬程 H 或全压 p 与流动损失之和为有限叶片的理论扬程 H_T（或理论全压 p_T），即

$$H_T = H + \Delta H_h \quad 或 \quad p_T = p + \Delta p_h \tag{9-9}$$

实际扬程（或全压）与其理论扬程（或全压）之比，称为流动效率，即

$$\eta_h = \frac{H}{H_T} = \frac{H_T - \Delta H_h}{H_T} \quad 或 \quad \eta_h = \frac{p}{p_T} = \frac{p_T - \Delta p_h}{p_T} \tag{9-10}$$

二、泄漏损失与泄漏效率

（一）泄漏损失

1. 泄漏损失的形成

离心式泵与风机静止元件和转动部件间必然存在一定的间隙。流体会从泵与风机转轴与蜗壳之间的间隙处泄漏，称为外泄漏。离心式泵与风机因外泄漏损失很小，一般可略去不计，故以下着重讨论内泄漏损失。当叶轮工作时，机内存在着高压区和低压区，蜗壳靠近前盘的气流，经过叶轮进口与进气口之间的间隙，流回到叶轮进口的低压区而引起的损失，称为内泄漏损失。此外，对离心泵来说，为平衡轴向推力常设置平衡孔，同样引起内泄漏损失，见图 9－13。随着泄漏的出现既导致出口流量降低，又无益地耗功。

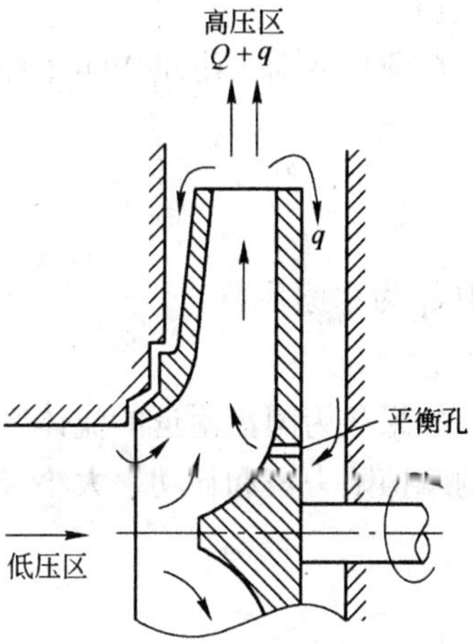

图 9－13　机内流体泄漏回流示意图

2. 间隙的大小

为了减小内泄漏，首先应将间隙做得尽可能地小，实验表明：径向间隙与叶轮直径的比值从 0.5% 减小到 0.05%，可使泵与风机效率提高 3%～4%。一般间隙约为 $\left(\frac{1}{100}\sim\frac{1}{200}\right)D_2$，当 D_2 大时取其小值，反之取其大值。

3. 泄漏量 q 的估算

为了计算泄漏量 q，必须知道在间隙两边的压力差。一般设泵与风机蜗壳内的静压是泵与风机全压的 $\frac{2}{3}$，即 $\Delta p_{st} = \frac{2}{3}\rho u_2^2 \bar{p}$。如果流过间隙的泄漏速度以 v 表示，设其全由静压转换而来，即 $\Delta p_{st} = \frac{1}{2}\rho v^2$，于是可得

$$\Delta p_{st} = \frac{1}{2}\rho v^2 = \frac{2}{3}\rho u_2^2 \bar{p}$$

故有
$$v=2u_2\sqrt{\frac{\bar{p}}{3}}$$

则其泄漏量 q 为

$$q=\pi D_1\delta\alpha 2u_2\sqrt{\frac{\bar{p}}{3}} \tag{9-11}$$

式中，D_1 为叶轮叶片进口直径，m；α 为间隙边缘收缩系数，一般取 $\alpha=0.7$；$\bar{p}$ 为泵与风机的全压系数；δ 为间隙大小，m；u_2 为叶轮外径的圆周速度，m/s。

（二）泄漏效率 η_e

实际流量 Q 与吸入叶轮的理论流量 Q_T 之比，称为泄漏效率，即

$$\eta_e=\frac{Q}{Q_T}=\frac{Q}{Q+q} \tag{9-12}$$

三、轮阻损失与轮阻效率

（一）轮阻损失

因为流体具有黏性，当叶轮旋转时，所引起的流体与叶轮前、后盘外侧面和轮缘与圆周流体的摩擦损失，称为轮阻损失。现借助于封闭在机壳内的圆盘试验结果来计算轮阻损失耗功大小。当圆盘旋转时，盘与周围流体摩擦，试求在单位面积上的摩擦力的大小及耗功。

在圆盘后面 r 处，取单位面积 ds，其摩擦力为 dF，摩擦阻力矩为 dM，于是

$$ds=2\pi r dr$$

$$dF=c_f\frac{\rho}{2}u^2 ds$$

其中 c_f 为摩擦系数。

$$dM=r dF=\pi c_f\rho u^2 r^2 dr$$

如果认为圆盘附近的流体密度不变，即 $\rho=$ 常数，将上式对半径 r 积分，求出圆盘一个侧面的摩擦阻力矩和耗功率大小，即得

$$M=\frac{1}{5}\pi c_f\rho\omega^2 r_2^5, \text{N}\cdot\text{m}$$

$$N_1=\frac{M\omega}{1000}=\frac{\pi}{5}c_f\rho\omega^3 r_2^5\times 10^{-3}, \text{kW}$$

对于圆盘两个侧面，其耗功率为

$$N_2=2N_1=\frac{\pi}{10}c_f\rho u_2^3 D_2^2\times 10^{-3}, \text{kW}$$

同理可求得轮缘的摩擦阻力矩及其耗功率大小为

$$N_3=\frac{\pi}{2}c_f\rho u_2^3 D_2 e\times 10^{-3}, \text{kW}$$

式中，e 为叶轮外缘厚度。故圆盘摩擦损失功率总和为

$$N_r = N_2 + N_3 = \frac{\pi}{10}c_f\left(1+\frac{5e}{D_2}\right)\rho u_2^3 D_2^2 \times 10^{-3}, \text{kW}$$

或
$$N_r = \beta\rho u_2^3 D_2^2 \times 10^{-3}, \text{kW} \tag{9-13}$$

式中，N_r 为表示叶轮盘摩擦导致的总功率损失，它包括前后盘和轮缘表面与流体相对运动而产生的摩擦；c_f 为摩擦系数；ρ 为气体密度，kg/m^3；D_2 为圆盘外径，m；u_2 为圆盘外径处圆周速度，m/s；β 为轮阻损失计算系数，它与雷诺数 Re、圆盘与壳体间相对侧壁间隙以及圆盘外侧的粗糙度等有关，根据斯陀道拉的意见 $\beta = 0.81 \sim 0.88$。

(二)轮阻效率 η_r

定义 $\eta_r = \dfrac{N_i - N_r}{N_i}$ 为离心式泵与风机的轮阻效率，其中 N_i 为泵与风机的内功率（实际消耗于流体的功率）。且有

$$N_r = (1-\eta_r)N_i \tag{9-14}$$

四、泵与风机的功率与效率

(一)所耗功率

1. 有效功率 N_e(kW)

离心式泵与风机使单位容积流量的流体通过泵与风机后增加的总能量为扬程（或全压 p），输送体积流量为 Q，在单位时间内从泵与风机中所获得的总能量，称为有效功率，即

对风机
$$N_e = \frac{pQ}{1000}$$

对泵
$$N_e = \frac{\rho g H Q}{1000} \tag{9-15}$$

2. 内功率 N_i(kW)

实际上，流体通过泵与风机时要引起一系列损失，如流动损失、轮阻损失和内泄漏损失等，势必多耗功。称实际消耗于流体的功率为内功率，即

对风机
$$N_i = (p + \Delta p_h)(Q+q) + N_r$$

对泵
$$N_i = \rho g(H + \Delta H_h)(Q+q) + N_r \tag{9-16}$$

3. 轴功率 N_s

泵与风机的输入功率称为轴功率。它等于内功率 N_i 与机械传动损失功率 N_m 之和，即

$$N_s = N_i + N_m \tag{9-17}$$

(二)效率

1. 内效率 η_i

泵与风机有效功率与内功率之比，称作泵与风机的内效率，即

$$\eta_i = \frac{N_e}{N_i} = \frac{pQ}{(p+\Delta p_h)(Q+q)+N_r} = \frac{1}{\dfrac{(p+\Delta p_h)(Q+q)}{pQ} + \dfrac{N_r}{pQ}}$$

$$= \frac{1}{\dfrac{1}{\eta_h\eta_e} + \dfrac{(1-\eta_r)N_i}{pQ}} = \frac{1}{\dfrac{1}{\eta_h\eta_e} + \dfrac{1-\eta_r}{\eta_i}}$$

解此方程，且因 $\eta_i \neq 0$，则

$$\eta_i = \eta_h \eta_e \eta_r \tag{9-18}$$

2. 机械传动效率 η_m

泵与风机内功率与其轴功率 N_s 之比，称为机械传动效率，即

$$\eta_m = \frac{N_i}{N_s} = \frac{N_s - N_m}{N_s} \tag{9-19}$$

3. 全压效率 η

泵与风机性能的好坏一般以全压效率来衡量。泵与风机有效功率与其轴功率之比，称为全压效率，即

$$\eta = \frac{N_e}{N_s} = \frac{N_e}{N_i}\frac{N_i}{N_s} = \eta_i \eta_m \tag{9-20}$$

或

$$\eta = \eta_h \eta_e \eta_r \eta_m \tag{9-21}$$

4. 静压效率 η_{st}

离心式泵与风机在最佳工况附近工作时，出口动压约占泵与风机全压的10%～20%。若偏离最佳工况到大流量区工作，其占比例还要增大。若出口动压不加以利用，意味着损失更大，因此，在衡量泵与风机性能时，除需要考虑其全压效率外，往往还需引入静压效率的概念，表征其使用的经济性的程度。其表达式有：

静压总效率 η_{st}

$$\eta_{st} = \frac{p_{st}Q}{N_s} = \frac{p_{st}}{p}\eta \tag{9-22}$$

静压内效率 η_{sti}

$$\eta_{sti} = \frac{p_{st}Q}{N_i} = \frac{p_{st}}{p}\eta_i \tag{9-23}$$

式中，p_{st}为静压值。

（三）泵与风机的功率

泵与风机所需功率的计算，应根据其轴功率大小，并使所选配的电动机留有一定的功率储备，则所选配的电动机计算功率为

$$N_M = \frac{pQ}{\eta}K \times 10^{-3} \tag{9-24}$$

或

$$N_M = \frac{pQ}{\eta_h \eta_e \eta_r \eta_m}K \times 10^{-3} \tag{9-25}$$

式中，K 为电动机容量储备系数，其值可按表 9－1 选用。

值得注意的是，应根据式(9－24)的计算值去选配合适的电动机。功率储备过多，除其他不良影响外，还对降低噪声不利。

表 9-1　风机 K 值表

电动机功率 /kW	K 值			
	离心式			轴流式
	一般用途	灰尘	高温	
<0.5	1.5	—	—	—
0.5~1.0	1.4	—	—	—
1.0~2.0	1.3	—	—	—
2.0~5.0	1.2	—	—	—
>5.0	1.15	1.2	1.3	1.05~1.1

【例 9-3】 某水泵的出口压力表与入口真空表处于同一标高，其流量 $Q_V=25\text{L/s}$，出口压力表读数 $p_B=32\times10^4\text{Pa}$，入口处真空表读数 $p_V=4\times10^4\text{Pa}$，吸入管直径 $d_1=100\text{cm}$，出水管直径 $d_2=75\text{cm}$，电动机功率表读数 $N'_g=12.6\text{kW}$，电动机效率 $\eta_g=0.9$，传动效率 $\eta_m=0.97$。试求泵的有效功率、轴功率和效率。

【解】 泵入口的流速

$$v_1=\frac{Q_V}{A_1}=\frac{4Q_V}{\pi d_1^2}=\frac{4\times25\times10^{-3}}{3.14\times1.0^2}=0.032\text{m/s}$$

同理，泵出口流速为 $v_2=0.057\text{m/s}$。

水获得的能量

$$H=\frac{p_B+p_V}{\rho g}+\frac{v_2^2-v_1^2}{2g}=\frac{32\times10^4+4\times10^4}{1000\times9.807}+\frac{0.057^2-0.032^2}{2\times9.807}=36.69\text{m}$$

所以泵的有效功率为

$$N_e=\frac{\rho g Q_V H}{1000}=\frac{1000\times9.807\times25\times10^{-3}\times36.69}{1000}=8.998\text{kW}$$

泵的效率

$$\eta=\frac{N_e}{N'_g\eta_g\eta_m}\times100\%=\frac{8.998}{12.6\times0.9\times0.97}=81.8\%$$

泵的轴功率为

$$N=\frac{N_e}{\eta}=\frac{8.998}{0.818}=11\text{kW}$$

第五节　性能曲线及叶型对性能的影响

一、泵与风机的理论特性曲线

泵与风机的扬程、流量以及所需的功率等性能参数显然是互相影响的，通常用以下三种形式来表达这些特性之间的关系：

(1) 泵与风机所提供的流量和扬程之间的关系，用 $H=f_1(Q)$ 来表示；

(2) 泵与风机所提供的流量和所需外加轴功率之间的关系，用 $N=f_2(Q)$ 来表示；

(3) 泵与风机所提供的流量与设备本身效率之间的关系，用 $\eta=f_3(Q)$ 来表示。

上述三种关系常以曲线形式绘在以流量 Q 为横坐标的图上。这些曲线称为性能曲线。从欧拉方程出发,我们总可以在理想条件下得到 $H_T=f_1(Q_T)$ 及 $N_T=f_2(Q_T)$ 的关系。

前已证明,泵与风机的理论扬程可用式(9-3)确定,即

$$H_T=\frac{1}{g}u_2v_{u2}$$

由叶片出口处的速度三角形,可得

$$v_{u2}=u_2-v_{r2}\cot\beta_2 \tag{9-26}$$

将上式代入式(9-3),有

$$H_T=\frac{u_2^2}{g}-\frac{u_2v_{r2}}{g}\cot\beta_2 \tag{9-27}$$

若叶轮出口前盘与后盘之间的轮宽为 b_2,则叶轮在工作时所排出的理论流量应为

$$Q_T=\varepsilon\pi D_2b_2v_{r2} \tag{9-28}$$

将式(9-28)变换后代入式(9-27)可得

$$H_T=\frac{u_2^2}{g}-\frac{u_2}{g}\frac{Q_T}{\varepsilon\pi D_2b_2}\cot\beta_2 \tag{9-29}$$

对一定的泵与风机来说,转速不变时,上式中的 $u_2,g,\varepsilon,D_2,b_2$ 均为定值,故上式可改写为

$$H_T=A-B\cot\beta_2Q_T \tag{9-30}$$

式中,$A=\frac{u_2^2}{g}$,$B=\frac{u_2}{g}\frac{1}{\varepsilon\pi D_2b_2}$,均为常数,而 $\cot\beta_2$ 代表叶型种类,也是常量。此式说明在固定转速下,不论叶型如何,泵与风机理论上的流量与扬程关系是线性的。同时还可以看出,当 $Q_T=0$ 时,$H_T=A=\frac{u_{2T}^2}{g}$。图 9-14 绘出了三种不同叶型的泵与风机理论流量与扬程曲线。显然由 $B\cot\beta_2$ 所代表的曲线斜率是不同的,因而三种叶型具有各自的曲线倾向。

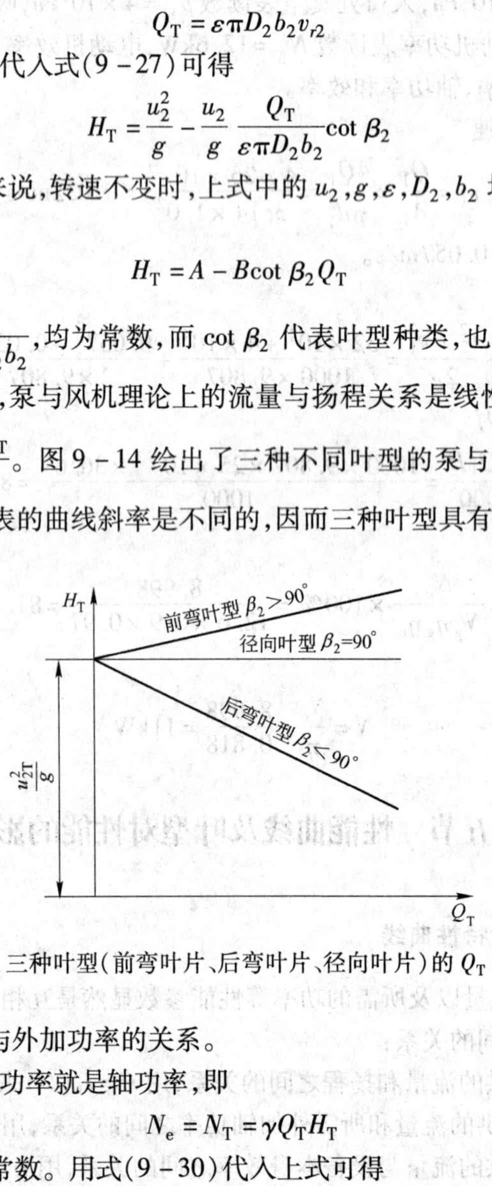

图 9-14　三种叶型(前弯叶片、后弯叶片、径向叶片)的 Q_T-H_T 曲线

下面讨论理论流量与外加功率的关系。

在理想条件下,有效功率就是轴功率,即

$$N_e=N_T=\gamma Q_TH_T$$

当输送某种流体时,γ = 常数。用式(9-30)代入上式可得

$$N_T = \gamma Q_T(A - B\cot\beta_2 Q_T) = CQ_T - D\cot\beta_2 Q_T^2 \quad (9-31)$$

可见对于不同的β_2值具有不同形状的曲线。这里$C = A\gamma, D = B\gamma$,但当$Q_T = 0$时,三种叶型的理论轴功率都等于零,三条曲线同交于原点,见图9-15。

径向叶片的叶轮中,$\beta_2 = 90°$,$\cot\beta_2 = 0$,功率曲线为一条直线。

前弯叶片的叶轮中,$\beta_2 > 90°$,$\cot\beta_2 < 0$,式(9-31)中括号内第二项为正,功率曲线是一条向上凹的二次曲线。

后弯叶片的叶轮中,$\beta_2 < 90°$,$\cot\beta_2 > 0$,式(9-31)中括号内第二项为负,功率曲线是一条向下凹的曲线。

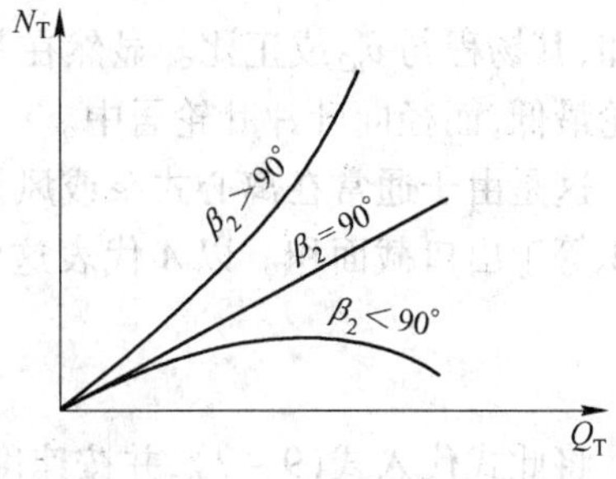

图9-15 三种叶型(前弯叶片、后弯叶片、径向叶片)的$Q_T - N_T$曲线

根据以上分析,可以定性地说明不同叶型的曲线倾向。这对以后研究泵与风机的实际性能曲线是很有意义的。因为从图中的$Q_T - N_T$曲线可以看出,前弯叶片的泵与风机所需的轴功率随流量的增加而增加。因此,这种风机在运行中增加流量时,原动机超载的可能性要比径向叶片泵与风机的大很多,而后弯叶片的泵与风机几乎不会发生原动机超载的现象。

二、叶型对性能的影响

离心式泵与风机是通过叶轮对流体作功使其获得能量的,因此叶轮是一个重要部件。下面着重讨论几种典型叶片形式及其比较,从而获得选择叶片的基本原则。

通常所说的叶片形式,一般是按叶片出口安装角度大小来区分的。

(一)叶片的形式

叶片的几种形式,见图9-3。

前弯叶片:叶片出口安装角$\beta_2 > 90°$,它分为一般前弯叶片和多翼式前弯叶片。

后弯叶片:叶片出口安装角$\beta_2 < 90°$,它分为曲线形后弯叶片和直线形后弯叶片。

径向叶片:叶片出口安装角$\beta_2 = 90°$,一般有径向出口叶片和径向直叶片。

(二)叶片出口安装角对压力的影响

首先分析β_2一种简单的情况,即如果进入叶轮叶片的气流径向流入($\alpha_1 = 90°$),假设各种叶片形式均具有相同尺寸和转速等条件,下面分析叶片出口安装角对压力的影响。

绘出叶轮叶片出口速度三角形,如图9-16所示。

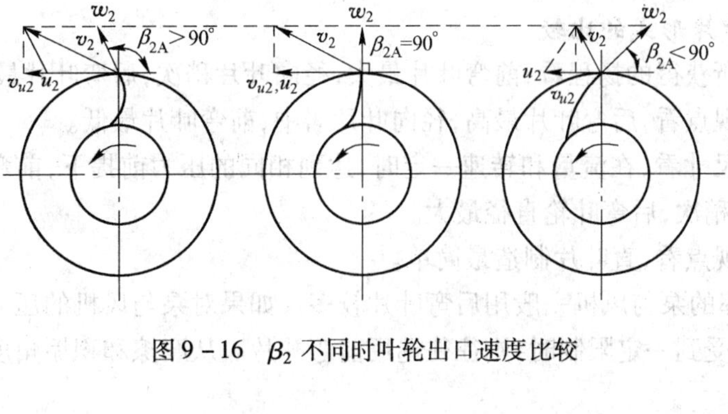

图9-16 β_2不同时叶轮出口速度比较

对于前弯叶片，$\beta_{2A}>90°$，$v_{u2}>u_2$；对于后弯叶片，$\beta_{2A}<90°$，$v_{u2}<u_2$；对于径向叶片 $\beta_{2A}=90°$，$v_{u2}=u_2$。由式(9－3)

$$H_T=\frac{1}{g}u_2v_{u2}$$

可知，其扬程与 v_{u2} 成正比。显然在其他条件相同时，前弯叶片叶轮给出的能量高，后弯叶片叶轮最低，而径向叶片叶轮居中。

这是由于通常在离心式泵或风机的设计中，除使流体径向进入流道外，常令叶片进口截面积等于出口截面积。以 A 代表这些截面积，根据连续性原理可得出

$$v_1A=v_{r1}A=v_{r2}A$$

则

$$v_1=v_{r1}=v_{r2}$$

将此式代入式(9－7)，并按速度三角形(图9－16)可得到动压头 H_{Td} 与出口切向分速度 v_{u2} 之间的关系，即

$$H_{Td}=\frac{v_2^2-v_1^2}{2g}=\frac{v_2^2-v_{r2}^2}{2g}=\frac{v_{u2}^2}{2g} \tag{9-32}$$

由此可见，理论扬程 H_T 中的动压头 H_{Td} 成分是与出口速度的切向分速度 v_{u2} 的平方成正比的。观察图9－17，在同一叶轮直径和叶轮转速固定的条件下，具有 $\beta_2<90°$ 的后弯叶型叶轮($\triangle ABC$)的出口切向分速度 v_{u2} 较小，因而全部理论扬程中的动压水头成分较少；具有 $\beta_2>90°$ 的前弯叶型叶轮($\triangle ABC'$)的出口切向分速度 v'_{u2} 较大，所以动压水头成分较多而静压水头成分有所减少。

如前所述，动压水头成分大，意味着流体在扩压器中的流速大，从而动静压转换损失必然较大。实践证明，了解这种情况是很有意义的。因为在其他条件相同时，尽管前弯叶型的泵或风机的总扬程较大，但它们的损失也大，效率较低。因此，离心式泵全部采用后弯叶轮。在大型风机中，为了增加效率和降低噪声水平，也几乎都采用后弯叶型。但就中小型风机而论，效率不是主要考虑因素，也有采用前弯叶型的，这是因为叶轮是前弯叶型的风机，在相同的压头下，轮径和外形可以做得较小。根据这个原理，在微型风机中，大都采用前弯叶型的多叶叶轮。至于径向叶型叶轮的泵或风机的性能，显然介于两者之间。

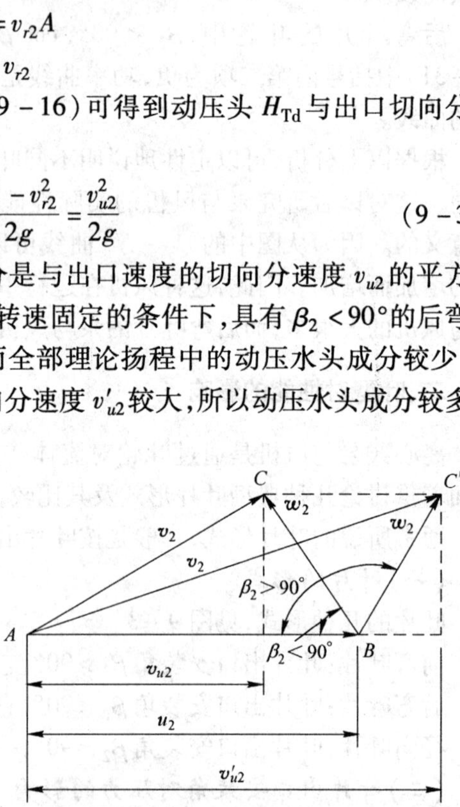

图9－17　不同叶型的出口切向分速

(三)几种叶片形式的比较

(1)从流体所获得的扬程看，前弯叶片最大，径向叶片稍次，后弯叶片最小。

(2)从效率观点看，后弯叶片最高，径向叶片居中，前弯叶片最低。

(3)从结构尺寸看，在流量和转速一定时，达到相同的压力前提下，前弯叶轮直径最小，而径向叶轮直径稍次，后弯叶轮直径最大。

(4)从工艺观点看，直叶片制造最简单。

因此，大功率的泵与风机一般用后弯叶片较多。如果对泵与风机的压力要求较高，而转速或圆周速度又受到一定限制时，则往往选用前弯叶片。从摩擦和积垢角度看，选用径向直

叶片较为有利。

三、泵与风机的实际性能曲线

前面已经研究了离心式泵与风机的工作原理和流体在叶轮中的流动情况，导出了理论扬程方程式和作出了 $Q_T - H_T$ 及 $Q_T - N_T$ 关系图，并揭示了泵与风机内部的各种能量损失。现在进一步研究各种工作参数之间的实际关系，并据此得出泵与风机的实际性能曲线。

在图 9 - 18 中，采用流量 Q 与扬程 H 组成直角坐标系，纵坐标轴上还标注了功率 N 和效率 η 的尺度。

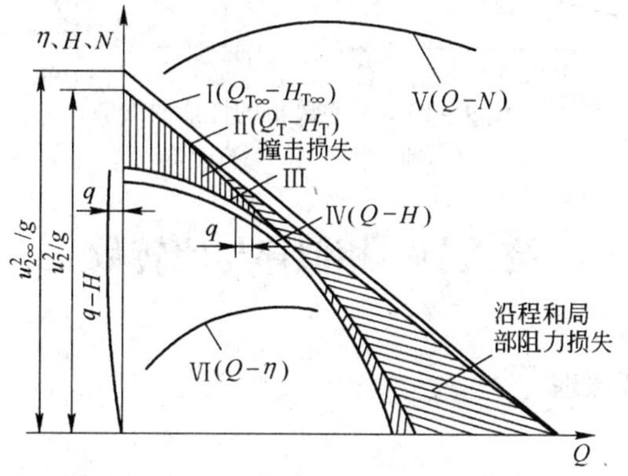

图 9 - 18　离心式泵与风机的性能曲线分析

根据理论流量和扬程的关系式(9 - 30)可以绘出一条 $Q_T - H_T$ 曲线。以后弯叶片的叶轮为例，这是一条下倾的直线，如图中的曲线Ⅱ。当 $Q_T = 0$ 时，$H_T = \dfrac{u_2^2}{g}$。

显然，如按无限多叶片的欧拉方程，可以绘制一条 $Q_{T\infty} - H_{T\infty}$ 的关系曲线，这是一条位于曲线Ⅱ上方的曲线Ⅰ。

当机内存在流动损失时，流体必将消耗部分能量用来克服流动阻力。这部分损失应从曲线Ⅱ中扣除，于是就得出曲线Ⅲ。所扣除的包括以直影线部分代表的撞击损失和以倾斜影线部分代表的其他水力损失。

除流动损失之外，还应从曲线Ⅲ扣除泵与风机的容积损失。容积损失是以泄漏流量 q 的大小来估算的。可以证明当泵与风机的结构不变时，q 值与扬程的平方根成正比，因而能够作出一条 $q - H$ 的关系曲线，示于图 9 - 18 的左侧。曲线Ⅳ就是从曲线Ⅲ扣除相应的 q 值后得出的泵或风机的实际性能曲线，即 $Q - H$ 曲线。

流量 - 功率曲线表明泵或风机的流量与轴功率之间的关系。因为轴功率 N 是理论功率 N_T($N_T = \gamma Q_T H_T$)与机械损失功率 ΔN_m 之和，即

$$N = N_T + \Delta N_m = \gamma Q_T H_T + \Delta N_m$$

根据这一关系式，可以在图 9 - 18 上绘制一条 $Q - N$ 曲线，如图中曲线Ⅴ所示。

有了 $Q - N$ 曲线和 $Q - H$ 曲线，按式 $\eta = N_e / N$ 计算出不同流量下的 η 值，从而得出 $Q - \eta$ 曲线，如图中的Ⅵ曲线。$Q - \eta$ 的最高点表明为最大效率，它的位置与设计流量是相对应的。

$Q - N$、$Q - H$ 和 $Q - \eta$ 三条曲线是泵或风机在一定转速下的基本性能曲线。其中最重要的是 $Q - H$ 曲线，因为它揭示了泵与风机的两个最重要、最有实用意义的性能参数之间的关系。

如图 9 - 19 分别描述了具有前弯与后弯叶轮的性能曲线，后弯叶轮具有相对平坦的$Q - H$

曲线，当流量变动很大时能保持基本恒定的扬程；而前弯叶轮具有驼峰型 $Q-H$ 曲线，当流量自零逐渐增加时，相应的扬程最初上升，达到最高值后开始下降。具有驼峰性能曲线的泵或风机在一定的运行条件下可能出现不稳定工作。这种不稳定工作，显然是应当避免的。

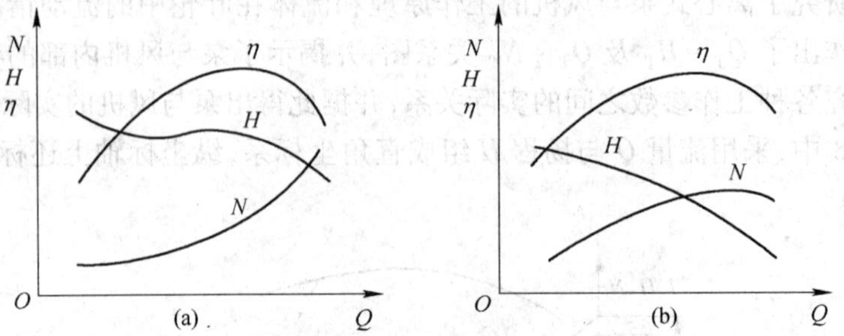

图 9-19　离心风机的性能曲线

(a)前弯叶轮；(b)后弯叶轮

第六节　相似律与比转数

一、泵与风机的相似原理

(一)相似条件

根据相似理论，要保证流体流动过程力学相似必须同时满足几何相似、运动相似、动力相似。这其中几何相似是前提，动力相似是保证，运动相似是目的。

1. 几何相似

相似的现象只能发生在几何相似的体系内，所以几何相似是先决条件。我们知道，对应边成比例，对应角相等的两三角形是相似三角形。那么，就离心式泵与风机的实物和模型来说，相似是指

$$\begin{cases} \dfrac{D_2}{D_2'}=\dfrac{D_1}{D_1'}=\dfrac{b_2}{b_2'}=\dfrac{b_1}{b_1'}=\cdots=k \\ \beta_2=\beta_2',\ \beta_1=\beta_1' \end{cases}$$

式中，$D_1', D_2', b_1', b_2', \beta_1', \beta_2'$ 是对模型而言；$D_1, D_2, b_1, b_2, \beta_1, \beta_2$ 是对实物而言。

严格地说，几何相似还应包括泵与风机的叶片厚度，叶轮和进口间的间隙以及表面粗糙度等，但这些尺寸相似与否对泵与风机性能的影响较小，可忽略不计。

2. 运动相似

实物和模型内各对应点的同类速度方向相同，大小的比值等于常数，称为运动相似。就泵与风机叶轮内的流动过程而言，运动相似是指

$$\begin{cases} \dfrac{u_1}{u_1'}=\dfrac{u_2}{u_2'}=\dfrac{w_1}{w_1'}=\dfrac{w_2}{w_2'}=\dfrac{v_1}{v_1'}=\dfrac{v_2}{v_2'} \\ \alpha_1=\alpha_1',\ \alpha_2=\alpha_2' \end{cases}$$

即对应点的速度三角形相似，且所有对应点两速度三角形大小相差的倍数相同。

3. 动力相似

实物和模型内各对应点的同类力方向相同，且大小的比值等于常数，称为动力相似。就

泵与风机内的流动而言，作用在流体上的力有惯性力 I，黏性力 R 和总压力 p，根据流体力学原理，动力相似必有

雷诺数相等

$$Re = Re'$$

在泵与风机中

$$Re = \frac{D_2 u_2}{\nu}$$

欧拉数相等

$$Eu = Eu'$$

在泵与风机中欧拉数定义为

$$Eu = \frac{p_i}{\rho v_i^2}$$

(二)入口速度三角形相似

检验所有各对应点是否满足上述各种关系式，来判断两台泵(或风机)的流动过程是否相似是很困难的。实际上，在几何相似的泵(或风机)中，只要能保持叶片入口速度三角形相似，且对应点的惯性力与黏性力的比值相等，则其流动过程必然相似。

相似三角形中，

$$\frac{v_1}{u_1} = \frac{v_1'}{u_1'}$$

将关系式 $Q = \pi D_1 b_1 v_1$ 和 $Q' = \pi' D_1' b_1' v_1'$ 代入，得

$$\frac{Q}{\pi D_1 b_1 u_1} = \frac{Q'}{\pi' D_1' b_1' u_1'}$$

由于满足几何相似和运动相似，有

$$\frac{D_1}{D_1'} = \frac{D_2}{D_2'} = \frac{b_1}{b_1'}, \frac{u_1}{u_1'} = \frac{u_2}{u_2'}$$

代入上式后，得

$$\frac{Q}{\frac{\pi}{4} D_2^2 u_2} = \frac{Q'}{\frac{\pi}{4} D_2'^2 u_2'} \tag{a}$$

令

$$\frac{Q}{\frac{\pi}{4} D_2^2 u_2} = \overline{Q} \tag{9-33}$$

则

$$\overline{Q} = \overline{Q'}$$

$\overline{Q}$ 和 $\overline{Q'}$ 称为泵(或风机)的流量系数。

流量系数相等，即表示入口速度三角形相似。因此，可以把两台离心式泵(或风机)内的流动过程相似条件归结为：(1)几何相似；(2)流量系数 $\overline{Q}$ 相等；(3)雷诺数 Re、欧拉数 Eu 相等。

当两台泵(或风机)的流动过程相似时，它们的工况称为相似工况。在相似工况下，可推导出下列结果：

就压力而言，由于对应点的总压力和惯性力的比值相等，欧拉数就相等。在泵与风机

中,如果对应点 1 和 1′取在泵(或风机)入口处,对应点 2 和 2′取在泵(或风机)出口处,那么,根据欧拉数相等的条件,可得

$$\frac{p_1}{\rho v_1^2}=\frac{p_1'}{\rho' v_1'^2} \quad 和 \quad \frac{p_2}{\rho v_2^2}=\frac{p_2'}{\rho' v_2'^2}$$

变换后,得

$$\frac{p_1}{p_1'}=\frac{\rho v_1^2}{\rho' v_1'^2} \quad 和 \quad \frac{p_2}{p_2'}=\frac{\rho v_2^2}{\rho' v_2'^2}$$

在运动相似的条件下

$$\frac{v_1}{v_1'}=\frac{v_2}{v_2'}$$

所以

$$\frac{p_1}{p_1'}=\frac{p_2}{p_2'}$$

根据比例关系,得

$$\frac{p_1}{p_1'}=\frac{p_2}{p_2'}=\frac{p_2-p_1}{p_2'-p_1'}=\frac{\Delta p}{\Delta p'}$$

式中, $\Delta p,\Delta p'$为泵与风机的实物和模型出入口断面上的静压之差。

于是

$$\frac{\Delta p}{\rho v_2^2}=\frac{\Delta p'}{\rho' v_2'^2}$$

由于对应点的动压也是成比例的,所以上式可表示为

$$\frac{\Delta p_{\mathrm{q}}}{\rho v_2^2}=\frac{\Delta p_{\mathrm{q}}'}{\rho' v_2'^2}$$

式中,$\Delta p_{\mathrm{q}},\Delta p_{\mathrm{q}}'$为泵与风机的实物和模型出入口断面上的全压之差。

又因

$$\frac{v_2}{u_2}=\frac{v_2'}{u_2'}$$

所以

$$\frac{\Delta p_{\mathrm{q}}}{\rho u_2^2}=\frac{\Delta p_{\mathrm{q}}'}{\rho' u_2'^2}$$

可写成

$$\frac{p_{\mathrm{q}}}{\rho u_2^2}=\frac{p_{\mathrm{q}}'}{\rho' u_2'^2} \tag{9-34}$$

式中,$p_{\mathrm{q}},p_{\mathrm{q}}'$为泵与风机的实物和模型的全压。

令

$$\frac{p_{\mathrm{q}}}{\rho u_2^2}=\overline{p_{\mathrm{q}}} \tag{9-35}$$

则

$$\overline{p}_{\mathrm{q}}=\overline{p_{\mathrm{q}}'}$$

$\overline{p_q}$和$\overline{p'_q}$称为泵与风机的全压系数。

相应地,泵与风机的静压系数为

$$\overline{p_{\mathrm{st}}}=\frac{p_{\mathrm{st}}}{\rho u_2^2} \tag{9-36}$$

功率 N(kW)为

$$N=\frac{pQ}{102\eta}$$

式中,p 的单位为 mmH_2O,Q 的单位为 m^3/s。将式(a)和式(9-34)代入上式,得

$$N=\frac{\overline{p_q}\rho u_2^2\ \overline{Q}\frac{\pi}{4}D_2^2u_2}{102\eta}=\frac{\overline{p_q}\overline{Q}}{\eta}\ \frac{\frac{\pi}{4}D_2^2\rho u_2^3}{102} \tag{9-37}$$

令

$$\overline{N}=\frac{\overline{p}\overline{Q}}{\eta}$$

可得

$$\overline{N}=\frac{102N}{\frac{\pi}{4}D_2^2\rho u_2^3} \tag{9-38}$$

式中，$\overline{N}$称为功率系数。在相似工况下的两台泵（或风机），流量系数$\overline{Q}$、全压系数$\overline{p}_q$ 和效率 η 都彼此相等，所以功率系数$\overline{N}$也必然相等。

根据以上相似规律，当几何相似的两台泵（或风机）的工况，满足流量系数相等和雷诺数相等的条件时，全压系数、功率系数与效率必彼此相等。当流量系数、雷诺数变化时，全压系数、功率系数与效率将随之发生变化。因此，可用下列函数式表示它们之间的关系：

$$\overline{p_q}=f_1(\overline{Q},Re) \tag{9-39}$$

$$\overline{N}=f_1(\overline{Q},Re) \tag{9-40}$$

$$\eta=f_1(\overline{Q},Re) \tag{9-41}$$

二、泵与风机的相似律及其应用

当两台泵（或风机）相似时，它们的无因次参数$\overline{p}$，$\overline{Q}$，$\overline{N}$，η 都是相等的。两个相似的泵（或风机），当转速、尺寸及流体密度发生变化时，它们之间的流量、全压、功率等特性有什么关系呢？可以通过相似原理来解决这个问题，称为性能的相似换算或相似律。

（一）全压换算公式

根据式(9－34)，可得

$$\frac{p_q}{p'_q}=\frac{\rho u_2^2}{\rho' u_2'^2}=\frac{\rho D_2^2n^2}{\rho' D_2'^2n'^2}=\frac{\rho}{\rho'}\left(\frac{D_2}{D_2'}\right)^2\left(\frac{n}{n'}\right)^2 \tag{9-42}$$

对泵来说，有扬程换算公式

$$\frac{H}{H'}=\frac{\gamma' p_q}{\gamma p'_q}=\left(\frac{D_2}{D_2'}\right)^2\left(\frac{n}{n'}\right)^2 \tag{9-42a}$$

（二）流量换算公式

根据式(a)，可得

$$\frac{Q}{Q'}=\frac{\frac{\pi}{4}D_2^2u_2}{\frac{\pi}{4}D_2'^2u_2'}=\frac{D_2^2D_2n}{D_2'^2D_2'n'}=\left(\frac{D_2}{D_2'}\right)^3\ \frac{n}{n'} \tag{9-43}$$

（三）功率换算公式

根据式(9－38)，可得

$$\frac{N}{N'}=\frac{\rho D_2^5n^3}{\rho' D_2'^5n'^3}=\frac{\rho}{\rho'}\left(\frac{D_2}{D_2'}\right)^5\left(\frac{n}{n'}\right)^3 \tag{9-44}$$

在特殊情况下，例如，对同一台泵（或风机）（即 $D_2=D_2'$），仅仅当转速或流体密度发生变化时，或者同系列中不同型号（即 $D_2\neq D_2'$）的泵（或风机）输送同一流体（$\rho=\rho'$），上述换算公式就可以简化。表 9－2 是相似的泵与风机在各种情况下的性能换算公式。

表 9－2 泵与风机性能换算综合表

条件换算公式	$D_2 \neq D_2'$	$D_2 = D_2'$	$D_2 = D_2'$	$D_2 \neq D_2'$
参数	$n_2 \neq n_2'$ $\rho \neq \rho'$	$n_2 = n_2'$ $\rho \neq \rho'$	$n_2 \neq n_2'$ $\rho = \rho'$	$n_2 = n_2'$ $\rho = \rho'$
全压	$\frac{p}{p'} = \frac{\rho}{\rho'}\left(\frac{D_2}{D_2'}\right)^2\left(\frac{n}{n'}\right)^2$	$\frac{p}{p'} = \frac{\rho}{\rho'}$	$\frac{p}{p'} = \left(\frac{n}{n'}\right)^2$	$\frac{p}{p'} = \left(\frac{D_2}{D_2'}\right)^2$
流量	$\frac{Q}{Q'} = \left(\frac{D_2}{D_2'}\right)^3\frac{n}{n'}$	$Q = Q'$	$\frac{Q}{Q'} = \frac{n}{n'}$	$\frac{Q}{Q'} = \left(\frac{D_2}{D_2'}\right)^3$
功率	$\frac{N}{N'} = \frac{\rho}{\rho'}\left(\frac{D_2}{D_2'}\right)^5\left(\frac{n}{n'}\right)^3$	$\frac{N}{N'} = \frac{\rho}{\rho'}$	$\frac{N}{N'} = \left(\frac{n}{n'}\right)^3$	$\frac{N}{N'} = \left(\frac{D_2}{D_2'}\right)^5$
效率	$\eta = \eta'$			

三、比转数

为了反映离心式泵与风机的性能，除了用全压系数$\bar{p}_q$、流量系数$\bar{Q}$、功率系数$\bar{N}$以外，还采用比转数 n_s 来表明不同类型的泵与风机其主要性能参数之间的综合特性。

（一）比转数公式的推导

两台相似的泵（或风机），它们的扬程（或全压）、流量关系由式（9－42）及式（9－43）知

$$\frac{p_q}{p_q'} = \frac{\rho}{\rho'}\left(\frac{D_2}{D_2'}\right)^2\left(\frac{n}{n'}\right)^2$$

$$\frac{Q}{Q'} = \left(\frac{D_2}{D_2'}\right)^3\frac{n}{n'}$$

变换后，得

$$\frac{D_2'}{D_2} = \left(\frac{p_q'}{p_q}\frac{\rho}{\rho'}\right)^{\frac{1}{2}}\frac{n}{n'}$$

$$\frac{n}{n'} = \left(\frac{D_2}{D_2'}\right)^{-3}\frac{Q}{Q'}$$

消去上两式中的$\frac{D_2'}{D_2}$，并经整理得

$$\frac{n}{n'} = \left(\frac{p_q'}{p_q}\frac{\rho}{\rho'}\right)^{\frac{3}{2}}\left(\frac{n}{n'}\right)^3\frac{Q}{Q'}$$

$$n\frac{Q^{\frac{1}{2}}}{\left(\frac{p_q}{\rho}\right)^{\frac{3}{4}}} = n'\frac{Q'^{\frac{1}{2}}}{\left(\frac{p_q'}{\rho'}\right)^{\frac{3}{4}}} \tag{9-45}$$

当两台相似的泵（或风机）的进口状态相同，或者是标准状态，即 $\rho = \rho'$时，则

$$n\frac{Q^{\frac{1}{2}}}{p_q^{\frac{3}{4}}} = n'\frac{Q'^{\frac{1}{2}}}{p_q'^{\frac{3}{4}}}$$

令

$$n_s = n\frac{Q^{\frac{1}{2}}}{p_q^{\frac{3}{4}}} \tag{9-46}$$

n_s 称为离心泵(或风机)的比转数,两个相似的泵(或风机),它们的比转数必然相等。

由式(9－45)可知,两个相似的泵(或风机),由其重要性能参数 Q, p_q, n 组成的综合特性参数

$$n = \frac{Q^{\frac{1}{2}}}{\left(\frac{p}{\rho}\right)^{\frac{3}{4}}}$$

是相等的。若代入 Q, p, ρ 及 n 的单位进行运算,即

$$\left(\frac{1}{s}\right)\left(\frac{m^3}{s}\right)^{\frac{1}{2}}\left(\frac{N}{m^2}\right)^{-\frac{3}{4}}\left(\frac{kg}{m^3}\right)^{\frac{3}{4}} = [L^\circ][M^\circ][\theta^\circ]$$

得到的是个无因次参数。因此,常将比转数列入离心泵(或风机)的无因次参数。常用的比转数公式(9－46)是一种简化形式(即 $\rho = \rho'$),其计算结果并不是无因次的。

特别要指出的是,在相似条件下,两台泵(或风机)的比转数是相等的;但是,反过来,比转数相等的两台泵(或风机)不一定相似,故比转数相等只是离心泵(或风机)相似的必要条件,而非充分条件。一般离心式风机的比转数为 15～80;混流风机为 80～120;轴流风机为 100～500。

比转数的概念最先是由水轮机参数导出的,而为水泵所袭用。水轮机最重要的参数是功率,而不是流量,为此,由功率比和扬程比的关系,可以得出水泵比转数 n_{sp} 的计算式,即

$$n_{sp} = n\frac{Q^{\frac{1}{2}}}{\left(\frac{1.2}{\rho}p\right)^{\frac{3}{4}}} \tag{9-47}$$

(二)比转数的应用

(1)比转数反映了某系列泵或风机性能上的特点。可以看出,比转数 n_s 大表明其流量大、压头小;反之,比转数小,则流量小、压头高。水轮机最重要的参数是功率,而泵的最重要参数是 Q。

(2)比转数可以反映泵与风机的结构特点。比转数是全压系数 $\overline{p}_q$ 及流量系数 $\overline{Q}$ 的函数。一般来说,在同一类型的泵或风机中,比转数 n_s 越大,流量系数越大,叶轮的出口宽度 b_2 与其直径 D_2 之比就越大,即叶轮出口相对宽度 b_2/D_2 大;比转数越小,流量系数越小,则相应叶轮的出口宽度 b_2 与其直径 D_2 之比就越小。表 9－3 反映了各种离心泵的几何形状与比转数的关系。

表 9－3　泵的比转数、叶轮形状和性能曲线形状

泵的类型	离心泵			混流泵	轴流泵
	低比转数	中比转数	高比转数		
比转数	30～80	80～150	150～300	300～500	500～1000
叶轮形状	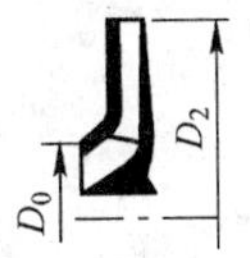	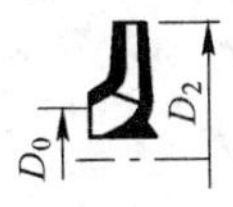	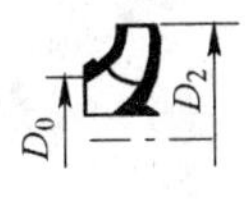		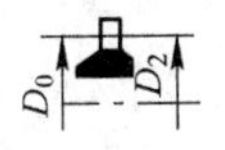
D_2/D_0	≈3	≈2.3	≈1.8～1.4	≈1.2～1.1	≈1

续表 9－3

泵的类型	离心泵			混流泵	轴流泵
	低比转数	中比转数	高比转数		
叶片形状	圆柱形	入口处扭曲 出口处圆柱形	扭　曲	扭　曲	机翼形
性能曲线大致的形状	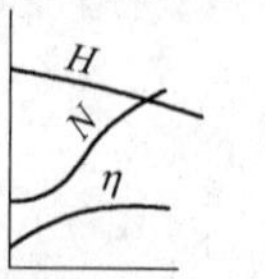	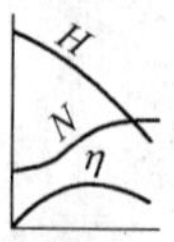	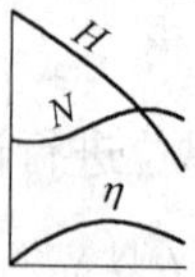	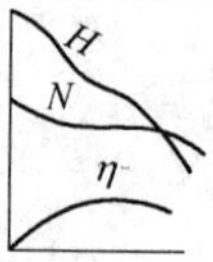	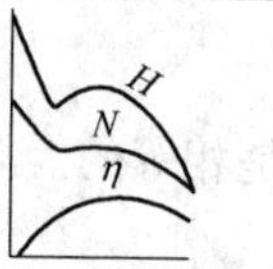

(3)比转数在泵与风机的设计中起着极其重要的作用。

由于比转数具有重要的特征及实用意义，目前，我国的离心式泵与风机命名中，比转数是重要的一项。

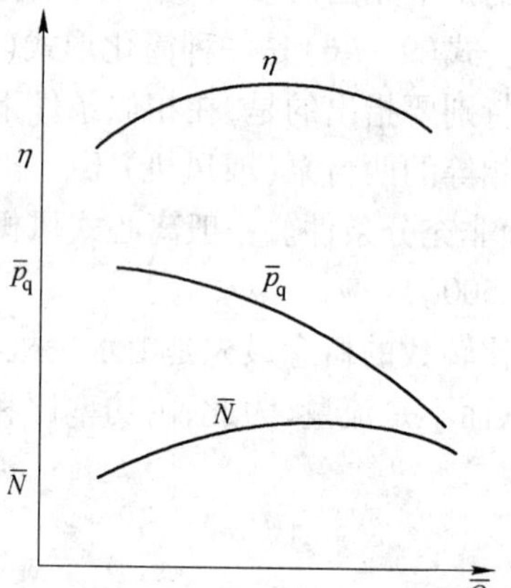

图 9－20　离心式风机的无因次性能曲线

四、泵与风机的无因次性能曲线

根据式(9－39)～式(9－41)，在 Re 值不变的条件下，可绘制出如图 9－20 所示的$\overline{p_q}-\overline{Q}$、$\overline{N}-\overline{Q}$ 和 $\eta-\overline{Q}$关系曲线，称之为无因次特性曲线。这组曲线适用于转速不等，尺寸不同的同一类型的泵与风机，因此又称为类型特性曲线。相对地说，前面所述的实际特性曲线，只适用于一定转速、一定尺寸的泵与风机，所以也称作单体特性曲线。

第七节　其他类型的泵与风机

一、轴流式风机

按照我国风机的分类，风压在 4900Pa 以下，气体沿轴向流动的通风机，称为轴流式风机。图 9－21 为轴流式风机的典型结构简图。气体从集流器 1 进入，通过叶轮 2 使气流获

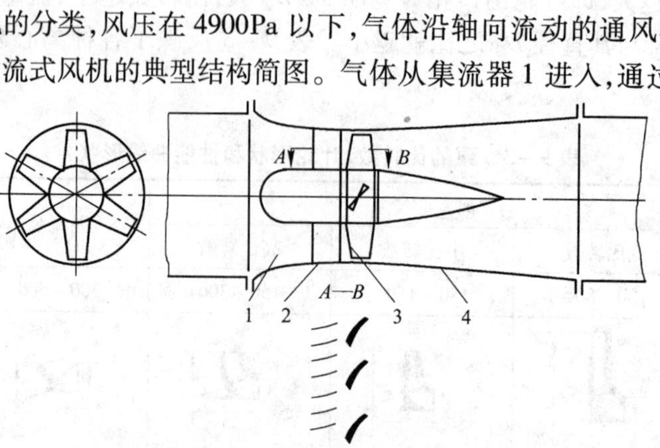

图 9－21　轴流式风机结构简图

1—集流器；2—叶轮；3—导叶；4—扩散筒

得能量,然后流入导叶3,导叶将一部分偏转的气流动能转为静压能,最后,气流通过扩散筒4将一部分轴向气流动能转化为静压能,然后从扩散筒流出,输入管路。

除上述典型结构外,轴流式风机的形式和构造还有很多种。小型轴流式风机,叶轮直径仅100多毫米,大型轴流式风机的叶轮直径可达20多米。风机布置的形式有立式、卧式和倾斜式三种。一些大型的轴流式风机在叶轮下游侧设有固定的导叶以消除气流在增压后的旋转。其后还可以设置流线型尾罩,以利气流扩散。轴流式风机很多是电动机直联传动的,也可通过其他装置进行变速传动。为了便于安装和维护,轴流式风机广泛采用滚动轴承。

轴流式风机的叶片有板型、机翼型等多种。叶片从根部到叶梢常是扭曲的。动叶或导叶常做成可以调整安装角的,以改变风机的流量和风压,这样不仅大大扩大了运行工况范围,而且显著提高了变工况下的效率。近年来,动叶可调机构被成功采用,使得轴流式风机在大型电站、大型隧道、矿井等通风、引风装置中获得日益广泛的应用。此外,轴流式风机还可用于厂房、建筑物的通风换气、空气调节、冷却塔通风、锅炉鼓风引风、化工、风洞风源等方面。

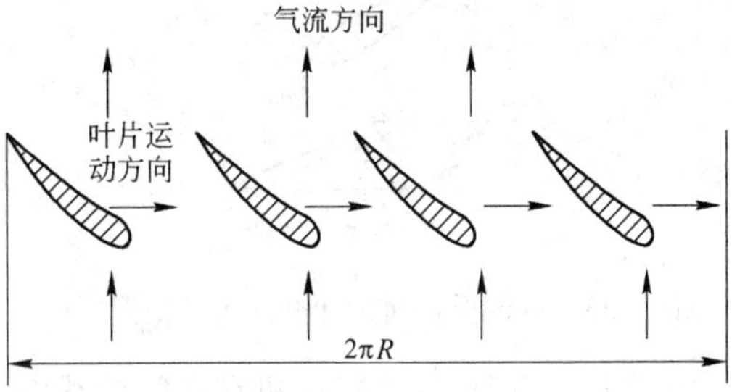

图9-22 直列叶栅简图

研究分析轴流式风机,常用到直列叶栅的概念。沿一定的半径 r 截取叶片的剖面,然后将所得剖面展开,就可得到直列叶栅,如图9-22所示。在沿同一半径截取的直列叶栅图中,进口和出口的气流圆周速度都是相同的,而按不同半径截取的叶栅则具有不同的圆周速度,正是这些特点导致轴流式风机在性能上有别于离心式风机。

通常假设叶片之间有足够的间距,即认为叶片间的气流不致互相影响;同时,因为叶片装在圆筒内,叶梢与筒壁之间的缝隙极小,所以不考虑气流的径向运动。此时,气流通过轴流式风机叶栅的运动可以简化为孤立叶片两向流的问题来研究。

当气流以流速 v_0 流向叶片时,气流质点除获得圆周速度 u 外,还有沿叶片滑动的相对速度 w。在图9-23所示的速度三角形中,离开叶片的气流由于叶片的旋转而偏离原来 v_0 的方向获得速度 v_2。当叶轮下游侧设有整流叶片时,可以使气流重新恢复到 v_0 的方向。

轴流式风机的理论压头方程式为

$$H_T = \frac{1}{g}(u_2 v_{u2} - u_1 v_{u1})$$

由于叶栅是按同一半径取得的,所以具有相同的圆周速度,即 $u_2 = u_1 = u$,故上式变成

$$H_T = \frac{u}{g}(v_{u2} - v_{u1}) \tag{9-48}$$

在设计工况下,$v_{u1} = 0$,则

$$H_T = \frac{u v_{u2}}{g} \tag{9-49}$$

从式(9-49)可以看出,在叶梢处产生的压头将大于叶根处的压头。从而使叶轮下游侧横断面上的气流,由于不同半径处的压头不同而有可能发生径向流动,损失增加,效率下降。针对这种情况,叶片常制成扭曲形状,使之在不同半径处具有不同的安装角,从而使叶

片不同半径处具有不用的 v_{u2} 值,来保证 uv_{u2} 乘积近似不变。

尽管如此,只有在设计工况下才能基本消除径向流动现象。进一步分析表明,当流量小于设计值时,流体发生径向流动,严重时部分流体将发生二次回流,如图 9-24 所示。由叶轮流出的流体,一部分又重新回到叶轮中被二次加压,使风压增加。由于二次回流量是靠撞击来传递能量的,所以水力损失很大,致使效率急剧下降。

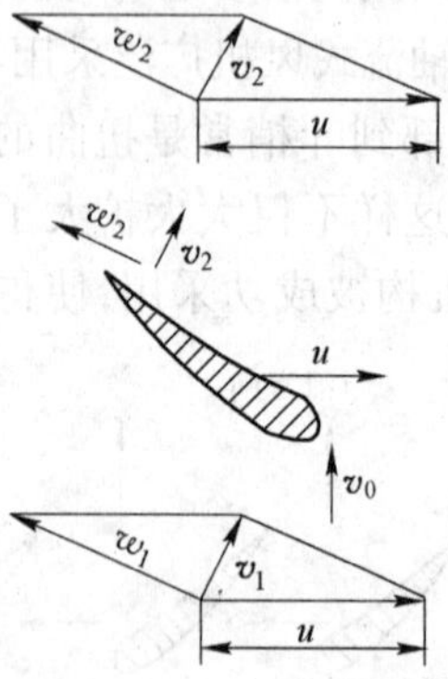

图 9-23 气流质点通过叶栅的运动情况

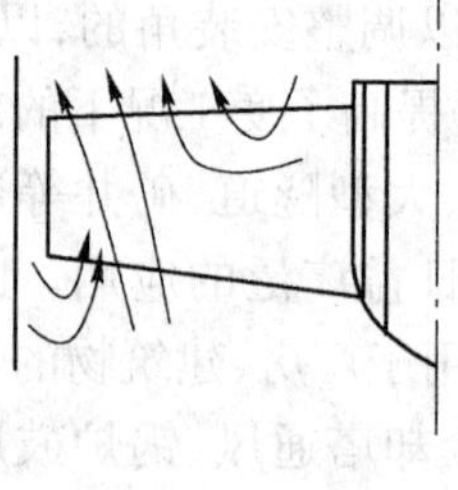

图 9-24 轴流泵或风机的二次流

由于上述情况,轴流式风机在性能曲线方面的特点可以归纳为如下三点:

(1)$Q-H$ 曲线大都属于陡降型曲线。

(2)$Q-N$ 曲线在流量为零时 N 最大,当流量增大时,H 下降很快,轴功率 N 也有所降低,这样往往使轴流式风机在零流量下启动的轴功率为最大。因此,与离心式风机相反,轴流式风机应当在管路畅通下开动。尽管如此,当启动与停机时,总是会经过最低流量的,所以轴流式风机所配用的电动机要有足够的余量。

(3)$Q-\eta$ 曲线也在最高效率点附近迅速下降,由于流量不在设计工况下,气流情况迅速变坏,以致效率下降很快。因此,轴流式风机的最佳工作范围较窄,一般都不设置调节阀门来调节流量。大型轴流式风机常用可调节叶片安装角或改变转速方法来达到调节流量的目的。

图 9-25 所示为30E-11 型轴流式风机的性能曲线。图中曲线是按四种不同的安装角给出的。

二、贯流式风机

贯流式风机是莫蒂尔(Mortier)于 1892 年研制的,但是,差不多直到近代,这种形式的风机才获得广泛应用。

贯流式风机与轴流式和离心式风机工作方式不同,它有一个筒形的多叶叶轮转子,气流沿着与转子轴线垂直的方向,从转子一侧的叶栅进入叶轮,然后穿过叶轮转子内部,第二次通过转子另一侧的叶栅,将气流排出,即气流横穿叶片两次,如图 9-26b 所示。叶轮一般采用多叶式前向叶型,两个端面是封闭的。叶轮的宽度没有限制,当宽度加大时,流量也增加。某些贯流式风机在叶轮内线加设不动的导流叶片,以改善气流状态。

贯流式风机的全压系数较大,$Q-H$ 曲线是驼峰形的,效率较低,一般约为 30%~50%。图 9-27 所示为这种风机的无因次性能曲线。

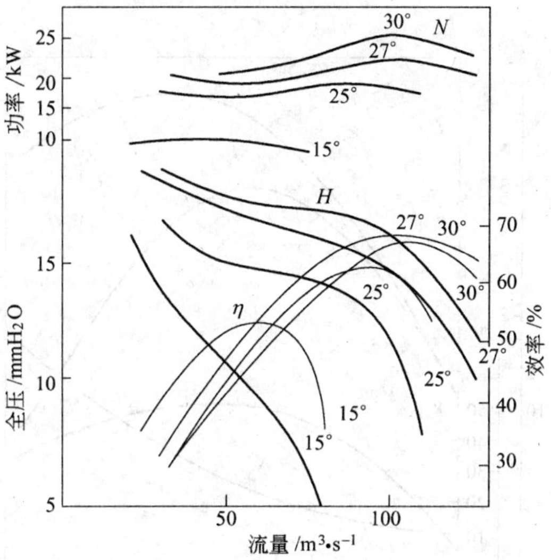

图 9－25　30E－11No36 $\frac{1}{2}$型轴流式风机性能曲线

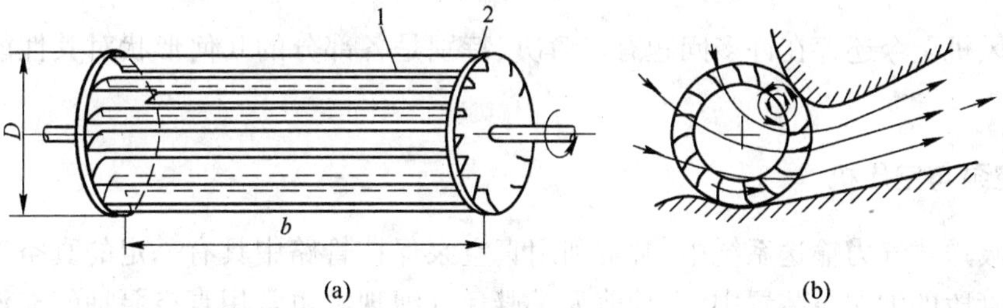

图 9－26　贯流式风机示意图

(a)贯流式风机结构示意图;(b)贯流式风机中的气流

1—叶片;2—封闭断面

$$\overline{H}=\frac{H}{\frac{1}{2}\rho u^2};\ \overline{\varphi}=\frac{Q}{bD_2u};\ \overline{N}=\frac{\overline{H\varphi}}{\eta};\ \overline{H}_j=\frac{H_j}{\frac{1}{2}\rho u^2}$$

其中,流量系数因叶轮宽度没有限制而加入了宽度 b 的因素,即$\overline{\varphi}=\frac{Q}{bD_2u}$,而不是一般离心式风机所采用的$\overline{Q}=\frac{Q}{3600u\frac{\pi D^2}{4}}$。

由于它结构简单,具有薄而细长的出口截面,不必改变流动的方向等特点,使它适宜于安装在各种扁平形或细长形的设备里,与建筑物相配合。与其他风机相比,这种风机的动压较高,可获得偏平而高速的气流,并且气流到达的距离较长。但贯流式风机的效率较低(30%～50%)。目前,贯流式风机广泛应用在低压通风换气、空调、车辆和家庭电器等设备上。

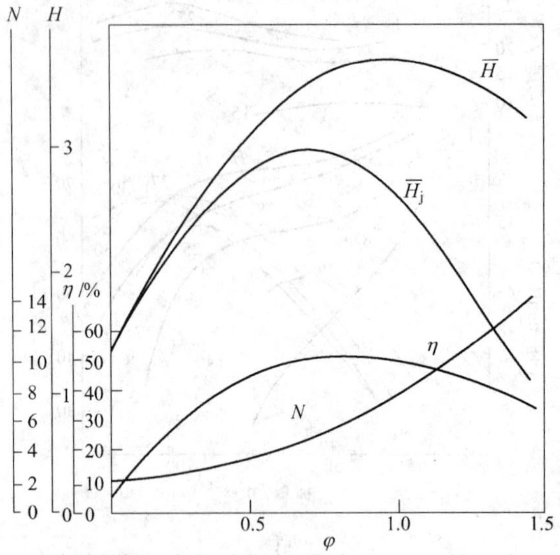

图 9－27 贯流式风机的无因次性能曲线

贯流式风机至今还存在许多问题有待解决，特别是各部分的几何形状对其性能有重大影响。

三、真空泵与空压机

在真空吸送式气力输送系统中，常常利用真空泵保持管路中具有一定的真空度。在有吸升式吸入管段的大型泵装置中，启动前为了避免气缚现象也常用真空泵抽气充液。常用的真空泵是水环式真空泵。水环式真空泵实际上是一种压气机，它抽取容器中的气体将其加压到高于大气压强，从而能够克服排气阻力将气体排入大气。

水环式真空泵的结构示意图见图 9－28。有 12 个叶片的叶轮 1 偏心地装在圆柱形泵壳 2 内。泵内注入一定量的水，叶轮旋转时，将水甩至泵壳形成一个水环，环的内表面与叶轮轮毂相切。由于泵壳与叶轮不同心，右半轮毂与水环间的进气空间 4 逐渐扩大，从而形成真空，使气体经进气管 3 进入泵内进气空间 4。随后气体进入左半部，由于毂环之间容积被逐渐压缩而增高了压强，于是气体经排气空间 5 及排气管 6 被排至泵外。

真空泵在工作时应不断补充水，用来保证形成水环并带走摩擦引起的热量。

我国生产的水环式真空泵有 SZ 型和 S2B 型，前者最高压强可达 205.933kPa（作为压气机用时）。表 9－4 为 SZ 型水环式真空泵的工作性能简表。

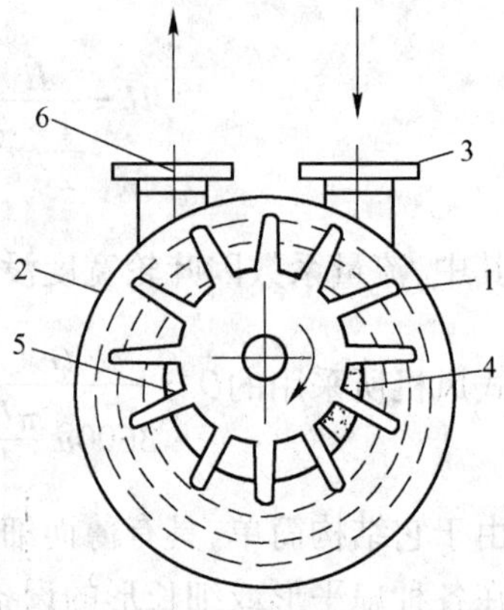

图 9－28 水环式真空泵结构示意图
1—叶轮；2—泵壳；3—进气管；4—进气空间；5—排气空间；6—排气管

表 9-4　SZ 型水环式真空泵的工作性能简表

型号	下列压强下的抽气量/$m^3 \cdot min^{-1}$					极限压强/mmHg	电机效率/kW	转速/$r \cdot min^{-1}$	耗水量/$L \cdot min^{-1}$
	760	456	304	152	76				
	mmHg								
SZ-1	1.5	0.64	0.4	0.12		122	4	1450	10
SZ-2	3.4	1.65	0.95	0.25		98	10	1450	30
SZ-3	11.5	6.8	3.6	1.5	0.5	60	30	975	70
SZ-4	27.0	17.6	11	3	1	53	70	730	100

四、往复式泵

往复式泵是最早发明的提升液体的机械。目前由于离心式泵具有显著优点，往复式泵的应用范围已逐渐缩小；但由于往复式泵在压头剧烈变化时仍能维持流量几乎不变的特点，故往复式泵仍有所应用。它还特别适用于在小流量、高扬程的情况下输送黏性较大的液体，例如机械装置中的润滑设备和水压机等。在小型锅炉房和采暖锅炉房中，常装设利用锅炉饱和蒸汽为动力的蒸汽活塞泵作为锅炉补给水泵。

往复式泵属于容积泵，主要结构包括泵缸、活塞或柱塞、连杆、吸水阀和压水阀等。图 9-29是双作用活塞式往复泵的工作原理图。

当活塞 1 与连杆 2 受原动力驱动作往复运动时，左右两工作室 3 的容积交替发生变化。左工作室容积受压缩时，其中液体推开压水阀 6 被排向排水管 7，与此同时，右工作室膨胀而形成真空，于是打开右吸水阀 5 从进水管 4 吸水。然后活塞向右运动，两工作室交替进行上述相似的工作，完成吸水、排水的输水过程。

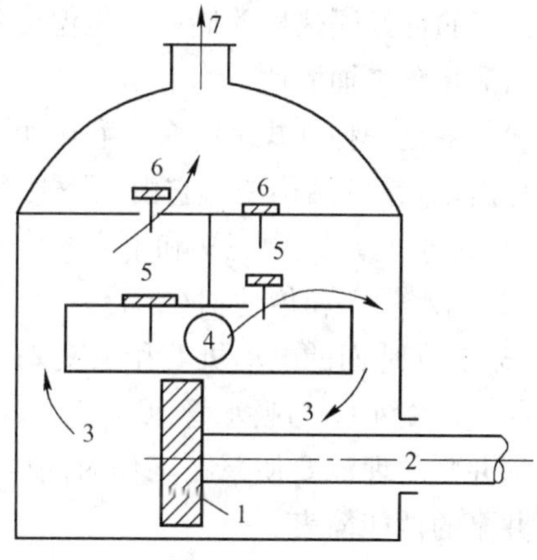

图 9-29　双作用活塞式往复泵工作原理图
1—活塞；2—连杆；3—泵缸或工作室；
4—进水管；5—吸水阀；6—压水阀；7—排水管

活塞式往复泵的理论流量与活塞面积 A、活塞行程 S 及活塞在单位时间内往复次数 n 有关。单作用往复泵的理论流量可按下式计算：

$$Q_T = ASn$$

双作用泵的理论流量是单作用泵的两倍。

往复泵的吸入性能应当考虑流量实际上的非恒定性带来的附加损失，因此，它的允许几何安装高度较离心式泵为低。

往复泵的实际流量由于液体的漏损和吸水阀与压水阀动作的滞后而有所减少，通常用容积效率 η_V 乘以理论流量得出。η_V 值大约在 85% ~99% 之间。

理论上来说，往复泵的扬程与流量无关，这就是说，这种泵可以达到任意大的扬程，它的 Q_T-H_T 曲线是一条垂直于横坐标 Q 轴的直线（见图 9-30 中的虚线）。实际上由于受泵的部件机械强度和原动机效率的限制，泵的扬程不可能无限增大。同时在较高的增压下，漏损会加大，以致实际 $Q-H$ 曲线向左略有偏移。应当指出，往复泵的流量是不均匀的，因为活塞在一个行程中的位移速度总是从零到最大再减少到零，然后重复，如此往复循环。在图9－30中，$H-Q$ 曲线是按平均流量绘制的。

往复泵在一定的往复次数工作时，理论流量 $Q_T = ASn$ 为定值，理论轴功率 $N_T = \gamma Q_T$，H_T 只与 N_T 有关，故 $H_T - N_T$ 是一条通过原点的直线。实际的 $H-N$ 曲线因高压头下流量有所减少而稍微向下弯曲，如图9－30所示。注意该图 N 和 η 尺度都标注在横坐标轴上。

效率曲线一般随 H 值的增加而下降。此外当 H 很小时，由于有效功率很小而机械损失基本未变，以致效率下降很快。$H-\eta$ 曲线也绘于图9－30中。

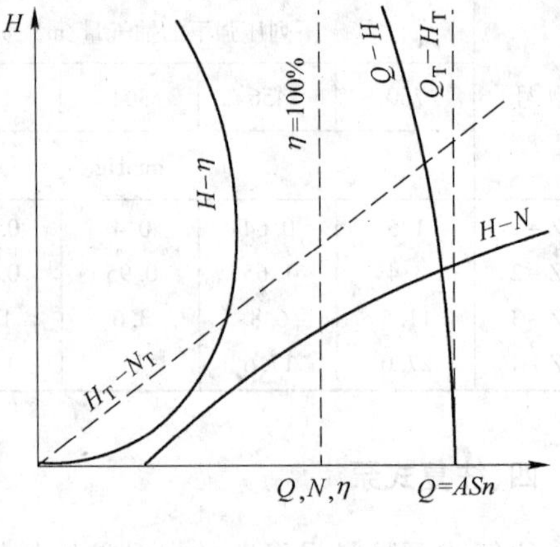

图9－30　往复泵性能曲线

五、深井泵与潜水泵

近年来利用温度较低的地下水作为空气调节装置的冷源已经比较普遍，但由于降低了地下水位，故已逐渐停止推广。后来，发展为“冬灌夏用”和“夏灌冬用”的方式，进一步利用地下水库的良好隔热性能储存一定温度的水量，作为空调装置的冷源和热源。这些装置都要使用深井泵来抽取地下水。

深井泵是一种立式多级泵。我国生产的深井泵有SD型、J型和JD型等多种。图9－31是SD型深井泵的结构图。它由以下几个主要部分组成：

(1)装于上壳7、中壳9和下壳8中的泵本体，其叶轮18是混流式多级叶轮；

(2)扬水管5和传动轴6；

(3)装在地面的电动机1和泵座2；

(4)滤水网11与吸水管10。

深井泵的埋深要使泵在工作时间内至少有2～3个叶轮浸没于水中。表9－5是SD10型深井泵的性能简表。

表9－5　SD10型深井泵的性能简表

叶轮级数	流量 /m³·h⁻¹	扬程/m	叶轮平均直径/mm	扬水管节数	传动轴直径/mm	轴功率 /kW	电动机功率 /kW	效率 /%	转速 /r·min⁻¹
3		24		8	30	7.6	10		
5		40		15	30	12.2	14		
7	70	56	168.8	21	30	17.1	20	67	1460
10		80		31	36	24.0	28		
15		100		44	36	36.5	40		

为了抽取地下水，还可以采用潜水电泵。这是一种将电动机与泵装在一起沉入于深井中的泵装置，省去了泵座和长长的传动轴。除对电动机绝缘要采取特殊措施外，大大简化了泵的结构。

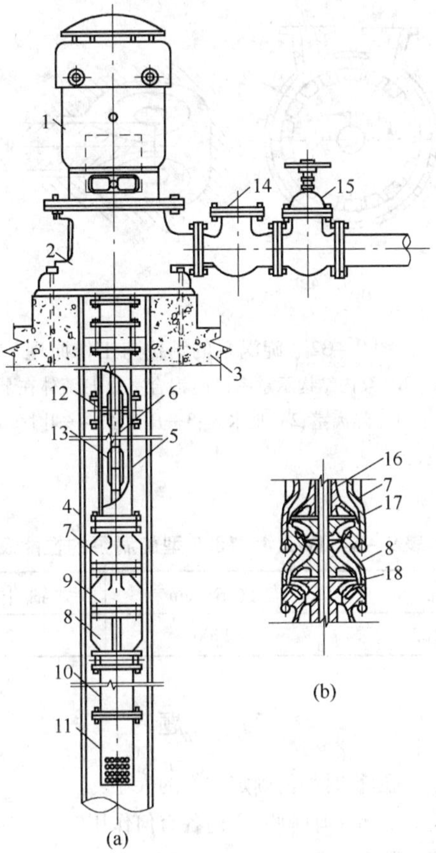

图 9－31　SD 型深井泵的结构图

1—电动机；2—泵座；3—基础；4—井管；5—扬水管；6—传动轴；7—上壳；8—下壳；9—中壳；10—吸水管；11—滤水网；12—轴承体；13—螺纹联轴器；14—止回阀；15—截止阀；16—轴承衬套；17—锥形套；18—叶轮

六、旋涡泵

旋涡泵在性能上的特点是小流量、高扬程和低效率，但具有只需在第一次运转前充液的自吸式优点。目前，其大都用于小型锅炉给水和输送无腐蚀性、无固体杂质的液体。

图 9－32a 所示为旋涡泵的叶轮。叶轮圆盘外周两侧加工成许多凹槽，凹槽之间铣成叶片 4。从图 9－32b 中可以看出，在泵壳的吸入口与排出口之间，设有隔离室 1，隔离室与叶轮间的缝隙很小，这就使泵内分隔为吸水腔 2 与压水腔 3。吸水腔与压水腔外侧，绕叶轮周边有不大的混合室，见图 9－32c。

叶轮旋转时带动来自吸入口的液体前进，同时液体在叶片间的流道内借离心力加压后到达混合室，在混合室内部分地转换为压力能，然后又被叶轮带动向前重新进入叶片流道内加压。因此，流体可以看作受多级离心泵的作用被多次增压，直到压水腔的末端引向排出口。流体在泵内流动情况见图 9－32d。

我国生产的 *W* 系列旋涡泵可以输送－20～80℃的液体，流量范围为 0.36～16.9m^3/h，扬程最高可达 132m。表 9－6 是 IW2.4－10.5 型旋涡泵的性能表。该泵可汲送清水或化学

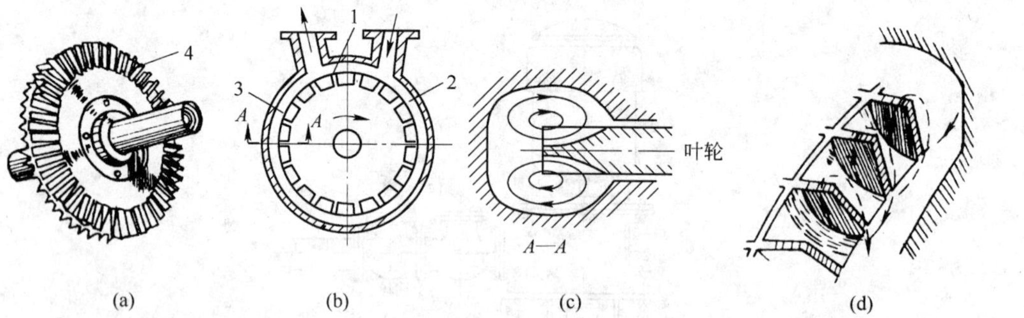

图 9 - 32 旋涡泵的结构与工作原理

(a)叶轮;(b) 泵内结构示意图;(c)混合室;(d)流体在泵内的运动

1—隔离室;2—吸水腔;3—压水腔;4—叶片

物理性能类似清水的液体。

表 9 - 6 IW2.4 - 10.5 型旋涡泵的性能表

流量/$m^3 \cdot h^{-1}$	扬程/m	转数/$r \cdot min^{-1}$	轴功率/kW	效率/%
2.4	105	2900	2.4	28

习 题

9 - 1 什么是扬程、全压,泵与风机运行时如何确定它们的大小?

9 - 2 离心泵有哪些分类方法,主要部件有哪些,它们各有何作用?

9 - 3 轴向推力是如何产生的,有哪些平衡的方法?

9 - 4 已知一台水泵进、出口标高相同,流量为 25L/s,泵出口水管的压力表读数为 0.35MPa,进口水管的真空表读数为 40kPa,压力表高于真空表的标高差 2m,进口水管和出口水管的半径分别为 50mm 和 40mm,水的密度为 $1000kg/m^3$,试计算泵的扬程 H。

9 - 5 欲将某管路系统的低位水箱的水提高 30m 后送入高位水箱,低位水箱容器液面上的压强 p_b = 105Pa,高位水箱容器液面上的压强 $p_h = 4000 \times 10^3$ Pa,整个管路系统的流动阻力 $h_w = 27.6$m,选择泵时至少应保证的扬程为多少?

9 - 6 某水泵的进水口与出水管截面积相等,出口压力表与进口水银真空计处于同一标高,测得离心泵出口压力表读数为 0.25MPa,进口水银真空计读数为 $H_V = 250$mm,已知泵的效率为 85%,求该台泵在流量为 $500m^3/h$ 时所需的轴功率。(水银的密度为 $\rho_{Hg} = 13600kg/m^3$,水的密度为 $\rho_{H_2O} = 1000kg/m^3$)

9 - 7 某台离心式风机的全风压为 2.5kPa,流量为 $50000m^3/h$,效率为 0.83,联轴器直联传动效率为 0.97,电动机效率为 0.95,选配功率为 50kW 的电动机拖动是否合适?(取 $K = 1.1$)

9 - 8 某台 IR125 - 100 - 315 型热水离心泵的流量为 $240m^3/h$,扬程为 120m,泵效率为 77%,热水温度为 80℃,密度为 $970kg/m^3$,试计算该泵有效功率和轴功率的大小。

9 - 9 转速 $n = 1500r/min$ 的离心式风机,叶轮内径 $d_1 = 480$mm,叶片进口处空气相对速度 $w = 25m/s$,流动角 $\beta_1 = 60°$,试按比例绘制空气在叶片进口处的速度三角形。

9 - 10 转速 $n = 2900r/min$ 的离心式泵,叶轮的进、出口尺寸分别为 $b_1 = 40$mm,$d_1 = 150$mm,$\beta_{1a} = 20°$;$b_2 = 30$mm,$d_2 = 250$mm,$\beta_{2a} = 30°$。设流体径向进入叶轮,试按比例画出叶轮进、出口的速度三角形,并计算其理论流量 Q_{VT}。

9-11　某离心式通风机，叶轮半径为150mm，转速为2980r/min，空气密度为1.2kg/m³，设叶轮进口处空气径向流入，出口处相对速度的方向为径向，试计算理论全压 $p_{T\infty}$，如果环流系数 K 为0.85，流动效率 η_h 为90%，试计算实际全压 p。

9-12　离心泵转速为1500r/min，其叶轮尺寸为 $b_1=30mm$，$b_2=20mm$，$d_1=18cm$，$d_2=38cm$，$\beta_{1a}=20°$，$\beta_{2a}=25°$，液体径向流入叶轮。若滑移系数为 $K=0.82$，流动效率 $\eta_h=85\%$，试计算：(1)理论流量 Q_{VT} 和理论扬程 $H_{T\infty}$；(2)实际扬程 H。

9-13　某单级轴流式风机，转速 $n=1500r/min$，在叶轮半径 $r=250mm$ 处，空气以 $v_1=24m/s$ 的速度沿轴向流入叶轮，出口流动角比入口流动角大20°，空气的密度 $\rho=1.2kg/m^3$。求理论全压 $p_{T\infty}$。

下篇　流体输配管网

第十章　管路与管网基础

在建筑环境与设备工程专业的许多工程领域中，涉及大量的流体输配问题，如通风空调、采暖供热、燃气供应、建筑给水排水等，都需要将流体输送并分配到各相关设备，或者从各接受点将流体收集起来输送到指定点。承担这一功能的管网系统称为流体输配管网。管网是由管路经过各种不同的组合、连接而成的复杂系统，它不仅包括管路系统，还有动力系统、调节装置、末端装置及保证管网正常工作的其他附属装置。各类工程的流体输配管网有不同形式，装置及系统布置各有不同。本章从认识、了解各类工程的流体输配管网类型及装置开始，逐步深入地研究流体输配管网。

第一节　管路与管网

一、简单管路

为了研究流体在管路中的流动规律，首先讨论流体在简单管路中的流动。所谓简单管路就是具有相同管径 d、相同流量 Q 的管段，它是组成各种复杂管路的基本单元，如图 10－1 所示。

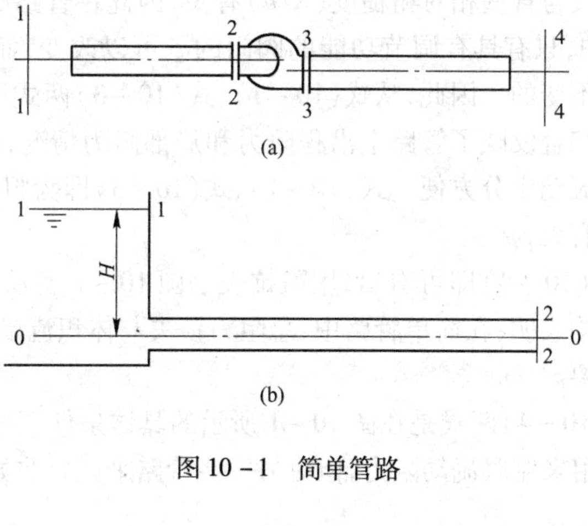

图 10－1　简单管路

对于图 10 - 1b 所示的简单管路,忽略自由液面移动速度,且出流流至大气,以 0—0 为基准线,列 1—1、2—2 两断面间的能量方程式,得

$$H=\lambda\frac{l}{d}\frac{v^2}{2g}+\sum\zeta\frac{v^2}{2g}+\frac{v^2}{2g}$$

$$H=\left(\lambda\frac{l}{d}+\sum\zeta+1\right)\frac{v^2}{2g}$$

因出口局部阻力系数 $\zeta_0=1$,若将 1 作为 ζ_0 包括到 $\sum\zeta$ 中去,则上式变为

$$H=\left(\lambda\frac{l}{d}+\sum\zeta\right)\frac{v^2}{2g}$$

用 $v^2=\left(\frac{4Q_V}{\pi d^2}\right)^2$ 代入上式,得

$$H=\frac{8\left(\lambda\frac{l}{d}+\sum\zeta\right)}{\pi^2d^4g}Q_V^2$$

令

$$S_H=\frac{8\left(\lambda\frac{l}{d}+\sum\zeta\right)}{\pi^2d^4g}\tag{10-1}$$

则

$$H=S_HQ_V^2\tag{10-2}$$

对于由风机作为动力源的气体管路(见图 10 - 1a),式(10 - 2)仍适用。气体常用压强表示,于是

$$p=\rho gH=\rho gS_HQ_V^2$$

令

$$S_p=\rho gS_H=\frac{8\left(\lambda\frac{l}{d}+\sum\zeta\right)\rho}{\pi^2d^4}\tag{10-3}$$

则

$$p=S_pQ_V^2\tag{10-4}$$

式(10 - 4)多应用于不可压缩的气体管路计算中,如空调、通风管道计算,而式(10 - 2)则多用于液体管路计算上,如给水管路的计算。

无论 S_p 或 S_H,对于一定的流体(即 ρ 一定),在 d,l 已给定时,S 只随 λ 和 $\sum\zeta$ 变化。从本书上篇的第四章可知,λ 值与流动状态和管壁粗糙程度有关,当流动处在紊流粗糙区(又称阻力平方区)时,λ 仅与管壁相对粗糙度(K/d)有关,因此在管路材质一定的情况下,λ 值可视为常数。$\sum\zeta$ 项中,只有具有调节功能的阀门的 ζ 可以改变,而其他局部构件已确定,故局部阻力系数也是不变的。因此,从式(10 - 1)、式(10 - 3)两式可知:S_p、S_H 对已给定的管路是一个定数。它综合反映了管路上沿程阻力和局部阻力情况,故称为管路阻抗。引入这一概念对分析管路流动十分方便。式(10 - 1)、式(10 - 3)即为阻抗的两种表达式。两者形式上的区别仅在于有无 ρg。

从式(10 - 2)、式(10 - 4)即可看出,用阻抗表示图 10 - 1 所示的两种简单管路的流动规律非常方便。两式均表明:在简单管路中,总阻力损失与体积流量平方成正比。这一规律在管路计算中十分重要。

式(10 - 2)及式(10 - 4)两式是在图 10 - 1 所示的具体条件下导出的,得到的水池水位 H 及风机风压 p 全部用来克服流动阻力,但对另一些管路来说并非如此,必须具体分析。图

10－2 给出水泵向压力水箱送水的简单管路，应用本书上篇的第三章中有能量输入的伯努利方程，有

$$H_i = (Z_2 - Z_1) + \frac{p_0}{\rho g} + \frac{\alpha_2 v_2^2 - \alpha_1 v_1^2}{2g} + h_{l1-2}$$

略去液面速度水头，输入水头为

$$H_i = H + \frac{p_0}{\rho g} + S_H Q^2 \tag{10-5}$$

式(10－5)说明水泵水头(即扬程)，不仅用来克服流动阻力，还用来提高液体的位置水头、压强水头，使其流入高位压力水箱中。

下面讨论工程中常见的虹吸管系统。所谓虹吸管是指管道中的一部分高出上游供水液面的简单管路(见图 10－3)。

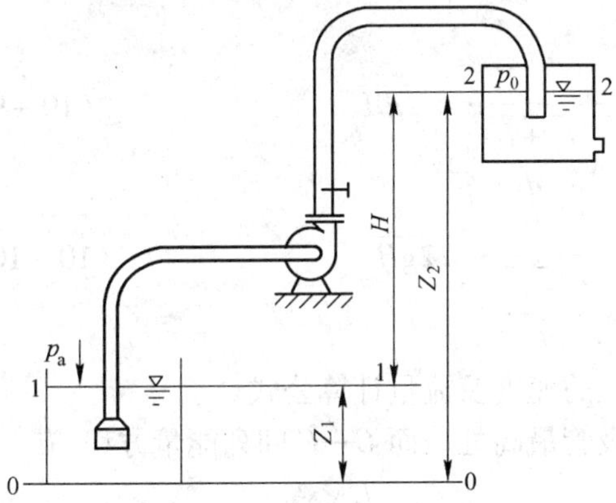

图 10－2 水泵系统

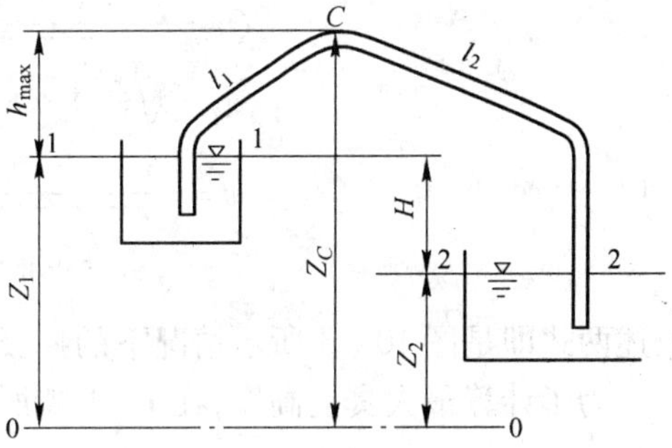

图 10－3 虹吸管系统

正因为虹吸管的一部分高出上游供水液面，必然在虹吸管中存在真空区段。当真空达到某一限值时，将使溶解在水中的空气解吸出来，随真空度的加大，解吸的空气量增加。大量气体集结在虹吸管顶部，缩小了有效过流断面，从而阻碍液体流动。严重时造成气塞，破坏液体连续输送。为了保证虹吸管正常流动，必须限定管中最大真空高度不得超过允许值 $[h_V]$。

对于水系统，有

$$[h_V] = 7 \sim 8.5\text{m}$$

虹吸管中存在真空区段是虹吸管流动的特点，控制真空高度则是保证虹吸管正常工作的必要条件。

现以水平线 0—0 为基准线，列图 10－3 中 1—1、2—2 断面的能量方程，有

$$Z_1 + \frac{p_1}{\rho g} + \frac{v_1^2}{2g} = Z_2 + \frac{p_2}{\rho g} + \frac{v_2^2}{2g} + h_{l1-2}$$

令

$$H_0 = Z_1 - Z_2 + \frac{p_1 - p_2}{\rho g} + \frac{v_1^2 - v_2^2}{2g} \tag{10-6}$$

于是

$$H_0 = h_{l1-2} = S_H Q_V^2 \tag{10-7}$$

$$Q_V = \sqrt{\frac{H_0}{S_H}} \tag{10-8}$$

式中
$$S_H=\frac{8\left(\lambda\frac{l}{d}+\sum\zeta\right)}{\pi^2d^4g}$$

式(10-8)为虹吸管流量公式。

在图10-3条件下：

$$l=l_1+l_2$$
$$\sum\zeta=\zeta_e+3\zeta_b+\zeta_0$$

式中，ζ_e 为进口局部阻力系数；ζ_b 为转弯局部阻力系数；ζ_0 为出口局部阻力系数。

H_0 在图10-3条件下：

$$p_1=p_2=p_a\qquad v_1=v_2=0$$
$$H_0=Z_1-Z_2=H$$

上述各式代入式(10-8)，流量为

$$Q_V=\frac{\frac{1}{4}\pi d^2}{\sqrt{\zeta_e+3\zeta_b+\zeta_0+\lambda\frac{l_1+l_2}{d}}}\cdot\sqrt{2gH}\tag{10-9}$$

所以
$$v=\frac{1}{\sqrt{\zeta_e+3\zeta_b+\zeta_0+\lambda\frac{l_1+l_2}{d}}}\cdot\sqrt{2gH}\tag{10-10}$$

上述两式即是图10-3所示情况下的虹吸管系统的速度及流量计算公式。

为了计算最大真空高度，在1—1断面与虹吸管最高处截面 C—C 间列能量方程，有

$$Z_1+\frac{p_1}{\rho g}+\frac{v_1^2}{2g}=Z_C+\frac{p_C}{\rho g}+\frac{v^2}{2g}+\left(\zeta_e+2\zeta_b+\lambda\frac{l_1}{d}\right)\frac{v^2}{2g}$$

在图10-3所示的条件下，$p_1=p_a$，$v_1\approx0$，上式为

$$\frac{p_a-p_C}{\rho g}=(Z_C-Z_1)+\left(1+\zeta_e+2\zeta_b+\lambda\frac{l_1}{d}\right)\frac{v^2}{2g}$$

将式(10-10)代入上式，得

$$\frac{p_a-p_C}{\rho g}=(Z_C-Z_1)+\frac{1+\zeta_e+2\zeta_b+\lambda l_1/d}{\zeta_e+3\zeta_b+\zeta_0+\lambda\frac{l_1+l_2}{d}}H\tag{10-11}$$

为了保证虹吸管正常工作，式(10-11)计算所得的真空高度 $\frac{p_a-p_C}{\rho g}$ 应小于最大允许值 $[h_V]$。

【例10-1】 虹吸管上、下水池水位差 H 为2m，管长 l_1 为15m，l_2 为20m，直径 d 为200mm，进口阻力系数 ζ_e 为1，出口阻力系数 ζ_o 为1，转弯阻力系数 ζ_b 均为0.2，沿程阻力系数 λ 为0.025，最大允许真空度 $[h_V]$ 为7m。试求通过流量及最大允许超高。

【解】 由式(10-9)求得流量为

$$Q_V=\frac{\frac{1}{4}\pi d^2}{\sqrt{\lambda\frac{l_1+l_2}{d}+\zeta_e+3\zeta_b+\zeta_o}}\sqrt{2gH}$$

$$= \frac{0.0314}{\sqrt{4.38+1+0.6+1}}\sqrt{39.2}$$

$$= 0.0745\text{m}^3/\text{s}$$

根据式(10－11)可求得最大安装高度 h_{max}

$$Z_C - Z_1 = \frac{p_a - p_C}{\rho g} - \frac{1+\zeta_e+2\zeta_b+\lambda l_1/d}{\zeta_e+3\zeta_b+\zeta_0+\lambda\dfrac{l_1+l_2}{d}}H$$

当 $\frac{p_a - p_C}{\rho g} = [h_V]$ 时，$Z_C - Z_1 = h_{max}$

则

$$h_{max} = [h_V] - \frac{1+\zeta_e+2\zeta_b+\lambda l_1/d}{\zeta_e+3\zeta_b+\zeta_0+\lambda\dfrac{l_1+l_2}{d}}H$$

$$= 7 - \frac{4.275}{6.98}\times 2 = 5.78\text{m}$$

二、串联与并联管路

任何复杂管路都是由简单管路经串联、并联组合而成的。因此，研究串联、并联管路的流动规律十分重要。

(一) 串联管路

串联管路是由许多简单管路首尾相接组合而成的，如图 10－4 所示。

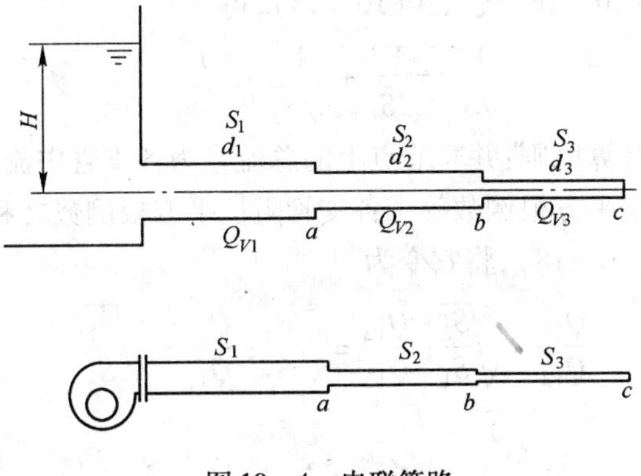

图 10－4　串联管路

管段相接处称为节点，如图中 a 点、b 点。在每个节点上都遵循质量平衡原理，即流入的质量流量与流出的质量流量相等，当 ρ = 常数时，流入的体积流量等于流出的体积流量，取流入流量为正，流出流量为负，则对于每个节点可以写出 $\sum Q_V = 0$。因此对串联管路(无中途分流或合流)有

$$Q_{V1} = Q_{V2} = Q_{V3} \qquad (10－12)$$

串联管路阻力损失，按阻力叠加原理有

$$h_{l1-3} = h_{l1} + h_{l2} + h_{l3}$$

$$= S_1 Q_{V1}^2 + S_2 Q_{V2}^2 + S_3 Q_{V3}^2 \qquad (10－13)$$

因流量 Q_V 各段相等，于是得

$$S=S_1+S_2+S_3 \tag{10-14}$$

由此得出结论：无中途分流或合流，则流量相等，阻力叠加，总管路的阻抗 S 等于各管段的阻抗叠加。这就是串联管路的计算原则。

（二）并联管路

流体从总管节点 a 处分出两根或两根以上管段，而这些管段又汇集到另一节点 b 处，在节点 a，b 之间的管段称为并联管路，如图 10-5 所示。

与串联管路类似，并联管路在节点处同样遵循质量平衡原理，当 ρ = 常数时，满足 $\sum Q_V=0$，据此，节点 a 点处的流量关系为

$$Q_V=Q_{V1}+Q_{V2}+Q_{V3} \tag{10-15}$$

并联节点 a，b 间的阻力损失，从能量平衡观点来看，无论是 1 支路、2 支路或 3 支路均等于 a，b 两节点间的压头差，即

$$h_{l1}=h_{l2}=h_{l3}=h_{la-b} \tag{10-16}$$

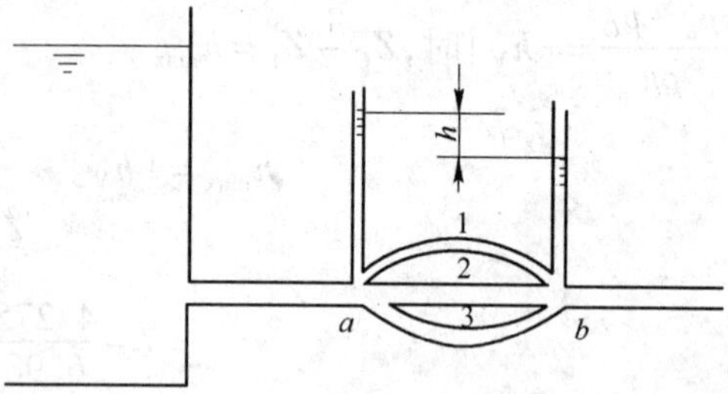

图 10-5　并联管路

设 S 为并联管路的总阻抗，Q_V 为总流量，则有

$$S_1Q_{V1}^2=S_2Q_{V2}^2=S_3Q_{V3}^2=SQ_V^2 \tag{10-17}$$

而

$$Q_V=\frac{\sqrt{h_{la-b}}}{\sqrt{S}},Q_{V1}=\frac{\sqrt{h_{l1}}}{\sqrt{S_1}},Q_{V2}=\frac{\sqrt{h_{l2}}}{\sqrt{S_2}},Q_{V3}=\frac{\sqrt{h_{l3}}}{\sqrt{S_3}} \tag{10-18}$$

将式（10-18）和式（10-16）代入式（10-15），得

$$\frac{1}{\sqrt{S}}=\frac{1}{\sqrt{S_1}}+\frac{1}{\sqrt{S_2}}+\frac{1}{\sqrt{S_3}} \tag{10-19}$$

于是得到并联管路计算原则：并联节点上的总流量为各支管中流量之和；并联各支管上的阻力损失相等。总阻抗平方根倒数等于各支管阻抗平方根倒数之和。

现在进一步分析式（10-18），将它变为

$$\frac{Q_{V1}}{Q_{V2}}=\sqrt{\frac{S_2}{S_1}};\ \frac{Q_{V2}}{Q_{V3}}=\sqrt{\frac{S_3}{S_2}};\ \frac{Q_{V3}}{Q_{V1}}=\sqrt{\frac{S_1}{S_3}} \tag{10-20}$$

写成连比形式，即

$$Q_{V1}:Q_{V2}:Q_{V3}=\frac{1}{\sqrt{S_1}}:\frac{1}{\sqrt{S_2}}:\frac{1}{\sqrt{S_3}} \tag{10-21}$$

此两式即为并联管路流量分配规律。式（10-21）的意义在于，各分支管路的管段几何尺寸、局部构件确定后，按照节点间各分支管路的阻力损失相等，来分配各支管上的流量，阻抗 S 大的支管其流量小，S 小的支管其流量大。在并联管路设计计算中，必须进行“阻力平衡”，它的实质就是应用并联管路中的流量分配规律，在满足用户需要的流量下，设计合适的管路尺寸及局部构件，使各支管上阻力损失相等。

【例 10-2】　某两层供暖立管（见图 10-6），管段 1 的直径为 20mm，总长度为 20m，管段 2 的直径为 20mm，总长度为 10m，管道的沿程阻力系数 $\lambda=0.025$，局部阻力系数 $\sum\zeta_1=\sum\zeta_2=15$，干管中的流量 $Q_V=1\times10^{-3}\mathrm{m^3/s}$，热水的密度 $\rho=980\mathrm{kg/m^3}$，试求立管的流量 Q_1

和 Q_2。

【解】 由图 10－6 可知，1，2 管段为并联管路，由 $S_1Q_{V1}^2=S_2Q_{V2}^2=SQ_V^2$ 得

$$\frac{Q_{V1}}{Q_{V2}}=\sqrt{\frac{S_2}{S_1}}$$

计算 S_1 和 S_2

$$S_1=\left(\lambda\frac{l_1}{d_1}+\sum\zeta_1\right)\frac{8\rho}{\pi^2 d^4}=1.988\times10^{11}\text{kg/m}^7$$

同理 $$S_2=1.367\times10^{11}\text{kg/m}^7$$

得 $$\frac{Q_{V1}}{Q_{V2}}=\sqrt{\frac{S_2}{S_1}}=0.828$$

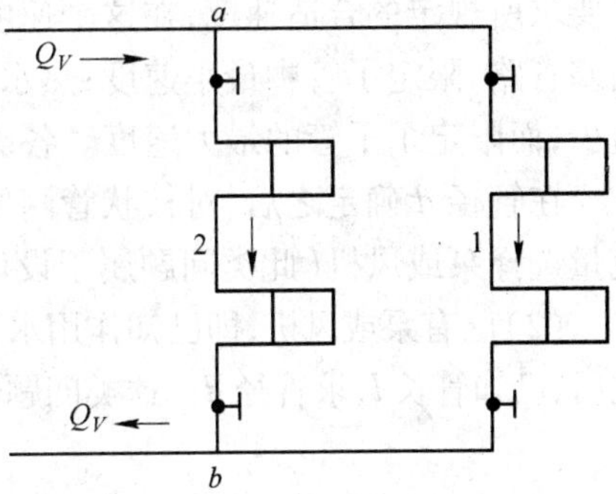

图 10－6　例 10－2 图

又因 $$Q_V=Q_{V1}+Q_{V2}=1.828Q_{V2}$$

求得 $$Q_{V2}=0.55\times10^{-3}\text{m}^3/\text{s}$$

$$Q_{V1}=0.828Q_{V2}=0.45\times10^{-3}\text{m}^3/\text{s}$$

该题也可以先求出总阻抗和阻力损失，依据各并联管路阻力相等，求得各流量。由计算可以看出，阻抗 $S_1>S_2$，流量 $Q_{V1}<Q_{V2}$，如要求 $Q_{V1}=Q_{V2}$，则要进行阻力平衡，调整管径 d 及局部阻力 $\sum\zeta$，达到 $S_1=S_2$。

三、管网

由简单管路，并联、串联管路组合而成的管路网络称为管网，管网分为枝状管网和环状管网两种。本节内容只是对枝状和环状管网的简单介绍，详细内容见本书第十四章。

（一）枝状管网

由三个吸气口，六根简单管路经串、并联组合而成的排风枝状管网如图 10－7 所示。

根据串、并联管路的计算原则，可得到该风机应具有的风压为

$$H=\frac{p}{\rho g}=h_{l1-4-5}+h_{l5-6}+h_{l7-8} \tag{10-22}$$

风机应具有的风量为

$$Q_V=Q_{V1}+Q_{V2}+Q_{V3} \tag{10-23}$$

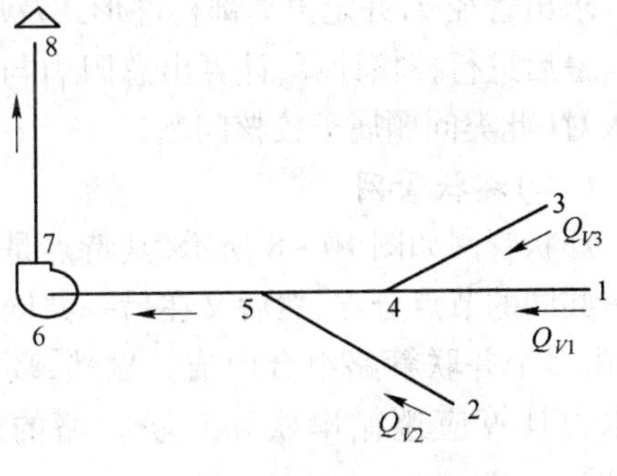

图 10－7　枝状管网

在节点 4 与大气（相当另一节点）间，存在着 1—4 管段、3—4 管段两根并联的支管。通常以管段最长，局部构件最多的一支参加阻力叠加，而另外一支则不应加入，只按并联管路的规律，在满足流量要求下，与第一支管路进行阻力平衡。

常见的枝状水力计算有以下两类：

（1）管路布置已定，则管长 l 和局部构件的形式和数量均已确定。在已知各用户所需流量 Q_V 及末端要求压头 h_C 的条件下，求管径 d 和作用水头 H。

这类问题先按流量 Q_V 和限定流速 v 求管径 d。所谓限定流速，是专业中根据技术、经济要求所规定的合适速度，在这个速度下输送流量经济合理。如除尘管路中，防止灰尘沉积堵塞管路，限定了管中最小速度；热水采暖供水干管中，为了防止抽吸作用造成的支管流量过少，而限定了干管的最大速度。各类管路有不同的限定速度，可在设计手册中查得。

在管径 d 确定之后，对枝状管网便可按式(10－22)进行阻力计算，然后按总阻力及总流量选择泵或风机(此类问题属于设计问题)。

(2)已有泵或风机，即已知作用水头 H，并知用户所需流量 Q_V 及末端水头 h_C，在管路布置之后，已知管长 l，求管径 d。这类问题首先按 $H-h_C$ 求得单位长度上允许损失的水头 J，即

$$J=\frac{H-h_C}{l+l'} \tag{10-24}$$

式中，l'是局部阻力的当量长度。其定义为

$$\lambda\frac{l'}{d}\frac{v^2}{2g}=\sum\zeta\frac{v^2}{2g} \tag{10-25}$$

于是

$$\lambda\frac{l'}{d}=\sum\zeta,\ l'=\sum\zeta\frac{d}{\lambda} \tag{10-26}$$

引入当量长度之后，计算阻力损失 h_l 更方便：

$$h_l=\lambda\frac{l+l'}{d}\cdot\frac{v^2}{2g} \tag{10-27}$$

在管径 d 尚不知道的情况下，l'难于确切得出，所以在式(10－24)中，l'可按专业设计手册中查得，估计各种局部构件的当量长度后，再代入。

在求出 J 之后，根据

$$J=\frac{\lambda}{d}\frac{v^2}{2g}=\frac{\lambda}{d}\cdot\frac{1}{2g}\left(\frac{Q_V}{\frac{\pi}{4}d^2}\right)^2 \tag{10-28}$$

求出管径 d，并定出局部构件形式及尺寸。

最后进行校核计算，计算出总阻力与已知水头核对(此类问题属于校核问题)。

(二)环状管网

环状管网如图 10－8 所示，其特点是管段在某一共同的节点分支，然后又在另一共同节点汇合，由多个并联管路组合而成。显然，环状管网的水力计算应遵循串联和并联管路的计算原则，即

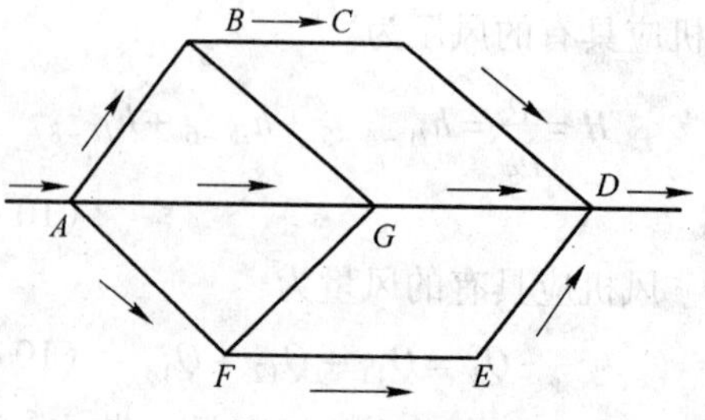

图 10－8 环状管网

(1)任一节点(如 G 点)流入和流出的流量相等，即

$$\sum Q_{VG}=0 \tag{10-29}$$

(2)任一闭合环路(如 $ABGFA$)中，如规定顺时针方向流动的阻力损失为正，反之为负，则各管段阻力损失的代数和必等于零，即

$$\sum h_{ABGFA}=0 \tag{10-30}$$

这是由于并联管路节点间各分支管路阻力损失相等所导致的。

环状管网根据上述两个原则进行水力计算，理论上没什么困难，但在实际计算程序上是相当烦琐的。因此，环状管网的计算方法较多，这里仅对哈迪·克罗斯的方法做简单介绍。采用此方法，易于编制计算机程序。

计算程序如下：

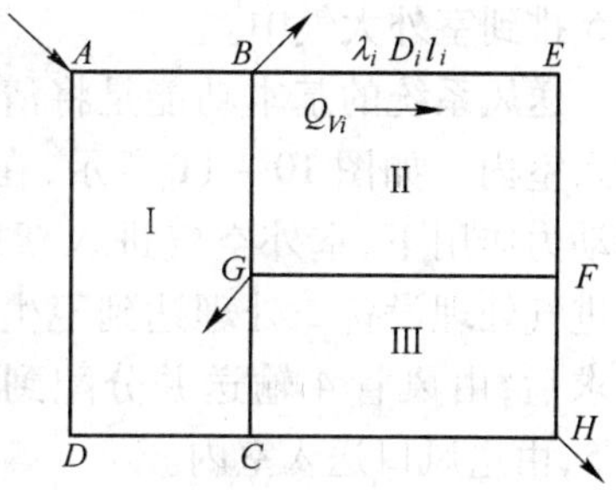

图 10－9　环路划分

(1)将管网分成若干环路，如图 10－9 所示。以Ⅰ，Ⅱ，Ⅲ分别表示三个闭合环路。按节点流量平衡确定流量 Q_V，选取限定流速 v，定出管径 d。

(2)按照规定流量与环路中水头损失的正负值，求出每一环路的总水头损失 $\sum h_H$(以后写作 $\sum h_i$)。

(3)根据给定的流量 Q_V，若计算出来的 $\sum h_i$ 不为零，则每段管路应加校正流量 ΔQ_V，而与此相对应的水头损失修正值为 Δh_i。因此，有

$$h_i + \Delta h_i = S_i(Q_{Vi} + \Delta Q_V)^2 = S_i \cdot Q_{Vi}^2 + 2S_i \cdot Q_{Vi} \cdot \Delta Q_V + S_i \cdot \Delta Q_V^2$$

略去二阶增量 ΔQ_V^2，有

$$h_i + \Delta h_i = S_i \cdot Q_{Vi}^2 + 2S_i \cdot Q_{Vi} \cdot \Delta Q_V \tag{10-31}$$

所以

$$\Delta h_i = 2S_i \cdot Q_{Vi} \cdot \Delta Q_V$$

对于整个环路应满足 $\sum h_i = 0$，则

$$\sum(h_i + \Delta h_i) = \sum h_i + \sum \Delta h_i = \sum h_i + 2\sum S_i \cdot Q_{Vi} \cdot \Delta Q_V = 0$$

根据上式，便可得出闭合环路的校正流量 ΔQ_V 的计算公式，即

$$\Delta Q_V = -\frac{\sum h_i}{2\sum S_i \cdot Q_{Vi}} = \frac{-\sum h_i}{2\sum \frac{S_i Q_{Vi}^2}{Q_{Vi}}} = \frac{-\sum h_i}{2\sum \frac{h_i}{Q_{Vi}}} \tag{10-32}$$

式中，$\sum h_i$ 为整个环路的阻力水头损失之和。这里要特别提醒注意各管段水头损失的正负号。

计算出环路的校正流量 ΔQ_V 之后，加到每一管段原来的流量 Q_V 上，便得到第一次校正后的流量 Q_{Vi}。

(4)用同样的程序，计算出第二次校正后的流量 Q_{V2}，第三次校正后的流量 Q_{V3}，依此类推，直至 $\sum h_i = 0$ 或满足工程精度要求为止。

第二节　通风空调工程空气输配管网

一、通风空调工程空气输配管网类型

通风工程是通过室内外空气交换，排除室内污浊空气，将清洁的空气送入室内，使室内空气污染物浓度符合卫生标准，满足生产工艺和操作人员健康要求。其主要任务是控制室内空气污染物，保证良好的室内空气品质，并保护大气环境。室内外空气交换主要由空气输配管网(即风管系统)承担。

通风工程的风管系统分为两类：排风系统和送风系统。

排风系统的基本功能是排除室内的污浊空气。如图 10－10 所示，在风机 4 的动力作用

下，排风罩（或排风口）1将室内污浊空气吸入，经风管2送入净化设备3，经净化处理达到规定的排放标准后，通过风帽5排到室外大气中。

送风系统的基本功能是将清洁空气送入室内。如图10－11所示，在风机3的动力作用下，室外空气进入新风口1，经进气处理设备2处理达到卫生或工艺要求后，由风管4输送并分配到各送风口5，由送风口送入室内。

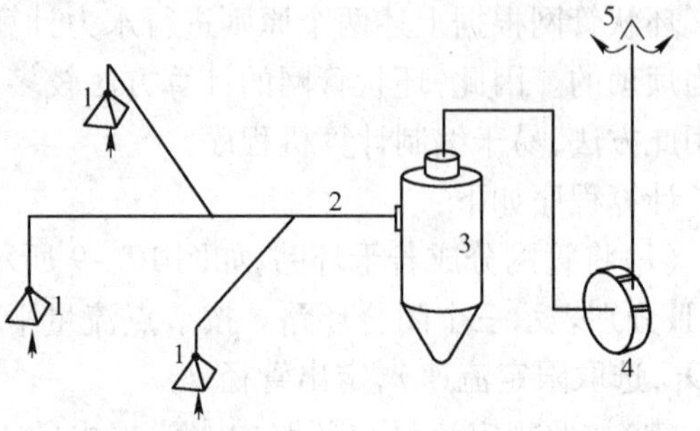

图10－10 排风系统

1—排风罩；2—风管；3—净化设备；4—风机；5—风帽

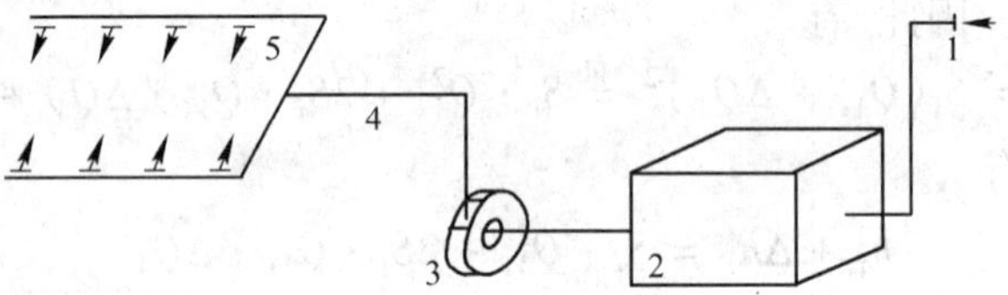

图10－11 送风系统

1—新风口；2—进气处理设备；3—风机；4—风管；5—送风口

空调工程除了承担通风工程的主要任务外，增加了新的任务，即不论室外气象条件怎样变化，都要维持室内热环境的舒适性，或使室内热环境满足生产工艺的要求。因此，该系统具有两个基本功能，即控制室内空气污染物浓度和热环境质量。在技术上，这两个基本功能可由两个系统分别承担：一个是控制室内污染物浓度的新风（清洁的室外空气）系统，即通风工程中的送风系统；另一个是控制室内热环境的系统，例如降温或采暖的冷热水系统。

从技术上来说，也可由送风系统同时承担控制室内空气污染物浓度和热环境质量两个任务。这时需要综合考虑控制室内空气污染物浓度和热环境质量的要求，合理确定送风量。通常控制热环境质量的送风量大大超过控制室内空气污染物浓度所要求的通风换气量。在室外气象条件恶劣时，如冬、夏季节，通风换气要消耗大量能源。为了节能，在室内空气可以重复使用时，可将一部分室内空气送回到空气处理设备，与新风混合，并经处理后送入房间，从而在保证送风量的同时，减少新风量，降低能耗。这部分重复使用的室内空气称为回风。这时空调工程的空气输配管网由送风管道、回风管道、新风管道和排风管道组成，图10－12为一次回风系统示意图。当室内正压造成的维护结构缝隙渗漏风量达到排风量时，可以省去排风管道。

其他几种常用的空调通风系统形式有二次回风系统、双风道系统、变风量系统等。

二次回风系统中，回风分为两部分。新风先与一部分回风混合，经热湿处理后，再与另一部分回风混合。回风分两次混合，比一次混合更节能，但要按需要分配好两次回风的风量，与一次回风系统相比，技术上难度较大。

工程实践中，要求不同或不甚相同的房间常由同一空调系统服务，以减少投资。这时要求同一空调系统为不同的房间输送和分配不同状态的空气，可以用集中式分区系统、双风道系统等满足这个要求。双风道系统采用两根送风道，一根送冷风，一根送热风。各房间设混

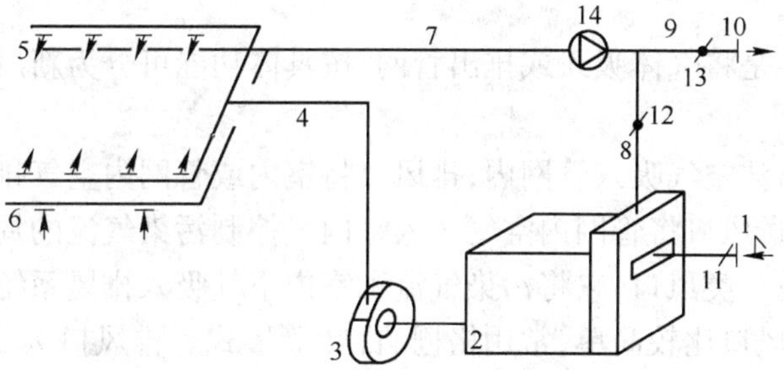

图 10-12　空调送回风系统

1—新风口；2—空调机；3—风机；4—送风管；5—送风口；6—回风口；7，8—回风管；9—排风管；10—排风口；11—新风阀；12—回风阀；13—排风阀；14—回风机

合箱与冷、热风管相连。按房间设计要求控制进入各混合箱的冷、热风量比例，使混合后进入房间的空气状态满足各房间的不同要求。输配管网不但要保证各房间要求的送风量，还需保证各房间不同的冷、热风混合比例。

实际使用中，由于室外气象条件变化或室内情况变化，维持室内热环境要求的冷、热量随之变化。空调系统有两种适应这一变化的基本方法：一种是恒定送风量、变送风状态参数；一种是恒定送风状态参数，变送风量。采用前一种方法的空调系统称为定风量系统，采用后一种方法的称为变风量系统。变风量通过送风系统的变风量末端来实现。变风量末端装置类型有节流型、旁通型和诱导型等。

二、通风空调工程空气输配管网的装置及管件

通风空调工程中空气输配管网的装置及管件有风机、风阀、风口、三通、弯头、变径（形）管等，还有空气处理设备。它们是影响管网性能的重要因素。

风机是空气输配管网的动力装置。第九章已经详细、系统地研究风机的基本理论。第十三章将全面分析风机的实际性能和应用方法。

风阀是空气输配管网的控制、调节机构，基本功能是截断或开通空气流通的管路，调节或分配管路流量。同时具有控制、调节功能的风阀有：（1）蝶式调节阀；（2）菱形单叶调节阀；（3）插板阀；（4）平行式多叶调节阀；（5）对开式多叶调节阀；（6）菱形多叶调节阀；（7）复式多叶调节阀；（8）三通调节阀等。（1）～（3）主要用于小断面风管；（4）～（6）主要用于大断面风管；（7）、（8）两种风阀用于管网分流或合流或旁通处的各支路风量调节。这类风阀的主要性能包括流量特性、全开时的阻力性能（用阻力系数表示）和全关闭时的漏风性能（用漏风系数表示）。

蝶式、平行、对开式多叶调节阀靠改变叶片角度调节风量，平行式多叶调节阀的叶片转动方向相同；对开式多叶调节阀的相邻两叶片转动方向相反；插板阀靠插板插入管道的深度调节风量；菱形调节阀靠改变叶片张角调节风量。

只具有控制功能的风阀有逆止阀、防火阀、排烟阀等。逆止阀控制气流的流动方向，只允许气流按规定方向流动，阻止气流逆向流动。它的主要性能有两种：气流正向流动时的阻力性能和逆向流动时的漏风性能。防火阀平常全开，火灾时关闭并切断气流，防止火灾通过风管蔓延。排烟阀平常关闭，排烟时全开，排除室内烟气，主要性能是全开时的阻力性能和

关闭时的漏风性能。

风口的基本功能是将气体吸入或排出管网,按具体功能可分为新风口、排风口、送风口、回风口等。

新风口将室外清洁空气吸入管网内;排风口将室内或管网内空气排到室外;回风口将室内空气吸入管网内;送风口将管网内空气送入室内。控制污染气流的局部排风罩,从空气输配管网角度也可视为一类风口,它将污染气流和室内空气吸入排风系统管道,通过排风口排到室外。新风口、回风口比较简单,常用格栅、百叶等形式。排风口为了防止室外风对排风效果的影响,往往要加装避风风帽。送风口形式比较多,工程中根据室内气流组织的要求选用不同的形式。常用的有格栅、百叶、条缝、孔板、散流器、喷口等,从空气输配管网角度来看,风口的主要特性是风量特性和阻力特性。

为了分配或汇集气流,在管路中设置分流或汇流三通、四通;为了连接管道和设备,或由于空间的限制等,在管路中设置变径、变形管段;为了改变管流方向设置弯头等,这些管件都会产生局部阻力。它们的阻力特性在上篇"流体力学"中已作了分析研究。

空气处理设备的基本功能是对空气进行净化处理和热湿处理。空气处理设备在处理空气的同时,对空气的流动也造成阻碍,如空气过滤器、表面式换热器、喷水室、净化塔等。空气处理设备可集中设置,也可分散设置,无论集中还是分散,它都会形成管网的局部阻力。

第三节 燃气输配管网

燃气是现代城市生活和生产的一种主要能源。发展城市燃气可以节约能源,减轻城市污染,提高人民生活水平,促进工业生产,提高产品质量,社会和经济效益显著。城市燃气化是现代城市可持续发展的需要,是我国城市能源结构优化的要求。燃气输配管网是城市燃气工程的主要组成部分。

一、燃气输配管网类型

燃气输配管网由分配管道、用户引入管和室内管道三部分组成。分配管道包括街区和庭院分配管道,其功能是在供气区域内将燃气分配给各用户。用户引入管将燃气从分配管道引到入口处的总阀门。室内燃气管道由总阀门处将燃气引向并分配到各燃气用具。

燃气管道漏气可能导致火灾、爆炸、中毒及其他安全事故。燃气管道的气密性与其他管道相比,有特别严格的要求。管道中压力越高,管道接头脱开或管道本身裂缝的可能性和危险性也越大。因此,燃气管道按输气压力分级。不同压力等级,对管道材质、安装质量、检验标准和运行管理的要求也不同。

我国城市燃气管道按设计表压力 p(MPa)分为 7 级:

(1)高压管道 A:$2.5 < p \leq 4.0$;

(2)高压管道 B:$1.6 < p \leq 2.5$;

(3)次高压管道 A:$0.8 < p \leq 1.6$;

(4)次高压管道 B:$0.4 < p \leq 0.8$;

(5)中压管道 A:$0.2 < p \leq 0.4$;

(6)中压管道 B:$0.01 < p \leq 0.2$;

(7)低压管道:$p < 0.01$。

居民和小型公共建筑用户一般直接由低压管道供气。

中压和次高压管道必须通过区域调压室或用户专用调压室才能给城市分配管网中的低压和中压管道供气,或给工厂、大型公共建筑用户及锅炉房供气。

一般由城市高压管道构成大城市燃气输配管网的外环环网,是大城市燃气供应工程的主动脉。高压燃气必须通过调压才能送入次高压或中压管道,送入高压储气罐以及工艺需要高压燃气的大型工厂。各级压力管网的干管,特别是中压以上管道,应连成环状管网。分期建设的,初建时也可以是半环形或枝状管网,但应逐步构成环状管网。环状管网的最大优点是具有很高的后备能力。当输配干线某处出现事故时,可以在切除故障段后,通过环状管网由另一方向保证流体输配。

环状管网和枝状管网相比,投资增大,运行管理更为复杂,要有较高的自动控制措施。城市燃气输配管网根据所采用的压力级制不同,可分为:

(1)一级系统,只有低压或中压或次高压一个压力等级的管网。

(2)二级系统,由低、中压两级或低、次高压两级管网组成。

(3)三级系统,由低、中(或次高)、高三级压力管网组成。

(4)多级系统,由低、中、次高和高压,甚至更高压力的多级压力管网组成。

(一)低压一级管网系统

气源厂送出的燃气首先进入储气罐,然后经稳压器进入低压管网(见图 10-13)。用气量较小,供气范围为 2~3km 的城镇和地区,可选用低压一级系统。

(二)中压或次高压一级管网系统

中压或次高压一级管网系统如图 10-14 所示。

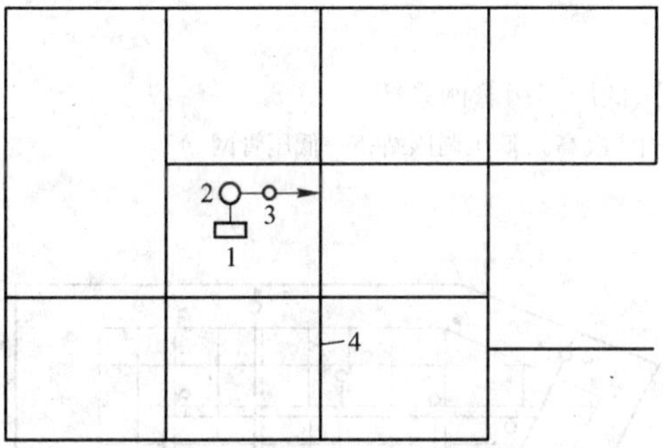

图 10-13　低压一级管网系统

1—燃气厂;2—低压储气罐;3—稳压器;4—低压管网

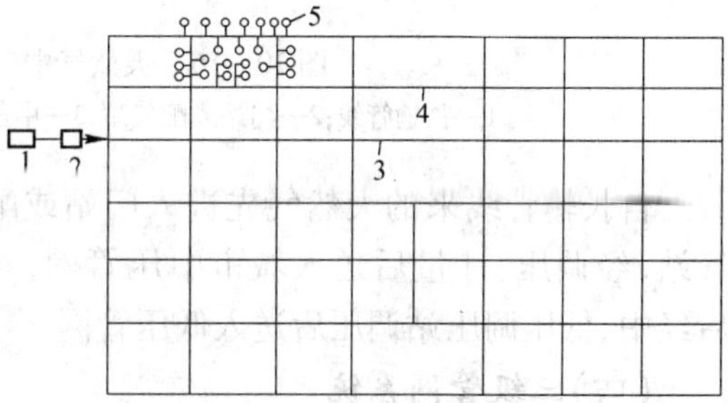

图 10-14　中压或次高压一级管网系统

1—燃气厂;2—储配站;3—中压或次高压输气管网;4—中压或次高压配气高压;5—箱式调压装置

燃气自气源厂(或天然气长输管线)送入城市燃气储配站(或天然气门站、配气站),经加压(或调压)送入中压或次高压输气干管,再由输气干管送入配气管网,最后经箱式调压器调至低压后送入户内管道。

由于中压或次高压一级系统的供气安全性较二级或三级系统差,对于街道狭窄、房屋密度大的老城区和安全距离不足的地区不宜采用。新城区和安全距离可以保证的地区应优先采用。

(三)二级管网系统

二级管网系统一般均有一级是低压管网,另一级管网则可以是中压、次高压或高压。人工煤气中、低压二级管网系统如图 10－15 所示。

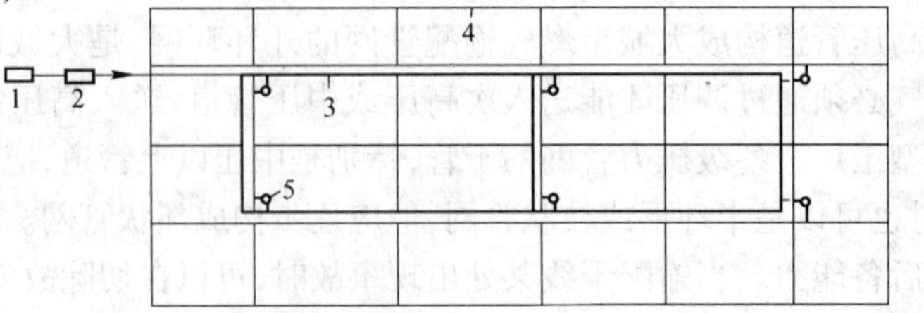

图 10－15 人工煤气中、低压二级管网系统

1—气源厂;2—储配站;3—中压管网;4—低压管网;5—调压站

从气源厂送出的燃气先进入储配站的低压储气罐,然后由压缩机加压后送入中压管网,再经调压器将压力降至低压,最后送入低压管网。

天然气中(次高)、低压二级管网系统如图 10－16 所示。

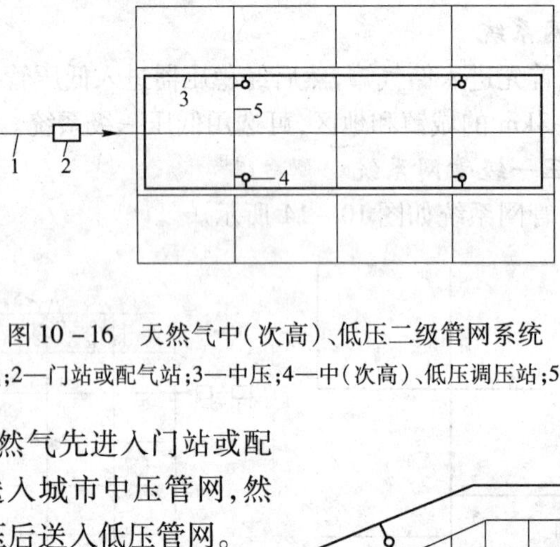

图 10－16 天然气中(次高)、低压二级管网系统

1—长输管线;2—门站或配气站;3—中压;4—中(次高)、低压调压站;5—低压管网

自长输管线来的天然气先进入门站或配气站,经调压、计量后送入城市中压管网,然后经中、低压调压站调压后送入低压管网。

(四)三级管网系统

三级系统通常含有中、低压两级管网,另外一级是次高压管网或高压管网,通常高、中、低压三级管网系统如图 10－17 所示。

自长输管线来的天然气(或加压气化煤气)先进入门站或配气站,经调压、计量后进入城市高压(或次高压)管网,然后经高、中压调压站调压后进入中压管网,最后经中、低压调压站调压后送入低压管网。

三级管网系统投资大,通常只在特大城市,并要求供气有充分保证时才考虑选用。

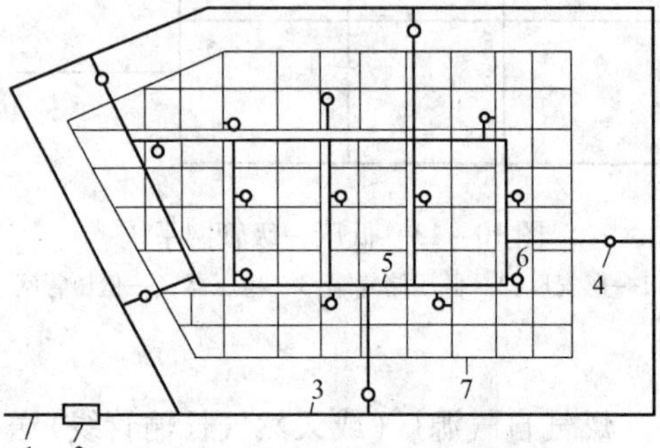

图 10－17 高、中、低压三级管网系统

1—长输管线支线;2—门站或配气站;3—高压管网;4—高、中压调压站;5—中压管网;6—中、低压调压站;7—低压管网

二、燃气输配管网设施

（一）储配站

储配站是城市燃气输配管网的一个重要设施。

储配站具有三个功能：一是储存必要的燃气量用以调峰；二是使多种燃气进行混合，保证用气组分均衡；三是将燃气加压以保证每个燃气用具前有足够的压力。

低压储存、中压输送储配站工艺流程见图10－18。

送入储配站的燃气首先进入低压储气罐，然后由储气罐引出至压缩机加压至中压，再经流量计计量后送入城市中压管网。

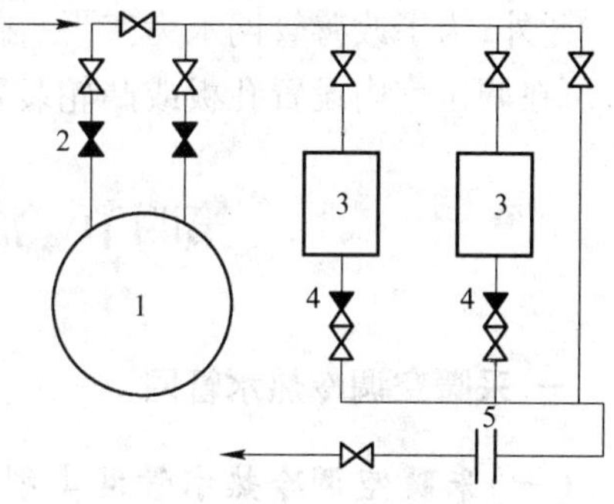

图10－18 低压储存、中压输送工艺流程
1—低压湿式储气罐；2—水封阀门；3—压缩机；4—止回阀；5—流量计

（二）调压站

调压站是城市燃气输配管网的另一个重要设施。

调压站有两个功能：一是将输气管网的压力调节到下一级管网或用户需要的压力；二是保持调节后的压力稳定。

调压站按用途分为区域调压站、专用调压站和箱式调压装置，分别用于区域性用气调压；工业、公用事业用户专用调压；少量居民用户，小型工业、公用事业用户调压（楼栋调压）。

调压站通常由调压器、阀门、过滤器、安全装置、旁通管及测量仪表等组成。

（1）调压器。燃气输配管网的压力工况是利用调压器来控制的。所有调压器均是将较高的压力降至较低的压力。调压器是一个降压稳压装置，是调压站的核心设备。

若调压器后的燃气压力为被调参数，则这种调压器为后压调压器。若调压器前的压力为被调参数，则这种调压器为前压调压器。城市燃气输配管网通常多用后压调压器调节燃气压力。

（2）阀门。调压室进口及出口处设置的阀门，主要作用是当调压器、过滤器维修或发生事故时切断燃气。在调压室之外的进出口管道上亦应设置切断阀门。此阀门是常开的（但要求它必须随时可以关断），并和调压室相隔一定的距离，以便当调压室发生事故时，不必靠近调压室即可关闭阀门，避免事故蔓延和扩大。

（3）过滤器。燃气中含有的固体悬浮物很容易积存在调压器和安全阀内，破坏调压器和安全阀的正常工作。因此，有必要在调压器入口处安装过滤器，以清除燃气中的固体悬浮物。

过滤器前后应设置压差计，根据测得的压降可以判断过滤器的工作情况。在正常工作情况下，燃气通过过滤器的压降不得超过10kPa，压降过大时应清洗。

（4）安全装置。当负荷为零而调压器阀口关闭不严，以及调压器中薄膜破裂或调节系统失灵时，调压站出口压力会突然增高，它会危及设备的正常工作，甚至会对公共安全造成危害。因此调压站必须设安全装置。

防止出口压力过高的安全装置有安全阀、监视器装置和调压器并联装置。

（5）旁通管。为了保证在调压站维修时不间断供气，故在调压室内设有旁通管。燃气通过旁通管供给用户时，管网的压力和流量由调节旁通管上的阀门来实现。对于高压调压装置,为便于调节,通常在旁通管上设置两个阀门。

选择旁通管的管径时,要根据燃气最低的进口压力和需要的出口压力以及管网的最大负荷进行计算。旁通管的管径通常比调压器的出口管的管径小2~3号。

(6)测量仪表。通常调压器的入口安装指示式压力计,出口安装自记式压力计,自动记录调压器出口瞬时压力,以便监视调压器的工作状况。

用户调压室及专用调压室通常还安装流量计。

此外,为了改善管网水力工况,随着燃气管网用气量改变应使调压室出口压力相应变化,可在调压室内设置孔板或凸轮装置。当调压室产生较大的噪声时,必须有消声装置。

第四节 液体输配管网类型与装置

一、采暖空调冷热水管网

(一)采暖空调冷热水管网类型

采暖空调工程常用冷热水介质从冷、热源向换热器、空气处理设备提供冷、热量。在动力的驱动下,来自冷源的低温水(热源的高温水),经过管道输送分配到各换热器、空气处理设备等末端装置,将冷(热)量提供给末端装置后,温度上升(下降),然后从各末端装置经管道汇集流回冷(热)源,从冷(热)源处获得冷(热)量,温度下降(上升)后再次经管道输配到各末端装置,如此循环不止。

冷热水输配管网系统的形式很多。

(1)按循环动力可分为重力(自然)循环系统和机械循环系统。重力(自然)循环系统靠水的密度差进行循环,机械循环系统靠机械(水泵)能进行循环。重力循环系统装置简单,运行时无噪声,不消耗电能。但其循环动力小,管径大,作用范围受限,通常只在单幢建筑中采用。机械循环要消耗电能,水泵运行有噪声,但循环动力大。大而复杂的管网,多采用机械循环。

(2)按水流路径可分为同程式和异程式系统。同程式水系统除了供回水管路以外,还有一根同程管。由于各并联环路的管路总长度基本相等,阻抗差异较小,故流量分配易满足要求。高层建筑的垂直立管高,通常采用垂直同程,水平管路系统范围大时,常采用水平同程。图10-19是垂直同程和水平同程的布置示意。

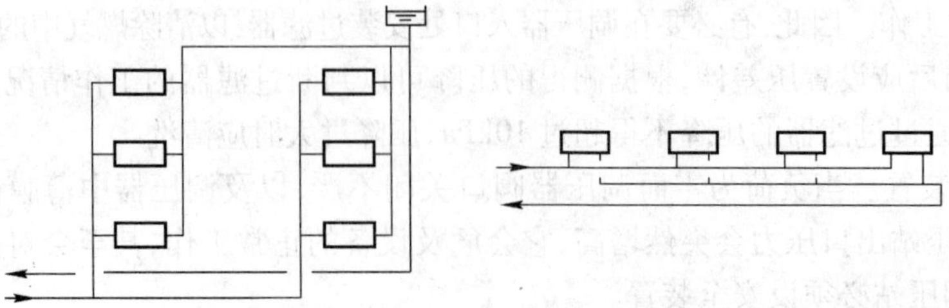

(a) (b)

图10-19 同程式水系统

(a)垂直同程;(b)水平同程

异程式水系统管路简单，不需采用同程管，系统投资较少，但当并联环路阻抗相差太大时，水量分配、调节较难。

(3)按流量变化可分为定流量和变流量系统。和空调通风系统同样的原理，定流量水系统中的循环水量保持定值，负荷变化时，可通过改变供回水温度进行调节，其优点是系统简单，操作方便，不需要复杂的自控设备，缺点是水流量不变，输送能耗始终为设计最大值。

变流量水系统中供回水温度保持定值，负荷改变时，通过改变供水量来调节；其输送能耗随负荷减少而降低，水泵容量和电耗小，系统需配备一定的自控装置。

(4)按水泵设置可分单式泵和复式泵系统。单式泵水系统的冷(热)源侧和负荷侧只用一组循环水泵，这种水系统不能完全按负荷变化调节水泵流量，不能节省水泵输送能量。

复式泵水系统的冷(热)源侧和负荷侧分别设置循环水泵，可以实现负荷侧水泵变流量运行，能节省输送能耗，并能适应供水分区不同压降的需要，系统总压低。

图10-20所示为单式泵定流量系统和变流量系统。定流量系统的用户盘管可以用三通阀调节水量以适应室内冷热负荷变化，而又不改变整个系统流量。变流量系统的用户盘管用二通阀调节水流量，同时改变系统负荷侧的流量，但冷(热)源侧每台机组设备的流量基本恒定。

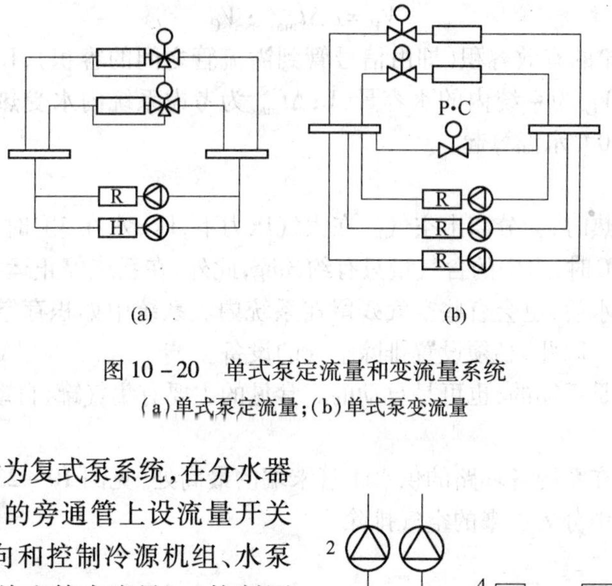

图10-20　单式泵定流量和变流量系统

(a)单式泵定流量；(b)单式泵变流量

图10-21所示为复式泵系统，在分水器A和集水器B之间的旁通管上设流量开关(用来检查水流方向和控制冷源机组、水泵的启停)和流量计(检查管内流量)。控制原理是：负荷减小时，负荷侧二通阀关小，流量减小，水流经旁通管从A向B流动。当旁通管内通过水流量达到设定值时，流量开关动作，通过程序控制器，关掉一台冷(热)水机组和水泵。反之，当负荷增加时，负荷侧流量增大，旁通管中流量相应减小，直至为零，最后使水流反向，从B流向A，当流量达到设定值时，旁通管上流量开关动作，通过程控器启动一台冷(热)水机组和水泵。

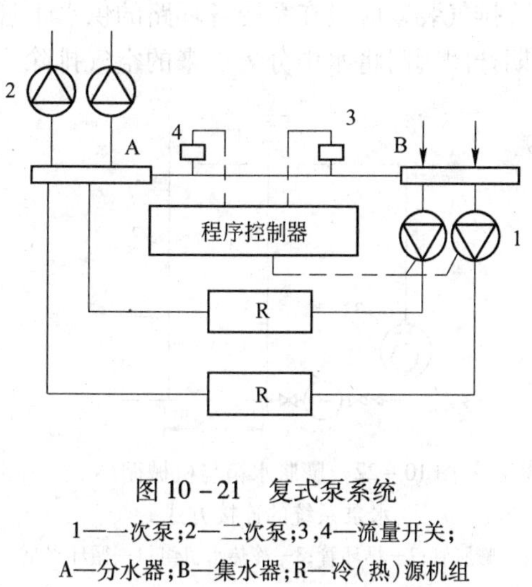

图10-21　复式泵系统

1——一次泵；2—二次泵；3，4—流量开关；

A—分水器；B—集水器；R—冷(热)源机组

(5)按与大气接触情况可分为开式和闭式系统。闭式水系统不与大气相接触，仅在系统最高点设置膨胀水箱。水泵不需克服系统静水压头，耗电较小。因此，采暖空调冷热水管网普遍采用闭式系统。

(二)采暖空调冷热水管网装置

1. 膨胀水箱

膨胀水箱的作用是用来储存冷热水系统水温上升时的膨胀水量。在重力循环上供下回式系统中，它还起着排气作用。膨胀水箱的另一作用是恒定水系统的压力。

膨胀水箱的膨胀管与水系统管路的连接，在重力循环系统中，应接在供水总立管的顶端；在机械循环系统中，一般接至循环水泵吸入口前。连接点处的压力，无论系统是停止还是运行，都是恒定的，因而此点也称为定压点。

膨胀水箱的循环管应接到系统定压点前的水平回水干管上(见图10-22)。该点与定压点之间应保持1.5~3m的距离。这样可让少量热水能缓慢地通过循环管和膨胀管流过水箱，以防水箱里的水冻结，同时，冬季运行的膨胀水箱应考虑保温。

在膨胀管、循环管上，严禁安装阀门，以防止系统超压，水箱水冻结。

膨胀水箱的容积，可按下式计算确定：

$$V_P = \alpha \Delta t_{max} \cdot V_C$$

式中，V_P为膨胀水箱的有效容积(即由信号管到溢流管之间的容积)，L；α为水的体膨胀系数，$\alpha = 0.0006/℃$；V_C为系统内的水容量，L；Δt_{max}为考虑系统内水受热和冷却时水温的最大波动值，一般以20℃水温算起。

2. 排气装置

系统的水被加热时，会分离出空气。在大气压力下，1kg水在5℃时，水中的含气量超过30mg，而加热到95℃时，水中的含气量只有约3mg，此外，在系统停止运行时，通过不严密处也会渗入空气。充水后，也会有些空气残留在系统内。系统中如积存空气，就会形成气塞，影响水的正常循环。因此，必须设置排除空气的设备。

排气装置可以是手动的，也可是自动的。常见的主要有集气罐、自动排气阀和冷风阀等几种。

排气装置应设在系统各环路的供水干管末端的最高处(见图10-23)。在系统运行时，定期开闭阀门将水中分离出来的空气排除。

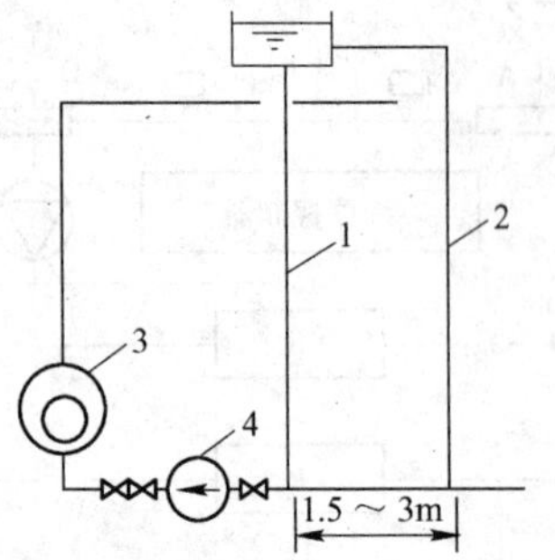

图10-22　膨胀水箱与机械循环水泵系统的连接方式

1—膨胀管；2—循环管；3—冷热水机组；4—循环水泵

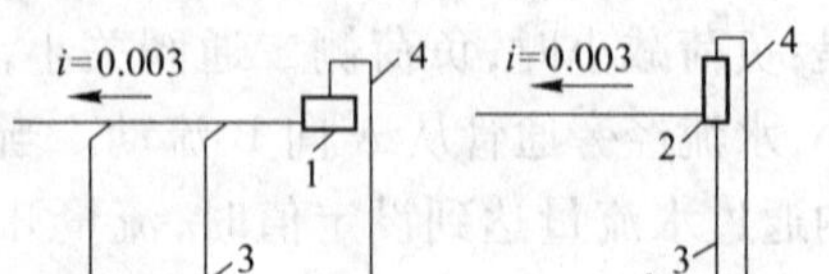

图10-23　集气罐安装位置示意图

1—卧式集气罐；2—立式集气罐；3—末端立管；4—DN15放气管

3. 散热器温控阀

散热器温控阀是一种自动控制散热器散热量的设备，当室内温度高于给定的温度值时，感温元件受热，将阀门关小，进入散热器的水流量减小，散热器散热量减小，室温下降。当室内温度下降到低于设定值时，感温元件开始收缩，阀孔开大，水流量增大，散热器散热量增加，室内温度开始升高，从而保证室温处在设定的温度值上，温控阀控温范围在 13 ~ 28℃之间，控温误差为 ±1℃。

散热器温控阀的阻力较大（阀门全开时，阻力系数达 18.0 左右）。

4. 分水器、集水器

分水器、集水器一般是为了便于连接通向各个环路的许多并联管道而设置的，也能起到一定程度的均压作用，有利于流量分配和调节、维修和操作。分水器、集水器管径可按并联接管的总流量通过时的断面流速为 1.0 ~ 1.5m/s 确定。流量特别大时，允许增大，但最大不宜超过 4m/s。

5. 过滤器

过滤器设在水系统中的水泵、换热器、孔板等设备的入口管道上，以防止杂质进入，污染或堵塞这些设备。但另一方面，过滤器又增加了管路阻力，随着使用时间的增长，阻力会增大，需及时检查清洗。

6. 阀门

采暖空调冷热水管网用的阀门与热水供热管网种类相同，在热水供热管网中介绍。

7. 换热装置

换热器的基本功能是从冷、热水中获得冷热量，但它们同时也是管网系统的阻力部件。

二、热水集中供热管网

（一）热水集中供热管网

在城市热水供热系统中，有为数众多的建筑物的用户系统与热水网络相连接，且供热区域较大。目前，国内以区域锅炉房为热源的热水供热系统，其采暖建筑面积一般为数万至数十万平方米，个别系统甚至超过百万平方米；以热电厂为热源或具有几个热源的大型热水供热系统，其采暖建筑面积可高达数百万平方米。

图 10 – 24 是一个供热范围较小的单热源热网系统图。管网采用枝状连接，热网供水从热源沿主干线 2、支干线 3、用户支线 4 送到各热用户的引入口处 5，网络回水从各用户沿相同线路返回热源。

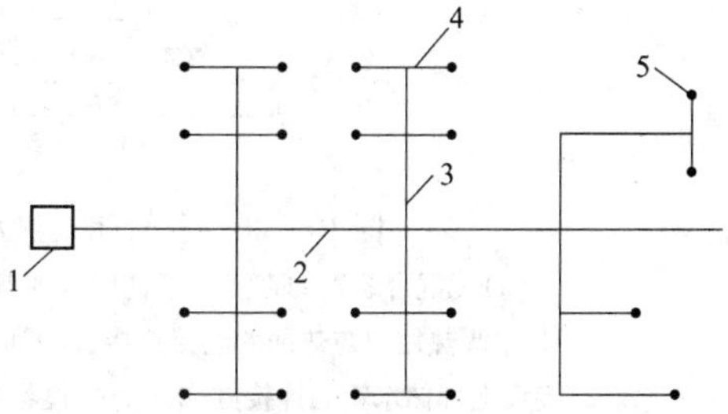

图 10 – 24　枝状管网

1—热源；2—主干线；3—支干线；4—用户支线；5—热用户的引入口

枝状管网简单，供热管道的直径随管道到热源距离的增加而逐渐减小，基建投资小，运行管理简便。但枝状管网不具备供热的性能，当供热管网某处发生故障时，在故障点以后的热用户都将停止供热。

为了在热水管网发生故障时，缩小事故的影响范围和迅速消除故障，在与干管连接的管路分支处，及与分支管路相连接的较长的用户支管处，均应装设阀门。

图 10－25 是由几个热电厂和一些区域锅炉房组成的多热源联合供热系统示意图。多热源联合供热系统，主要有两种热源组合方式：

(1)热电厂与区域锅炉房联合供热；

(2)几个热电厂联合供热。

热网系统图的特点是网路的输配干线呈环状，支干线 4 从环状管网 3 分出，再到各热力站 6。

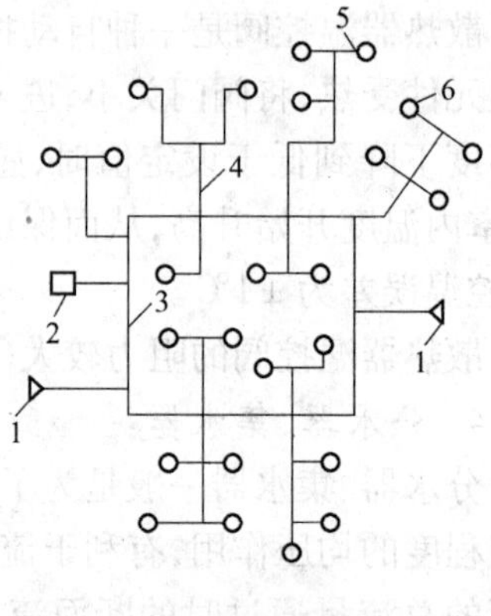

图 10－25 多热源供热系统的环状管网示意图

1—热电厂；2—区域锅炉房；3—环状管网；4—支干线；5—分支干线；6—热力站

(双管线以单线表示，阀门未标出)

(二)热水集中供热管网与用户的连接方式

热水供热系统主要采用两种形式：闭式系统和开式系统。在闭式系统中，热网的循环水仅作为热媒，供给热用户热量而不从热网中取出使用。在开式系统中，热网的循环水部分地或全部地从热网中取出，直接用于热用户。这里重点介绍闭式系统与用户的连接方式。

图 10－26 是双管制的闭式热水供热系统用户连接方式示意图。来自热源的热水，沿热网供水干管输送到各个热用户，在热用户系统的用热设备内放出热量后，沿热网回水管返回热源。双管闭式热水供热系统是我国目前最广泛应用的热水供热系统。

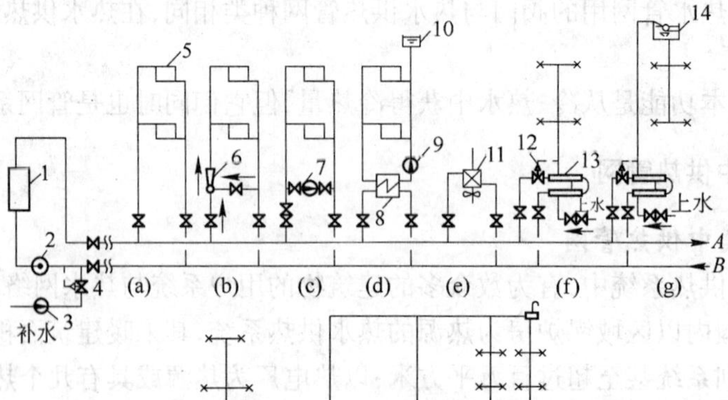

图 10－26 双管闭式热水供热系统用户连接方式示意图

(a)无混合装置的直接连接；(b)装水喷射器的直接连接；(c)装混合水泵的直接连接；(d)采暖热用户与热网的间接连接；(e)通风热用户与热网的连接；(f)无储水箱的连接方式；(g)装设上部储水箱的连接方式；(h)装设容积式换热器的连接方式；(i)装设下部水箱的连接方式

1—热源的加热装置；2—网路循环水泵；3—补给水泵；4—补给水压力调节器；5—散热器；6—水喷射器；7—混合水泵；8—表面式水－水换热器；9—采暖热用户系统的循环水泵；10—膨胀水箱；11—空气加热器；12—温度调节器；13—水－水式换热器；14—储水箱；15—容积式换热器；16—下部储水箱；17—热水供应系统的循环水泵；18—热水供应系统的循环管路

下面分别介绍闭式热水供热管网与采暖、通风、热水供应等热用户的连接方式。

1. 采暖系统热用户管网与热网的连接方式

采暖系统是用户管网直接连接于热网上。热网的水力工况(压力和流速状况)和热力工况与用户管网有着密切的联系。间接连接方式是在采暖用户处设置表面式水-水换热器(或在热力站处设置担负该区采暖热负荷的表面式水-水换热器),用户管网与热网被表面式水-水换热器隔离,形成两个水力工况独立的系统,两者只进行热交换而水力工况互不影响。

采暖用户与热网的连接方式,常见的有以下几种:

(1)无混合装置的直接连接(见图10-26a)。热水由热网供水管直接进入采暖用户,在散热器内放热后,返回热网回水管。这种直接连接方式最简单,造价低。但这种无混合装置的直接连接方式,只能在网路的设计供水温度不超过供暖系统的最高热媒温度方可采用,且用户引入口处热网的供、回水管的资用压差大于采暖系统用户设计流量下的压力损失时才能应用。

绝大多数低温水、热水供热系统是采用无混合装置的直接连接方式。

当集中供热系统采用高温水供热,网路设计供水温度超过采暖最高热媒温度时,如采用直接连接方式,则要采用装水喷射器或装混合水泵的形式。

(2)装水喷射器的直接连接(见图10-26b)。热网供水管的高温水进入水喷射器6,在喷嘴处形成很高的流速,喷嘴出口处动压升高,静压降低到低于回水管的压力,回水管的低温水被抽引进入喷射器,并与供水混合,使进入用户采暖系统的供水温度低于热网供水温度,符合用户系统的要求。

(3)装混合水泵的直接连接(见图10-26c)。当建筑物用户引入口处,热水网路的供、回水压差较小,不能满足水喷射器正常工作所需的压差,或设集中泵站将高温水转为低温水,向多幢或街区建筑物采暖时,可采用装混合水泵的直接连接方式。

来自热网供水管的高温水,在用户入口或热力站处,与混合水泵7抽引的用户或街区网路回水相混合,降低温度后,再进入用户采暖系统。为防止混合水泵扬程高于热网供、回水管的压差,而将热网回水抽入热网供水管内,在热网供水管入口处应装设止回阀,通过调节混合水泵的阀门和热网供、回水管进出口处的阀门开启度,可以在较大范围内调节进入用户供热系统的供水温度和流量。

在热力站处设置混合水泵的连接方式,可以适当地集中管理,但混合水泵连接方式的造价比采用水喷射器的方式高,运行中需要经常维护并消耗电能。

(4)间接连接(见图10-26d)。间接连接系统的工作方式如下:热网供水管的热水进入设置在建筑物用户引入口或热力站的表面式水-水换热器8内,通过换热器的表面将热能传递给采暖系统的循环水,冷却后的回水返回热网回水管。

间接连接方式需要在建筑物用户入口处或热力站内设置表面式水-水换热器和采暖系统热用户的循环水泵等设备,造价比上述直接连接高得多。循环水泵需经常维护,并消耗电能,运行费用增加。

采用直接连接,由于热用户系统漏损水量大,造成热源水处理量增大,影响供热系统的供热能力和经济性。采用间接连接方式,虽造价增高,但热源的补水率大大减小,同时热网的压力工况和流量工况不受用户的影响,便于热网运行管理。对小型的热水供热系统,特别是低温水低热系统,直接连接仍是最主要的形式。

2. 通风热用户与热网的直接连接

由于通风系统中加热空气的设备能承受较高压力，并对热媒参数无严格限制，所以通风用热设备11（如空气加热器等）与热网的连接，通常都采用最简单的直接连接形式，如图10－26e所示。

3. 热水供应热用户与热网的连接方式

在闭式热水供热系统中，热网的循环水仅作为热媒，供给热用户热量，而不从热网中取出使用。因此，热水供应热用户与热网的连接必须通过表面式水－水换热器。根据用户热水供应系统中是否设置储水箱及其设置位置不同，连接方式有如下几种主要形式：

（1）无储水箱的连接方式（见图10－26f）；

（2）装设上部储水箱的连接方式（见图10－26g）；

（3）装设容积式换热器的连接方式（见图10－26h）；

（4）装设下部储水箱的连接方式（见图10－26i）。

4. 闭式双级串联和混联连接的热水供热系统

在热水供热系统中，各种热用户（采暖、通风和热水供应）通常都是并联连接在热网上的。热网循环水量应等于各热用户所需水量之和。热水供应热用户所需水量与网路的连接方式有关。

为了减少热水供应热负荷所需的网路循环水量，可采用采暖系统与热水供应系统串联或混联连接的方式（见图10－27）。

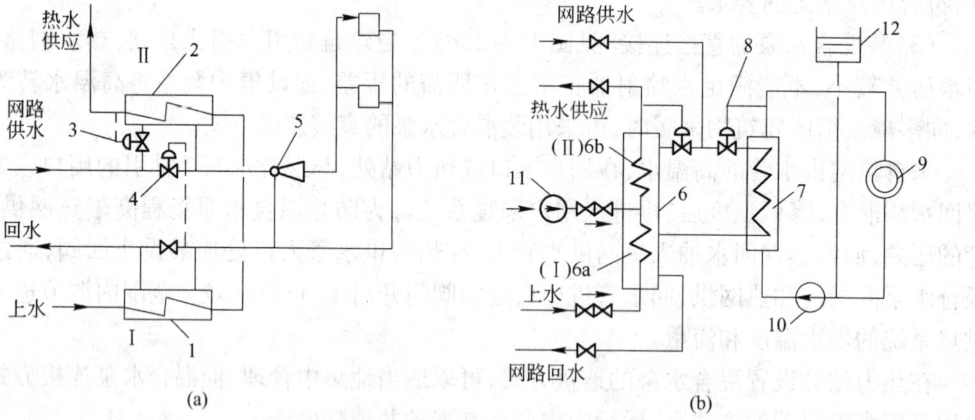

图10－27 采暖与热水供应串联或混联方式

（a）闭式双级串联水加热器的连接示意图；（b）闭式混合连接的示意图

1—Ⅰ级热水供应水加热器；2—Ⅱ级热水供应水加热器；3—水温调节器；4—流量调节器；5—水喷射器；6—热水供应水加热器；6a—水加热器的预热段；6b—水加热器的终热段；7—采暖系统水加热器；8—流量调节装置；9—采暖热用户系统；10—采暖系统循环水泵；11—热水供应系统的循环水泵；12—膨胀水箱

图10－27a是一个双级串联的连接方式。热水供应系统的用水首先由串联在网路回水管上的水加热器（Ⅰ级加热器）1加热。如经过第Ⅰ级加热后，热水供应水温仍低于所要求的温度，则通过水温调节器3将阀门打开，进一步利用网路中的高温水通过第Ⅱ级加热器2，将水加热到所需温度。经过第Ⅱ级加热器放热后的网路供水，再进入采暖系统中。为了稳定采暖系统的水力工况，在供水管上安装流量调节器4，控制用户系统的流量。

图 10－27b 是一个混联连接的图示。热网供水分别进入热水供应和采暖系统的热交换器 6 和 7 中(通常采用板式热交换器)。上水同样采用两级加热,但加热方式不同于图 10－27a。热水供应热交换器 6 的终热段 6b(相当于图 10－27a 中的Ⅱ级加热器)的热网回水,并不进入采暖系统,而与热水采暖系统的热网回水相混合,进入热水供应热交换器的预热段 6a(相当于图 10－27a 中的Ⅰ级加热器),将上水预热。上水最后通过热交换器 6 的终热段 6b,被加热到热水供应所要求的水温。根据热水供应的供水温度和采暖系统保证的室温,调节各自热交换器的热网供水阀门的开启度,控制进入各热交换器的网路水流量。

由于采用了串联式或混联连接的方式,利用采暖系统回水的部分热量预热上水,可减少网路的总计算循环水量,适宜用在热水供应热负荷较大的城市热水供热系统上。图 10－27b,除了采用混联的连接方式外,采暖热用户与热水网路还采用了间接连接。这种全部热用户(采暖、热水供应、通风空调等)与热水网路均采用间接连接的方式,使用户系统与热水网路的水力工况完全隔开,便于管理。

开式热水供热系统用户的热水供应用水直接取自热网。采暖和通风热用户系统与热网的连接方式,与闭式热水供热系统完全相同。开式热水供热系统的热水供应热用户与网路的连接,有下列几种形式:

(1)无储水箱的连接方式(见图 10－28a)。热水直接从网路的供、回水管取出,通过混合三通 4 后的水温可由温度调节器 3 来控制。为了防止网路供水管的热水直接流入回水管,回水管上设止回阀 6。

由于直接取水,故网路供、回水管的压力都必须大于热水供应用户系统的水静压力、管路阻力以及取水栓 5 自由水头的总和。

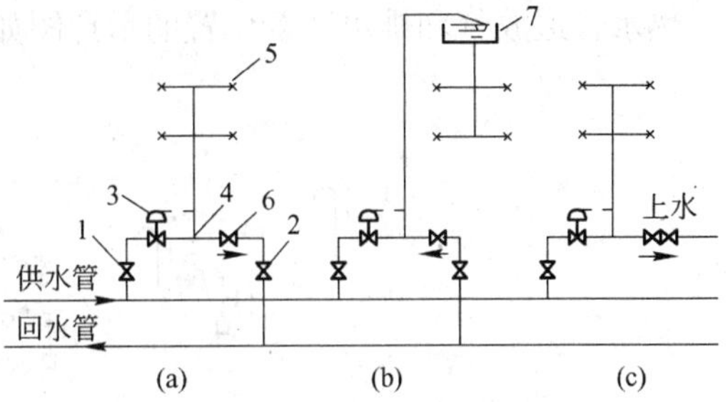

图 10－28　开式热水供热系统中热水供应热用户与网路的连接方式

1,2—进水阀门;3—温度调节器;4—混合三通;5—取水栓;6—止回阀;7—上部储水箱

(2)装设上部储水箱的连接方式(见图 10－28b)。这种连接方式常用于浴室、洗衣房和用水量很大的工业厂房中。网路供水和回水先在混合三通中混合,然后送到上部储水箱 7,热水再沿配水管送到各取水栓。

(3)与上水混合的连接方式(见图 10－28c)。当热水供应用户的用水量很大,当建筑物中(如浴室、洗衣房等)来自采暖通风用户系统的回水量不足与供水管中的热水混合时,则可采用这种连接方式。

混合水的温度同样可用温度调节器控制。为了便于调节水温,网路供水管的压力应高于上水管的压力。在上水管上要安装止回阀,以防止网路水流入上水管路。如上水压力高于热网供水管压力时,在上水管上安装减压阀。

(三)集中供热管网的装置

供热管网附件和装置主要有管件(三通、弯头等)、阀门、补偿器、支座和放气、放水、疏水、除污等装置,它们是构成供热管网和保证供热管网正常运行的重要部分。

1. 阀门

在供热管道上,常用的阀门形式有截止阀、闸阀、蝶阀、止回阀和调节阀等。

截止阀按介质流向可分为直通式、直角式和直流式（斜杆式）三种。截止阀关闭严密性较好，但阀体长，介质流动阻力大。

闸阀按闸板的形状及数目分，有楔式与平行式，以及单板与双板的区分。闸阀的优缺点正好与截止阀相反。

截止阀和闸阀主要起开闭管路的作用。由于其调节性能不好，不适于用来调节流量。

蝶阀阀板沿垂直管道轴线的立轴旋转，当阀板与管道轴线垂直时，阀门全闭；阀板与管道轴线平行时，阀门全开。蝶阀阀体长度很小，流动阻力小，调节性能稍优于截止阀和闸阀。

止回阀（逆止阀）是用来防止管道或设备中介质倒流的一种阀门。它利用流体的动能来开启阀门。止回阀常安装在泵的出口、疏水器出口管道上，以及其他不允许流体反向流动的地方。

当需要调节供热介质流量时，在管道上应设置手动调节阀或自动流量调节装置。第十四章将更深入地分析调节阀的特性和应用方法。

2. 放气、排水装置

为便于热水管道顺利放气和在运行或检修时排净管道的存水，地下敷设供热管道的坡度应不小于0.002，同时，应配置相应的放气、排水装置。

热水管道放气和排水装置位置的示意图如图10－29所示。

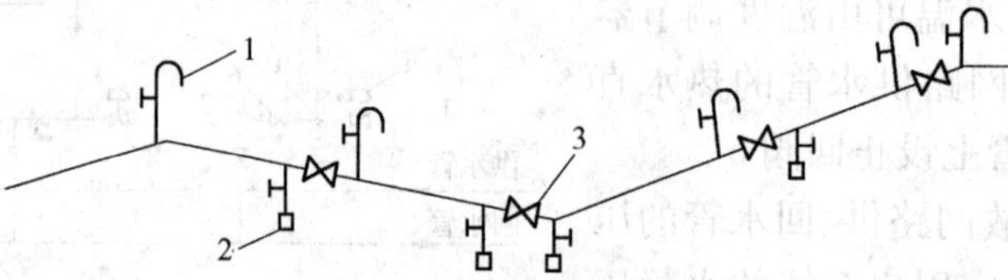

图10－29　热水管道放气和排水装置位置示意图

1—放气阀；2—排水阀；3—阀门

3. 补偿器

为了防止供热管道在升温时，由于热伸长或温度应力而引起管道变形或破坏，需要在管道上设置补偿器，以补偿管道的热伸长，从而减小管壁的应力和作用在阀件或支架结构上的作用力。

供热管道上采用补偿器的种类很多，主要有管道的自然补偿、方形补偿器、波纹管补偿器、套筒补偿器和球形补偿器等。前三种是利用补偿器材料的变形来吸收热伸长；后两种是利用管道的位移来吸收热伸长。

习　题

10－1　通风空调管网系统常用形式和常用的装置有哪些，各装置的名称和作用是什么？

10－2　燃气输配管网的系统和构成是什么，燃气管网的压力如何分级，燃气调压站的作用和构成是什么？

10－3　液体输配管网常见的类型和装置有哪些？

10－4　流体输配管网有哪些基本组成部分，各有什么作用？

10－5　试比较气相、液相二类流体输配管网的异同点。

10－6　试比较开式管网与闭式管网、枝状管网与环状管网的不同点。

10－7　如图10－30所示，两水池用虹吸管连接，上下游水位差$H=2m$，管长$l_1=3m$，$l_2=5m$，$l_3=4m$，直径

$d=200\text{mm}$,上游水面至管顶高度 $h=1\text{m}$。已知 $\lambda=0.026$,进口网 $\zeta=10$,弯头 $\zeta=1.5$(每个弯头),出口 $\zeta=1.0$,求:

(1)虹吸管中的流量;

(2)管中压强最低点的位置及其最大负压值。

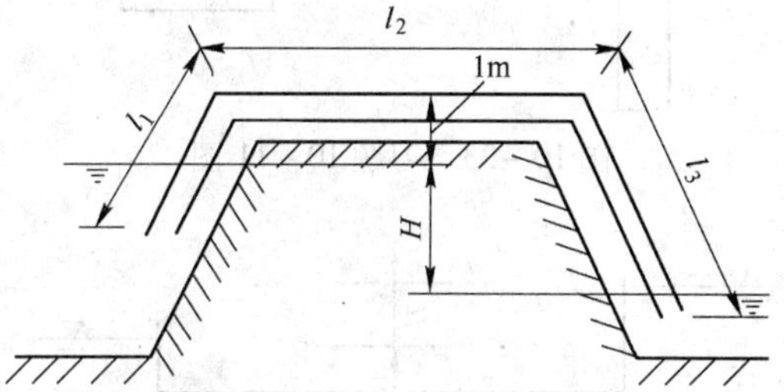

图 10-30　习题 10-7 图

10-8　图 10-31 所示为一水平安置的通风管,吸入管 $d_1=200\text{mm}$,$l_1=10\text{m}$,$\lambda=0.02$。压出管为直径不同的两段管段串联组成,$d_2=200\text{mm}$,$l_2=50\text{m}$,$\lambda=0.02$;$d_3=100\text{mm}$,$l_3=50\text{m}$,$\lambda=0.02$。空气密度为 $\rho=1.2\text{kg/m}^3$,风量为 $Q_V=0.15\text{m}^3/\text{s}$,不计局部阻力。试计算:

(1)风机应产生的总压强为多少?

(2)如风机与管道铅直安装,但管路情况不变,风机的总压有无变化?

(3)如果流量提高到 $0.16\text{m}^3/\text{s}$,风机总压变化多少?

(4)绘出全压线与静压线图。

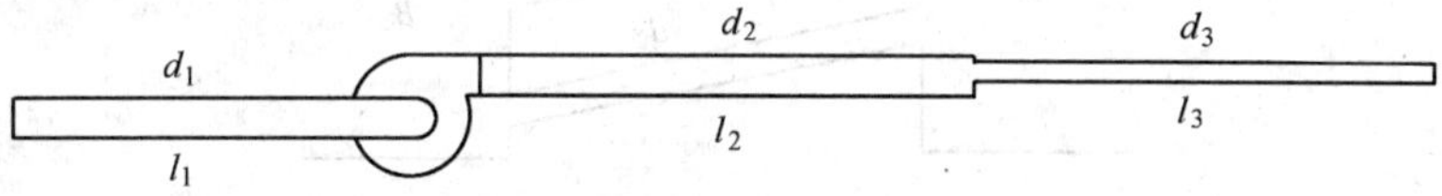

图 10-31　习题 10-8 图

10-9　并联管路中各支管的流量分配,遵循什么原理,如果要使各支管中流量相等,该如何设计管路?

10-10　如图 10-32 所示管路,设其中的流量 $Q_{VA}=0.6\text{m}^3/\text{s}$,$\lambda=0.02$,不计局部阻力,其他已知条件图中已标明,求 A,D 两点间的水头损失。

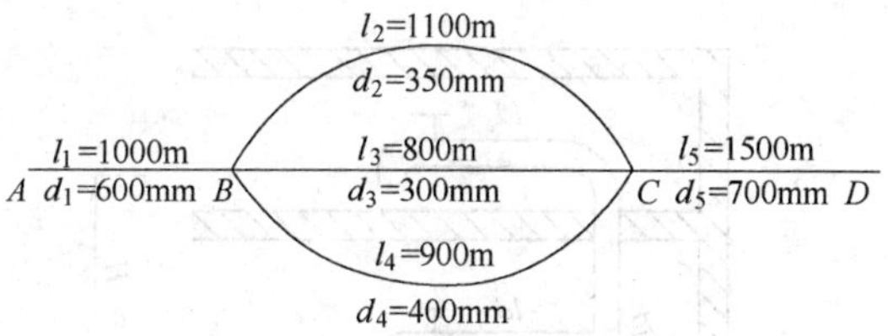

图 10-32　习题 10-10 图

10-11　如图 10-33 所示,用虹吸管将钻井中的水输送到集水井,已知虹吸管全长 60m,直径为 200mm,虹吸管为钢管,相对粗糙度 $\dfrac{K}{d}=0.012$,管道进口、弯头的局部阻力系数分别为 $\zeta_e=0.5$、$\zeta_b=0.5$,水位差 $H=1.5\text{m}$,试求虹吸管的流量。

10-12　在长为 $2l$,直径为 d 的管道上,并联一根直径相同,长为 l 的支管(见图 10-34 中的虚线),若水头 H 不变,不计局部损失,试求并联支管前后的流量比。

10-13　如图 10-35 所示,应用长度为 l 的两根管道,从水池 A 向水池 B 输水,其中粗管直径为细管直径

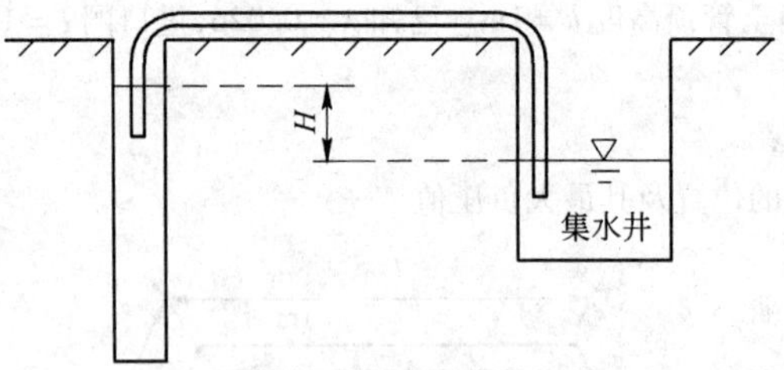

图 10-33 习题 10-11 图

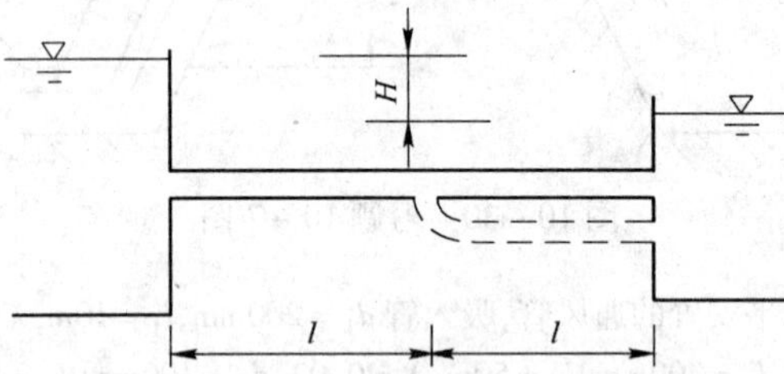

图 10-34 习题 10-12 图

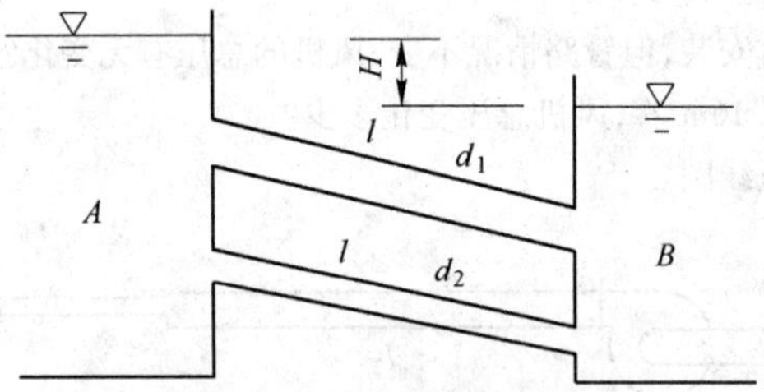

图 10-35 习题 10-13 图

的两倍，即 $d_1=2d_2$，两管的沿程阻力系数相同，局部阻力不计。试求两管中的流量比。

10-14 三层楼的自来水管道，如图 10-36 所示。已知各楼层管长 $l=4\text{m}$，直径 $d=60\text{mm}$，各层供水口高差 $H=3.5\text{m}$，沿程阻力系数 $\lambda=0.03$，龙头全开时阻力系数 $\zeta=3$，不计其他局部阻力。试求当龙头全开，供给每层用户的流量不少于 3L/s 时，进户压强 p_M 应为多少？

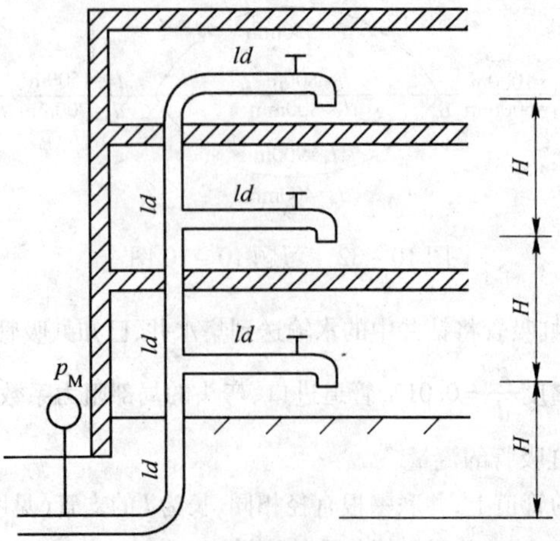

图 10-36 习题 10-14 图

第十一章　气体管流水力特征与水力计算

第一节　气体管流水力特征

一、气体重力管流水力特征

图 11－1 所示为管道内气体重力管流示意图,管内气体由断面 1 流向断面 2。

根据流体力学的理论,当管内外气体密度均不沿高度变化时,其能量方程为

$$p_{j1}+\frac{\rho v_1^2}{2}+g(\rho_a-\rho)(H_2-H_1)=p_{j2}+\frac{\rho v_2^2}{2}+p_{l1-2} \tag{11-1}$$

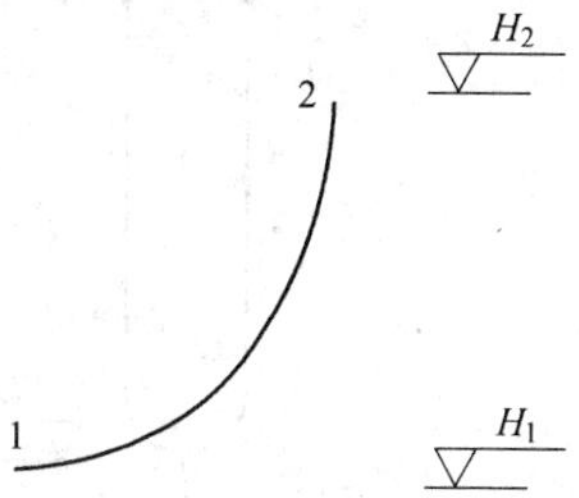

图 11－1　竖管道内的重力流

式中,p_{j1},p_{j2}分别是管内断面 1,2 的静压;v_1,v_2 分别是管内断面 1,2 的流速;H_1,H_2 分别为断面 1,2 的位置标高;ρ_a,ρ 为环境大气和管内气体密度;g 为重力加速度;p_{l1-2}为从断面 1 到断面 2 的流动压强损失。工程上称 $\frac{\rho v_1^2}{2}$、$\frac{\rho v_2^2}{2}$为断面 1,2 处的动压;$g(\rho_a-\rho)(H_2-H_1)$称为位压,它实质上是重力对流动的作用。当管内外流体密度相同时,位压为零。当密度差 $\rho_a-\rho$仅仅是由于温差引起时,此项又称为热压。

若 1,2 断面分别在管道的临近进口处和出口处,则有 $p_{j1}=0$,$p_{j2}=0$,$v_1=0$,则式(11－1)变形为

$$g(\rho_a-\rho)(H_2-H_1)=\frac{\rho v_2^2}{2}+p_{l1-2} \tag{11-2}$$

式(11－2)表明,出口的动压和断面 1,2 之间流动损失的动力来源于进出口之间的位压。即由断面 1 到断面 2 的流动是由重力引起的,属于重力流。动力大小取决于进出口的高差与管道内外密度差的乘积。流动方向取决于管道内外气体密度的相对大小,若管道内气体密度小($\rho<\rho_a$),管道内气流向上;反之气流向下。如卫生间排气竖井内,气体密度冬季小于室外,夏季大于室外,若无排气风机,则竖井内冬季气流向上运动,夏季气流向下流动,倒灌入位于低层的卫生间。

如图 11－2 所示,假设气流从断面 1 流入、断面 2 流出,断面 1 和断面 D 的能量方程为

$$p_{j1}+\frac{\rho_1 v_1^2}{2}+g(\rho_a-\rho_1)(H_1-H_2)=p_{jD}+\frac{\rho_2 v_D^2}{2}+p_{l1-D} \tag{11-3}$$

断面 D 和断面 2 的能量方程为

$$p_{jD}+\frac{\rho_2 v_D^2}{2}+g(\rho_a-\rho_2)(H_2-H_1)=p_{j2}+\frac{\rho_2 v_2^2}{2}+p_{lD-2} \tag{11-4}$$

式中，ρ_1, ρ_2 分别为管道 $1-D$ 和 $D-2$ 中的气体密度；p_{jD}, v_D 为断面 D 处的静压与流速；p_{l1-D}、p_{lD-2} 分别是管流从断面 1 到 D 和断面 D 到 2 的压强损失。将式(11－3)和式(11－4)相加，整理得到

$$g(\rho_1-\rho_2)(H_2-H_1)=\frac{\rho_2 v_2^2}{2}+p_{l1-2}-\frac{\rho_1 v_1^2}{2} \tag{11-5}$$

式(11－5)表明，U 形管道内的重力流与管道外的空气密度无关。流动动力取决于两竖直管段内的气体密度差 $\rho_1-\rho_2$ 与管道高度差 H_2-H_1 之积。气体密度相对较大的竖管内气体向下流动，而密度相对较小的竖管内气体向上流动。

当图 11－2 中的断面 1,2 合为一体(见图 11－3)时，即形成闭式循环管道，其能量方程为

$$g(\rho_1-\rho_2)(H_2-H_1)=p_l \tag{11-6}$$

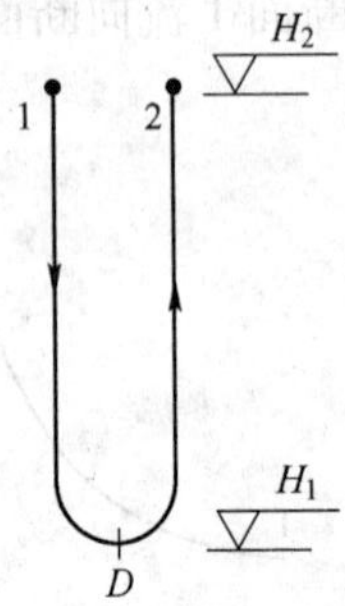

图 11－2 U 形管内的重力流

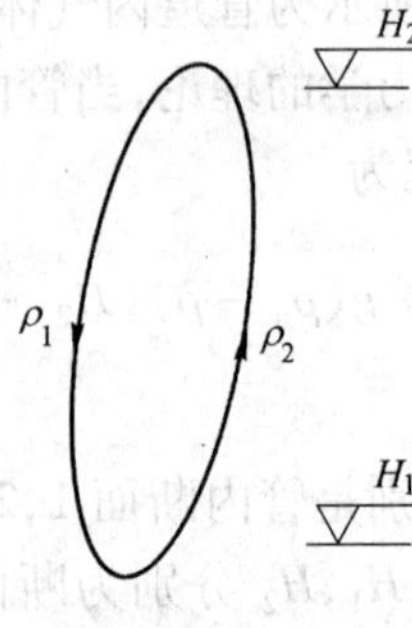

图 11－3 闭式管道内的重力循环流动

其中 p_l 是流经闭式循环管道的压强损失。式(11－6)表明：无机械动力的闭式管道中，流动动力取决于竖管段内的气体密度差与竖管段高度差的乘积。密度相对较大的竖管内气流向下，密度相对较小的竖管内气流向上。

二、气体压力管流水力特征

当管道内部或管道内外均不存在密度差，或者水平管网，则有

$$g(\rho_a-\rho)(H_2-H_1)=0$$

即位压为零，式(11－1)变为

$$p_{j1}+\frac{\rho v_1^2}{2}=p_{j2}+\frac{\rho v_2^2}{2}+p_{l1-2} \tag{11-7}$$

同一断面上静压与动压之和称为全压 p_q，即 $p_j+\frac{\rho v^2}{2}=p_q$，式(11－7)可变形为

$$p_{q1}-p_{q2}=p_{l1-2} \tag{11-8}$$

式(11－8)表明，位压为零的管流中，全压差是克服流动阻力、产生流动的根本原因。也就是说，上游断面全压减去上、下游断面间的流动阻力等于下游断面的全压，即

$$p_{q1}-p_{l1-2}=p_{q2} \tag{11-9}$$

因此，流速变化引起动压变化，也必然引起静压变化。上游断面静压减去上、下游断面间的流动阻力与上下游断面动压变化之和等于下游断面的静压，即

$$p_{j1} - \left[p_{l1-2} + \left(\frac{\rho v_2^2}{2} - \frac{\rho v_1^2}{2}\right)\right] = p_{j2} \tag{11-10}$$

式(11-9)和式(11-10)表明了压力流管网的基本水力特征。当管段中没有外界动力输入时,下游断面的全压总是低于上游断面。下游断面与上游断面静压之间的关系较为复杂,当 $p_{l1-2} + \left(\frac{\rho v_2^2}{2} - \frac{\rho v_1^2}{2}\right) > 0$ 时,下游断面静压小于上游断面;当 $p_{l1-2} + \left(\frac{\rho v_2^2}{2} - \frac{\rho v_1^2}{2}\right) = 0$ 时,上、下游断面静压相等;当 $p_{l1-2} + \left(\frac{\rho v_2^2}{2} - \frac{\rho v_1^2}{2}\right) < 0$ 时,下游断面静压大于上游断面。显然可以通过改变流速,在一定范围内调整静压。

三、压力和重力综合作用下的气体管流水力特征

由式(11-1)可得

$$(p_{q1} - p_{q2}) + g(\rho_a - \rho)(H_2 - H_1) = p_{l1-2} \tag{11-11}$$

式中,断面之间的全压差 $(p_{q1} - p_{q2})$ 反映压力作用;$g(\rho_a - \rho)(H_2 - H_1)$ 反映重力的作用。二者综合作用,克服流动阻力 Δp_{1-2},维持管内流动,但二者的综合作用并非总是相互加强的。当 $\rho < \rho_a$,即管内气体密度小时,位压驱动气体向上流动($H_2 > H_1$),阻碍向下流动($H_2 < H_1$)。反之,当管内气体密度大时,位压驱动气体向下流动,阻碍向上流动。在闭式循环管路内,位压驱动密度相对较小的气体向上流动,密度较大的气体向下流动,阻碍相反方向流动。

若全压 $(p_{q1} - p_{q2})$ 驱动的流动方向与位压一致,则二者综合作用,加强管内气体流动,若驱动方向相反,则由绝对值大者决定管流方向,绝对值小者实际上成为附加的流动阻力。

例如装有排气风机的卫生间排气竖井,冬季在位压的辅助作用下,排气能力明显加强;夏季排气风机除克服竖井的阻力外,还要克服位压,排气能力削弱,尤其是高层建筑。

当 ρ_a,ρ 二者或二者之一沿高度变化时,公式中的位压应为 $\int_{H_1}^{H_2} g(\rho_a - \rho)\mathrm{d}H$,因此,气体管流的水力特征可用下式表述:

$$(p_{q1} - p_{q2}) + \int_{H_1}^{H_2} g[\rho_a - \rho]\mathrm{d}H = p_{l1-2} \tag{11-12}$$

第二节 流体输配管网水力计算的基本原理和方法

流体输配管网水力计算的主要目的是根据用户要求的流量进行流量分配;确定管网的各管段管径(或断面尺寸);计算阻力损失;求得管网特性曲线;为合理选择管网动力设备做好准备,进而确定动力设备(风机、水泵等)的型号和动力消耗;或者根据已定的动力设备,确定保证流量分配的管道尺寸。前者属于设计计算,而后者是校核计算。水力计算是流体输配管网设计的基本手段,是管网设计质量的基本保证。

水力计算的基本理论依据是流体力学一元流动连续性方程和能量方程以及串、并联管路流动规律。流动动力等于管网总阻力,若干管段串联后的阻力等于各管段阻力之和。管段阻力是构成管网阻力的基本单元。流体力学已经揭示,管段中的流体阻力有两种形式:一种是沿程阻力,也称为摩擦阻力;另一种是局部阻力。

一、沿程阻力计算

沿程阻力 h_f 的通用计算公式为

$$h_f = \int_l \frac{\lambda}{4R} \cdot \frac{\rho v^2}{2} \cdot dl$$

当管道材料不变,断面尺寸不变,流体密度、温度和流量也不随流程变化时,对于不可压缩流体,可用下式计算沿程阻力:

$$h_f = \frac{\lambda}{4R} \cdot \frac{\rho v^2}{2} \cdot l = R_m l \qquad (11-13)$$

式中,λ 为沿程阻力系数;l 为管段长度,m;R 为管段水力半径,m,$R = A/X$;A 为管道过流断面面积,m^2;X 为润湿周边长度,简称湿周,m;R_m 为管道单位长度的沿程阻力,又称为比摩阻,Pa/m。

当管网压力变化使气体密度 ρ 的变化不能忽略时,需要引入气体状态方程和连续性方程联合求解,即

$$\begin{cases} -\dfrac{dp}{dl} = \dfrac{\lambda}{4R} \cdot \dfrac{\rho v^2}{2} \\ p = Z\rho RT \\ \rho vA = 常数 \end{cases}$$

在等断面管道、等温流动条件下,求解此联合方程组得

$$p_1^2 - p_2^2 = 1.62\lambda \cdot \frac{Q^2}{(4R)^5} \cdot \rho_0 \cdot p_0 \cdot \frac{T}{T_0} \cdot \frac{Z}{Z_0} \cdot l \qquad (11-13a)$$

式中,p_1,p_2 分别为管道 1,2 断面的绝对压力,Pa;Q 为管道流量,m^3/s;ρ_0,p_0,T_0,Z_0 分别为标准状态下气体的密度、压力、绝对温度和压缩因子;T,Z 分别为气体实际的绝对温度和压缩因子;l 为断面 1,2 之间的管道长度,m。

对于接近于常温、压强不太高(表压不大于 0.8MPa)的圆形管道,可近似取$\frac{T}{T_0}=1$,$\frac{Z}{Z_0}=1$。式(11-13a)简化为

$$p_1^2 - p_2^2 = 1.62\lambda \cdot \frac{L_0^2}{d^5} \cdot \rho_0 \cdot p_0 \cdot l \qquad (11-13b)$$

低压(表压不大于 0.005MPa)管道,$p_1 + p_2 = 2p_0$。

$$p_1^2 - p_2^2 = (p_1 - p_2)(p_1 + p_2) = p_{l1-2} 2p_0$$

式(11-13a)可进一步简化,得

$$p_{l1-2} = 0.81\lambda \cdot \frac{Q_0^2}{d^5} \cdot \rho_0 \frac{T}{T_0} l \qquad (11-13c)$$

必须注意正确选择适合管流特征的沿程阻力计算公式。

确定计算公式后,需计算沿程阻力系数 λ。从流体力学可知,λ 是管流雷诺数 Re 与管道相对粗糙度的函数,即

$$\lambda = f\left(Re, \frac{K}{d}\right) \tag{11-14}$$

式中，K 为管道材料的绝对粗糙度，m；d 为管道直径或当量直径，m。实验获得不同流态下式（11－14）的具体数学关系。

在层流区（$Re<2000$）内，沿程系数 λ 值仅与雷诺数有关，可用下式计算：

$$\lambda = \frac{64}{Re} \tag{11-14a}$$

当 $2000<Re<4000$ 时为临界过渡流区，计算公式为

$$\lambda = 0.0025\sqrt[3]{Re} \tag{11-14b}$$

紊流又分为紊流光滑区、紊流过渡区和紊流粗糙区（又称阻力平方区），对于工业管道，整个紊流区内 λ 值都可以由柯氏公式计算，即

$$\frac{1}{\sqrt{\lambda}} = -2\lg\left(\frac{K}{3.71d} + \frac{2.51}{Re\sqrt{\lambda}}\right) \tag{11-14c}$$

工程实际中，还常采用适合于一定管材、一定紊流区的专用公式。

1. 阿里特苏里公式

阿里特苏里公式为

$$\lambda = 0.11\left(\frac{K}{d} + \frac{68}{Re}\right)^{0.25} \tag{11-14d}$$

此式适用于紊流区钢管及其他光滑管道。钢管一般取 $K=0.0001\sim0.0002$m。

2. 谢维列夫公式

对于新钢管：

在紊流光滑区可用下式计算：

$$\lambda = K_1 K_2 \frac{0.25}{Re^{0.226}} \tag{11-14e}$$

紊流过渡区，且$\frac{v}{\nu}<2.4\times10^5$

$$\lambda = K_1 K_2 \frac{0.23}{d^{0.226}}\left(1.9\times10^{-6} + \frac{\nu}{v}\right)^{0.226} \tag{11-14f}$$

紊流粗糙区，且$\frac{v}{\nu}\geqslant2.4\times10^5$

$$\lambda = K_1 K_2 \frac{0.0121}{d^{0.226}} \tag{11-14g}$$

对于新铸铁管：

紊流光滑区，且$\frac{v}{\nu}<0.176\times10^6$

$$\lambda = K_1 \frac{0.77}{Re^{0.284}} \tag{11-14h}$$

紊流过渡区，且$\frac{v}{\nu}<2.7\times10^6$

$$\lambda = K_1 \frac{0.75}{d^{0.284}}\left(0.55\times10^{-6} + \frac{\nu}{v}\right)^{0.284} \tag{11-14i}$$

紊流粗糙区，且$\frac{v}{\nu}\geqslant 2.7\times10^6$

$$\lambda=K_1\frac{0.0134}{d^{0.284}} \tag{11-14j}$$

上述诸式中，K_1 为考虑实验条件与实际管道条件不同的修正系数，通常取 $K_1=1.15$；K_2 为考虑管道焊接而使阻力增加的修正系数，通常取 $K_2=1.18$。

谢维列夫建议的适用于铸铁管紊流三个区的综合公式形式为

$$\lambda=\left(\frac{A^{\frac{1}{m}}}{d}+\frac{B^{\frac{1}{m}}}{Re}\right)^m$$

根据新铸铁管的实际资料，上式可写成

$$\lambda=\left(\frac{0.0125^{\frac{1}{0.284}}}{d}+\frac{0.75^{\frac{1}{0.284}}}{Re}\right)^{0.284}=\left(\frac{2.089\times10^{-7}}{d}+\frac{0.3633}{Re}\right)^{0.284} \tag{11-14k}$$

式(11－14k)的计算值与谢维列夫实验值比较，其误差在±5.5%以内，可以满足工程计算的精度要求。

实际工程中，各种流体输配管网的流动状态有明显差别，所对应的雷诺数范围大小不同，必须采用不同的公式计算 λ 值。这就造成在同一基本原理下，不能用统一的计算公式或图表计算各种流体输配管网的沿程阻力。任何公式和图表都受使用条件的限制，计算中必须特别注意各公式和计算图表的使用条件和修正方法。

二、局部阻力计算

局部阻力按下式计算：

$$p_{\mathrm{m}}=\zeta\cdot\frac{\rho v^2}{2} \tag{11-15}$$

式中，ζ 为局部阻力系数。

局部阻力系数一般用实验方法确定。实验时先测出管道中管件、部件或设备等前后的全压差（即局部阻力 p_{m}），除以与特征速度 v 相应的动压$\frac{\rho v^2}{2}$，求得局部阻力系数 ζ 值。此部分内容在本书的上篇已经作了较详尽的介绍。

三、常用的水力计算方法

流体输配管网水力计算的常用方法有假定流速法、压损平均法和静压复得法等。

假定流速法的特点是，先按技术经济要求选定管内流速，再结合所需输送的流量，确定管道断面尺寸，进而计算管道阻力，得出需要的动力。假定流速法适用于动力未知的情况。以下是假定流速法的基本步骤：

(1)绘制管网轴侧图，对各管段进行编号，标出长度和流量，确定最不利环路。

(2)合理确定最不利环路各管段的管内流体流速。

(3)根据各管段的流量和确定的流速，确定最不利环路各管段的断面尺寸。

(4)计算最不利环路各管段的阻力。

(5)平衡并联管路。确定并联管路的管径，使各并联管路的计算阻力与各自的资用动力相等。这是保证流量按要求分配的关键。若并联管路计算阻力与各自的资用动力不相等,在实际运行时,管网会自动调整各并联管路流量,使并联管路的实际流动阻力与各自的资用动力相等,但是,此时各并联管路的流量已经偏离了设计要求。

(6)计算管网的总阻力,求取管网特性曲线。

(7)根据管网特性曲线、要求输送的总流量以及输送流体的种类、性质等因素,综合考虑为管网匹配动力设备(风机、水泵等),确定动力设备所需的参数。

压损平均法的特点是,将已定的总资用动力,按干管长度平均分配给每一管段,以此确定管段阻力,再根据每一管段的流量确定管道断面尺寸。当管道系统所用的动力设备型号已定,或对分支管路进行压损平衡计算,此法较为方便。环状管网水力计算常用此法。当然,也可按其他技术经济性更好的方法将已定作用动力分配给各管段。以下是压损平均法的基本步骤:

(1)绘制管网轴侧图,对各管段进行编号,标出长度和流量,确定最不利环路。

(2)根据确定的最不利环路的资用动力,计算最不利环路单位管长的压力损失。

(3)根据最不利环路单位管长压力损失和各管段流量,确定各管段管径。

(4)确定各并联支路的资用动力,计算单位管长的压力损失。

(5)根据各并联支路单位管长压力损失和各管段流量,确定其各管段管径。

静压复得法的特点是,通过改变管道断面尺寸,降低管内流速,维持较高的管内静压,以保证要求的出口流速。以下是静压复得法的基本步骤:

(1)确定管道各孔口的出流速度。

(2)计算各孔口处的管内静压 p_{j} 和流量。

(3)顺着管内流向,确定第一孔口处管内流速,计算此处管内全压 p_{q1} 和管道断面尺寸。

(4)计算第一孔口到第二孔口的阻力 p_{l1-2}。

(5)计算第二孔口处的动压 $p_{\mathrm{d2}}=p_{\mathrm{q1}}-p_{l1-2}-p_{\mathrm{j}}$。

(6)计算第二孔口处的管内流速,确定该处的管道断面尺寸。

(7)以此类推,直到确定最后一个孔口处的管道断面尺寸。

不论采用何种方法,水力计算前必须完成管网系统和设备的布置,确定管道材料及各个接受流量的管网末端位置和所需分配的流量。然后按照各种方法所要求的步骤进行计算。

管网阻力计算和特性曲线的求取,是水力计算的主体,对不同流体输配管网水力计算虽有区别,但都是水力计算的重点所在,因而是水力计算的学习重点。水力计算的另一重点是管网动力设备的匹配,将在第十三章中专门分析讨论。

水力计算中,各种计算公式和基础数据的选取应遵循相关标准范围的规定,没有规定的,则可以从相关设计手册和资料中查取。

第三节 气体输配管网水力计算

一、通风空调工程气体输配管网水力计算

本节以通风空调工程的空气输配管网为例,介绍开式枝状气体输配管网水力计算的具体方法。设计计算要确定管径和匹配动力,故采用假定流速法。第二节中列出了该方法水力计算的 7 个步骤,这里介绍其中前六步,第七步匹配动力设备(风机)将在第十三章作系

统介绍。

计算之前，需先完成空气输配管网的布置，其中包括设备和各送排风点位置的确定、各送排风点要求的风量、系统划分、管道布置以及各管段的输送风量。

完成上述前期准备工作后，方可按假定流速法进行水力计算。

（一）确定最不利环路的管内流速和管道断面尺寸

1. 绘制风管系统轴侧图

绘制风管系统轴侧图，并划分管段，对各管段进行编号，标注长度与风量。

通常按流量和断面变化划分管段，同一条管段内的流量和管段断面不变。管段长度按管段中心线长度计算，不扣除管件（如三通、弯头）本身的长度。

2. 确定管内流速

管内流速对通风、空调系统的经济性有较大影响，对系统的技术条件亦有影响。流速高，风管断面小，占用的空间小，管材耗量少，投资费用小；但是系统的阻力大，动力消耗增大，运行费用增加，且增加噪声。若气流中含有粉尘等，会增加设备和管道的磨损。反之，流速低，阻力小，动力消耗少；但是风管断面大，管材耗量增大，导致投资增大。流速过低还会使粉尘沉积而堵塞管道。因此，必须通过全面的技术经济比较选定合理的流速。根据经验，风管内空气流速可按表 11－1、表 11－2 确定。若输送含尘气体，流速不应低于表 11－3 所列的值。

表 11－1 一般通风系统中常用空气流速 （m/s）

建筑类别	动力类别及风管材料	干 管	支 管	室内进风口	室内回风口	新鲜空气入口
工业建筑	机械通风薄钢板	6～14	2～8	1.5～3.5	2.5～3.5	5.5～6.5
	机械通风混凝土、砖等	4～12	2～6	1.5～3.0	2.0～3.0	5～6
民用建筑及工业辅助	自然通风	0.5～1.0	0.5～0.7			0.2～1.0
	机械通风	5～8	2～5			2～4

表 11－2 空调系统低速风管内的空气流速 （m/s）

部 位	频率为 1000Hz 时室内允许声压级/dB		
	<40	40～60	>60
新风入口	3.5～4.0	4.0～4.5	5.0～6.0
总管和总干管	6.0～8.0	6.0～8.0	7.0～12.0
无送、回风口的支管	3.0～4.0	5.0～7.0	6.0～8.0
有送、回风口的支管	2.0～3.0	3.0～5.0	3.0～6.0

表 11－3 输送含尘气流的风管最小风速 （m/s）

粉尘类别	粉 尘 名 称	垂直风管	水平风管
纤维粉尘	干锯末、小刨屑、纺织尘	10	12
	木屑、刨花	12	14
	干燥粗刨花、大块干木屑	14	16
	潮湿粗刨花、大块湿木屑	18	20
	棉 絮	8	10
	麻	11	13
	石棉粉尘	12	18

续表 11-3

粉尘类别	粉尘名称	垂直风管	水平风管
矿物粉尘	耐火材料粉尘	14	17
	黏　土	13	16
	石灰石	14	16
	水　泥	12	18
	湿土(含水 2% 以下)	15	18
	重矿物粉尘	14	16
	轻矿物粉尘	12	14
	灰土、沙尘	16	18
	干细型砂	17	20
	金刚砂、刚玉粉	15	19
金属粉尘	钢铁粉尘	13	15
	钢铁屑	19	23
	铅　尘	20	25
其他粉尘	轻质干粉尘(木工磨床粉尘、细草灰)	8	10
	煤　尘	11	13
	焦炭粉尘	14	18
	谷物粉尘	10	12

3. 确定各管段断面尺寸

根据各风管的风量和选择流速,初步确定风管断面尺寸,并适当调整使其符合通风管道统一规格。风管断面尺寸调整好后,按调整好的断面尺寸计算管内实际流速。

(二)风管沿程阻力计算

按管内实际流速计算阻力。阻力计算应从最不利环路,即从管段最长、局部阻碍构件最多的环路开始。

通风空调管道中,气流大多属于紊流光滑区到粗糙区之间的临界过渡区。只有流速很高、表面粗糙的混凝土风道内流动状态才属于紊流粗糙区。可用式(11-14c)计算沿程阻力系数 λ,再用式(11-16)计算比摩阻 R_m,即

$$\frac{1}{\sqrt{\lambda}}=-2\lg\left(\frac{K}{3.71d}+\frac{2.51}{Re\sqrt{\lambda}}\right)$$

$$R_m=\frac{\lambda}{d}\frac{\rho v^2}{2} \tag{11-16}$$

式中,K 为风管内壁粗糙度,mm;d 为风管直径,mm。

可根据式(11-14c)和式(11-16)制成计算表或线算图。图 11-4 所示的线算图,可供计算管道阻力时使用。已知流量、管径、流速、阻力四个参数中的任意两个,即可利用该图求得其余两个参数。该图的适用条件为紊流临界过渡区;压力 p_0 = 101.3kPa、温度 t_0 = 20℃、空气密度 ρ_0 = 1.204kg/m^3、运动黏度 ν_0 = 15.06 × 10^{-6} m^2/s、管壁粗糙度 K = 0.15mm、圆形风管、气流与管壁间无热交换。当实际条件与上述条件不符时,应进行修正。

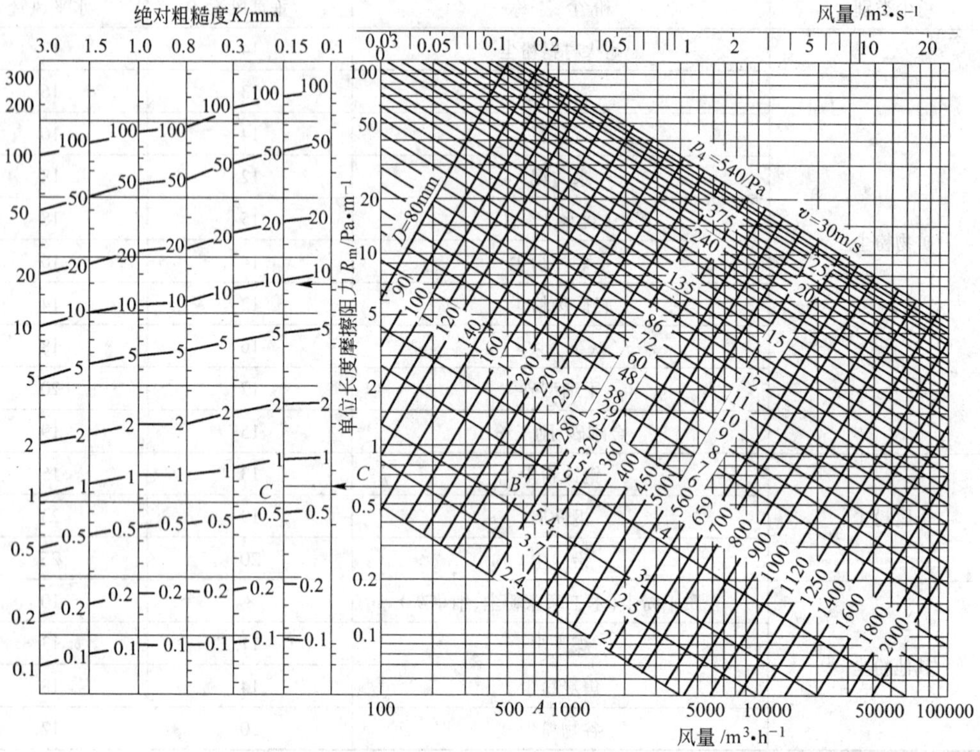

图 11－4　通风管道单位长度摩擦阻力线算图

(1)密度和黏度的修正，即

$$R_m = R_{m0}(\rho/\rho_0)^{0.91}(\nu/\nu_0)^{0.1} \quad (11-17)$$

式中，R_m 为实际比摩阻，Pa/m；R_{m0}为图中查出的比摩阻，Pa/m；ρ 为实际空气密度，kg/m^3；ν 为实际空气运动黏度，m^2/s。

(2)空气温度、大气压强及热交换的修正，即

$$R_m = K_t K_B K_H R_{m0} \quad (11-18)$$

式中，K_t 为温度修正系数；K_B 为大气压强修正系数；K_H 为热交换修正系数。

$$K_t = \left(\frac{273+20}{273+t}\right)^{0.825} \quad (11-19)$$

式中，t 为实际空气温度，℃。

$$K_B = (B/101.3)^{0.9} \quad (11-20)$$

式中，B 为实际大气压强，kPa。

$$K_H = \left(\frac{2}{\sqrt{\frac{T_b}{T}}+1}\right)^2 \quad (11-21)$$

式中，T 为气流绝对温度，K；T_b 为管壁绝对温度，K。

(3)管壁粗糙度的修正。在通风空调工程中，常用材料的粗糙度 K 见表 11－4。

表 11－4　各种材料的粗糙度 K

风管材料	粗糙度/mm
薄钢板或镀锌薄钢板	0.15～0.18
塑料板	0.01～0.05
矿渣石膏板	1.0
矿渣混凝土板	1.5
胶合板	1.0
砖砌体	3～6
混凝土	1～3
木　板	0.2～1.0

当风管管壁的粗糙度 $K\neq0.15$mm 时，可先由图 11－4 查出 R_{m0}，然后按下式修正：

$$R_m = K_r R_{m0} \tag{11-22}$$

$$K_r = (Kv)^{0.25} \tag{11-23}$$

式中，K_r 为管壁粗糙度修正系数；K 为管壁粗糙度；v 为空气流速，m/s。

矩形风管沿程阻力计算，需先将矩形风管断面尺寸折算成当量直径，再由此求得矩形风管的单位长度沿程阻力。

所谓“当量直径”，就是与矩形风管具有相同单位长度沿程阻力的圆形风管直径。当量直径又有流速当量直径和流量当量直径之分。本书上篇第四章介绍非圆形管的沿程损失时定义的当量直径就是速度当量直径；流量当量直径是指某一圆形风管中的空气流量与矩形风管的空气流量相等，并且单位长度沿程阻力也相等，则该圆形风管的直径就称为矩形风管的流量当量直径，以 d_e 表示。流量当量直径可近似按下式计算：

$$d_e = 1.3\frac{(ab)^{0.625}}{(a+b)^{0.25}} \tag{11-24}$$

利用当量直径求矩形风管的阻力，必须注意其对应关系：当采用流速当量直径时，必须用矩形风管中的流速去查出阻力；当采用流量当量直径时，必须用矩形风管中的流量去查出阻力。用两种方法求得的矩形风管单位摩擦阻力应该是相等的。

【例 11－1】　已知圆形风道直径为 400mm，输送风量为 7200m³/h，风道分别用钢板及塑料板制作，求它们的单位长度摩擦阻力 R_m 值。

【解】　(1)钢板风道：利用圆形钢板风道摩擦阻力计算图 11－4，根据 $D=400$mm，$Q=7200\text{m}^3/\text{h}$，直接查得 $R_m=6.1$Pa/m，风速 $v=15.3$m/s。

(2)塑料风道：查表 11－4 知塑料板的相对粗糙度为 0.01～0.05，仍利用图 11－4 查得钢板圆形风道的 $R_{m0}=6.1$Pa/m，然后进行风道材料粗糙度的修正。

根据 $K=0.03$，查图 11－4，当 $D=400$mm，$Q=7200\text{m}^3/\text{h}$ 时，修正系数 $\varepsilon=0.85$，则

$$R_m = \varepsilon R_{m0} = 0.85\times6.1 = 5.185\text{Pa/m}$$

【例 11－2】　有一钢薄板矩形风管，断面尺寸为 500mm×320mm，流量 $Q_V=0.75\text{m}^3/\text{s}$ (2700m³/h)，求单位长度摩擦阻力。

【解】　(1)用流速当量直径求矩形风管的单位长度摩擦阻力。

矩形风管内空气流速

$$v = \frac{0.75}{0.5 \times 0.32} = 4.69\text{m/s}$$

矩形风管的流速当量直径

$$d_e = \frac{2ab}{a+b} = \frac{2 \times 500 \times 320}{500 + 320} = 390\text{mm}$$

根据 $v = 4.69\text{m/s}$，$d_e = 390\text{mm}$，由图 11－4 查得矩形风管的单位长度摩擦阻力 $R_m = 0.63\text{Pa/m}$。

(2)用流量当量直径求矩形风管的单位长度摩擦阻力。

$$d_l = 1.3\frac{(ab)^{0.625}}{(a+b)^{0.25}} = 1.3 \times \frac{(0.5 \times 0.32)^{0.625}}{(0.5 + 0.32)^{0.25}} = 0.434\text{m}$$

根据 $Q_V = 0.75\text{m}^3/\text{s}$、$d_l = 434\text{mm}$，由图 11－4 查得 $R_m = 0.63\text{Pa/m}$。

(三)风管局部阻力计算

首先是确定局部阻力系数 ζ 和它对应的特征速度 v，然后代入式(11－15)计算局部阻力。

各种阻碍构件的局部阻力系数 ζ 通常查图表确定，本书附录 10 给出了各种阻碍构件的局部阻力系数。各种设备的局部阻力或局部阻力系数，由设备生产厂商提供。

各管段沿程阻力和局部阻力之和即为该管段的阻力。各管段阻力计算完成后，应进行并联管路的阻力平衡，以保证实际流量分配满足要求。

(四)并联管路的阻力平衡

当各并联管路的资用动力相等时，各并联管路的流动阻力必然相等。为了保证各管路达到预期的风量，在水力计算中，应使并联支管的计算阻力相等，工程上称为并联管路阻力平衡。对一般的通风系统，由于管材规格和管内流速的限制，不能实现理想平衡，工程上允许两并联管路的计算阻力存在一定的偏差。两支管的计算阻力差应不超过 15%，含尘风管应不超过 10%。若超过上述规定，可采用下述方法进行阻力平衡。

1. 调整支管管径

该方法通过改变支管管径来调整支管阻力，达到阻力平衡。调整后的管径按下式计算：

$$d' = d\left(\frac{\Delta p_i}{\Delta p'_i}\right)^{0.225} \tag{11-25}$$

式中，d'为调整后的管径，mm；d 为原设计的管径，mm；Δp_i 为原设计的支管阻力，Pa；$\Delta p'_i$ 为要求达到的支管阻力，Pa。

应当指出，只有在支管和干管的连接三通局部阻力不变的条件下，式(11－25)才成立，所以采用本方法时，不宜改变三通的支管直径，可在三通支管上先增设一节渐扩(缩)管，以免引起三通局部阻力的变化。

2. 阀门调节

该方法通过改变阀门开度来调节管道阻力。从理论上讲，这是一种最简单易行的方法，但对于多分支管的通风空调管网，却是一项复杂的技术工作，必须进行反复调整、测试才能实现预期的流量分配。

(五)系统总阻力计算与管网特性曲线绘制

最不利环路所有串联管段阻力(包括设备阻力)之和，即为管网系统的总阻力 p_l。根据

流体力学知识，管网阻力特性曲线方程为

$$p_l = SQ^2 \tag{11-26}$$

式中，S 为管网阻抗，kg/m^7；Q 为管网总流量，m^3/s。

管网阻抗与管网几何尺寸及管网中的沿程阻力系数、局部阻力系数以及流体密度有关。当这些因素不变时，管网阻抗 S 为常数。根据计算的管网阻力 p_l 和要求的总风量 Q，即可用式(11－26)计算管网阻抗，获得管网特性曲线。

$$S = \frac{p_l}{Q^2} \tag{11-27}$$

式中，Q 为计算流量，m^3/s；p_l 为计算流量下的管网总阻力，Pa。

不计算管段阻力和管网总阻力，而先计算各管段阻抗，再按如下串、并联管路的阻抗关系计算管网阻抗，也可获得管网特性曲线。

管段 i：

$$S_i = \frac{8\left(\lambda \dfrac{l_i}{d_i} + \sum\zeta_i\right)\rho_i}{\pi^2 d_i^4} \tag{11-28}$$

串联管路：

$$S = \sum S_i \tag{11-29}$$

并联管路：

$$S^{-\frac{1}{2}} = \sum S_i^{-\frac{1}{2}} \tag{11-30}$$

上述公式表明，管网中任一管段的有关参数变化，都会引起整个管网特性曲线的变化，从而改变管网总流量和管段的流量分配，这就决定了管网调整的复杂性。大量的理论与实践表明，在管网设计时不做好阻力平衡，完全依靠阀门调节流量的做法难以奏效，尤其是对并联管路较多的管网。

获得管网特性曲线后即可结合动力设备(风机)的性能曲线为管网匹配动力设备，具体匹配方法在第十三章介绍。

(六)计算例题

【例11－3】 图11－5所示为某车间的振动筛除尘系统。采用矩形伞形排风罩排尘，风管用钢板制作(粗糙度 $K=0.15mm$)，输送含有铁矿粉尘的含尘气体，气体温度为20℃。该系统采用CLSϕ800型水膜除尘器，除尘器含尘气流进口尺寸为318mm×552mm，除尘器阻力 $\Delta p_c=900Pa$。对该系统进行计算，确定该系统的风管断面尺寸和阻力并选择风机。

【解】 (1)绘制系统轴侧图(工程上管道常用单线表示)，对各管段进行编号，标出管段长度和各排风点的排风量。

(2)选定最不利环路，本系统选择1—2—3—4—除尘器—5—6—风机—7—8为最不利环路。

(3)根据各管段的风量及选定的流速，确定各管段的断面尺寸和单位长度沿程阻力。

根据表11－3，当输送含有重矿物粉尘的气体时，风管内最小风速为：垂直风管14m/s、水平风管16m/s。

管段1—2：

根据 $Q_{V1-2}=2700m^3/h(0.75m^3/s)$、$v_1=16m/s$，求出管径。所选管径应尽量符合附录

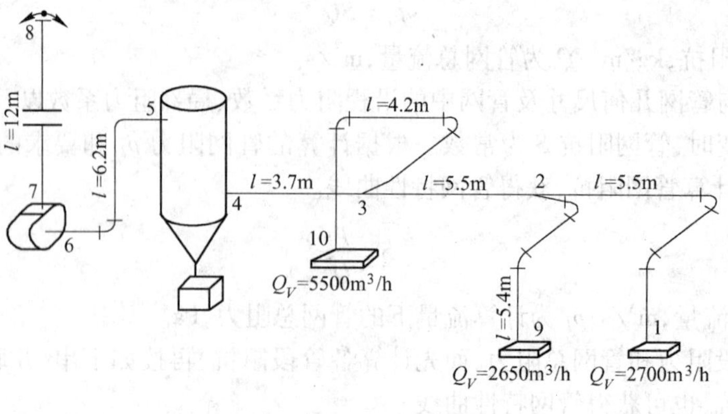

图 11－5　例 11－3 图

11 的通风管道统一规格。

$$d_{1-2}=\sqrt{\frac{Q_V}{3600\times\frac{\pi}{4}\times16}}=244\text{mm}$$

管径取整，令 $d_{1-2}=240\text{mm}$，由图 11－4 查得管内实际流速 $v_{1-2}=16.59\text{m/s}$，单位长度沿程阻力 $R_{m1-2}=14\text{Pa/m}$。

同理可查得管段 2—3，3—4，5—6，7—8，9—2 和 10—3 的管径及 R_m，见表 11－5。

表 11－5　管道水力计算表

管段编号	空气流量 Q_V /m³·h⁻¹	管长 l/m	管径 d /mm	管内风速 v /m·s⁻¹	动压 p_d /Pa	局部阻力系数 $\sum\zeta$	局部阻力 p_m /Pa	单位长度沿程阻力 R_m /Pa·m⁻¹	沿程阻力 $R_m l$ /Pa	管段阻力 $R_m l+p_m$ /Pa	备注
1	2	3	4	5	6	7	8	9	10	11	12
最不利环路											
1—2	2700	5.5	240	16.59	165.07	1.13	186.53	14	77	263.53	不采用此值
2—3	5350	5.5	340	16.37	160.78	0.18	28.94	8.5	46.75	75.69	
3—4	10850	3.7	480	16.66	166.61	0.04	6.66	5.8	21.46	28.12	
5—6	10850	6.2	600	10.66	68.24	0.60	40.94	1.5	9.3	50.24	
7—8	10850	12	600	10.66	68.24	0.70	47.77	1.5	18	65.77	
(1—2)	2700	5.5	260	14.13	119.85	1.13	135.43	8.2	45.1	180.53	
支　管											
9—2	2650	5.4	240	16.27	158.82	0.74	117.53	14	75.6	193.13	阻力不平衡
10—3	5500	4.2	340	16.84	170.15	1.524	259.23	8.5	35.7	294.93	
除尘器										900	

(4)计算各管段的沿程阻力和局部阻力。

1)管段1—2:

沿程阻力

$$p_{f1-2}=R_{m1-2}l_{1-2}=14\times5.5=77\text{Pa}$$

局部阻力

矩形伞形罩 $\alpha=30°$,查附录10,$\zeta=0.10$

90°弯头($R/D=1$)2个,$\zeta=0.25\times2=0.50$

直流三通(1→2)

当 $\alpha=30°$时,　$F_{1-2}=F_{9-2}=\frac{\pi}{4}\times0.24^2=0.045\text{m}^2$

$$F_{2-3}=\frac{\pi}{4}\times0.34^2=0.091\text{m}^2$$

根据 $F_{1-2}+F_{9-2}\approx F_{2-3},\alpha=30°,\frac{F_{9-2}}{F_{2-3}}=\frac{0.045}{0.091}\approx0.5,\frac{L_{9-2}}{L_{2-3}}=\frac{2650}{5350}\approx0.5$

查得　$\zeta_{1-2}=0.53,\zeta_{9-2}=0.14$

$$\sum\zeta=0.10+0.50+0.53=1.13$$

管内动压

$$p_{d1-2}=\frac{\rho}{2}v_{1-2}^2=\frac{1.2}{2}\times16.59^2=165.07\text{Pa}$$

$$p_{m1-2}=\sum\zeta p_{d1-2}=1.13\times165.07=186.53\text{Pa}$$

管段1—2的阻力

$$p_{l1-2}=p_{f1-2}+p_{m1-2}=77+186.53=263.53\text{Pa}$$

2)管段9—2:

沿程阻力

$$p_{f9-2}=R_{m9-2}l_{9-2}=14\times5.4=75.6\text{Pa}$$

局部阻力(见图11-6)

矩形伞形罩 $\alpha=30°$,查附录10,$\zeta=0.10$

90°弯头($R/D=1$)2个,$\zeta=0.25\times2=0.50$

直流三通(9→2)$\zeta_{9-2}=0.14$

$$\sum\zeta=0.10+0.50+0.14=0.74$$

$$p_{m9-2}=\sum\zeta p_{d9-2}=0.74\times158.82=117.53\text{Pa}$$

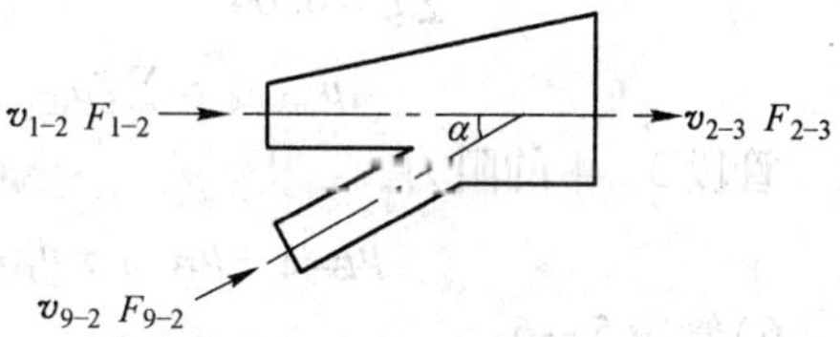

图11-6　合流三通

管段9—2的阻力　$p_{l9-2}=p_{f9-2}+p_{m9-2}=75.6+117.53=193.13\text{Pa}$

3)管段2—3:

沿程阻力

$$p_{f2-3}=R_{m2-3}l_{2-3}=8.5\times5.5=46.75\text{Pa}$$

局部阻力

直流三通(2→3)

根据　$F_{2-3}+F_{10-3}\approx F_{3-4},\alpha=45°,\frac{F_{10-3}}{F_{3-4}}\approx0.5,\frac{F_{2-3}}{F_{3-4}}\approx0.5,\frac{F_{10-3}}{F_{2-3}}\approx1.04$

查得　$\zeta_{2-3}=0.18,\zeta_{10-3}=0.924$

$$\sum\zeta=0.18$$

$$p_{m2-3}=\sum\zeta p_{d2-3}=0.18\times160.78=28.94\text{Pa}$$

管段2—3的阻力

$$p_{l2-3}=p_{f2-3}+p_{m2-3}=46.75+28.94=75.69\text{Pa}$$

4)管段10—3：

沿程阻力

$$p_{f10-3}=R_{m10-3}l_{10-3}=8.5\times4.2=35.7\text{Pa}$$

局部阻力

矩形伞形罩 $\alpha=30°$，查附录10，$\zeta=0.10$

90°弯头($R/D=1$)2个，$\zeta=0.25\times2=0.50$

直流三通(10→3)$\zeta_{10-3}=0.924$

$$\sum\zeta=0.10+0.50+0.924=1.524$$

$$p_{m10-3}=\sum\zeta p_{d10-3}=1.524\times170.51=259.23\text{Pa}$$

管段10—3的阻力

$$p_{l10-3}=p_{f10-3}+p_{m10-3}=35.7+259.23=294.93\text{Pa}$$

5)管段3—4：

沿程阻力

$$p_{f3-4}=R_{m3-4}l_{3-4}=5.8\times3.7=21.46\text{Pa}$$

局部阻力(见图11-7)

除尘器进口变径管(渐扩管)

除尘器进口尺寸为318mm×552mm，变径管长度为360mm，$\tan\alpha=\frac{1}{2}\times\frac{552-318}{360}=0.325$，$\alpha\approx18°$，$\zeta=0.04$

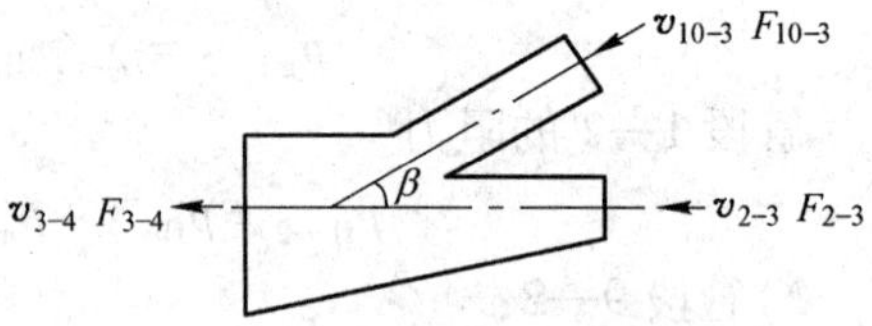

图11-7 合流三通

$$\sum\zeta=0.04$$

$$p_{m3-4}=\sum\zeta p_{d3-4}=0.04\times116.61=6.66\text{Pa}$$

管段3—4的阻力

$$p_{l3-4}=p_{f3-4}+p_{m3-4}=21.46+6.66=28.12\text{Pa}$$

6)管段5—6：

沿程阻力

$$p_{f5-6}=R_{m5-6}l_{5-6}=1.5\times6.2=9.3\text{Pa}$$

局部阻力

90°弯头($R/D=1$)2个，$\zeta=0.25\times2=0.50$

除尘器进口变径管(渐缩管)

除尘器进口尺寸为318mm×552mm，变径管长度为300mm，

$$\tan\alpha=\frac{1}{2}\times\frac{552-318}{300}=0.39,\alpha\approx21.3°,\zeta=0.10$$

$$\sum\zeta=0.50+0.10=0.60$$

$$p_{m5-6}=\sum\zeta p_{d5-6}=0.60\times68.24=40.94\text{Pa}$$

管段5—6的阻力

$$p_{l5-6}=p_{f5-6}+p_{m5-6}=9.3+40.94=50.24\text{Pa}$$

7)管段7—8:

沿程阻力

$$p_{f7-8}=R_{m7-8}l_{7-8}=1.5\times12=18\text{Pa}$$

局部阻力

根据设计经验,初步选择4－68－No.6.3C风机,风机出口尺寸为420mm×480mm,

$$\frac{F_{7-8}}{F_{出}}=\frac{\frac{\pi}{4}\times0.6^2}{0.42\times0.48}=1.4,\text{扩散角度按设计定为}10°,\zeta=0.10$$

带扩散管的伞形风帽($h/D_0=0.5$),$\zeta=0.60$

$$\sum\zeta=0.60+0.10=0.70$$

$$p_{m7-8}=\sum\zeta p_{d7-8}=0.70\times68.24=47.77\text{Pa}$$

管段7—8的阻力

$$p_{l7-8}=p_{f7-8}+p_{m7-8}=18+47.77=65.77\text{Pa}$$

(5)校核节点处各管段的阻力平衡。

1)节点2:$p_{l1-2}=263.53\text{Pa}$　$p_{l9-2}=193.13\text{Pa}$

$$\frac{p_{l1-2}-p_{l9-2}}{p_{l1-2}}=\frac{263.53-193.13}{263.53}=26.7\%>10\%$$

为使管段1—2、9—2达到阻力平衡,要修改原设计管径,重新计算管段阻力。

根据式(11－25),改变管段1—2的管径

$$d'_{1-2}=d_{1-2}(\frac{p_{l1-2}}{p_{l9-2}})^{0.225}=240\times\left(\frac{263.53}{193.13}\right)^{0.225}=257\text{mm}$$

根据通风管道统一规格,取$d'_{1-2}=260\text{mm}$。

根据$Q_{V1-2}=2700\text{m}^3/\text{h}(0.75\text{m}^3/\text{s})$、$d'_{1-2}=260\text{mm}$,由图11－4查得管内实际流速$v'_{1-2}=14.13\text{m/s}$,管内动压$p'_{d1-2}=119.85\text{Pa}$。

查图11－4,$R'_{m1-2}=8.2\text{Pa}$

沿程阻力$p'_{f1-2}=R'_{m1-2}l_{1-2}=8.2\times5.5=45.1\text{Pa}$

局部阻力

直流三通(1→2)部分

当$\alpha=30°$时,$F'_{1-2}=\frac{\pi}{4}\times0.26^2=0.053\text{m}^2$,$F_{9-2}=\frac{\pi}{4}\times0.24^2=0.045\text{m}^2$,$F_{2-3}=\frac{\pi}{4}\times0.34^2=0.091\text{m}^2$

根据$F_{1-2}+F_{9-2}\approx F_{2-3}$,$\alpha=30°$,$\frac{F_{9-2}}{F_{2-3}}=\frac{0.045}{0.091}\approx0.5$,$\frac{L_{9-2}}{L_{2-3}}=\frac{2650}{5350}\approx0.5$

查得三通局部阻力系数大致不变,其余管件局部阻力系数亦不变,则$\sum\zeta=1.13$。管内动压$p'_{d1-2}=119.85\text{Pa}$

$$p_{m1-2}=\sum\zeta p'_{d1-2}=1.13\times119.85=135.43\text{Pa}$$

$$p'_{l1-2}=p'_{f1-2}+p'_{m1-2}=45.1+135.43=180.53\text{Pa}$$

重新校核阻力平衡

$$\frac{p_{l9-2}-p'_{l1-2}}{p_{l9-2}}=\frac{193.13-180.53}{193.13}=6.5\%<10\%$$

此时认为节点2已处于平衡状态。有些时候，如果调节管径仍达不到支路平衡的要求，可以通过调节风管上设置的阀门和调节风管长度等手段调节管内气流阻力。

2）节点3：

$$p_{l2-3}=75.69\text{Pa}\quad p_{l10-3}=294.93\text{Pa}$$

$$\frac{p_{l10-3}-p_{l9-2-3}}{p_{l10-3}}=\frac{294.93-(193.13+75.69)}{294.93}=8.9\%<10\%$$

符合要求。

（6）计算系统的总阻力。

因为风管10—3的阻力大于风管（1—3）′的阻力，所以核定管道10—3—4—除尘器—5—6—风机—7—8为主管线。该系统的总阻力

$$\begin{aligned}p_l&=\sum(R_m l+p_m)+p_{l10-3}+p_{l3-4}+p_{除尘器}+p_{l5-6}+p_{l7-8}\\&=294.93+28.12+900+50.24+65.77=1339\text{Pa}\end{aligned}$$

（7）选择风机。

风机风压：$p_f=K_p p_l=1.20\times1339=1847\text{Pa}$

风机风量：$Q_{Vf}=K_q Q_V=1.15\times10850=12478\text{m}^3/\text{h}$

式中，K_p 为风压附加系数，一般的送排风系统 $K_p=1.1\sim1.15$；除尘系统 $K_p=1.15\sim1.20$；气力输送系统 $K_p=1.20$。K_q 为风量附加系数，一般的送排风系统 $K_q=1.1$；除尘系统 $K_q=1.1\sim1.15$；气力输送系统 $K_q=1.15$。

选用4－68No.6.3C风机，其性能为

$$Q_{Vf}=12993\text{m}^3/\text{h}\qquad p_f=1990\text{Pa}$$

风机转速：$n=1800\text{r/min}$。

配用Y160M$_1$－2型电动机，电动机功率 $N=11\text{kW}$。

二、均匀送风管道设计

根据工业与民用建筑的使用要求，通风和空调系统的风管有时需要把等量的空气，沿风管侧壁的成排孔口或短管均匀送出。这种均匀送风方式可使送风房间得到均匀的空气分布，而且风管的制作简单、材料节约。因此，均匀送风管道在车间、会堂、冷库和气幕装置中广泛应用。

均匀送风管道的计算方法很多，下面介绍一种近似计算方法。

（一）均匀送风管道的静压复得法设计原理

空气在风管内流动时，其静压垂直作用于管壁。如果在风管的侧壁开孔，由于孔口内外存在静压差，空气会按垂直于管壁的方向从孔口流出。静压差产生的流速 v_j（m/s）为

$$v_j=\sqrt{\frac{2p_j}{\rho}}$$

空气在风管内的流速 v_d（m/s）为

$$v_d=\sqrt{\frac{2p_d}{\rho}}$$

式中，p_j 为风管内空气的静压，Pa；p_d 为风管内空气的动压，Pa。

当空气从孔口流出时，它的实际流速和出流方向不只取决于静压产生的流速和方向，还受管内流速的影响，如图 11－8 所示。在管内流速的影响下，孔口出流方向要发生偏离，实际流速为合成速度，可用下列各式计算有关数值。

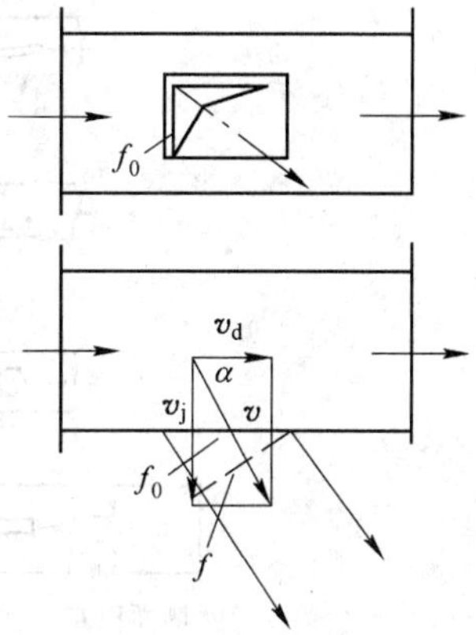

图 11－8　侧孔出流状态图

孔口出流方向：

孔口出流与风管轴线间的夹角 α（出流角）为

$$\tan\alpha = \frac{v_j}{v_d} = \sqrt{p_j/p_d} \tag{11-31}$$

孔口实际流速：

$$v = \frac{v_j}{\sin\alpha} \tag{11-32}$$

孔口流出风量：

$$Q_0 = 3600\mu \cdot A \cdot v = 3600\mu \cdot A_0 \cdot v_j \tag{11-33}$$

式中，μ 为孔口流量系数；A 为孔口在气流垂直方向上的投影面积，m^2；A_0 为孔口面积，m^2。

由图 11－5 可知：

$$A = A_0 \sin\alpha = A_0 \frac{v_j}{v}$$

式(11－33)可改写为

$$Q_0 = 3600\mu \cdot A_0 \sqrt{2p_j/\rho} \tag{11-34}$$

空气在孔口面积 A_0 上的平均流速 v_0（m/s），按定义和式(11－34)得

$$v_0 = \frac{Q_0}{3600 \times A_0} = \mu \cdot v_j \tag{11-35}$$

对于断面不变的矩形送（排）风管，采用条缝形风口送（排）风时，风口上的速度分布如图 11－9 所示。在送风管上，从始端到末端管内流量不断减小，动压相应下降，静压增大，使条缝口出口流速不断增大；在排风管上，则是相反，因管内静压不断下降，管内外压差增大，条缝口入口流速不断增大。

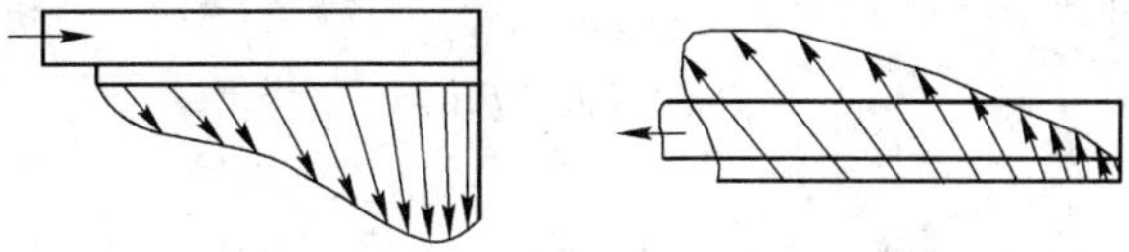

(a)　　(b)

图 11－9　从条缝口吹出和吸入的速度分布

(a)吹出；(b)吸入

从式(11－34)可以看出，要实现均匀送风，可采用以下措施：

(1)送风管段面积 F 和孔口面积 A_0 不变时，管内静压会不断增大，可根据静压变化，在孔口上设置不同的阻体，使不同的孔口具有不同的阻力（即改变流量系数），见图 11－10a、b。

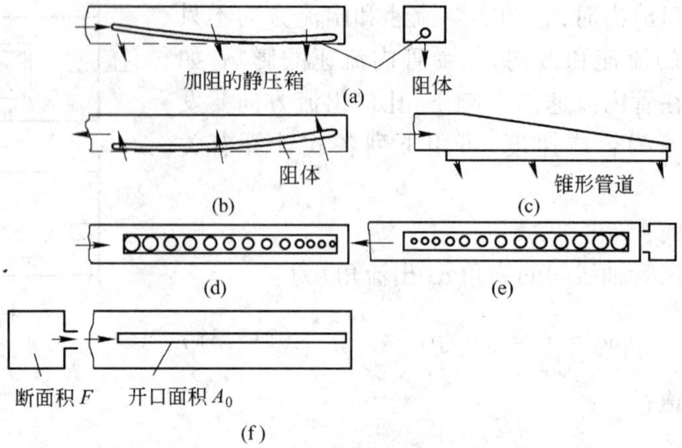

图 11－10 实现均匀送(排)风的方式

(2)孔口面积 A_0 和 μ 值不变时,可采用锥形风管改变送风管断面面积,使管内静压基本保持不变,见图 11－10c。

(3)送风管段面积 F 及孔口 μ 值不变时,可根据管内静压变化改变孔口面积 A_0,见图 11－10d、e。

(4)增大送风管段面积 F,减小孔口面积 A_0。对于图 11－10f 所示的条缝形风口,试验表明,当 $A_0/F<0.4$ 时,始端和末端出口流速的相对误差在 10% 以内,可近似认为是均匀分布的。

(二)实现均匀送风的基本条件

从式(11－34)可以看出,对于侧孔面积 A_0 保持不变的均匀送风管,要使各侧孔的送风量保持相等,必须保证各侧孔的静压 p_j 和流量系数 μ 相等;要使出口气流尽量保持垂直,即要求出流角 α 接近 90°,这势必要求管道断面为无限大,显然这在工程上是不可能的,通常要求 $\alpha \geqslant 60°$。下面分析如何实现上述要求。

(1)保持各侧孔静压相等。在图 11－11 所示管道上断面 1,2 的能量方程式为

$$p_{j1}+p_{d1}=p_{j2}+p_{d2}+p_{l1-2} \tag{11-36}$$

若

$$p_{d1}-p_{d2}=p_{l1-2}$$

则

$$p_{j1}=p_{j2}$$

这表明,两侧孔间静压相等的条件是两侧孔间的动压降等于两侧孔间的阻力。

(2)保持各侧孔流量系数相等。流量系数 μ 与孔口形状、出流角 α 及孔口流出风量与孔口前风量之比(即 $Q_0/Q=\overline{Q_0}$,$\overline{Q_0}$称为孔口的相对流量)有关。

如图 11－12 所示,在 $\alpha \geqslant 60°$、$\overline{Q_0}=0.1\sim0.5$ 范围内,对于锐边的孔口可近似认为 $\mu \approx 0.6 \approx$ 常数。

(3)增大出流角 α。要保持 $\alpha \geqslant 60°$,必须使 $p_j/p_d \geqslant 3.0$($v_j/v_d \geqslant 1.73$)。

为了使空气出流方向垂直管道侧壁,而又不增大管道断面,可在孔口处装置垂直于侧壁

的挡板，或把孔口改成短管，调整出流角度 α 接近 $90°$。

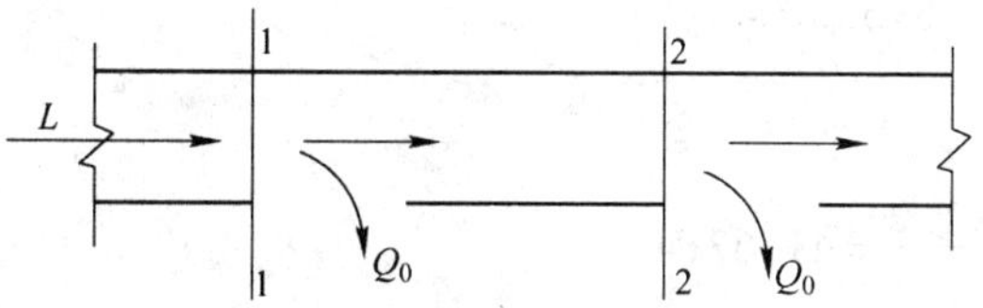

图 11－11　各测口静压相等的条件

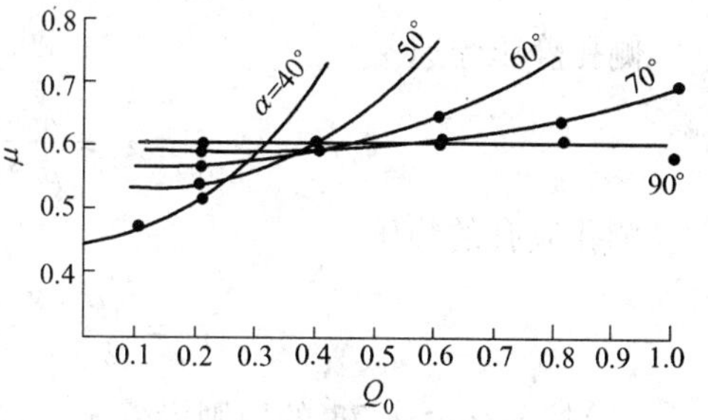

图 11－12　锐边孔口的 μ 值

（三）侧孔送风时的通路（直通部分）局部阻力系数和侧孔局部阻力系数（或流量系数）

通常把侧孔送风的均匀送风管看作是支管长度为零的三通，当空气从侧孔送出时，产生两部分局部阻力，即直通部分的局部阻力和侧孔出流时的局部阻力。

直通部分的局部阻力系数可由表 11－6 查出，表中 ζ 值对应侧孔前的管内动压。

表 11－6　空气流过侧孔直通部分的局部阻力系数

Q_0/Q	0	0.1	0.2	0.3	0.4	0.5	0.6	0.7	0.8	0.9	约 1
ζ	0.15	0.05	0.02	0.01	0.03	0.07	0.12	0.17	0.23	0.29	0.35

从侧孔或条缝口流出时，孔口的流量系数可近似取 $\mu=0.6\sim0.65$。

（四）均匀送风管道的计算方法

先确定侧孔个数、侧孔间距以及每个侧孔的送风量，然后计算侧孔面积、送风管道直径（或断面尺寸）和管道阻力。

下面通过例题说明均匀送风管道的计算步骤和方法。

【例 11－4】　图 11－13 所示为某冷库总送风量 $12000\text{m}^3/\text{h}$ 的矩形变截面钢制均匀送风管道，采用 10 个等面积的侧孔送风，孔间距为 1.8m。试确定其孔口面积、各断面直径及总阻力。

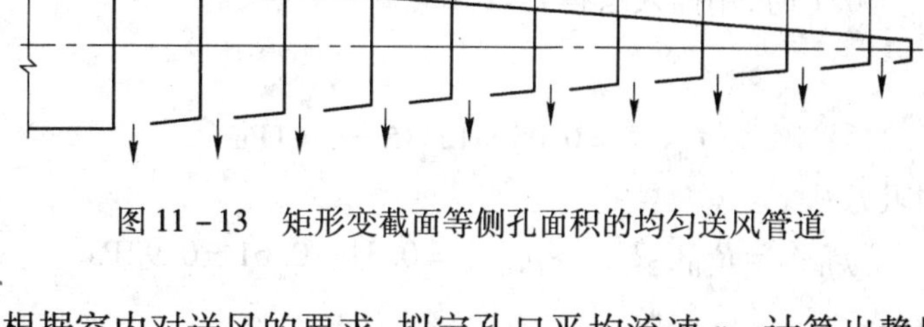

图 11－13　矩形变截面等侧孔面积的均匀送风管道

【解】　(1) 根据室内对送风的要求，拟定孔口平均流速 v_0，计算出静压速度 v_j 和侧孔面积 A_0。

设侧孔的平均出流速度 $v_0=5.0\text{m/s}$，则

侧孔面积

$$A_0=\frac{Q_{V0}}{3600\times v_0}=\frac{12000}{10\times 3600\times 5.0}=0.067\text{m}^2$$

侧孔静压流速

$$v_j=\frac{v_0}{\mu}=\frac{5.0}{0.6}=8.33\text{m/s}$$

侧孔应有的静压

$$p_j=\frac{v_j^2\rho}{2}=\frac{8.33^2\times 1.2}{2}=41.67\text{Pa}$$

(2)按 $v_j/v_d\geqslant 1.73$ 的原则设定 v_{d1}，求出第一侧孔前管道断面 1 处直径 d_1（或断面尺寸）。

设断面 1 处管内空气流速 $v_{d1}=4.5\text{m/s}$，则$\frac{v_{j1}}{v_{d1}}=\frac{8.33}{4.5}=1.85>1.73$，出流角 $\alpha=62°$。

断面 1 动压

$$p_{d1}=\frac{4.5^2\times 1.2}{2}=12.15\text{Pa}$$

断面 1 直径

$$d_1=\sqrt{\frac{12000}{3600\times 4.5\times 3.14/4}}=0.97\text{m}$$

断面 1 全压

$$p_{q1}=41.67+12.15=53.82\text{Pa}$$

(3)计算管段 1—2 的阻力 $(Rl+p_m)_{1-2}$，再求出断面 2 处的全压。

$$p_{q2}=p_{q1}-(Rl+p_m)_{1-2}=p_{d1}+p_j-(Rl+p_m)_{1-2}$$

管段 1—2 的沿程阻力：

已知风量 $Q_V=10800\text{m}^3/\text{h}$，管径应取断面 1，2 的平均直径，但 d_2 未知，近似以 $d_1=970\text{mm}$ 作为平均直径。查图 11－4 得：$R_{m1-2}=0.17\text{Pa/m}$。

沿程阻力

$$p_{f1-2}=R_{m1-2}l_{1-2}=0.17\times 1.8=0.31\text{Pa}$$

管段 1—2 的局部阻力：

空气流过侧孔直通部分的局部阻力系数由表 11－6 查得。

当$\frac{Q_{V0}}{Q_V}=\frac{1200}{12000}=0.1$ 时，用插入法得 $\zeta=0.05$。

局部阻力

$$p_{m1-2}=0.05\times 12.15=0.61\text{Pa}$$

管段 1—2 的阻力

$$p_{l1-2}=R_{m1-2}l_{1-2}+p_{m1-2}=0.31+0.61=0.92\text{Pa}$$

断面 2 全压

$$p_{q2}=p_{q1}-(R_{m1-2}l_{1-2}+p_{m1-2})=53.82-0.92=52.9\text{Pa}$$

(4)根据 p_{q2} 得到 p_{d2}，从而计算处断面 2 处的直径。

管道中各断面的静压相等（均为 p_j），故断面 2 的动压为

$$p_{d2}=p_{q2}-p_j=52.9-41.67=11.23\text{Pa}$$

断面2流速

$$v_{d2}=\sqrt{\frac{2\times11.23}{1.2}}=4.33\text{m/s}$$

断面2直径

$$d_2=\sqrt{\frac{10800}{3600\times4.33\times3.14/4}}=0.94\text{m}$$

(5)计算管段2—3的阻力$(Rl+p_m)_{2—3}$后,可求出断面3的直径d_3。

管段2—3的摩擦阻力:

以风量$Q_V=9600\text{m}^3/\text{h}$、断面直径$d_2=930\text{mm}$查图11-4得:$R_{m2—3}=0.155\text{Pa/m}$。

沿程阻力

$$p_{f2—3}=R_{m2—3}l_{2—3}=0.155\times1.8=0.28\text{Pa}$$

管段2—3的局部阻力

$$p_{m2—3}=0.042\times11.23=0.47\text{Pa}$$

管段2—3阻力

$$p_{l2—3}=R_{m2—3}l_{2—3}+p_{m2—3}=0.28+0.47=0.75\text{Pa}$$

断面3的全压

$$p_{q3}=p_{q2—3}-(R_{m2—3}l_{2—3}+p_{m2—3})=52.9-0.75=52.15\text{Pa}$$

断面3的动压

$$p_{d3}=p_{q3}-p_j=52.15-41.67=10.48\text{Pa}$$

断面3的流速

$$v_{d3}=\sqrt{\frac{2\times10.48}{1.2}}=4.2\text{m/s}$$

断面3的直径

$$d_3=\sqrt{\frac{9600}{3600\times4.2\times3.14/4}}=0.9\text{m}$$

依次类推,继续计算各管段阻力$(R_ml+p_m)_{3,4},\cdots,(R_ml+p_m)_{(n-1)-n}$,可求得其余各断面直径$d_1,\cdots,d_{n-1},d_n$。最后把各断面连接起来,成为一条锥形风管。

断面1应具有的全压53.82Pa,即为此均匀送风管道的总阻力。必须指出,在计算均匀送风管道时,为了简化计算,可以把每一管段起始段面的动压作为该管段的平均动压,并假定侧孔流量系数μ和摩擦阻力系数λ为常数。

必须指出,在计算均匀送风管道时,为了简化计算,把每一管段起始断面的动压作为该管段的平均动压,并假定侧孔流量系数μ和沿程阻力系数λ为常数,这会导致一定的偏差。

习　题

11-1　图11-14是某建筑卫生间通风示意图。试分析冬季机械动力和位压作用之间的关系。

11-2　简述实现均匀送风的基本条件和实现这些条件的方法。

11-3　水力计算过程中,为什么要对并联管路进行阻力平衡,怎样进行?

11-4　简述均匀送风管道设计的原理和主要步骤。

11－5 如图11－15所示通风系统，各管段的设计流速和计算阻力如表11－7所示。

(1)系统风机的全压和风量应为多少？

(2)各设计风量能否实现？若运行时，测得1号排风口的风量为4000m^3/h，2号、3号排风口的风量是多少？

(3)若运行中需要增加1号排风口的风量，应怎样调节？

11－6 图11－16所示为某断面相同的风道，风道中通过的风量$Q = 10m^3/s$，空气平均密度$\rho = 1.2kg/m^3$，用气压计测得风道中1，2两点的气压分别为101989.8Pa与101323.2Pa。试求风道1，2两点间的通风阻力。

11－7 降低通风管道阻力有什么意义，如何降低通风管道阻力？

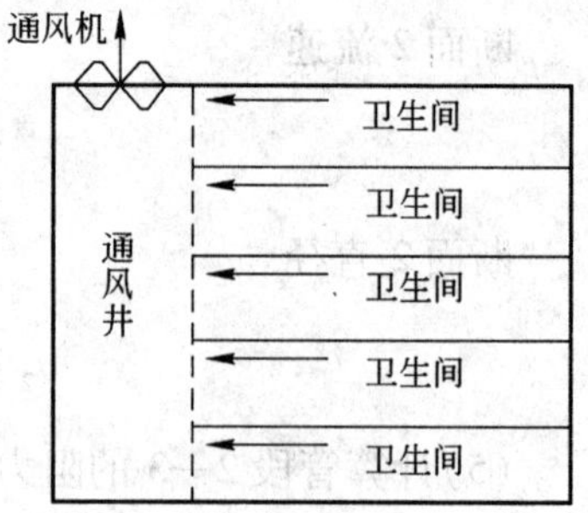

图11－14 习题11－1图

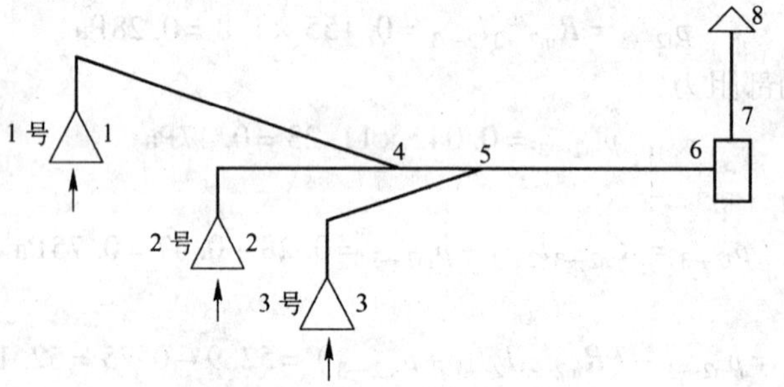

图11－15 习题11－5图

表11－7 习题11－5表

管 段	1—4	2—4	4—5	3—5	5—6	7—8
设计流量	4000	6000	10000	5000	15000	15000
设计流速	6	6	10	8	10	12
计算阻力	180	120	60	200	120	250

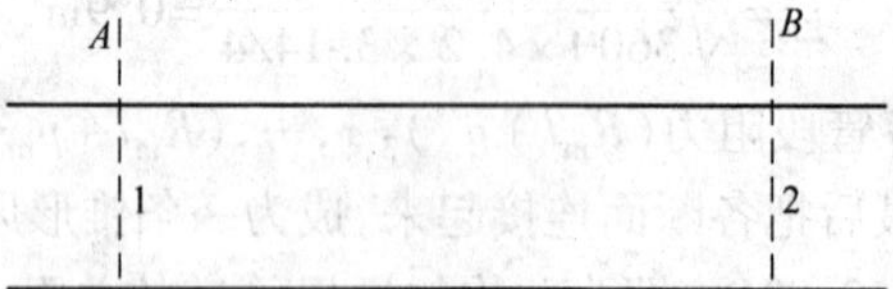

图11－16 习题11－6图

11－8 为什么要进行风管管路的阻力平衡校核，平衡的基本标准是什么，校核不平衡怎么办？

11－9 调节风管支管断面尺寸而使并联管路阻力平衡的方法，实质上是分别改变什么参数使管道什么阻力发生变化，适合在什么情况下使用？

第十二章　液体输配管网水力特征与水力计算

液体管网与气体管网的根本区别在于管内液体的密度是管外空气密度的1000倍左右。因而能量方程中的位压 $g(\rho_a-\rho)(H_2-H_1)$，可简化为 $g\rho(H_1-H_2)$，称为液柱压力。液柱压力对液体管网的正常运行影响很大，需要充分注意。

第一节　闭式液体管网水力特征

一、重力循环液体管路的工作原理及其环路作用动力

图12－1是重力循环管路的工作原理图。整个系统有一个冷却中心1（散热器）和一个加热中心2（锅炉），供水管3和回水管4把锅炉与散热器连接在一起。在系统的最高处连接一个膨胀水箱5，用它容纳水在受热后膨胀而增加的体积。

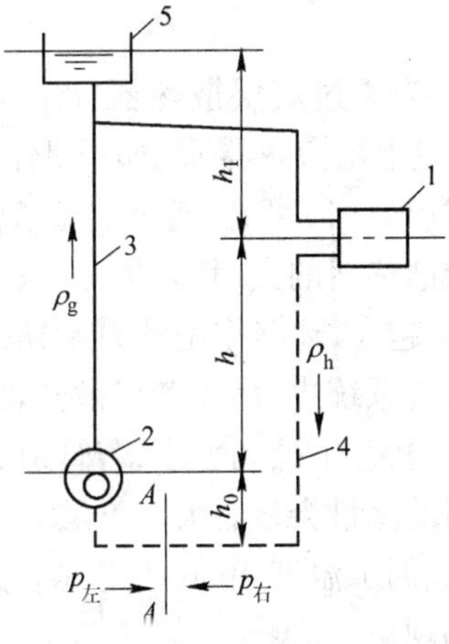

图12－1　重力循环热水供热系统工作原理图
1—散热器；2—热水锅炉；3—供水管路；4—回水管路；5—膨胀水箱

当水在锅炉内被加热后，密度减小为 ρ_g，沿供水干管上升，流入散热器。在散热器内水被冷却，密度增大为 ρ_h，再沿回水干管流回锅炉，形成如图12－1箭头所示方向的循环流动。重力循环流动的能量方程为

$$\oint \rho \boldsymbol{g} \cdot \mathrm{d}\boldsymbol{l} = p_l \qquad (12-1)$$

方程的左端是重力作用产生的环路作用动力，右端是环路流动阻力。方程中 $\boldsymbol{g}$ 为重力加速度，方向竖直向下；$\mathrm{d}\boldsymbol{l}$ 为环路微段矢量，方向为流动方向。若忽略管道散热的影响，可得

$$g[(\rho_g-\rho_g)h_1+(\rho_h-\rho_g)h+(\rho_h-\rho_h)h_0]=p_l$$

化简得

$$gh(\rho_h-\rho_g)=p_l$$

所以，无管道散热的重力循环的环路作用动力 Δp_h（Pa）为

$$\Delta p_h=gh(\rho_h-\rho_g) \qquad (12-2)$$

式中，g 为重力加速度，取 $9.81\mathrm{m/s^2}$；h 为冷却中心至热源中心的高差，m；ρ_h 为回水密度，$\mathrm{kg/m^3}$；ρ_g 为供水密度，$\mathrm{kg/m^3}$。

由式（12－2）可见，起循环作用的是散热器（冷却中心）和锅炉（加热中心）之间的水柱密度差与高差的乘积。如供水温度为95℃，回水70℃，则每米高差可产生的作用动力为：

$gh(\rho_h - \rho_g) = 9.81 \times 1 \times (977.81 - 961.92) = 156Pa$。重力循环的作用动力不大，环路中若积有空气，会形成气塞，阻碍循环，因此要特别重视排气。

为了排气，系统的供水干管向膨胀水箱方向上必须有 0.5% ~1.0% 的坡度，散热器支管的坡度一般取 1%。在重力循环系统中，水的流速较低，空气能逆着水流方向，经过供水干管聚集到系统的最高处，通过膨胀水箱排除。

二、重力循环液体管网的水力特征

重力循环液体管网，通常有若干个冷却中心和加热中心。这些中心有时相互关联，形成若干并联环路，有时串联在一个环路中。

(一)重力循环液体管网并联环路的水力特征

在如图 12－2 所示的热水供热双管系统中，由于供水同时在上、下两层散热器内冷却，形成了两个并联环路 aS_1ba 和 aS_2ba，两个冷却中心 S_1 和 S_2。分别沿两个环路积分，可得它们的作用动力 Δp_1(Pa)，Δp_2(Pa)分别为

$$\Delta p_1 = gh_1(\rho_h - \rho_g) \tag{12-3}$$

$$\Delta p_2 = g(h_1 + h_2)(\rho_h - \rho_g) = \Delta p_1 + gh_2(\rho_h - \rho_g) \tag{12-4}$$

式中，Δp_1 为通过底层散热器 aS_1ba 环路的作用动力，Pa；Δp_2 为通过上层散热器 aS_2ba 环路的作用动力，Pa。

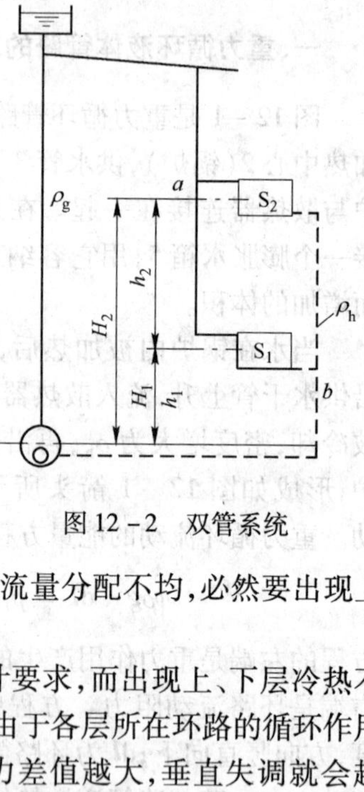

图 12－2　双管系统

由式(12－4)可见，通过上层散热器环路的作用动力比通过底层散热器的大，其差值为 $gh_2(\rho_h - \rho_g)$，散热器之间的高差 h_2 越大，环路作用动力差异越大。

在双管系统中，由于各层散热器与锅炉的高差不同，上层作用动力大，下层动力小，若管道、散热器尺寸相同，则上层散热器的流量会显著大于下层。即使进入和流出各层散热器的供、回水温度相同(不考虑管路沿途冷却的影响)，由于流量分配不均，必然要出现上热下冷的现象。

在供暖建筑物内，同一竖向的各层房间的室温不符合设计要求，而出现上、下层冷热不匀的现象，通常称作系统垂直失调。双管系统的垂直失调，是由于各层所在环路的循环作用动力不同而引起的；楼层数越多，最上层和最下层的作用压力差值越大，垂直失调就会越严重。

图 12－2 中，管路 aS_1b 和 aS_2b 是两并联管路，同时也分别是 aS_1ba 和 aS_2ba 环路的独用管路，而管路 $b-a$ 则是两环路的共用管路。每个环路的流动阻力等于独用管路阻力与共用管路阻力之和，所以

$$\Delta p_{aS_1b} = \Delta p_{aS_1ba} - \Delta p_{b-a} = \Delta p_1 - \Delta p_{b-a}$$

$$\Delta p_{aS_2b} = \Delta p_{aS_2ba} - \Delta p_{b-a} = \Delta p_2 - \Delta p_{b-a}$$

$$= \Delta p_1 + gh_2(\rho_h - \rho_g) - \Delta p_{b-a} = \Delta p_{aS_1b} + gh_2(\rho_h - \rho_g)$$

显然，若 $h_2 \neq 0$ 或 $\rho_h \neq \rho_g$，则并联管路的阻力不相等，这是由于二者所受重力作用不等引起的。

由此可得如下结论：当各并联管路中重力作用不相等时，各并联管路的资用动力不相

等，使得并联管路的阻力不相等。因此，流量分配与阻抗的平方根成反比的结论不成立，即

$$Q_1:Q_2 \neq \frac{1}{\sqrt{S_1}}:\frac{1}{\sqrt{S_2}}$$

独用管路的阻力是与独用管路的作用动力相平衡的。只有当各并联独用管路的作用动力相等时，它们的阻力才相等。由 $\Delta p_i = \Delta p_{Di} + \Delta p_{Gi}$ 可知，独用管路的作用动力 Δp_{Di} 为

$$\Delta p_{Di} = \Delta p_i - \Delta p_{Gi} \tag{12-5}$$

(二)重力循环液体管网串联环路的水力特征

热水采暖单管系统的特点是热水顺序流经多组散热器，逐个冷却后返回热源。

在图 12－3 所示的上供下回单管式系统中，散热器 S_2 和 S_1 串联。由图 12－3 分析可见，引起重力循环作用动力的高差是 h_1+h_2，冷却后水的密度分别为 ρ_2 和 ρ_h，对式(12－1)左端积分，得其循环作用动力 Δp_h(Pa)为

$$\Delta p_h = gh_1(\rho_1-\rho_g)+gh_2(\rho_2-\rho_g) \tag{12-6}$$

式(12－3)也改写为

$$\begin{aligned}\Delta p_h &= g(h_1+h_2)(\rho_2-\rho_g)+gh_1(\rho_1-\rho_2)\\ &= gH_2(\rho_2-\rho_g)+gH_1(\rho_1-\rho_2)\end{aligned}$$

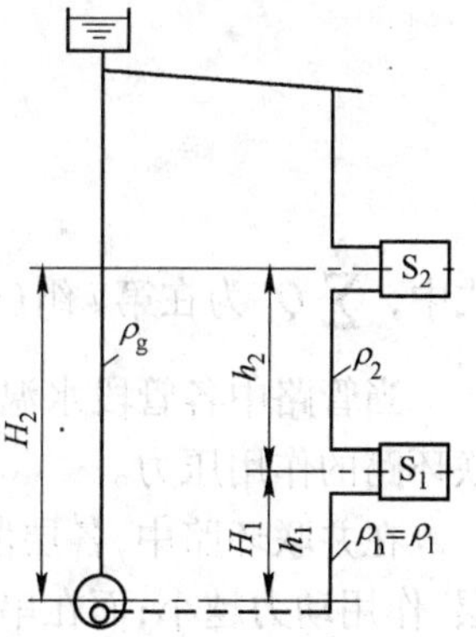

图 12－3　单管系统

同理，若循环环路中有 N 组串联的冷却中心(散热器)，循环作用动力可用下面的通式表示：

$$\Delta p_h = \sum_{i=1}^{N} gh_i(\rho_i-\rho_g) = \sum_{i=1}^{N} gH_i(\rho_i-\rho_{i+1}) \tag{12-7}$$

式中，N 为循环环路中冷却中心的总数；i 为冷却中心的顺序数，按逆流方向排序，即沿流动方向的最后一组散热器为 $i=1$；g 为重力加速度，9.81m/s^2；ρ_g 为采暖系统供水的密度，kg/m^3；h_i 为从计算的冷却中心 i 到冷却中心 $i-1$ 之间的垂直距离，m，当计算的冷却中心 $i=1$ 时，h_i 表示与锅炉中心的垂直距离；ρ_i 为流出所计算的冷却中心的水的密度，kg/m^3；H_i 为从计算的冷却中心到锅炉中心之间的垂直距离，m；ρ_{i+1} 为进入所计算的冷却中心 i 的水的密度，kg/m^3(当 $i=N$ 时，$\rho_{i+1}=\rho_g$)。

从上面作用动力的计算公式可见，若干个冷却中心串联形成的回路，其作用动力与水温变化、加热中心与冷却中心的高差以及冷却中心数目等因素有关。同一环路上，各串联冷却中心不论位置高低，循环作用动力相同，即使最底层的散热器低于锅炉中心(h_1 为负值)，也可使水循环流动。

为了计算串联环路重力循环作用动力，需要求出各个冷却中心之间管路中水的密度 ρ_i。为此，首先要确定各散热器之间管路的水温 t_i。

设供、回水温度分别为 t_g，t_h。建筑物为 8 层($N=8$)，每层散热器的散热量分别为 Q_1，Q_2，…，Q_8，即立管的热负荷 $\sum Q$(W)为

$$\sum Q = Q_1+Q_2+\cdots+Q_8 \tag{12-8}$$

通过立管的质量流量 Q_L(kg/h)，按其所担负的全部热负荷计算，可得

$$Q_L = \frac{A\sum Q}{c(t_g-t_h)} = \frac{3.6\sum Q}{4.187(t_g-t_h)} = 0.86\frac{\sum Q}{t_g-t_h} \tag{12-9}$$

式中，$\sum Q$ 为立管的总热负荷，W；t_g，t_h 分别为立管的供、回水温度，℃；c 为水的比热容，$c=$

4.187kJ/(kg·℃);A 为换算系数(1W = 3.6kJ/h)。

流出某一层(如第二层)散热器的水温 t_2,根据上述热平衡式有

$$Q_L = 0.86\frac{Q_2 + Q_3 + \cdots + Q_8}{t_g - t_2} \tag{12-10}$$

由式(12-9)与式(12-10),可求出流出第二层散热器的水温 t_2(℃)为

$$t_2 = t_g - \frac{Q_2 + Q_3 + \cdots + Q_8}{\sum Q}(t_g - t_h) \tag{12-11}$$

串联 N 个散热器的环路,流出第 i 个散热器的水温 t_i(℃),可按下式计算:

$$t_i = t_g - \frac{\sum_i^N Q_i}{\sum Q}(t_g - t_h) \tag{12-12}$$

式中,$\sum_i^N Q_i$ 为在第 i 组(包括第 i 组)散热器上游的全部散热器的散热量,W。

当管路中各管段水温 t_i 确定后,可确定其 ρ_i 值。利用式(12-7),即可求出重力循环串联环路的作用压力。

在并联环路中,各层散热器的进出水温度是相同的,但循环作用动力相差很大,越在下层,作用动力越小;而在串联环路中,各层散热器循环作用动力相同,但进、出口水温不同,越靠近下层,进水温度越低。

在串联环路运行时,由于立管的供水温度或流量不符合设计要求,也会出现垂直失调。但在串联环路中,影响垂直失调的原因,不是由于各层作用动力不同,而是由于各层散热器的传热系数 K 随各层散热器平均温度差的变化程度不同而引起的。

上述分析没有考虑水在管路中沿途冷却的因素。水的温度和密度沿循环环路不断变化,它不仅影响各层散热器的进、出口水温,同时也增大了循环作用动力。由于重力循环作用动力不大,在确定实际循环作用动力大小时,必须将水在管路中冷却所产生的作用动力考虑在内。在对式(12-1)左端积分时,必须明确密度 ρ 沿程变化关系式 $\rho = \rho(l)$。

在实际工程中,可采用简化处理办法。首先按式(12-3)和式(12-7)的方法,确定只考虑水在散热器内冷却时所产生的作用动力;然后再根据不同情况,增加一个考虑水在循环管路中冷却的附加作用动力。它的大小与系统供水管路布置状况、楼层高度、所计算的冷却中心与加热中心之间的水平距离等因素有关。其数值可从采暖设计手册查取。

总的重力循环作用动力 Δp_{zh}(Pa),可用下式表示:

$$\Delta p_{zh} = \Delta p_h + \Delta p_f \tag{12-13}$$

式中,Δp_h 为重力循环系统中,水在冷却中心内冷却所产生的作用动力,Pa;Δp_f 为水在循环管路中冷却的附加作用动力,Pa。

【例 12-1】 如图 12-4 所示,设 $h_1 = 3.2$m,$h_2 = h_3 = 3.0$m,散热器:$Q_1 = 700$W,$Q_2 = 600$W,$Q_3 = 800$W。供水温度 $t_g = 95$℃,回水温度 $t_h = 70$℃。

求:(1)双管系统的重力循环作用动力。

(2)单管系统各层之间立管的水温。

(3)单管系统的重力循环作用动力。

计算作用动力时,不考虑水在管路中冷却因素。

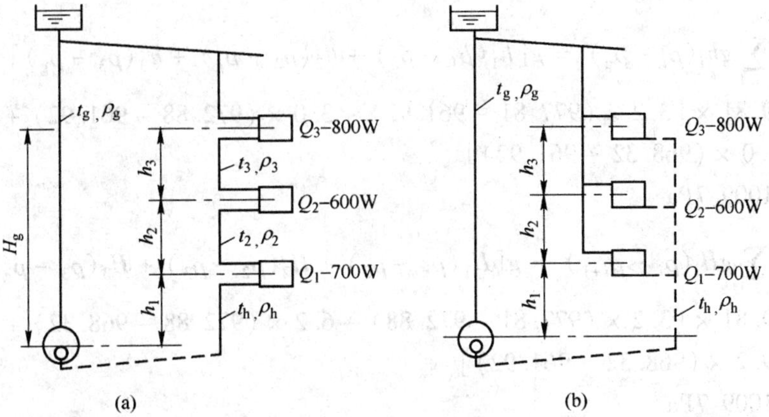

图 12－4　例 12－1 图

【解】　(1)求双管系统的重力循环作用动力。

由图 12－4b 可知，双管系统属于并联环路，各层散热器所在环路的作用动力不同，需分别计算。

系统的供、回水温度，$t_g=95℃$，$t_h=70℃$。$\rho_g=961.92\text{kg/m}^3$，$\rho_h=977.81\text{kg/m}^3$。

根据式(12－3)和式(12－4)的计算方法，通过各层散热器循环环路的作用动力分别为

第一层：$\Delta p_1=gh_1(\rho_h-\rho_g)=9.81\times3.2\times(977.81-961.92)=498.8\text{Pa}$

第二层：$\Delta p_2=g(h_1+h_2)(\rho_h-\rho_g)=9.81\times(3.2+3.0)\times(977.1-961.92)=966.5\text{Pa}$

第三层：$\Delta p_3=g(h_1+h_2+h_3)(\rho_h-\rho_g)=9.81\times(3.2+3.0+3.0)\times(977.1-961.92)$
$=1434.1\text{Pa}$

第三层与底层循环环路的作用动力差值为

$$\Delta p=\Delta p_3-\Delta p_1=1434.1-498.8=935.3\text{Pa}$$

由此可见，楼层数越多，底层与最顶层循环环路的作用动力差越大。

(2)求单管系统各层立管的水温。

根据式(12－12)

$$t_i=t_g-\frac{\sum_i^N Q_i}{\sum Q}(t_g-t_h)$$

可求第三层散热器出水温度，即

$$t_3=t_g-\frac{Q_3}{\sum Q}(t_g-t_h)=95-\frac{800}{2100}\times(95-70)=85.5℃$$

相应水的密度，$\rho_3=968.32\text{kg/m}^3$。

流出第二层散热器管路上的水温 t_2 为

$$t_2=t_g-\frac{Q_3+Q_2}{\sum Q}(t_g-t_h)=95-\frac{800+600}{2100}\times(95-70)=78.3℃$$

相应水的密度：$\rho_2=972.88\text{kg/m}^3$。

(3)求单管系统的作用压力。

根据式(12－7)

$$\Delta p_h=\sum_{i=1}^N gh_i(\rho_i-\rho_g)=\sum_{i=1}^N gH_i(\rho_i-\rho_{i+1})$$

则　$\Delta p_h = \sum_{i=1}^{N} gh_i(\rho_i - \rho_g) = g[h_1(\rho_1 - \rho_g) + h_2(\rho_2 - \rho_g) + h_3(\rho_3 - \rho_g)]$

$= 9.81 \times [3.2 \times (977.81 - 961.92) + 3.0 \times (972.88 - 961.92) + 3.0 \times (968.32 - 961.92)]$

$= 1009.7\text{Pa}$

或　$\Delta p_h = \sum_{i=1}^{N} gH_i(\rho_i - \rho_{i+1}) = g[H_1(\rho_h - \rho_2) + H_2(\rho_2 - \rho_3) + H_3(\rho_3 - \rho_g)]$

$= 9.81 \times [3.2 \times (977.81 - 972.88) + 6.2 \times (972.88 - 968.32) + 9.2 \times (968.32 - 961.92)]$

$= 1009.7\text{Pa}$

三、机械循环液体管网的工作原理

机械循环液体管网与重力循环液体管网的主要区别在于设置了循环水泵，靠水泵动力克服循环流动阻力，维持循环。由前述可知，重力循环的作用动力大小和方向取决于整个管网内的沿程温度分布，机械循环的动力，是从水泵所在位置输入的，动力方向由水泵出口的方向决定，大小则由水泵性能和管网特性共同决定，这点在第十三章中将作深入分析。由于水泵能提供很大的作用动力，机械循环管网的服务范围可以很大，常常用于多幢建筑和区域的供暖、供冷。

机械循环流动的能量方程与重力循环能量方程式（12－13）的区别在于循环作用动力增加了水泵提供的动力 p，即

$$p + \Delta p_h + \Delta p_f = p_l$$

即由水泵动力和重力共同作用，克服循环阻力，维持循环流动。要注意重力作用的方向，当重力作用方向与水泵动力方向相反时，它实际上成了循环阻力。通常机械循环管网中，重力作用相对水泵动力很小，对整个管网，可忽略不计，能量方程可简化为

$$p = p_l$$

在局部并联管路中，重力作用动力仍对并联立管的流量分配产生明显影响，在进行并联立管的阻力平衡时应计算重力作用。

第二节　闭式液体管网水力计算与压损平衡

液体管网和气体管网在水力计算的目的、原理和方法上是相同的，只是因为液体的物性参数与气体有显著区别，导致液体管网的工作参数与气体管网有所不同。

一、液体管网水力计算的基本公式与压力损失平衡

（一）沿程阻力计算公式

实际工程中，液体管网流量常采用质量流量，以 Q_l 表示，单位为 kg/h。单位长度管道沿程阻力 R_m（Pa/m）计算式变为

$$R_m = 6.25 \times 10^{-8} \frac{\lambda}{\rho} \frac{Q_l^2}{d^5} \qquad (12-14)$$

式中，λ 为管道沿程阻力系数；ρ 为液体密度，kg/m^3；Q_l 为管内流量，kg/h；d 为管道内径，m。

在室内热水采暖管网、空调冷冻水管网和给水管网内的流动几乎都处于紊流临界过渡区，室外管网大多处于紊流粗糙区。因此，可以采用式(11－14c)和式(11－14d)计算沿程阻力系数，即

$$\frac{1}{\sqrt{\lambda}}=-2\lg\left(\frac{K}{3.71d}+\frac{2.51}{Re\sqrt{\lambda}}\right)$$

$$\lambda=0.11\left(\frac{K}{d}+\frac{68}{Re}\right)^{0.25}$$

室内闭式冷热水管网(热水采暖和空调冷冻水等)用的钢管 $K=0.2$mm，开式及室外管网 $K=0.5$mm。

设计手册中常根据以上公式制成管道沿程阻力计算图，以减少计算工作量。图 12－5 是根据莫迪公式，按 $K=0.3$mm，水温 20℃条件制作的，可用于冷水管网的阻力计算。在 $Re=10^4\sim10^7$ 范围内，与用式(12－14b)计算结果的偏差不超过 5%。

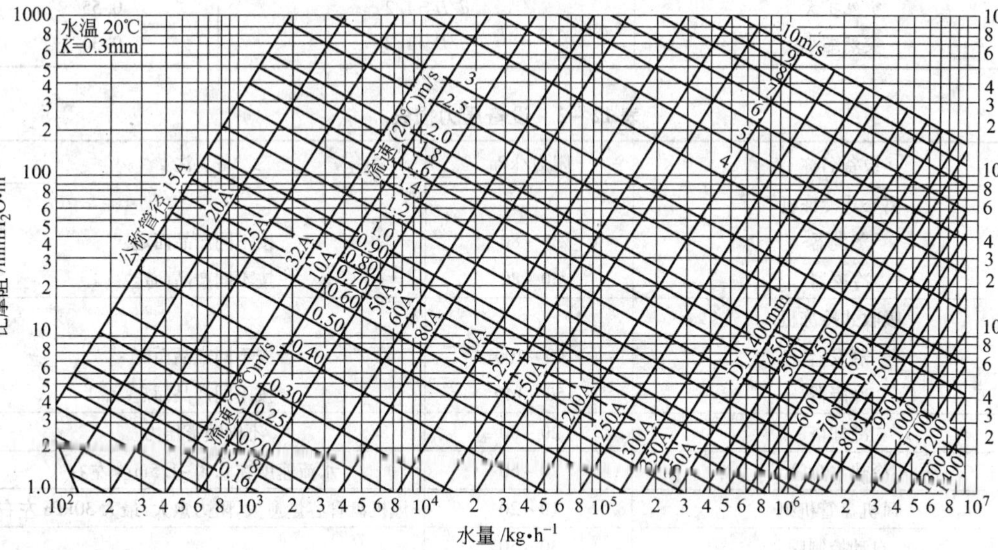

图 12－5　水管路计算图

莫迪公式：

$$\lambda=0.0055\left[1+\left(20000\frac{K}{d}+\frac{10^6}{Re}\right)^{1/3}\right]\qquad(12-15)$$

(二)局部阻力计算公式

局部阻力 p_m(Pa)使用通用的计算公式，即

$$p_m=\zeta\frac{\rho v^2}{2}$$

计算局部阻力的关键是确定局部阻力系数 ζ。表 12－1 列出了一些阀门、管件的局部阻力系数。表 12－2 给出了空调水系统中一些设备的阻力。更多的局部阻力系数可从各专业设计手册中查得。

表 12－1 局部阻力系数

名称	形式	ζ
球形(截止阀)阀	全开 DN40 以下	15.0
	DN50 以上	7.0
角阀	全开 DN40 以下	8.5
	DN50 以上	3.9
闸阀	全开 DN40 以下	0.27
	DN50 以上	0.18
止回阀		2.0
90°弯头	短的	0.26
	长的	0.20
三通		3.0
		1.8
		1.5
		0.68
突然扩大	$d/D=1/2$	0.55
突然缩小	$d/D=1/2$	0.36

表 12－2 设备压力损失

设备名称	阻力/kPa	备注
离心式冷冻机		
蒸发器	30～80	按不同产品而定
冷凝器	50～80	按不同产品而定
吸收式冷冻机		
蒸发器	40～100	按不同产品而定
冷凝器	50～140	按不同产品而定
冷却塔	20～80	不同喷雾压力
冷热水盘管	20～50	水流速度在 0.8～1.5m/s 左右
风机盘管机组	10～20	风机盘管容量愈大,阻力愈大,最大 30kPa 左右
自动控制阀	30～50	

(三)压力损失平衡与不平衡率

能量方程表明,只有在设计流量条件下,管路的计算压力损失等于管路的作用压力,管网运行时的实际流量才与设计流量相等。因此在水力计算中,需要通过调整管径、设置调节阀等技术手段,使管路在设计流量下的计算压力损失与其作用压力相等。工程上将此称为“压损平衡”或“平衡压力损失”。

并联环路的压力损失包括公用管路的压力损失和独用管路的压力损失。由于共用管路的压力损失设计若干并联管路,在进行某一并联环路(最不利环路除外)的压力损失平衡时,一般是通过调整独用管路的压力损失,使整个环路的计算压力损失与环路资用压力平衡时。为了表示计算压力损失与资用压力相平衡的程度,定义压力损失不平衡率 x 如下:

$$x=\frac{\Delta p'-\Delta p_l}{\Delta p'}\times 100\%$$

式中　$\Delta p'$——管路资用压力，Pa；

Δp_l——管路计算压力损失，Pa。

不同的流体输配管网对不平衡率有不同的限制。

并联环路压力损失平衡的常用方法如下：

(1)确定该环路总的资用压力 $\Delta p'$；

(2)确定共用管路的压力损失 Δp_G；

(3)计算独用管路的资用压力 $\Delta p'_D$

$$\Delta p'_D = \Delta p' - \Delta p_G$$

(4)根据 $\Delta p'_D$ 确定独用管路的管径、调节装置等，尽可能在经济合理的条件下，使独用管路在设计流量下的计算压力损失 Δp_D 与 $\Delta p'_D$ 相等；

(5)计算压力损失不平衡率，检查是否满足要求。

只有当各并联环路的资用压力相等时，"压力损失平衡"才能简化为各并联管路之间的"阻力平衡"。

二、液体管网水力计算的主要任务和方法

液体管网水力计算的主要任务通常有以下四种：

(1)按已知系统各管段的流量和系统的循环作用动力(压头)，确定各管段管径；

(2)按已知系统各管段的流量和各管段管径，确定系统所必需的循环作用动力(压头)；

(3)按已知系统各管段的流量，确定各管段管径和系统所需循环作用动力；

(4)按已知系统各管段管径和该管段允许压降，确定该管段的流量。

以热水采暖系统为例，水力计算从系统的最不利环路开始，即从允许的比摩阻 R_m 最小的一个环路开始计算。由 n 个串联管段组成的最不利环路，它的总压力损失 p_l(Pa)为 n 个串联管段压力损失之和，即

$$p_l = \sum_{i=1}^{n} (R_m l + p_m)_i \tag{12-16}$$

热水采暖系统循环作用动力的大小取决于机械(泵)提供的作用动力和重力作用动力。因空调水系统供、回水温差小，可不计重力作用。

进行第一种任务的水力计算时，由于作用动力已定，宜采用压损平均法。可以预先求出最不利循环环路或分支环路的平均比摩阻 R_{pj}(Pa/m)，即

$$R_{pj} = \frac{\alpha p_l}{\sum l} \tag{12-17}$$

式中，p_l 为最不利循环环路或分支环路的循环作用动力，Pa；$\sum l$ 为最不利循环环路或分支环路的管路总长度，m；α 为沿程损失占总压力损失的百分数，%。

根据算出的 R_{pj} 及环路中各管段的流量，利用水力计算图，可选出最接近的管径，并求出最不利循环环路或分支环路中各管段的实际压力损失和整个环路的总压力损失值。

第二种任务的水力计算，根据最不利循环环路管段流量和已知管段管径，利用水力计算图，确定该循环环路各管段的压力损失以及系统必需的循环作用动力，并校核循环水泵是否满足要求。

第三种任务的水力计算，已知各管段流量，确定管径和水泵型号。这种情况显然宜采用

假定流速法。此时选定的 v 和 R_m,常采用经济值,称经济流速或经济比摩阻。

如前面第十一章分析,用适宜的 v 值(或 R_m 值)来选定管径,是一个重要的技术经济问题。如选用较大的 v 值(或 R_m 值),则管径可缩小,但系统的压力损失增大,水泵的电能消耗增加。同时,为使各循环环路压力损失易于与各自的循环作用动力平衡,最不利循环环路的平均比摩阻 R_{pj} 不宜选得过大,过大不易平衡。在采暖系统设计中,R_{pj} 值一般取 60 ~ 120Pa/m 为宜。

第四种任务的水力计算是根据管段管径 d 和该管段允许压降 Δp,来确定通过该管段流量的。热水采暖系统采用"不等温降"水力计算方法就是按此方法进行计算的,对已有的热水采暖系统,管段作用压头已知,校核各管段通过的水流量的能力。

当系统的最不利循环环路的水力计算完成后,即可进行其他分支循环环路的压力损失计算,使压力损失与循环作用动力平衡。热水采暖系统其他分支循环环路独用管段(不包括共同管段)的计算压力损失与其资用动力的相对差额,不应大于 ±15%。

在实际设计过程中,为了平衡各并联环路的压力损失,往往需要提高近循环环路独用管段(分支管段)的比摩阻和流速,但流速过大会使管道产生噪声。采暖系统最大允许的水流速不大于下列数值:

民用建筑	1.2m/s
生产厂房的辅助建筑物	2m/s
生产厂房	3m/s

整个热水采暖系统总的计算压力损失,应考虑 10% 的附加值,以此确定系统必需的循环作用动力。

三、重力循环双管系统管路水力计算步骤

如前所述,重力循环双管系统通过散热器环路的循环作用动力 Δp_{zh}(Pa)的计算公式为

$$\Delta p_{zh} = \Delta p_h + \Delta p_f = gH(\rho_h - \rho_g) + \Delta p_f \qquad (12-13')$$

应当注意,通过不同立管和楼层的循环环路附加作用动力 Δp_f 值是不相同的,应按供热工程设计手册的计算表选定。

重力循环异程式双管系统的最不利循环环路是通过最远立管底层散热器的循环环路,计算应由此开始。下面通过例 12-2 了解计算步骤。

【例 12-2】 确定重力循环双管热水采暖系统管路的管径(见图 12-6)。热媒参数:供水温度 $t'_g = 95℃$,回水温度 $t'_h = 70℃$。锅炉中心距底层散热器中心距离为 3m,层高为 3m。每组散热器的供水支管上有一截止阀。

【解】 图 12-6 所示为该系统两个支路中的一个支路。图上小圆圈内的数字表示管段号。圆圈旁的数字:分子表示管段热负荷(单位为 W),分母表示管段长度(单位为 m)。散热器内的数字表示其热负荷(单位为 W)。罗马字表示立管编号。

计算步骤:

(1)选择最不利环路。由图 12-6 可见,最不利环路是通过立管 Ⅰ 的最底层散热器 I_1(1500W)的环路。这个环路从散热器 I_1 顺序地经过管段①、②、③、④、⑤、⑥进入锅炉,再经管段⑦、⑧、⑨、⑩、⑪、⑫、⑬、⑭进入散热器 I_1。

(2)计算通过最不利环路散热器 I_1 的作用动力 $\Delta p'_{\text{I}_1}$。

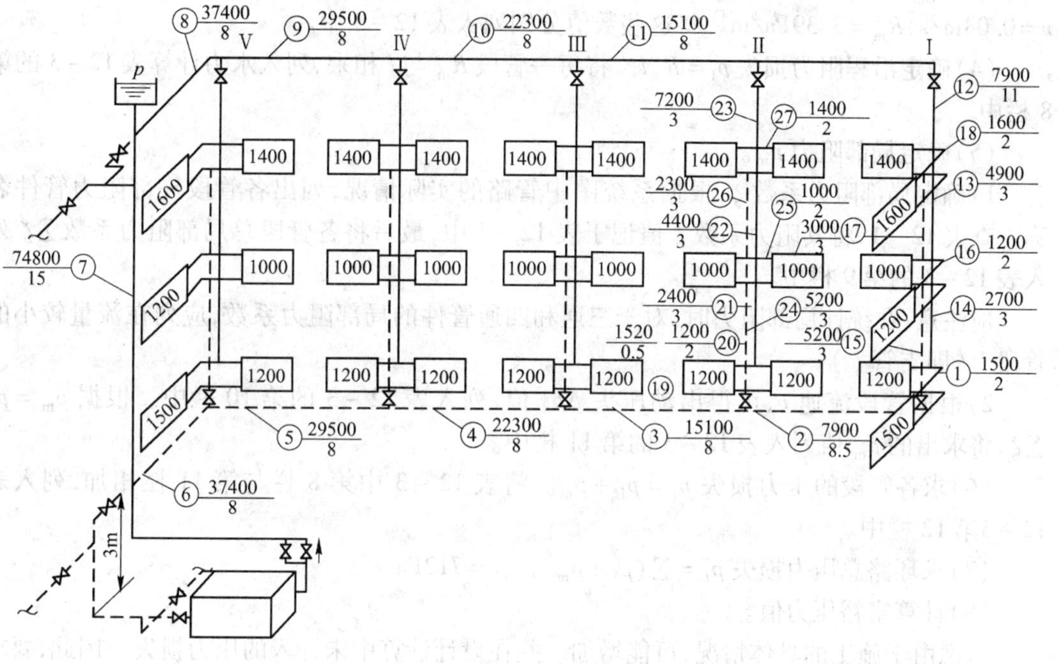

图 12－6　例 12－2 的管路计算图

根据式(12－13′)

$$\Delta p'_{I_1}=gH(\rho_h-\rho_g)+\Delta p_f$$

根据图示已知条件:立管Ⅰ距锅炉的水平距离在 30～50m 范围内,下层散热器中心距锅炉中心的垂直高度小于 15m。查本书附录 12,得 $\Delta p_f=350$Pa。根据供、回水温度,查得 $\rho_h=977.81$kg/m^3,$\rho_g=961.92$kg/m^3。将已知数字代入上式,得

$$\Delta p'_{I_1}=9.81\times3\times(977.81-961.92)+350=818\text{Pa}$$

(3)确定最不利环路各管段管径 d。

1)求平均比摩阻。根据式(12－17)

$$R_{pj}=\alpha\Delta p'_{I_1}/\sum l_{I_1}$$

式中,$\sum l_{I_1}=2+8.5+8+8+8+8+15+8+8+8+8+11+3+3=106.5$m

取 $\alpha=50\%$。

将各数值代入上式,得

$$R_{pj}=\frac{0.5\times818}{106.5}=3.84\text{Pa/m}$$

2)根据各管段的热负荷,求出各管段流量 Q_l(kg/h),计算公式如下:

$$Q_l=\frac{3600Q}{4.187\times10^3(t'_g-t'_h)}=\frac{0.86Q}{t'_g-t'_h}\qquad(12-18)$$

式中,Q 为管段热负荷,W;t'_g 为系统设计供水温度,℃;t'_h 为系统设计回水温度,℃。

3)根据 Q_l,R_{pj},用热水采暖管道水力计算表(见参考文献[16]P115 表 5－2),选择最接近 R_{pj} 的管径。将查出的 d,R,v 和 Q_l 值列入表 12－3 的第 5、6、7 栏和第 3 栏中。

例如,对管段②,$Q=7900$W,当 $\Delta t=25$℃时,$Q_l=0.86\times7900/(95-70)=272$kg/h。

查热水供暖管道水力计算表,选择接近 R_{pj} 的管径。如取 DN32,用补插法计算,可求出

$v=0.08\text{m/s}, R_m=3.39\text{Pa/m}$。将这些数值分别列入表 12－3 中。

(4)确定沿程阻力损失 $p_f=R_m l$。将每一管段 R_m 与 l 相乘，列入水力计算表 12－3 的第 8 栏中。

(5)确定局部阻力 p_m。

1)确定局部阻力系数 ζ，根据系统图中管路的实际情况，列出各管段局部阻力管件名称。查表 12－1，将其阻力系数 ζ 值记于表 12－4 中，最后将各管段总局部阻力系数 $\sum\zeta$ 列入表 12－3 的第 9 栏中。

应注意：在统计局部阻力时，对于三通和四通管件的局部阻力系数，应列在流量较小的管段上(即支管上)。

2)根据管段流速 v，可得出动压头 Δp_d 值，列入表 12－3 的第 10 栏中。根据 $p_m=p_d\sum\zeta$，将求出的 p_m 值列入表 12－3 的第 11 栏中。

(6)求各管段的压力损失 $p_l=p_f+p_m$。将表 12－3 中第 8 栏与第 11 栏相加，列入表 12－3第 12 栏中。

(7)求环路总压力损失 $p_l=\sum(p_f+p_m)_{1\text{—}14}=712\text{Pa}$

(8)计算富裕压力值。

考虑由于施工的具体情况，可能增加一些在设计计算中未计入的压力损失。因此，要求系统应有 10% 以上的富裕度。

$$\Delta\%=\frac{\Delta p'_{\text{I}_1}-\sum(p_f+p_m)_{1\text{—}14}}{\Delta p'_{\text{I}_1}}\times100\% \qquad (12-19)$$

式中，$\Delta\%$ 为系统作用动力的富裕度，%；$\Delta p'_{\text{I}_1}$ 为通过最不利环路的作用动力，Pa；$\sum(p_f+p_m)_{1\text{—}14}$ 为通过最不利环路的压力损失，Pa。

$$\Delta\%=\frac{818-712}{818}\times100\%=13\%>10\%$$

(9)确定通过立管Ⅰ第二层散热器环路中各管段管径。

1)计算通过立管Ⅰ第二层散热器环路的作用动力 $\Delta p'_{\text{I}_2}$。

$$\Delta p'_{\text{I}_2}=gH_2(\rho_h-\rho_g)+\Delta p_f=9.81\times6\times(977.81-961.92)+350=1285\text{Pa}$$

2)确定通过立管Ⅰ第二层散热器环路中各管段管径。

①求资用动力，确定平均比摩阻 R_{pj}。

由图 12－6 可知，管段②～⑬是环路 I_1 和 I_2 的共用管段，管段⑮、⑯是环路 I_2 的独用管段。I_2 的环路作用动力扣除在共用管段上的压力损失后，即为独用管段上的资用动力。共用管段上的压力损失值可由 I_1 环路的计算结果确定。因此，通过第二层管段⑮、⑯的资用动力为

$$\Delta p'_{15,16}=\Delta p'_{\text{I}_2}-\sum_{i=2}^{13}(p_f+p_m)_i=\Delta p'_{\text{I}_2}-[\Delta p'_{\text{I}_1}-\sum(p_f+p_m)_{1,14}]$$
$$=1285-818+32=499\text{Pa}$$

管段⑮、⑯的总长度为 5m。平均比摩阻为

$$R_{pj}=0.5\Delta p'_{15,16}/\sum l=0.5\times499/5=49.9\text{Pa/m}$$

②由同样方法，按⑮和⑯管段流量 Q_l 及平均比摩阻 R_{pj}，确定管段管径 d，将相应的 R_m，v 值列入表 12－3。

3)求管段⑮、⑯的计算压力损失与资用动力的不平衡率。

$$x_{\mathrm{I}_2}=\frac{\Delta p'_{15,16}-\sum(p_{\mathrm{f}}+p_{\mathrm{m}})_{15,16}}{\Delta p'_{15,16}}\times100\%=\frac{499-524}{499}\times100\%=-5\%$$

此相对差额在允许±15%范围内。

(10)确定通过立管Ⅰ第三层散热器环路上各管段管径,计算方法与前相同。计算结果如下:

1)通过立管Ⅰ第三层散热器环路的作用动力为

$$\Delta p'_{\mathrm{I}_3}=gH_3(\rho_{\mathrm{h}}-\rho_{\mathrm{g}})+\Delta p_{\mathrm{f}}=9.81\times9\times(977.81-961.92)+350=1753$$

2)管段⑮、⑰、⑱与管段⑬、⑭、①为并联管路。通过管段⑮、⑰、⑱的资用动力为

$$\Delta p'_{15,17,18}=\Delta p'_{\mathrm{I}_3}-\Delta p'_{\mathrm{I}_1}+\sum(p_{\mathrm{f}}+p_{\mathrm{m}})_{1,13,14}=1753-818+41=976\mathrm{Pa}$$

3)管段⑮、⑰、⑱的实际压力损失为459+159.1+119.7=738Pa。

4)不平衡率$x_{\mathrm{I}_3}=(976-738)/976=24.4\%>15\%$。

因⑰、⑱管段已选用最小管径,剩余压力只能用第三层散热器支管上的阀门消除。

(11)确定通过立管Ⅱ各层环路管段管径。

作为异程式双管系统的最不利循环环路是通过最远立管Ⅰ底层散热器的环路。对与它并联的其他立管的管径计算,同样应根据节点压力平衡原理对该环路进行压力平衡计算。

1)确定通过立管Ⅱ底层散热器环路的作用动力$\Delta p'_{\mathrm{II}_1}$。

$$\Delta p'_{\mathrm{II}_1}=gH_1(\rho_{\mathrm{h}}-\rho_{\mathrm{g}})+\Delta p_{\mathrm{f}}=9.81\times3\times(977.81-961.22)+350=818\mathrm{Pa}$$

2)确定通过立管Ⅱ底层散热器环路各管段管径d。

管段⑲~㉓与管段①、②、⑫、⑬、⑭为并联环路,对立管Ⅱ与立管Ⅰ可列出下式,从而求出管段⑲~㉓的资用动力为

$$\Delta p'_{19\sim23}=\sum(p_{\mathrm{f}}+p_{\mathrm{m}})_{1,2,12-14}-(\Delta p'_{\mathrm{I}_1}-\Delta p'_{\mathrm{II}_1})=132-(818-818)=132\mathrm{Pa}$$

3)管段⑲~㉓的水力计算同前,结果列入表12-3中,其总压力损失为

$$\sum(p_{\mathrm{f}}+p_{\mathrm{m}})_{19-23}=132\mathrm{Pa}$$

4)与立管Ⅰ并联环路相比的不平衡率刚好为零。

通过立管Ⅱ第二、三层各环路管径确定方法与立管Ⅰ中的第二、三层环路计算相同,不再赘述。其计算结果列入表12-3中。其他立管的水力计算方法和步骤完全相同。局部阻力系数计算见表12-4。

从该双管系统水力计算结果可以看出,第三层管段虽然选用了最小管径(DN15),但它的不平衡率(24.4%)应大于15%。这说明对于高于三层以上的建筑物,如采用上供下回式的双管系统,若无良好的调节装置(如安装散热器温控阀等),垂直失调状况是难以避免的。

表12-3　重力循环双管热水采暖系统管路水力计算表

管段号	Q/W	Q_l /kg·h^{-1}	l/m	d/mm	v /m·s^{-1}	R /Pa·m^{-1}	$p_{\mathrm{f}}=Rl$ /Pa	$\sum\zeta$	p_{d}/Pa	$p_{\mathrm{m}}=p_{\mathrm{d}}\sum\zeta$/Pa	$p_l=p_{\mathrm{f}}+p_{\mathrm{m}}$/Pa	备注
1	2	3	4	5	6	7	8	9	10	11	12	13
立管Ⅰ 第一层散热器 I_1环路　作用动力 $\Delta p'_{\mathrm{I}_1}=818$Pa												
1	1500	52	2	20	0.04	1.38	2.8	25	0.79	19.8	22.6	
2	7900	272	8.5	32	0.08	3.39	28.8	4	3.15	12.6	41.4	
3	15100	519	8	40	0.11	5.58	44.6	1	5.95	5.95	50.6	
4	22300	767	8	50	0.1	3.18	25.4	1	4.92	4.92	30.3	

续表 12-3

管段号	Q/W	Q_l /kg·h^{-1}	l/m	d/mm	v /m·s^{-1}	R /Pa·m^{-1}	$p_f=Rl$ /Pa	$\sum\zeta$	p_d/Pa	$p_m=p_d$ $\sum\zeta$/Pa	$p_l=p_f+$ p_m/Pa	备注
1	2	3	4	5	6	7	8	9	10	11	12	13
立管Ⅰ 第一层散热器Ⅰ$_1$环路　作用动力 $\Delta p'_{Ⅰ_1}=818$Pa												
5	29500	1015	8	50	0.13	5.34	42.7	1	8.31	8.31	51.0	
6	37400	1287	8	70	0.1	2.39	19.1	2.5	4.92	12.3	31.4	
7	74800	2573	15	70	0.2	8.69	130.4	6	19.66	118.0	248.4	
8	37400	1287	8	70	0.1	2.39	19.1	3.5	4.92	17.2	36.3	
9	29500	1015	8	50	0.13	5.34	42.7	1	8.31	8.31	51.0	
10	22300	767	8	50	0.1	3.18	25.4	1	4.92	4.92	30.3	
11	15100	519	8	40	0.11	5.58	44.6	1	5.95	5.95	50.6	
12	7900	272	11	32	0.08	3.39	37.3	4	3.15	12.6	49.9	
13	4900	169	3	32	0.05	1.45	4.4	4	1.23	4.9	9.3	
14	2700	93	3	25	0.04	1.95	5.85	4	0.79	3.2	9.1	
$\sum l=106.5$m　$\sum(p_f+p_m)_{1—14}=712$Pa												
系统作用动力富裕率 $\Delta\%=[\Delta p'_{Ⅰ_1}-\sum(p_f+p_m)_{1—14}]/\Delta p'_{Ⅰ_1}=(818-712)/818=13\%>10\%$												
立管Ⅰ　第二层散热器Ⅰ$_2$环路　作用动力 $\Delta p'_{Ⅰ_2}=1285$Pa												
15	5200	179	3	15	0.26	97.6	292.8	5.0	33.23	166.2	459	
16	1200	41	2	15	0.26	5.15	10.3	31	1.77	54.9	65	
$\sum(p_f+p_m)_{15,16}=524$Pa												
不平衡百分率 $x_{Ⅰ_2}=[\Delta p'_{15,16}-\sum(p_f+p_m)_{15,16}]/\Delta p'_{15,16}=(499-524)/499=-5\%$												
立管Ⅰ　第三层散热器Ⅰ$_3$环路　作用动力 $\Delta p'_{Ⅰ_3}=1753$Pa												
17	3000	103	3	15	0.15	34.6	103.8	5	11.06	55.3	159.1	
18	1600	55	2	15	0.08	10.98	22.0	31	3.15	97.7	119.7	
$\sum(p_f+p_m)_{17,18}=279$Pa												
不平衡百分率 $x_{Ⅰ_3}=[\Delta p'_{15,17,18}-\sum(p_f+p_m)_{15,16,18}]/\Delta p'_{15,17,18}=(976-738)/976=24.4\%>15\%$												
立管Ⅱ　通过第一层散热器环路　作用动力 $\Delta p'_{19—23}=132$Pa												
19	7200	248	0.5	32	0.07	2.87	1.4	3	2.41	7.2	8.6	
20	1200	41	2	15	0.06	5.15	10.3	27	1.77	47.8	58.1	
21	2400	83	3	20	0.07	5.22	15.7	4	2.41	9.6	25.3	
22	4400	152	3	25	0.07	4.76	14.3	4	2.41	9.6	23.9	
23	7200	248	3	32	0.07	2.87	8.6	3	2.41	7.2	15.8	
$\sum(p_f+p_m)_{19—23}=132$Pa												
不平衡百分率 $x_{Ⅱ_3}=[\Delta p'_{19—23}\sum(p_f+p_m)_{19—23}]/\Delta p'_{19—23}=(132-132)/132=0\%$												
立管Ⅱ　通过第二层散热器环路　作用动力 $\Delta p'_{Ⅱ_2}=1285$Pa												
24	4800	165	3	15	0.24	83.8	251.4	5	28.32	141.6	393	
25	1000	34	2	15	0.05	2.99	6.0	27	1.23	33.2	39.2	
$\sum(p_f+p_m)_{24,25}=432$Pa												

$$\text{不平衡百分率 } x_{Ⅱ_2}=\frac{[\Delta p'_{Ⅱ_2}-\Delta p'_{Ⅱ_1}+\sum(p_f+p_m)_{20,21}]-\sum(p_f+p_m)_{24,25}}{\Delta p'_{Ⅱ_2}-\Delta p'_{Ⅱ_1}+\sum(p_f+p_m)_{20,21}}$$

$$=\frac{(1285-818+83)-432}{550}\times100\%=21.5\%>15\%$$

续表 12－3

管段号	Q/W	Q_l /kg·h^{-1}	l/m	d/mm	v /m·s^{-1}	R /Pa·m^{-1}	$p_f = Rl$ /Pa	$\sum\zeta$	p_d/Pa	$p_m = p_d \sum\zeta$/Pa	$p_l = p_f + p_m$/Pa	备注
1	2	3	4	5	6	7	8	9	10	11	12	13
立管Ⅱ　通过第三层散热器环路　作用动力 $\Delta p'_{Ⅱ3} = 1753$Pa												
26	2800	96	3	15	0.14	30.4	91.2	5	9.64	48.2	139.4	
27	1400	48	2	15	0.07	8.6	17.2	27	2.41	65.1	82.3	

$$\sum(p_f + p_m)_{26,27} = 222\text{Pa}$$

$$\text{不平衡百分率 } x_{Ⅱ3} = \frac{[\Delta p'_{Ⅱ3} - \Delta p'_{Ⅱ1} + \sum(p_f + p_m)_{20—22}] - \sum(p_f + p_m)_{24,26,27}}{\Delta p'_{Ⅱ3} - \Delta p'_{Ⅱ1} + \sum(p_f + p_m)_{20—22}}$$

$$= \frac{(1753 - 818 + 107) - 615}{1042} \times 100\% = 41\% > 15\%$$

表 12－4　局部阻力系数计算表

管段号	局部阻力	个　数	$\sum\zeta$
1	散热器	1	2.0
	ϕ20、90°弯头	2	2×2.0
	截止阀	1	10
	乙字弯	2	2×1.5
	分流三通	1	3.0
	合流四通	1	3.0
		$\sum\zeta = 25.0$	
2	ϕ32 弯头	1	1.5
	直流四通	1	1.0
	闸　阀	1	0.5
	乙字弯	1	1.0
		$\sum\zeta = 4$	
3 4 5	直流三通	1	1.0
		$\sum\zeta = 1.0$	
6	ϕ70、90°煨弯	2	2×0.5
	直流三通	1	1.0
	闸　阀	1	0.5
		$\sum\zeta = 2.5$	
7	ϕ70、90°煨弯	5	5×0.5 = 2.5
	闸　阀	2	2×0.5 = 1.0
	锅　炉	1	2.5
		$\sum\zeta = 6$	

续表 12－4

管段号	局部阻力	个 数	Σζ
8	φ70、90°煨弯	3	3×0.5
	闸 阀	1	0.5
	旁流三通	1	1.5
		Σζ＝3.5	
9 10 11	直流三通	1	1.0
		Σζ＝1.0	
12	φ32 弯头	1	1.5
	直流三通	1	1.0
	闸 阀	1	0.5
	乙字弯	1	1.0
		Σζ＝4.0	
13 14	直流四通	1	2.0
	φ32 或 φ25 括弯	1	2.0
		Σζ＝4.0	
15	直流四通	1	2.0
	φ15 括弯	1	3.0
		Σζ＝5.0	
16	φ15、90°弯头	2	2×2.0
	φ15 乙字弯	2	2×1.5
	分合流四通	2	2×3.0
	截止阀	1	16
	散热器	1	2.0
		Σζ＝31.0	
17	直流四通	1	2.0
	φ15 括弯	1	3.0
		Σζ＝5.0	
18	φ15 弯头	2	2×2.0
	φ15 乙字弯	2	2×1.5
	分流四通	1	3.0
	合流三通	1	3.0
	截止阀	1	16.0
	散热器	1	2.0
		Σζ＝31.0	
19	旁流三通	1	1.5
	φ32 闸阀	1	0.5
	φ32 乙字弯	1	1.0
		Σζ＝3.0	

续表 12－4

管段号	局部阻力	个　数	$\sum\zeta$
20	$\phi15$ 乙字弯	2	2×1.5
	截止阀	1	16.0
	散热器	1	2.0
	分流三通	1	3.0
	合流四通	1	3.0
		$\sum\zeta=27.0$	
21 22	直流四通	1	2.0
	$\phi20$ 或 $\phi25$ 括弯	1	2.0
		$\sum\zeta=4.0$	
23	旁流三通	1	1.5
	$\phi32$ 乙字弯	1	1.0
	闸　阀	1	0.5
		$\sum\zeta=3.0$	
24	$\phi15$ 括弯	1	3.0
	直流四通	1	2.0
		$\sum\zeta=5.0$	
25	$\phi15$ 乙字弯	2	2×1.5
	截止阀	1	16.0
	散热器	1	2.0
	分流四通	2	2×3.0
		$\sum\zeta=27.0$	
26	$\phi15$ 括弯	1	3.0
	直流四通	1	2.0
		$\sum\zeta=5.0$	
27	$\phi15$ 乙字弯	2	2×1.5
	$\phi15$ 截止阀	1	16.0
	散热器	1	2.0
	合流三通	1	3.0
	分流三通	1	3.0
		$\sum\zeta=27.0$	

四、机械循环室内水系统管路的水力计算方法

机械循环室内热水采暖系统的水力计算，是根据入口处的资用循环动力，按最不利循环环路的平均比摩阻 R_{pj} 来确定该环路各管段管径的。当入口处资用动力较高时，管道流速和系统实际总压力损失可相应提高。但在实际工程设计中，最不利循环环路的各管段水流速过高，各并联环路的压力损失难以平衡，所以常用控制 R_{pj} 值的方法，按 $R_{pj}=60\sim120\text{Pa/m}$ 选取管径。剩余的资用循环动力，由入口处的调压装置节流。

在机械循环系统中，循环动力主要由水泵提供。重力循环作用动力，由于仅占机械循环总循环动力的很小比例，可忽略不计。但是对机械循环双管系统，由于水在各层散热器冷却所形成的重力循环作用动力不相等，在进行各立管散热器并联环路的水力计算时，应将重力循环作用动力计算在内，不可忽略。对机械循环单管系统，如果建筑物各部分层数相同，每根立管所产生的重力循环作用近似相等，可忽略不计；如建筑物各部分层数不同时，高度和各层热负荷分配比不同的立管之间所产生的重力循环作用压力不相等，在计算各立管之间并联环路的压力损失不平衡率时，应将其重力循环作用动力的差额计算在内。重力循环作用动力可按设计工况下最大值的 2/3 计算（约相应于采暖季平均水温下的作用动力值）。

同程式系统的特点是通过各个并联环路的总长度相等。在供暖半径较大（一般超过 50m 以上）的室内热水采暖系统中，应用同程式系统较普遍。其水力计算方法和步骤如下：

(1) 计算通过最远立管的环路。确定供水干管各个管段、最远立管和回水总干管的管径及其压力损失。计算方法与例题 12－2 相同。

(2) 用同样方法，计算通过最近立管的环路，从而确定最近立管、回水干管各管段管径及其压力损失。

(3) 求最远立管和最近立管的压力损失不平衡率，应使其在 ±5% 以内。

(4) 计算系统的总压力损失及其他各立管的资用动力。

(5) 确定其他立管管径。根据各立管的资用动力和立管各管段流量，选用合适的立管管径。方法与(1)、(2)相同。

(6) 求各立管的不平衡率。根据立管的资用动力和立管的计算压力损失，求各立管的不平衡率。不平衡率应在 ±10% 以内。

(7) 计算系统总阻力，获得管网特性曲线，为选水泵做准备。

同程式系统的管道金属耗量多于异程式系统，但它可以通过调整供、回水干管的各管段的压力损失来满足立管间不平衡率的要求。

空调冷冻水系统水力计算方法与上述方法基本相同。通常按推荐的流速或比摩阻值确定管径，计算最不利环路压力损失，然后进行并联环路阻力平衡，最后确定系统总阻力，获得管网系统特性曲线，结合水泵性能曲线选择水泵型号。由于空调冷冻水系统供、回水温差小，末端换热盘管阻力大，在计算系统总循环动力时，可不计供、回水密度差引起的作用动力；在并联环路阻力平衡时，一般也可忽略不计。

上述方法都是采用了末端换热设备（散热器）中水的温降（供、回水温差）相等的预先假定，由此也就预先确定了支管的流量。这样，各支管并联环路的计算压力损失就可能存在计算压降的不平衡。这种计算方法通常称为等温降的水力计算方法。在较大的室内热水供暖系统中，如采用等温降方法进行异程式系统的水力计算，立管间计算压降不平衡率往往难以

满足要求。

不等温降的水力计算方法，是指在单管系统中各立管的温降各不相等的水力计算方法。它以并联环路节点压力平衡的基本原理进行水力计算。在热水供暖系统的并联环路上，当其中一个并联支路节点压力损失 Δp 确定后，对另一个并联支路（例如对某根立管），预先给定其管径 d（不是预先给定流量），从而确定通过该立管的流量以及该立管的实际温度降。这种计算方法对各立管间的流量分配，完全遵守并联环路节点压力平衡的流体力学规律，能使设计工况与实际工况基本一致。

进行室内热水供暖系统不等温降的水力计算时，一般从循环环路的最远立管开始，具体步骤如下：

（1）给定最远立管的温降。一般按设计温降增加 2～5℃。由此求出最远立管的计算流量 Q。根据该立管的流量，选用 R_m（或 v）值，确定最远立管管径和环路末端供、回水干管的管径及相应的压力损失值。

（2）确定环路最末端的第二根立管的管径。该立管与上述计算管段为并联管路。根据已知节点的压力损失 Δp，给定该立管管径，从而确定通过环路最末端的第二根立管的计算流量及其计算温度降。

（3）按照上述方法，由远至近，依次确定出该环路上供、回水干管各管段的管径及其相应的压力损失以及各立管的管径、计算流量和计算温度降。

（4）当系统中有多个分支循环环路时，按上述方法计算各个分支循环环路。计算得出的各循环环路在节点压力平衡状况下的流量总和，一般都不会等于设计要求的总流量，最后需要根据并联环路流量分配和压降变化规律，对初步计算出的各循环环路的流量、温降和压降进行调整。整个水力计算才告结束。最后确定各立管散热器所需的面积。

使用不等温降法的前提条件是散热器的传热面积可随意调节。

五、室外热水供水管网的水力计算

室外热水供热管网水力计算的主要任务与室内管网相同。

（1）按已知的热媒流量，确定管道直径，计算压力损失；

（2）按已知热媒流量和管道直径，计算管道的压力损失；

（3）按已知管道直径和允许压力损失，计算或校核管道中的流量。

根据管网水力计算结果，确定管网循环水泵的流量和扬程。在水力计算的基础上绘出水压图，确定管网与用户的连接方式，选择管网和用户的自控措施，并进一步对管网工况（即管网热媒的流量和压力状况）进行分析，从而掌握管网中热媒的流动变化规律。

室内热水管网水力计算的基本原理，对室外热水供热管网是完全适用的。

热水供热管网的水流量通常以吨/时（t/h）表示。每米管长的沿程损失（比摩阻）R_m（Pa/m）、管径 d 和水流量 Q_t 的关系式可改写为

$$R_m = 6.25 \times 10^{-2} \frac{\lambda}{\rho} \frac{Q_t^2}{d^5} \tag{12-20}$$

式中符号除 Q_t 外与前面各式相同。

热水管网的水流速常大于 0.5m/s，流动状况大多处于紊流粗糙区。其沿程阻力系数 λ 值可用下式确定，即

$$\lambda=\left(1.14+2\lg\frac{d}{K}\right)^{-2}$$

对于管径大于等于40mm的管道，也可用下式计算，即

$$\lambda=0.11\left(\frac{K}{d}\right)^{0.25}$$

对热水管网，取$K=0.5\times10^{-3}$m。

将上式的沿程阻力系数λ值代入式(12－20)中，可得出更清楚地表达R_m(Pa/m)，Q_t(t/h)，d(m)三者相互关系的公式，即

$$R_m=6.88\times10^{-3}K^{0.25}\frac{Q_t^2}{\rho d^{5.25}} \tag{12-21}$$

$$d=0.387\frac{K^{0.0476}Q_t^{0.381}}{(\rho R_m)^{0.19}} \tag{12-22}$$

$$Q_t=12.06\frac{(\rho R_m)^{0.5}d^{2.625}}{K^{0.125}} \tag{12-23}$$

在设计工作中，为了简化繁计算，通常利用水力计算图进行计算。在使用计算图表时，要注意制表条件，若实际条件不符，则需要修正。

热水管网的局部损失p_c(Pa)为

$$p_c=\zeta\frac{\rho v^2}{2}$$

在热水管网计算中，经常采用当量长度法。关于当量长度的概念在本书上篇流体力学中已经有了介绍。采用当量长度法既是将管段的局部损失折合成相当的沿程损失。当量长度l_d(m)的表达式为

$$l_d=\Sigma\zeta\frac{d}{\lambda};\lambda=0.11\left(\frac{K}{d}\right)^{0.25}$$

$$l_d=9.1\frac{d^{1.25}}{K^{0.25}}\cdot\Sigma\zeta \tag{12-24}$$

管段的总阻力p_l(Pa)为

$$p_l=R_m(l+l_d) \tag{12-25}$$

管网中平均比摩阻最大的一条管线称为主干线(即最不利环路)，其一般是从热源到最远用户的管线。水力计算从主干线开始。主干线的平均比摩阻对整个管网的经济性起决定作用。这就需要确定一个经济的比摩阻，使得在规定计算年限内管网运行总费用为最小。影响经济比摩阻的因素很多，理论上应根据具体工程条件，通过计算确定。一般情况下，热水供热管网主干线的设计平均比摩阻，可取30～70Pa/m。对于采用间接连接的管网，采用主干线的平均比摩阻值比上述规定的值高，可达100Pa/m。间接连接的热网主干线的合理平均比摩阻值，有待通过技术经济分析和运行经验进一步确定。

根据网络主干线各管段的计算流量和初步选用的平均比摩阻R_{pj}值，确定主干线各管段的标准管径和相应的实际比摩阻。

根据选用的标准管径和管段中局部阻力的形式，确定各管段局部阻力当量长度l_d的和，以及管段的折算长度l_{zh}。

根据管段折算长度 l_{zh}，计算主干线各管段的总压降。

主干线水力计算完成后，应按支干线、支线的资用动力确定其管径，对管径 DN≥400mm 的管道，控制其流速不得超过 3.5m/s；而对管径 DN＜400mm 的管道，控制其比摩阻不得超过 300Pa/m。

为了消除剩余压头，通常在用户引入口或热力站处安装调压板、调压阀门或流量调节器。对选用 d/DN＜0.2 的孔板，调压板的孔径 d(mm)可近似用下式计算：

$$d = 10\sqrt[4]{\frac{Q_t^2}{H}} \tag{12-26}$$

式中，d 为调压板的孔径，mm，为防止堵塞，孔径不小于 3mm；H 为调压板需要消耗的剩余压头，m。

对 d/DN＞0.2 的调压板，宜根据有关节流装置的专门资料，利用计算公式或线算图来选择调压板的孔径。

调压板孔径较小时易堵塞，而且不能任意调节。手动调节阀门，运行效果较好。手动调节阀门杆的启升程度，能调节要求消除的剩余压头值，并对流量进行控制。此外，装设自控流量调节器，自动消除剩余压头，可以较好地保证用户的流量。

习　题

12－1　分析管内流速取值对管网设计的影响。

12－2　自然循环双管系统垂直失调与自然循环单管系统垂直失调系统的原因是否存在不同，为什么？

12－3　机械循环与自然循环的主要区别有哪些？

12－4　什么是水平失调？

12－5　同程式系统与异程式系统有何区别？

12－6　不等降温算法在何种场合使用较为合适，有何优点？

12－7　写出图 12－7a～d 自然循环供暖系统计算作用压力的数学表达式。

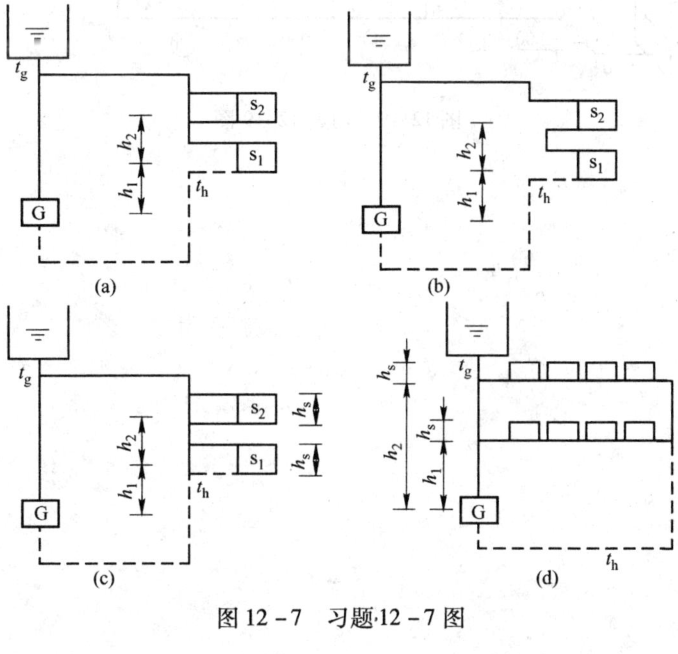

图 12－7　习题 12－7 图

12－8 计算图 12－8 中各散热器所在环路的作用压力。已知 $t_g=95℃$，$t_{g1}=85℃$，$t_{g2}=80℃$，$t_h=70℃$。

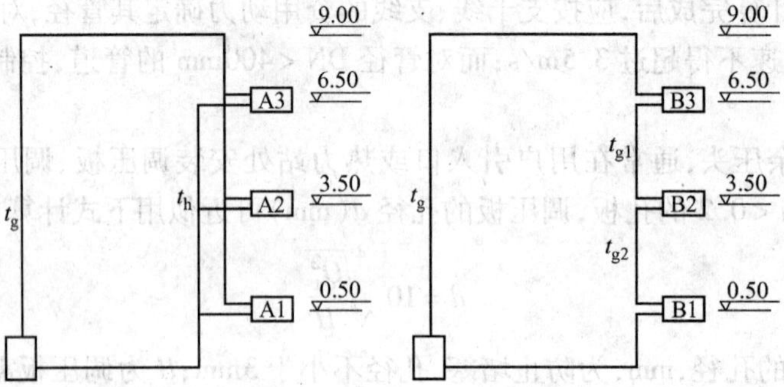

图 12－8 习题 12－8 图

12－9 通过水力计算确定图 12－9 所示重力循环热水采暖管网的管径。图中立管Ⅲ，Ⅳ，Ⅴ各散热器的热负荷与立管相同。只算Ⅰ，Ⅱ立管，其余立管只讲计算方法，不作具体计算。散热器进出水支管管长 1.5m，进出水支管均有截止阀和乙字弯，每根立管和热源进出口设有闸阀。

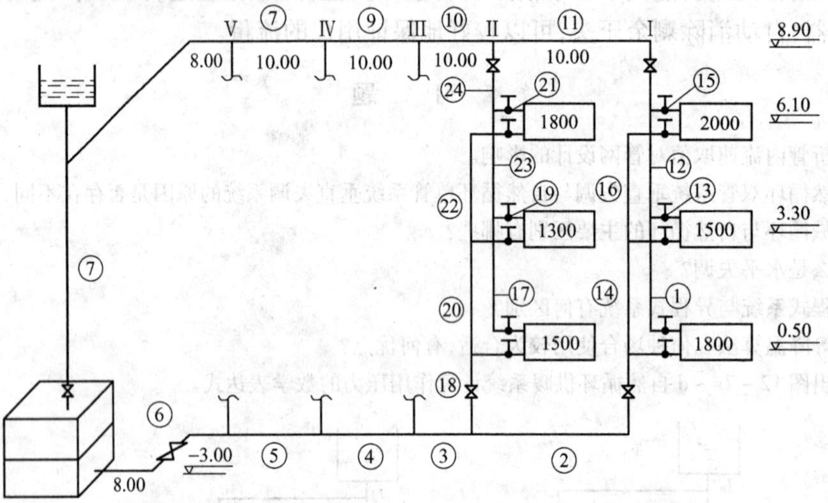

图 12－9 习题 12－9 图

第十三章　泵、风机与管网系统的匹配

第一节　泵、风机在管网系统中的工作点

一、管网特性曲线

(一)阻力特性

如前所述,对于枝状管网,按照管段串、并联关系,可将管网简化为一个管路。管网中流体的流动阻力与流量之间的关系为

$$\Delta p = SQ^2$$

式中,S 是管网的总阻抗,与管网的几何尺寸、沿程阻力系数、局部阻力系数、流体密度有关。当这些因素不变时,S 为常数。

(二)管网特性曲线

如图 13 –1 所示的管路,根据能量方程,流体从管路进口 1—1 断面流至出口 2—2 断面所需的能量 p_e 可用下式表示:

$$p_e = \left(p_2 + \frac{\rho_2 v_2^2}{2} + \rho g Z_2\right) - \left(p_1 + \frac{\rho_1 v_1^2}{2} + \rho g Z_1\right) + p_l \quad (13-1)$$

当两断面的动压差值与其他相比较小时,忽略此项,则有

$$p_e = (p_2 + \rho g Z_2) - (p_1 + \rho g Z_1) + p_l = p_{st} + p_l = p_{st} + SQ^2 \quad (13-2)$$

式中,p_{st}为管路出入口两端与测压管小头对应的压强差$\left(\frac{p_2}{\rho g} + Z_2\right) - \left(\frac{p_1}{\rho g} + Z_1\right)$,Pa。当管网处于稳定运行工况时,$p_{st}$与流量无关。

由于枝状管网可以简化为一个管路,所以,式(13 –2)也反映了枝状管网的特性,它表明了管网中流体流动所需的能量与流量之间的关系。将这一关系在以流量为横坐标、压强为纵坐标的直角坐标系中标绘成曲线,即为管网特性曲线,见图 13 –2。

闭式管网系统,当流体密度不变时,$Z_1 = Z_2$,$\rho g Z_1 = \rho g Z_2$,此时若 $p_1 = p_2$,则 $p_{st} = 0$。暖通空调工程中的通风空调管网系统,常常是从大气中吸入空气送入房间,或从房间中吸气后将其排至室外,这类管网系统,也近似有 $p_{st} = 0$。这时,管网特性曲线方程为

$$p_e = p_l = SQ^2 \quad (13-3)$$

绘制成曲线如图 13 –3 所示,该曲线被称为狭义管网特性曲线,而图 13 –2 中的曲线则被称为广义特性曲线。二者的根本区别在于阻力变化特性不同。广义管网特性曲线表明这类管网的阻力由两部分组成,一部分不随流量变化,另一部分与流量的平方成正比。由于这两部分阻力的变化规律不同,当泵或风机的工况沿管网特性曲线变化时,工况点之间不满足泵或风机的相似律。狭义管网特性曲线则表明这类管网的全部阻力与流量的平方成正比,

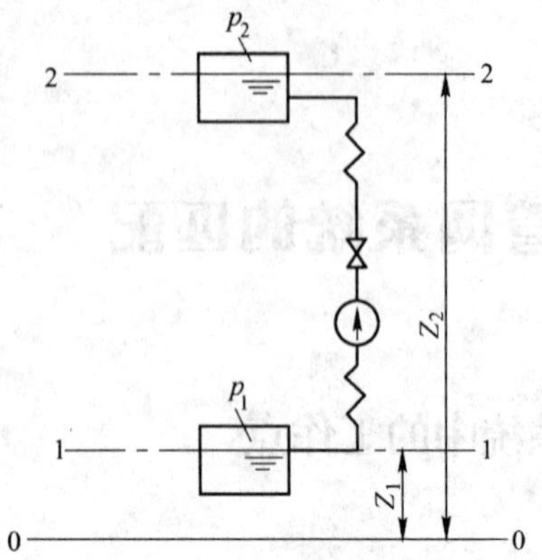

图 13－1　管路系统示意图

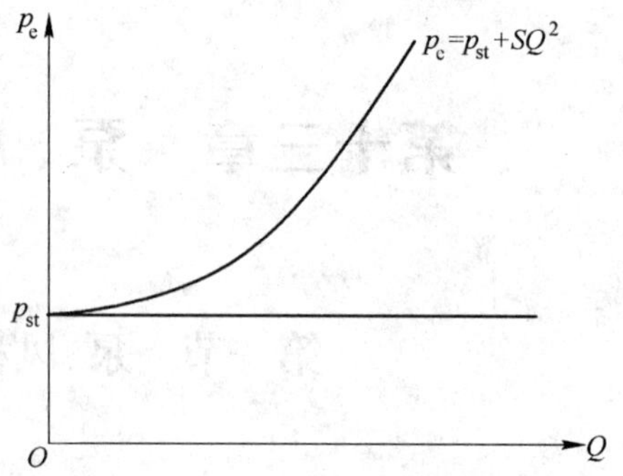

图 13－2　广义管网特性曲线图

当泵或风机的工况沿管网特性曲线变化时，遵守泵或风机的相似律。

这里特别需要强调的是，不能绝对的认为闭式管网特性曲线一定是狭义的。广义还是狭义的关键不在于管网是开式，还是闭式，而在于管网输送流体时，重力作用能否忽略。闭式管网中，当重力作用不能忽略时，其特性曲线也是广义的。

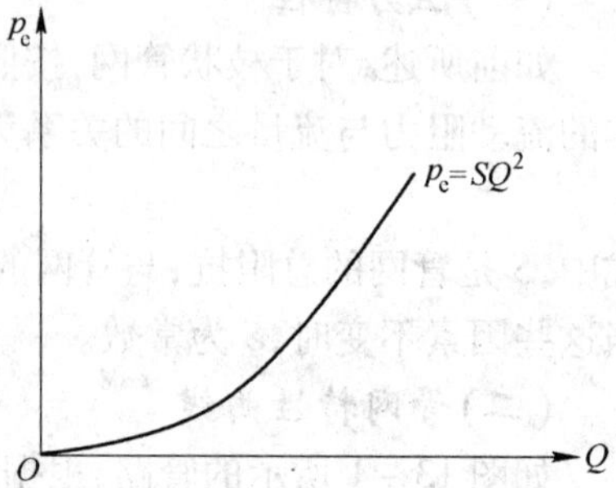

图 13－3　狭义管网特性曲线图

在输水管网中，压力及扬程往往直接用水柱高度表示，因此，管网特性曲线通常写成

$$H = H_{st} + SQ^2 \tag{13-4}$$

二、管网特性曲线的影响因素

影响管网特性曲线形状的决定性因素是阻抗 S。S 值越大，曲线越陡。当流量采用体积流量单位时，用压强表示时，管段阻抗 S 的计算公式为

$$S_{pV} = \frac{8\left(\lambda_i \frac{l_i}{d_i} + \sum\zeta\right)\rho}{\pi^2 d_i^4}, (\text{kg/m}^7) \tag{13-5}$$

阻抗 S 的第一个下标 p，表示阻力损失用压强表示，第二个下标 V 表示流量用体积流量表示。当流量采用质量流量单位时，管段阻抗的计算式为

$$S_{pm} = \frac{8\left(\lambda_i \frac{l_i}{d_i} + \sum\zeta\right)}{\rho\pi^2 d_i^4}, (\text{kg}\cdot\text{m})^{-1} \tag{13-6}$$

根据 S 的计算公式可知，影响 S 值的参数有：沿程阻力系数 λ、管段长度 l、管径（或当量直径）d 、局部阻力系数 $\sum\zeta$、流体密度 ρ。其中 λ 取决于流态和管路的粗糙程度。由流体力学知，当流动处于紊流粗糙区时，λ 仅与 K/d 有关。在管路条件一定时，λ 值可视为常数，则有

$$S = f(l, d, K, \sum\zeta, \rho) \tag{13-7}$$

由式(13－7)知,当管网系统安装完毕,管长、管径、局部阻力系数在不改变阀门开度的情况下,都已为定数,即 S 为定值。对某一具体的管网,其管网特性就被确定。反之,一旦改变式 (13－7)中的任一参数,将改变管网特性。由于 S 正比于 $l,K,\sum\zeta,\rho$,反比于 d,所以当管网系统较长,管径较小,局部阻力(弯头、三通、阀门等)部件较多,阀门开度较小,管内壁粗糙度较大,流体密度较大时,都会使 S 值增加,即管网特性曲线变陡;反之则使 S 值减小,管网特性曲线变缓。在管网系统设计和运行中,常常通过调整管路布置、改变管径大小或调节阀门的开度等手段来达到改变管网特性,使其适应用户对流量或压力分布要求目的。

三、管网系统对泵、风机性能的影响

泵、风机一般是装设在管路系统中,与管路共同工作的。此时,泵、风机的特性曲线不仅取决于泵、风机本身,也和它们与管网的连接情况有关。

产品样本给出的某种类型、规格的泵、风机的性能曲线,是在某种标准条件下测试得到的。在实际使用中,工作流体的密度、转速等参数很可能与测试条件不同,此时可根据相似律进行性能参数的换算。

由于泵(风机)是在特定的管网中工作的,故其进出口与管网的连接情况一般与性能试验时不同,这同样会导致泵(风机)的性能发生改变(一般会下降)。例如,当入口连接方式不同于标准测试条件时,则进入泵(风机)的流体其流向和速度分布与标准试验则有很大的不同(见图 13－4),因而导致其内部能量损失发生变化(一般情况为能量损失增加),泵、风机的性能下降。上述现象称为“系统效应”。系统效应对风机的影响更为显著。

(一)入口系统效应

风机入口不同接管形式的气流示意图如图 13－4 所示。入口采用不同类型的圆形弯管、方形弯管,则系统效应的影响不同。

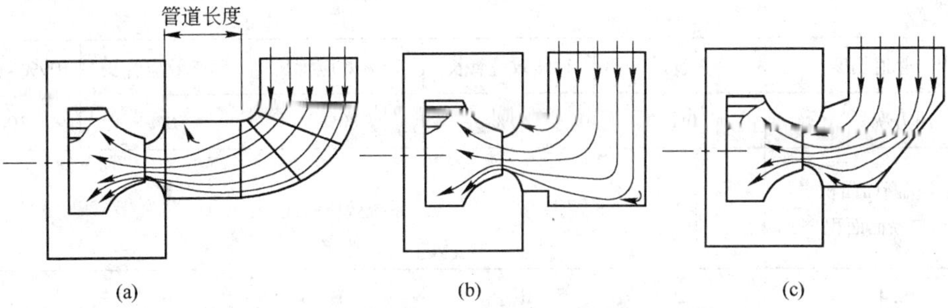

图 13－4　风机入口不同连接形式的气流示意图
(a)圆形弯管;(b)方形弯管;(c)进口风箱

如果弯管长度选用得当,有利于入口气流均匀,可以消除入口系统效应。为减少占地面积,将入口管道直接与风机入口相连(见图 13－4b),这将产生较大的压力损失,而且,管道长宽比的不同也会影响风机性能。有资料显示,不合理的入口连接方式导致能量损失占总量的 45%,而经过专门制作的入口风箱(如图 13－4c 的入口连接方式),可以大大减小或消除这种入口系统效应。另外,轴流风机的入口弯管在风机运行期间有可能使气流不稳定。这种系统效应会损伤风机,建议入口弯管安装在离风机入口 3 倍管径以外。造成上述影响的原因是当风机与入口管网连接时,造成叶轮进口流场不均匀,叶轮内流动恶劣,损失增加,

性能下降。

另一方面，当风机在管网中接入吸气管路时，风机吸气口绝对压强降低，入口气体密度减小，致使风机的做功能力下降，即风机的性能曲线将随进口阻力损失的变化，对应变化。此时风机的流量－全压曲线、流量－功率曲线和流量－效率曲线都有下降趋势，变化示意图见图 13－5。

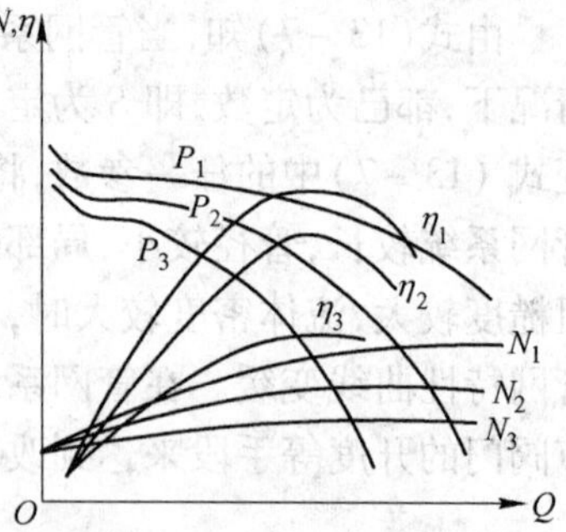

图 13－5 吸入管路对风机运行曲线的影响示意图

(二)出口系统效应

图 13－6 显示了风机出口管道截面速度的变化规律。自风机出口截面不规则的速度分布，到管道内气流速度规则分布的截面之间的管段长度，称为效应管段长度；为避免能量损失，不应在此长度内安装形状突变的管件或设备。在效应管段长度范围内断面的任何改变，均导致风机性能的降低。图 13－6 中给出了效应管段长度值的确定方法，风机出口流速在 4.5～14m/s 之

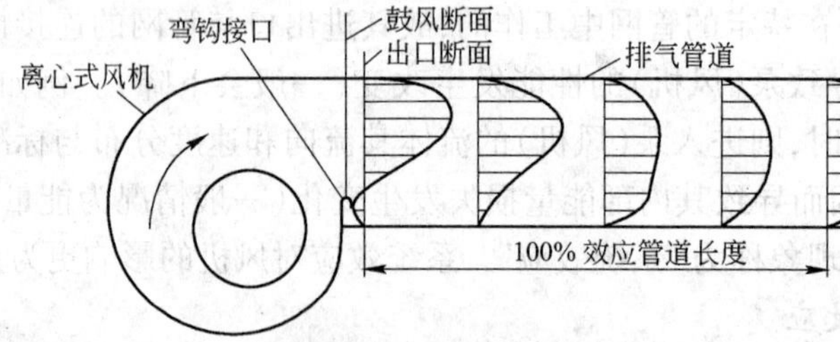

计算 100% 的效应管道长度：如果风速是 12.5m/s 以下取 2.5 倍管径为长度，那么风速每增加 5m/s，长度增加 1 倍管径。例：风速 25m/s，取 5 倍管径为 100% 效应管道长度。若管道为矩形，边长分别为 a，b，当量直径可按 $d = 4ab/(a+b)^{0.5}$ 计算。

出口管道长度	无管道	12%效应管长	25%效应管长	50%效应管长	100%效应管长
压力恢复	0%	50%	80%	90%	100%
鼓风机断面面积/出口断面面积	系统效应曲线				
0.4	P	R－S	U	W	—
0.5	P	R－S	U	W	—
0.6	R－S	S－T	U－V	W－X	—
0.7	S	U	W－X	—	—
0.8	T－U	U－W	X	—	—
0.9	V－W	W－X	—	—	—
1.0	—	—	—	—	—

图 13－6 不同长度出口管道的系统效应曲线

间,其对应风机系统效应曲线如图 13－7 所示。选择风机时,一般取气流速度为 10m/s 左右,鼓风断面与出口断面之比在 0.7～0.8 范围内。

当风机出口有弯头时,一般在靠近柔性接头处连接。当其出口直管段长度小于效应管段长度时,必须考虑由此产生的系统效应,图 13－7 与图 13－8 配合,可用于此类计算,其损失值取决于弯头的安装位置、方向。这种影响导致风机出口速度产生较大的变化,从而增加损失,同时由此还可能产生不稳定气流。

由上述分析可见,泵、风机在管网中的实际特性曲线与标准实验得到的性能曲线不同。

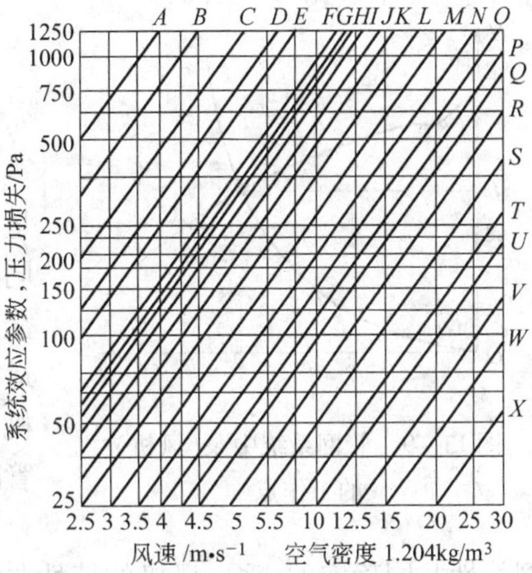

图 13－7　系统效应曲线

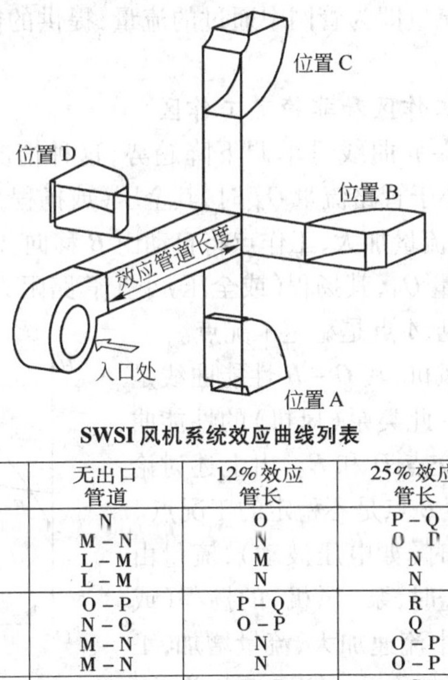

SWSI 风机系统效应曲线列表

鼓风断面面积/出口断面面积	出口弯管位置	无出口管道	12%效应管长	25%效应管长	50%效应管长	100%效应管长
0.4	A B C D	N M－N L－M L－M	O N M N	P－Q O－P N N	S R－S Q Q	无系统效应因素
0.5	A B C D	O－P N－O M－N M－N	P－Q O－P N N	R Q O－P O－P	T S－T R－S R－S	
0.6	A B C D	Q P N－O N－O	Q－R Q O O	S R Q Q	U T S S	
0.7	A B C D	R－S Q－R P P	S R－S Q Q	T S－T R－S R－S	V U－V T T	
0.8	A B C D	S R－S Q－R Q－R	S－T S R R	T－U T S S	W V U－V U－V	
0.9	A B C D	T S S R	T－U S－T S S	U－V T－U S－T S－T	W W V V	
1.0	A B C D	T S－T R－S R－S	T－U S－T S S	U－V U T T	W W V V	

图 13－8　不同出口管道形式的系统效应曲线

四、泵、风机在管网系统中的工作状态

(一)泵、风机在管网系统中的工作点

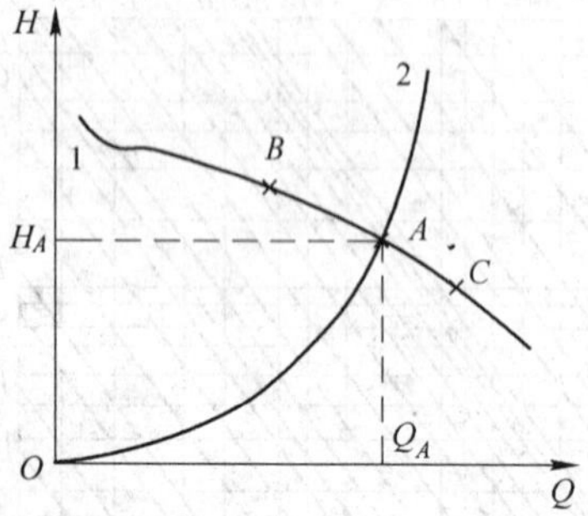

图 13－9　管网系统中泵(风机)的工作点

将泵、风机在管网系统中的实际性能曲线中的流量－全压曲线与其接入管网系统的管网特性曲线,以相同比例相同单位绘制在同一直角坐标系内,两条曲线的交点,即为该泵(或风机)在管网系统中的工作点,或称运行工况点,如图 13－9 中的 A 点。在这一点上,泵(风机)的工作流量即为管网中通过的流量,提供的压头与管网在该流量下的阻力相一致(该管网的 $p_{st}=0$)。

泵、风机在管网中的工作点是由其自身的性能和管网特性共同确定的。泵、风机的特性曲线表明,泵、风机可以在多种不同的流量和全压的工况下工作,然而,在某一时刻,在实际管网系统中运行时,它只能工作在性能曲线上的某一点上,此时泵、风机的工作流量即为管网中通过的流量,提供的能量与管网中流体流动所需要的能量相平衡。

(二)泵、风机的稳定工作区和非稳定工作区

大多数泵或风机的 $Q-p$ 曲线呈单调下降趋势,这种情况下运行工况是稳定的。图 13－9 中,当风机流量 Q_B 小于管路流量 Q_A 时,其全压(或扬程)H_B 大于管路阻力 H_A。此时多余的能量将使流体加速,流量加大,工作点将自动由 B 移向 A。反之,如泵(风机)在 C 点工作,流量 Q_C 大于管路流量 Q_A,其扬程(或全压)小于管路阻力,则流体减速,流量减小,工况点自动由 C 移向 A。可见,A 点是稳定工况点。

某些低比转数的泵或风机,其 $Q-H$ 性能曲线是驼峰形,如图 13－10 所示。此类泵(风机)的性能曲线与管网性能曲线有两个交点 D 和 E。由上述讨论可知 D 点是稳定工况点,而 E 点是不稳定的工况点。

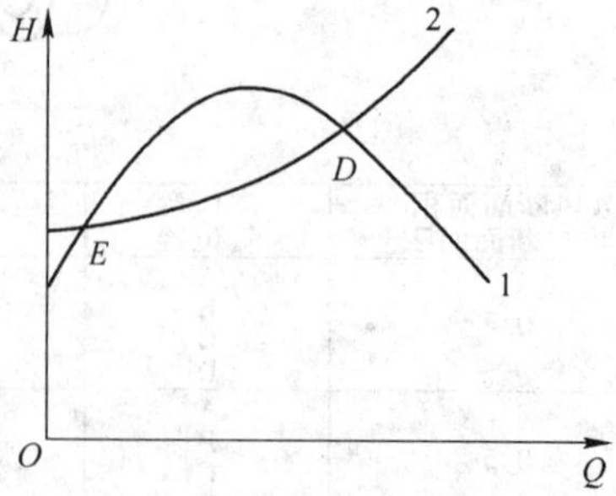

图 13－10　泵(风机)的不稳定工况

当泵(风机)稍受干扰时(如电压波动),流量由 E 点向流量增大的方向偏离时,泵(风机)的扬程(或全压)大于管路阻力,管路中流速加大,流量增加,工作点继续向流量增大的方向移动,直至点 D 为止。当干扰导致 E 点向流量减小方向偏离时,工作点就继续向流量减小的方向移动,直至流量等于零为止。因此,泵(或风机)一旦受到干扰,工作点就向右或向左移动,再也不能回到原来位置 E 点,故 E 点称为不稳定工况点。

泵或风机具有驼峰形性能曲线是其产生不稳定运行的原因。对于这一类泵或风机应使其工作点保持在 $Q-H$ 曲线的下降段,以保证运行的稳定性。

综上所述,对于具有驼峰形性能曲线的泵(风机)而言,在其扬程(或全压)峰值点的右侧区间运行时,设备的工作点能自动保持平衡,稳定工作,我们把这一稳定的区间称为稳定工作区。而在性能曲线峰值左侧区域运行时,设备的工作状态不稳定,此区域称为非稳定工作区。

(三)喘振及其预防

当风机在非稳定工作区运行时,可能导致风机输出流体与管网向风机倒灌流体交替出

现的现象,此现象称为"喘振"。并非在非稳定工作区工作时一定发生喘振。例如,当风机特性曲线峰值左侧的曲线比较平坦,运行工作点离峰值点较近,管网特性曲线的斜率较小,且管网中干扰能量较小、压力波动不大时,风机适当减小输气量后能使压力得到恢复,风机又回到原工作点。此时虽不稳定,但不至于喘振。一般来说,轴流风机比离心式风机更易发生喘振,高压风机比低压风机易发生喘振。喘振现象发生后,设备运行的声音发生突变,流量、全压急剧波动,并发生强烈振动。如果不及时停机或采取措施消除,将会造成严重破坏。

喘振的预防方法有:

(1)尽量避免设备在非稳定区工作。

(2)采用旁通管或放空管。当用户需要的流量较小,使设备工作点移至非稳定工作区时,可通过在设备出口设置的旁通管(风系统可设放空阀门),将多余流量排除,让设备仍在较大流量的稳定工作区运行。此法最简单,但最不经济。

(3)增速节流法。此法是通过提高风机的转数,并配合进口节流措施来改变风机的性能曲线,使其工作点进入稳定工作区。图 13-11 中,L_{n1},L_{n2} 分别为不同转数风机的性能曲线;R_1,R_2 分别为设备所处管网在节流前后的特性曲线;L'_{n2} 为设备在增速节流后的性能曲线;A 点为调节后的运行工况点。

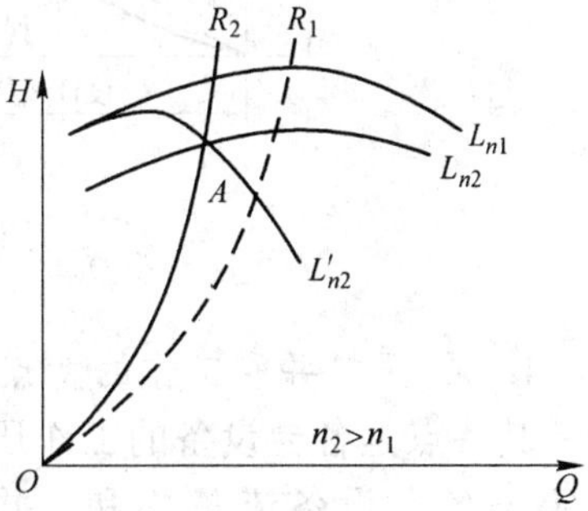

图 13-11　增速节流法防止喘振

泵或风机的最佳工作区是指其运行的既稳定又经济的工作区域。一般是设备最高效率的 90% ~95% 以上范围内的区域作为最佳工作区。泵、风机性能表中给出的性能参数,都在最佳工作区,按其性能表中给出的性能选用设备是合理的。

(四)系统效应对工况点的影响

通过对系统效应的分析可知,选择合理的进、出口连接方式,可以减小或消除系统效应对泵、风机性能产生的影响。泵、风机与管网连接的注意事项见本章第三节。当确实因实际安装位置限制等原因导致无法避免系统效应时,应在设计、选用泵(或风机)时,将系统效应的影响考虑在内。

如图 13-12 所示,在不考虑系统效应的情况下,根据设计流量和对应的管网计算阻力所选风机的性能曲线Ⅰ,与管网特性曲线 A 的交点为 1;而实际运行中,由于系统效应的影响,相当于管网特性曲线变为曲线 B,即如仍选用曲线Ⅰ性能的风机,其实际工作点为 4,实际风量小于设计风量。为保证达到设计风量,在选择风机时,应计入设计风量下的系统效应损失。依此选用的风机性能曲线Ⅱ与曲线 B 的交点 2,才是达到设计风量要求的实际工作点。因此,在进行风机选择时,应计入系统效应造成的风机性能损失。

五、管网系统中泵、风机的联合运行

两台或两台以上的泵(或风机)在同一管路系统中工作,称为联合运行。联合运行又分为并联和串联两种情况。其联合运行的目的,在于增加流量或增加扬程(或全压)。

(一)泵(或风机)的并联

多台水泵在同一蓄水池取水(或吸水管连接在一起),向同一管路供水,称为泵的并联,见图 13-13a;图 13-13b 是两台风机的并联情况。

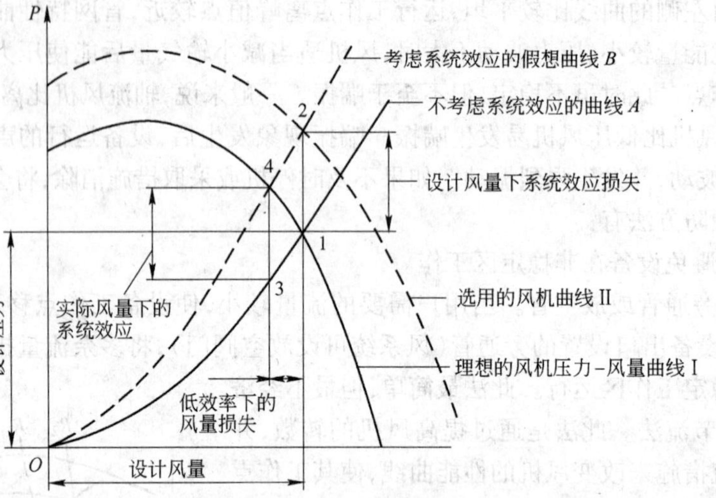

图 13-12　影响风机性能示意图

1. 泵、风机并联工作的特点

其特点是各台设备的工作压头相同，而总流量等于各台设备流量之和。并联工作主要应用于：

(1)用户需要流量大，而大流量的泵(或风机)制造困难或造价太高；

(2)当流量需求变化幅度大，通过停开设备台数以调节流量时；

(3)当供气(或供液)不能间断，需要留有设备维护、保养能力时。

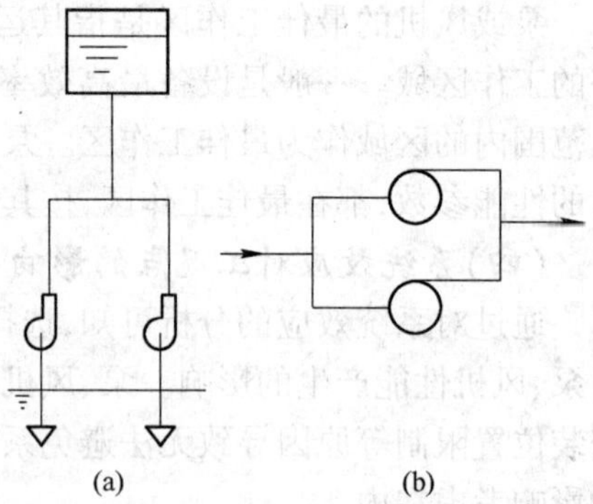

图 13-13　并联运行

(a)两台泵并联；(b)两台风机并联

2. 联合运行曲线绘制

根据泵、风机并联工作的特点，N 台并联泵(或风机)运行的联合性能曲线可按如下方法绘制：

(1)在 $Q-H$ 坐标系上分别绘出各台泵(或风机)的 $Q-H$ 性能曲线 1,2,…,n；

(2)在横纵坐标上取不同压力值 H_j，作水平线，分别与各泵(或风机)性能曲线相交，对应得到 $Q_{1,j}, Q_{2,j}, \cdots, Q_{i,j}, \cdots, Q_{n,j}(j=1,2,\cdots,n)$；

(3)取 $Q_{0,j}=Q_{1,j}+Q_{2,j}+\cdots+Q_{n,j}$，按$(H_j, Q_{0j})$在 $Q-H$ 坐标系上描点连线，即得 N 台泵(或风机)的联合运行曲线。

3. 两台相同的泵(或风机)的并联

如图 13-14 所示，已知一台泵(或风机)的性能曲线Ⅰ，在相同的扬程(或全压)下使流量加倍，便得到两台相同的泵(或风机)并联的性能曲线Ⅱ。与管路性能曲线Ⅲ交与 A 点。A 点就是并联机组的工况点。Q_A 是并联后的流量，H_A 是并联后的扬程。

过 A 点作水平线与单机性能曲线交于 B 点，B 点是并联机组中一台设备的工况点。扬

程 $H_A=H_B$；流量 $Q_B=\frac{Q_A}{2}$。B 点对应效率曲线上的 η_B，就是并联工作时设备的效率。

管路性能曲线与单机性能曲线的交点 C 表示的是只开一台设备时的流量，而 $Q_C>Q_B$。可见只开一台设备时的流量，大于并联运行时的流量。这是因为并联后，管路内总流量加大，水头损失增加，所需扬程加大，而多数情况下，泵（或风机）的性能是扬程加大，流量减小，所以并联运行时单台设备的流量减小了。

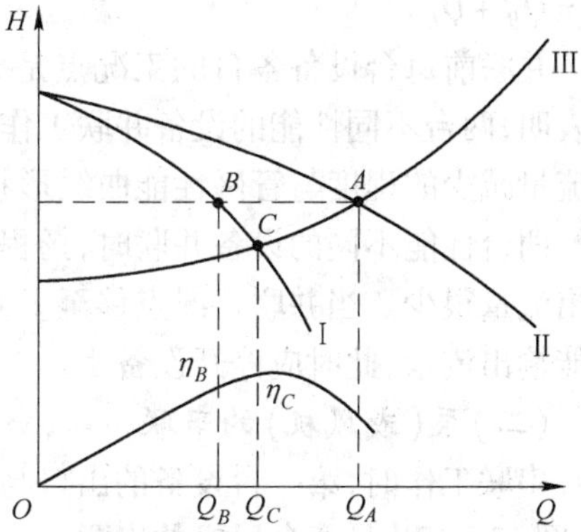

图 13－14　并联运行的工况分析

管路的总流量 $Q_A>Q_C$，并联后总流量比并联前增加了。增加的流量 $\Delta Q=Q_A-Q_C<Q_C$，增加的流量小于系统中一台设备运行时的流量。也就是说流量并不是成倍增加的。

并联机组增加的流量 ΔQ 与管网特性曲线形状有关。管网特性曲线越平坦（即阻抗 S 越小），并联增加的流量越大。因此，当特性曲线较陡时，不宜采用并联工作。

4. 多台相同泵（或风机）的并联

多台相同设备并联时，工况分析如图 13－15 所示。Ⅰ是单机性能曲线，Ⅱ是两台设备的性能曲线，Ⅲ是三台设备并联时的性能曲线，Ⅳ是管网特性曲线。A,B,C 分别为单机、两台并联及三台并联时的工作点。由图可见，随着并联台数的增多，每增加一台并联设备，所增加的流量越小，因而效果越差。

5. 不同性能泵（或风机）的并联

图 13－16 为两台不同性能设备并联工作时的工况分析。图中曲线Ⅰ，Ⅱ分别是两台设备的性能曲线，Ⅰ＋Ⅱ是并联机组的性能曲线，Ⅲ是管网性能曲线。并联机组性能曲线的画法是在相同扬程（或全压）下，将 Q_{I} 与 Q_{II} 相加而得。管网特性曲线与并联机组性能曲线交于 A 点，A 点是并联工作的工作点，其流量为 Q_A，扬程为 H_A。

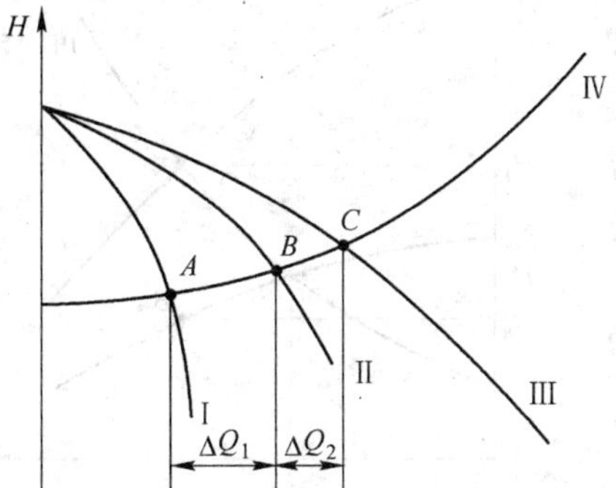

图 13－15　多台设备并联运行

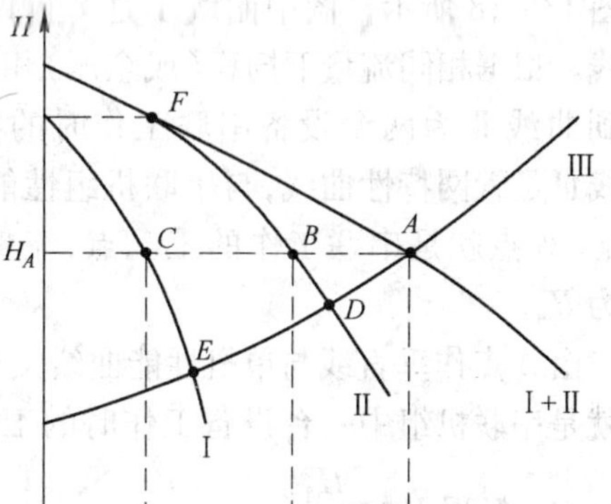

图 13－16　不同性能设备并联的工况分析

由 A 点作水平线交两台设备性能曲线于 B,C 两点，B,C 就是并联工作时两台设备各自的工况点。流量为 Q_B,Q_C，扬程相等，即 $H_A=H_B=H_C$。总流量为各台设备的流量之和，即

$Q_A = Q_B + Q_C$。

并联前每台设备各自的工况点是 D 和 E。由图看出：$Q_A < Q_D + Q_E$；$H_A > H_D$，$H_A > H_E$。这表明，两台不同性能的设备并联工作时，总流量小于并联前各设备单独工作的流量之和。其流量减少的程度与管网性能曲线形状有关，管网性能曲线越陡，总流量越小。

两台性能不同的设备并联时，扬程（或全压）小的设备（即性能曲线位于左下方的设备）输出流量很少。当并联工况点移至 F 点时，由于设备Ⅰ的扬程（或全压）不能大于 H_F，因而不能输出流量，此时应停开设备Ⅰ。

（二）泵（或风机）的串联

串联工作时，第一台设备的出口与第二台设备的入口连接。图 13－17a 是两台泵的串联，图 13－17b 是两台风机的串联。

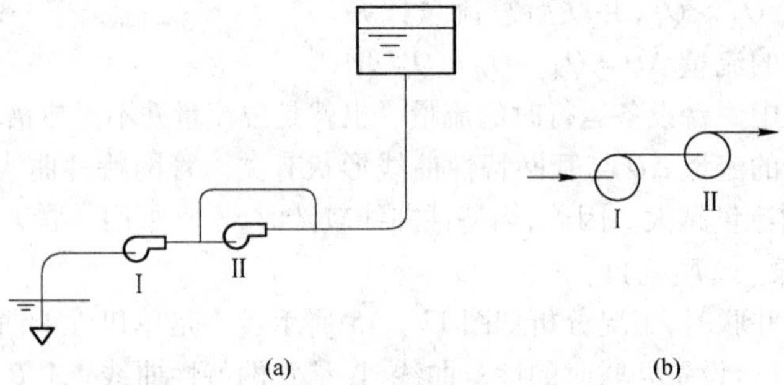

图 13－17　泵与风机的串联工作

泵（或风机）串联工作的特点是通过各台设备的流量相同，而总扬程（或全压）为各台设备的总和。串联工作用于以下情况：

（1）当高扬程（或全压）的泵（或风机）制造困难或造价高时；

（2）在管网改建或扩建中，当管网阻力加大，需要扬程（或全压）提高时。

两台相同的泵（或风机）串联工作时，工况分析如图 13－18 所示。图中曲线Ⅰ是一台设备的性能曲线。根据相同流量下扬程（或全压）相加的原理，得到曲线Ⅱ为两台设备串联工作时的特性曲线。曲线Ⅲ是管网特性曲线，与串联机组性能曲线交与 A 点。A 点就是串联工作的工况点，流量为 Q_A，扬程为 H_A。

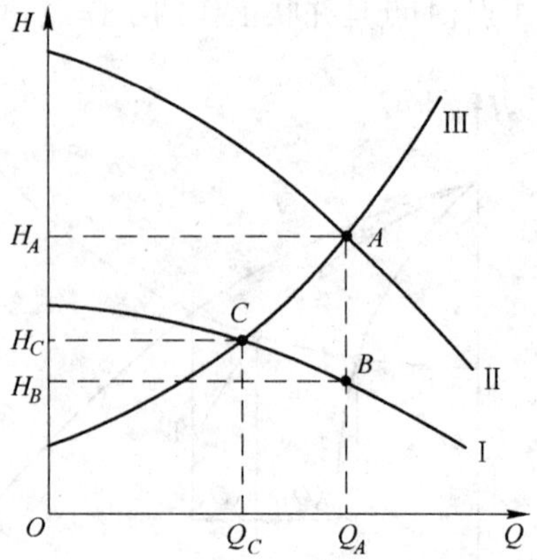

图 13－18　串联机组的工况分析

由 A 点作垂直线与单机性能曲线交于 B 点。B 点就是串联机组中一台设备工作时的工况点，流量 $Q_B = Q_A$，扬程 $H_B = \frac{H_A}{2}$。

单机性能曲线Ⅰ与管路特性曲线Ⅲ的交点是串联机组中一台设备工作时的工作点。由图可见：

$$Q_A > Q_C$$

$$H_A > H_C > H_B$$

以上表明,两台设备串联工作时扬程(或全压)增加了,但是并没有增加到两倍。增加的扬程为 $\Delta H = H_A - H_C$。同时串联后的流量也增加了,这是因为总扬程加大,使管路中流体速度加大,流量随之增加。泵(或风机)的性能曲线愈平坦,串联后增加的扬程(或全压)和流量愈大,愈适于串联工作。

性能不同的泵(或风机)的串联工作,其分析方法与上述类似,不再讨论。应指出的是,当两台泵串联时,后一台泵承受的压力较高,选泵时要注意结构强度。风机串联的特性与泵相同,但因操作上可靠性差,一般不推荐采用。

第二节　泵、风机的工况调节

如前所述,泵、风机运行时工作点的参数是由泵、风机的性能曲线与管网特性曲线共同决定的。用户需要的流量可能经常变化,为了满足这种要求,必须进行调节。工况调节就是用一定方法改变泵、风机性能曲线或管网特性曲线,来满足用户对流量变化的要求。

一、调节管网系统特性

改变管网特性曲线最常用的方法是改变管网中的阀门开启程度,从而改变管网的阻力特性(S),使管网特性曲线变陡或变缓,以达到调节流量的目的。这种调节方法十分简单,应用最广。

(一)液体管网系统特性调节

图 13－19 为管网特性调节工况分析示意图。曲线 1,2,3 分别为管网初始状态的特性曲线和调节后阻抗增、减的特性曲线;曲线 4 为泵的性能曲线。

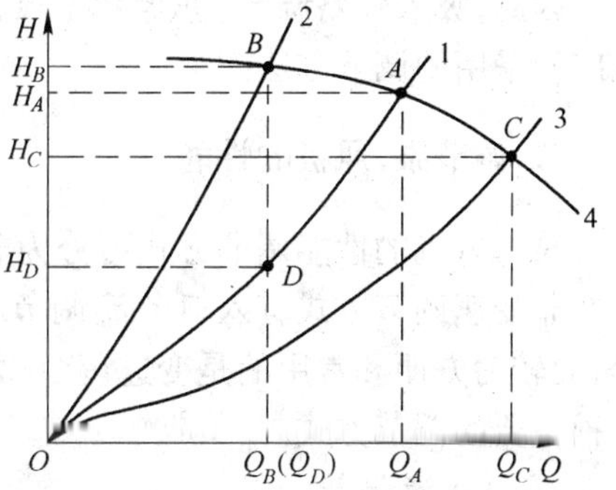

图 13－19　管网性能调节的工况分析

关小管网中的阀门,阻抗增大,管网特性曲线变陡,如曲线 2 所示,工作点移至 B,相应的流量由 Q_A 减至 Q_B。当开大管网的阀门,阻抗减小,管网特性曲线变缓,如曲线 3 所示,工作点移至 C 点,相应流量增为 Q_C。

由于阀门关小,额外增加的压头损失为 $\Delta H = H_B - H_D$。阀门调节前原来管网中流量为 Q_B 时,需要的压头是 H_D。相应多消耗的功率为

$$\Delta N = \frac{Q_B \Delta H}{\eta_B} \tag{13-8}$$

可见,由于增加了阀门阻力,额外增加了压力损失,是不经济的。这种方法常用于频繁、临时性的调节。

对于液体管路,泵的调节阀通常只能装在压出管上。这是因为吸入管上设置调节阀,增加吸入口的真空值,可能引起泵的气蚀, 泵的气蚀现象及避免气蚀的技术措施将在本章第三节介绍。

(二)气体管网系统特性调节

对于气体管路,可以在风机出口设置调节阀,但如上分析,此种方式经济性较差。较为

经济的方式是在其进口设置调节阀，通过吸入口的节流改变风机的进口压力，使风机性能曲线发生变化，以适应流量或压力的特定要求。

此种调节方式基于本章第一节所述原理，即风机吸入管路的压力变化，将改变风机的运行性能曲线。

图 13－20 中曲线 1，1′分别为初状态下的风机、管网特性曲线，而 2，2′和 3，3′分别为关小和开大吸入管路调节阀之后的风机性能曲线和管网特性曲线。显然，关小吸入管路阀门其工作点移至 B 点，在同一流量条件下，与采用出口设调节阀时的 B'点相比，消除了因 $\Delta H = H_B' - H_B$ 而产生的无益功率消耗：

$$\Delta N = \frac{Q_B \Delta H}{\eta_B}$$

因此，在风机吸入管道上调节的经济性较好，而且简单易行。

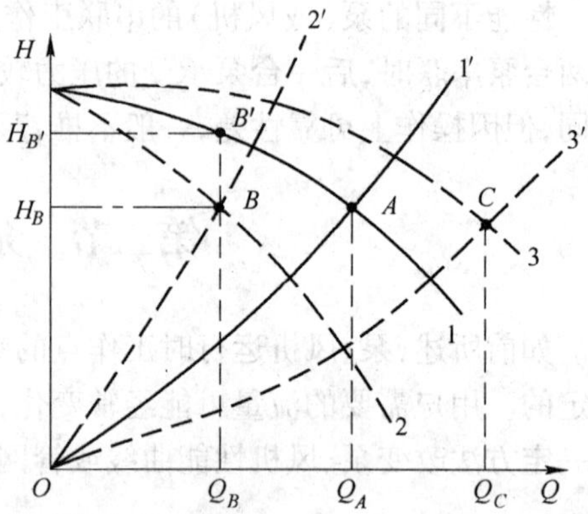

图 13－20　风机吸入管路调节的工况分析

另一方面，由于在风机入口调节，使风机入口喘振点向小流量方向变化，这就可以使风机的流量调节范围加宽，即有可能在较小的流量下工作。

因此，吸入管路调节（亦等同于风机进口节流）是一般固定转数通风机、鼓风机和压缩机广泛采用的调节方法。

二、调节泵、风机的性能

泵与风机的性能调节方式可分为非变速调节和变速调节两大类。

非变速调节方式有入口节流调节、离心式和轴流式风机的前导叶调节、切削叶轮调节等，而较为方便和常用的是变速调节，尤其变频调速是发展前景较好的调节方式。下面介绍几种主要的调节方式。

（一）变速调节

泵、风机的变速调节是通过改变其转数，以达到改变泵、风机性能的目的。根据泵、风机的理论，转数改变必然导致泵、风机性能曲线的改变。由泵、风机的相似原理和相似定律可知，在雷诺数相同的区域内，同一泵（或风机）在不同转数下的流体流动是相似的，即泵（或风机）在不同转速时的性能曲线是相似的。由式（13－9）和式（13－10）可知，不同转速的相似工况之间，主要性能参数具有以下关系：改变泵（或风机）的转数，可以改变泵（或风机）的性能曲线，从而使工况点移动，流量随之改变。在同一管网中，转数改变时，泵与风机的相似工作点性能参数变化如下：

流量与转数：$\dfrac{Q}{Q'} = \dfrac{n}{n'}$

扬程与转数：$\dfrac{H}{H'} = \left(\dfrac{n}{n'}\right)^2$ （13－9）

全压与转数：$\dfrac{p}{p'} = \left(\dfrac{n}{n'}\right)^2$

功率与转数：
$$\frac{N}{N'}=\left(\frac{n}{n'}\right)^3$$

所以$\left(\frac{Q}{Q'}\right)^2=\frac{H}{H'}$，$\frac{H}{Q^2}=\frac{H'}{Q'^2}=\text{Const}$，又可以表示为

$$\left(\frac{Q}{Q'}\right)^2=\left(\frac{n}{n'}\right)^2=\frac{p}{p'} \tag{13-10}$$

式(13－10)在工程中可用来判断泵或风机变转速运行时工况是否相似。式(13－10)又可写成

$$H=\left(\frac{H}{Q^2}\right)Q^2=\left(\frac{H'}{Q'^2}\right)Q^2 \tag{13-11}$$

令$S=\frac{H'}{Q'^2}=\text{Const}$，则$H=SQ^2$。

将式(13－11)绘成曲线，是一条从原点出发的二次抛物线，在这条线上，任意两点之间满足式(13－10)相似工况的判别条件，称为泵(或风机)变转速运行的相似工况曲线。

变速调节的工况分析如图13－21所示。图中曲线Ⅰ为转数n时泵(或风机)的性能曲线。曲线Ⅱ为管网特性曲线，图(a)为广义特性曲线管网，$H=H_{st}+S_aQ^2$，图(b)为狭义特性曲线管网，$H=S_bQ^2$。Ⅰ和Ⅱ的交点A就是转数为n时的工作点。转数减小为n时，泵(或风机)的性能曲线为Ⅲ，与管网特性曲线交于B点。

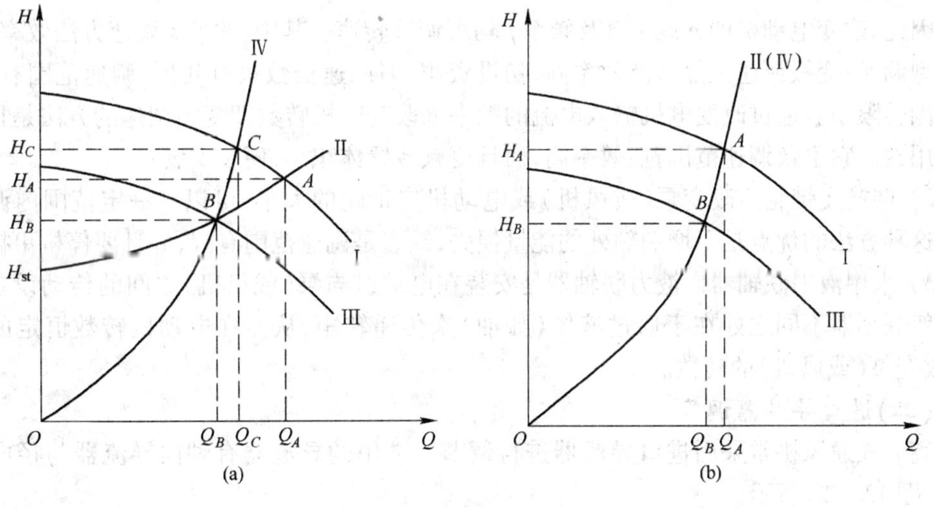

图13－21　变速调节工况分析
(a)广义特性曲线管网；(b)狭义特性曲线管网

对于图(a)中广义管网特性曲线，有$\left(\frac{Q_A}{Q_B}\right)^2=\frac{H_A-H_{st}}{H_B-H_{st}}\neq\frac{H_A}{H_B}$，不满足相似条件，$A$，$B$两点不是相似工况点。过$B$点作相似工况曲线Ⅳ，其中，$k=\frac{H_B}{Q_B^2}$，与转数为$n$的性能曲线Ⅰ交于$C$点，$C$点与$B$点是相似工况点，满足相似工况性能参数换算公式。

图(b)中所示的狭义管网特性曲线，由管网特性曲线方程和相似工况曲线方程式(13－11)可知，此时管网特性曲线与变转速的相似工况曲线重合，$S_b=k$，A 点与 B 点是相似工况点，满足相似工况性能参数换算公式。

通过以上的分析，可以得出以下重要结论：

(1) 具有狭义管网特性曲线的管网，当其特性(阻抗 S)不变时，泵(或风机)在不同转速运行时的工况点是相似工况点，流量比值与转速比值成正比，全压或扬程比值与转速比值的平方成正比，功率比值与转速比值三次方成正比。若变转速的同时，S 值也发生变化，则不同转速的工况不是相似工况，上述关系不成立；对于具有广义特性曲线的管网，上述关系亦不成立。

(2) 降低转速来调小流量，节能效果非常显著；增加转速来增大流量，能耗增加剧烈。理论上可以用增加转数的方法来提高流量，但转数增加后，使叶轮圆周速度增大，因而可能增大振动和噪声，且可能发生机械强度和电机超载问题，所以一般不采用增速方法来调节工况。

改变泵(或风机)转速有以下几种方法：

1) 改变电动机转速。以电动机拖动的泵(或风机)、电动机的转速 n(r/min)与交流电的频率 f 和电动机的极对数 p 有如下关系：

$$n=60f\frac{1-s}{p} \tag{13－12}$$

式中，s 为电动机运行的转差率。

因此，改变电动机的 p 或 s 以及频率 f 均可调节转速。其中，改变 s 调速方法效率低，属能耗型调速；变极调速虽然节能效率高，初投资小，但调速挡数只有几挡，调速范围有限，应用范围受限制。通过改变电机输入电流的频率来改变电机转数即变频调速的方法是目前最为常用的。它不仅调速范围宽、效率高，而且变频装置体积小，便于安装。

2) 调换皮带轮。改变泵(或风机)或电动机皮带轮的大小，可以在一定范围内调节转数。这种方法的优点是不增加额外的能量损失，缺点是调速范围有限，并且要停机更换。

3) 采用液力联轴器。液力联轴器是安装在电动机与泵(或风机)之间的传动设备。它和一般联轴器不同之处在于通过液体(如油)来传递转矩，从而在电动机转数恒定的情况下，改变泵(或风机)的转数。

(二)进口导流器调节

离心式通风机常采用进口导流器进行调节。常用的导流器有轴向导流器与径向导流器，如图 13－22 所示。

导流器的作用是使气流进入叶轮之前产生预旋。由欧拉方程可知，$p=\rho(u_2v_{u2}-u_1v_{u1})$。当导流器全开时，气流无旋进入叶轮，此时叶轮进口切向速度 $v_{u1}=0$，所得全风压最大。向旋转方向转动导流器叶片，气流产生预旋，使切向分速 v_{u1} 加大，从而全风压降低。导流器叶片转动角度越大，产生预旋越强烈，全风压 p 越低。

图 13－23 是采用导流器调节方法的工况分析图。导流叶片角度为 0°，30°，60°，风机的性能曲线为Ⅰ，Ⅱ，Ⅲ，与管路性能曲线Ⅳ交于 A，B，C 三点，是三种情况下的工作点，流量分别为 Q_A，Q_B，Q_C。

采用导流器调节方法，增加了进口的撞击损失，从节能角度看，不如变速调节，但比阀门

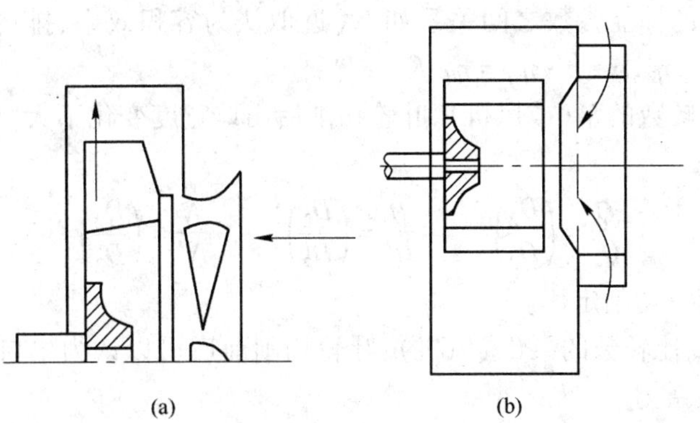

图 13－22　进口导流器简图

(a)轴向导流器；(b)径向导流器

调节消耗功率小，也是一种比较经济的调节方法。此外，导流器结构比较简单，可用装在外壳上的手柄进行调节，在不停机的情况下进行，操作方便灵活。

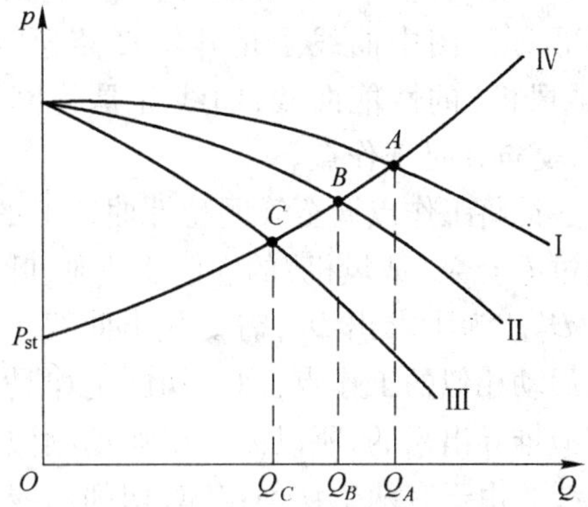

图 13－23　进口导流器调节

(三)切削叶轮调节

泵(或风机)的叶轮经过切削，外径改变，其性能随之改变。泵(或风机)的性能曲线改变，则工况点移动，系统的流量和扬程(或全压)改变，达到节能的目的。

叶轮经过切削与原来叶轮不符合几何相似条件，切削前后性能参数不符合相似律。由于切削量不大，可近似认为切削前后的出口安装角 β_2 不变。叶轮直径 D_2 变为 D_2'，圆周速度 u_2 变为 u_2'。由于 β_2 不变，速度三角形相似，见图 13－24。

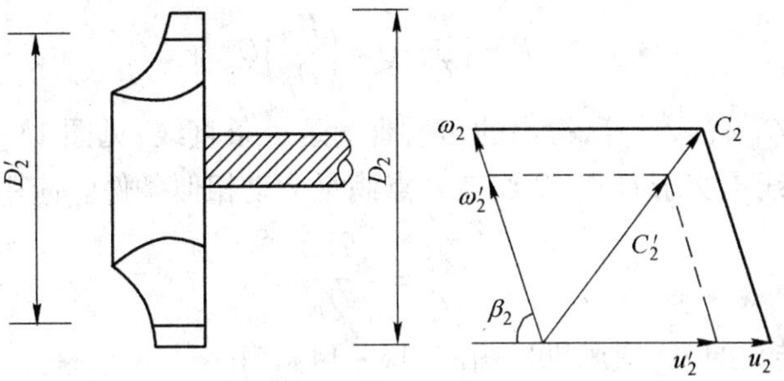

图 13－24　切削叶轮及速度图

叶轮切削前后的速度比为

$$\frac{u_2}{u_2'}=\frac{v_{u2}}{v_{u2}'}=\frac{v_{r2}}{v_{r2}'}=\frac{D_2}{D_2'}$$

叶轮切削前后的性能参数之间关系如下（近似认为容积效率、排挤系数、流动效率、涡流系数相等，即 $\eta_V=\eta_V'$、$\varepsilon\approx\varepsilon'$、$\eta_H=\eta_H'$、$K\approx K'$）：

（1）对于低比转数的泵（或风机），叶轮切削后出口宽度变化不大，可以认为 $b_2\approx b_2'$，则性能参数关系为

$$\frac{Q}{Q'}=\left(\frac{D_2}{D_2'}\right)^2\qquad\frac{H}{H'}=\left(\frac{D_2}{D_2'}\right)^2\qquad\frac{N}{N'}=\left(\frac{D_2}{D_2'}\right)^4\tag{13-13}$$

式（13-13）称为第一切削定律。

（2）对于中、高比转数的泵（或风机），叶轮切削前后可以认为出口面积不变，$\pi D_2b_2=\pi D_2'b_2'$，性能参数关系为

$$\frac{Q}{Q'}=\frac{D_2}{D_2'}\qquad\frac{H}{H'}=\left(\frac{D_2}{D_2'}\right)^2\qquad\frac{N}{N'}=\left(\frac{D_2}{D_2'}\right)^3\tag{13-14}$$

上式称为第二切削定律。

切削叶轮进行调节的工况分析如图 13-25 所示。图中曲线Ⅰ是叶轮直径为 D_2 的泵（或风机）的性能曲线，曲线Ⅱ是管网性能曲线，交点 A 是工作点。

欲将工作点调至管网特性曲线上的 B 点，通过 B 点泵（或风机）的性能曲线Ⅲ，叶轮直径为 D_2'。为了求出 D_2'，需要找出曲线Ⅰ上与 B 点运动相似的工作点，因为切削定律是由运动相似推导出来的，所以需求出运动相似的切削曲线。由于有两个切削定律，切削曲线也有两条。

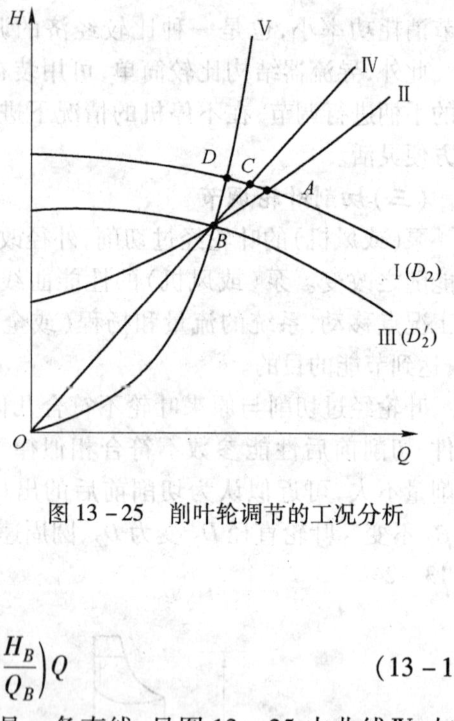

图 13-25　削叶轮调节的工况分析

对于低比转数的泵与风机，由式（13-13），有

$$\frac{Q}{Q'}=\frac{H}{H'}$$

则
$$H=\left(\frac{H'}{Q'}\right)Q=\left(\frac{H_B}{Q_B}\right)Q\tag{13-15}$$

将 B 点的 H_B，Q_B 代入计算，得出的切削曲线是一条直线，见图 13-25 中曲线Ⅳ，与叶轮切削前的性能曲线Ⅰ交于 C 点，C 点与 B 点满足运动相似条件。应用第一切削定律，得

$$\frac{D_2}{D_2'}=\sqrt{\frac{Q_C}{Q_B}}\tag{13-16}$$

对于中、高比转数的泵（或风机），由式（13-14），有

$$\frac{H}{H'}=\frac{Q^2}{Q'^2}$$

则
$$H=\left(\frac{H'}{Q'^2}\right)Q^2=\left(\frac{H_B}{Q_B^2}\right)Q^2\tag{13-17}$$

将 H_B，Q_B 代入计算，得切削曲线是一条二次抛物线，见图 13-25 中曲线Ⅴ，与叶轮切

削前的性能曲线Ⅰ交于 D 点。D 点与 B 点满足相似条件,应用第二切削定律,得

$$\frac{D_2}{D_2'}=\frac{D_D}{Q_B} \tag{13-18}$$

切削叶轮的调节方法,其切削量不能太大,否则效率明显下降。水泵的最大切削量与比转数 n_S 有关,如表 13-1 所示。

表 13-1　叶轮最大切削量

泵的比转数 n_S	60	120	200	300	350	350 以上
允许最大切削量	20%	15%	11%	9%	7%	0%
效率下降值	每切削 10% 下降 1%		每切削 4% 下降 1%			

对于水泵,制造厂通常对同一型号的泵,除标准叶轮以外,还提供几种经过切削的叶轮供选用。如 2BA-6 型泵,标准叶轮直径为 163mm。切削一次为 2BA-6A 型,叶轮直径为 148mm。切削两次为 2BA-6B 型,叶轮直径为 132mm。切削后的叶轮使用时仍装于原机壳内,调节时只需换用叶轮即可。

切削叶轮的调节方法,不增加额外的能量损失,设备的效率下降很少,是一种节能的调节方法。缺点是需要停机换装叶轮,常用于水泵的季节性调节。

【例 13-1】　已知水泵性能曲线如图 13-26 所示。管网阻抗 $S=76000\text{mH}_2\text{O}(\text{m}^3/\text{s})^2$,静扬程 $H_{st}=19\text{m}$,转速 $n=2900\text{r/min}$。试求:

(1)水泵的流量 Q、扬程 H、效率 η 及轴功率 N;

(2)用阀门调节方法使流量减少 25%,求此时水泵的流量、扬程、轴功率和阀门消耗的功率。

(3)用变速调节方法使流量减少 25%,转速应调至多少?

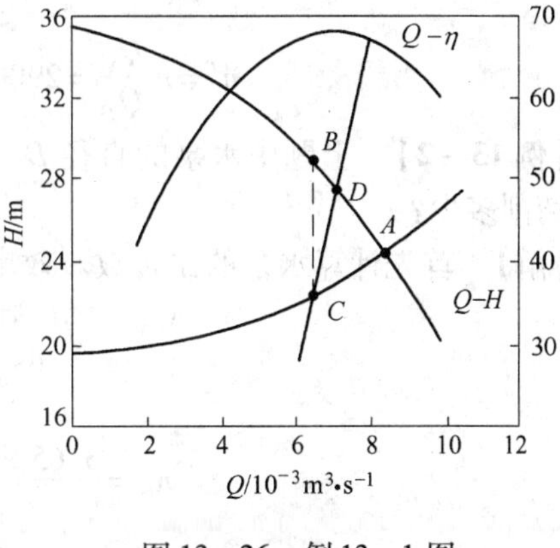

图 13-26　例 13-1 图

【解】　(1)由管网特性曲线方程 $H=H_{st}+SQ^2=19+76000Q^2$,计算得:

Q /$10^{-3}\text{m}^3\cdot\text{s}^{-1}$	0	2	4	6	8	10
H/m	19	19.30	20.222	21.74	23.86	16.60

管网特性曲线与泵的 $Q-H$ 曲线交于 A 点。

$$Q_A=8.5\times10^{-3}\text{m}^3/\text{s},H_A=24.5\text{m},\eta_A=65\%$$

$$N_A=\frac{\gamma Q_A H_A}{\eta_A}=\frac{9.807\times0.0085\times24.5}{0.65}=3.14\text{kW}$$

(2)阀门调节

$$Q_B=(1-0.25)Q_A=0.75Q_A=8.5\times10^{-3}\times0.75=6.38\times10^{-3}\text{m}^3/\text{s}$$

由泵的性能曲线得 $\eta_B=0.65$,$H_B=28.8\text{m}$。

$$N_B=\frac{\gamma Q_B H_B}{\eta_B}=\frac{9.807\times0.00638\times28.8}{0.65}=2.77\text{kW}$$

由 B 点作垂直线与管路性能曲线交于 C 点

$$H_C = 19 + 76000 \times 0.00638^2 = 22.09\text{m}$$

阀门增加的水头损失为

$$\Delta H = H_B - H_C = 28.8 - 22.09 = 6.71\text{m}$$

阀门消耗的功率

$$\Delta N = \frac{\gamma Q_B \Delta H}{\eta_B} = \frac{9.807 \times 0.00638 \times 6.71}{0.65} = 0.65\text{kW}$$

(3)变速调节

将工况点调至 C 点，相似工况曲线的特性曲线方程 $H = SQ^2$

其中　$S = \dfrac{H_C}{Q_C^2} = \dfrac{22.09}{0.00638^2} = 542693\text{mH}_2\text{O}(\text{m}^3/\text{s})^2$

$Q/10^{-3}\text{m}^3 \cdot \text{s}^{-1}$	6	6.38	7	8
H/m	19.55	22.09	26.61	34.75

相似工况曲线与泵的 $Q-H$ 曲线交于 D 点

$$Q_D = 7.2 \times 10^{-3}\text{m}^3/\text{s}，由\frac{n}{n'} = \frac{Q_D}{Q_C}$$

得

$$n' = n\frac{Q_C}{Q_D} = 2900 \times \frac{0.00638}{0.0072} = 2570\text{r/min}$$

【例 13-2】　上题中水泵的直径 $D_2 = 200\text{mm}$，如果用切削叶轮方法使流量减少 25%，问应切削多少？

【解】　首先计算水泵的比转数。效率最高点 F，$Q_F = 7 \times 10^{-3}\text{m}^3/\text{s}$，$H_F = 28\text{m}$。

$$n_S = 3.65\frac{nQ^{\frac{1}{2}}}{H^{\frac{3}{4}}}$$

$$n_S = \frac{3.65 \times 2900 \times 0.007^{\frac{1}{2}}}{28^{\frac{3}{4}}} = 73$$

属于低比转数的水泵，采用第一切削定律，切削曲线是直线(见图 13-27)。$H = \dfrac{H_C}{Q_C}Q = \dfrac{22.09}{6.38}Q = 3.46Q$。

当 $Q = 8 \times 10^{-3}\text{m}^3/\text{s}$ 时，$H = 27.68\text{m}$，两点即可画出切削曲线，与泵的 $Q-H$ 曲线交于 E 点，$Q_E = 7.7 \times 10^{-3}\text{m}^3/\text{s}$。

$$\frac{D_2}{D_2'} = \sqrt{\frac{Q_E}{Q_C}} = \sqrt{\frac{7.7}{6.38}} = 1.10$$

$$D_2' = \frac{D_2}{1.10} = \frac{200}{1.10} = 182\text{mm}$$

切削率

$$\Delta = \frac{D_2 - D_2'}{D_2} = \frac{200 - 182}{200} = 9\%$$

在允许范围内。

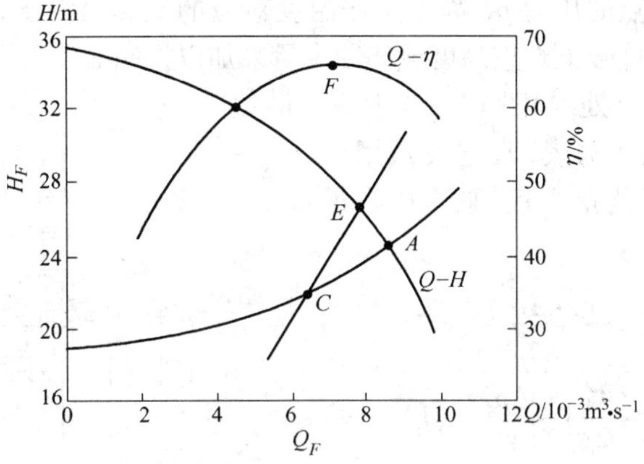

图 13-27　例 13-2 图

第三节　泵与风机的安装位置

一、泵的气穴与气蚀现象

液体在某个温度下，如果压力低于该温度对应的饱和蒸汽压力，即会汽化。水在不同温度下的饱和蒸汽压见表 13-2，压力越低，温度越高，水越容易发生汽化。水泵工作时，叶片背面靠近吸入口处的压力达到最低值（以 p_K 表示）。泵中最低压力 p_K 如果降低到工作温度下的饱和蒸汽压（以 p_V 表示）时，液体就会大量汽化，溶解在液体里的气体也自动逸出，出现"冷沸"现象，形成大量气泡。气泡随液体进入叶轮的高压区域时，气泡突然被四周水压压破，液体因惯性以高速冲向气泡中心，在气泡核心产生强烈的局部水锤现象，其瞬间的局部压力，可以达到数十兆帕。此时可以听到气泡冲破时的炸裂噪声，这种现象成为气穴。

表 13-2　水的饱和蒸汽压力（$h_{Va}=p_V/\gamma$）

水温/℃	0	5	10	20	30	40	50	60	70	80	90	100
饱和蒸汽压力/kPa	0.6	0.9	1.2	2.4	4.3	7.5	12.5	20.2	31.7	48.2	71.4	103.3

气穴区域一般位于叶片进口的壁面处，金属表面承受着局部水锤作用，其频率可达 20000~30000 次/s 之多。经过一段时间后，金属会产生疲劳，其表面开始呈蜂窝状；随之，应力更为集中，叶片出现裂缝和剥落。当流体为水时，水和蜂窝表面间接触，蜂窝的侧壁与底板间产生电位差，引起电化学腐蚀，使裂缝加宽。最后，几条裂缝相互贯穿，达到完全蚀坏的程度。泵在叶片进口端产生的这种效应称为"气蚀"。气蚀是气穴现象侵蚀叶片的结果。在气蚀开始时，泵会产生轻微噪声，并伴随振动（频率可达 600~25000 次/s），扬程、功率也略有下降。气蚀进一步发展，气蚀区域突然扩大，这时泵的扬程、功率和效率急剧下降，最终导致泵的彻底损坏。

在实际工程中，泵的安装位置距吸水面越高、工作地点大气压强越低、输送液体温度越高，发生气穴和气蚀现象的可能性就越大。显然，为避免发生气穴和气蚀现象的发生，必须保证水泵内压力最低点的压力 p_K 高于工作温度对应的饱和蒸汽压，且应保证一定的富裕值。工程中一般用允许吸上真空高度或气蚀余量来加以控制。

一般在水泵的进口处，如图 13－28 所示的 1—1 断面处，安装压力表（真空表），用于监测进口压力。根据能量方程，泵内压力最低值 p_K 可用下式表示：

$$\frac{p_1}{\gamma}+\frac{v_1^2}{2g}=\frac{p_K}{\gamma}+\frac{\Delta p}{\gamma}$$

即

$$\frac{p_K}{\gamma}=\left(\frac{p_1}{\gamma}+\frac{v_1^2}{2g}\right)-\frac{\Delta p}{\gamma} \tag{13-19}$$

式中，p_1 为 1—1 断面处的绝对压强，Pa；v_1 为 1—1 断面处的流速，m/s；γ 为流体的重度，N/m³；Δp 为 1—1 断面至泵内压力最低处的压力损失，Pa。

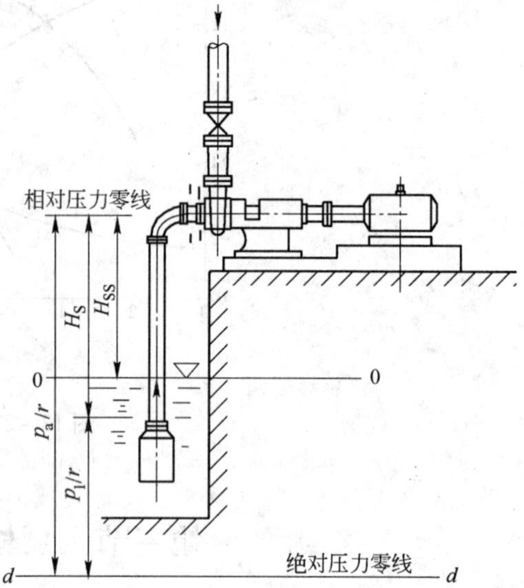

图 13－28　离心泵吸水装置

二、吸升式水泵的安装高度

需要吸升液体时，一般采用离心式水泵。正确确定水泵的安装高度，合理利用离心式水泵的吸升能力，使水泵既能安全供水，又节约土建造价，因而具有重要的意义。水泵的安装高度是指水泵吸入口轴线与吸液池的最低液面的高差，图 13－28 为离心泵吸水装置分析图。

列 0—0 和 1—1 两断面间的能量方程：

$$Z_0+\frac{p_0}{\gamma}+\frac{v_0^2}{2g}=Z_1+\frac{p_1}{\gamma}+\frac{v_1^2}{2g}+\sum h_S$$

式中，Z_0，Z_1 为液面与泵吸入口中心标高，$Z_1-Z_0=H_{SS}$，m；H_{SS} 为吸上高度，又称泵的安装高度，m；p_0，p_1 为液面和泵吸入口处的液面绝对压强，Pa；v_0，v_1 为液面处和泵吸入口处的平均流速，m/s；$\sum h_S$ 为吸液管路的水头损失，m。

由于吸液池面的流速很小，可认为 v_0 趋近于 0，则有

$$\frac{p_0-p_1}{\gamma}=H_{SS}+\frac{v_1^2}{2g}+\sum h_S \tag{13-20}$$

如果吸液池敞开于大气中，即 $p_0=p_a$，此时

$$\frac{p_0-p_1}{\gamma}=\frac{p_a-p_1}{\gamma}=H_S$$

代入式（13－20），有

$$H_S=H_{SS}+\frac{v_1^2}{2g}+\sum h_S \tag{13-21}$$

而 H_S 恰好是在 1—1 断面处的真空值，又称为吸上真空高度。

如前所述，在某工作流量下，水泵内部的能量损失 Δp 和断面 1—1 处的动压近似为常数，由式（13－19）可以看出，通过控制 1—1 断面的压力值，来保证 p_K 高于工作温度下的饱

和蒸汽压，能够避免发生气穴和气蚀。即在式(13－21)中，控制吸上真空高度 H_S 的值小于某个限制值。这个限制值就是离心泵生产厂家给定的允许吸上真空高度，以[H_S]表示。显然，不同规格型号的水泵有不同的[H_S]值。在已知某型号泵的允许吸上真空高度的条件下，可计算出泵的允许安装高度，也称最大安装高度，以[H_{SS}]表示，即

$$[H_{SS}]=[H_S]-\frac{v_1^2}{2g}-\sum h_S \tag{13-22}$$

实际泵安装高度应遵循 $H_{SS}<[H_{SS}]$。

在实际应用中，[H_S]的确定应注意以下两点：

(1)当泵的流量增加时，1—1 断面至叶轮进口附近的流动损失和速度都将增加，[H_S]应随流量增加而有所降低。水泵厂一般在产品样本中，用 $Q-H_S$ 曲线来表示该水泵的吸水性能。图 13－29 为 14SA 型离心泵的 $Q-[H_S]$曲线。

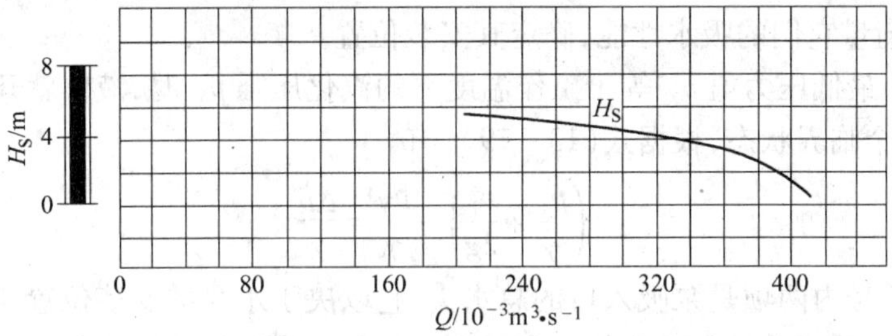

图 13－29　14SA 型离心泵 $Q-[H_S]$曲线

(2)泵的产品样本给出的 $Q-[H_S]$曲线是在大气压强为 10.33mH_2O，水温为 20℃ 的清水条件下试验得出的。当泵的使用条件与上述条件不相符时，应对[H_S]值进行修正：

$$[H'_S]=[H_S]-(10.33-H_a)+(0.24-h_V) \tag{13-23}$$

式中，[H'_S]为修正后采用的允许吸上真空高度，m；H_a 为安装地点的大气压强水头(见表 13－3)，m；h_V 为实际使用水温下的汽化压强水头，m。

表 13－3　不同海拔高程的大气压强(绝对压力)

海拔高程/m	－600	0	100	200	300	400	500	600
大气压力/MPa	0.113	0.103	0.102	0.101	0.100	0.098	0.097	0.096

海拔高程/m	700	800	900	1000	1500	2000	3000	4000	5000
大气压力/MPa	0.095	0.094	0.093	0.092	0.086	0.084	0.073	0.063	0.055

【例 13－3】　如某台离心泵安装在海拔 300m 的地方，当地夏天的水温为 40℃。泵样本上给出的[H_S]为 3.29m，从吸水管进口到泵进口的水头损失为 1m，泵吸入口的平均流速为 3m/s。试计算泵的最大安装高度[H_{SS}]等于多少？

【解】　从表 13－3 查得海拔 300m 时的大气压 H_a 为 10.2m，由表 13－2 查得水温为 40℃时的饱和蒸汽压为 0.75kPa(0.758mH_2O)。

根据式(13－23)，得

$$\begin{aligned}[H'_S]&=[H_S]-(10.33-H_a)+(0.24-h_V)\\&=3.29-(10.33-10.2)+(0.24-0.75)\\&=2.65\text{m}\end{aligned}$$

由式(13-22)得

$$[H_{SS}]=[H'_S]-\left(\frac{v_1^2}{2g}+\sum h_S\right)$$
$$=2.65-\left(\frac{32}{2\times9.8}+1\right)$$
$$=1.2\text{m}$$

所以，最大安装高度为1.2m。

三、灌注式水泵的安装高度

对于有些轴流泵，或管网系统中输送的是温度较高的液体（例如供热管网、锅炉给水和蒸汽管的凝结水等管网系统，对应温度下的液体汽化压强较高），或吸液池面压强低于大气压强而具有一定的真空度，此时，叶轮往往需要安装在最低水面以下，对于这类泵常采用“气蚀余量”来衡量它们的吸水性能，确定其安装位置。

当水泵内的最低压力值 p_K 等于工作温度下的汽化压强 p_V 时，液体就开始发生汽化，造成气蚀，这是一个临界状态，根据式(13-19)，有

$$\left(\frac{p_1}{\gamma}+\frac{v_1^2}{2g}\right)-\frac{p_V}{\gamma}=\frac{\Delta p}{\gamma}$$

上式左端括号内两项是泵吸入口的总水头，它取决于水泵的安装位置、吸液池液面压强以及吸水管阻力；等式左端的差值代表泵吸入口的总水头距发生汽化的水头值之差，称为实际气蚀余量 Δh。如果实际气蚀余量 Δh，正好等于泵自吸入口1—1断面到压力最低点的损失值 $\frac{\Delta p}{\gamma}$ 时，就刚好发生气蚀；当 $\Delta h>\frac{\Delta p}{\gamma}$ 时，就不会产生气蚀。因此，人们又把 $\frac{\Delta p}{\gamma}$ 称为临界气蚀余量 Δh_{min}。在工程实践中，为确保安全运行，对于一般清水泵来说，为不发生气蚀，又增加了0.3m的安全量，即规定的允许气蚀余量，以 $[\Delta h]$ 表示，即

$$[\Delta h]=\Delta h_{min}+0.3=\frac{\Delta p}{\gamma}+0.3 \tag{13-24}$$

如果产品样本只给出了实验所得的临界气蚀余量 Δh_{min}，则设计者应在此基础上增加一定的富裕值，作为必须气蚀余量。在确定水泵安装位置时，实际气蚀余量必须大于允许气蚀余量。

图13-30为锅炉给水吸水管路示意图。其对应给水温度下的汽化压强为 p_V，给水泵允许气蚀余量为 $[\Delta h]$。为避免汽蚀显然应该有

$$\frac{p_1}{\gamma}+\frac{v_1^2}{2g}-\frac{p_V}{\gamma}\geqslant[\Delta h] \tag{13-25}$$

式中，$\frac{p_1}{\gamma}+\frac{v_1^2}{2g}-\frac{p_V}{\gamma}$ 表示实际气蚀余量。

水池液面与水泵进口断面之间，有

$$\frac{p_0}{\gamma}+H_g=\frac{p_1}{\gamma}+\frac{v_1^2}{2g}+\sum h_S \tag{13-26}$$

式中，p_0 为水池液面压强，Pa；p_1 为泵吸入口压强，Pa；H_g 为液面至泵吸入口高差，m。

将式(13-26)代入式(13-25)整理，得

$$H_g \geq \frac{p_V - p_0}{\gamma} + [\Delta h] + \sum h_S \quad (13-27)$$

当水箱中液面压强 p_0 等于液体温度对应的饱和汽化压 p_V 时，有

$$H_g \geq [\Delta h] + \sum h_S$$

显然 $H_g > 0$，即说明此时泵必须安装于液面下使之成为灌注式才可保证泵不会发生气蚀。

实际吸上真空高度和实际气蚀余量之间存在如下联系：

$$\Delta h + H_S = \frac{p_a - p_V}{\gamma} + \frac{v_1^2}{2g} \quad (13-28)$$

可见，用允许吸上真空高度和允许气蚀余量来控制水泵的安装位置，在本质上是一致的。

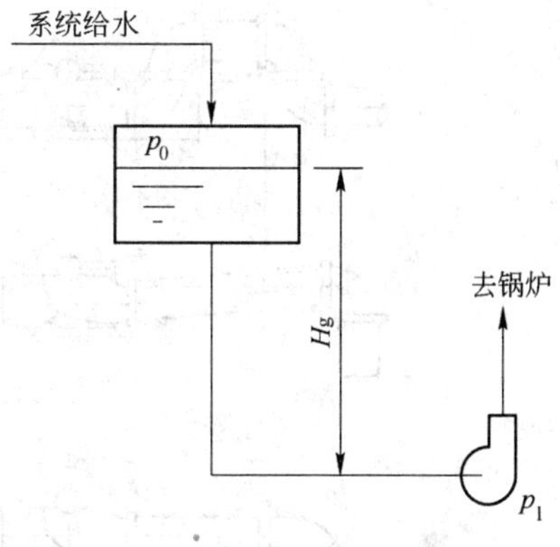

图 13－30　锅炉给水吸水管路示意图

四、泵与管网的连接

（一）吸水管路的连接

对于吸水管路的基本要求有三点：

（1）不漏气。吸水管路不允许漏气，否则会使水泵的工作发生严重故障。实践证明，当进入空气时，水泵的出水量将减少，甚至吸不上水。因此，吸水管路一般采用钢管，因钢管强度高，接口可焊接，密封性优于铸铁管。钢管埋于土中时应涂沥青防腐层。

（2）不积气。水泵吸水管内真空度达到一定值时，水中溶解气体就会因管路内压强减小而不断逸出，如果吸水管路的连接考虑欠妥，会在吸水管道的某段（或某处）上出现积气，形成气囊，影响过水能力，严重时会破坏吸水能力。为了使水泵能及时排走吸水管路内的气体，吸水管应有沿水流方向上升的坡度 i，一般大于 0.005，以免形成气囊，如图 13－31 所示。

由图可见，为了避免产生气囊，应使吸水管线的最高点在水泵吸入口的顶端。吸水管的断面一般应大于水泵吸入口的断面，这样可以减小管路水头损失，吸水管路上的变径管可采用偏心渐缩管，保持渐缩管的上边水平，以免形成气囊。

（3）不吸气。吸水管进口淹没深度不够时，由于进口处水流产生旋涡，使吸水时带进大量空气，严重时也将破坏水泵正常吸水。这类情形，多见于水泵在河道枯水位情况下吸水。为了避免吸水井（池）水面产生旋涡，使水泵吸入空气，吸水管进口在最低水位下的淹没深度 h 不应小于 0.5～1.0m，如图 13－32 所示。

为了防止水泵吸入井（池）底的尘渣，并使水泵工作时有良好的水力条件，应遵循以下规定：

（1）吸水管的进口高于井（池）底不小于 0.8D，如图 13－32 所示。D 为吸水管喇叭口（或底阀直径）扩大部分的直径，通常取 D 为吸水管直径的 1.3～1.5 倍。

（2）吸水管喇叭口边缘距离井（池）壁不小于 0.75～1.0D。

（3）在同一井（池）中安装有几根吸水管时，吸水喇叭口之间的距离不小于(1.5～2.0)D。当水泵采用抽气设备充水或能自灌充水时，为了减小吸水管进口处的水头损失，吸水管进口通常采用喇叭口形式。如水中有较多的悬浮杂质时，喇叭口外面还需加设滤网，以防水中杂质进入水泵。

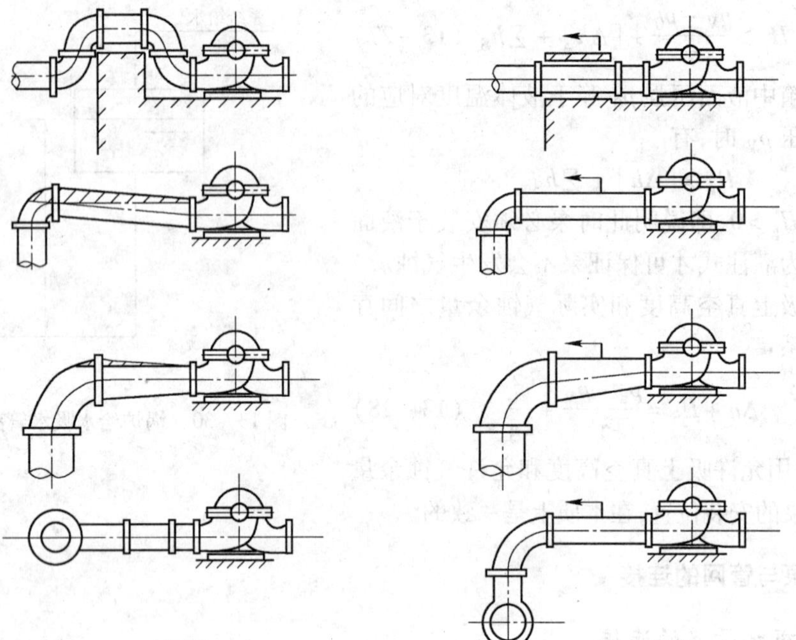

图 13-31 正确的和不正确的吸水管安装

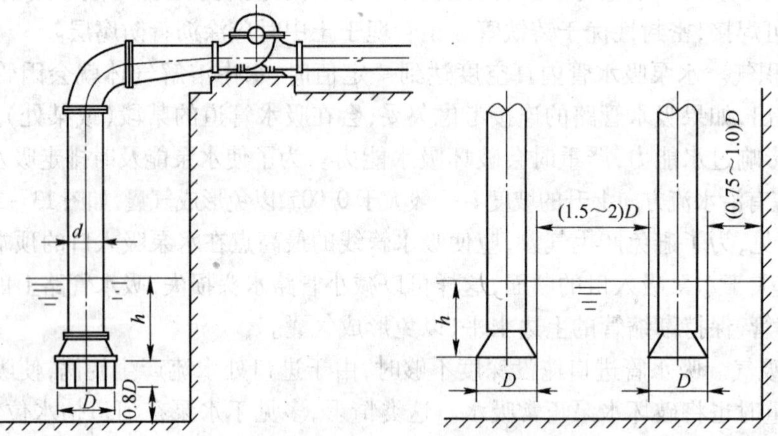

图 13-32 吸水管在吸水井中的位置

(二)压出管路的连接

泵的压出管路经常承受高压(尤其当发生水锤时),所以要求坚固而不漏水,通常采用钢管,并尽量采用焊接接口,为便于拆装与检修,在适当地点应设法兰接口。

为了安装方便并避免管路上的应力(如由于自重、受温度变化或水锤作用所产生的应力)传至水泵,减少泵运转产生的振动和噪声沿管路传播,一般应在吸水管路和压出管路上设置伸缩节或可曲挠的橡胶接头。管道伸缩节目前已有多种形式可供选用。为了承受管路中内压力所造成的推力,在一定的部位上(各弯头处)应设置专门的支墩或拉杆。

在不允许液体倒流的管路中,应在泵压出管上设置止回阀。止回阀通常安装于泵与压出闸阀之间，因为止回阀经常损坏，所以当需要检修，更换止回阀时，可用闸阀把它与压出管路隔开，以免液体倒灌入泵站内。此种安装的另一个优点是，泵每次启动时，阀板两边受力均衡便于开启。缺点是压出闸阀检修时，必须将压出管路的水放空，造成浪费。法兰连接的旋起式止回阀，通常用于200～600mm的管路中。旋起式止回阀最大的缺点是在它关闭时会产生关闭水锤。目前，已有许多不同形式的止回阀可供选用，例如微阻缓闭式止回阀等。

压出管路上的闸阀，因为承受高压，所以启闭都比较困难。当直径$D \geqslant 400$mm时，大都采用电动或水力闸阀。

五、风机与管网的连接

由于目的、要求和位置不同，风机进出口风管的布置与形式也各不相同。

(一)风机进口装置

风机进口装置应尽量保证气流均匀地进入叶轮，并使其能够均匀地充满在叶轮进口截面。因此，风机入口管以平直管段为最佳。对于变径入口管，应尽量采用角度较小的渐扩管，要避免采用突扩管和突缩管，以免气流速度和方向突然变化。

表13－4是4种进风弯头的风机，在出口速度为8m/s、两种叶形、不同静压时流量损失的百分数。

表13－4　进口弯头造成的通风机流量损失

风机进口弯头方向	静压/Pa	后向叶片流量损失/%	前向叶片流量损失/%
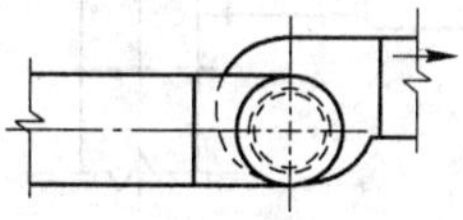 左弯进口	245.25	2.5	8.5
	196.2	2.5	11
	127.53	3	17
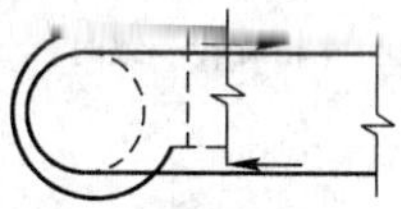 右弯进口	245.25	1.5	5
	196.2	1.5	6
	127.53	2.5	7
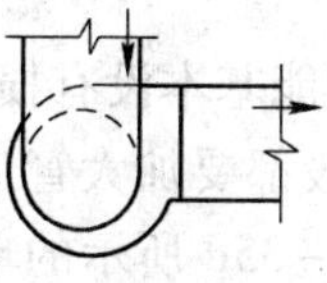 上弯进口	245.25	2.5	5
	196.2	2.5	6
	127.53	3	7
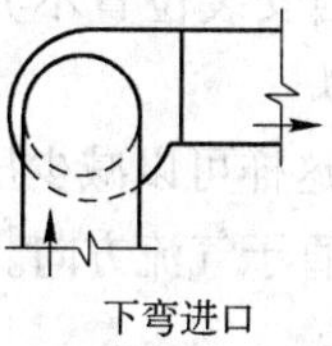 下弯进口	245.25	1.5	5
	196.2	1.5	6
	127.53	2.5	7

图 13－33 与图 13－34 分别是推荐和避免使用的几种风机进口的装置图。

图 13－33d 是双吸入风机室内占位置最小的情况，每侧机壳到墙壁的距离 W 要求至少等于一个叶轮直径，若小于这个值，进口流量将受到影响。

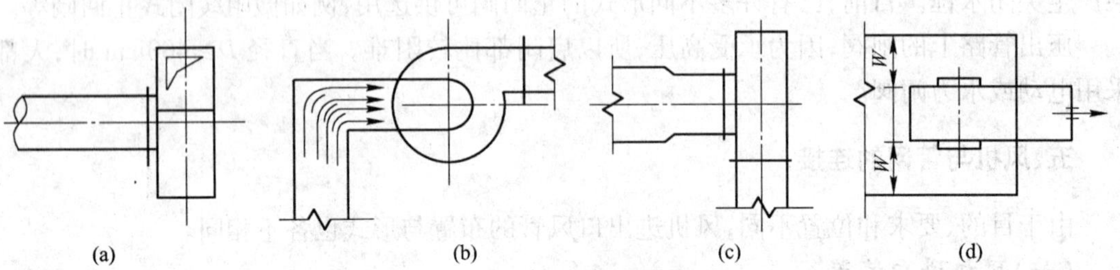

图 13－33　推荐使用的通风机进口风管形式

(a)进口敞开或等直径风管进口；(b)均匀布置导流叶片，进口无旋涡；(c)风管进口损失小；(d)双吸入通风机两侧应有距离 $W \geq 1.25D$(叶轮直径)

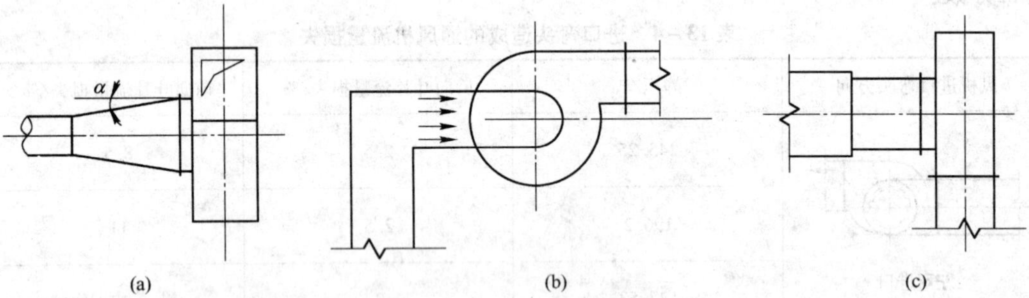

图 13－34　避免使用的通风机进口风管形式

(a)受阻的风管和变径管(最好 $\alpha \leq 7°$，一般 $\alpha \leq 30°$，不大于 45°)；(b)无导流叶片，当气流与叶轮旋转一致时，降低风量和风压，当旋转相反时，增加所需功率；(c)风管进口损失大

(二)风机出口装置

气流通过叶轮的旋转，在通风机出口处是有方向的，因此，通风机出口装置必须适应这种方向流动的气流。

如图 13－35a～c 所示，风机出口装有直的风筒，这种装置对通风机性能基本没有损害，是理想的出口装置。但实际上为减少气流的动压损失，通风机出口管一般都要加大管道截面或改用圆形管道，这就要求有一个合理的变形管件。一般采用如图 13－35d 所示的单侧变径管。这种变径管动压损失很小。变径管长度按变径夹角决定，一般夹角不大于 15°。风机出口管路若有管件，应尽量在距风机出口 3～5 倍管径以外安装。当安装位置不允许时，应采用图 13－35 所示的顺向弯头，不可采用图 13－36 所示的逆向弯头。

风机出口设置调节风阀，位置应距离风机出口至少一个叶轮直径以上，这样可以减少压头损失。需要注意，风阀的安装方向是风阀的叶片平行于气流方向，而不是垂直于气流方向。

总之，合理的风机出口装置，可以减少压力损失。

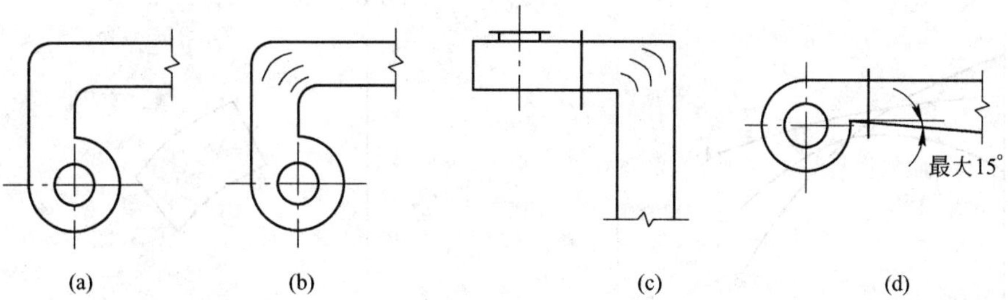

图 13-35　推荐使用的通风机出口连接方式

(a)顺向弯头无导流叶片,较好;(b)顺向弯头有导流叶片,好;(c)转向弯头有导流叶片,较好;(d)渐扩管,好

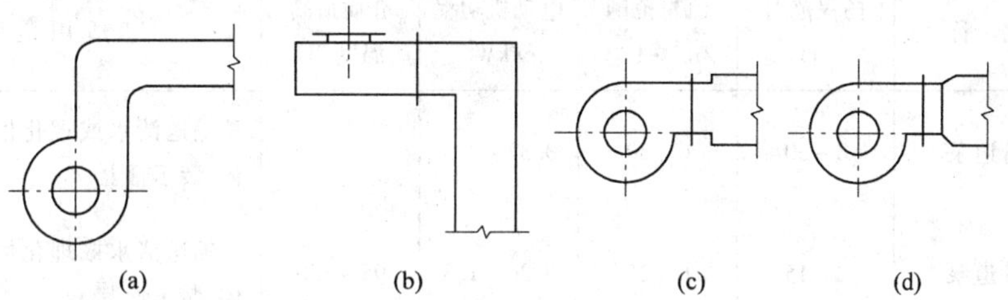

图 13-36　避免使用的通风机出口连接方式

(a)逆向弯头,不好;(b)转向弯头无导流叶片,不好;(c),(d)突然扩大,不好

第四节　泵、风机的选用

一、常用泵、风机的性能及使用范围

(一)常用水泵性能及适用范围

工程中常用的泵有单级单吸离心泵、单级双吸离心泵、多级离心泵、管道泵等,这些泵都属于离心泵。电动机与泵的连接方式有多种,如直接耦合式、皮带传动式、直连式、湿转子型等。

离心泵的性能,根据其流量-扬程曲线的不同,又分为三种类型,如图 13-37 所示。第一类为平坦型,其流量变化较大时能保持基本恒定的扬程;第二类为驼峰型,当流量自零逐渐增大时,相应的扬程最初上升,达到最高值后开始下降。此种类型的泵,在一定运行条件下可能出现不稳定工作的现象,应注意使其工作区处于峰值的右侧;第三类为陡降型,当泵流量变化时,扬程的变化相对较大,可用于多台泵并联运行系统。将同一型号、不同规格的泵的性能曲线,在高效率区($\eta \geqslant 0.9\eta_{max}$)的部分,绘在同一坐标系内,形成某一类型泵的综合性能图,图中的每一个方框是一种规格泵的高效工作区。其上边是标准叶轮高效区的 $Q-H$ 曲线,两侧是等效率线。因此,方框内的工作点都是高效率工况(见图 13-38)。

设计手册或产品样本一般会给出各种泵的综合性能图。湿转子型泵的电机转子在水中运行,其结构紧凑,与其他类型水泵相比,在相同输送能力条件下,体积小。一些常用水泵的性能及适用范围见表 13-5。

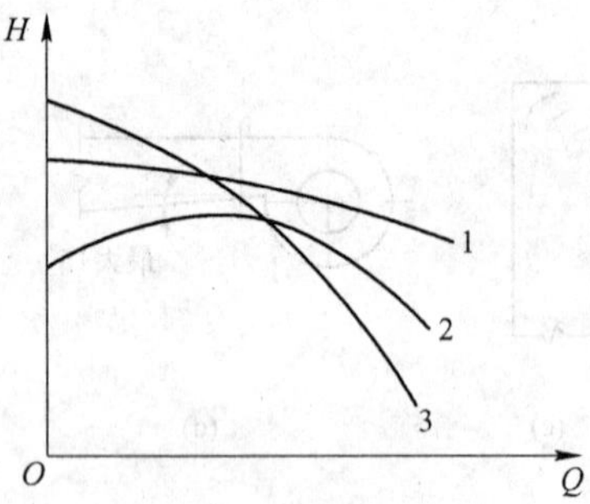

图 13-37 三种类型泵的性能特点示意图

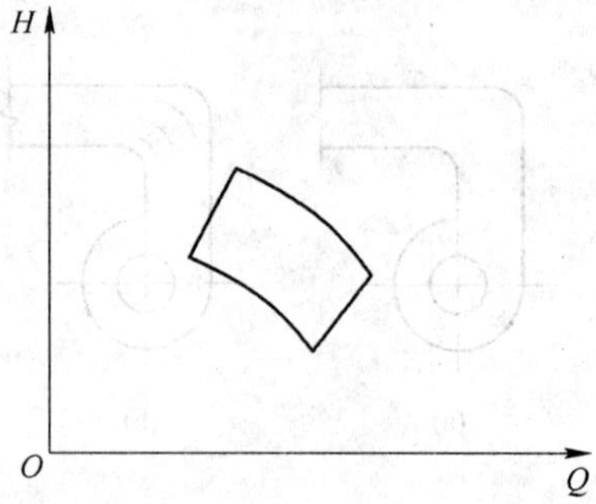

图 13-38 泵的综合性能曲线

表 13-5 常用水泵特性及适用范围表(示例)

型号	名称	扬程范围 /m	流量范围 /$m^3 \cdot h^{-1}$	电动机功率 /kW	介质最高温度/℃	适用范围
BJ	管道泵	8~30	6~50	0.37~7.5		输送清水或理化性质类似的液体,装于管上
NG	管道泵	2~15	6~27	0.20~1.3	95~150	输送清水或理化性质类似的液体,装于管上
SG	管道泵	10~100	1.8~400	0.50~26		有耐腐蚀型、防爆型、热水型,装于水管上
XA	离心式清水泵	25~96	10~340	1.50~100	105	输送清水或理化性质类似的液体
IS	离心式清水泵	5~25	6~400	0.55~100	气蚀余量 2m	输送清水或理化性质类似的液体
BA	离心式清水泵	8~98	4.5~360	1.5~55	80	输送清水或理化性质类似的液体
BL	直联式离心泵	8.8~62	4.5~120	1.5~8.5	60	输送清水或理化性质类似的液体
Sh	双吸离心泵	9~140	126~12500	22~1150	80	输送清水,也可作为热电站循环泵
D,DG	多级分段泵	12~1528	12~700	2.2~2500	80	输送清水或理化性质类似的液体
GC	锅炉给水泵	46~576	6~55	3~185	110	小型锅炉给水
N,NL	冷凝泵	54~140	10~510		80	输送发电厂冷凝水
J,SD	深井泵	24~120	35~204	10~1000		提取深井水
4PA-6	氨水泵	86~301	30	22~75		输送 20% 浓度的氨水,吸收式冷冻设备主机

(二)常用风机性能及适应范围

一般工程中常用的风机,按其工作原理可分为离心式和轴流式两大类。相比之下,离心式风机的全压较高,可用于阻力较大的送排风系统;轴流式风机则风量大而全压低,经常用于系统阻力小的送排风系统。

混流式又称作斜流式风机,是介于离心式和轴流式风机之间的一种风机。其全压比轴流式风机高,而流量比同机号的离心式风机大。输送的气体沿机壳轴向流动,具有结构紧凑、安装方便等特点，多用于锅炉引风机、建筑通风和排烟系统中。

由于空调技术的发展，要求有一种小风量、低噪声、全压适中并便于与建筑相配合的小型风机。贯流式（又称横流式）风机就是适合于这种要求的风机。其动压高，可以获得无紊流的扁平而高速的气流。因而多用于空气幕（热风幕）、家用电器，并作为汽车和干燥设备的通风装置。

常用风机的性能和应用范围见表 13-6。

表 13-6　常用风机的性能及其适用范围表（示例）

型　号	名　称	全压范围 /mmH_2O	风量范围 /$m^3 \cdot h^{-1}$	电动机功率 /kW	介质最高温度 /℃	适用范围
4-68	离心通风机	167~3302	565~79000	0.55~50	80	一般厂房通风换气、空调
4-72-11	塑料离心风机	196~1382	991~55700	1.10~30	60	防腐、防爆厂房通风换气
4-72-11	离心通风机	196~3175	991~227500	1.1~210	80	一般厂房的通风换气
4-79	离心通风机	176~3330	990~17720	0.75~15	80	一般厂房的通风换气
7-40-11	排尘离心通风机	490~3165	1310~20800	1.0~40		输送含尘量较大的空气
9-35	锅炉通风机	784~5880	2400~150000	2.8~570		锅炉送风助燃
Y4-70-11	锅炉通风机	657~1382	2430~14360	3.0~75	250	用于 1~4t/h 的蒸汽锅炉
Y9-35	锅炉通风机	539~4449	4430~473000	4.5~1050	200	锅炉烟道排风
G4-73-11	锅炉离心式通风机	578~6860	15900~680000	10~1250	80	用于 2~670t/h 汽锅或一般矿井通风
30K4-11	轴流通风机	25~506	550~49500	0.09~10	45	一般工厂、车间办公室换气
T30	轴流通风机	~			45	一般建筑通风换气
SWF	灌流（斜流式）风机	143~1480	3053~95420	0.37~40		用于建筑、冷库、纺织等通风排烟
GPF·HTF	高温排烟专用风机	390~819	2600~93800	0.55~25	280	用于消防排烟或与通风共用的系统
DW	外转子空调专业风机	20~1200	290~38000	0.033~18	45	用于小型空气处理设备

二、泵、风机的选用原则

（一）泵的选用原则

（1）根据输送液体物理化学性质（温度、腐蚀性等）选取适用种类的泵。

（2）泵的流量和扬程能满足适用工况下的要求，并且应有 10%~20% 的富裕量。

（3）应使工作点经常处于较高效率范围内。

(4)当流量较大时,宜考虑多台泵并联运行,但并联台数不宜过多,尽可能采用同型号泵并联。

(5)选泵时必须考虑系统静压对泵体的作用,应注意工作压力应在泵壳体和填料的承压能力范围之内。

(二)风机的选用原则

(1)根据风机输送气体的物理、化学性质的不同,如有清洁、易燃、易爆、粉尘、腐蚀性等气体成分,选用不同用途的风机。

(2)风机的流量和全压能满足运行工况的使用要求,并且应有10%～20%的富裕量。

(3)应使风机的工作点经常处于高效率区,并在流量－全压曲线最高点的右侧下降段上,以保证工作的稳定性和经济性。

(4)对有消声要求的通风系统,应首先选择效率高、转数低的风机,并应采取相应的消声减震措施。

(5)应尽可能避免采用多台并联或串联的方式。当不可避免时,应选择同型号的风机联合工作。

三、泵、风机的选用方法

(一)泵的选用

1. 泵的型号示意

首先,对常用泵的型号应有所了解,示例如下。

(1) 单级单吸清水离心泵。

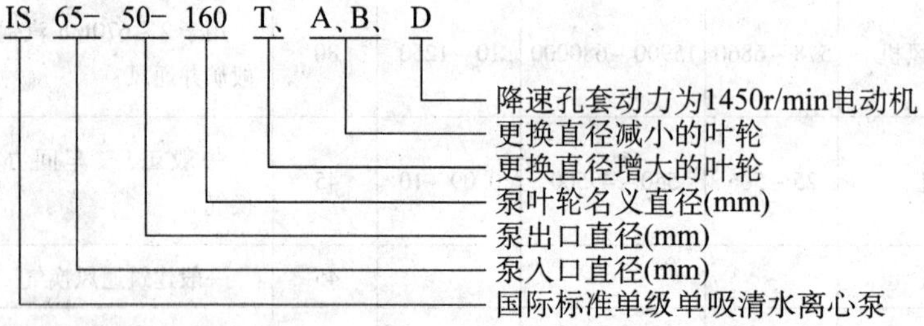

(2) 单级双吸离心泵。

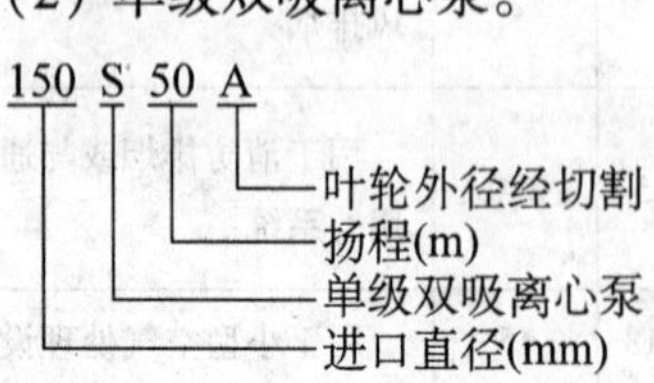

(3) 多级离心泵。

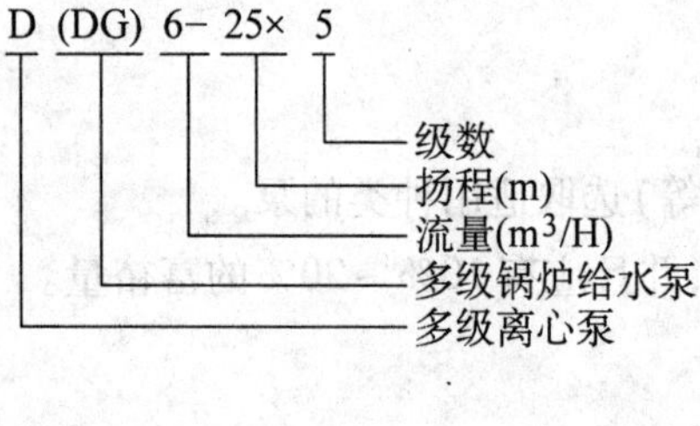

（4）管道泵。

ISG 50－380

- ISG：IS系列派生的单级单吸管道离心泵
- 50：泵的吸入、排出口直径(mm)
- 380：泵在管路安装中的长度(mm)

2. 流量 Q 和扬程 H

确定需要输送的最大流量 Q_{max}，由水力计算确定最大扬程 H_{max}，并考虑一定的富裕量。

$$Q=(1.05\sim1.10)Q_{max}$$
$$H=(1.10\sim1.15)H_{max}$$

3. 泵的类型选择

分析泵的工作条件，如液体的温度、腐蚀性、是否清洁等，并根据其流量、扬程范围确定泵的类型（如清水泵、耐酸泵、热水泵、油泵、污水泵、潜水泵等）。

4. 确定工作点

利用泵的综合性能图，进行初选，确定泵的型号、尺寸及转数。将泵的 $Q-H$ 性能曲线与管网特性曲线绘在同一坐标系内，求出工况点，进而定出效率和功率。如图 13－39 中点 A 为管网运行工作点，泵的流量为 Q_A，扬程为 H_A。

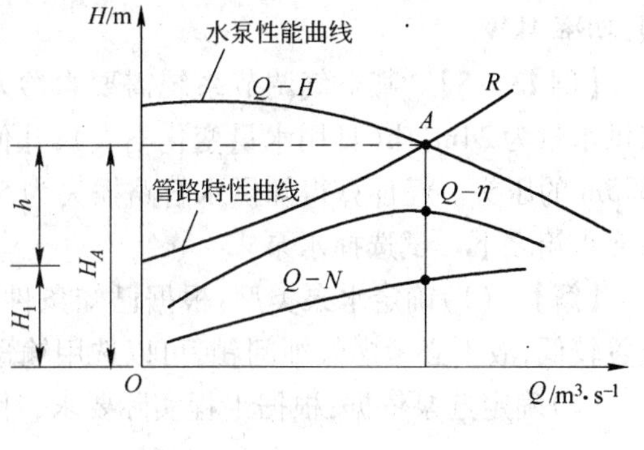

图 13－39　工况点的确定

5. 配用电机

泵的轴功率 N_s 为

$$N_s=\frac{\rho\cdot Q\cdot H}{102\eta}$$

式中，η 为水泵的效率，一般为 0.5～0.6；Q 为流量，m^3/s。

水泵配用的电动机容量 N 为

$$N=K_A\cdot N_s$$

式中，K_A 为电动机容量安全系数，其值见表 13－7。

表 13－7　水泵配用电动机容量安全系数

水泵轴功率 /kW	<1.0	1～2	2～5	5～10	10～25	25～60	60～100	>100
K_A	1.7	1.7～1.5	1.5～1.3	1.3～1.25	1.25～1.15	1.15～1.10	1.10～1.08	1.08～1.05

6. 泵的安装高度

按照样本给出的允许吸上真空高度或必须的气蚀余量，根据工程的具体条件进行计算。

【例 13－4】　有一工业厂房，当地海拔高程为 500m，夏季温度为 40℃，通风需要风量为 $2.4m^3/s$，风压为 $86mmH_2O$，试选用一台风机。

【解】　该厂房为一般工业厂房，无特殊要求，故选用一般离心式通风机（4－72－11 型）。风机的风量与风压，考虑一定安全值为

$$Q=1.05\times2.4=2.52m^3/s=9072m^3/h$$

$$p = 1.10 \times 86 = 94.6\text{mmH}_2\text{O} = 928\text{Pa}$$

由于当地大气压及温度与标准条件(标准大气压及20℃)不符,风压需进行换算。由表13－3,海拔高程500m的当地大气压为0.097MPa。

标准条件的风压

$$p_0 = 928 \times \frac{101.325}{95.13} \times \frac{273+40}{273+20} = 1036\text{Pa}$$

由附录8查得4－72－11型No6A风机,当转速$n=1450$r/min时,第4工况点风压为1060Pa,风量为9360m³/h。可满足此厂房通风需要。

核算圆周速度

$$u_2 = \frac{\pi D_2 n}{60} = \frac{\pi \times 0.6 \times 1450}{60} = 45.53\text{m/s}$$

对于Ⅱ类工业建筑,则符合噪声规定。

传动方式A型,由表13－7知道该风机叶轮直接装在电动机轴上。电动机为Y112M－4型,功率4kW。

【例13－5】 某空气调节系统需要自冷水箱向空气处理室供水,最低水温为10℃,要求供水量为24m³/h(日用水量变化不大),几何扬水高度为6.2m,空气处理室喷嘴前应保证16.5m的压头。经计算得知供水管路损失为5.8m。为了便于系统随时启动,故将水泵装设在冷水箱之下。试选择水泵。

【解】 (1)确定水泵类型:根据已知条件,要求输送的液体是温度不高的清水,且泵的位置较低,故不必考虑气蚀问题,可以选用输送清水的IS型离心泵。

(2)确定选泵依据:根据工程实际要求,计算依据参数。

$$q_V = (1.1 \sim 1.15)\,q_{V\max} = 1.1 \times 24\text{m}^3/\text{h} = 26.4\text{m}^3/\text{h}$$

$$H = (1.1 \sim 1.15)\,H_{\max} = 1.1 \times (6.2 + 16.5 + 5.8)\text{m} = 31.35\text{m}$$

(3)确定泵的型号、大小、台数及有关参数。考虑该输水系统用水量较小且比较均匀,选择单台水泵可满足工程需要,因而可以直接查阅有关产品样本或手册,选择一台合适的水泵。

查表13－4的IS型单级单吸离心泵性能表,选用一台IS65－50－160型水泵。该泵转速$n=2900$r/min时,配套电动机功率为4kW,泵的效率为66%。

(二)风机的选用

《采暖通风与空气调节设计规范》(GB 50019—2003)规定,选择风机时,应按下列因素确定风量、风压和设计工况效率:

(1)风机的风量应在系统计算的总风量上附加风管和设备的漏风量;

(2)采用定转速风机时,通风机的全压应在系统计算的压力损失上附加10%～15%;

(3)采用变频调速风机时,通风机的全压以系统计算的总压力损失作为额定风压,但风机电动机的功率应在计算值上再附加15%～20%;

(4)风机的选用设计工况效率,不应低于风机最高效率的90%。

对于联合运行,有如下要求:当通风系统的风量或阻力较大,采用单台风机不能满足要求时,宜采用两台或两台以上同型号、同性能的风机并联或串联运行,但其联合工况下的风量和风压应按风机性能曲线和管网特性曲线确定。不同型号、不同性能的风机不宜串联或并联安装。

1. 通风机的规格表示

机号以风机叶轮直径的dm(分米)整数值(尾数四舍五入)冠以符号"No"表示。例如以No6表示6号风机,其叶轮直径为60cm。风机的传动方式见表13-8。

表13-8 风机的六种传动方式

代号		A	B	C	D	E	F
传动方式	离心通风机	无轴承电动机直联传动	悬臂支撑皮带轮在轴承中间	悬臂支撑,皮带轮在轴承外侧	悬臂支撑,联轴器传动	双支撑,皮带在外侧	双支撑,联轴器传动
传动方式	轴流通风机	无轴承电动机直联传动	悬臂支撑皮带轮在轴承中间	悬臂支撑,皮带轮在轴承外侧	悬臂支撑,联轴器传动(有风筒)	悬臂支撑,联轴器传动(无风筒)	齿轮传动

旋转方向,从主轴槽轮或电动机位置看叶轮旋转方向和进、出风口方向。写法是:右(左)出风口角度/进风口角度。其基本出风口位置为八个,特殊用途可补充,见图13-40。轴流式通风机的风口位置表示,见图13-41。基本风口位置有四个,特殊用途可增加。

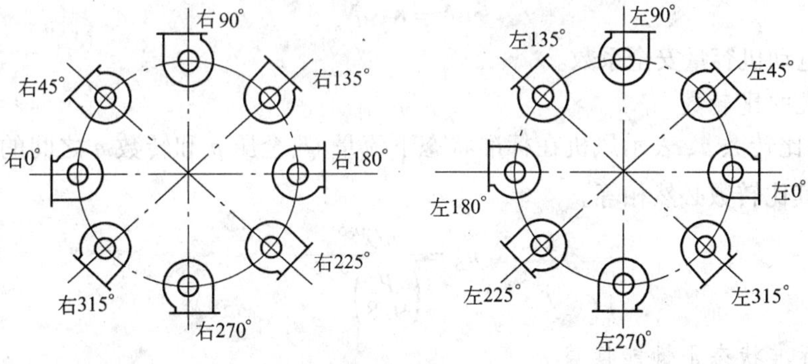

图13-40 离心风机出风口位置

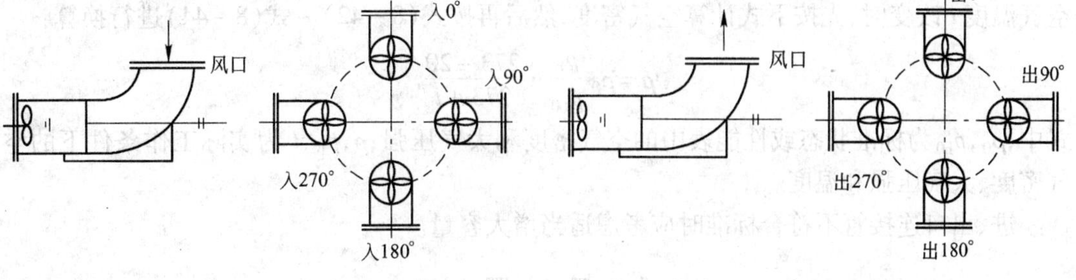

图13-41 轴流风机风口位置

2. 风机的工作点

不考虑通风系统的吸风口和出风口处存在有静压差这一特殊情况,管网的特性曲线取

决于管网的总阻抗,并用式

$$p = SQ^2$$

表示,呈抛物线向上,随流量的增大而增大,如图13-42所示。风机性能曲线和管网特性曲线的交点即为风机在管网中的工况点。

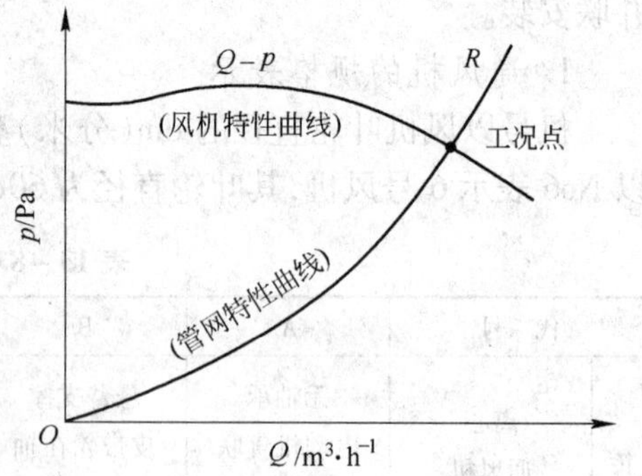

图 13-42 管网中风机的工况点

3. 风机的功率

风机所需的轴功率 N_s 为

$$N_s = \frac{Q \cdot p}{3600\eta_i \cdot \eta_m}$$

式中,Q 为风机所输送的风量,m^3/h;p 为风机所产生的风压(全压),Pa;η_i 为风机的内效率,%;η_m 为风机的机械传动效率,%,见表13-9。

表 13-9 风机的机械传动效率 η_m (%)

传动方式	电动机直联	联轴器连接	三角皮带传动
η_m	100	98	95

配用电动机的功率 N,可按下式计算:

$$N = K \cdot N_s$$

式中,K 为电动机容量安全系数。

4. 风机的比转数

风机的比转数 n_S 表示风机在标准状态下流量 Q、全压 p 和转数 n 之间的关系,同一类型的风机,其比转数必然相等。

$$n_S = \frac{nQ^{0.5}}{\left(\frac{p}{9.8}\right)^{0.75}}$$

5. 非标准状态下性能换算

选择风机时应注意,样本上给出的性能曲线和数据,均指风机在标准状态下(大气压强为101.3kPa、温度20℃、相对湿度50%、密度 $\rho = 1.20kg/m^3$、进出口连接管路标准的条件下)的参数。如果使用时介质密度、转数等条件改变,其性能应进行换算。当大气压强 p_0 与空气温度 t 改变时,先按下式计算空气密度,然后再按式(8-42)~式(8-44)进行换算:

$$\rho = \rho_0 \frac{p_b}{p_{b0}} \cdot \frac{273+20}{273+t}$$

式中,ρ_0,p_{b0} 为标准状态或性能表中的空气密度和大气压强;ρ,p_b,t 为实际工作条件下的空气密度、大气压强和温度。

进、出口连接管不符合标准时应考虑适当增大容量。

习 题

13-1 什么是管网特性曲线,管网特性曲线与管网的阻力特性有何区别与联系?

13-2 广义管网特性曲线与狭义管网特性曲线有何区别?

13-3 分析影响管网特性曲线的因素。

13－4　试解释水泵的气蚀现象及产生气蚀的原因。

13－5　为什么要考虑水泵的安装高度，什么情况下，必须使泵装设在吸水池水面以下？

13－6　允许吸上真空高度和气蚀余量有何区别和联系？

13－7　有人说，相同的两台水泵串联运行，产生的总扬程应等于任意一台水泵单独工作时扬程的2倍，这种说法对吗？

13－8　如图13－43所示的泵装置从低水箱抽送重度 $\gamma=9604\text{N/m}^3$ 的液体。已知条件：$x=0.1\text{m}$，$y=0.35\text{m}$，$z=0.1\text{m}$，M_1 读数为124kPa，M_2 读数为1024kPa，$Q=0.025\text{m}^3/\text{s}$，$\eta=0.80$。试求此泵所需的轴功率为多少？（该装置中两压力表高差为 $y+z-x$）

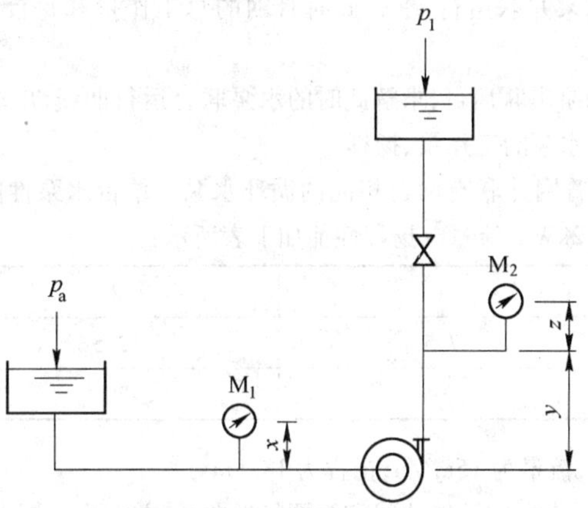

图13－43　习题13－8图

13－9　一台水泵装置的已知条件如下：$Q=0.88\text{m}^3/\text{s}$，吸入管直径 $D=0.6\text{m}$，当地大气压力近似为1个标准大气压力，输送20℃清水。泵的允许吸上真空高度为 $[H_s]=3.5\text{m}$，吸入段的阻力为0.4m。求：该泵在当地输送清水时的最大安装高度。若实际安装高度超过此最大安装高度时，该泵能否正常工作，为什么？

13－10　有一水泵装置的已知条件如下：$Q=0.12\text{m}^3/\text{s}$，吸入管径 $D=0.25\text{m}$，水温为40℃，密度 $\rho=992\text{kg/m}^3$，$[H_s]=5\text{m}$，吸水面标高102m，水面为大气压，吸入管段阻力为0.79m。试求：(1)泵轴的标高最高为多少？(2)如此泵装在昆明地区，海拔高度为1800m，泵的安装位置标高应为多少？(3)设此泵输送水温不变，地区海拔仍为102m，但系一凝结水泵，制造厂提供的临界气蚀余量为 $\Delta h_{\min}=1.9\text{m}$，冷凝水箱内压强为9000Pa，泵的安装位置有何限制？

13－11　两台性能相同的泵并联或串联工作时，管路中的流量都要大于泵单独工作时的流量。那么在实际运行中，如果要增加管路中的流量，采用哪一种工作方式更好？

13－12　某管网使用水泵一台，总流量为 $200\text{m}^3/\text{h}$ 时，管网总阻力是 $20\text{mH}_2\text{O}$；管网进出口高差10m，见下表。现需将管网总流量增加50%，决定增加一台相同的水泵，问新增加的水泵是并联运行好，还是串联运行好？

1台水泵的性能参数表

H/m	32.5	20	11
$Q/\text{m}^3\cdot\text{h}^{-1}$	150	200	220

13－13　某空气调节工程的闭式冷冻水管网设计流量为900t/h，水温为7～12℃，供水管路布置后经计算管网总压力损失为26m，水泵安装在底层，试为该管网选配水泵。

13－14　某工厂集中式空气调节装置要求 $Q=26700\text{m}^3/\text{h}$，$H=980.7\text{Pa}$，试根据无因次性能曲线图选用高效率 4 – 72 – 11 型离心式风机一台，再以表检验所选风机是否适当？

13 – 15 某管网中，安装有两台 12sh – 6B 型水泵，单台性能参数如下表所示：

参数序号	1	2	3
$Q/m^3 \cdot h^{-1}$	540	720	900
H/m	72	67	57
N/kW	151	180	200

当管网只开启其中的一台水泵时，输出流量是 $720m^3/h$，扬程是 67m。

(1)不改变管网，两台水泵并联运行，求解此时管网的总工作量和每台水泵的工况点(工作流量、扬程)。

(2)不改变管网，两台水泵串联运行，求解此时的水泵联合运行曲线、串联运行的工况点(水泵联合运行的总流量与总扬程)；每台水泵的工作量、扬程。

13 – 16 某闭式空调冷冻水管网并联有两台相同的循环水泵。单台水泵性能参数如下：转速 2900r/min，所配电动机功率 2.2kW。流量 – 扬程性能如下表所示：

参数序号	1	2	3
流量 $Q/m^3 \cdot h^{-1}$	7.5	12.5	15
扬程/m	22	20	18.5

管网中开启一台水泵时，流量为 $15m^3/h$，扬程为 18.5m。

(1)画出单台水泵运行时水泵的性能曲线和管网特性曲线，并标出工况点；

(2)若管网只需流量 $10m^3/h$，拟采用：1)关小调节阀门；2)调节水泵的转速的办法来实现。求出采用这两种调节方法后水泵的工况点。采用关小调节阀的方法时，管网的阻抗值应增加多少？采用调节转速的方法时，转速应为多少？比较采用这两种方法耗用电能的情况。

(3)若管网需要增加流量，让这两台水泵并联工作，管网系统流量能否达到 $30m^3/h$，此时每台水泵的流量和扬程各是多少？

13 – 17 水泵轴线标高 130m，吸水面标高 126m，出水池液面标高 170m，吸入管段阻力 0.81m，压出管段阻力 1.91m，试求泵所需的扬程。

第十四章　流体输配管网水力工况分析与调节

管网的水力工况是指管网流量和压力的分布状况。这两个参数之间有着紧密的联系。在管网中，一方面，流量的大小影响每个管段压力损失的大小，从而影响管网的压力分布状况；另一方面，管网的压力分布可以反映流体的流动规律，决定管网中的流量分配。另外，在管网运行时，不仅对流量分配有定量的要求，还要求流体的压力在适合的范围内，否则可能发生故障而影响管网的正常运行。因此，设计和运行时，对管网的水力工况进行分析具有重要意义。本章在对管网水力工况进行系统分析的基础上，介绍管网的调节方法。

第一节　概　　述

一、液体管网压力分布图——水压图

在液体管路中，将各节点的测压管水头高度顺次连接起来形成的线，称为水压曲线。由此，可直观地表达管路中液体静压的分布状况，因而也称其为水压图。

水压图是研究液体管路水压分布的重要工具，水压图主要有以下特征：

(1)利用水压曲线，可以确定管道中任何一点的静压值。管道中任意点的静压等于该点测压管水头高度和该点所处的位置标高之间的高差，即 $H_p - Z$。

(2)利用水压曲线，可以表示出各管段的压力损失值。当两断面之间没有动力装置时，两断面之间的水头损失等于总水头之差，即

$$h_{l1-2} = \left(Z_1 + \frac{p_1}{\rho g} + \frac{v_1^2}{2g}\right) - \left(Z_2 + \frac{p_2}{\rho g} + \frac{v_2^2}{2g}\right) \tag{14-1}$$

当液体管道中各处的流速差别不大，式(14－1)中$\frac{v_1^2 - v_2^2}{2g}$的差值与管段1—2的 Δh_1 相比，可以忽略不计时，式(14－1)可改写为

$$\left(\frac{p_1}{\rho g} + Z_1\right) - \left(\frac{p_2}{\rho g} + Z_2\right) = h_{l1-2} \tag{14-2}$$

因此可以认为，当两点之间没有水泵等动力源且流速变化可忽略时，管道中任意两点的测压管水头高度之差就等于两点之间的压力损失值。

(3)根据水压曲线的坡度，可以确定管段的单位管长平均压降的大小。水压曲线越陡，管段的单位管长平均压降就越大。

(4)由于液体管网是一个水力连通器，所以，只要已知或确定管路上任意一点的压力，则管路中其他各点的压力也就已知或确定了。

(5)测压管水头线包括动水压线和静水压线。动水压线表示系统在运行状态下的压力

分布；静水压线表示系统在停止运行时的压力分布。

下面以一个简单的机械循环室内热水采暖系统为例，说明绘制水压图的方法，并分析该系统工作和停止运行时的压力状况。

如图 14－1 所示机械循环热水供暖系统，膨胀水箱 1 连接在循环水泵 2 进口侧 O 点处。如果其基准面为 $O—O$，并以纵坐标代表系统的高度和测压管水头的高度，横坐标代表系统水平干线的管路计算长度；利用前述方法，可在此坐标系内绘出系统供、回水管的水压曲线和纵断面图，即室内热水供暖系统的水压图（见图 14－1）。

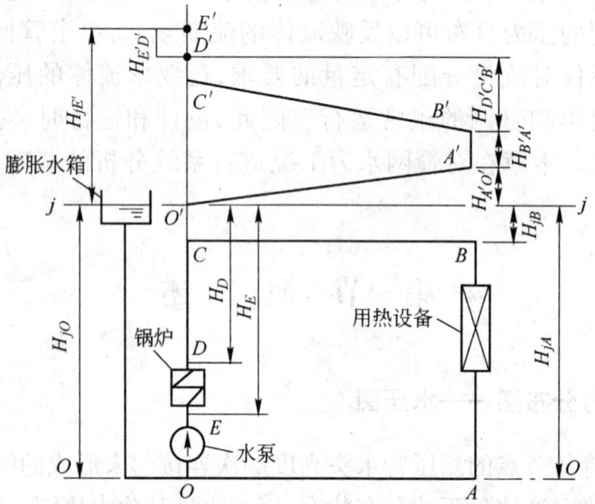

图 14－1 室内热水采暖管网的水压图

设膨胀水箱的水位线为 $j—j$，如系统中不考虑漏水或加热时水膨胀的影响，即认为系统已处于稳定状况，因而在循环水泵运行时，膨胀水箱的水位是不变的，其水头高度 H 不变。O 点处的压头（压力）等于 H。

（1）系统的静水压线的绘制。因为水不流动，系统中各点压力相等，且都等于定压点（循环水泵入口 O 点）的压力，即膨胀水箱的高度，那么系统静水压线为一条平行于基准面，高度等于膨胀水箱高度的水平线，如图 14－1 中的 $j—j$ 线。

（2）系统的动水压线的绘制。在画动水压线之前，先确定 O 点的压力，由于 O 的压力无论在系统工作时还是停止运行时是不变的，等于膨胀水箱的高度，那么动水压线的起点与静水压线在此处重合，即图中的 O' 点。以此点为基准点即可绘制给水管和回水管的动水压线。

当系统工作时，由于循环水泵驱动水在系统中循环流动，所以，供水管上泵出口处 E 点的测压管水头最大，且根据泵的参数及基准点 O' 点，即可确定 E 点的测压管水头高度即 E' 点。然后依次通过锅炉 D，C，B 点，由于局部阻力和沿程阻力，各点的测压管水头依次下降，根据 E' 点，即可确定其测压管水头，即 D'，C'，B' 点。回水管路上，A 点的测压管水头必然高于 O 点的测压管水头，其差值应为管段 OA 的压力损失值。顺次连接各点的测压管水头的顶端，就可得到系统的动水压线 $O'A'B'C'D'E'$。其中，线 $O'A'$ 代表回水干线的水压曲线，线 $D'C'B'$ 代表供水干线的水压曲线。

利用水压图,我们可以很方便地分析系统各点的压力分布情况。

(1)系统中各管段的压力损失。$H_{A'O'}$为动水压图上 O,A 两点的测压管水头的高度差,亦即水从 A 点流到 O 点的压力损失。

同理,$H_{B'A'}$为水流经立管 BA 的压力损失;$H_{D'C'B'}$为水流经供水管 DCB 的压力损失;$H_{E'D'}$为从循环水泵出口侧到锅炉出水管段的压力损失;$H_{jE'}$为循环水泵的扬程。

(2)系统工作时各点的压力大小。如 A 点的压头就等于 A 点测压管水头 A'点到该点的位置高度差(以 $H_{A'A'}$表示)。同理,B,C,D,E 和 O 点的压头分别为 $H_{B'B}$,$H_{C'C}$,$H_{D'D}$,$H_{E'E}$和 H_{jO}。

系统循环水泵停止工作时,各点的测压管水头都相等,其值为 H_{jO}。系统中 A,B,C,D,E 和 O 点的压头分别为 H_{jA},H_{jB},H_{jC},H_{jD}和 H_{jO}。

通过上述分析可见,当膨胀水箱的安装高度超过用户系统的充水高度,而膨胀水箱的膨胀管又连接在靠近循环水泵进口侧时,就可以保证整个系统无论在运行或停运时,各点的压力都超过大气压力。这样,系统中不会出现负压,避免了液体汽化或吸入空气等,从而保证系统可靠地运行。

由此可见,在机械循环热水供暖系统中,膨胀水箱不仅起着容纳系统水膨胀体积之用,还起着系统定压的作用。对热水供暖系统起定压作用的设备,称为定压装置。膨胀水箱是最简单的一种定压装置。

热水供暖系统水压曲线的位置,取决于定压装置对系统施加压力的大小和定压点的位置。采用膨胀水箱定压的系统各点压力,取决于膨胀水箱安装高度和膨胀管与系统的连接位置。

如将膨胀水箱连接在热水供暖系统的供水干管上(见图 14－2),则系统的动水压曲线位置与图 14－1 不同,为图 14－2 所示的位置。运行时,整个系统各点的压力都降低了。同时,如供暖系统的水平供水干管过长,阻力损失较大,则有可能在干管上出现负压(如图 14－2中,FB 段供水干管的压力低于大气压力,就会吸入空气或发生水的汽化,影响系统的正常运行)。由于这个原因,从安全运行角度出发,在机械循环热水供暖系统中,应将膨胀水箱的膨胀管连接在循环水泵吸入侧的回水干管上。

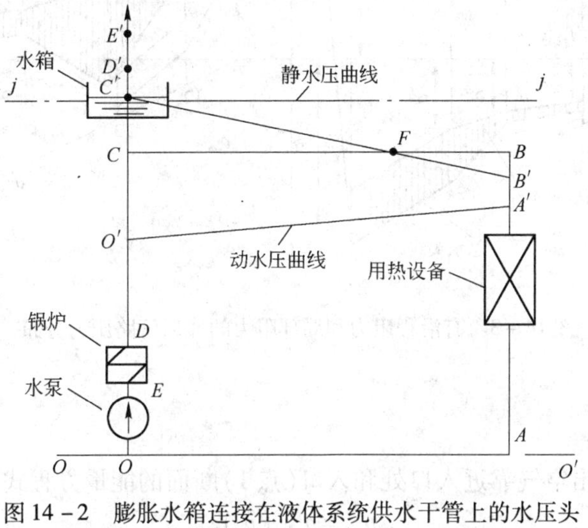

图 14－2　膨胀水箱连接在液体系统供水干管上的水压头

对于重力循环热水采暖系统，由于系统的循环作用动力小，水平供水干管的压力损失只占一部分，膨胀水箱水位与水平供水干线的标高差，往往足以克服水平供水干管的压力损失，不会出现负压现象，所以可将膨胀水箱连接在供水干管上。

利用膨胀水箱安装在用户系统的最高处来对系统定压的方式，称为高位水箱定压方式。高位水箱定压方式的设备简单，工作安全可靠。它是机械循环低温热水供暖系统最常用的定压方式。

对于工厂或街区的较大型集中供热系统，特别是采用高温水的供热系统，由于系统要求的压力高，且难以在热源或靠近热源处安装比所有用户都高并保证高温水不汽化的膨胀水箱来对系统定压，所以需要采用其他的定压方式。最常用的方式是利用压头较高的补给水泵来代替膨胀水箱定压。

二、气体管网压力分布图

如前所述，在通风空调或燃气等气体管网中，在忽略位压时，管流能量方程可写成式(11－7)的形式。

现举例分析气体管路系统中的压力分布。

如图14－3所示的通风系统，其空气进出口都有局部阻力。系统内压力分布图的绘制方法和步骤如下：

(1)以大气压力为基准线0—0，泵的入口处为负压，泵的出口处为正压。

(2)计算各节点的全压值、动压值和静压值。

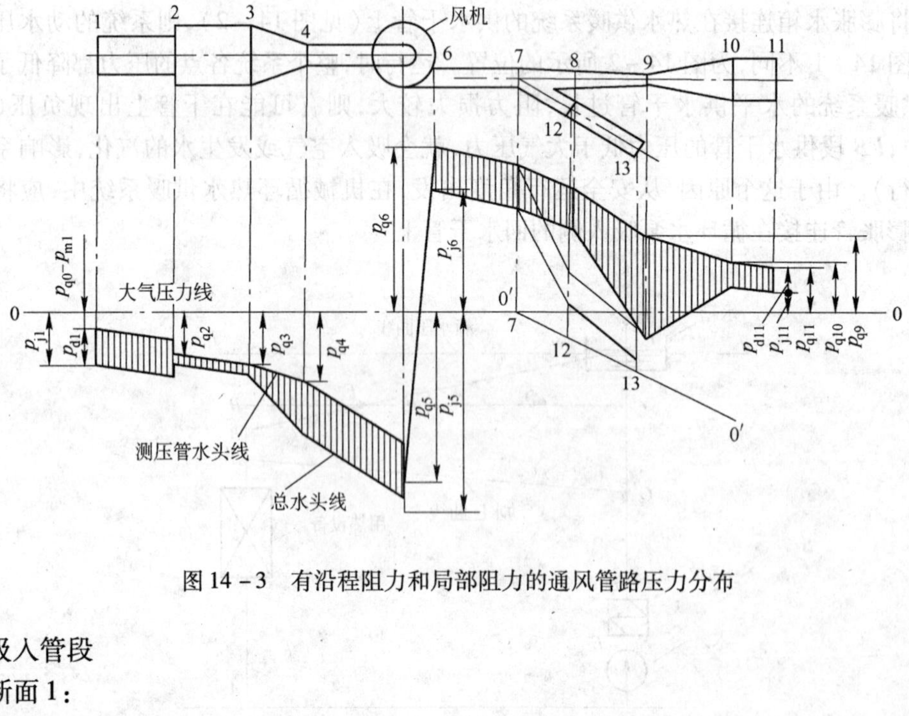

图14－3 有沿程阻力和局部阻力的通风管路压力分布

吸入管段

断面1：

图14－3中，列出空气靠近入口处和入口(点1)断面的能量方程式：

$$p_{q0}=p_{q1}+p_{m1}, \tag{14-3}$$

因 p_{q0} = 大气压力 = 0（表压），故 $p_{q1} = -p_{m1}$。而：

$$p_{d1-2} = \frac{\rho v_{1-2}^2}{2}$$

$$p_{j1} = p_{q1} - p_{d1-2} = -\left(\frac{\rho v_{1-2}^2}{2} + p_{m1}\right)$$

式中，p_{m1} 为空气入口处的局部阻力；p_{d1-2} 为 1—2 管段中气流的动压。上式表明，点 1 处的全压和静压均比大气压低。静压 p_{j1} 的一部分转化为动压 p_{d1-2}，另一部分消耗在克服入口的局部阻力 p_{m1}。

断面 2：

$$p_{q2} = p_{q1} - (R_{m1-2} l_{1-2} + p_{m2})$$

$$p_{j2} = p_{q2} - p_{d1-2} = p_{j1} + p_{d1-2} - (R_{m1-2} l_{1-2} + p_{m2}) - p_{d1-2} = p_{j1} - (R_{m1-2} l_{1-2} + p_{m2}) \tag{14-4}$$

则

$$p_{j1} - p_{j2} = R_{m1-2} l_{1-2} + p_{m2} \tag{14-5}$$

式中，R_{m1-2} 为管段 1—2 的比摩阻；p_{m2} 为突然扩大的局部阻力。

断面 3：

$$p_{q3} = p_{q2} - R_{m2-3} l_{2-3}$$

断面 4：

$$p_{q4} = p_{q3} - p_{m3-4}$$

断面 5（风机进口）：

$$p_{q5} = p_{q4} - (R_{m4-5} l_{4-5} + p_{m5})$$

式中，p_{m5} 为风机进口处弯头的局部阻力。

压出管段

断面 11（风管出口）：

$$p_{q11} = \frac{v_{11}^2 \rho}{2} + p'_{m11} = \frac{v_{11}^2 \rho}{2} + \zeta'_{11} \frac{v_{11}^2 \rho}{2}$$

$$= (1 + \zeta'_{11}) \frac{v_{11}^2 \rho}{2} = \zeta_{11} \frac{v_{11}^2 \rho}{2} = p_{m11}$$

式中，v_{11} 为风管出口处空气流速；p_{m11} 为风管出口处局部阻力；ζ'_{11} 为风管出口处局部阻力系数；ζ_{11} 为包括出口动压损失在内的出口局部阻力系数，即一般所指的端点局部阻力系数，$\zeta_{11} = 1 + \zeta'_{11}$。为简便计算，设计手册中一般直接给出 ζ 值而不是 ζ' 的值。

断面 10：

$$p_{q10} = p_{q11} + R_{m10-11} l_{10-11}$$

断面 9：

$$p_{q9} = p_{q10} + p_{m9-10}$$

式中，p_{m9-10} 为渐扩管的局部阻力。

断面 8：

$$p_{q8} = p_{q9} + p_{m8-9}$$

式中，p_{m8-9} 为渐缩管的局部阻力。

断面 7：

$$p_{q7}=p_{q8}+p_{m7-8}$$

式中，p_{m7-8}为三通直管的局部阻力。

断面6（风机出口）：

$$p_{q6}=p_{q7}+R_{m6-7}l_{6-7}$$

在断面7处有一三通分支管段，总气流一部分分流到分支管内。为了表示分支管7—13的压力分布。过0′引平行于支管7—13轴线的0′—0′线作为基准线，用上述同样方法求出此支管的全压值。因为断面7是分支管与直通管的共同断面，它们的压力线必定要在此汇合，即压力的大小相等，所以作用在分支管上的压力就是断面7处直通管的全压值。

(3)将各点的全压在纵轴上以同比例标在图上，0—0线以下为负值。连接各个全压点可得全压分布曲线。

(4)将各点的全压减去该点的动压，即为该点的静压，同样可绘出静压分布曲线。

结合风管内压力分布图和以上分析，可看出一些空气吸入管内的流动规律：

(1)动压和静压相互转化。由式（14-4）看出，当管段1—2内空气流速不变时，风管的阻力是由降低空气的静压来克服的。从图14-3可以看出，在同一流量条件下，管路流通截面大（管径大）的管段，因流速减小，动压降低，则静压上升（如2—3管段），空气流过点2后发生静压复得现象（即动静压转换）。反之，缩小管径，如截面9处，动压大大增加而静压显著下降，甚至在压出管段静压是负值。从这一压力分布图中可直观判断出，在风机压出管段，断面9处为负压，因此可能吸入管外气体。如该通风系统输送清洁气体，而在管段8—10周围有污染气体，显然这个管路系统的设计不合理。如要解决这一问题，应使该处静压为正，依动、静压转换原理，可扩大该处管径，减小流速。

(2)吸入端和压出管段压力规律相反。压力分布图表明，风机吸入段的全压和静压均为负值，而且越靠近泵入口处，由于阻力损失全压将一直减小，而绝对值增大，在风机入口负压最大。如接口不严密，渗漏将很严重，既降低了风机的性能，又增加了管网内外掺混形成气体污染的可能性。

另外，由于

$$p_q=p_j+p_d$$

其中动压为正值，而全压和静压均为负值。上式可改为

$$-|p_q|=-|p_j|+p_d$$

则可得

$$|p_j|=|p_q|+p_d$$

即吸入段静压绝对值大于吸入段全压绝对值，这正与压出段相反。

风机压出管段的全压和静压一般情况下均为正值，在风机出口正压最大。

(3)风机的风压Δp（全压）等于风机进出口的全压差，或者说是等于风管的阻力及出口动压损失之和。

当管网系统中只有吸入管段而无压出管段时（如排烟系统或一些排风管路系统）风机的风压等于吸入管网的阻力及出口动压损失之和。

三、热水网络的水压图

在液体管网系统中连接着许多用户。这些用户对流体的流量，压力及温度（如热水管网）的要求，可能各有不同，且所处的地势高低不一。在管网的设计阶段必须对整个管网的

压力状况有个整体的考虑。因此，通过绘制流体网路的压力分布图(水压图)，用以全面地反映管网和各用户的压力状况，并确定使它实现的技术措施。在运行中，通过网路的水压图，可以全面了解整个系统在调节过程中或出现故障时的压力状况，从而揭示关键性的影响因素和采取必要的技术措施，保证安全运行。

此外，各个用户与管网的连接方式以及整个管网系统的自控调节装置，都要根据网路的压力分布或其波动情况来选定，即将水压图的分析作为决策的依据。

综上所述，水压图是流体管网设计和运行工况分析的重要工具，应掌握绘制水压图的基本要求、步骤和方法，以便利用水压图分析系统压力状况。

在各种流体管网中，热水网路由于温度较高而对压力分布要求相对较为复杂，所以下面以热水管网为例，介绍其水压图绘制及其水压分析的方法。

(一)热水网路压力状况的基本技术要求

热水供热系统在运行或停止运行时，系统内热水的压力必须满足下列基本技术要求：

(1)保证设备不压坏。在与热水网路直接连接的用户系统内，压力不应超过该用户系统用热设备及其管道构件的承压能力。如供暖用户系统一般常用的柱形铸铁散热器，其承压能力为0.4MPa，因此，作用在该用户系统最底层散热器的表压力，无论在网络运行或停止运行时都不得超过0.4MPa。常用换热器与散热器的工作压力见表14－1。

表14－1　常用换热器与散热器的工作压力

换热器类型	管壳式	波纹管式	板　式	半即热式
工作压力/MPa	≤10	≤8	≤2.5	≤1.6
散热器类型	铸铁式	钢　制	铝　制	金属复合
工作压力/MPa	0.4～0.8	0.6～1.2	0.8～1.2	1.0

(2)保证热水不汽化。在高温水网路和用户系统内，水温超过100℃的地点，热媒压力应不低于该水温下的汽化压力。不同水温下的汽化压力见表14－2。

表14－2　高温水的汽化压力(表压)

水温/℃	100	110	120	130	140	150
汽化压力/mH_2O	0	4.6	10.3	17.6	26.9	32.6

从运行安全角度考虑，还应留有30～50kPa的富裕压力。

(3)保证系统不倒空。与热水网路直接连接的用户系统，无论在网路循环水泵运转或停止工作时，其用户系统回水管出口处的压力，必须高于用户系统的充水高度，以防止系统吸入空气，破坏正常运行和腐蚀管道。为防止管道出现倒空现象，在管网设计时，必须检查其水压图的合理性。由于系统顶部水压最小，如果在此处可以保证20～50kPa的富裕量，即可保证整个供热系统不会倒空，出现负压。

(4)网路回水管内任何一点的压力，都应比大气压强至少高出50kPa，以免吸入空气。

(5)在热水网路的热力站或用户引入口处，供、回水管的资用压差，应满足热力站或用户所需的作用压头。

(二)绘制热水网路水压图的步骤和方法

根据对水压图的基本要求,下面以一个连接四个供暖热用户(用户散热器的承压能力为400kPa)的高温水供热系统为例,阐明绘制水压图的步骤和方法。其中,网路设计供、回水温度分别为110℃和70℃。用户1,3,4楼高为17m,用户2为高层建筑,楼高为30m。在图14-4中,下部是网路的平面图,上部为水压图。

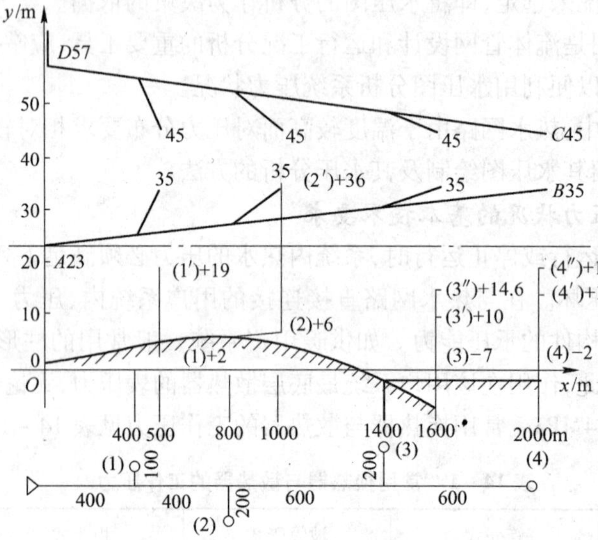

图14-4 热网水压图

(1)选定基准面和坐标。以网路循环水泵的中心线高度为基准面,在纵坐标上按一定比例尺作出标高刻度。沿基准面在横坐标上按一定比例作出距离刻度。

按照网路上的各点和各用户从热源出口起沿管路计算的距离,在Ox轴上相应点标出网路相对于基准面的标高和房屋高度。各点地面高度的连接线就是图14-4中带有阴影的线,表示沿管线的纵剖面。

(2)选定静水压线的位置。静水压线最高位置应等于最低用户地面标高加上散热器工作压力;静水压线最低位置应等于最高用户室内系统最高的标高加上供水温度下的饱和压力,再加上30~50kPa的富裕压力。

根据以上静水压曲线高度必须满足的原则,即不超压、不汽化、不倒空来确定静水压曲线的高度。

以图14-4为例,假设全部采用直接连接,并保证所有用户都不会出现汽化,静水压线的高度需要定在不低于43.6m处(用户2顶标高再加上110℃水的汽化压力4.6m和3m的安全富裕度)。由图可见,静水压线定得这样高,将使用户1,3,4底层散热器承受的压力均超过其承压能力。这样使大多数用户必须采用间接连接方式,从而增加了基建投资费用。

如在设计中希望采用直接连接方案,可以考虑除对用户2采用间接连接方式外,按保证其他用户不汽化、不超压的技术要求,选定静水压线的高度。

当用户2采用间接连接后,系统的高温水可能达到的最高点是在用户系统4的顶部。4点的标高是15m,加上110℃水的汽化压力4.6m,再加上3~5m的富裕值,由此可定出静水压线的高度。如图 14－4 所示，将静水压线定在 23m 的高度上。

这样，当网路循环水泵停止运行时，所有用户都不会出现汽化，而且他们的底层散热器也不会超过 400kPa 的允许压力。除用户 2 外，其他用户系统都可采用比较简单而造价低的直接连接方案。

选定的静水压线是靠系统所采用的定压方式来保证的。目前国内的热水供热系统中，最常用的定压方式是采用高位水箱或采用补给水泵定压。同时，定压点的位置通常设置在网路循环水泵的吸入端。

(3)选定回水管的动水压线的位置。在网路循环水泵运转时，网路回水管各点的测压管水头的连接线，称为回水管动水压线。在热水网路设计中，如预先分析在选用不同主干线比摩阻条件下网路的压力状况时，可根据给定的比摩阻值和局部阻力所占比例，确定一个平均比压降(每米管长的沿程损失和局部损失之和)，亦即确定回水管动水压的坡度，初步绘制回水管动水压线。如已知热水网路水力计算结果，则可按各管段的实际压力损失，确定回水管动水压线。

回水管的动水压线的位置，应满足以下要求：

1）按照网路热媒压力必须满足的技术要求中的第三条和第四条的规定，回水管动水压曲线应保证所有直接连接的用户系统都不倒空和网路上任何一点的压力不应低于 50kPa 的要求。这是控制回水管动水压曲线最低位置的要求。

2）要满足上述基本技术要求的第一条的规定。这是控制回水管动水压线最高位置的要求。如采用一般的铸铁散热器的供暖用户系统，当与热水网路直接连接时，回水管的压力不能超过 0.4MPa。实际上，底层散热器处所承受的压力比用户系统供暖回水管出口处的压力还要高一些，它应等于底层散热器供水支管的压力。但由于这两者的差值与用户系统热媒压力的绝对值相比较，其值很小，为分析方便，可认为用户系统底层散热器所承受的压力就是热网回水管在用户引入口的出口压力。

现仍以图 14－4 为例，假设热水网路采用高位水箱或补给水泵定压方式，定压点设在网路循环水泵的吸入端。采用高位水箱定压时，为了保证静水压线 j—j 的高度，高位水箱的水面高度应比循环水泵中心线高出 23m。这往往难以实现。如果采用补给水泵定压，只要补给水泵施加在定压点处的压力维持在 230kPa 的压力，就能保证系统循环水泵在停止运行时对压力的要求了。

如定压点设在网路循环水泵的吸入端，在网路循环水泵运行时，定压点(图 14－4 中的 A 点)的压力不变，设计的回水管动水压线在 A 点的标高上，仍是 23m，而回水主干线末端 B 点的动水压线的水位高度应高于 A 点，高度差应等于回水主干线的总压降。

如本例回水主干线的总压降，通过水力计算已知为 120kPa，则 B 点的水位高度为 23 + 12 = 35m。这就可初步确定回水主干线的动水压线的末端位置。

(4)选定供水管动水压线的位置。在网路循环水泵运转时，网路供水管内各点的测压管水头连接线，称为供水管动水压线。同理，供水管动水压线沿着水流方向逐渐下降，它在每米管长上降低的高度反映了供水管的比压降值。

供水管动水压线的位置，应满足下列要求：

1）网路供水干管以及与网路直接连接的用户系统的供水管中，任何一点都不应出现汽化。

2）在网路上任何一处用户引入口或热力站的供、回水管之间的资用压差，应能满足用户引入口或热力站所要求的循环压力。

这两个要求实质上就是限制供水管动水压线的最低位置。

在本例中，由于假定定压点位置在网路循环水泵的吸入端，前面确定的回水管动水压线全部高出静水压线 *j*—*j*，所以在供水管上不会出现汽化现象。

网路供、回水管之间的资用压差，在网路末端最小。因此，只要选定网路末端用户引入口或热力站处所要求的作用压头，就可确定网路供水主干线末端的动水压线的水位高度。根据给定的供水主干线的平均比压降或根据供水主干线的水力计算结果，可绘出供水主干线的动水压线。

在本例中，假设末端用户 4 预留的资用压差为 100kPa 。在供水管主干线末端 *C* 点的水位高度应为 35 + 10 = 45m。设供水主干线的总压力损失与回水管相等，即 120kPa（$12mH_2O$），在热源出口处供水管动水压线的水位高度，即 *D* 点的标高应为 45 + 12 = 57m。

最后，水压图中 *E* 点与 *D* 点的高差等于热源内部的压力损失，在本例中假设为 150kPa（$15mH_2O$），则 *E* 点的水头应为 57 + 15 = 72m，由此可得出网路循环水泵的扬程应为 72 − 23 = 49m。

这样绘出的动水压曲线 *ABCDE* 以及静水压曲线 *j*—*j* 线，组成了该网路主干线的水压图。各分支线的动水压线，可根据各分支线在分支点处的供、回水管的测压管水头高度和分支线的水力计算成果，按上述方法和要求绘制。

第二节 枝状管网系统水力工况分析

一、管网水力失调与水力稳定性

（一）水力失调的概念

管网系统的流体在流动过程中，往往由于多种原因，使管网中某些管段的流量分配不符合设计值。这种管网系统中的管段实际流量与设计流量的不一致性，称为水力失调。

水力失调程度可用实际流量与设计流量的比值来衡量，即

$$x_i = Q_{si}/Q_{gi} \tag{14-6}$$

式中，x_i 为被衡量管段的水力失调度；Q_{si} 为被衡量管段的实际流量；Q_{gi} 为被衡量管段的设计流量。

对于整个管网系统来说，各管段的水力失调状况可能多种多样。当管网系统中所有管段的水力失调度 x_i 都大于 1 或都小于 1 时，称为一致失调；反之，则称为不一致失调。一致失调又可分为等比失调和不等比失调。所有管段的 x_i 都相等的状况，称为等比失调；反之，则称为不等比失调。

（二）产生水力失调的原因

管网系统水力失调的原因是多方面的，归纳起来主要是以下两方面：

（1）管网中流体流动的动力源（一般为风机、泵及重力差等）提供的能量与设计不符。例如，风机、泵的型号、规格的变化及其性能参数的差异，动力电源电压的波动，流体自由液面差的变化等，导致管网中压头和流量偏离设计值。

(2)管网的流动阻力特性发生变化,即管网阻抗 S_i 的变化。很多因素可导致 S_i 的改变。例如,在管路安装中,管材实际粗糙度 K 的差别,焊接缝光滑程度的差别,存留于管道中泥砂、焊渣多少的差别,管路走向改变而使管长度的变化,弯头、三通等局部阻力部件的增减等,均会导致管网实际阻抗与设计计算值偏离。尤其是一些在管网中设置的阀门,改变其开度即可能大大改变管网的阻力特性。

(三)水力失调对管网系统的不利影响

管网系统往往是多个循环环路并联在一起的管路系统。各并联环路之间的水力工况相互影响。系统中任一个管段的流量改变,必然会引起其他管段的流量发生变化。如果某一管段的阀门关小或开大,必然导致管路流量的重新分配,即引起了水力工况的改变。当某些环路因发生水力失调而流量过小时(如锅炉循环系统中水冷壁管路流量分配不均,使部分管束水流停滞),则有可能发生爆管事故;在制冷机组水循环系统中,蒸发器管束因此可能发生冻裂管事故。在供热空调系统中,流体流量的变化必然使其负担输配的冷热量改变,即其水力失调必然导致热力失调。

在水力失调发生的同时,管网系统中的压力分布也发生变化。在一些特殊情况下,局部管路和设备内的压力超过一定的限值,则可能使其破坏。

(四)管网的水力稳定性

为避免或减小管网系统因水力失调产生的不利影响,在管网系统的设计中应考虑采取措施降低可能发生的水利失调度,特别是在管网系统的运行中,往往根据用户要求需对某管段的流量进行调整时,又不希望其他部分的流量因此发生较大的变化。管网的这种性能,即当管网中各个管段或用户的用量改变时,其保持本身流量不变的能力,称为管网的水力稳定性。通常用管段或用户规定流量 Q_g 和工况变动后可能达到的最大流量 Q_{max} 的比值 y 来衡量管网的水力稳定性,即

$$y = Q_g / Q_{max} = 1/x_{max} \tag{14-7}$$

式中,y 为管段或用户的水力稳定性;Q_g 为管段或用户的规定流量;Q_{max} 为管段或用户的最大流量;x_{max} 为工况变动后,管段或用户可能出现的最大水力失调度。

二、管网系统水力工况的分析方法

(一)管网系统水力工况分析的基本原理

所谓管网的水力工况是指管网某一流动状态下与其对应的阻力特性、压差和流量的表达,此三者之间关系已由式(13-3)确定,即某管段的作用压差 $\Delta p_i = S_i Q_i^2$。

对于任何管网系统,都是由许多串联和并联的管段组成。由流体力学知,在串联管段中,串联管段的总阻抗为各串联管段阻抗之和,即

$$S_{ch} = \sum_{i=1}^{n} S_i (n\text{ 为串联管段数}) \tag{14-8}$$

式中,S_{ch} 为串联管路的总阻抗;S_i 为各串联管段的阻抗。

当各环路的重力作用相等时,在并联管段中,并联管段的总阻抗 S_b 与各并联管段的阻抗 S_i 有如下关系:

$$\frac{1}{\sqrt{S_b}} = \sum_{i=1}^{n} \frac{1}{\sqrt{S_i}} \tag{14-9}$$

各并联环路间的流量比值与其各自阻抗之间有如下关系：

$$Q_1:Q_2:Q_3=\frac{1}{\sqrt{S_1}}:\frac{1}{\sqrt{S_2}}:\frac{1}{\sqrt{S_3}} \tag{14-10}$$

式中，Q_1,Q_2,Q_3 为各并联管段的流体流量；S_1,S_2,S_3 为各并联管段的阻抗。

有时采用通导数来分析并联管路的阻力特性，则式(14-9)为

$$a_b=\sum_{i=1}^{n}a_i \tag{14-11}$$

式中，a_b 为并联管路的总通导数，$a_b=\frac{1}{\sqrt{S_b}}$；a_i 为各管段的通导数，$a_i=\frac{1}{\sqrt{S_i}}$。

根据上述并联管段和串联管段各阻抗的计算方法，可以逐步算出整个管网的总阻抗 S_{zh} 值。再利用图解法或计算法，可进一步确定循环水泵的工作点，求出泵输出的总流量。

图解法：上一章中讲述了图解法求水泵工作状态点的方法，即在同一坐标系中分别作出管网特性曲线和水泵性能曲线，二者交点即为工况点。如图14-5所示，图中 A 为水泵的工况点，亦即确定了管网的总流量和总压降。

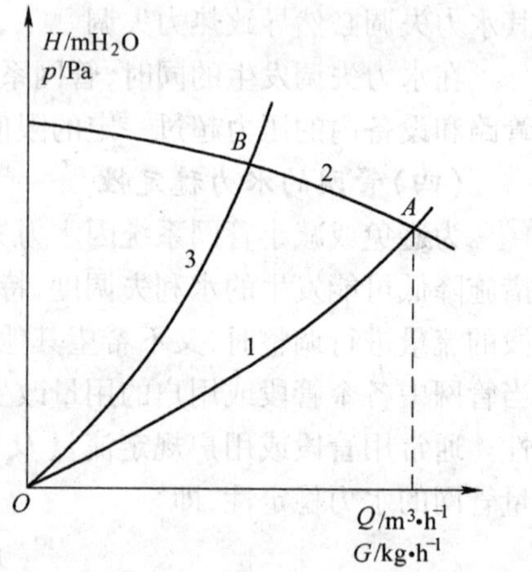

图 14-5　水泵与供热管网的特性曲线

计算法：计算法的实质是将水泵的特性曲线用 $p=f(Q)$ 函数式表示出来，然后根据已知的管网特性曲线公式($p=p_{st}+S_{zh}\cdot Q_2^2=p_{st}+\Delta p$)，两个公式联合求解，得出循环水泵工作点的 p,Q 和管网总阻力 Δp 值。

水泵的特性曲线，通常可用下列函数式表示：

$$p=a+bQ+cQ^2+dQ^3+\cdots \tag{14-12}$$

式中，a,b,c,d 为根据水泵的特性曲线数据拟合的函数式中的数值。

当管网的任一管段阻抗，在运行期间发生变化时(如调整用户阀门，接入新用户等等)，则必然使管网的总阻抗 S_{zh} 值改变，工作点 A 的位置随之改变(如改到图14-5曲线3的 B 点位置)，管网的水力工况也就改变了。不仅管网总流量和总压降变化，而且由于分支管段的阻抗变化，也要引起管网流量分配的变化。

如要定量地算出管网正常水力工况改变后的流量再分配，其计算步骤如下：

(1)根据正常水力工况下的流量和压降，求出管网各管段和用户系统的阻抗。

(2)根据管网中管段的连接方式，利用求串联管段和并联管段总阻抗的计算公式，逐步求出正常水力工况改变后整个系统的总阻抗。

(3)得出整个系统的总阻抗后，利用上述图解法，画出管网的特性曲线，与管网循环水泵的特性曲线相交，求出新的工作点。或利用上述计算法求解确定新的工作点的扬程 p'、流量 Q' 和 $\Delta p'$ 值。当水泵特性曲线平缓，且 $p_{st}=0$ 时，也可利用下式求出水力工况变化后的管网总流量 Q'：

$$Q'=\sqrt{\frac{p}{S'_{zh}}} \tag{14-13}$$

式中，Q'为管网水力工况变化后的总流量，m^3/h；p 为管网循环水泵的扬程，设水力工况变化前后的扬程不变，Pa；S'_{zh}为管网水力工况改变后的总阻抗，$Pa/(m^3/h)^2$。

(4)顺次按各并联管段流量分配的计算方法分配流量，求出管网各管段及各用户在正常工况改变后的流量。

(二)管网系统水力工况分析方法

以供热管网为例，根据上述水力工况计算的基本原理，就可分析和计算供热管网的流量分配，研究它的水力失调状况。

对于整个管网系统来说，各热用户的水力失调状况是多种多样的。

当管网各管段和各热用户的阻抗已知时，也可求出各用户占总流量的比例，来分析管网水力工况变化的规律。

如一供热管网系统有几个用户(见图 14－6)，干线各管段的阻抗以 $S_{\mathrm{I}}, S_{\mathrm{II}}, S_{\mathrm{III}}, \cdots, S_N$ 表示，支线与用户的阻抗以 $S_1, S_2, S_3, \cdots, S_n$ 表示。管网总流量为 Q，用户流量以 $Q_1, Q_2, Q_3, \cdots, Q_n$ 表示。

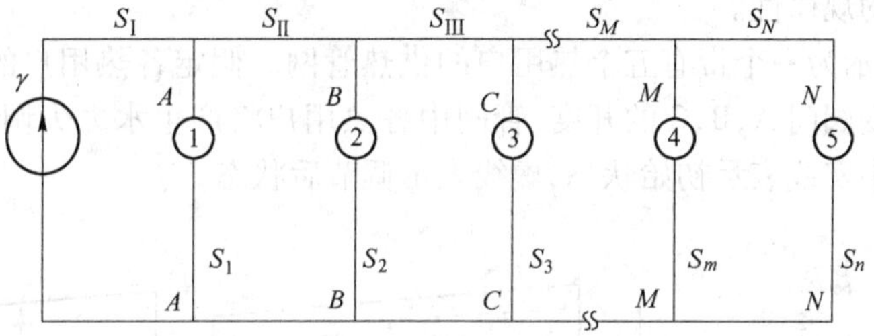

图 14－6　供热管网示意图

利用总阻抗的概念，用户 1 处的 Δp_{AA}，可用下式确定：

$$\Delta p_{AA} = S_1 Q_1^2 = S_{1-n} Q_n^2 \tag{14-14}$$

式中，S_{1-n}为热用户 1 分支点的管网总阻抗(用户 1 到用户 n 的总阻抗)。

由式(14－14)，可得出用户 1 占总流量的比例(即相对流量比)$\overline{Q}_1$ 为

$$\overline{Q}_1 = \frac{Q_1}{Q} = \sqrt{\frac{S_{1-n}}{S_1}} \tag{14-15}$$

同理，对用户 2，Δp_{BB}可用下式表示：

$$\Delta p_{BB} = S_2 Q_2^2 = S_{2-n}(Q - Q_1)^2 \tag{14-16}$$

式中，S_{2-n}为热用户 2 分支点的管网总阻抗(用户 2 到用户 n 的总阻抗)。

从另一角度分析来看，用户 1 分支点处的 Δp_{AA}也可写成

$$\Delta p_{AA} = S_{1-n} Q^2 = (S_{\mathrm{II}} + S_{2-n})(Q - Q_1)^2$$

或

$$\Delta p_{AA} = S_{\mathrm{II}} Q^2 = S_{\mathrm{II}-n}(Q - Q_1)^2 \tag{14-17}$$

式中，$S_{\mathrm{II}-n} = S_{\mathrm{II}} + S_{2-n}$，为热用户 1 之后的管网总阻抗(注意不包括用户 1 及其分支线)。

上述两式相除，可得

$$\frac{S_2 Q_2^2}{S_{1-n} Q^2} = \frac{S_{2-n}}{S_{\mathrm{II}-n}} \tag{14-18}$$

则
$$\overline{Q_2}=\frac{Q_2}{Q}=\sqrt{\frac{S_{1-n}\cdot S_{2-n}}{S_2\cdot S_{\text{II}-n}}}$$

根据上述推算，可以得出第 m 个用户的相对流量比为

$$\overline{Q_m}=\frac{Q_m}{Q}=\sqrt{\frac{S_{1-n}\cdot S_{2-n}\cdot S_{3-n}\cdots S_{m-n}}{S_m\cdot S_{\text{II}-n}\cdot S_{\text{III}-n}\cdots S_{M-n}}} \tag{14-19}$$

由上式可得出如下结论：

(1)各用户的相对流量比仅取决于管网各管段和用户的阻抗，而与管网流量无关。

(2) d 个用户与 m 个用户($m>d$)之间的流量比，仅取决于用户 d 和用户 d 以后(按水流动方向)各管段和用户的阻抗，而与用户 d 以前各管段和用户的阻抗无关。因为，如假定 $d=4, m=7$，则从上式可得

$$\frac{Q_m}{Q_d}=\frac{Q_7}{Q_4}=\sqrt{\frac{S_{5-n}\cdot S_{6-n}\cdot S_{7-n}\cdot S_4}{S_{\text{V}-n}\cdot S_{\text{VI}-n}\cdot S_{\text{VII}-n}\cdot S_7}} \tag{14-20}$$

下面再以几种常见的水力工况变化情况为例，根据上述基本原理，并利用水压图，定性地分析水力失调的规律性。

图 14－7a 所示为一个带有五个热用户的供热管网。假定各热用户的流量已调整到规定的数值。如改变阀门 A,B,C 的开度，管网中各热用户将产生水力失调。同时，水压图也将发生变化。图中实线表示初始状态，虚线表示调节后状态。

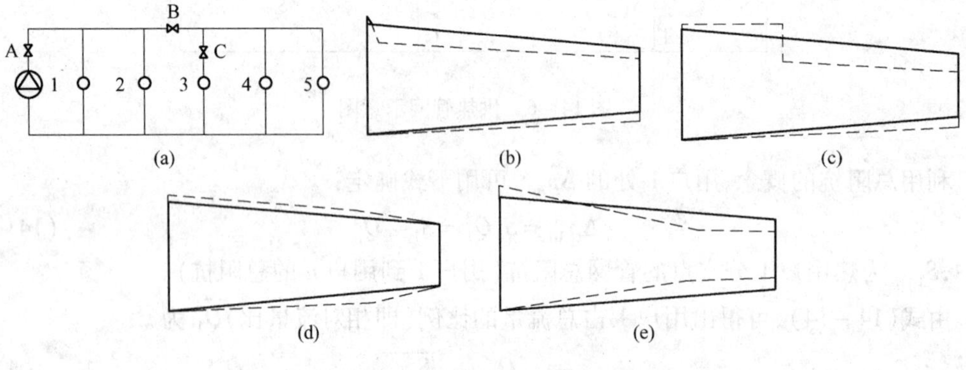

图 14－7　供热管网的水力工况变化示意图

(1)阀门 A 节流(阀门关小)时的水力工况。当阀门 A 节流时，管网的总阻抗增大，总流量 Q 减少，管网循环水泵的扬程略有上升。由于热用户 1 至 5 的管网干管和用户分支管的阻抗没有改变，根据上式的推论可知，各热用户的流量分配比例也不变，即都按同一比例减少；管网产生一致的等比失调。管网的水压图如图 14－7b 所示，图中实线为正常工况下的水压线，虚线为阀门 A 节流后的水压线。由于各管段流量均减少，因而虚线的水压线比原水压线变得较平缓一些。各热用户的流量是按同一比例减少的，因而，各热用户的作用压差也是按相同的比例减少的。

(2)阀门 B 节流时的水力工况。当阀门 B 节流时，管网的总阻抗增加，总流量 Q 减少。供水管和回水管水压线将变得平缓些，并且供水管水压线将在 B 处出现一个急剧的下降，变化后的水压图如图 14－7c 中虚线所示。

水力工况的这个变化，对于阀门 B 以后的用户 3，4，5，相当于本身阻抗未变而总的作用压力减少了，根据上式的推论，它们的流量也是按相同的比例减少，这些用户的作用压力也按同样的比例减少。因此，将出现一致的等比失调。

对于阀门 B 以前的用户 1，2，根据上式的推论，可以看出用户流量将按不同的比例增加，它们的作用压差都有增加但比例不同，这些用户将出现不等比的一致失调。

对于全部用户来说，既然流量有增有减，那么整个管网的水力工况就发生了不一致失调。

（3）阀门 C 关闭（热用户 3 停止工作）时的水力工况。阀门 C 关闭后，管网的总阻抗增加，总流量 Q 减少。从热源到用户 3 之间的供水和回水管的水压线将变得平缓一些，但因假定管网水泵的扬程并无改变，所以在用户 3 处供回水管之间的压差将会增加。用户 3 处的作用压差增加相当于用户 4 和 5 的总作用压差增加，因而使用户 4 和 5 的流量按相同的比例增加，并使用户 3 以后的供水管和回水管的水压线变得陡峭一些。变化后的水压线将成为图 14－7d 中虚线所示。根据上式的推论，从图 14－7d 可以看出，在整个管网中，除用户 3 以外的所有热用户的作用压差和流量都会增加，出现一致失调。对于用户 3 后面的用户 4 和 5，将是等比的一致失调。对于用户 3 前面的热用户 1 和 2，将是不等比的一致失调。

（4）供热管网未进行初调节的水力工况。由于管网近端热用户的作用压差很大，在选择用户分支管路的管径时，又受到管道内热媒流速和管径规格的限制，其剩余作用压差在用户分支管路上难以全部消除。如管网未进行初调节，前端热用户的实际阻抗远小于设计规定值，管网总阻抗比设计的总阻抗小，管网的总流量增加。位于管网前端的热用户，其实际流量比规定流量大得多。管网干管前部的水压曲线，将变得较陡；而位于管网后部的热用户，其作用压头和流量将小于设计值。管网干管后部的水压曲线将变得平缓些（见图14－7e 中的虚线）。由此可见，供热管网投入运行时，必须很好地进行初调节。

在管网使用过程中，有可能需要增加一些用户或增加某些管段的流量或压头，有时无法完全依靠调节装置来完成，可相应地增设动力装置（如增压风机或加压水泵等）。

例如，在供热管网扩建中，在原管网末端接入了一些用户，需要管网流量增大，在管径不变的情况下，管网的动水压线坡度增大，后部管网的用户作用压头和流量显得不足。这可以根据具体情况，分别在供、回水干管，或者同时在供、回水干管上设置加压水泵来解决。如图 14－8 所示，其中虚线表示原有的管网水压图，实线表示管网扩容后在供、回水干管均设置加压泵后的管网水压图。

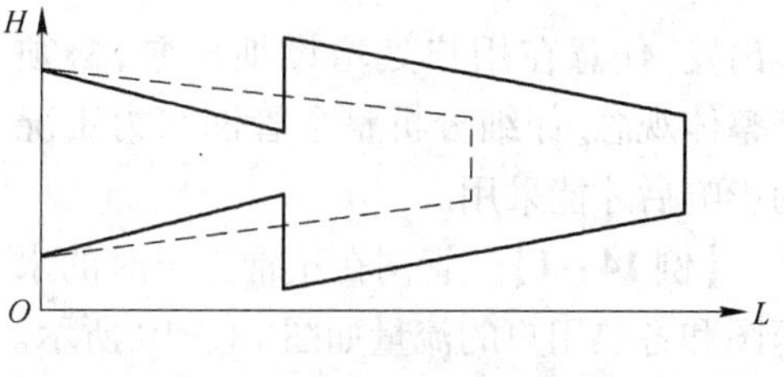

图 14－8　增设加压泵的管网水压图变更示意图

加压装置的流量和扬程的确定，应根据水力工况分析计算的原理并结合管网水压图的绘制分析进行，否则对管网中其他用户有不利影响。例如，在供热管网运行时，由于种种原因，有些热用户或热力站的作用压头会低于设计值，导致用户或热力站的流量不足。在此情况下，用户或热力站往往要求增设加压泵（加压泵可设在供水管或回水管上）。

下面定性分析在用户增设加压泵后，整个管网水力工况变化的状况。图 14－9 中的实

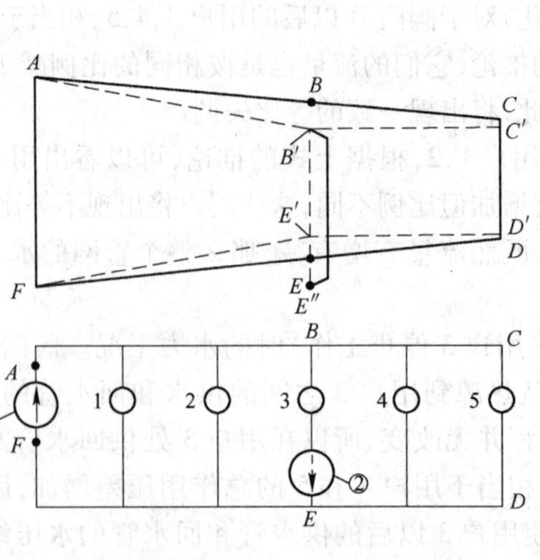

图 14-9 用户增设加压泵的管网水力工况变化示意图
①—管网循环水泵；②—用户回水加压水泵

线表示在用户 3 处未增设加压泵时的动水压曲线。假设用户 3 在未增设回水加压泵②时，作用压头为 Δp_{BE}，低于设计要求。

在用户 3 回水管上增设的加压泵②运行时，可以视为在热用户 3 及其支线上（管段 BE）增加了一个阻抗为负值的管段，其负值的大小与水泵工作的扬程和流量有关。由于热用户 3 的阻抗减小，在所有其他管段和热用户未采用调节措施、阻抗不变的情况下，整个管网的总阻抗 S 值必然相应减少。为分析方便，假设管网循环水泵①的扬程为定值，则热网总流量必然适当增加。热用户 3 前的干线 AB 和 EF 的流量增大，动水压曲线变陡，用户 1 和 2 的资用压头减少，呈非等比失调。热用户 3 后面的热用户 4 和 5 的作用压头减少，呈等比失调。整个管网干线的动水压曲线如图 14-9 的虚线 $AB'C'D'E'F$ 所示。热用户 3 由于回水加压泵的作用，其压力损失 $\Delta P_{B'E''}$ 增加，流量增大。

由此可见，在用户处装设加压泵，能够起到增加该用户流量的作用，但同时会加大热网总循环水量和前端干线的压力损失，而且其他热用户的资用压头和循环水量将相应减少，甚至使原来流量符合要求的用户反而流量不足。因此，在管网运行实践中，不应只从局部或个体出发，任意在用户处增设加压泵，必须有整体观念，仔细分析整个管网水力工况的影响后才能采用。

【例 14-1】 管网在正常工况时的水压图和各热用户的流量如图 14-10 所示。如关闭热用户 3，试求其他各热用户的流量及其水力失调程度。其中，管网图中的数字表示关闭热用户 3 前的流量（m^3/h），水压图里的数字表示关闭热用户 3 前的压差。其中，循环水泵的性能参数如表 14-3 所示。

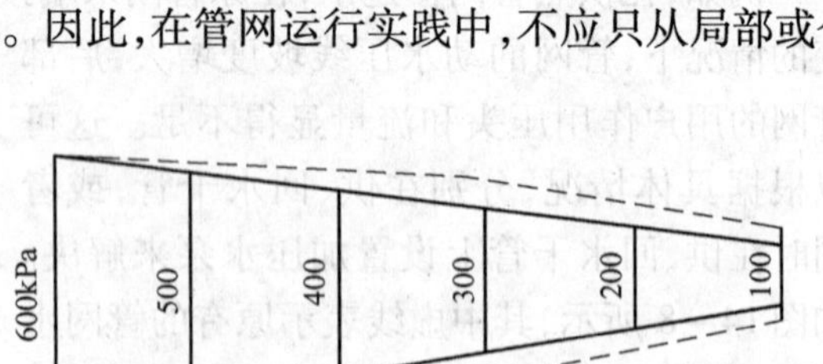

图 14-10 例 14-1 图

表 14－3　循环水泵性能参数

流量/$m^3 \cdot h^{-1}$	365	500	600
扬程/kPa	630	600	550

【解】 (1)根据正常工况下的流量和压降，求管网干管（包括供、回水管）和各热用户的阻抗 S_i。

如对于用户 5，已知其流量 $100m^3/h$，压力损失为 $10 \times 10^4 Pa$，则

$$S_5 = \Delta p_5 / Q_5^2 = 10 \times 10^4 / 100^2 = 10 Pa/(m^3/h)^2$$

同样可求得管网干管和各热用户的阻抗 S_i 值，见表 14－4。

表 14－4　管网干管与热用户的阻抗值

网路干管	Ⅰ	Ⅱ	Ⅲ	Ⅳ	Ⅴ
压力损失 Δp/Pa	10×10^4	10×10^4	10×10^4	10×10^4	10×10^4
流量 $Q/m^3 \cdot h^{-1}$	500	400	300	200	100
阻抗 $S/Pa \cdot (m^3/h)^{-2}$	0.4	0.625	1.11	2.5	10
热 用 户	1	2	3	4	5
压力损失 Δp/Pa	50×10^4	40×10^4	30×10^4	20×10^4	10×10^4
流量 $Q/m^3 \cdot h^{-1}$	100	100	100	100	100
阻抗 $S/Pa \cdot (m^3/h)^{-2}$	50	40	30	20	10

(2)计算水力工况改变后管网总阻抗 S。

1)求热用户 3 之后的管网总阻抗

$$S_{Ⅳ-5} = 30 \times 10^4 / 200^2 = 7.5$$

2)求热用户 2 之后的管网总阻抗（热用户 3 关闭，下同）

$$S_{Ⅲ-5} = S_{Ⅳ-5} + S_{Ⅲ} = 7.5 + 1.11 = 8.61$$

3)求热用户 2 分支点的管网总阻抗 S_{2-5}。热用户 2 与热用户 2 之后的管网并联，故可得总阻抗 S_{2-5} 为

$$\frac{1}{\sqrt{S_{2-5}}} = \frac{1}{\sqrt{S_{Ⅲ-5}}} + \frac{1}{\sqrt{S_2}} = \frac{1}{\sqrt{8.61}} + \frac{1}{\sqrt{40}}$$

$$= 0.341 + 0.158 = 0.499$$

$$S_{2-5} = 1/0.499^2 = 4.016$$

4)求热用户 1 之后的管网总阻抗 $S_{Ⅱ-5}$

$$S_{Ⅱ-5} = S_{2-5} + S_n = 4.016 + 0.625 = 4.641$$

5)求热用户 1 分支点的管网总阻抗 S_{1-5}

$$\frac{1}{\sqrt{S_{1-5}}} = \frac{1}{\sqrt{S_{11-5}}} + \frac{1}{\sqrt{S_1}} = \frac{1}{\sqrt{4.641}} + \frac{1}{\sqrt{50}}$$

$$= 0.464 + 0.141 = 0.605$$

$$S_{1-5} = 1/0.605^2 = 2.732$$

6)最后确定管网的总阻抗 S

$S = S_{1-5} + S_1 = 2.732 + 0.4 = 3.132\text{Pa}/(\text{m}^3/\text{h})^2$

$= 0.003132\text{kPa}/(\text{m}^3/\text{h})^2$

(3)求管网在工况变动后的总流量 Q。

即求水泵新的工况点。采用图解法，如图14－11所示，曲线1是关闭用户3之前的管网特性曲线，曲线2是水泵性能曲线，A 是工作点。曲线3是关闭用户3之后的管网特性曲线。水泵新的工作点为 B，输出流量为 $444\text{m}^3/\text{h}$，输出扬程为618kPa。采用计算法时，先用二次曲线，利用表14－3中水泵的参数，拟合水泵的 $Q-p$ 性能曲线为

$$p = -0.001182Q^2 + 0.800236Q + 495.390071$$

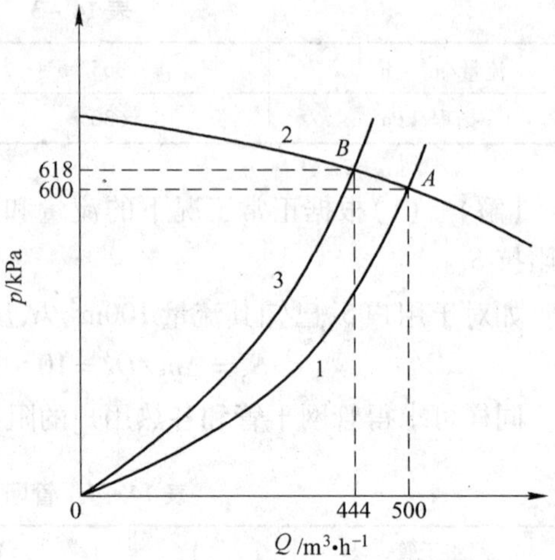

图14－11　供热管网工况分析

则

$$0.003132Q^2 = -0.001182Q^2 + 0.800236Q + 495.390071$$

解得

$$Q = 444.1\text{m}^3/\text{h}$$

则

$$p = 617.7\text{kPa}$$

(4)根据各并联管段流量分配比例的计算公式，求各热用户的流量。

1)求热用户1的流量

$$Q_1 = Q \times \frac{1/\sqrt{S_1}}{1/\sqrt{S_{1-5}}} = 444.1 \times \frac{0.141}{0.605} = 103.5\text{m}^3/\text{h}$$

2)求热用户2的流量

$$Q_2 = Q_{11} \times \frac{1/\sqrt{S_2}}{1/\sqrt{S_{2-5}}} = (444.1 - 103.5) \times \frac{0.158}{0.499} = 107.8\text{m}^3/\text{h}$$

3)求热用户4,5的流量 Q_4,Q_5

热用户3之后的管段阻抗不变。因此，在水力工况变化后各管段的流量均按同一比例变化。干管Ⅳ的水力失调度 x 值为

$$x = (444.1 - 103.5 - 107.8)/200 = 232.8/200 = 1.164$$

因此，热用户4,5的流量分别为

$$Q_4 = 1.164 \times 100 = 116.4\text{m}^3/\text{h}$$

$$Q_5 = 1.164 \times 100 = 116.4\text{m}^3/\text{h}$$

其计算结果列于表14－5。

表14－5　计算结果汇总表

热　用　户	1	2	3	4	5
正常工况时流量/$\text{m}^3 \cdot \text{h}^{-1}$	100	100	100	100	100
工况变动后流量/$\text{m}^3 \cdot \text{h}^{-1}$	103.5	107.8	0	116.4	116.4
水力失调度 x	1.035	1.078	0	1.164	1.164
正常工况时用户的作用压差 Δp/kPa	500	400	300	200	100
工况变动后用户的作用压差 Δp/kPa	535.6	464.8	406.5	271.0	135.5

(5)确定工况变动后各用户的作用压差

当管网水力工况变化后,热用户 1 ~5 的作用压差应等于用户支路的阻抗与流量平方的乘积,例如用户 1:

$$\Delta p_1 = S_1 Q_1^2 = 50 \times 10^{-3} \times 103.5^2 = 535.6\text{kPa}$$

同理,可计算出热用户 2,4,5 的作用压差。用户 3 的作用压差为用户 4 的作用压差加上干管Ⅳ的阻力损失,即

$$\Delta p_3 = S_3 Q_3^2 = 271.0 + 2.5 \times 10^{-3} \times 232.8^2 = 406.6\text{kPa}$$

其计算结果列于上表。图 14 - 10 中虚线表示水力工况变化后的各用户的作用压差变化图。

本例题说明,只要热网各管段及各热用户的阻抗为已知,则可以通过计算方法,确定管网的水力工况——各管段和各热用户的流量以及相应的作用压头,但计算极为烦琐。近年来,管网计算理论的不断完善和电子计算机技术的高度发展,使得这类计算问题容易得到解决。因此,利用计算机分析供热管网水利工况,并以此来指导管网进行初调节,直至配合微机监控系统,对供热管网实现遥控等技术,在国内也得到了应用。

三、提高管网水力稳定性的途径与方法

为了探讨影响管网水力失调程度的因素,并研究改善管网水力失调状况的方法,在本节中着重讨论管网的水力稳定性问题。管网系统中,某管段或用户的规定流量按下式算出:

$$Q_g = \sqrt{\frac{\Delta p_y}{S_y}} \tag{14-21}$$

式中,Δp_y 为用户在正常工况下的作用压差,Pa;S_y 为用户系统及用户支管的总阻抗,$\text{Pa}/(\text{m}^3/\text{h})^2$。

一个用户可能的最大流量出现在其他用户全部关断的时候。此时,网路干线中的流量很小,阻力损失接近于零,因而管网的作用压差可认为是全部作用在这个用户上。由此可得

$$Q_{max} = \sqrt{\frac{\Delta p_r}{S_y}} \tag{14-22}$$

式中,Δp_r 为管网的作用压差,Pa;

Δp_r 可以近似地认为等于网路正常工况下的网路干管的压力损失 Δp_w 和这个用户在正常工况下的压力损失 Δp_y 之和,亦即

$$\Delta p_r = \Delta p_w + \Delta p_y$$

因此,这个用户可能的最大流量计算式可以改写为

$$Q_{max} = \sqrt{\frac{\Delta p_w + \Delta p_r}{S_y}} \tag{14-23}$$

于是,它的水力稳定性为

$$y = \frac{Q_g}{Q_{max}} = \sqrt{\frac{\Delta p_y}{\Delta p_w + \Delta p_y}} = \sqrt{\frac{1}{1 + \frac{\Delta p_w}{\Delta p_y}}} \tag{14-24}$$

由式(14 - 24)可知,水力稳定性 y 的极限值是 1 和 0。

在 $\Delta p_w=0$ 时(理论上,网路干管直径为无限大),$y=1$。此时,这个用户的水力失调度 $x_{max}=1$,即工况无论如何变化都不会使它水力失调,因而它的水力稳定性最好。这个结论,对于该网路上的每个用户都成立,也就是说,在这种情况下任何用户流量的变化,都不会引起其他用户流量的变化。

在 $\Delta p_y=0$ 或 $\Delta p_w=\infty$ 时(理论上,用户管径系统无限大或网路干管管径无限小),$y=0$。此时,用户的最大水力失调度 $x_{max}=\infty$,水力稳定性最差,任何其他用户改变的流量,将全部转移到每个用户。

实际上,管网的管径不可能为无限小或无限大。管网的水力稳定性系数 y 总在 0 和 1 之间。因此,当水力工况变化时,任何用户的流量改变,一部分流量将转移到其他用户中去。如以例题 14 - 1 的计算分析,用户 3 关闭后,其流量从 $100m^3/h$ 减到 0,其中一部分流量($44.1m^3/h$)转移到其他用户去,而整个网路的流量减少了 $55.9m^3/h$。

从对式(14 - 23)的分析可知,提高管网水力稳定性的主要方法是相对地减小网路干管的压降,或相对地增大用户系统的压降。

为了减少网路干管的压降,就需要适当增大网路干管的管径,即在进行网路水力计算时,选用较小的比摩阻值。适当地增大靠近动力的网路干管的直径,对提高网路的水力稳定性效果更为显著。

为了增大用户系统的压降,可以采用水喷射器、调压板、安装高阻力小管径阀门等措施。在运行时应合理地进行网路的初调整和运行调节,应尽可能将网路干管上的所有阀门开大,而把剩余的作用压差消耗在用户系统上。对于运行质量要求高的系统,可在各用户引入口处安置必要的自动调节装置(如流量调节器等),以保证各用户的流量恒定,不受其他用户的影响。安装流量调节器以保证流量恒定的方法,实质上就是改变用户系统总阻抗 S_y,以适应变化工况下用户作用压差的变化,从而保证流量恒定。

提高管网水力稳定性,使得管网系统正常运行,可以节约电能消耗和冷热量(供热空调管网系统),便于系统初调整和运行调节。因此,在管网系统设计中,必须在关心节省造价的同时,充分重视提高系统的水力稳定性。

第三节 管网系统水力平衡调节

管网系统水力平衡的含义是各个用户实际得到的流量与其需要的流量相同。在管网设计过程中,可以通过合理选择管径等措施,尽可能达到系统在设计工况下的水力平衡。由于管径规格的限制等原因,管网设计时不能完全实现管网系统在设计工况的水力平衡,如果不采用相应的调节措施,系统在运行时就会发生水力失调。例如,城市供热管网中,常常发生距离热源较近的用户因流量过大而过热,而较远的用户却因流量不足而过冷的水力失调现象。为满足远端用户的流量需求,又往往采用增大总流量的办法,造成近端用户流量进一步超过要求值,带来运行能耗的增加。因此,系统在按设计建造完成后,必须进行相应的调节,使其达到设计要求。在运行过程中,用户的使用要求是不断变化的,处于设计工况的情形并不多,往往是用户的流量需求小于设计流量。这时,必须通过相应的调节措施,来适应用户流量需求的变化,否则也会发生水力失调。

一、初调节和运行调节

如前所述，对于已安装完毕的管路系统，在投入使用时，由于设计时管径规格的限制以及安装偏差等诸多原因，造成管网中用户的实际流量达不到设计要求，即产生水力失调。因此，在管网使用之初往往通过调整预先安装的一些调节装置的开度，对各管段的阻力特征和流量进行一次全面的调整，使其达到设计要求，这种调节称为管网的初调节。

（一）比例调节法

先以一个通风系统为例来说明比例调节法的方法和步骤。

图 14－12 所示为一个具有两个支路和风口的简单机械送风系统。当风机启动后，打开总风阀，并将三通调节阀（见图 14－13）置于中间位置，测出此时两支管的风量，记为 Q_A 和 Q_B。此时有

$$\frac{Q_A}{Q_B}=\sqrt{\frac{S_{C-B}}{S_{C-A}}} \tag{14-25}$$

式中，S_{C-B}为 $C-B$ 支路的阻抗，S_{C-A}为 $C-A$ 支路的阻抗。只要不改变 $C-A$ 支路和 $C-B$ 支路的阻力特性，Q_A 和 Q_B 之间的比例关系也就不会发生变化。由此可见，若设计风量为 Q_A^0 和 Q_B^0，即使测出的风量与设计风量不同，只要调整两风口的出风量，达到$\frac{Q_A}{Q_B}=\frac{Q_A^0}{Q_B^0}$，再调节总风阀改变系统的总风量，使 $Q_A=Q_A^0$，$Q_B=Q_B^0$，即达到了设计要求，调试才告完成。

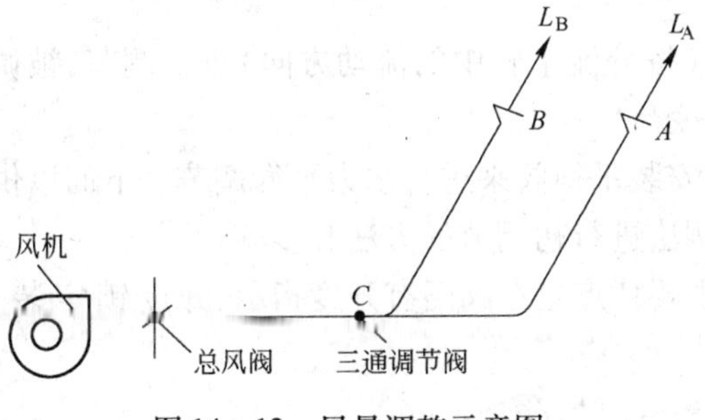

图 14－12　风量调整示意图

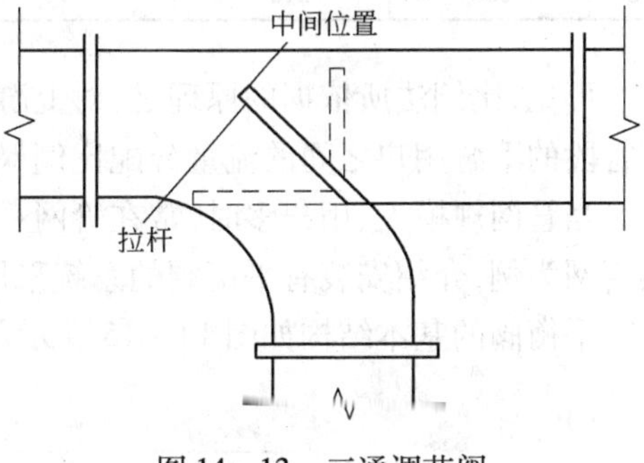

图 14－13　三通调节阀

这种按流量比例的调节方法为枝状管网流量调试提供了有效手段。下面以图 14－14 所示的通风管网为例说明比例调节法的实际应用。

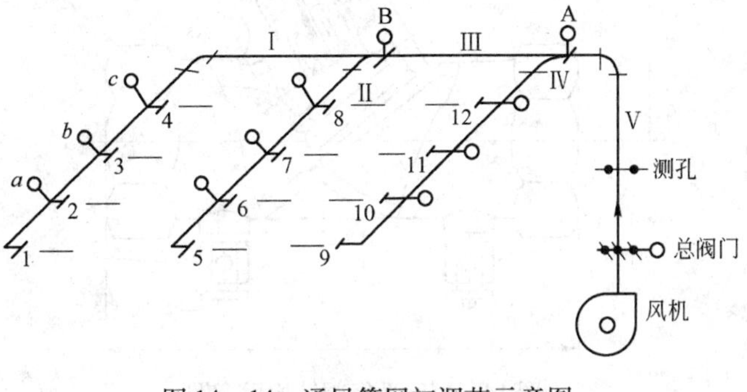

图 14－14　通风管网初调节示意图

假定该系统除总风阀外，在三通管 A，B 处及各风口支管处装有三通调节阀（或其他类型的调节阀）。风量调整前，三通阀置于中间位置，系统总阀门置于某一开度。启动风机，初测风口风量并计算与设计风量的比值，将初测与计算结果列于表 14-6。

分析表 14-6 初测数据发现，该系统的风量分配，此时是各支管最远风口的风量最小，同时支路间的风量分配时支路Ⅰ最小。以风口 1 为基准，将风口 2 的风量调到与风口 1 相同，进而调节风口 3 的风量使其与风口 2 或风口 1 的风量相同，依次类推，将支路Ⅰ上所有风口的风量调整均匀。采用同样的方法分别将支管Ⅱ和Ⅳ上的各风口风量比调整到设计的比例。然后，分别以 1,5,9 风口为代表，依次调节 B，A 两个三通阀，使各支管间的风量分配达到 2∶2∶3 的设计要求。这样风量分配的调整才告完成，最后调整总风阀，将总风量调整到设计风量，整个管网的风量调整才告完成。

表 14-6　管网风量分配的初测结果

风口编号	设计风量 $/m^3 \cdot h^{-1}$	初测风量 $/m^3 \cdot h^{-1}$	初测风量/设计风量×100%	风口编号	设计风量 $/m^3 \cdot h^{-1}$	初测风量 $/m^3 \cdot h^{-1}$	初测风量/设计风量×100%
1	200	160	80	7	200	230	115
2	200	180	90	8	200	240	120
3	200	220	110	9	300	240	80
4	200	250	115	10	300	270	90
5	200	190	95	11	300	330	110
6	200	210	105	12	300	360	120

可见，比例法所依据的原理是：对上游管段（按分流干管中的流动方向）进行调节，被调节管段的下游用户之间的流量分配比例保持不变。

当管网规模大、用户多时，常在管网系统中安装平衡阀来进行水力平衡调节。下面以供热管网为例，介绍安装有平衡阀的系统采用比例法进行初调节的方法和步骤。

平衡阀的基本结构如图 14-15 所示。其主要特点是在阀门有开度指示、开度锁定装

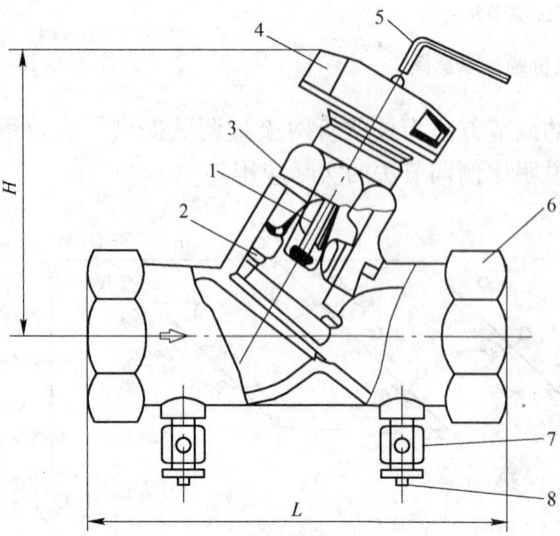

图 14-15　平衡阀结构示意图

1—阀杆；2—阀芯；3—定位杆；4—手轮；5—扳手；6—阀体；7—针阀；8—针阀杆

置，进出口有测压小阀，在调试时，可以连接配套的智能仪表，测量并显示流经阀门的压差和流量。

待调节的供热系统如图 14－16 所示，共有四条支线 A，B，C，D；每条支线有 4 个热用户，在各支线和热用户回水管道上均安装有平衡阀。

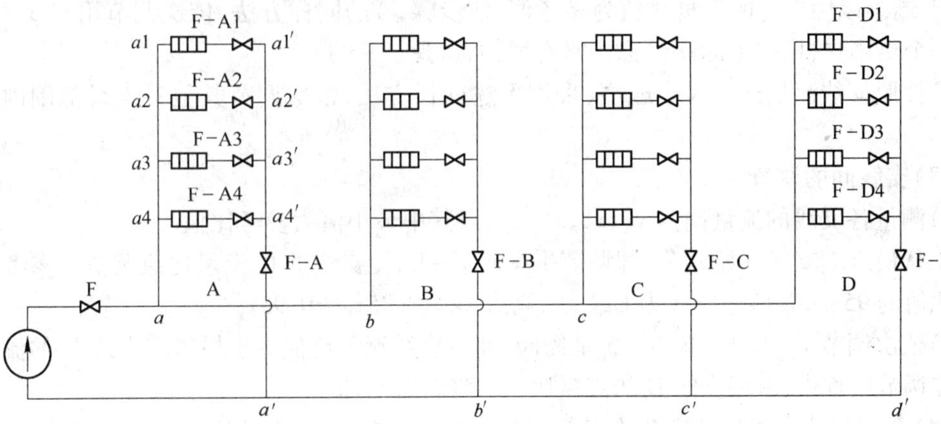

图 14－16　安装平衡阀的管网示意图

该方法的调节步骤如下：

（1）调节支线选择。

1）全开系统中所有平衡阀，供水管道上的所有其他阀门也全开，使系统在超流量的工况下运行。

2）利用平衡阀和智能仪表，测量各支线回水管道上平衡阀前后压差，并由智能仪表直接读出通过各平衡阀的流量，亦即各支线流量（也可根据平衡阀前后压差，利用平衡阀计算图表直接查出流量）。

3）计算各支线实际流量与设计流量的比值 x_i

$$x_i = \frac{Q_i}{Q_i'} \quad i = 1, 2, \cdots, n$$

式中，i 为各支线序号；n 为支线数；Q_i' 为支线设计流量，m^3/h；Q_i 为支线实际流量，m^3/h。

4）选择流量比值 $x_i = x_{zd}$ 最大的支线为调节支线。按支线流量比值的大小顺序排列，即为支线依次调节的前后顺序。在一般情况下，热源近端支线流量比值偏大，因此，往往先从近端支线开始调节。

（2）支线内的调节。

1）测量调节支线各热用户的流量，并计算比值 x_i，挑选流量比值最小的热用户为参考用户。若支线 A 为调节支线，则 $x_{zd} = \frac{Q_A}{Q_A'}$。在 A 支线中，若用户 3 的流量比值最小，即 $x_{zx} = \frac{Q_{A3}}{Q_{A3}'}$，则用户 3 为参考用户。

2）从调节支线 A 的最末端用户 1 开始调节。利用与平衡阀配套的智能仪表，调节平衡阀 F－A1，将用户 1 的流量比值 x_{A1} 调节到参考用户 3 流量比值的 95% 左右，即 $x_{A1} =$

$0.95x_{A3}$。

3）调节平衡阀 F－A2，使用户 2 的流量比值 x_{A2} 调节到与用户 1 的流量比值 x_{A2} 相等的数值 $x_{A2}=x_{A1}$。应该注意，由于用户 2 的调节，用户 1 的原有流量将会略有增加，所以，在调节F－A2 时，调试人员用智能仪表监测 F－A1 的流量，并与 F－ A2 的调节人员保持联系。

4）继续以用户 1 的流量比值为参考值，依步骤 3）的同样方法，依次调节用户 3，4。每调节一个热用户，用户 1 的流量都将略有增加，这是正常的。

5）按照支线流量比值大小顺序，采用上述同样方法，依次调节其他各支线范围内的用户。

（3）支线间的调节。

1）测量各支线的流量比值 x_A，x_B，x_C，x_D，以其中最小值为参考比值。

2）从最末端支线开始调节，即调节平衡阀 F－D，使支线 D 的流量比值调节为参考支线流量比值的 95%，若参考支线为 C 支线，则应 $x_D=0.95x_C=0.95x_{zx}$。

3）依次调节 F－C、F－B、F－A 平衡阀，使各支线流量比值等于最末端支线 D 的流量比值。在调节过程中，末端支线 D 的流量比值也将略有增加。

（4）全网调节。调节供热系统安装在供水管道上的总平衡阀 F（也可安装在回水管道上），使最末端支线 D 的流量比值等于 1.0。根据一致等比失调原理，经过上述调节，供热系统各支线、各热用户的流量则一定会按设计流量运行，全网调节结束。

比例调节法原理简明，效果良好，但调节步骤还是比较烦琐。例如，调节前必须对每个平衡阀进行测试，必须使用 2 套智能仪表，配备 2 组测试人员，通过报话机进行信息联系；几乎每个平衡阀都需要重复调节两次。调节过程较为费时费力。

（二）补偿法

这是安装平衡阀管网的另一种水力平衡调节方法。对于如图 14－16 所示的任意一个支线，当用平衡阀对一个用户进行调节时，阀和管路中的压损会改变，并由此改变其他平衡阀两端的压差，引起其流量波动。根据一致失调的原理，上游端用户的调节只会引起其下游各个用户的一致失调。因此，从最下游的用户开始，由远及近进行调节时，对某个用户进行调节引起的下游用户的流量波动，可以在其下游的任何一个用户管路的平衡阀中检测到。且这些用户的流量波动是因为压力波动引起的，这时，通过调节支线回水管上的平衡阀，对产生的压力波动进行补偿，当调整参照阀中的流量恢复到设计值时，所有已完成调试用户的流量波动都将得以恢复。在各个支线之间进行调节时，上述原理同样适用。以图 14－16 所示的系统为例，对补偿法调节的主要步骤说明如下。

（1）支线内的调节。

1）任意选择待调支线（见图 14－16）。

2）从末端用户开始调节，末端用户处的平衡阀为参照阀，首先确定其压降。

为保证智能仪表的测量精度，平衡阀的最小压降不得小于规定的最小值，否则，智能仪表测出的流量值可能失真。平衡阀的最小压降一般取 3kPa。在支线范围内，一般安装在局部系统阻力（含室内系统、支线管道及其附件，不含平衡阀）最大的用户处的平衡阀的压降最小。为保证测量精度，将该平衡阀的压降取为 3kPa。如果在设计流量下该平衡阀全开时的阻力 Δp_{Rmin} 大于 3kPa，则该平衡阀的压降取为 Δp_{Rmin}。这样，就可依据设计流量下该用户的局部系统阻力确定参照阀的压降，其中供、回水干管的压降可按平均比摩阻估算。

例如选择图 14-16 中的 A 支线为待调支线，其中用户 2 的局部系统(含室内系统、支线管道及其附件)阻力最大，参照阀为 F-A1。计算 F-A1 在设计流量下的压降值 ΔH_{F-A1}。若用户 2、用户 1 的局部系统在设计流量下的压降分别为 ΔH_{A2}，ΔH_{A1}(不含平衡阀的压降)，则 ΔH_{F-A1}(m)可由下式计算：

$$\Delta H_{F-A1}=\Delta H_{A2}+\Delta p_{R2}-\Delta H_{a2-a1}-\Delta H_{a2'-a1'}-\Delta H_{A1}$$

式中，ΔH_{a2-a1}，$\Delta H_{a2'-a1'}$分别为用户 2 至用户 1 之间供、回水管线的压降，m；Δp_{R2} 取 0.3m 或 Δp_{Rmin}。

当各个用户设计流量下局部系统阻力相等时，支路范围内参照阀的压降值在所有的平衡阀中最小，因此，参照阀的压降取 0.3m；如果在设计流量下参照阀全开时的阻力 Δp_{cmin} 大于 0.3m，则参照阀的压降取 Δp_{cmin}。

3)计算参照阀的特性系数 K_V 和开度 K_S。根据 ΔH_{F-A1}和设计流量 G'，由下式可以计算出参照阀 F-A1 的特性系数 K_V：

$$K_V=\frac{3.2Q'}{\sqrt{\Delta H_{F-A1}}} \tag{14-26}$$

式中，Q'的单位为 m^3/h；ΔH_{F-A1}的单位为 m。

或

$$K_V=\frac{10Q'}{\sqrt{\Delta H_{F-A1}}}$$

式中，ΔH_{F-A1}的单位为 kPa。

不难看出，特性系数 K_V 与阻力系数 S 在本质上是相同的，皆代表平衡阀的特性，平衡阀的开度不同，其 K_V，S 值也随之不同。K_V 与 S($mH_2O/(m^3/h^{-1})^2$ 或 $kPa/(m^3/h^{-1})^2$)的关系可由下式表示：

$$S=\left(\frac{3.2}{K_V}\right)^2$$

或

$$S=\left(\frac{10}{K_V}\right)^2$$

根据平衡阀厂家提供的平衡阀特性资料，由计算出的平衡阀特性系数 K_V(或 S)确定平衡阀的开度 K_S。按照求出的平衡阀开度 K_{S-A1}，调节用户 1 的平衡阀 F-A1，达到给定开度，并将平衡阀的手轮锁定。

4)将第一台智能仪表接至用户 1 的平衡阀 F-A1 上，调节支线 A 的总平衡阀 F-A(合作阀)，使 F-A1 平衡阀上的压降达到计算值 ΔH_{F-A1}。此时通过 F-A1 平衡阀上的流量必然为设计流量。

如果 F-A 总平衡阀已全开，平衡阀 F-A1 仍未调至要求数值，此时可将用户 1 上游端的 1 个或多个用户的平衡阀关小，直至用户 1 平衡阀 F-A1 达到理想要求。

5)将第二台智能仪表接到用户 2 的平衡阀上，调节平衡阀 F-A2，使其通过的流量达到设计流量。与此同时，监视第一台智能仪表上的流量读数，调节支线总平衡阀 F-A(合作阀)，使用户 1 通过的流量始终保持在设计值。

利用第二台智能仪表，依次调节用户 3 和用户 4，调节方法与用户 2 相同。

6)按照上述方法，逐个调节各支线。当调节支线不能满足足够的压降时，可将已经调好的支线总平衡阀关闭。

(2)支线间的调节。

1)调节最末端支线D的总平衡阀F-D(支线间调节时的合作阀),使支线D的流量达到设计值。

2)依次调节支线C,B,A的总平衡阀F-C、F-B、F-A,使各支线达到设计流量。同时监视支线D的流量,调节供热系统总平衡阀F,使其流量始终保持在设计值。

支线间调节完成后,各个用户的流量将保持在设计值。

补偿法具有两个优点:一是每个用户的平衡阀只测量调节一次,因而节省人力;二是平衡阀的压降是允许的最小压降,因而降低了管网系统循环水泵的扬程,从而节省运行费用。

补偿法的不足之处在于同时需要两台智能仪表,操作人员需分为三组(最末端参照用户、待调用户和合作阀),通过报话机进行信息联系。

二、运行过程中的调节

运行调节是系统运行过程中随外界因素变化而进行的调节。调节时首先用调节阀或其他阀门将各建筑物入口的流量分配到设计流量,然后依次用各大环路、立管、支管上的阀门调整各部分的流量。如无自动调节阀,对异程式系统首先应逐个调小较近用户阀门的开度。然后调小室内各环路、较近立管的阀门开度,将各剩余压头消耗在阀门处,以减轻离热源或热力入口较近处的用户和立管偏热,离热源或热力入口较远处的用户和立管偏冷的弊端。采暖系统是一个多用户的水力、热力耦合的复杂管网系统,局部的调整可能影响到全局,因此上述调节过程通常要反复进行多次。

为了减轻失调,可从设计计算上采取方法(例如采用不等温降方法)或在系统中增加调节、自控设施。如在管路上设置性能好的调节阀、在散热器上安装温控阀自动调节流量控制室温,不仅可解决系统刚刚投入运行时的失调,减少初调节的工作量,还可解决运行过程中的失调。

(一)自力式流量调节

这种方法的主要特点是依靠自力式调节阀,自动进行流量的调节控制。下面介绍利用恒温调节阀和流量限制调节阀进行自力式流量调节的工作原理。

1. 恒温调节阀

恒温调节阀简称恒温阀,应用于采暖管网时,一般安装在供暖房间散热器的入口处。其典型结构如图14-17所示。当室内温度超过给定值时(如$t_n=18℃$),装在感温元件中的液体蒸发,囊箱内压力增高,使阀芯关小,减少进入散热器的流量,进而达到降低室内温度的目的。当室内温度低于设定值时,囊箱中的部分气体重新冷凝,降低了囊箱压力,阀杆带动阀芯开大,增加进入散热器的流量,达到提高室温的目的。恒温阀上有锁定卡环,当将其插入感温元件中的不同位置时,囊箱下面弹簧的伸缩长

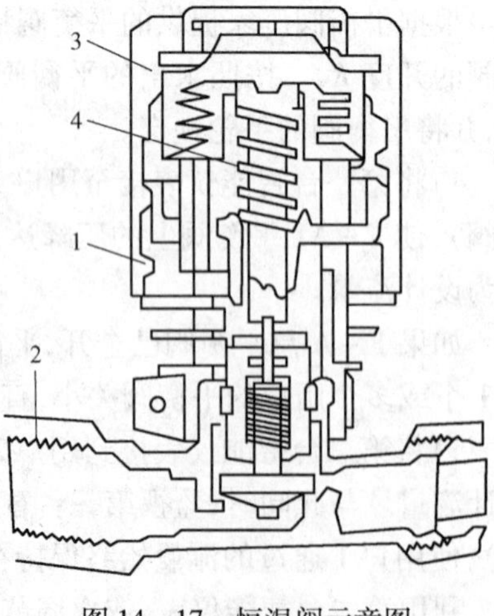

图14-17 恒温阀示意图

1—感温元件;2—阀体;3—囊箱;4—弹簧

度受到限制，即等于改变了室温的设定值。此时，弹簧上的作用力与囊箱压力达到一种新的平衡，进而使室温达到不同的数值。室温的可调范围为5～26℃。

2. 流量限制调节阀

流量限制调节阀简称流量限制阀，属于一种自力式调节阀，结构示意见图14－18。流量调节阀主要由壳体1、阀芯2（通过拉杆3与压力薄膜4连接）、弹簧5（带有拉紧器6）、节流圈7和压力信号管8组成。为了限制阀芯2的升程，在压力薄膜的底部装有套管9，在阀芯2开启到最大值时，它被隔板10阻挡。

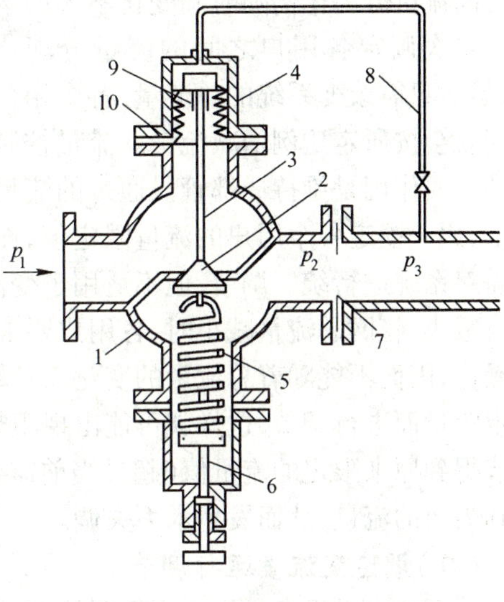

图14－18　流量限制调节阀示意图
1—壳体；2—阀芯；3—拉杆；4—薄膜；
5—弹簧；6—拉紧器；7—节流圈；
8—压力信号管；9—套管；10—隔板

流量限制阀的作用是自动将阀芯2的流量限定在给定值。基本原理如下：阀芯2之前的流体压力为p_1，之后的压力为p_2，节流圈7之后的流体压力为p_3。流体压力p_2直接作用在阀芯2的下部，使其关闭。但阀芯同时有两个反作用力使其开启：一个是弹簧5的拉力，一个是流体压力p_3通过压力薄膜4作用在阀芯的向下推力。即阀芯2同时承受压差(p_2-p_3)引起使其关闭的向上推力和弹簧5引起的使其开启的向下拉力。两力平衡时，阀芯2的开度将保持不变。

被调管段流量增加时，压差(p_2-p_3)（节流圈7的孔径不变）将超过给定值，即压差大于弹簧拉力，阀芯2关小，导致流量减少，直至压差与弹簧拉力重新平衡时，阀芯2将不再移动。假定阀芯2在上下移动的过程中，弹簧拉力恒定，则阀芯达到新的平衡位置时，将使压差(p_2-p_3)恢复到原数值，亦即通过流量限制调节阀的流量始终保持在给定值。

当通过被调管段的流量减小时，因压差(p_2-p_1)减小，在弹簧拉力的作用下。阀芯2开大，直至压差(p_2-p_1)增加到与弹簧拉力重新平衡时。阀芯2不再开启，此时压差(p_2-p_3)和通过流量恢复到给定值。通过上述分析可以看出：流量调节实际上是依靠阀芯2的调节，来维持节流圈7前后的压差(p_2-p_3)始终不变，进而实现流量的恒定。

在上述分析中是假定阀芯2上下移动时弹簧的拉力不变。实际上弹簧拉力是随着长度的变化而变化的。这样，流量和压差(p_2-p_3)的调节将产生一定的偏差，即出现一定的不均匀性。减少这种不均匀性的方法是选择适当的薄膜有效直径dp和阀芯工作直径d_f。研究表明，$dp/d_f=0.95\sim0.98$时，不均匀程度趋于最小值。当比值小于上述值时，调节后的流量将大于给定值，否则调节后的流量将小于给定值。选择适当dp/d_f值，目的是使薄膜有效面积小于阀芯工作面积，进而使流体压力p_1对阀芯产生向下开启的推力，当推力恰好能和弹簧变形增加的拉力抵消时，即可消除不均匀性。

图14－19给出了流量限制阀的工作曲线。当流体压差(p_2-p_3)超过某一数值时，流量可控制在某一给定数值内。

比较平衡阀和自力式流量限制阀的调节原理可知，平衡阀在系统中的主要作用是帮助实现各个用户之间的流量分配比例达到设计要求，调整完成后，这种比例关系就被确定下来。如果用户流量需求比例发生变化，则应重新调节。可见，平衡阀适用于各个用户之间流量分配比例随时间变化不大的场合。一次调定各用户之间的流量分配比例，然后只需改变系统的总流量，各个用户之间就会按所定比例增减流量。流量控制器的主要作用是维持局部管段通过的流量恒定，逐一锁定各个用户的流量限定值，而无需对系统进行统一调节，但不适用于变流量管网系统。以变流量调节的供热管网为例，当负荷减小、管网总流量减小时，各用户要求的限定流量相应减少。流量限制阀限定流量为手工操作，因而不能随着总流量的变化而频繁变动。在这种情况下，流量限制阀为维持原来的限定流量而进行调节，这样就可能出现距热源和动力设备较近的有利用户，因流量限制阀的调节得到原来限定的流量值（超过当前需要的流量）；对不利用户，虽然开度达最大，却仍得不到需要的流量，从而发生水力失调。

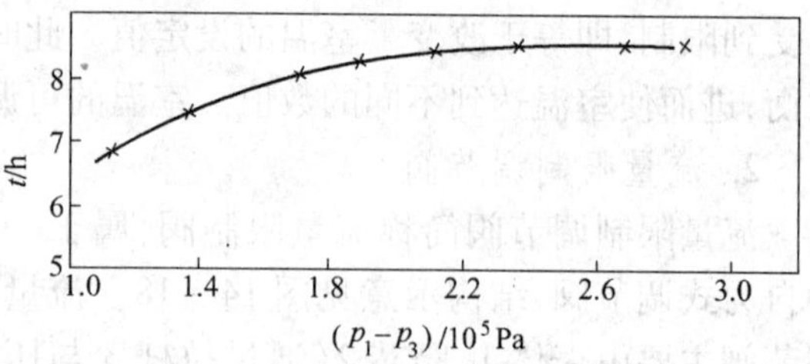

图 14-19 DN50mm 流量限制阀的工作曲线

（二）调速变流量运行调节

管网的水力平衡是指用户得到的流量与其需要的流量相平衡。初调节的目的是使管网中的流量分配达到设计工况要求。在运行中，用户需求往往与设计工况不同。这时，常采用动力设备性能与管网特性调整相结合的手段，以及采用自动控制技术，来达到运行中的水力平衡。在运行过程中，用户流量需求大部分时间都比设计工况小，通过调小水泵（风机）的转速（特别是变频调速）的方法，来适应用户流量变小的要求，是一种重要的节能运行措施。

实际运行中还有多种组合调节方法，可参考相关研究资料，此不赘述。

第四节 环状管网水力计算

环状管网具有较高的可靠性。由于环状管网是一些封闭成环的管道组成，输送到某管段的燃气可以由一条或几条管道供给，所以，当管网中任一管段受到损坏而不能输气时，其输气负荷可由邻近的管段负担，而对管网正常运行的影响减到最小程度。

环状管网与枝状管网不同，枝状管网中变更某一管段的管径时，不影响其他管段的流量分配，而只导致管道起点或终点压力的变化。但在环状管网中变更某一管段的管径，就会引起所有其他管段流量的重新分配，并改变管网内各点的压力值。环状管网计算的任务，不仅要确定管径，还要使燃气管网在均衡的水力工况下运行。因此，环状管网的计算比简单的枝状管网的计算要复杂得多。

本章介绍环状管网的水力计算和水力工况分析方法。

在环状管网水力计算时，已知用户需要的设计流量和管网布置，尚不能完全确定每个管段流量。这样就无法确定这些管段的管径，也无法计算流动阻力。因此，进行水力计算时，管段的计算流量可先按节点处流量代数和为零（管网节点流量平衡）的原则任意分配，并以设定的流量选择管径，但计算的压力降通常是不闭合的（初始分配的管段流量一般不能满足管网的能量平衡原理——回路压力平衡），尚需要调整流量分配，才能使环网压力降代数和等于零或接近于零（这一计算过程称为环网的平差计算）。平差工作结束以后，往往还要校核管段的比摩阻,管网的后备能力等,如不满足要求,还需调整部分管径,重新进行管网平差工作,直到满足实际要求为止。

环状管网的水力工况分析是在已知管网布置和各管段结构参数、泵(风机)的性能等条件下,根据管网的流量平衡规律和压力平衡规律,求解管网的水力工况参数,如管段、流量、管段压降、节点压力、泵(风机)的工作流量、扬程(全压)等。环状管网各管段之间的串并联关系并不全部明确,不像枝状管网那样,利用串并联管路关系,得到管网的总阻抗和用管网特性曲线和水泵(或风机)性能曲线联合求取工况点的方法进行分析,而必须从更基本的原理——质量平衡和能量平衡出发,以图论为基础,借助计算机程序进行。

由此可见,依据质量守恒和能量守恒原理,求解各管段的流量(包括流向),是完成环状管网水力计算和水力工况分析的前提。本章先介绍求解这一问题的方法,然后介绍水力计算和水力工况分析的具体步骤和实例。

一、分配管网计算流量

在环状管网的计算中,常利用节点流量将具体的管网简化为只包含管段和节点两类元素的管网模型,即管段中不允许有流量的输入和输出,但流体在管段中各个断面的能量可以发生变化。计算过程中将沿途的流量转化为两端点的流量即节点流量。通过节点流量和端点流入和流出的流量的代数和为计算流量,也就是环状管网计算中使用的流量。本节对节点流量和计算流量等概念加以介绍。

流体输配管网中,由管段始端输入的流量分为两部分,一部分沿程输出称为沿线流量或途泄流量,另一部分由始端直接输送至末端的流量称为转输流量。按照管段具有的沿线流量和转输流量的不同,可以将输配管道分为三类:

(1)只有转输流量的管段;

(2)只有途泄流量的管段;

(3)既有沿线流量又有转输流量的管段。

(一)沿线流量

假定沿线流量均匀分布在全部干管上,据此计算出每米管线长度的沿线流量,称为比流量,即

$$Q_s=\frac{Q-\sum Q}{\sum l} \tag{14-27}$$

式中,Q_s 为比流量;Q 为所有用户的总流量;$\sum Q$ 为集中用户(如公用建筑、小区用户)流量总和;$\sum l$ 为干管总长度。

根据比流量可求出各管段的沿线流量,即

$$Q_1=Q_s l \tag{14-28}$$

式中,Q_1 为沿线流量;l 为该管段的长度。

(二)节点与节点流量

管网中,各管段的端点称为节点。从节点处流入或流出管网的流量称为节点流量。管段流量沿线变化不便于进行管网计算,必须将沿线流量转化成节点流出的流量。转化的方法是把沿线流量分成两部分,这两部分流量被人为地转移到管段两端的节点上。

设流量转移到管段终点的折算系数是 α,则该管段沿线流量转移到终点的部分为 αQ_1,

转移到起点的部分为$(1-\alpha)Q_1$。对于燃气管网，一般取$\alpha=0.55$；对于给水管网，一般取$\alpha=0.5$，即将沿线流量平均转移到管段的起点和终点。

对于流入或流出管网的流量较大的集中流量，如集中供热管网中热源的供回水、燃气管网气源的供气、给水管网水源的供水、排水管网的总出口等，为大型小区或公用建筑提供的流量较大的燃气、自来水、采暖热水等，可在这些集中流量处设置节点，使其成为节点流量；也可将其通过折算系数的办法，转移到其上下游的两个节点上。

这样，管网中某个节点的节点流量包括：位于节点位置处的集中流量；与节点相连的各个管段中的集中流量折算到该节点的流量；与节点相连的各个管段中的沿线流量折算到该节点的流量。

规定节点流量流入为正、流出为负。根据质量守恒原理，在管网中，所有节点流量的代数和为零，以此可检查节点流量计算的正确性。

（三）计算流量

管内变化的流量（有沿线流量的管段），在计算时可以用不变的计算流量Q来代替，使计算流量求得的管段压力降与实际压力降相等。计算流量可以表示为

$$Q=Q_1+Q_2=\alpha Q_1+Q_2$$

式中，Q为管道计算流量；Q_1为节点流量；Q_2为转输流量；α为流量折算系数。它与途泄流量及转输流量的比值以及燃气沿线输出的均匀程度有关。经分析，当管段上的分支管数不小于5～10根，途泄量占30%～100%时，$\alpha=0.5\sim0.6$。

【例14－2】 如图14－20所示低压燃气管网，图中注有环网各边长度。人口密度为600人/hm²（公顷），平均最大小时用气量0.06m³/（人·h），有一个集中用户，用气量为100m³/h。A为调压站。管网输送人工燃气，燃气热值为18MJ/m³，燃气密度为0.45kg/m³，运动黏度为25×10^{-6}m²/s，输送温度$T=273.15$K。试计算各管段计算流量。

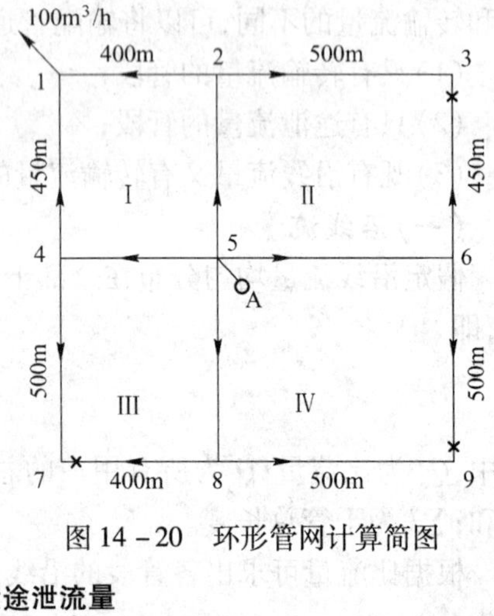

图14－20　环形管网计算简图

【解】

（1）计算各环的单位长度途泄流量。

1）按管网布置将供气区分成小区；

2）计算各环内的最大小时用气量；

3）计算供气环周边的总长；

4）计算各环单位长度的途泄流量。

上述计算结果列于表14－7中。

表14－7　各环的单位长度途泄流量

环号	面积/hm²	居民数/人	平均的最大小时用气量/m³·人⁻¹·h⁻¹	本环供气量/m³·h⁻¹	环周边长/m	单位长度途泄流量/m²·h⁻¹
Ⅰ	18.0	10800	0.06	648	1700	0.3811
Ⅱ	22.5	13500	0.06	810	1900	0.4263
Ⅲ	20.0	12000	0.06	720	1800	0.4000
Ⅳ	25.0	15000	0.06	900	2000	0.4500
				$\sum Q=3078$		

(2)确定各管段的计算流量。

1)在管网的计算简图上将各管段依次编号,在距供气点(调压站 A)最远处,假定零点(1,3,7 和 9)的位置,同时决定气流的方向。

2)计算各管段的途泄流量。

3)计算各管段的转输流量,计算由零点开始,与气流相反方向推算到供气点。当集中负荷由两侧管段供气时,转输流量以各分担一半左右为宜。

4)计算各管段的计算流量 $Q = 0.55Q_1 + Q_2$。

校验转输流量的总和,调压室由 1—2、1—4 和 1—6 管段输出的燃气量为

$$363.33 + 415.59 + 312.44 + 421.50 + 438.15 + 416.84 + 425.00 + 385.00 = 3177.85\text{m}^3/\text{h}$$

由各环的供气量及集中负荷得

$$3078 + 100 = 3178\text{m}^3/\text{h}$$

考虑到进位,两值基本相符。

计算结果列于表 14 - 8 中。

表 14 - 8 各管段的计算流量

环号	管段号	管段长度 L/m	单位长度途泄流量 q/$\text{m}^2 \cdot \text{h}^{-1}$	流量/$\text{m}^3 \cdot \text{h}^{-1}$				附 注
				途泄流量 Q_1	0.55 Q_1	转输流量 Q_2	计算流量 Q	
Ⅰ	5—4	400	0.3811 + 0.4000 = 0.7811	312.44	171.84	421.50	593.34	集中负荷预定由 4—1 及 2—1 管段各供 $50\text{m}^3/\text{h}$
	4—1	450	0.3811	171.50	94.32	50.00	144.32	
	5—2	450	0.3811 + 0.4263 = 0.8074	363.33	199.83	415.59	615.42	
	2—1	400	0.3811	152.44	83.84	50.00	133.84	
Ⅱ	5—2	450	0.8074	363.33	199.83	415.59	615.42	
	2—3	500	0.4263	213.15	117.23	0.00	117.23	
	5—6	500	0.4263 + 0.4500 = 0.8763	438.15	240.98	416.84	657.82	
	6—3	450	0.4263	191.84	105.51	0.00	105.51	
Ⅲ	5—8	500	0.4000 + 0.4500 = 0.8500	425.00	233.75	385.00	618.75	
	8—7	400	0.4000	160.00	88.00	0.00	88.00	
	5—4	400	0.7811	312.44	171.84	421.50	593.34	
	4—7	500	0.4000	200.00	110.00	0.00	110.00	
Ⅳ	5—6	500	0.8763	438.15	240.98	416.84	657.82	
	6—9	500	0.4500	225.00	123.75	0.00	123.75	
	5—8	500	0.8500	425.00	233.75	385.00	618.75	
	8—9	500	0.4500	225.00	123.75	0.00	123.75	

二、管网图

利用图论来研究流体输配管网,首先要将具体的管网抽象成“图”。利用节点流量的概念,可以将具体的管网简化为只包含管段和节点两类元素的管网模型。管段是管网中流量

和管径均不发生变化的一段管道。即管段中不允许有流量的输入和输出,但流体在管段中各个断面的能量可以发生变化。管段具有管长、管径、内壁粗糙度等构造属性;流量、阻力等水力属性;方向、起点、终点等拓扑属性。节点是管段的端点,也是一些管段的交点。节点具有空间几何位置属性,节点流量、节点压力等具有水力属性,与节点关联的管段及其方向、与节点关联的管段数目等具有拓扑属性。仅考虑管段与节点的拓扑属性和管段与节点之间的关联关系,流体输配管网即被抽象为图。由于是由管网抽象而成,也称为管网的网络图,简称为管网图。

三、环状管网水力计算的基本步骤

环状管网水力计算的根本任务是在已知用户的设计流量和管网布置时,选择出各个管段的管径和流动阻力,确定为实现设计流量输配任务所需的动力设备,这与枝状管网是相同的。但已知设计流量和管线布置,还无法确定出环状管网各管段的流量,因此,其计算步骤是有差别的。在实际工程中,大多数管网只是干线构成环状,源点与环状干线之间的输送干线和从环状干线引出的支线(称为枝状支线)仍然是枝状的。该枝状管线的水力计算方法与本章第二节讲述的枝状管网相同,整个环状管网的水力计算可先将枝状管线从管网中去掉,将其流量作为连接点的节点流量,形成管网的环状干线图。先计算管网中的环状干线,再进行枝状管线的计算。尽管工程中的城市供热、供燃气以及给水等环状管网,由于各有其工程特点,使得具体的计算过程有所差异,但基本步骤是一致的。下面归纳出环状管网水力计算的基本步骤。

(1)绘制管网图,计算节点流量。绘制管网布置图,统计各条管线的长度、沿线流量、端点位置标高等基础参数。按照第一节讲述的方法计算节点流量,并将其表示在图中。从管网流出的节点流量以从节点引出的箭头表示,流入的用指向节点的箭头表示。节点流量的数值(不含符号,统一约定流出为负,流入为正)标在箭头线旁。

(2)环状干线水力计算。

1)绘制管网的环状干线图。

①根据管网的管线布置图,将枝状管线从管网中暂时去掉,认为其与环状部分的连接处为节点,并将其流量视为该节点的节点流量。

②分别进行节点和管段(分支)编号,编号应采用从1开始的自然数序列,并注意二者之间的区分。

③初步拟定各个管段的流向。尽管初步拟定流向可以和管段的最终流向不一致,但因其影响到初始流量分配方案和管径选择,应结合流量输配要求进行拟定。

2)管段流量初始分配。环状干线管段,在管网水力计算完成之前,其流量(包括流向)是不确定的。环状干线的流量分配有很多种方案,只有确定各个管段的管径后,各个管段的流量才被确定下来。但进行管径选择需要流量作为参考,故需进行管段流量初始分配。这一步骤对环状管网的设计有着重要的影响。它涉及管径、管网造价、动力需求及运行费用、事故工况的可靠性等技术经济问题。目前,针对城市给水、供热、供燃气等管网的初始流量分配方法进行了优化研究,但由于涉及的目标很多,没有统一的优化分配方案,所以流量初始分配带有一定的经验性。管段流量初始分配需满足管网的节点流量平衡。

3)初定管径。根据各个管段初始分配的流量以及管网设计的一些重要参数,如平均比摩阻、经济流速等,利用各类管网的管道阻力计算公式或水力计算图表初定管径。

4)管网平差。进行这一步骤的计算时,管网中没有动力设备,故不必进行动力设备性能的拟合。

5)校核各管段的水力参数,进行管径调整。管网平差得出了环状干线各个管段在初定管径条件下的流量。计算出各管段的流量后,可以方便地计算出各个管段的流速、管段压降及比摩阻等水力参数。校核流速、比摩阻等参数是否符合设计要求,如不符合,可调整部分管径,重新进行管网平差计算,直到满足要求为止。

6)计算各个节点的参考压力。在环状干线中,任意选择一个节点为参考节点,根据各个管段的阻力损失,计算出所有节点以参考节点的压力为起算点的压力值,称为参考压力。

(3)枝状管线水力计算。枝状管线包括连接源点与环状干线的输送干线和从环状干线引出的枝状支线。水力计算的基本步骤如下:

1)计算各个管段的设计流量。按照节点流量平衡方程进行推算,各个管段有唯一的设计流量值。

2)选定最不利用户,对输送干线和连接最不利用户的枝状支线管段进行水力计算。

一般根据选定的比摩阻,利用各类管网的水力计算公式或图表,确定这些管段的管径,计算流动阻力。

源点与每一用户之间的流体输送回路中,在设计工况下,需用压力最高的回路称为最不利回路,该回路中的用户即为最不利用户。确定最不利用户应综合考虑用户距离源点的距离、用户的位置高度(不能忽略重力影响时)、用户对连接点处压头的要求等因素。水力计算完成后,由于管径选择等因素,最不利用户可能发生变化。

3)对其余枝状支线管段进行水力计算。以连接最不利用户的枝状支线为基准,计算各枝状支线的资用压力,选择管径,并进行"压损平衡"。

(4)计算管网的需用压力。根据管径确定后形成的最不利用户,计算最不利用户和源点之间回路的需用压力,即为管网需用压力,以此作为选择动力设备的依据。

第五节　环状管网的水力工况分析与调节

一、环状管网水力工况分析

环状管网各管段之间的串并联关系不是全部确定的,不能利用串并联管路关系,将管网简化为一个管路或用管网特性曲线和水泵(或风机)性能曲线联合求取工作点的方法进行工况分析,而必须从更基本的质量守恒和能量守恒原理出发,以图论为基础,借助计算机程序进行分析。

环状管网的水力工况分析的基本方法,是在已知管网布置和各管段结构参数(管径、管长、管件的局部阻力系数等)、泵(或风机)的性能等条件下,求解管网的节点流量平衡方程组和回路压力平衡方程组,获得各个管段的流量,进而计算管段压降、节点压力、泵(风机)的工作流量、扬程(全压)等水力工况参数。

在对实际管网进行分析计算时，越来越多地应用计算机程序进行。国内许多成功的"环状管网水力计算与水力工况分析"软件都对软件的使用方法作了详细的说明，读者在掌握了上述基本理论和方法、原则的基础上，认真阅读软件的使用说明即可使用，本书不再赘述。

二、环状管网调节概要和调节器的数量与位置

环状管网一般应用于集中供热、城市燃气、城市给水等大规模的市政公用设备工程领域，其管网规模大、影响因素多、运行工况复杂。在运行调节时，既要满足用户流量需求的变化，又要考虑节约运行成本。随着自动控制技术、计算机技术与网络通信技术的发展，大型环状管网采用计算机网络监控系统进行自动监测与调控。调控方案则是从具体的工程特点出发，依据用户流量需求变化和运行能耗情况，利用相关的优化理论和软件进行分析确定，这方面的知识可在各专门工程管网技术理论著作中进一步学习。

不管何种调节方案，最终都是通过调节布置在管网系统上的调节阀和动力装置（风机、水泵等）实现的，它们的位置和数量将对管网调节方案的制订和实施具有重要作用。

当管网结构布置、分支（管段）阻抗及动力装置特性确定后，管网中的流量分配由管网流动的基本规律——节点流量平衡和回路压力平衡确定。

管网调节的目的是要实现某个特定的流量分配方案。要使这个流量分配方案在实际运行中得以实现，就要对管网进行相应的调整，使得要求的流量分配方案满足节点流量平衡和回路压力平衡。

第六节　角联管网的流动稳定性及其判别式

恒定流管网中，流动稳定性是指管网中分支的阻抗、动力装置工况改变后，达到新的恒定状态时，分支流动方向是否发生改变的性质。在简单串、并联管网中，尽管某一分支的阻抗变化会使泵与风机的工况点改变，引起总流量及其他分支流量的变化，但各分支流动方向均不变化。在环状管网中，当某一分支的阻抗发生变化时，有时不仅会引起其他分支流量发生变化，还会引起某些分支流动反向，造成该分支流动的不稳定。流动方向可能发生改变的分支称为对角分支，含有对角分支的管网又称为角联管网。在如图 14－21 所示的管网中，分支 5 为对角分支，此管网又称单角联管网。流体在对角分支 5 的流动方向，随着其他四条分支的阻抗值 S_1，S_2，S_3 和 S_4 的取值不同而发生以下三种变化。

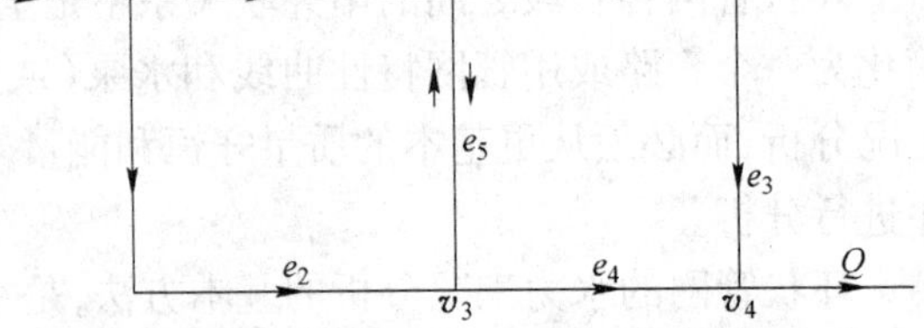

图 14－21　单角联管网

当流量 Q_5 向上流动时，阻力 $h_1 > h_2$，$h_3 < h_4$，流量 $Q_1 < Q_3$，$Q_2 > Q_4$。在通常分支阻力定律中 $n = 1 \sim 2$ 时，有

$$S_1 Q_1^n > S_2 Q_2^n,\quad S_3 Q_3^n < S_4 Q_4^n$$

两式相比，得

$$\frac{S_1 Q_1^n}{S_3 Q_3^n} > \frac{S_2 Q_2^n}{S_4 Q_4^n} \qquad (14-29)$$

进而

$$\frac{S_1S_4}{S_2S_3} > \left(\frac{Q_2Q_3}{Q_1Q_4}\right)^n > \left(\frac{Q_4Q_3}{Q_3Q_4}\right)^n = 1 \tag{14-30}$$

得到 Q_5 向上流的条件

$$\frac{S_1S_4}{S_2S_3} > 1 \tag{14-31}$$

同理可以推导出 Q_5 向下流的条件

$$\frac{S_1S_4}{S_2S_3} < 1 \tag{14-32}$$

当 $Q_5 = 0$,有

$$\frac{S_1S_4}{S_2S_3} = 1 \tag{14-33}$$

令稳定性参数 $K = \frac{S_1S_4}{S_2S_3}$,结合以上三式,可以得到单角联管网对角分支流动稳定性的判别方法,如表 14－9 所示。

表 14－9　单角联管网对角分支流动稳定性的判别式

不稳定流	流动方向稳定性系数的计算式	流向判别式	Q_5 流向
Q_5	$K = \frac{S_1S_4}{S_2S_3}$	$K>1$	向上
		$K<1$	向下
		$K=1$	等于零

流向判别式中不包含分支 5 的阻抗 S_5,说明不管 S_5 怎样变化,分支 5 的流动方向都不会改变,只能使各分支流量发生变化。特别当 $K=1$ 时,S_5 变化不会改变各分支的流量,如图 14－22 所示双角联管网中,共有八条分支,其中 3,6 为对角分支,它们的流向取决于其他 6 条分支的阻抗值,当其他 6 条分支的阻抗值发生变化时,分支 3,6 的流向各有三种变化。根据单角联管网中不稳定流向的判别式推理,可得当分支阻力定律中指数 $n=2$ 时双角联管网中两个不稳定分支流向的判别式,如表 14－10 所示。

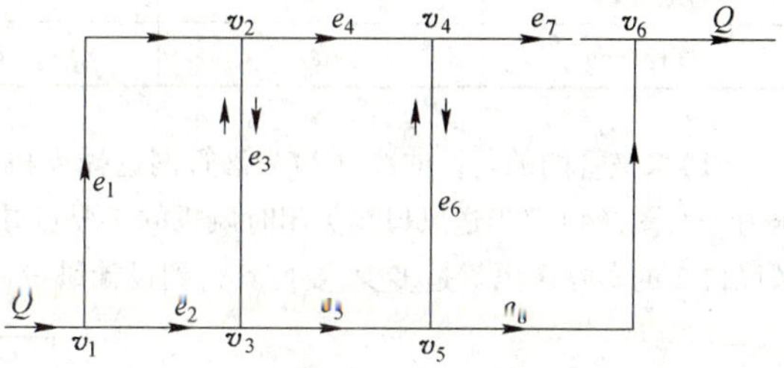

图 14－22　双角联管网

表 14－10　双角联管网对角分支流动稳定性的判别式

不稳定的流动	条件式	流动方向稳定性系数计算式	流动方向的判别式	流动方向
Q_3	$S_1S_5 \leqslant S_2S_4$	$K_1 = \frac{S_3(\sqrt{S_1S_6} - \sqrt{S_2S_4 - S_1S_5})^2 + S_1S_5S_6}{S_7(\sqrt{S_2S_6} + \sqrt{S_2S_4 - S_1S_5})^2 + S_2S_4S_6}$	$K_1>1$	Q_3 向上
			$K_1<1$	Q_3 向下
			$K_1=1$	$Q_3=0$
	$S_1S_5 \geqslant S_2S_4$	$K_1' = \frac{S_8(\sqrt{S_1S_6} + \sqrt{S_1S_5 - S_2S_4})^2 + S_1S_5S_6}{S_7(\sqrt{S_2S_6} - \sqrt{S_1S_5 - S_2S_4})^2 + S_2S_4S_6}$	$K_1'>1$	Q_3 向上
			$K_1'<1$	Q_3 向下
			$K_1'=1$	$Q_3=0$

续表 14－10

不稳定的流动	条件式	流动方向稳定性系数计算式	流动方向的判别式	流动方向
Q_6	$S_4S_8 \leqslant S_5S_7$	$K_2 = \dfrac{S_1(\sqrt{S_3S_8} - \sqrt{S_5S_7 - S_4S_8})^2 + S_3S_4S_8}{S_2(\sqrt{S_3S_7} + \sqrt{S_5S_7 - S_4S_8})^2 + S_3S_5S_7}$	$K_2 > 1$	Q_6 向上
			$K_2 < 1$	Q_6 向下
			$K_2 = 1$	$Q_6 = 0$
	$S_4S_8 \geqslant S_5S_7$	$K_2' = \dfrac{S_1(\sqrt{S_3S_8} + \sqrt{S_4S_5 - S_5S_7})^2 + S_3S_6S_8}{S_2(\sqrt{S_3S_8} - \sqrt{S_4S_8 - S_5S_7})^2 + S_3S_5S_7}$	$K_2' > 1$	Q_6 向上
			$K_2' < 1$	Q_6 向下
			$K_2' = 1$	$Q_6 = 0$

习　题

14－1　什么是液体管网的水压图？简述绘制水压图的基本步骤。

14－2　什么是管网的静水压线，确定室外集中供热热水管网静水压线要考虑哪些因素？

14－3　在气体管网的压力分布图中，吸入段和压出段各有什么显著特征？

14－4　简述管网水力稳定性的概念。提高管网水力稳定性的主要途径是什么？

14－5　什么是水力失调，怎样克服水力失调？

14－6　有哪些技术措施，可以增加和减少热水采暖管网的流量？说出这种办法的优缺点。

14－7　图 14－23 所示为一个机械送风管网。水力计算结果见下表：

管　段	1—2	3—4	4—6	4—5
流量/kg·h^{-1}	5000	5000	2000	3000
阻力/Pa	100	150	200	200
管径/mm	700	700	400	500

(1)求该管网的特性曲线；(2)为该管网选择风机；(3)求风机的工况点，并绘制管网在风机工作时的压力分布图；(4)求当送风口 5 关闭时风机的工况点并绘制此时管网的压力分布图；(5)送风口 5 关闭后，送风口 6 的实际送风量是多少，要使其得到设计风量，该如何调节？

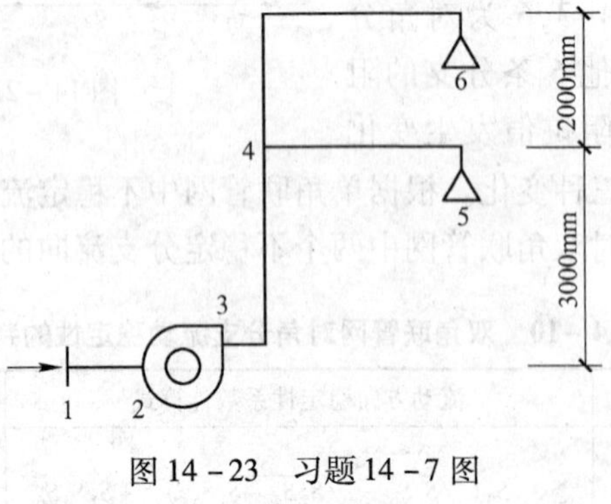

图 14－23　习题 14－7 图

14－8　图 14－24 所示为一个室内给水管网。水力计算结果见下表：

管　段	1—2	3—4	4—6	4—5
流量/kg·h^{-1}	5000	5000	2000	3000
阻力/kPa	15	15	25	25

求该管网水泵要求的扬程并绘制水压图。水龙头出水要求有2m的剩余水头。

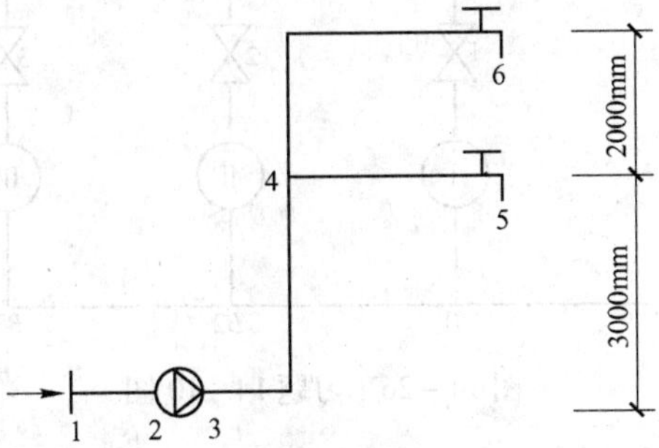

图14-24　习题14-8图

14-9　图14-25所示为一个室内热水采暖管网。水力计算结果见下表：

管　段	1—2	2—3	3—4	4—5	2—5	5—6
流量/$kg \cdot h^{-1}$	6000	3000	3000	3000	3000	6000
阻力/Pa	25000	15000	35000	15000	65000	30000
管径/mm	50	32	32	32	25	50

(1)求该管网的特性曲线；

(2)为该管网选择水泵、求水泵的工况点，并绘制管网在水泵工作时的压力分布图；

(3)求当3-4之间的阀门关闭时水泵的工况点并绘制此时管网的压力分布图；

(4)当3-4之间的阀门关闭后，2-5之间的用户的实际流量是多少，要使其得到设计流量，该如何调节？

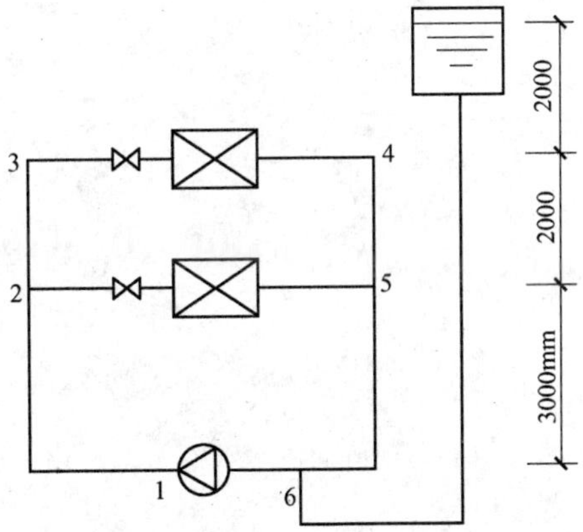

图14-25　习题14-9图

14-10　如图14-26所示，在设计流量 $Q_{Ⅰ}=Q_{Ⅱ}=Q_{Ⅲ}=100m^3/h$ 时，阻力 $\Delta p_{AA1}=\Delta p_{A1A2}=\Delta p_{A2A3}=20kPa$；$\Delta p_{B3B2}=\Delta p_{B2B1}=\Delta p_{B1B}=20kPa$；$\Delta p_{A3B3}=80kPa$。

(1)画出此管网的压力分布图；

(2)用户Ⅱ开大阀2，将自己的流量 $Q_{Ⅱ}$ 增加到 $150m^3/h$。此时 $\Delta p_{A2B2}=100kPa$，此时管网的压力分布图将怎样变化？并请计算Ⅰ，Ⅲ的水力失调度；

(3)计算用户Ⅲ的水力稳定性，提出增大用户水力稳定性的措施。

14-11　什么是节点流量、计算流量？

14-12　环状干线的初始流量分配在环状管网水力计算中有什么作用，“只要满足节点流量的平衡，环状

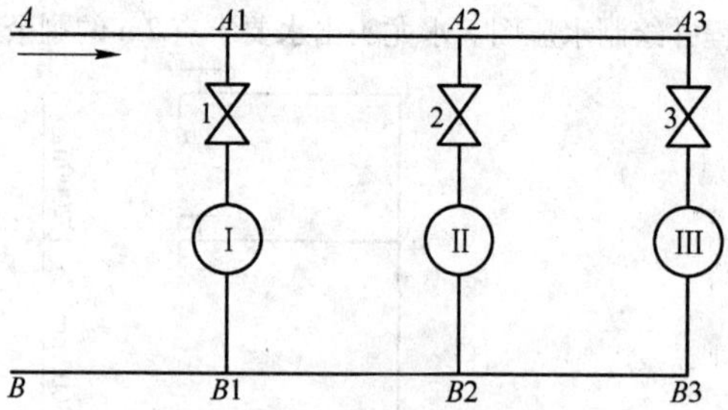

图 14－26　习题 14－10 图

干线各管段的流量可以任意分配。"这种说法正确不正确，为什么？

14－13　试比较环状管网水力计算与枝状管网水力计算的不同点。

附　录

附录1　单位换算表

压力的单位换算

名称	帕斯卡 Pa (N/m^2)	巴 bar ($10N/cm^2$)	工程气压 at (kgf/cm^2)	毫米水柱 (mmH_2O)	标准气压 atm(760mmHg)	毫米汞柱 (mmHg)
帕斯卡	1	10^{-5}	1.0197×10^{-5}	0.10197	9.8692×10^{-6}	7.5006×10^{-3}
巴	10^5	1	1.0197	10197.2	0.9869	750.062
工程气压	9.8067×10^4	0.98067	1	10^4	0.9678	735.559
毫米水柱	9.8067	9.8067×10^{-5}	1.0000×10^{-4}	1	9.6784×10^{-5}	7.3556×10^{-2}
标准气压	101325	1.0133	1.0332	10332.3	1	760
毫米汞柱	133.332	1.3333×10^{-3}	1.3595×10^{-3}	13.595	1.3158×10^{-3}	1

注：$1N = 1kgfm/s^2$；$1kgf = 9.8N$；英制压力单位采用磅力/英寸^2(bf/in^2)，$1bf/in^2 = 6894.7Pa$。

功、能和热量的单位换算

名称	千焦 (kJ)	千卡 (kcal)	公斤力米 (kgf·m)	千瓦时 (kW·h)	马力时 (HP·h)	英热单位 (Btu)
千焦	1	0.2388	101.972	0.2772×10^{-3}	3.7777×10^{-4}	0.9478
千卡	4.1868	1	426.94	1.163×10^{-3}	1.581×10^{-3}	3.9682
公斤力米	9.807×10^{-3}	2.342×10^{-3}	1	2.724×10^{-6}	3.703×10^{-6}	9.295×10^{-3}
千瓦时	3600.65	860	3.6717×10^5	1	1.3596	3412.14
马力时	2648.28	632.53	270052.36	0.7355	1	2509.63
英热单位	1.0551	0.2520	107.5862	2.9307×10^{-4}	3.985×10^{-4}	1

注：$1erg = 1dyncm = 10^{-7}J$；$1J = 1Nm = 1Ws$。

功率的单位换算

名　称	瓦；焦耳/秒 (W)(J/s)	千卡/时 (kcal/h)	公斤力·米/秒 (kgf·m/s)	马力 (HP)	英热单位/时 (Btu/h)
瓦	1	0.86	0.1019	1.35×10^{-3}	3.389
千卡/时	1.163	1	0.1185	1.58×10^{-3}	3.968
公斤力米/秒	9.807	8.34	1	0.0133	33.39
马力	735.3	632.25	75	1	2511
英热单位/时	0.2931	0.252	0.02986	3.98×10^{-4}	1

注：$1erg/s = 10^{-7}W$。

附录 2　空气的热物理性质

温度 T/℃	密度 ρ /kg · m^{-3}	质量定压热容 $c_p \times 10^{-3}$ /J · (kg · K)$^{-1}$	导热系数 $\lambda \times 10^{-3}$ /W · (m · K)$^{-1}$	导温系数 $a \times 10^5$ /m^2 · s^{-1}	(动力)黏度 $\mu \times 10^5$ /Pa · s	运动黏度 $\nu \times 10^6$/m^2 · s^{-1}	普朗特数 Pr
-50	1.584	1.013	2.034	1.27	1.46	9.23	0.727
-40	1.515	1.013	2.115	1.38	1.52	10.04	0.723
-30	1.453	1.013	2.196	1.49	1.57	10.80	0.724
-20	1.395	1.009	2.278	1.62	1.62	11.60	0.717
-10	1.342	1.009	2.359	1.74	1.67	12.43	0.714
0	1.293	1.005	2.440	1.88	1.72	13.28	0.708
10	1.247	1.005	2.510	2.01	1.77	14.16	0.708
20	1.205	1.005	2.581	2.14	1.81	15.06	0.686
30	1.165	1.005	2.673	2.29	1.86	16.00	0.701
40	1.128	1.005	2.754	2.43	1.91	16.96	0.696
50	1.093	1.005	2.824	2.57	1.96	17.95	0.697
60	1.060	1.005	2.893	2.72	2.01	18.97	0.698
70	1.029	1.009	2.963	2.86	2.06	20.02	0.701
80	1.000	1.009	3.004	3.02	2.11	21.09	0.699
90	0.972	1.009	3.126	3.19	2.15	22.10	0.693
100	0.946	1.009	3.207	3.36	2.19	23.13	0.695
120	0.898	1.009	3.335	3.68	2.29	25.45	0.692
140	0.854	1.013	3.486	4.03	2.37	27.80	0.688
160	0.815	1.017	3.637	4.39	2.45	30.09	0.685
180	0.779	1.022	3.777	4.75	2.53	32.49	0.684
200	0.746	1.026	3.928	5.14	2.60	34.85	0.679
250	0.674	1.038	4.625	6.10	2.74	40.61	0.666
300	0.615	1.047	4.602	7.16	2.97	48.33	0.675
350	0.566	1.059	4.904	8.19	3.14	55.46	0.677
400	0.524	1.068	5.206	9.31	3.31	63.09	0.679
500	0.456	1.093	5.740	11.53	3.62	79.38	0.689
600	0.404	1.114	6.217	13.83	3.91	96.89	0.700
700	0.362	1.135	6.70	16.34	4.18	115.4	0.707
800	0.329	1.156	7.170	18.88	4.43	134..8	0.714
900	0.301	1.172	7.623	21.82	4.67	155.1	0.719
1000	0.277	1.185	8.064	24.59	4.90	177.1	0.719
1100	0.257	1.197	8.494	27.63	5.12	199.3	0.721
1200	0.239	1.210	9.145	31.65	5.35	233.7	0.717

附录3 饱和水的热物理性质

温度 T/℃	压力 $p\times10^{-5}$ /Pa	密度 ρ /kg · m^{-3}	焓 h /kJ · kg^{-1}	质量定压热容 c_p/kJ · (kg · K)$^{-1}$	导热系数 λ /W · (m · K)$^{-1}$	热扩散系数 $a\times10^6$ /m · s^{-1}	（动力）黏度 $\mu\times10^6$ /Pa · s	运动黏度 $\nu\times10^6$ /m^2 · s^{-1}	体积膨胀系数 $\beta\times10^4$ /K^{-1}	表面张力 $\sigma\times10^4$ /N · m^{-1}	普朗特数 Pr
0	1.013	999.9	0	4.212	0.551	13.1	1788	1.789	−0.63	756.4	13.67
10	1.013	999.7	42.04	4.191	0.574	13.7	1306	1.306	+0.70	741.6	9.52
20	1.013	998.2	83.91	4.183	0.599	14.3	1004	1.006	1.82	726.9	7.02
30	1.013	995.7	125.7	4.174	0.618	14.9	801.5	0.805	3.21	712.2	5.42
40	1.013	992.2	167.5	4.174	0.635	15.3	653.3	0.659	3.87	696.5	4.31
50	1.013	988.1	209.3	4.174	0.648	15.7	549.4	0.556	4.49	676.9	3.54
60	1.013	983.2	251.1	4.179	0.659	16.0	469.9	0.478	5.11	662.2	2.98
70	1.013	977.8	293.0	4.187	0.668	16.3	406.1	0.415	5.70	643.5	2.55
80	1.013	971.8	335.0	4.195	0.674	16.6	355.1	0.365	6.32	625.9	2.21
90	1.013	965.3	377.0	4.208	0.680	16.8	314.9	0.325	6.95	607.2	1.95
100	1.013	958.4	419.1	4.220	0.683	16.9	282.5	0.295	7.52	588.6	1.75
110	1.43	951.0	461.4	4.233	0.685	17.0	259.0	0.272	8.08	569.0	1.60
120	1.98	943.1	503.7	4.250	0.686	17.1	237.4	0.252	8.64	548.4	1.47
130	2.7	934.8	546.4	4.266	0.686	17.2	217.8	0.233	9.19	528.8	1.36
140	3.61	926.1	589.1	4.287	0.685	17.2	201.1	0.217	9.72	507.2	1.26
150	4.76	917.0	632.2	4.313	0.684	17.3	186.4	0.203	10.3	486.6	1.17
160	6.18	907.4	675.4	4.264	0.683	17.3	173.6	0.191	10.7	466.0	1.10
170	7.92	897.3	719.3	4.380	0.679	17.3	162.8	0.181	11.3	443.4	1.05
180	10.03	886.9	763.3	4.417	0.674	17.2	153.0	0.173	11.9	422.8	1.00
190	12.55	870.0	807.8	4.459	0.670	17.1	144.2	0.165	12.6	400.2	0.96
200	15.55	863.0	852.5	4.505	0.663	17.0	136.4	0.158	13.3	376.7	0.93
210	19.08	852.3	897.7	4.555	0.655	16.0	130.5	0.153	14.1	354.1	0.91
220	23.20	840.3	943.7	4.614	0.645	16.6	124.6	0.148	14.8	331.6	0.89
230	27.98	827.3	990.2	4.681	0.637	16.4	119.7	0.145	15.9	310.0	0.88
240	33.48	813.6	1037.5	4.756	0.628	16.2	114.8	0.141	16.8	285.5	0.87
250	39.78	799.0	1085.7	4.844	0.618	15.9	109.9	0.137	18.1	261.9	0.86
260	46.94	784.0	1135.1	4.949	0.605	15.6	105.9	0.135	19.7	237.4	0.87
270	55.05	767.9	1185.3	5.070	0.590	15.1	102	0.133	21.6	214.8	0.88
280	64.20	750.7	1236.8	5.230	0.574	14.6	98.1	0.131	23.7	191.3	0.90
290	74.46	732.3	1290.0	5.485	0.558	13.9	94.2	0.129	26.2	168.7	0.93
300	85.92	712.5	1344.9	5.736	0.540	13.2	91.2	0.128	29.2	144.2	0.97
310	98.70	691.1	1402.2	6.071	0.523	12.5	88.3	0.128	32.9	120.7	1.03
320	112.89	667.1	1462.1	6.574	0.506	11.5	85.3	0.128	38.2	98.10	1.11
330	128.63	640.2	1526.2	7.244	0.484	10.4	81.4	0.127	43.3	76.71	1.22
340	146.05	610.1	1594.8	8.165	0.457	9.17	77.5	0.127	53.4	56.70	1.39
350	165.35	574.4	1671.4	9.504	0.430	7.88	72.6	0.126	66.8	38.16	1.60
360	186.75	528.0	1761.5	13.984	0.395	5.36	66.7	0.126	109	20.21	2.35
370	210.54	450.5	1892.5	40.321	0.337	1.86	56.9	0.126	264	4.709	6.79

附录 4 天然气的组成及主要物理性质

燃气种类	组成(体积分数)/%									平均相对分子质量	平均密度 ρ /kg·m^{-3}	相对密度	混合动力黏度 $\mu\times10^{-6}$ /Pa·s	运动黏度 ν /mm^2·s^{-1}	爆炸极限下限(体积分数)/%	爆炸极限上限(体积分数)/%
	CH_4	C_3H_8	C_4H_{10}	C_mH_n	CO	H_2	CO_2	O_2	N_2							
纯天然气	98	0.3	0.3	0.4	0	0	0	0	1	16.42	0.73	0.57	10.36	14.10	4.74	12.65
石油伴生气	81.7	6.2	4.86	4.94			0.3	0.2	1.8	20.75	0.94	0.72	9.30	9.94	4.05	14.47
气田凝析气	74.3	6.75	1.88	14.9			1.62		0.55	21.04	0.95	0.73	9.51	10.05	3.70	13.52
煤层气	99.14								0.86	16.15	0.72	0.56	10.45	14.48	4.83	13.39

附录 5 焦炉气的组成及主要物理性质

燃气种类	组成(体积分数)/%							平均相对分子质量	平均密度 ρ /kg·m^{-3}	相对密度	混合动力黏度 $\mu\times10^{-6}$ /Pa·s	运动黏度 ν /mm^2·s^{-1}	爆炸极限下限(体积分数)/%	爆炸极限上限(体积分数)/%
	CH_4	C_mH_n	CO	H_2	CO_2	O_2	N_2							
焦炉气	27	2	6	56	3	1	5	10.74	0.48	0.37	11.83	24.62	4.63	35.69

附录6　饱和水蒸气的热物理性质

温度 T/℃	压力 $p\times10^{-5}$ /Pa	密度 ρ /kg · m^{-3}	焓 h /kJ · kg^{-1}	气化潜热 r/kJ · kg^{-1}	质量定压热容 c_p/ kJ · (kg · K) $^{-1}$	导热系数 $\lambda\times10$ /W · (m · K) $^{-1}$	热扩散系数 $a\times10^3$ /kg · (m · s) $^{-1}$	(动力)黏度 $\mu\times10^6$ /Pa · s	运动黏度 $\nu\times10^6$ /m^2 · s^{-1}	普朗特数 Pr
0	0.00611	0.004847	2501.6	2501.6	1.8543	1.83	7313.0	8.022	1655.01	0.815
10	0.01227	0.009396	2520.0	2477.7	1.8594	1.88	3881.3	8.424	896.54	0.831
20	0.02338	0.01729	2538.0	2454.3	1.8661	1.94	2167.2	8.84	509.90	0.847
30	0.04241	0.03037	2556.5	2430.9	1.8744	2.00	1265.1	9.218	303.53	0.863
40	0.07375	0.05116	2574.5	2407.0	1.8853	2.06	768.45	9.620	188.04	0.883
50	0.12335	0.08302	2592.0	2382.7	1.8987	2.12	483.59	10.022	120.72	0.896
60	0.19920	0.1302	2609.6	2358.4	1.9155	2.19	315.55	10.424	80.07	0.913
70	0.3116	0.1982	2626.8	2334.1	1.9364	2.25	210.57	10.817	54.57	0.930
80	0.4736	0.2933	2643.5	2309.0	1.9615	2.33	145.53	11.219	38.25	0.947
90	0.7011	0.4235	2660.3	2238.1	1.9921	2.40	102.22	11.621	27.44	0.966
100	1.0130	0.5977	2676.2	2257.1	2.0281	2.48	73.57	12.023	20.12	0.984
110	1.4327	0.8265	2691.3	2229.9	2.0704	2.56	53.83	12.425	15.03	1.00
120	1.9854	1.122	2705.9	2202.3	2.1198	2.65	40.15	12.798	11.41	1.02
130	2.7013	1.497	2719.7	2173.8	2.1763	2.76	30.46	13.170	8.80	1.04
140	3.614	1.967	2733.1	2144.1	2.2408	2.85	23.38	13.543	6.89	1.06
150	4.760	2.548	2745.3	2113.1	2.3142	2.97	18.10	13.896	5.45	1.08
160	6.181	3.260	2756.6	2081.3	2.3974	3.08	14.20	14.249	4.37	1.11
170	7.920	4.123	2767.1	2047.8	2.4911	3.21	11.25	14.612	3.54	1.13
180	10.027	5.165	2776.3	2013.0	2.5958	3.36	9.03	14.965	2.90	1.15
190	12.551	6.397	2784.2	1976.6	2.7126	3.51	7.29	15.298	2.39	1.18
200	15.549	7.864	2790.9	1938.5	2.8428	3.68	5.92	15.651	1.99	1.21
210	19.077	9.593	2796.4	1898.3	2.9877	3.87	4.86	15.995	1.67	1.24
220	23.198	11.62	2799.7	1856.4	3.1497	4.07	4.00	16.338	1.41	1.26
230	27.976	14.00	2801.8	1811.6	3.3310	4.30	3.32	16.701	1.19	1.29
240	33.478	16.76	2802.2	1764.7	3.5366	4.54	2.76	17.073	1.02	1.33
250	39.776	19.99	2800.6	1714.5	3.7723	4.84	2.31	17.446	0.873	1.36
260	46.943	23.73	2796.4	1661.3	4.0470	5.18	1.94	17.848	0.752	1.40
270	55.058	23.10	2789.7	1604.8	4.3735	5.55	1.63	18.280	0.651	1.44
280	64.202	33.19	2780.5	1543.7	4.7675	6.00	1.37	18.750	0.565	1.49
290	74.461	39.16	2767.5	1477.5	5.2528	6.55	1.15	19.270	0.492	1.54
300	85.927	46.19	2751.1	1405.9	5.8632	7.22	0.96	19.839	0.430	1.61
310	98.700	54.54	2730.2	1327.6	6.6503	8.02	0.80	20.691	0.380	1.71
320	112.89	64.60	2703.8	1241.0	7.7217	8.65	0.62	21.691	0.336	1.94
330	128.63	76.99	2670.3	1143.8	9.3613	9.61	0.48	23.093	0.300	2.24
340	146.05	92.76	2626.0	1030.8	12.2103	10.70	0.34	24.692	0.266	2.82
350	165.35	113.6	2567.8	895.6	17.1504	11.90	0.22	26.594	0.234	3.83
360	186.75	144.1	2485.3	721.4	25.1162	13.70	0.14	29.193	0.203	5.34
370	210.54	201.1	2342.9	452.6	81.1025	16.60	0.04	33.989	0.169	15.7
374.15	221.20	315.5	2107.2	0.0	∞	23.80	0.0	44.992	0.143	∞

附录7 BL型水泵性能表(摘录)和水泵型号举例

BL型水泵性能表(摘录)

型 号	流量 $/m^3 \cdot h^{-1}$	扬程 /m	转速 $/r \cdot min^{-1}$	功率/kW		效率 /%	吸上真空高度 /m	叶轮直径 /mm
				轴功率	电动机			
2BL-6A	10	28.5	2900	1.43	3	54.5	8.7	148
	20	25.2		2.08		65.6	7.2	
	30	20		2.55		64.1	5.7	
2BL-9	11	21	2900	1.12	2.2	56	8.0	127
	20	18.5		1.48		68	6.8	
	25	16		1.66		66	6.0	
2BL-9A	10	16.8	2900	0.85	1.5	54	8.1	117
	17	15		1.07		65	7.3	
	22	13		1.23		63	6.5	
3BL-6	30	62	2900	9.3	17	54.4	7.7	218
	45	57		11.0		63.5	6.7	
	60	5		12.3		66.3	5.6	
	70	44.5		13.3		64	4.7	
3BL-6A	30	45	2900	6.65	13	55	7.5	192
	40	41.5		7.30		62	7.1	
	50	37.5		7.98		64	6.4	
	60	30		8.30		59	5.0	
3BL-9	30	35.5	2900	4.64	7.5	62.5	7.0	168
	45	32.6		5.56		71.5	5.0	
	55	28.8		6.32		68.2	3.0	
3BL-9A	25	26.2	2900	2.83	5.5	63.7	7.0	145
	35	25		3.35		70.8	6.4	
	45	22.5		3.87		71.2	5.0	
3BL-13	32.4	21.5	2900	2.5	4	76	6.5	132
	45	18.8		2.88		80	5.5	
	52.2	15.0		2.96		75	5.0	
3BL-13A	29.5	17.4	2900	1.86	3	75	6.0	120
	39.6	15.0		2.02		80	5.0	
	48.6	12.0		2.15		74	4.5	
3BL-13B	28	13.5	2900	1.63	2.2	63	5.5	110
	34.2	12.0		1.72		65	5.0	
	41.5	9.5		1.73		62	4.0	
4BL-12	65	37.7	2900	9.25	17	72	6.7	178
	90	34.6		10.8		78	5.8	
	120	28		12.3		74.5	3.3	
4BL-12A	60	31.6	2900	7.4	13	70	6.9	163
	85	28.6		8.7		76	6.0	
	110	23.3		9.5		73.5	4.5	

附录8 常用通风机用途代号和性能表

常用通风机用途代号

用途	代号			用途	代号		
	汉字	汉语拼音	简写		汉字	汉语拼音	简写
排尘通风	排尘	CHEN	C	矿井通风	矿井	KUANG	K
输送煤粉	煤粉	MEI	M	锅炉引风	引风	YIN	Y
防腐蚀	防腐	FU	F	锅炉通风	锅炉	GUO	G
工业炉吹风	工业炉	LU	L	冷却塔通风	冷却	LENG	LE
耐高温	耐温	WEN	W	一般通风换气	通风	TONG	T
防爆炸	防爆	BAO	B	特殊通风	特殊	TE	E

4－68 离心通风机性能表

机号 No.	传动方式	转速 /r·min^{-1}	序号	全压 /Pa	流量 /m^3·h^{-1}	内效率 /%	内效率 /kW	所需功率 /kW	电动机		附件			
									型号	功率 /kW	橡胶垫 ST0601（4个）	螺栓 ST0601（4个）	螺母 GB52—76（4个）	垫圈 GB96—76（4个）
2.8	A	2900	1	990	1131	78.5	0.39	0.59	Y802－2 （$JO_2$12－2）	1.1 （1.1）	11×80 （11×80）	M8×160 （M8×160）	M8 （M8）	8 （8）
			2	990	1319	83.2	0.43	0.65						
			3	980	1508	86.5	0.47	0.71						
			4	940	1696	87.9	0.49	0.74						
			5	870	1885	86.1	0.52	0.73						
			6	780	2073	80.1	0.55	0.77						
			7	670	2262	73.5	0.56	0.78						

续表

机号 No.	传动方式	转速 /r·min^{-1}	序号	全压 /Pa	流量 /m^3·h^{-1}	内效率 /%	内效率 /kW	所需功率 /kW	电动机		附件			
									型号	功率 /kW	橡胶垫 ST0601 (4个)	螺栓 ST0601 (4个)	螺母 GB52—76 (4个)	垫圈 GB96—76 (4个)
2.8	A	1450	1	250	565	78.5	0.049	0.07	Y801-4	0.55	11×80	M8×160	M8	8
			2	250	660	83.2	0.054	0.08	($JO_2$11-4)	(0.6)	(11×80)	(M8×160)	(M8)	(8)
			3	240	754	86.5	0.057	0.09						
			4	230	848	87.9	0.060	0.09						
			5	220	942	86.1	0.066	0.10						
			6	190	1037	80.1	0.067	0.10						
			7	170	1131	73.5	0.071	0.11						
3.15	A	2900	1	1270	1825	79.9	0.79	1.11	Y90S-2	1.5	13×90	M8×160	M8	8
			2	1270	2093	84.3	0.86	1.20	($JO_2$12-2)	(1.5)	(13×90)	(M8×2200)	(M8)	(10)
			3	1250	2362	87.3	0.92	1.29						
			4	1200	2630	88.6	0.97	1.36						
			5	1120	2899	87.0	1.02	1.33						
			6	1000	3167	81.3	1.06	1.38						
			7	870	3435	75.2	1.08	1.40						
3.15	A	1450	1	320	912	79.9	0.10	0.14	Y801-4	0.55	11×80	M8×160	M8	8
			2	320	1047	84.3	0.11	0.14	($JO_2$11-4)	(0.6)	(11×80)	(M8×160)	(M8)	(8)
			3	310	1181	87.3	0.11	0.14						
			4	300	1315	88.6	0.12	0.16						
			5	280	1449	87.0	0.13	0.17						
			6	250	1583	81.3	0.13	0.17						
			7	220	1718	75.2	0.14	0.18						

4－72－11型风机性能表(摘录)

机号 No.	转速 /r·min^{-1}	序号	全压 /Pa	流量 /m^3·h^{-1}	电动机 型号	电动机 功率/kW
6A	1450	1	1150	6860	Y112M－4	4
		2	1120	7660		
		3	1090	8550		
		4	1060	9360		
		5	990	10200		
		6	940	10900		
		7	840	11840		
		8	720	12620		
	960	1	500	4540	Y100L－6	1.5
		2	490	5070		
		3	480	5630		
		4	460	6220		
		5	430	6760		
		6	410	7220		
		7	370	7840		
		8	320	8360		
10C	1300	1	2460	34800	Y225S－4	37
		2	2400	37850		
		3	2260	41300		
		4	2150	44050		
		5	1980	47100		
		6	1810	50150		
	830	1	1010	22150	Y160L－4	11
		2	980	24140		
		3	920	26130		
		4	880	28120		
		5	810	30110		
		6	740	32100		

附录9 常用管材及规格

无缝钢管

品 种	*PN*2.5、4无缝钢管		*PN*6.4无缝钢管		*PN*<10MPa无缝钢管		钢材
公称直径 *DN*/mm	外径×壁厚 $D_w \times s$ /mm×mm	重量 /kg·m^{-1}	外径×壁厚 $D_w \times s$ /mm×mm	重量 /kg·m^{-1}	外径×壁厚 $D_w \times s$ /mm×mm	重量 /kg·m^{-1}	
10			14×2.0	0.592	14×2.0	0.592	20号钢
15	18×2.0	0.789	14×2.0	0.789	14×2.0	0.789	

续表

品 种	PN2.5、4 无缝钢管		PN6.4 无缝钢管		PN<10MPa 无缝钢管		钢材
公称直径 DN/mm	外径×壁厚 $D_w \times s$ /mm×mm	重量 /kg·m⁻¹	外径×壁厚 $D_w \times s$ /mm×mm	重量 /kg·m⁻¹	外径×壁厚 $D_w \times s$ /mm×mm	重量 /kg·m⁻¹	
20	25×2.0	1.13	25×2.0	1.13	25×2.0	1.13	20号钢
25	32×2.5	1.82	32×2.5	1.82	32×2.5	1.82	
32	38×2.5	2.19	38×2.5	2.19	38×2.5	2.19	
(40)	40×2.5	2.62	40×2.5	2.62	45×3.0	3.11	
50	57×3.0	4.00	57×3.0	4.00	57×3.0	4.00	
(65)	76×3.5	6.26	76×3.5	6.26	76×4.0	7.10	
80	89×4.0	8.38	89×4.0	8.38	89×4.5	9.38	
100	108×4.0	10.26	108×4.0	10.26	108×4.5	11.49	
125	133×4.0	12.73	133×4.5	14.26	133×6	18.79	
150	159×4.5	17.15	159×5	18.99	159×7	26.24	
(175)	194×5.0	23.31	194×6	27.82	194×8	36.70	
200	219×6	31.52	219×7	36.60	219×9	45.61	
(225)	245×7	41.09	245×7	41.49	245×10	57.95	
250	273×7	45.92	273×8	52.28	273×11	71.42	
300	325×8	62.54	325×10	77.68	325×13	100.03	
(350)	377×10	90.50	377×11	99.29	377×15	133.91	
400	426×11	112.57	426×13	132.40	426×17	171.47	
(450)	480×14	160.88					
500	530×14	178.14					

螺旋缝 直缝电焊钢管

品 种	PN2.5 无缝钢管					
公称直径 DN/mm	外径×壁厚 $D_w \times s$/mm×mm	重量 /kg·m⁻¹	材料	外径×壁厚 $D_w \times s$/mm×mm	重量 /kg·m⁻¹	材 料
200	219×5	26.39	16Mn	219×5	26.39	$t \leqslant 200℃$ Q235F $200℃ < t < 300℃$ Q235F
225	245×5	26.59		245×5	26.59	
250	273×6	39.51		273×6	39.51	
300	325×6	47.20		325×7	54.9	
350	377×7	64.37		377×8	72.80	
400	426×8	82.96		426×9	93.05	
450	428×9	104.60		478×10	115.41	
500	529×10	128.49		529×11	141.02	
600	630×11	168.42		630×12	183.39	
700	720×12	210.01		720×14	244.24	

续表

品　种	PN=1.0MPa螺旋缝电焊钢管				PN=1.0MPa直缝电焊钢管			
材料	16Mn		$A_Ⅰ$、A_3F		16Mn		$A_Ⅰ$、A_3F	
公称直径 DN/mm	外径×壁厚 $D_w \times s$ /mm×mm	重量 /kg·m^{-1}	外径×壁厚 $D_w \times s$ /mm×mm	重量 /kg·m^{-1}	外径×壁厚 $D_w \times s$ /mm×mm	重量 /kg·m^{-1}	外径×壁厚 $D_w \times s$ /mm×mm	重量 /kg·m^{-1}
200	219×5	26.39	219×5	26.39				
(225)	245×5	29.59	245×5	29.59				
250	273×6	39.51	273×6	39.51				
300	325×6	37.20	325×6	47.20	325×5	39.59	325×5	39.45
(350)	377×6	54.90	377×6	54.90	377×5	45.87	377×5	45.87
400	426×6	62.15	426×5	62.15	426×5	51.91	426×6	51.91
(450)	478×6	69.84	478×6	69.84	478×5	58.33	478×5	58.33
500	529×6	77.39	529×7	90.11	529×5	64.60	529×6	79.39
600	630×7	107.55	630×7	107.55	630×5	77.10	630×6	92.33
700	720×7	133.09	720×8	140.46	720×6	105.65	720×7	123.10
800	$t \leq 200℃$ Q235F $200℃ < t < 300℃$ Q235F				820×7	140.35	820×7	140.30
900					920×7	157.61	920×8	179.93
1000					1020×7	175.00	1020×8	199.70
1100					1120×8	219.40	1120×9	244.50
1200					1220×8	239.12	1220×9	268.80
1400					1420×9	313.18	1420×10	347.50
1600					1620×9	357.57	1620×11	436.50
1800					1820×10	446.37	1820×13	535.06
2000					2020×11	545.00	2020×13	643.76

低压流体输送用焊接钢管(水、煤气管)

低压流体输送用焊接钢管								
公称直径DN		允许偏差		PN=1.0普通钢管		PN=1.6加强钢管		管接头重量
		外径	厚度	外径×壁厚 $D_w \times s$	重量	外径×壁厚 $D_w \times s$	重量	
mm	in		%	mm×mm	kg/m	mm×mm	kg/m	kg
10	3/8	±0.5mm	+12 −15	17×2.25	0.82	17×2.25	0.97	0.01
15	1/2			21.3×2.95	1.25	21.3×3.25	1.45	0.01
20	3/4			26.8×2.75	1.63	26.8×3.5	2.01	0.02
25	1			33.5×3.25	2.42	33.5×4.0	2.91	0.03
32	$1^{1/4}$			42.3×3.25	3.13	42.3×4.0	3.78	0.04
40	$1^{1/2}$			48×2.5	3.84	48×4.25	4.58	0.06
50	2	±1%	+12 −15	60×3.5	4.88	60×4.5	6.16	0.09
65	$2^{1/2}$			75.5×3.75	6.64	75.5×4.5	7.88	0.13
80	3			88.5×4	8.34	88.5×4.75	9.81	0.20
100	4			114×4	10.85	114×5	13.44	0.40
125	5			140×4.5	15.04	140×5.5	18.24	0.60
150	6			160×4.5	17.81	160×5.5	21.63	0.80

附录10　部分常见管件的局部阻力系数

序号	名称	图形	局部阻力系数(按图内所示的速度值 v_0 计算)											
				h/D_0										
				0.1	0.2	0.3	0.4	0.5	0.6	0.7	0.8	0.9	1.0	∞
1	伞形风帽(管边尖锐)	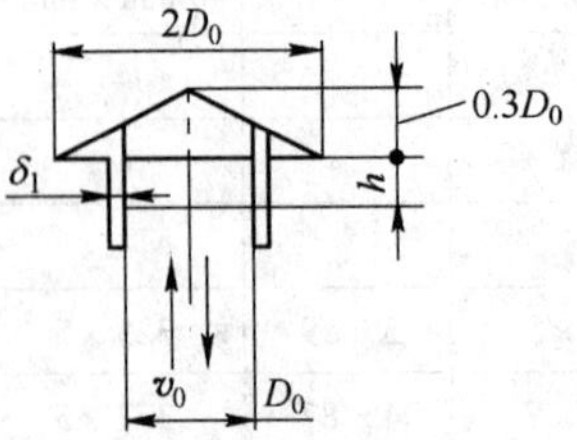	进风	2.63	1.83	1.53	1.39	1.31	1.19	1.15	1.08	1.07	1.06	1.06
			排风	4.00	2.30	1.60	1.30	1.15	1.10	—	1.00	—	1.00	—
2	带扩散管的伞形风帽	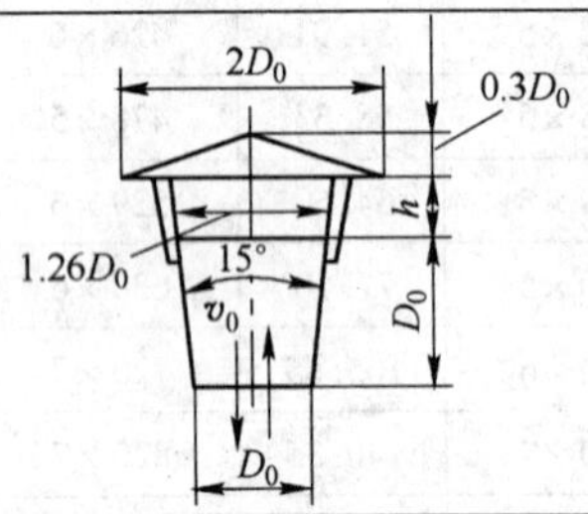	进风	1.32	0.77	0.60	0.48	0.41	0.30	0.29	0.28	0.25	0.25	0.25
			排风	2.60	1.30	0.80	0.70	0.60	0.60	—	0.60	—	0.60	—
3	带倒锥体的伞形风帽	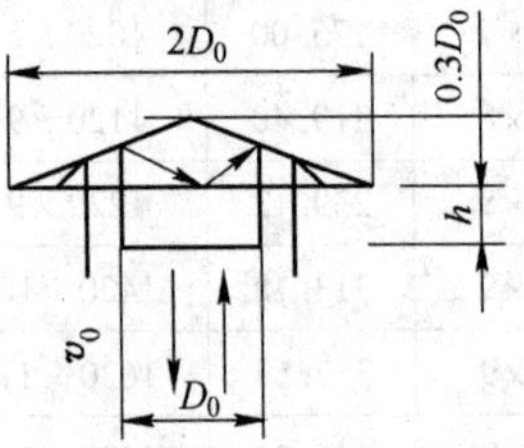	进风	2.9	1.9	1.59	1.41	1.33	1.25	1.15	1.10	1.07	1.06	1.06
			排风	—	2.90	1.90	1.50	1.30	1.20	—	1.10	—	1.00	—

序号	名称	图形	$\alpha/(°)$	10	20	30	40	90	120	150
4	伞形帽	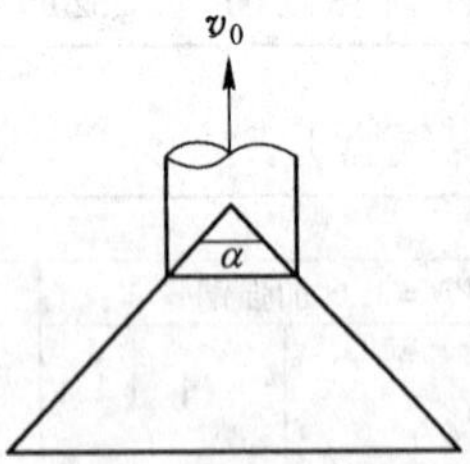	圆形	0.14	0.07	0.04	0.05	0.11	0.20	0.30
			矩形	0.25	0.13	0.10	0.12	0.19	0.27	0.37

序号	名称	图形	$\frac{F_1}{F_0}$	$\alpha/(°)$				
				10	15	20	25	30
5	渐扩和变径管	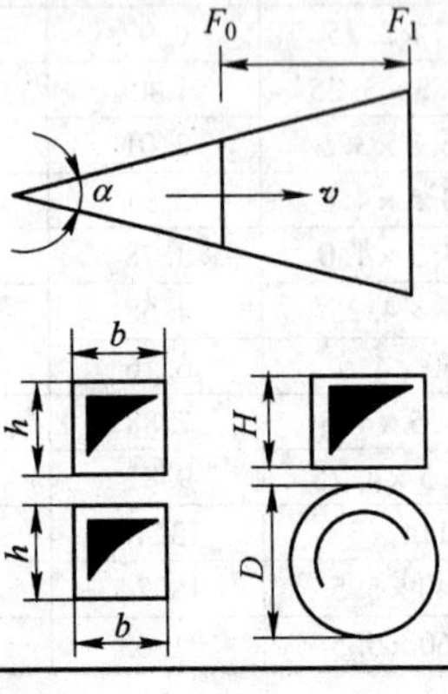	1.25	0.02	0.03	0.05	0.06	0.07
			1.50	0.03	0.06	0.10	0.12	0.13
			1.75	0.05	0.09	0.14	0.17	0.19
			2.00	0.06	0.13	0.20	0.23	0.26
			2.25	0.08	0.16	0.26	0.38	0.33
			3.50	0.09	0.19	0.30	0.36	0.39

续表

序号	名称	图形	局部阻力系数(按图内所示的速度值 v_0 计算)

6　圆形渐扩管

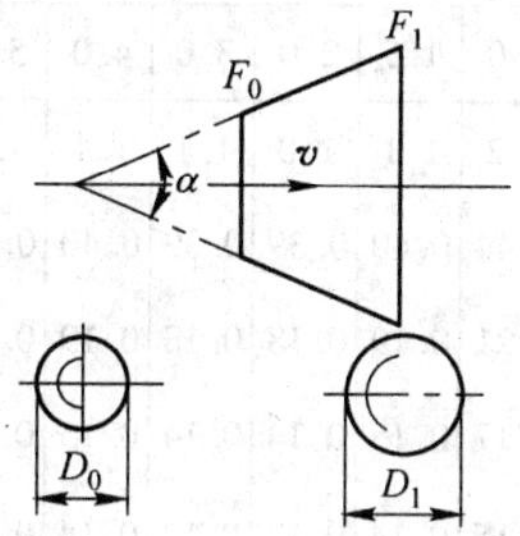

$\frac{F_1}{F_0}$	α/(°) 10	15	20	25	30	45
1.25	0.01	0.02	0.03	0.04	0.05	0.06
1.50	0.02	0.03	0.05	0.08	0.11	0.13
1.75	0.03	0.05	0.07	0.11	0.15	0.20
2.00	0.04	0.06	0.10	0.15	0.21	0.27
2.25	0.05	0.08	0.13	0.19	0.27	0.34
2.50	0.06	0.10	0.15	0.23	0.32	0.40

当 $\alpha<45°$ 时，$\zeta=\left(1-\frac{F_0}{F_1}\right)^2$

7　矩形渐扩管

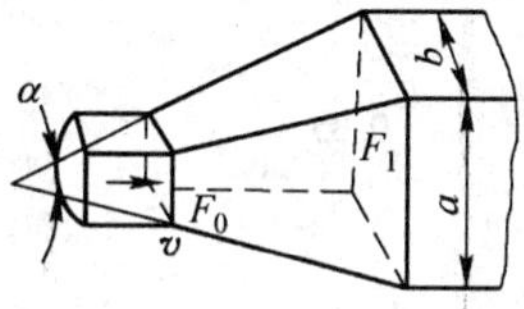

$\frac{F_1}{F_0}$	α/(°) 10	15	20	25	30	45
1.25	0.02	0.03	0.05	0.06	0.07	—
1.50	0.03	0.06	0.10	0.12	0.13	—
1.75	0.05	0.09	0.14	0.17	0.19	—
2.00	0.06	0.13	0.20	0.23	0.26	—
2.25	0.08	0.16	0.26	0.30	0.33	—
2.50	0.09	0.19	0.30	0.36	0.39	—

8　突扩管

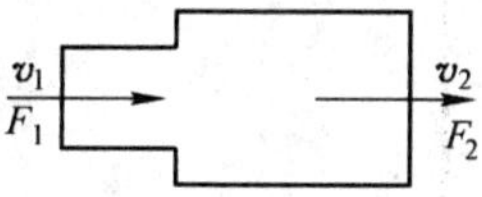

9　突缩管

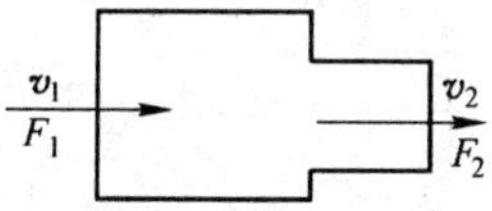

$\frac{F_1}{F_2}$	0	0.1	0.2	0.3	0.4	0.5	0.6	0.7	0.8	0.9	1.0
ζ_1	1.0	0.81	0.64	0.49	0.36	0.25	0.16	0.09	0.04	0.01	0
ζ_2	0.5	0.47	0.42	0.38	0.34	0.30	0.25	0.20	0.15	0.09	0

10　减缩管

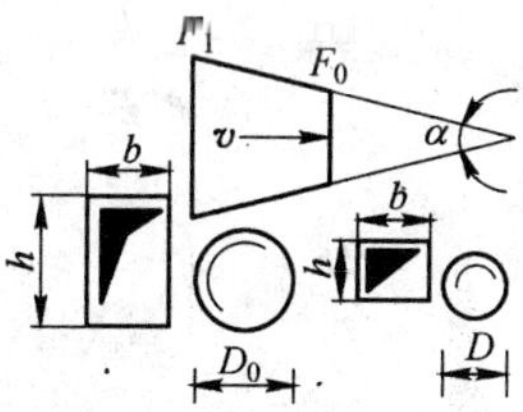

当 $\alpha\leqslant45°$ 时，$\zeta=0.10$

11　圆形和方形弯头

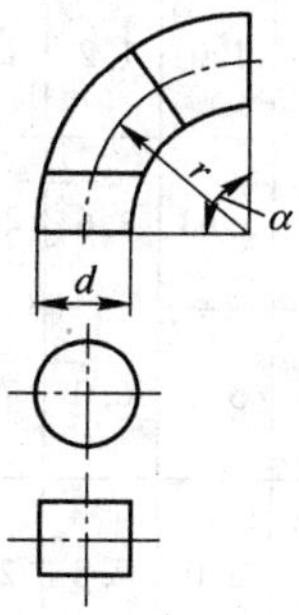

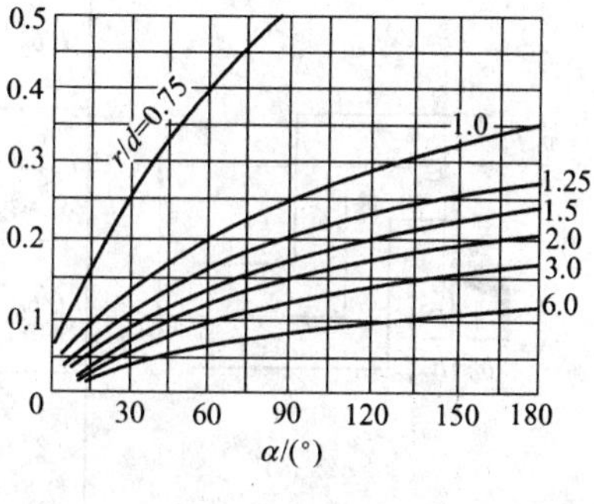

续表

<table>
<tr><th>序号</th><th>名称</th><th>图　形</th><th>局部阻力系数（按图内所示的速度值 v_0 计算）</th></tr>
<tr><td>12</td><td>矩形弯管</td><td>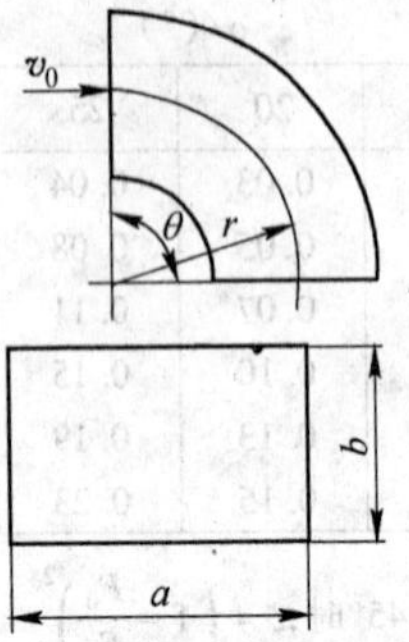
</td><td>
<table>
<tr><th></th><th colspan="11">a/b</th></tr>
<tr><td>r/b</td><td>0.25</td><td>0.5</td><td>0.75</td><td>1.0</td><td>1.5</td><td>2.0</td><td>3.0</td><td>4.0</td><td>5.0</td><td>6.0</td><td>8.0</td></tr>
<tr><td>0.5</td><td>1.5</td><td>1.4</td><td>1.3</td><td>1.2</td><td>1.1</td><td>1.0</td><td>1.1</td><td>1.1</td><td>1.1</td><td>1.2</td><td>1.2</td></tr>
<tr><td>0.75</td><td>0.57</td><td>0.52</td><td>0.48</td><td>0.44</td><td>0.40</td><td>0.39</td><td>0.39</td><td>0.40</td><td>0.42</td><td>0.43</td><td>0.44</td></tr>
<tr><td>1.0</td><td>0.27</td><td>0.25</td><td>0.23</td><td>0.21</td><td>0.19</td><td>0.18</td><td>0.18</td><td>0.19</td><td>0.20</td><td>0.27</td><td>0.21</td></tr>
<tr><td>1.5</td><td>0.22</td><td>0.20</td><td>0.19</td><td>0.17</td><td>0.15</td><td>0.14</td><td>0.14</td><td>0.15</td><td>0.16</td><td>0.17</td><td>0.17</td></tr>
<tr><td>2.0</td><td>0.20</td><td>0.18</td><td>0.16</td><td>0.15</td><td>0.14</td><td>0.13</td><td>0.13</td><td>0.14</td><td>0.14</td><td>0.15</td><td>0.15</td></tr>
</table></td></tr>
<tr><td>13</td><td>矩形断面直角弯头</td><td>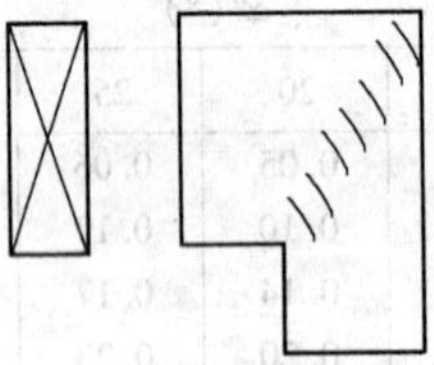
（小型叶片）</td><td>0.35</td></tr>
<tr><td>14</td><td>矩形断面直角弯头</td><td>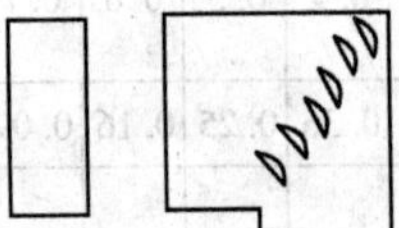
（小型机翼型叶片）</td><td>0.10</td></tr>
<tr><td>15</td><td>矩形直角弯头</td><td>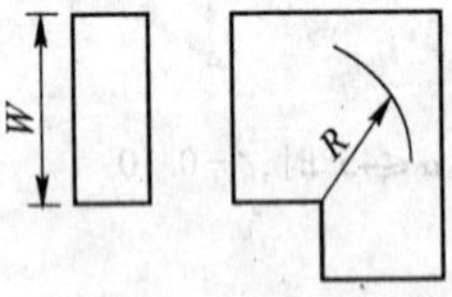

（一片大型叶片）</td><td>0.56</td></tr>
<tr><td>16</td><td>乙形弯</td><td>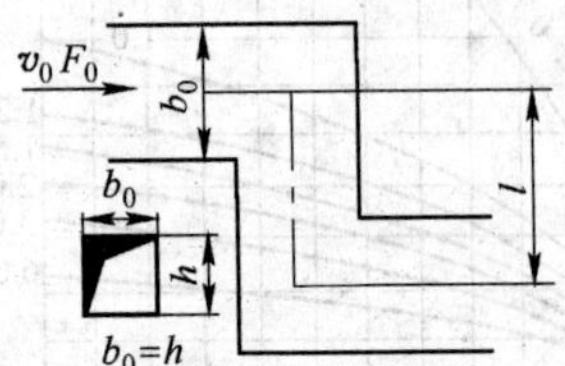
</td><td>
<table>
<tr><td>l/b_0</td><td>0</td><td>0.4</td><td>0.6</td><td>0.8</td><td>1.0</td><td>1.2</td><td>1.4</td><td>1.6</td><td>1.8</td><td>2.0</td></tr>
<tr><td>ζ</td><td>0</td><td>0.62</td><td>0.89</td><td>1.61</td><td>2.63</td><td>3.6</td><td>4.0</td><td>4.2</td><td>4.2</td><td>4.18</td></tr>
<tr><td>l/b_0</td><td>2.4</td><td>2.8</td><td>3.2</td><td>4.0</td><td>5.0</td><td>6.0</td><td>7.0</td><td>9.0</td><td>10.0</td><td>∞</td></tr>
<tr><td>ζ</td><td>3.8</td><td>3.3</td><td>3.2</td><td>3.1</td><td>3.0</td><td>2.8</td><td>2.7</td><td>2.5</td><td>2.4</td><td>2.3</td></tr>
</table></td></tr>
</table>

续表

序号	名称	图形	局部阻力系数（按图内所示的速度值 v_0 计算）

17　乙形弯

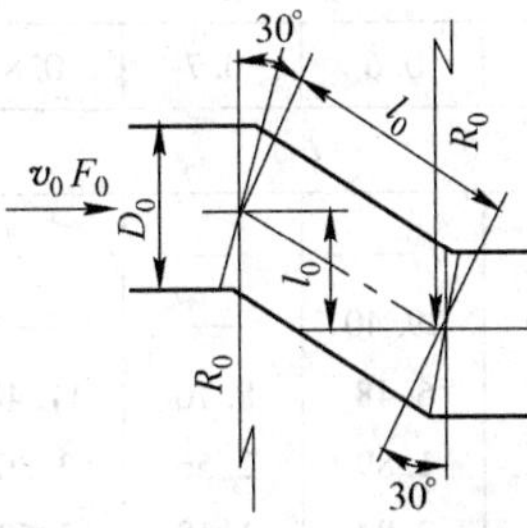

l/D_0	0	1.0	2.0	3.0	4.0	5.0	6.0
R_0/D_0	0	1.90	3.74	5.60	7.46	9.30	11.3
ζ	0	0.15	0.15	0.16	0.16	0.16	0.16

18　乙形弯

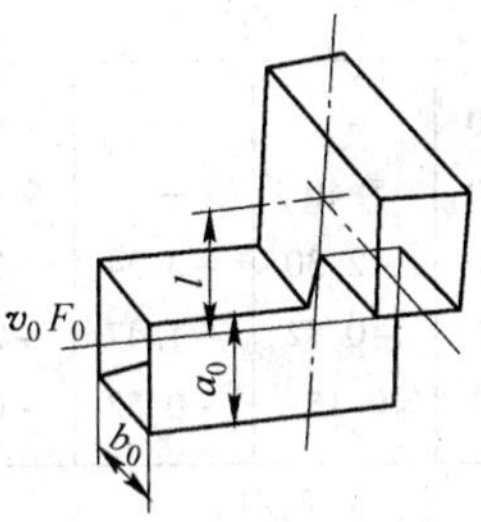

l/b_0	0	0.4	0.6	0.8	1.0	1.2	1.4	1.6	1.8	2.0
ζ	1.15	2.40	2.90	3.31	3.44	3.40	3.36	3.28	3.20	3.11
l/b_0	2.4	2.8	3.2	4.0	5.0	6.0	7.0	9.0	10.0	∞
ζ	3.16	3.18	3.15	3.00	2.89	2.78	2.70	2.50	2.41	2.30

19　通风机出口变径管

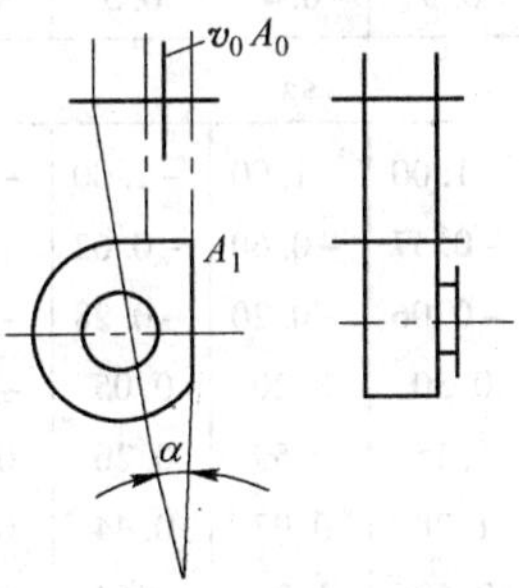

α(°)	A_0/A_1					
	1.5	2	2.5	3	3.5	4
10	0.08	0.09	0.1	0.1	0.11	0.11
15	0.1	0.11	0.12	0.13	0.11	0.15
20	0.12	0.14	0.15	0.16	0.17	0.18
25	0.15	0.18	0.21	0.23	0.25	0.26
30	0.18	0.25	0.3	0.33	0.35	0.35
35	0.21	0.31	0.38	0.41	0.43	0.44

20　合流三通

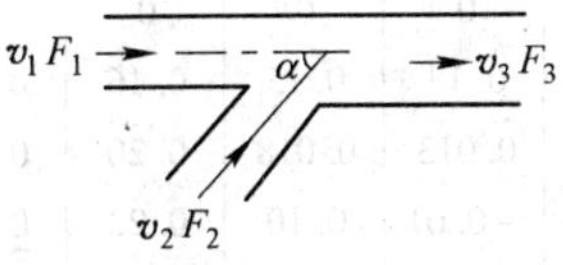

$F_1+F_2=F_3$

$\alpha=30°$

F_2/F_3	$Q_{V,2}/Q_{V,3}$					
	0.00	0.03	0.05	0.1	0.2	0.3
	ζ_2					
0.06	−0.13	−0.07	−0.30	1.82	10.1	23.30
0.10	−0.22	−1.00	−0.76	0.02	2.88	7.34
0.20	−0.50	−1.35	−0.22	−0.84	0.05	1.40
0.33	−2.00	−1.80	−0.70	−1.40	−0.72	−0.12
0.50	−3.00	−2.80	−2.60	−2.24	−1.44	0.91
F_2/F_3	ζ_1					
0.06	0.00	0.06	0.04	−0.10	−0.81	−2.10
0.10	0.01	0.10	0.08	0.04	−0.33	−1.05
0.20	0.06	0.10	0.13	0.16	0.06	−0.24
0.33	0.42	0.45	0.48	0.51	0.52	0.32
0.50	1.40	1.40	1.40	0.36	1.26	1.09

续表

序号	名称	图 形	局部阻力系数(按图内所示的速度值 v_0 计算)							
20	合流三通	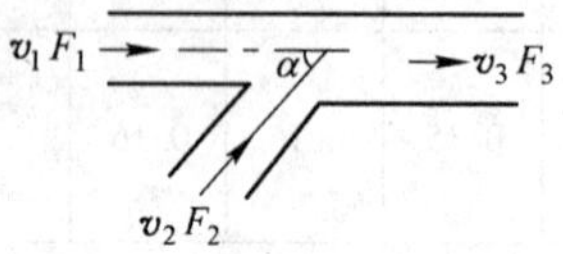 $F_1+F_2=F_3$ $\alpha=30°$		$Q_{V,2}/Q_{V,3}$						
			F_2/F_3	0.4	0.5	0.6	0.7	0.8	1.0	
				ζ_2						
			0.06	41.50	65.20	—	—	—	—	
			0.10	13.40	21.10	29.40	—	—	—	
			0.20	2.70	4.46	6.48	8.70	11.40	17.30	
			0.33	0.52	1.20	1.89	2.56	3.30	4.80	
			0.50	-0.36	0.14	0.84	1.18	1.53		
			F_2/F_3	ζ_1						
			0.06	-4.07	-6.60	—	—	—	—	
			0.10	-2.14	-3.60	5.40	—	—	—	
			0.20	-0.73	-1.40	-2.30	-3.34	-3.59	-8.64	
			0.33	0.07	-0.32	-0.82	-1.47	-2.19	-4.00	
			0.50	0.86	0.53	0.15	-0.52	-0.82	-2.07	
21	合流三通	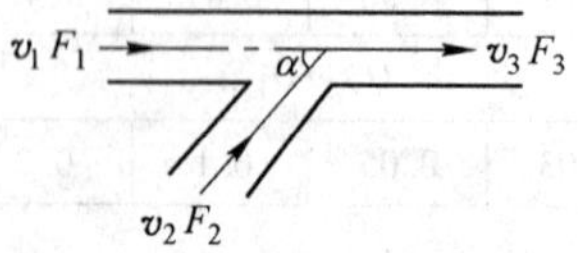 $F_1+F_2>F_3$ $F_1=F_3$ $\alpha=30°$		F_2/F_3						
			$Q_{V,2}/Q_{V,3}$	0.1	0.2	0.3	0.4	0.5	0.8	1.0
				ζ_2						
			0	-1.00	-1.00	-1.00	-1.00	-1.00	-1.00	-1.00
			0.1	0.21	-0.46	-0.57	-0.60	-0.62	-0.63	-0.63
			0.2	3.10	0.37	-0.06	-0.20	-0.28	-0.30	-0.35
			0.3	7.60	1.50	0.50	0.20	0.05	-0.08	-0.10
			0.4	13.5	2.92	1.15	0.59	0.26	0.18	0.16
			0.5	21.2	4.58	1.78	0.97	0.44	0.35	0.27
			0.6	30.4	6.42	2.60	1.37	0.64	0.46	0.31
			0.7	41.3	8.50	3.40	1.77	0.76	0.50	0.40
			0.8	53.8	11.5	4.22	2.14	0.85	0.53	0.45
			0.9	58.0	14.2	5.30	2.58	0.89	0.52	0.40
			1.0	83.7	17.3	6.33	2.92	0.89	0.39	0.27
			$Q_{V,2}/Q_{V,3}$	ζ_1						
			0	0	0	0	0	0	0	0
			0.1	0.02	0.11	0.13	0.15	0.16	0.17	0.17
			0.2	-0.33	0.01	0.013	0.018	0.20	0.24	0.29
			0.3	-1.10	-0.25	-0.01	0.10	0.22	0.24	0.29
			0.4	-2.15	-0.75	-0.30	-0.05	0.17	0.26	0.36
			0.5	-3.60	-1.43	-0.70	-0.35	0.00	0.21	0.32
			0.6	-5.40	-2.35	-1.25	-0.70	-0.20	0.06	0.25
			0.7	-7.60	-3.40	-1.95	-1.20	-0.50	-0.15	0.10
			0.8	-10.1	-4.61	-2.74	-1.82	-0.90	-0.43	-0.15
			0.9	-13.0	-6.02	-3.70	-2.55	-1.40	-0.80	-0.45
			1.0	-16.3	-7.70	-7.45	-3.35	-1.90	-1.17	-0.75

续表

序号	名称	图形	局部阻力系数（按图内所示的速度值 v_0 计算）						
22	合流三通	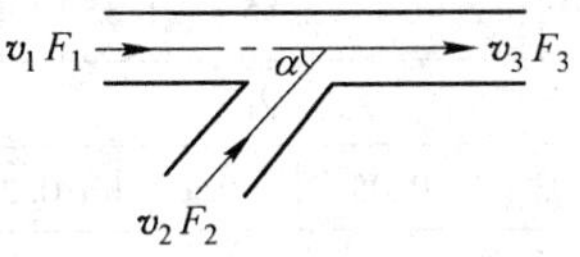 $F_1+F_2=F_3$ $\alpha=45°$	F_2/F_3	$Q_{V,2}/Q_{V,3}$					
				0.00	0.03	0.05	0.1	0.2	0.3
				ζ_2					
			0.06	-1.12	-0.70	-0.20	1.82	10.3	23.8
			0.10	-1.22	-1.00	-0.78	0.06	3.00	7.64
			0.20	-1.50	-1.40	-1.25	-0.85	0.12	1.42
			0.33	-2.00	-1.82	-1.69	-1.38	-0.66	-0.10
			0.50	-3.00	-2.80	-2.60	-2.24	-1.50	-0.85
			F_2/F_3	ζ_1					
			0.06	0.00	0.05	0.05	-0.05	-0.59	-0.65
			0.10	0.06	0.10	0.12	0.11	-0.15	-0.71
			0.20	0.20	0.25	0.30	0.30	0.26	0.04
			0.33	0.37	0.42	0.45	0.48	0.50	0.40
			0.50	1.30	1.30	1.30	1.27	1.20	1.10
			F_2/F_3	$Q_{V,2}/Q_{V,3}$					
				0.4	0.5	0.6	0.7	0.8	1.0
				ζ_2					
			0.06	42.4	64.3	—	—	—	—
			0.10	13.9	22.0	31.9	—	—	—
			0.20	3.00	4.86	7.05	9.50	12.4	—
			0.33	0.70	1.48	2.24	3.10	3.95	5.76
			0.50	-0.30	-0.24	0.79	1.26	1.60	2.18
			F_2/F_3	ζ_1					
			0.06	-3.21	-5.13	—	—	—	—
			0.10	-1.55	-2.71	-3.73	—	—	—
			0.20	-0.33	-0.86	-1.52	-2.40	-3.42	—
			0.33	0.20	0.12	-0.50	-1.01	-1.60	-3.10
			0.50	0.90	0.61	0.22	-0.20	-0.68	-1.52

序号	名称	图形	$Q_{V,2}/Q_{V,3}$	F_2/F_3						
23	合流三通	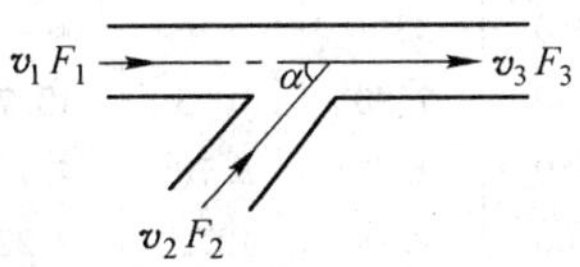 $F_1+F_2>F_3$ $F_1=F_3$ $\alpha=45°$		0.1	0.2	0.3	0.4	0.5	0.8	1.0
				ζ_2						
			0	-1.00	-1.00	-1.00	-1.00	-1.00	-1.00	-1.00
			0.1	0.24	-0.45	-0.56	-0.59	-0.61	-0.62	-0.62
			0.2	3.15	0.54	-0.02	-0.17	-0.26	-0.28	-0.29
			0.3	8.00	1.64	0.60	0.30	0.08	0.00	-0.03
			0.4	14.00	3.15	1.30	0.72	0.35	0.25	0.21
			0.5	21.90	5.00	2.10	1.18	0.60	0.45	0.40
			0.6	31.60	6.90	2.97	1.65	0.85	0.60	0.53
			0.7	42.90	9.20	3.90	2.15	1.02	0.70	0.60
			0.8	55.9	12.4	4.90	2.66	1.20	0.74	0.66
			0.9	70.6	15.4	6.20	3.20	1.30	0.79	0.64
			1.0	86.9	18.9	7.40	3.71	1.42	0.81	0.59

续表

序号	名称	图形	局部阻力系数(按图内所示的速度值 v_0 计算)
23	合流三通	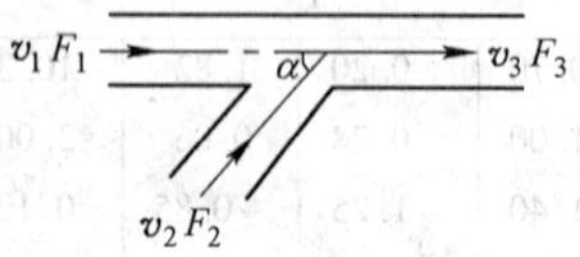 $F_1+F_2>F_3$ $F_1=F_3$ $\alpha=45°$	见下表

$Q_{V,2}/Q_{V,3}$	ζ_1						
0	0	0	0	0	0	0	0
0.1	0.05	0.12	0.14	0.16	0.17	0.17	0.17
0.2	-0.20	0.17	0.22	0.27	0.27	0.29	0.31
0.3	-0.76	-0.13	0.08	0.20	0.28	0.32	0.40
0.4	-1.65	-0.50	-0.12	0.08	0.26	0.36	0.41
0.5	-2.77	-1.00	-0.49	-0.13	0.16	0.30	0.40
0.6	-4.30	-1.70	-0.87	-0.45	-0.04	0.20	0.33
0.7	-6.05	-2.60	-1.40	-0.85	-0.25	0.08	0.25
0.8	-8.10	-3.56	-2.10	-1.30	-0.55	-0.17	0.06
0.9	10.0	-4.75	-2.80	-1.90	-0.88	-0.40	-0.18
1.0	-13.2	-6.10	-3.70	-2.55	-1.35	-0.77	-0.42

序号	名称	图形	局部阻力系数(按图内所示的速度值 v_0 计算)
24	合流三通	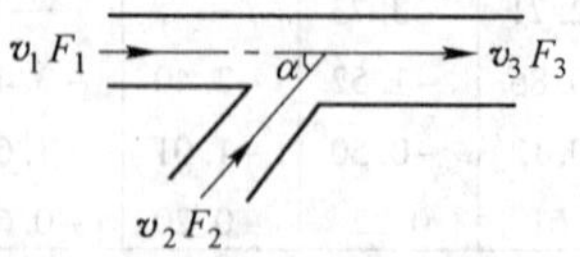 $F_1+F_2=F_3$ $\alpha=60°$	见下表

F_2/F_3	$Q_{V,2}/Q_{V,3}$					
	0.00	0.03	0.05	0.1	0.2	0.3
	ζ_2					
0.06	-1.12	-0.72	-0.20	2.00	10.6	24.5
0.10	-1.22	-1.00	-0.68	0.01	3.18	8.01
0.20	-1.50	-1.25	-1.19	-0.83	0.20	1.52
0.33	-2.00	-1.81	-1.69	-1.37	-0.67	0.09
0.50	-3.00	-2.80	-2.60	-2.13	-1.38	-0.68
F_2/F_3	ζ_1					
0.06	0.00	0.05	0.05	-0.03	-0.32	-1.10
0.10	0.01	0.06	0.09	0.10	-0.03	-0.38
0.20	0.06	0.10	0.14	0.19	0.20	0.09
0.33	0.33	0.39	0.41	0.45	0.49	0.45
0.50	1.25	1.25	1.25	1.23	1.17	1.01

F_2/F_3	$Q_{V,2}/Q_{V,3}$					
	0.4	0.5	0.6	0.7	0.8	1.0
	ζ_2					
0.06	43.5	68.0	—	—	—	—
0.10	14.6	23.0	33.1	—	—	—
0.20	3.30	5.40	7.80	10.5	13.7	—
0.33	0.91	1.80	2.73	3.70	4.70	6.60
0.50	-0.02	0.60	1.18	1.72	2.22	3.10
F_2/F_3	ζ_1					
0.06	-2.03	-3.42	—	—	—	—
0.10	-0.96	-1.75	-2.75	—	—	—
0.20	-0.14	-0.50	-0.95	-1.50	-2.20	—
0.33	0.34	0.16	-0.10	-0.47	-0.85	-1.90
0.50	0.90	0.75	0.48	0.22	-0.05	-0.78

续表

序号	名称	图形	局部阻力系数(按图内所示的速度值 v_0 计算)							
25	合流三通	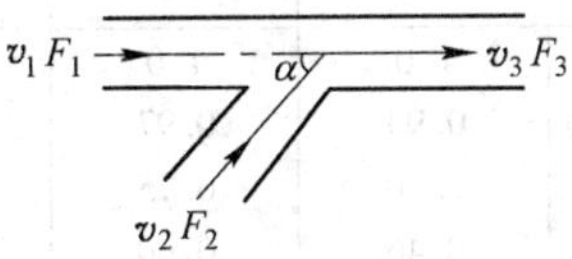 $F_1+F_2>F_3$ $F_1=F_3$ $\alpha=60°$		F_2/F_3						
			$Q_{V,2}/Q_{V,3}$	0.1	0.2	0.3	0.4	0.5	0.8	1.0
				ζ_2						
			0	-1.00	-1.00	-1.00	-1.00	-1.00	-1.00	-1.00
			0.1	0.26	-0.42	-0.54	-0.58	-0.61	-0.62	-0.62
			0.2	3.35	0.55	0.03	-0.13	-0.23	-0.26	-0.26
			0.3	8.20	1.85	0.75	0.40	0.10	0.00	-0.01
			0.4	14.7	3.50	1.55	0.92	0.45	0.35	0.28
			0.5	23.0	5.50	2.40	1.44	0.78	0.58	0.50
			0.6	33.1	7.90	3.50	2.05	1.08	0.80	0.68
			0.7	44.9	10.0	4.60	2.70	1.40	0.98	0.84
			0.8	58.5	13.7	5.80	3.32	1.64	1.12	0.92
			0.9	78.9	17.2	7.65	4.05	1.92	1.20	0.99
			1.0	91.0	21.0	9.70	4.70	2.11	1.35	1.00
			$Q_{V,2}/Q_{V,3}$	ζ_1						
			0	0	0	0	0	0	0	0
			0.1	0.09	0.14	0.16	0.17	0.17	0.18	0.18
			0.2	0.00	0.16	0.23	0.26	0.29	0.31	0.32
			0.3	-0.40	0.06	0.22	0.30	0.32	0.41	0.42
			0.4	-1.00	-0.16	0.11	0.24	0.37	0.44	0.48
			0.5	-1.75	-0.50	-0.08	0.13	0.33	0.44	0.50
			0.6	-2.80	-0.95	-0.35	-0.10	0.25	0.40	0.48
			0.7	-4.00	-1.55	-0.70	-0.03	0.08	0.28	0.42
			0.8	-5.44	-2.24	-1.17	-0.64	-0.11	0.16	0.32
			0.9	-7.20	-3.08	-1.70	-1.02	-0.38	-0.08	0.18
			1.0	9.00	-4.00	-2.30	-1.50	-0.68	-0.28	0.00
26	直角三通	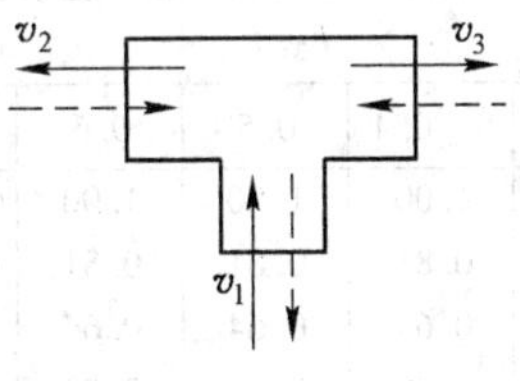	v_2/v_1	0.6	0.8	1.0	1.2	1.4	1.6	
			ζ_{12}	1.18	1.32	1.50	1.72	1.98	2.28	
			ζ_{21}	0.6	0.8	1.0	1.6	1.9	2.5	
27	分流三通(支管)	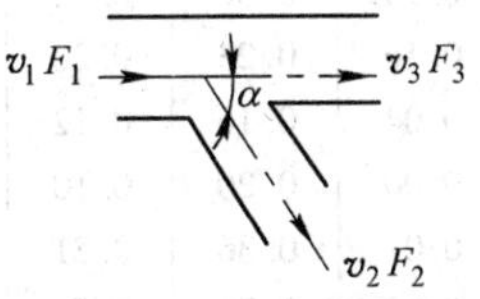 $F_2+F_3=F_1$ $\alpha=0\sim90°$	α/(°)	v_2/v_1						
				0.1	0.2	0.3	0.4	0.5	0.6	
			15	0.81	0.65	0.51	0.38	0.28	0.19	
			30	0.84	0.69	0.56	0.44	0.34	0.26	
			45	0.87	0.74	0.63	0.54	0.45	0.38	
			60	0.90	0.82	0.79	0.66	0.59	0.53	
			90	1.00	1.00	1.00	1.00	1.00	1.00	

续表

序号	名称	图形	局部阻力系数(按图内所示的速度值 v_0 计算)							
			α/(°)	v_2/v_1						
				0.8	1.0	1.2	1.4	1.6	1.8	2.0
27	分流三通(支管)	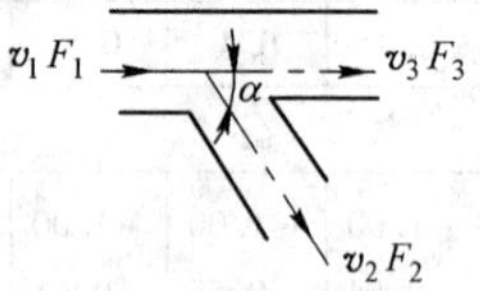 $F_2+F_3=F_1$ $\alpha=0\sim90°$	15	0.06	0.03	0.06	0.13	0.35	0.63	0.98
			30	0.16	0.11	0.13	0.23	0.37	0.60	0.89
			45	0.28	0.23	0.22	0.28	0.38	0.53	0.73
			60	0.43	0.36	0.32	0.43	0.33	0.37	0.44
			90	1.00	1.00	1.00	1.00	1.00	1.00	1.00

序号	名称	图形	v_2/v_1	α/(°)			
				15	30	45	60
28	分流三通(支管)	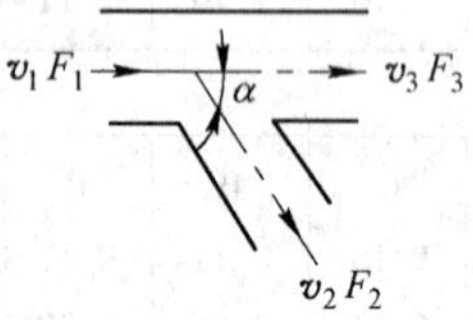 $F_2+F_3>F_1$ $F_1=F_3$	0	1.0	1.0	1.0	1.0
			0.1	0.92	0.94	0.97	1.0
			0.2	0.65	0.70	0.75	0.84
			0.4	0.38	0.46	0.60	0.76
			0.6	0.20	0.31	0.50	0.65
			0.8	0.09	0.25	0.51	0.80
			1.0	0.07	0.27	0.58	1.0
			1.2	0.12	0.36	0.74	1.23
			1.4	0.24	0.70	0.98	1.54
			1.6	0.46	0.80	1.30	1.98
			2.0	1.10	1.52	2.16	3.00
			2.6	2.75	3.23	4.10	5.15
			3.0	7.20	7.40	7.80	8.10
			4.0	14.1	14.2	14.8	15.0
			5.0	23.2	23.5	23.8	24.0
			6.0	34.2	34.5	35.0	35.0
			8.0	62.0	62.7	63.0	63.0

序号	名称	图形	α/(°)	No. 1	No. 2					
				15 ~ 90	15 ~ 60	90°				
			v_3/v_1	F_3/F_1						
				0 ~ 1.0	0 ~ 1.0	0 ~ 0.4	0.5	0.6	0.7	>0.8
29	分流三通(直管)	$\alpha=0\sim90°$ No.1 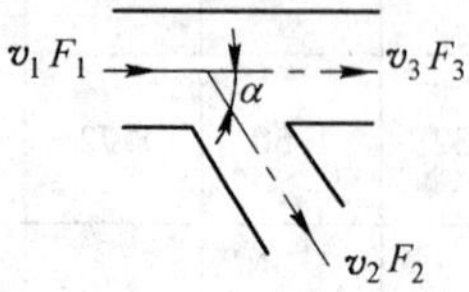 $F_2+F_3>F_1$ No.2 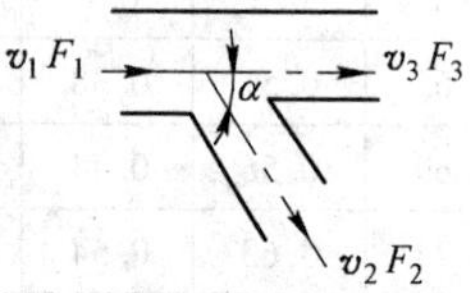 $F_2+F_3=F_1$	0	0.40	1.00	1.00	1.00	1.00	1.00	1.00
			0.1	0.32	0.81	0.81	0.81	0.81	0.81	0.81
			0.2	0.26	0.64	0.64	0.64	0.64	0.64	0.64
			0.3	0.20	0.50	0.50	0.52	0.52	0.50	0.50
			0.4	0.15	0.36	0.36	0.40	0.38	0.37	0.36
			0.5	0.10	0.25	0.25	0.30	0.28	0.26	0.25
			0.6	0.06	0.16	0.16	0.23	0.20	0.18	0.16
			0.8	0.02	0.04	0.04	0.16	0.12	0.07	0.04
			1.0	0.00	0.00	0.00	0.20	0.10	0.05	0.00
			1.2	—	0.07	0.07	0.36	0.21	0.14	0.07
			1.4	—	0.39	0.39	0.78	0.59	0.49	—
			1.6	—	0.90	0.90	1.36	1.15	—	—
			1.8	—	1.78	1.78	2.43	—	—	—
			2.0	—	3.20	3.20	4.00	—	—	—

续表

序号	名称	图　形	局部阻力系数(按图内所示的速度值 v_0 计算)

30　矩形三通

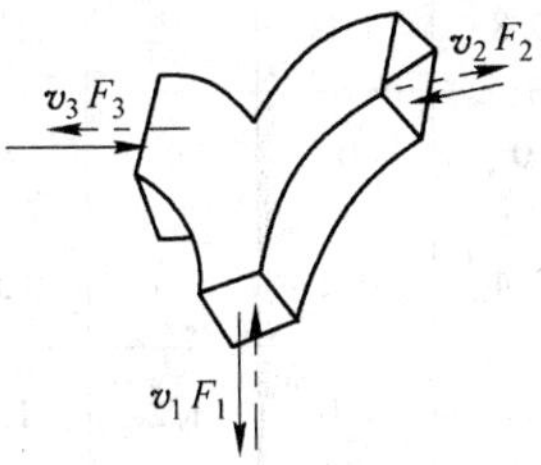

$\frac{F_2}{F_1}$	0.5	1
分流	0.304	0.247
合流	0.233	0.072

31　圆形三通

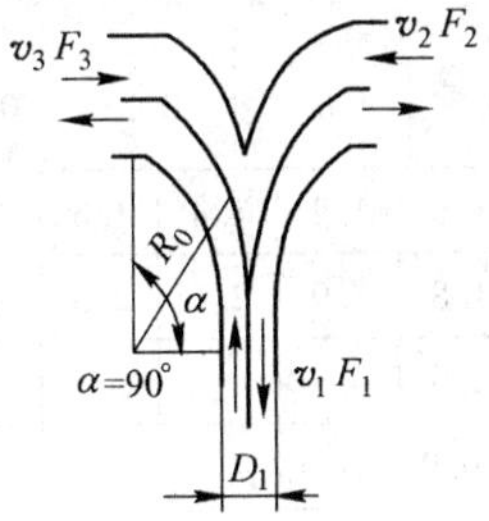

合流($R_0/D_1=2$)

$Q_{V,3}/Q_{V,1}$	0	0.10	0.20	0.30	0.40	0.50
ζ_1	-0.13	-0.10	-0.07	-0.03	0	0.03
$Q_{V,3}/Q_{V,1}$	0.60	0.70	0.80	0.90	1.0	
ζ_1	0.03	0.03	0.03	0.05	0.08	

分流($F_3/F_1=0.5$;$Q_{V,3}/Q_{V,1}=0.5$)

R_0/D_1	0.5	0.75	1.0	1.5	2.0
ζ_1	1.10	0.60	0.40	0.25	0.20

32　90°矩形断面吸入三通

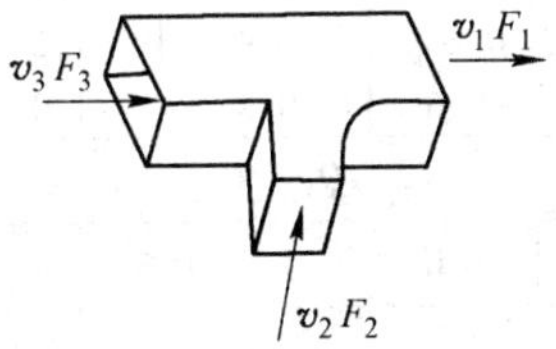

$\frac{Q_{V,2}}{Q_{V,1}}$	F_2/F_3			F_2/F_3	
	0.25	0.5	1.0	0.5	1.0
	ζ_2			ζ_3	
0.1	-0.60	-0.60	-0.60	0.20	0.20
0.2	0.00	-0.20	-0.30	0.20	0.22
0.3	0.40	0.00	-0.10	0.10	0.25
0.4	1.20	0.25	0.00	0.00	0.24
0.5	2.30	0.40	0.10	-0.10	0.20
0.6	3.60	0.70	0.20	-0.20	0.18
0.7		1.00	0.30	-0.30	0.15
0.8		1.50	0.40	-0.40	0.00

33　90°矩形断面送出三通

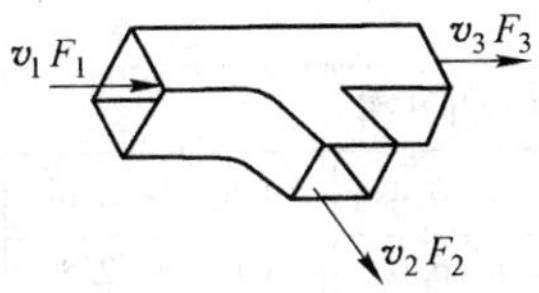

$\frac{Q_{V,2}}{Q_{V,1}}$	F_2/F_1				F_2/F_1	
	0.5	1.0	0.5	1.0	0.25	
	ζ_2			ζ_3		
0.1	0.70	0.61	0.65	0.68	—	—
0.2	0.50	0.50	0.55	0.56	—	—
0.3	0.60	0.40	0.40	0.45	—	—
0.4	0.80	0.40	0.35	0.40	0.05	0.03
0.5	1.25	0.50	0.35	0.30	0.15	0.05
0.6	2.00	0.60	0.38	0.29	0.20	0.12
0.7	—	0.80	0.45	0.29	0.30	0.20
0.8	—	1.05	0.58	0.30	0.40	0.29
0.9	—	1.50	0.75	0.38	0.46	0.35

续表

序号	名称	图形	局部阻力系数（按图内所示的速度值 v_0 计算）						
34	压出四通	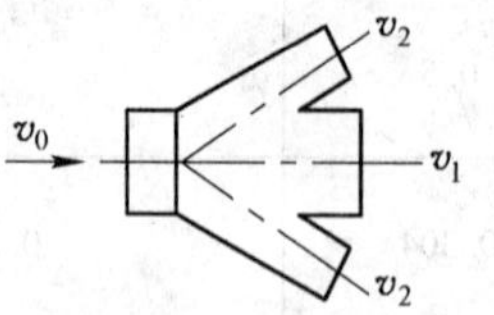	v_2/v_1	0.6	0.8	1.0	1.2	1.4	1.6
			ζ_1	0	0	0	0	0	0
			ζ_2	1.0	0.4	0.2	0.1	0.05	0
35	吸入四通	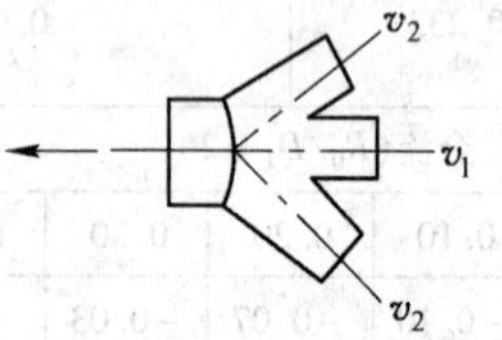	v_2/v_1	0.6	0.8	1.0	1.2	1.4	1.6
			ζ_1	0.4	0.35	0.2	0.1	0	0
			ζ_2	−1.8	−0.7	0	0.1	0.25	0.35

序号	名称	图形										
36	侧孔送风	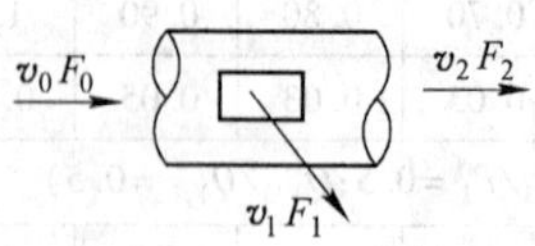	v_1/v_0	0.6	0.8	1.0	1.2	1.4	1.6	1.8	2.0	2.2
			ζ_0	1.7	1.7	1.8	1.9	2.1	2.3	2.6	3.0	3.5
			v_1/v_0	0.4	0.5	0.6	0.8					
			ζ_1	0.06	0.01	−0.03	−0.06					

序号	名称	图形	F_2/F_1	$Q_{V,2}/Q_{V,0}$ 0.1	0.2	0.3	0.4	0.5
37	侧孔吸风	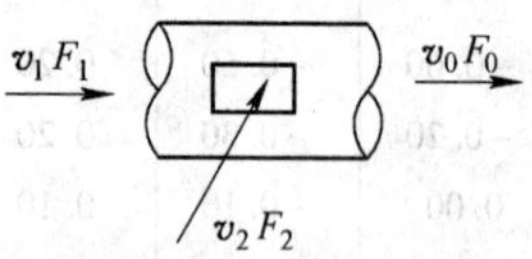		ζ_0				
			0.1	0.8	1.3	1.4	1.4	1.4
			0.2	−1.4	0.9	1.3	1.4	1.4
			0.4	−9.5	0.2	0.9	1.2	1.3
			0.6	−21.2	−2.5	0.3	1.0	1.2
			F_2/F_1	$Q_{V,2}/Q_{V,0}$ 0.1	0.2	0.3	0.4	
				ζ_1				
			0.1	0.1	−0.1	−0.8	−2.56	
			0.2	0.1	0.2	−0.01	−0.6	
			0.4	0.2	0.3	0.3	0.2	
			0.6	0.2	0.3	0.4	0.4	
38	侧面送风口	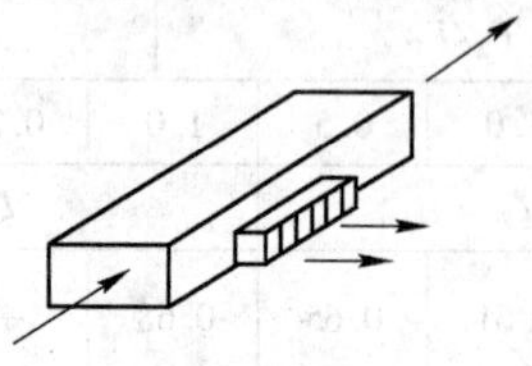	$\zeta = 2.04$					

序号	名称	图形	v	开孔率 0.2	0.3	0.4	0.5	0.6	
39	孔板送风口	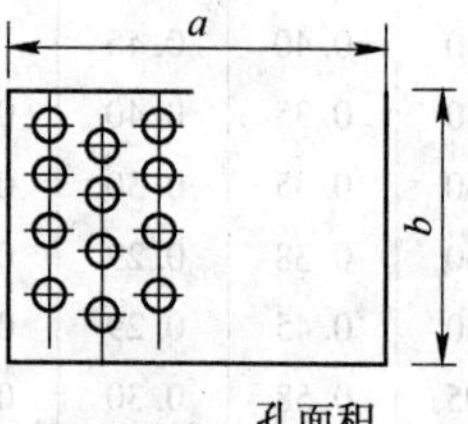 开孔率 $=\dfrac{孔面积}{a\times b}$	0.5	30	12	6.0	3.6	2.3	$\Delta p=\zeta\dfrac{v^2\rho}{2}$ v 为面风速
			1.0	33	13	6.8	4.1	2.7	
			1.5	35	14.5	7.4	4.6	3.0	
			2.0	39	15.5	7.8	4.9	3.2	
			2.5	40	16.5	8.3	5.2	3.4	
			3.0	41	17.5	8.0	5.5	3.7	

续表

<table>
<tr><th>序号</th><th>名称</th><th>图　形</th><th colspan="7">局部阻力系数(按图内所示的速度值 v_0 计算)</th></tr>
<tr><td rowspan="5">40</td><td rowspan="5">风管入口(装设圆形排风罩)</td><td rowspan="5">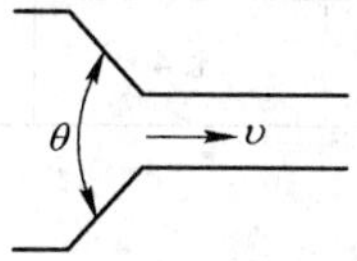</td><td colspan="3" rowspan="5">$\theta/(°)$</td><td colspan="2">20</td><td colspan="2">0.02</td></tr>
<tr><td colspan="2">40</td><td colspan="2">0.03</td></tr>
<tr><td colspan="2">60</td><td colspan="2">0.05</td></tr>
<tr><td colspan="2">90</td><td colspan="2">0.11</td></tr>
<tr><td colspan="2">120</td><td colspan="2">0.20</td></tr>
<tr><td rowspan="5">41</td><td rowspan="5">风管入口(装设矩形排风罩)</td><td rowspan="5">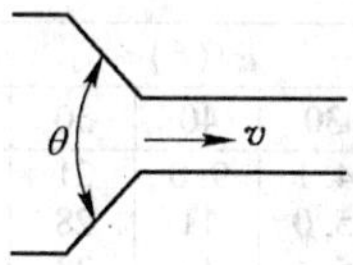</td><td colspan="3" rowspan="5">$\theta/(°)$</td><td colspan="2">20</td><td colspan="2">0.13</td></tr>
<tr><td colspan="2">40</td><td colspan="2">0.08</td></tr>
<tr><td colspan="2">60</td><td colspan="2">0.12</td></tr>
<tr><td colspan="2">90</td><td colspan="2">0.19</td></tr>
<tr><td colspan="2">120</td><td colspan="2">0.27</td></tr>
<tr><td rowspan="4">42</td><td rowspan="4">风管入口(装设孔板)</td><td rowspan="4">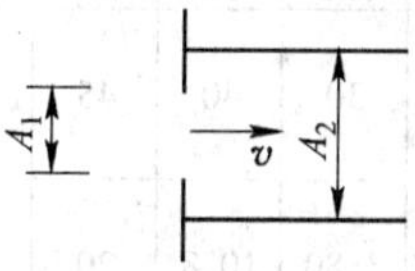</td><td colspan="3" rowspan="4">$\frac{A_1}{A_2}$</td><td colspan="2">0.4</td><td colspan="2">9.61</td></tr>
<tr><td colspan="2">0.6</td><td colspan="2">3.08</td></tr>
<tr><td colspan="2">0.8</td><td colspan="2">1.17</td></tr>
<tr><td colspan="2">1.0</td><td colspan="2">0.48</td></tr>
<tr><td rowspan="2">43</td><td rowspan="2">带外挡板的条缝形送风口</td><td rowspan="2">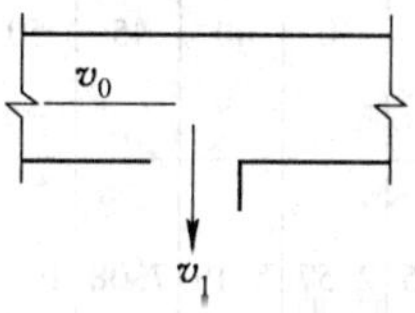</td><td>v_1/v_0</td><td>0.6</td><td>0.8</td><td>1.0</td><td>1.2</td><td>1.5</td><td>2.0</td></tr>
<tr><td>ζ_1</td><td>2.73</td><td>3.3</td><td>4.0</td><td>4.9</td><td>6.5</td><td>10.4</td></tr>
<tr><td>44</td><td>单面空气分布器</td><td>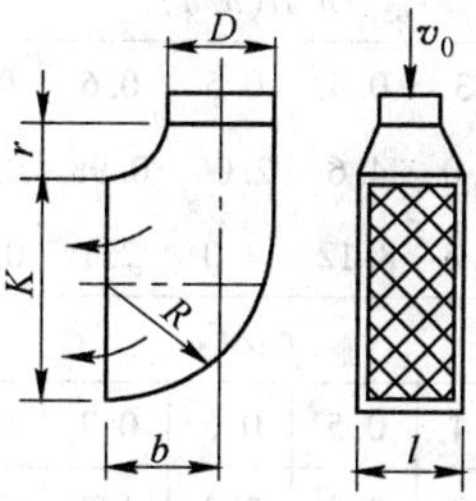</td><td colspan="7">当网络净面积为80%时　$r=0.2D$　$R=1.2D$
$b=0.7D$　$l=1.25D$
$\zeta=1.0$　$K=1.8D$</td></tr>
<tr><td>45</td><td>双面空气分布器</td><td>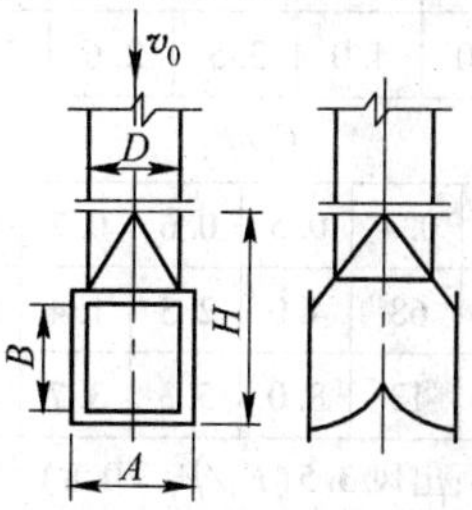</td><td colspan="7">一般　$\zeta=1.0$
防火　$\zeta=3.5$</td></tr>
</table>

续表

序号	名称	图形	局部阻力系数(按图内所示的速度值 v_0 计算)

46 散流器(盘式)

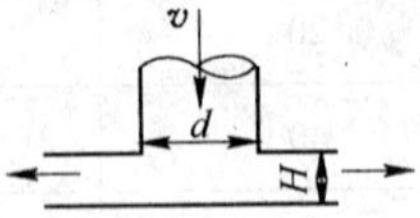

H/d	0.2	0.4	0.6~1.0
ζ	3.4	1.4	1.05

47 散流器

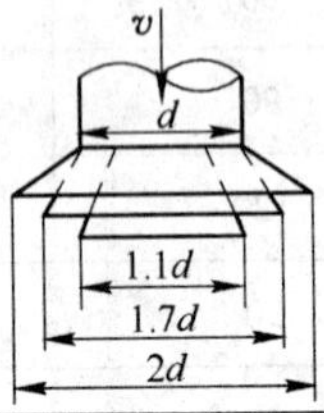

1.0

48 矩形风道对开式阀

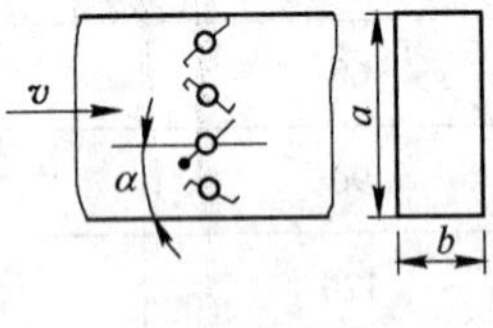

n—叶片数

$\frac{nb}{2(a+b)}$	α/(°) 0	10	20	30	40	50	60	70	80
0.3	0.52	0.85	2.1	4.1	9.0	21	73	284	807
0.4	0.52	0.92	2.2	5.0	11	28	100	332	915
0.5	0.52	1.0	2.3	5.4	13	33	122	377	1045
0.6	0.52	1.0	2.3	6.0	14	38	148	411	1121
0.8	0.52	1.1	2.4	6.6	18	54	188	495	1299
1.0	0.52	1.2	2.7	7.3	21	65	245	547	1521
1.5	0.52	1.4	3.2	9.0	28	107	361	677	1654

49 圆形风道内蝶阀

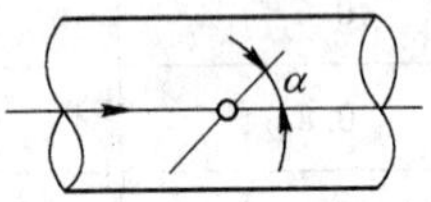

α/(°)	10	15	20	30	40	45	50	60	70
ζ	0.52	0.95	1.54	3.80	10.8	20	35	118	751

50 矩形风道内四平行叶片阀

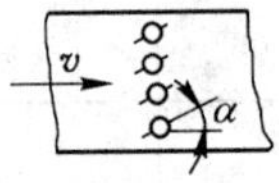

α/(°)	0	10	15	20	30	40	45	50	60	70	75
ζ	0.83	0.93	1.05	1.35	2.57	5.19	7.08	10.4	23.9	70.2	114

51 插板阀

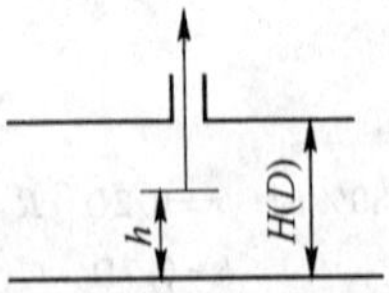

	$h/H(h/d)$ 0.1	0.2	0.3	0.4	0.5	0.6	0.7	0.8	0.9
圆管	97.8	35	10.0	4.6	2.06	0.98	0.44	0.17	0.06
矩形管	193	44.5	17.8	8.12	4.0	2.1	0.95	0.39	0.09

52 固定直百叶风口

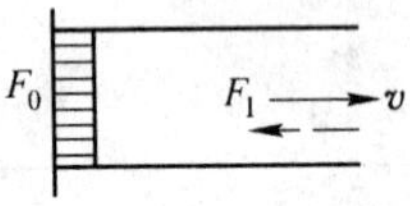

ζ	F_0/F_1 0.2	0.3	0.4	0.5	0.6	0.7	0.8	0.9	1.0
进风	33	13	6.0	3.8	2.2	1.3	0.8	0.52	0.5
出风	33	14	7.0	4.0	3.5	2.6	2.0	1.75	1.05

53 固定斜百叶风口

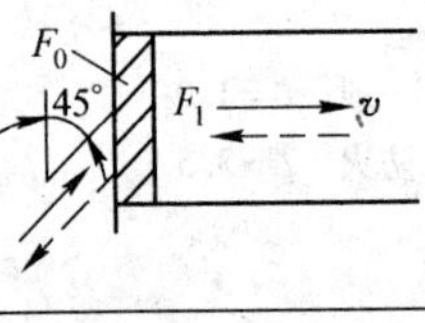

ζ	F_0/F_1 0.1	0.2	0.3	0.4	0.5	0.6	0.7	0.8	0.9	1.0
进风	—	45	17	68	4.0	2.3	1.4	0.9	0.6	0.5
出风	—	58	24	13	8.0	5.3	3.7	2.7	2.0	1.5

序号	名称	局部阻力系数
54	活动百叶风口,同上	进风 1.4;出风 3.5($F_0/F_1=0.8$)

附录 11　通风管道统一规格

圆形通风管道规格

<table>
<tr><th rowspan="2">外径 D /mm</th><th colspan="2">钢板制风管</th><th colspan="2">塑料制风管</th><th rowspan="2">外径 D /mm</th><th colspan="2">除尘风管</th><th colspan="2">气密性风管</th></tr>
<tr><th>外径允许偏差 /mm</th><th>壁厚 /mm</th><th>外径允许偏差 /mm</th><th>壁厚 /mm</th><th>外径允许偏差 /mm</th><th>壁厚 /mm</th><th>外径允许偏差 /mm</th><th>壁厚 /mm</th></tr>
<tr><td>100</td><td rowspan="26">±1</td><td rowspan="6">0.5</td><td rowspan="26">±1</td><td rowspan="6">3.0</td><td>560</td><td rowspan="26">±1</td><td rowspan="7">1.0</td><td rowspan="12">±1.5</td><td>4.0</td></tr>
<tr><td>120</td><td>630</td><td rowspan="6">5.0</td></tr>
<tr><td>140</td><td>700</td></tr>
<tr><td>160</td><td>800</td></tr>
<tr><td>180</td><td>900</td></tr>
<tr><td>200</td><td>1000</td></tr>
<tr><td>220</td><td rowspan="8">0.75</td><td rowspan="8">4.0</td><td>1120</td><td rowspan="5">6.0</td></tr>
<tr><td>250</td><td>1250</td><td rowspan="5">1.2～1.5</td></tr>
<tr><td>280</td><td>1400</td></tr>
<tr><td>320</td><td>1600</td></tr>
<tr><td>360</td><td>1800</td></tr>
<tr><td>400</td><td>2000</td></tr>
<tr><td>450</td><td>80
90
100</td><td rowspan="2">1.5</td><td rowspan="2">±1</td><td rowspan="2">2.0</td></tr>
<tr><td>500</td><td>110
120</td></tr>
<tr><td>(130)
140</td><td rowspan="12">1.5</td><td rowspan="12">2.0</td><td>(530)
560</td><td rowspan="9">2.0</td><td rowspan="12">±1</td><td rowspan="9">3.0～4.0</td></tr>
<tr><td>(150)
160</td><td>(600)
630</td></tr>
<tr><td>(170)
180</td><td>(670)
700</td></tr>
<tr><td>(190)
200</td><td>(750)
800</td></tr>
<tr><td>(210)
220</td><td>(850)
900</td></tr>
<tr><td>(240)
250</td><td>(950)
1000</td></tr>
<tr><td>(260)
280</td><td>(1060)
1120</td></tr>
<tr><td>(300)
320</td><td>(1180)
1250</td></tr>
<tr><td>(340)
360</td><td>(1320)
1400</td></tr>
<tr><td>(380)
340</td><td>(1500)
1600</td><td rowspan="3">3.0</td><td rowspan="3">4.0～6.0</td></tr>
<tr><td>(420)
450</td><td>(1700)
1800</td></tr>
<tr><td>(480)
500</td><td>(1900)
2000</td></tr>
</table>

矩形通风管道规格

<table>
<tr><th rowspan="2">外边长
$A \times B$/mm</th><th colspan="2">钢板制风管</th><th colspan="2">塑料制风管</th><th rowspan="2">外边长
$A \times B$/mm</th><th colspan="2">除尘风管</th><th colspan="2">气密性风管</th></tr>
<tr><th>外边长
/mm</th><th>壁厚
/mm</th><th>外边长
/mm</th><th>壁厚
/mm</th><th>外边长
/mm</th><th>壁厚
/mm</th><th>外边长
/mm</th><th>壁厚
/mm</th></tr>
<tr><td>120×120</td><td rowspan="27">−2</td><td rowspan="6">0.5</td><td rowspan="24">−2</td><td rowspan="14">3.0</td><td>630×500</td><td rowspan="27">−2</td><td rowspan="12">1.0</td><td rowspan="27">−3</td><td rowspan="6">5.0</td></tr>
<tr><td>160×120</td><td>630×630</td></tr>
<tr><td>160×160</td><td>800×320</td></tr>
<tr><td>200×120</td><td>800×400</td></tr>
<tr><td>200×160</td><td>800×500</td></tr>
<tr><td>200×200</td><td>800×630</td></tr>
<tr><td>250×120</td><td rowspan="18">0.75</td><td>800×800</td><td rowspan="12">6.0</td></tr>
<tr><td>250×160</td><td>1000×320</td></tr>
<tr><td>250×200</td><td>1000×400</td></tr>
<tr><td>250×250</td><td>1000×500</td></tr>
<tr><td>320×160</td><td>1000×630</td></tr>
<tr><td>320×200</td><td>1000×800</td></tr>
<tr><td>320×250</td><td>1000×1000</td><td rowspan="15">1.2</td></tr>
<tr><td>320×320</td><td>1250×400</td></tr>
<tr><td>400×200</td><td rowspan="10">4.0</td><td>1250×500</td></tr>
<tr><td>400×250</td><td>1250×630</td></tr>
<tr><td>400×320</td><td>1250×800</td></tr>
<tr><td>400×400</td><td>1250×1000</td><td rowspan="9">8.0</td></tr>
<tr><td>500×200</td><td>1600×500</td></tr>
<tr><td>500×250</td><td>1600×630</td></tr>
<tr><td>500×320</td><td>1600×800</td></tr>
<tr><td>500×400</td><td>1600×1000</td></tr>
<tr><td>500×500</td><td>1600×1250</td></tr>
<tr><td>630×250</td><td rowspan="3">1.0</td><td rowspan="3">−3.0</td><td rowspan="3">5.0</td><td>2000×800</td></tr>
<tr><td>630×320</td><td>2000×1000</td></tr>
<tr><td>630×400</td><td>2000×1250</td></tr>
</table>

附录12　在自然循环上供下回双管热水供暖系统中，由于水在管路内冷却而产生的附加压力(Pa)

系统的水平距离/m	锅炉到散热器的高度/m	自总立管至计算立管之间的水平距离/m					
		<10	10~20	20~30	30~50	50~75	75~100
1	2	3	4	5	6	7	8
未保温的明装立管 (1)1层或2层的房屋							
25以下	7以下	100	100	150			
25~50	7以下	100	100	150	200		
50~75	7以下	100	100	150	150	200	
75~100	7以下	100	100	150	150	200	250
(2)3层或4层房屋							
25以下	15以下	250	250	250			
25~50	15以下	250	250	300	350		
50~75	15以下	250	250	250	300	350	
75~100	15以下	250	250	250	300	350	400
(3)高于4层的房屋							
25以下	7以下	450	500	550			
25以下	大于7	300	350	450			
25~50	7以下	550	600	650	750		
25~50	大于7	400	450	300	550		
50~75	7以下	550	550	600	650	750	
50~75	大于7	400	400	450	500	700	
75~100	7以下	550	550	550	600	650	700
75~100	大于7	400	400	400	450	600	650
未保温的暗装立管 (1)1层或2层的房屋							
25以下	7以下	80	100	130			
25~50	7以下	80	80	130	150		
50~75	7以下	80	80	100	130	180	
75~100	7以下	80	80	80	130	180	230
(2)3层或4层房屋							
25以下	15以下	180	200	280			
25~50	15以下	180	200	250	300		
50~75	15以下	150	180	200	250	300	
75~100	15以下	150	150	180	230	280	330
(3)高于4层的房屋							
25以下	7以下	300	350	380			
25以下	大于7	200	250	300			
25~50	7以下	350	400	430	530		
25~50	大于7	250	300	330	380		
50~75	7以下	350	350	400	430	330	
50~75	大于7	250	250	300	330	380	
75~100	7以下	350	350	380	400	480	530
75~100	大于7	250	250	280	300	350	450

注：1. 在下供下回式系统中，不计算水在管路中冷却而产生的附加作用压力值。

2. 在单管式系统中，附加值采用本附录所示相应值的50%。

参考文献

[1] 付祥钊. 流体输配管网[M]. 3版. 北京:中国建筑工业出版社,2010.
[2] 龙天渝,蔡增基. 流体力学[M]. 北京:中国建筑工业出版社,2004.
[3] 屠大燕. 流体力学与流体机械[M]. 北京:中国建筑工业出版社,1994.
[4] 刘鹤年. 流体力学[M]. 北京:中国建筑工业出版社,2001.
[5] 林建忠,等. 流体力学[M]. 北京:清华大学出版社,2005.
[6] 归柯庭,等. 工程流体力学[M]. 北京:科学出版社,2010.
[7] 清华大学工程力学系. 流体力学基础[M]. 北京:机械工业出版社,1980.
[8] 龚光彩. 流体输配管网[M]. 北京:机械工业出版社,2008.
[9] 谭洪艳. 燃气输配工程[M]. 北京:冶金工业出版社,2008.
[10] 王汉青. 通风工程[M]. 北京:机械工业出版社,2009.
[11] 李德英. 供热工程[M]. 北京:中国建筑工业出版社,2004.
[12] 陆亚俊,等. 暖通空调[M]. 北京:中国建筑工业出版社,2007.
[13] 席德粹,等. 城市燃气管网设计与施工[M]. 上海:上海科学技术出版社,1997.
[14] 姜正侯. 燃气工程技术手册[M]. 上海:同济大学出版社,1993.
[15] 孙一坚. 简明通风设计手册[M]. 北京:中国建筑工业出版社,1997.
[16] 李岱森. 简明供热设计手册[M]. 北京:中国建筑工业出版社,1998.
[17] 陆耀庆. 实用供热空调设计手册[M]. 北京:中国建筑工业出版社,1993.

冶金工业出版社部分图书推荐

书　名	作　者	定价(元)
燃气工程	吕佐周　主编	75.00
工程流体力学(第3版)(国规教材)	谢振华　主编	25.00
现代建筑设备工程(第2版)(本科教材)	郑庆红　等编	59.00
燃气输配工程(本科教材)	谭洪艳　著	36.00
中央空调实用技术(本科教材)	何耀东　主编	60.00
传热学(本科教材)	任世铮　编著	20.00
流体流动与传热(高职高专教材)	刘敏丽　主编	30.00
冶金建设工程	李慧民　主编	35.00
建筑工程经济与项目管理	李慧民　主编	28.00
建筑施工技术(第2版)(国规教材)	王士川　主编	42.00
水污染控制工程(第3版)(国规教材)	彭党聪　主编	49.00
高层建筑结构设计(本科教材)	谭文辉　主编	39.00
居住建筑设计(本科教材)	赵小龙　主编	29.00
建筑概论(本科教材)	张　亮　主编	35.00
工程造价管理(本科教材)	虞晓芬　主编	39.00
土木工程材料(本科教材)	廖国胜　主编	40.00
混凝土及砌体结构(本科教材)	王社良　主编	41.00
土力学地基基础(本科教材)	韩晓雷　主编	36.00
土木工程施工组织(本科教材)	蒋红妍　主编	26.00
施工企业会计(第2版)(国规教材)	朱宾梅　主编	46.00
土木工程概论(第2版)(本科教材)	胡长明　主编	32.00
建筑施工实训指南(本科教材)	韩玉文　主编	28.00
SAP2000结构工程案例分析	陈昌宏　主编	25.00
理论力学(本科教材)	刘俊卿　主编	35.00
岩石力学(高职高专教材)	杨建中　主编	26.00
岩土材料的环境效应	陈四利　等编著	26.00
混凝土断裂与损伤	沈新普　等著	15.00
建设工程台阶爆破	郑炳旭　等编	29.00